*Die Natur ist das einzige Buch,
das auf allen Blättern großen Gehalt bietet.*

Johann Wolfgang v. Goethe
(1787, im Alter von 38 Jahren)

Geophänologie

und die kontinuierliche meßtechnische Erfassung der Hauptpotentiale des Systems Erde

- Band 1 -

Heinz Schmidt-Falkenberg
unter Mitwirkung von
Josef M. Kellndorfer

herausgegeben von
Wolf Tietze

Prof. Dr.-Ing. Dr. rer.nat. h.c. *Heinz Schmidt-Falkenberg*
Honorarprofessor entpfl. an der Universität in Karlsruhe.
Leiter a.D. des Forschungsbereichs Photogrammetrie und Fernerkundung im Deutschen Geodätischen Forschungsinstitut (Abteilung II in Frankfurt am Main).

Dipl.-Geograph Dr. rer.nat. *Josef M. Kellndorfer*
Woods Hole Research Center, Woods Hole, Massachusetts, USA

Impressum

1. Auflage
Herausgeber: Dr. rer.nat. Wolf Tietze
Satz und Druck: Buchfabrik JUCO GmbH - Halle (Saale) - www.jucogmbh.de

© Projekte-Verlag 188, Halle (Saale) 2005 • www.projekte-verlag.de

ISBN   3-938227-99-0
Preis: 75,00 EURO

Gliederung des Gesamtwerkes

Das Gesamtwerk
    Geophänologie
    und die kontinuierliche meßtechnische Erfassung der
    Hauptpotentiale des Systems Erde
umfaßt drei Bände:

1	Einführung und allgemeine begriffliche Grundlagen		
2	Räumliche Fixierung von Beobachtungsergebnissen. Globale Flächensummen der Hauptpotentiale des Systems Erde.		
3	Geländepotential		
4	Eis-/Schneepotential (Teil a)	⇑	Band 1
4	Eis-/Schneepotential (Teil b)		
5	Tundrapotential		
6	Wüstenpotential		
7	Waldpotential		
8	Graslandpotential	⇑	Band 2
9	Meerespotential		
10	Atmosphärenpotential		
-	Literaturverzeichnis		
-	Personen- und Stichwortverzeichnis	⇑	Band 3

Anmerkungen
zur Position dieses Werkes

Während der letzten zweihundert Jahre haben in Europa und später auch in Nordamerika und anderswo wiederholt führende Verleger den Anstoß zu markanten, wenn nicht sogar epochalen wissenschaftlichen Leistungen und Forschungsstrukturen gegeben und damit zugleich die Allgemeinbildung richtungweisend gefördert. Auch die Geographie, stellvertretend für alle Geowissenschaften, verdankt beispielsweise die Einführung als Schulfach in Deutschland um die Mitte des 19. Jahrhunderts indirekt verlegerischer Initiative, nämlich der Publikation von Schulatlanten. In diesen Zusammenhang gehört auch die Gründung Geographischer Gesellschaften und schließlich Geographischer Lehrstühle und Institute an den Universitäten. Diese Entwicklung hat sich mit wechselnder Intensität im 20. Jahrhundert fortgesetzt und einen reichen Bestand an weltumfassender sowie regional und örtlich fokussierter Literatur hervorgebracht. Parallel dazu haben die Geodäsie, Kartographie sowie die Luft- und Satellitenbildtechnik einen vorzüglichen Qualitätsstandard erreicht. Für diese Disziplinen waren und sind zudem staatspolitische und militärische Belange immer sehr förderlich.

In den letzten Jahrzehnten haben sich die universitären Lehr- und Forschungsziele einerseits und die Ansprüche der Allgemeinbildung an geographisches Verständnis sowie die Erfordernisse einer optimalen Lebensraumgestaltung andererseits voneinander entfernt. Eine wichtige Ursache für die zunehmenden Diskrepanzen ist die Spezialisierung der Akademiker. Die wünschenswerte Vertiefung der Erkenntnisse wird heute allzu oft mit einer bedenklichen Verengung des Horizonts erkauft. Dieser Trend droht sich zu verstärken infolge der politisch gewünschten statistischen Vermehrung des akademisch gebildeten Bevölkerungsanteils. Auch die angeblich wichtige Gleichartigkeit der Ausbildung und Gleichwertigkeit der Examen und Titel schwächen die Qualität des Wissens. Mit diesem Werk wird der Versuch unternommen, trotz Beibehaltung der politischen Zielsetzung den negativen Tendenzen entgegenzuwirken.

Um mit diesem Anspruch dem Werk eine solide Grundlage zu geben, sind diese drei Bände einer vollständigen Bestandsaufnahme der Hauptpotentiale des Systems Erde gewidmet worden einschließlich ihrer kontinuierlichen meßtechnischen Erfassung. Damit wird jedem Studierenden der Geographie und jedweder angrenzenden Geowissenschaft die unentbehrliche Orientierung gegeben über die Zusammenhänge, welche in Forschung und Praxis zu beachten und demgemäß in der Lehre zu berücksichtigen sind. Das ist nötig, weil Menge und Intensität der Wechselwirkungen zwischen dem System Erde -hier übersichtlich in acht Teilsysteme untergliedert- und der über große Energien herrschenden Menschheit bereits so groß sind und weiter zunehmen werden, daß mangelhafte Kenntnis verheerende Folgen hat. Gründliches Verständnis dieser physischen Geophänomene ist auch für die Kultur- und Wirtschaftsgeographie unerläßlich, weil sie den Rahmen der Möglichkeiten des seinen irdischen Lebensraum nutzenden und gestaltenden Menschen bestimmt. So kann ein guter Beitrag geleistet werden zur Schaffung international kompatibler Lehrbücher und damit kompatibler Lehrpläne und Examen, vor allem aber zur Herstellung eines Wissenstandards, der es einer milliardenstarken Erdbevölkerung gestattet, bei einer unerhörten Vielfalt von Ansprüchen, die Potentiale des endlichen Lebensraumes maßvoll und nachhaltig zu nutzen. Wir sehen mit Sorge, wie die fortgesetzte Reduzierung der schulischen Leistungsanforderungen den umfassenden Charakter der Geowissenschaften hat außer acht gleiten lassen und damit das Feld frei gegeben hat für teils ideologisch gesteuertes, sehr schädliches Scheinwissen mit der Folge, daß die Seriosität der verantwortlichen Umweltfürsorge vielfach untergraben worden ist.

Helmstedt, im Juni 2005 *Wolf Tietze*

Vorwort

Bei den fast täglich diskutierten Klima- und Umweltfragen ist bewußter als bisher eine Ausrichtung der Betrachtung auf das "Ganze", auf das *System Erde*, erforderlich, denn es ist davon auszugehen, daß der Mensch auch mittelbar (im Sinne des beabsichtigten oder unbeabsichtigten Auslösens von Vorgängen) mit zunehmender Stärke in das System Erde eingreift. Dieses Eingreifen hat prinzipiell immer globale Auswirkungen, auch wenn diese für uns nur stellenweise erkennbar (meßbar) sind. Im Jahre 1999 hat die Erdbevölkerung die 6-Milliardenschwelle überschritten. Allein schon dieses Wachsen der Erdbevölkerung bedeutet eine Verstärkung der Wechselbeziehungen zwischen den Menschen und ihrem Lebensraum.

Das vorliegende Werk ist daher auf *globale* Modelle des Geschehens und auf die *kontinuierliche* meßtechnische Erfassung des ständig sich wandelnden Erscheinungsbildes der Erde (der "Geophänologie") ausgerichtet. Eine einzelne Momentaufnahme vermittelt für Schlußfolgerungen in der Regel nur ungenügende Informationen. Erst *periodisch wiederholte* Aufnahmen ermöglichen Aussagen zur Kinematik und Dynamik des Geschehens. Im Hinblick auf das Erstellen globaler Datensätze kommt der Satellitenfernerkundung besondere Bedeutung zu. Mit ihr läßt sich in vergleichsweise kurzen Meßzeiten die Vielfalt im System Erde *flächenhaft* erfassen (beispielsweise als Eis/Schneeflächen, Waldflächen, Wüstenflächen, Meeresflächen). Diesen Flächen werden Potentiale zugeordnet. Dementsprechend lassen sich unterscheiden: Eis/Schnee-Potential, Waldpotential, Wüstenpotential, Meerespotential.

Die so ausgewiesenen Potentiale sind wirksam: miteinander, gegeneinander, aufeinander... Besonders wirksame Prozesse sind beispielsweise: beim Eis/Schnee-Potential die Strahlungsreflexion, beim Waldpotential die Photosynthese, beim Meerespotential die Wasserzirkulation. Den *Wechselwirkungen* innerhalb sowie zwischen den Hauptpotentialen des Systems Erde gilt das besondere Interesse. Ihre fortschreitende Aufhellung soll dem besseren Verständnis des globalen Kreislaufgeschehens im System Erde dienen, das zudem Einwirkungen seiner kosmischen Umgebung unterliegt (durch Strahlung, Gravitation und anderes). Alle Potentiale fungieren zugleich mehr oder weniger stark als Quelle und Senke der globalen Stoff- und Energiekreisläufe. Ist dieses Kreislaufgeschehen "dynamisch konstant"? Wie groß sind die Schwankungen über längere Zeitabschnitte? Ist ein Trend erkennbar?. Antworten darauf lassen sich wohl nur finden, wenn dabei die Ergebnisse *aller* Geowissenschaften beachtet werden, nicht nur jene einzelner Disziplinen.

Die Formen des *Lebens* im System Erde sind abhängig vom Zusammenspiel der Hauptpotentiale. Menschliches Leben benötigt eine gewisse Konstanz im Resultat dieses Zusammenspiels. Andere Lebensformen existieren unter ganz anderen Umweltbedingungen (beispielsweise mittels lichtunabhängiger Energiegewinnung durch Chemosynthese etwa an Hydrothermalquellen der ozeanischen Rücken im Meer). Der Mensch ist auf Photosynthese ausgerichtet. Die Formen menschlichen Lebens werden allerdings nicht nur beeinflußt von der "physischen" Umwelt des Menschen, sondern auch von seiner "gesellschaftlichen". Auf diese wird hier nicht eingegangen.

Der Mensch ist jedoch nicht nur abhängig von seiner Umwelt, sondern greift auch in zunehmendem Maße in diese ein, insbesondere in das Kreislaufgeschehen im System Erde. Allein die Zunahme der Erdbevölkerung vermehrt und verstärkt, wie zuvor schon gesagt, die Wechselwirkungen zwischen Mensch und physischer Umwelt. Nach Auffassung des Autors ist noch nicht hinreichend geklärt, was "übliche" (aus der Erdgeschichte bekannte) Schwankungen der Phänomene sind und ob sich ein langfristiger (absoluter) Trend abzeichnet.

Dem besseren Verständnis dient sodann die Betrachtung einiger *Grundannahmen* und davon abgeleiteter Maße (über Raum, Zeit, Lichtgeschwindigkeit, Lichtweg, Gravitation und anderes), die zwar vorrangig in *kosmischen Modellen*, teilweise aber auch in *Erdmodellen* enthalten sind. Das System Erde empfängt aus seiner kosmischen Umgebung Strahlung (Energie) und gibt Strahlung (Energie) an diese ab. Der Strahlungsweg von der kosmischen Strahlungsquelle bis zur Erde und die Bewegung kosmischer Objekte sind mithin von besonderem Interesse. Das Längenmaß Meter ist beispielsweise heute definiert als Weglänge, die Licht im Vakuum im Bruchteil einer Sekunde (1/299 792 458) durchläuft. Von den in der Quantenphysik unterschiedenen vier Wechselwirkungskräften (starke Kraft, elektromagnetische Kraft, schwache Kraft, Gravitation) ist die *Gravitation* zwar die schwächste Kraft, dennoch ist sie offensichtlich die *vorherrschende* zwischen den Objekten des Kosmos (wie etwa zwischen Galaxien, Sternen, Planeten) oder allgemeiner zwischen den Strukturteilen der Materie. Ein kosmischer Körper wird durch Gravitation zusammengehalten und geformt. Sie wirkt auch auf uns ein (auf das Leben), auf unsere Meßgeräte...

Der Verfasser war bemüht, das Werk in seiner *sprachlichen Diktion* für einen größeren Leserkreis "*verständlich*" zu halten. Er hat Wert auf aussagekräftige graphische Darstellungen (rund 700, einschließlich Tabellen) gelegt, da diese oft schneller und besser "etwas sagen können" als textliche Darstellungen. Mathematische Formeln können einen Sachverhalt ebenfalls besser verdeutlichen, als diesbezügliche textliche Beschreibungen. Auf die Herleitung der angegebenen Formeln wurde jedoch verzichtet. Gewisse *Textwiederholungen* sind gewollt. Der Leser soll vom umständlichen Nachlesen an anderen Stellen -soweit sinnvoll- entlastet werden. Die Daten über Starts, Namen der Satellitenmissionen, an Bord befindlichen Sensoren und anderes wiederholen sich ebenfalls teilweise, da deutlich werden soll, wozu die Ergebnisse dieser Missionen überall *verwendet* wurden. Die Wiederholungen sind "abgemagert" verfaßt. Die *Satellitenfernerkundung* ist überall dort angesprochen, wo sie zum *Einsatz* kam (also in jedem Hauptpotential, zu dessen Aufhellung sie einen Beitrag leisten konnte beziehungsweise kann). Die tabellarischen Zusammenstellungen der Satellitenmissionen dürften mit die umfassendsten sein, die bisher veröffentlicht wurden.

Historische Anmerkungen sollen darauf verweisen, daß viele wissenschaftliche Fragestellungen schon recht "alt" sind und vielfach nur die zugehörigen Begriffe und

Begriffssysteme im Laufe der Zeit an Schärfe zugenommen haben, daß wir andererseits aber auch "irgendwo in der Mitte" *anfangen* müssen, über das "System"(!) Erde zu sprechen, über seine Begrenzung zur kosmischen Umgebung hin und anderes. Die Erläuterung früherer Bemühungen zum wissenschaftlichen Erfassen unsere Erde soll schließlich auch eine sachgerechte *heutige* Nutzung und Bewertung der damals gewonnenen Daten und abgeleiteten Ergebnisse ermöglichen. Wenn wir mit Weltbild die Gesamtheit des menschlichen Wissens von der Welt und das menschliche Urteil darüber in der jeweiligen geschichtlichen Epoche bezeichnen, dann tritt im Wandel dieses Weltbildes die technisch-wissenschaftliche Leistung und die kulturelle Wertschöpfung der jeweiligen Epochen zutage, deren Erbe wir ja angetreten haben (wobei wir beim Auf- und Annehmen des Erbgutes in der Regel eine individuell gewichtete Auswahl aus dem Erbgut vornehmen). Allgemein dürfte anerkannt sein, daß schon die Hochkulturen der frühen Menschen beachtenswerte Leistungen und Wertschöpfungen hervorgebracht haben. Das Bemühen, Gestalt und Größe der Erde zu erfassen, ist im Buch etwas ausführlicher dargelegt. Vielleicht kann dadurch zumindest für diesen Bereich das kulturelle Schaffen unserer Vorfahren etwas tiefergehend offengelegt werden.

Die dem Buch zugrundeliegende Konzeption entstand 1991. Theoretisch basiert sie darauf, daß die Vielfalt des Kosmos als *unendliche Menge* im Sinne der Mengentheorie betrachtet wird, aus der durch Abstraktion Gegenstände unserer Anschauung und unseres Denkens gewonnen werden. Durch *Abstraktion* wird mithin eine *endliche Menge* gewonnen und als *System Erde* definiert. Aus der endlichen Menge werden sodann *Teilmengen* abstrahiert. Diesen Teilmengen werden *Potentiale* (Leistungsfähigkeiten) zugeordnet. Es stellen sich unter anderem die Fragen: Kennzeichnet die endliche Menge System Erde dieses System hinreichend, so daß |*Verstehen, Vorhersagen und eventuell Steuern*| möglich werden? Kann eine mengentheoretische Verknüpfung der hier behandelten acht Teilmengen hergestellt werden, die als *Hauptpotentiale* des Systems Erde betrachtet werden? Lassen sich diese Hauptpotentiale letztlich durch wenige *mathematische funktionale Größen* darstellen, etwa solcher, die die *Energie* des Potentials beschreiben? Solche Fragen können hier nur gestellt werden. Im Buch sind vorrangig die acht Teilmengen behandelt mit der Hoffnung, daß die zahlreichen Wechselwirkungen zwischen ihnen und die Wechselwirkungen zwischen dem System Erde und seiner kosmischen Umwelt damit weiter aufgehellt werden.

Im letzten Jahrzehnt haben sich die Möglichkeiten zur technischen Herstellung eines druckfertigen Manuskriptes merklich verbessert. Der Verfasser dankt Prof. Dr.-Ing. Dr.-Ing. E.h. Günter SCHMITT und Dr.-Ing. Karl ZIPPELT (beide Geodätisches Institut der Universität Karlsruhe) für die Hilfe bei den Umstellungen von einem älteren zu einem neueren Datenverarbeitungssystem.

Die Herausgabe des Werkes hat Dr. rer.nat. Wolf TIETZE (Honorary Fellow Royal Geographical Society, Great Britain) übernommen. Der Verfasser hat mit Wolf Tietze bereits früher bei der Erstellung größerer geographische Werke freundschaftlich zusammengearbeitet. Daß dieses umfangreiche Werk noch rechtzeitig vor Beginn des Geophysikalischen Jahres 2007/2008 erscheinen konnte, dafür dankt der Verfasser Wolf Tietze ganz besonders, denn er hat mit hoher Energie dieses Vorhaben vorangebracht und war von der „Notwendigkeit" des Erscheinens auch in schwierigen Phasen überzeugt. Danke Wolf Tietze!

Dem Projekte Verlag dankt der Verfasser für die ausgezeichnete Zusammenarbeit. Bei allen verlegerischen und bei allen technischen Fragen konnten stets kurzfristig gemeinschaftlich Antworten und damit Lösungen gefunden werden.

Trostberg (im Chiemgau), *Heinz Schmidt-Falkenberg*
im Juni 2005

Inhaltsverzeichnis

Die Zusammenstellungen der Satellitenmissionen mit Bezug zum jeweils genannten Thema sind besonders gekennzeichnet durch ▼

1. **Einführung und allgemeine begriffliche Grundlagen** 1
1.1 Grundsätzliches zur Entwicklung der Informationsgewinnung über Land und Meer 3
Entschleierung der Erde - Erkundung und Beobachtung (Vermessung) des Systems Erde von erdumkreisenden Satelliten aus - Anfänge der Raketen- und Raumfahrttechnik - Fortsetzung der Arbeiten von Peenemünde nach 1945 - „Offener Himmel"
1.2 Erdbevölkerung 11
1.3 Allgemeine begriffliche Grundlagen 13
Zum Begriff Potential - Einführung des Begriffes Geophänologie - Abstraktion und Sprache - Lautsprachliche Abstraktion am Beginn der Menschwerdung - Bildsprachliche Abstraktion - Kartographische Abstraktion - Offenes und geschlossenes System - Systeme höherer Ordnung, Systemhierarchie - Subsysteme des Systems Erde - Zum Begriff Modell - Benennung und Begriff Landschaft - Geoinformationen und Geoinformationssystem - Internationales Geophysikalisches Jahr 2007/2008, Impulsgeber für interdisziplinäre Forschungsansätze?

2 **Räumliche Fixierung von Beobachtungsergebnissen.**
Globale Flächensummen
der Hauptpotentiale des Systems Erde. 31
Die Träger von weltraumfesten und erdfesten Bezugssystemen - Zum Entwicklungsstand weltraumfester und erdfester Bezugssysteme - Internationale Dienste zur Bestimmung von Erdparametern und zur Realisierung von Bezugssystemen
2.1 Geodätische Punktfelder als Träger erdfester globaler Bezugssysteme 44
VLBI-Technologie (Langbasis-Interferometrie) - Globales geodätisches VLBI-Punktfeld
2.1.01 Realisierungen des erdfesten globalen Bezugssystems ITRS 58
Historische Anmerkung zur Entwicklung erdfester globaler Bezugssysteme
2.1.02 Mittleres Erdellipsoid, Erdschwerkraftfeld, Geoid und Höhensysteme 67
Figur der Land/Meer-Oberfläche und ihre Repräsentation - Vom

„bestanschließenden" zum „mittleren" Erdellipsoid - Aktuelles mittleres Erdellipsoid als Träger des erdfesten globalen Bezugssystems - Erdschwerkraftfeld - Anziehung (Gravitation), Gravitationspotential - Laplace-Gleichung, Laplace-Operator - Poisson-Gleichung, Gravitationspotential innerhalb einer räumlichen Masse - Schwerepotential der „Erde" - Kraftlinien und Niveauflächen des Schwerkraftfeldes der Erde - Höhensysteme und Geoid - Geopotentielle Kote C - Arbeitshöhe - Gebrauchshöhensysteme - Deutsche amtliche Gebrauchshöhensysteme - Ellipsoidische Höhe h und normal-orthometrische Höhe h* - Geoidundulationen (Geoidhöhen) - Geoid als Höhenbezugsfläche - Zur Bestimmung des Geoids - Historische Anmerkung zur Bestimmung des mittleren Erdellipsoids und des Erdschwerkraftfeldes - Übersicht über benutzte Abkürzungen

2.1.03 Satellitenmissionen zur Erforschung des Schwerkraftfeldes der Erde ▼ 113
Globale Modelle des Gravitationspotentials der Erde in Verbindung zu Satellitendaten - Schwerkraft und Bezugssystem - Hochgenaue Bestimmung des globalen Gravitationsfeldes der Erde - Wechselwirkungen zwischen dem Gravitationsfeld des Systems Erde und der Dynamik im System Erde - Ändert sich die dynamische Abplattung? - Anomalien im Erdinnern

2.2 Satelliten-Navigations- und Positionierungssysteme 129
GPS und WGS 84 - GLONASS und PZ 90 - Verbindungen von GPS und GLONASS - Künftige Satelliten-Navigationssysteme - Elektromagnetische Strahlung und das Ausbreitungsmedium Ionosphäre

2.3 Regionale geodätische Punktfelder 148
2.3.01 Europa-Punktfelder 149
Europäische Punktfelder - Europäische Höhenpunktfelder EVRS, ESEAS - Deutsche Punktfelder
2.3.02 Asien-Punktfelder 158
CATS, GEODYSSEA
2.3.03 Amerika-Punktfelder 159
SIRGAS, CAP und SAGA, CASA
2.3.04 Antarktis-Punktfeld 162
2.4 Die Oberfläche des mittleren Erdellipsoids und ihre Gliederung 164
2.5 Globale Flächensummen der Hauptpotentiale des Systems Erde 168
2.6 Die Gestalt der Erde -
Meilensteine ihrer Geschichte von den Anfängen v.Chr. bis 1500 n.Chr. 171
Die Bewegungen der Gestirne und Planeten am Himmel - Schreibschriften und Alphabete

3 Geländepotential 223
3.1 Geländeoberfläche der Erde 225
Globale kartographische Darstellungen der Geländeoberfläche der Erde - Historische Anmerkung zur Erkundung der untermeerischen Geländeoberfläche (des Meeresgrundes) bis 1955 - Digitales Modell der übermeerischen Geländeoberfläche

3.1.01 Die Dynamik der Erde. Gezeiten-, Auflast- und weitere Deformationseffekte 234
Gezeiteneffekte, Auflasteffekte, Rotationseffekte - Gezeiteneffekte und Auflasteffekte - Atmosphäre - Meer - Erdkruste, Lithosphäre, Erdinneres - Benennung und Begriff Erdgezeiten - Gezeiteneffekte, Gezeitenreibung - Auflasteffekte und weitere Deformationseffekte, periodische und aperiodische Schwankungen - Veränderlichkeit des Geozentrums - Veränderlichkeit der Bewegung der Erde, insbesondere ihrer Rotation - Rotation des Systems Erde - Veränderlichkeit der Tageslänge - Drehte sich die Erde früher schneller? - Atmosphärische und ozeanische Einflüsse auf die Erdrotation (Tageslänge) - Veränderlichkeit der Polbewegung - Atmosphärische und ozeanische Einflüsse auf die Erdrotation (Polbewegung) - Tageslänge und Polbewegung dargestellt als Funktion von Anregungen - Lokale Rotationssensoren. Beobachtung der Erdrotation mittels Großringlaser - Historische Anmerkung zur Modellierung der Erdrotation - Zeitmessung, Zeitskalen - Kalender

3.2 Umgestaltung der Geländeoberfläche durch vorrangig endogene Vorgänge 290
Initialformen und Realformen der Geländeoberfläche - Geotektonische Hypothesen, die vor 1960 entwickelt wurden

3.2.01 Plattentektonik 295
Superkontinente in der Erdgeschichte (Entstehungs- und Zerfalls-Zeitabschnitte). Ist die Plattentektonik älter als 200 Millionen Jahre? - Lithosphärenplatten - Plattenbewegungen und Plattengrenzen - Das Aufkommen der Begriffe Meeresgrundspreizung (sea floor spreading) und Plattensubduktion - Zur Fernerkundung der ozeanischen Rücken - Plattenbewegungsmodelle (Kinematik der Lithosphärenplatten und der geodätischen Punktfelder auf diesen Platten) - Änderung der Längen von Basislinien

3.2.02 Vulkanismus 323
Magmavulkane - Intraplatten-Vulkane und kontinentale Spaltenbildung (Hot Spots and Rifting) - Hauptgebiete übermeerischer vulkanischer Aktivität - Schlammvulkane - Was bewirkten große Meteoriteneinschläge und gewaltige Vulkanausbrüche in der Erd-

-14-

geschichte? - Gibt es auch einen langsamen Rückgang der Artenanzahl? - Massentod durch Riesenwelle?

3.2.03 Erdbeben, Tsunami 347
Erdbebenwellen - Erdbebenregistrierung, Laufzeitkurven - Seismische Erkundung des Erdinnern - Seismische Fernerkundung mittels P-Wellen - Einige ältere Hypothesen zur Gliederung und Beschaffenheit des Erdinnern - Seismische Fernerkundung mittels S-Wellen - Gegenwärtige Auffassungen zur Gliederung und Beschaffenheit des Erdinnern - Stille Erdbeben, Tsunami

3.2.04 Bohrungen in die Erdkruste 364
Erkundung und Erforschung der ozeanischen Kruste mittels Bohrungen - Erkundung und Erforschung der kontinentalen Kruste mittels Bohrungen

3.3 Umgestaltung der Geländeoberfläche durch vorrangig exogene und kosmische Vorgänge 369

3.3.01 Gesteinsverwitterung in Gebieten, die nicht oder nur zeitweise vom Meer bedeckt sind 370

3.3.02 Zur Umgestaltung der Geländeformen durch weitere exogene Vorgänge 370
Agens Wasser - Agens Eis - Agens Wind - Agens Gravitation - Agens Mensch

4 **Eis-/Schneepotential** 375
4.1 Gegenwärtige globale Flächensummen 377
Ständig mit Eis bedeckte Fläche im System Erde - Jahresgang der Schnee-/Eisbedeckung im System Erde - Jahresgang der Schnee-/Eisbedeckung auf der Nordhalbkugel - Jahresgang der Schnee-/Eisbedeckung auf der Südhalbkugel - Mittlere Schnee-/Eisbedeckung der Erde - Minimale und maximale Schnee-/Eisbedeckung der Erde

4.2 Strahlung aus dem Kosmos. Strahlungsumsatz an verschiedenen Oberflächen der Erde, insbesondere an Eis-/Schneeoberflächen 385
Strahlung - Strahlungsgesetz von Planck, Wiensches Verschiebungsgesetz

4.2.01 Kosmische Strahlungsquellen 389
Kosmische Quellen der sichtbaren Strahlung ▼ - Kosmische Quellen der Ultrarotstrahlung ▼ - Kosmische Quellen der Radiofrequenzstrahlung ▼ - Kosmische Quellen der Ultraviolettstrahlung ▼ - Kosmische Quellen der Röntgenstrahlung ▼ - Kosmische Quellen der Gammastrahlung ▼ - Kosmische Strahlung, Gravitationsstrahlung

4.2.02 Zum Strahlungsweg von der kosmischen Quelle bis zur Erde
und zur Dynamik kosmischer Objekte im Raum 423
Lichtweg, Gravitationsaberration, Gravitationslinseneffekt - Lichtgeschwindigkeit und Definition von Maßeinheiten - Der Strahlungsweg von der kosmischen Quelle bis zur Erde - 3K-Strahlung (Hintergrundstrahlung) ▼ - Quasare - Rotverschiebung und Hubble-Beziehung - Bestimmung und Bedeutung der Hubble-Zahl H_0 - Fluchtgeschwindigkeit und Hubble-Zeit - Gebremste Expansion? - Expansionsalter des Kosmos - Beschleunigte Expansion? - Das Hinausschieben der meßbaren und schätzbaren Grenzen des Weltraums aus Erdsicht - Bestehen Wechselbeziehungen zwischen Raum und Zeit? Bestimmt die Materieverteilung die Krümmung von Raum und Zeit? - Gravitation - Newtonsche Gravitationstheorie (Newtonsches Gravitationsgesetz) - Einsteinsche Gravitationstheorie (Einsteinsche Feldgleichungen) - Zur Theorie von Raum, Zeit und Gravitation - Gravitation und Kosmos (Vorstellungen und Hypothesen ab etwa 1970) - Dunkle Materie und Dunkle Energie - Anziehungskraft und Abstoßungskraft - Schwarze Löcher und negative Energie - Ausbreitung der Gravitationskraft - Ein neues Schwerkraftgesetz? - „Modell" Kosmos - Sind die sogenannten Naturkonstanten konstant? - Wechselwirkung (in der Quantenphysik) - Quantentheorie, Relativitätstheorie - Stringtheorie, M-Theorie - Loop-Quantengravitation - Historische Anmerkung - Kosmologische Modelle - Anmerkungen zu den Fragen: Ist unser Kosmos endlich und zugleich endlos? Ist er unendlich? Expandiert unser Kosmos? - Mathematische Raumstrukturen (metrische und topologische Räume)
4.2.03 Strahlungsquelle Sonne 518
Solarkonstante, solare Einstrahlung in das System Erde ▼ - Sonnenfleckenzyklen - Sonnenwind und Vorgänge in der Erdmagnetosphäre - Neutrinos, Neutrinofluß von der Sonne
4.2.04 Satellitenmissionen zur Erforschung der
Wechselwirkungen zwischen Sonne/Erde ▼ 539
4.2.05 Zum Begriff "tätige Oberfläche" 544
4.2.06 Was gilt als Oberfläche des Systems Erde? 544
Erdatmosphäre - Erdmagnetfeld, Erdmagnetosphäre - Veränderungen des Erdmagnetfeldes und Wanderung der erdmagnetischen Pole - Steht das Erdmagnetfeld vor einer Umpolung? (Aussagen der Gesteinsmagnetisierung) - Anmerkung zu den Oberflächen von „System Erde" und „Erdatmosphäre"
4.2.07 Satellitenmissionen zur Erforschung des Magnetfeldes der
Erde ▼ 557
4.2.08 Strahlungsemission und Strahlungsreflexion an tätigen Oberflächen

des Systems Erde 559
Strahlungsemission - Strahlungshaushalt des Systems Erde ▼ - Reflexionsarten und Reflexionsmodelle - Reflexion der Globalstrahlung (Globalstrahlungs-Albedo) - Reflexion der Gegenstrahlung (Gegenstrahlungs-Albedo) - Zur Strahlungsreflexion an der Land/Meer-Oberfläche unter besonderer Berücksichtigung der Eis- /Schneebedeckung - Durchlässigkeit der Erdatmosphäre für elektromagnetische Strahlung. Extinktion. - Spektrale Reflexion an tätigen Oberflächen der Schnee-/Eisbedeckung, VIS- und UR-Strahlung - Spektrale Reflexion an tätigen Oberflächen der Schnee-/Eisbedeckung, Mikrowellenstrahlung - Oberflächenschmelzen (molekularer Aufbau des Eises) - Abbildende Spektrometrie

1 Einführung und allgemeine begriffliche Grundlagen

*"Wir sind uns...bewußt,
daß es keinen sicheren Ausgangspunkt gibt,
von dem aus Wege in alle Gebiete des Erkennbaren führen...,
daß wir stets irgendwo in der Mitte anfangen müssen,
über die Wirklichkeit zu sprechen mit Begriffen, die erst durch ihre Anwendung allmählich einen schärferen Sinn erhalten,
und daß selbst die schärfsten, allen Anforderungen
an logischer und mathematischer Präzision genügenden Begriffssysteme
nur tastende Versuche sind,
uns in begrenzten Bereichen der Wirklichkeit zurechtzufinden". W.H.*

Unsere Erde befindet sich in einem steten Wandel. Antriebskräfte dafür sind im wesentlichen die *Strahlungsenergie der Sonne* (mit ihrer Wärme-, Leucht- und photochemischen Wirkung), die in der Erde *gespeicherte* sowie durch *radioaktiven Zerfall* entstehende Wärme, die *Erdrotation* und die *Gravitation*. Bei Betrachtung kurzer Zeitabschnitte (Jahre bis Jahrzehnte) zeigen die wesentlichsten Elemente des Systems Erde ein gewisses dynamisches Gleichgewicht, und die vielfältigen Austauschprozesse zwischen diesen Elementen variieren nur wenig. Bei Betrachtung längerer Zeitabschnitte ist erkennbar, daß es auch andere Gleichgewichtszustände mit entsprechenden Übergängen gab. Wissenschaftlich definierte *Modelle*, mit deren Hilfe Vergangenes nachvollzogen und Künftiges hinreichend verläßlich vorhergesagt werden kann, konnten bisher nur für gewisse Subsysteme des Systems Erde entwickelt werden. Wie komplex bereits diese Subsysteme sind, wird durch die nachfolgenden Ausführungen über die Hauptpotentiale des Systems Erde deutlicher werden. Nur in relativ eng begrenzten Bereichen ist das anzustrebende Ziel: |*Messen, Verstehen, Vorhersagen, (Steuern ?)*| bisher mehr oder weniger erreicht worden.

Die Erdbevölkerung hat im Jahr 1999 die 6-Milliardengrenze überschritten. Die

Berechnungsansätze zur "Tragfähigkeit" der Erde sind umstritten. Als sicher kann aber gelten, daß die weitere Zunahme der Erdbevölkerung zu einer weiteren Verstärkung der Wechselbeziehungen zwischen menschlicher Gesellschaft und ihrem Lebensraum führen wird. Um diese Wechselbeziehungen hinreichend sicher abschätzen zu können, ist es sinnvoll, das ständig sich wandelnde Erscheinungsbild des Systems Erde (die "Geophänologie") kontinuierlich meßtechnisch zu erfassen. Wollen wir menschliches Leben in der heutigen Form erhalten, dann ist ein solches Vorgehen *notwendig* (!), denn die Struktur unserer (physischen) Umwelt darf bei dieser Zielvorgabe nur in bestimmten Grenzen "pendeln".

Um inhaltsreiche Aussagen zum Zustand des Systems Erde machen zu können ist eine räumliche Fixierung **aller** relevanten Beobachtungsergebnisse in einem *erdfesten globalen räumlichen Koordinatensystem* (x,y,z) erforderlich. Die Erfassung von Veränderungen erweitert dieses um den Meßzeitpunkt, so daß es schließlich definiert ist durch x,y,z,t. Eine hinreichend kurzfristige Erfassung der Veränderungen (kurze Meßzeiten in sinnvollen Zeitabständen) ist bei globaler Aufgabenstellung vielfach nur mittels *Satellitenfernerkundung* möglich. Ihre derzeitigen Einsatzmöglichkeiten zur Erfassung der unterschiedlich strukturierten Bereiche der Potentiale werden aufgezeigt. Aber auch andere gängige Meßverfahren werden (soweit im jeweiligen Zusammenhang sinnvoll) angesprochen.

Die Vielfalt im System Erde läßt sich *flächenhaft* strukturieren. Man kann unterscheiden: Waldflächen, Meeresflächen, Wüstenflächen... Diesen Flächen werden *Potentiale* zugeordnet. Dementsprechend können unterschieden werden: Waldpotential, Meerespotential, Wüstenpotential... Die *Potential-Sollfläche* für das System Erde ist gleich der Oberfläche des mittleren Erdellipsoids (= $510 \cdot 10^6$ km^2, Abschnitt 2.4). Sie ist *nicht* identisch mit der Oberfläche des Systems Erde. Diese ist durch eine andere Oberfläche zu *definieren* (Oberfläche der Erdatmosphäre?, der Erdmagnetosphäre?...).

Die Potentiale sind *wirksam*: miteinander, gegeneinander, aufeinander... Besonders wirksame Eigenschaften sind beispielsweise: beim Eis-/Schneepotential die Strahlungsreflexion, beim Waldpotential die Photosynthese, beim Meerespotential die Wasserzirkulation, beim Atmosphärenpotential die Luftzirkulation... Alle Potentiale fungieren zugleich mehr oder weniger stark als Quelle und Senke der globalen Stoff- und Energiekreisläufe... Die Formen des *Lebens* im System Erde sind wesentlich abhängig vom Zusammenspiel dieser Potentiale. *Menschliches* Leben in der *heutigen* Form benötigt eine gewisse Konstanz im Resultat dieses Zusammenspiels, denn die Struktur *unserer* Umwelt darf, wie schon gesagt, sicherlich nur in bestimmten Grenzen pendeln. Andere Lebensformen können allerdings auch unter ganz anderen Umweltbedingungen existieren (beispielsweise mittels *lichtunabhängiger* Energiegewinnung durch Chemosynthese etwa an Hydrothermalquellen der ozeanischen Rücken im Meer).

Das System Erde (so wie es in der Wissenschaft meist benutzt wird) hat den Charakter eines *offenen* Systems. Ein solches umfaßt im Prinzip a) eine endliche Menge von internen Elementen, b) eine endliche Menge von Relationen zwischen ihnen und c) eine Menge von Relationen zwischen diesen internen Elementen und der *Umwelt des Systems* (Erde). Als Umwelt dient dabei immer ein *System höherer Ordnung* (= eine Auswahl von Elementen und Relationen, die aus *hypothetischer* Sicht auf das System Erde einwirken beziehungsweise mit ihm in Wechselwirkung stehen). Wir schaffen so um das *offene* System Erde ein *geschlossenes* System. Mit anderen Worten gesagt: wir schaffen um das *offene* Subsystem (Erde) ein umgebendes *geschlossenes* System (charakterisiert durch eine Auswahl von Elementen und Relationen aus dem Kosmos). In diesem Zusammenhang ist noch anzumerken, daß unser Universum hierbei im Sinne der Mengentheorie als *unendliche* Menge aufgefaßt wird, aus der durch *Abstraktion* Gegenstände unserer Anschauung und unseres Denkens gewonnen werden (Umkehrung der Mengen-Definition von CANTOR).

In den folgenden Ausführungen werden die Fachgrenzen der gängigen Wissenschafts-Disziplinen an den Universitäten *bewußt* überschritten. Es hat sich gezeigt, daß *interdisziplinäre* Forschungsansätze nicht nur *multidisziplinäre* Zusammenarbeit herausfordern, sondern letztlich aus Sachgründen sogar „erzwingen" (wie speispielsweise in der Plattentektonik ausgewiesen). Ein multidisziplinärer Verbund in diesem Sinne führt zu Erkenntnissen, die mit *monodisziplinären* Forschungsansätzen nicht gewonnen werden können. Ein Grund für diese Zielsetzung, interdisziplinäre Forschungsansätze verstärkt anzugehen, ist unter anderen die explosionsartige Zunahme der Erdbevölkerung. Wohin führt eine unbegrenzte Zunahme? Antworten auf diese Frage sind mehrfach gegeben worden. Hier wird in der Beantwortung vor allem auf die nicht erweiterbare Geländeoberfläche der Erde und auf die damit verbundene Verstärkung der Wechselbeziehungen zwischen dem Menschen und seiner Umwelt verwiesen.

Modelle für Subsysteme des Systems Erde können im allgemeinen nur entwickelt werden, wenn eine hinreichende Datenbasis als Ausgangsgrundlage zur Verfügung steht. Da hier vorrangig *globale* Datenbasen benötigt werden, kommt der Fernerkundung aus dem Luft- und Weltraum besondere Bedeutung zu, denn erwünscht für eine Modellbildung sind in der Regel *homogene* Daten und die *flächenhafte* (nicht nur punkthafte) Erfassung des interessierenden Objekts. Eine Skizze der Entwicklung der Informationsgewinnung über die Landschaften des Systems Erde folgt nachstehend.

1.1 Grundsätzliches zur Entwicklung der Informationsgewinnung über Land und Meer

Die Zielsetzung lautet: Erkunden, Vermessen, *Überwachen*. Dabei ist von grundsätzlicher Bedeutung, ob das Erfassen des Objekts punkthaft, streifenhaft oder flächenhaft erfolgte, da bei den ersten beiden Erfassungsarten gegebenenfalls Interpolationen oder gar Extrapolationen erforderlich werden können. Nachstehende Skizze gibt zunächst eine allgemeine Übersicht über die Entwicklung. Die Informationsgewinnung erfolgt(e)

➤ mittels Raumfahrzeugen (etwa ab 1959)
H ca 250 - 36 000 km *Höhe der Satellitenumlaufbahn über dem Meeresspiegel*
➤ mittels Luftfahrzeugen (etwa ab 1858)
H bis ca 20 km *Flughöhe über Grund*
➤ durch Reisen auf Landfahrzeugen
➤ durch Reisen auf Tieren
➤ durch Streifzüge/Wanderungen zu Fuß
∧∧∧∧∧ Land - Meer ～～～～～
➤ durch Reisen auf Seefahrzeugen
➤ durch Tauchen
➤ mittels Unterwasserfahrzeugen
T bis ca 11 km. *Wassertiefe*

Heute können wir das ständig sich wandelnde Antlitz der Erde aus dem *Weltraum* beobachten. Seit etwa 1960 ist der Mensch imstande, von Raumfahrzeugen aus, die sich in Umlaufbahnen um die Erde bewegen, das Antlitz der Erde nicht nur zu beobachten, sondern viele Erscheinungsbilder dieses Antlitzes auch zu vermessen. Etwa 100 Jahre zuvor hatte er erstmals ein ähnliches Beobachten und Vermessen aus dem *Luftraum* der Erde durchgeführt. Aus Luftfahrzeugen in unterschiedlichen Flughöhen sind seitdem unzählige Beobachtungs- und Meßergebnisse über die sich wandelnde Erde, über die sich wandelnden Landschaften der Erde gewonnen worden. Vor 1860, als Beobachtung und Messung, eine Fernerkundung aus dem Weltraum sowie aus dem Luftraum der Erde im vorgenannten Sinne noch nicht realisiert waren, konnte die Informationsgewinnung über die Landschaft nur von der *Landoberfläche* aus oder von der *Meeresoberfläche* aus erfolgen.

Landgebiete
Die Erkundung der Landgebiete der Erde erfolgte in früherer Zeit vielfach unter Benutzung von Landfahrzeugen, oder mit Hilfe des Reitens auf Tieren, oder durch Streifzüge zu Fuß. Das Bedürfnis des Menschen, sich eine topographische Orientierung über seinen jeweiligen Lebensraum zu verschaffen, bestand offensichtlich schon sehr früh. Anfänglich war es vermutlich weniger Neugier, sondern mehr Notwendigkeit, um Überleben zu können. Im Morgenlicht der überlieferten Geschichte des menschlichen Wirkens auf der Erde finden wir eine Kulturstufe, die heute als Mittelsteinzeit (Mesolithikum) bezeichnet wird und die in Mesopotamien, Ägypten und Südeuropa etwa um 10 000 v.Chr. und in Nordeuropa etwa um 8 000 v.Chr. begonnen haben soll (KINDER et al. 1964). Für die Menschen dieser Zeit bildete die Beute von Jagd (auch Vogeljagd) und Fischerei zunächst die Ernährungsgrundlage; vermutlich gestattete ihre Ergiebigkeit nur ein Zusammenleben in kleine-

ren Gruppen und erzwang auch einen relativ häufigen Wechsel der Lagerplätze. Zum Wohnen dienten zunächst Plätze unter Felsdächern, Höhlen und Reisighütten. Das beginnende Domestizieren von Tieren und Pflanzen, beginnender Ackerbau sowie beginnende Töpferei führen aber auch zu ersten Gründungen von Dörfern und Städten. Jericho, im Tal des Jordan, kann als Vorstufe der späteren städtischen Hochkulturen in der Jungsteinzeit (Neolithikum) gelten. Die befestigte Ackerbausiedlung Catal Hüyük in Anatolien hat im Zusammenhang mit der frühen Erkundung der Landgebiete der Erde besondere Bedeutung erlangt. 1963 wurde in der Ausgrabungsstätte eine Wandmalerei entdeckt, die auf einer Länge von rund drei Metern ein in sich geschlossenes System von Rechtecken zeigt und darüber den zweigipfligen Vulkan Hasan Dag andeutet, aus dem Asche herausgeschleudert wird. Wegen erkennbarer geometrischer Übereinstimmung mit den Ausgrabungsstrukturen und der umgebenden Topographie gilt sie heute als die *älteste erhaltene kartographische Darstellung* eines Gebietes der Erde. Ihre Entstehungszeit wurde auf 6 200 v.Chr. festgelegt (MELLAART 1967). Über 8 000 Jahre kartographisches Schaffen werden damit offenkundig, und wir dürfen annehmen, daß das Bedürfnis der Menschen, sich eine topographische Orientierung über ihren jeweiligen Lebensraum zu verschaffen, noch wesentlich weiter zurückreicht.

Meergebiete (Meeresgebiete)
Die flächenmäßig umfangreichsten Erkundungen der Meergebiete fanden in früherer Zeit fast ausschließlich mit Hilfe von Schiffen für die sogenannte Überwasserfahrt statt. Mit der Entwicklung von Schiffen für Über- *und* Unterwasserfahrt (etwa ab 1624) wurden einhergehend auch neue Beobachtungs- und Meßmethoden entwickelt. Heute stehen Tauchboote zur Verfügung, mittels derer der Mensch in Wassertiefen bis etwa 11 km vorgedrungen ist und den Meeresgrund in Augenschein genommen hat (Marianengraben). Auch die Unterwasserfernerkundung mit Systemen, die entweder direkt vom Schiff aus arbeiten oder die bei ihrer Arbeit vom Schiff mittels Schlepptau über dem Meeresgrund gezogen werden, wurden bereits erfolgreich eingesetzt. Im Vergleich zum Einsatz von Seefahrzeugen können durch Tauchen des Menschen im Taucheranzug Erkundungen bisher nur in weitaus geringeren Tiefen und kleineren Räumen durchgeführt werden. Eine historische Skizze über die Erkundung der untermeerischen Geländeoberfläche (des Meeresgrundes) bis 1955 ist im Abschnitt 3.1 enthalten.

Entschleierung der Erde

Der deutsche Geograph Walter BEHRMANN (1882-1955) hat 1948 aus *europäischem* Blickwinkel eine generelle Übersicht über die "Entschleierung der Erde" im Sinne von vorrangig topographischer Erkundung und Vermessung mit entsprechender kartographischer Darstellung gegeben. Seine Abschätzungen über die zu bestimmten Zeitpunkten jeweils bekannten beziehungsweise unbekannten Gebietsflächen der Erde zeigt seine "Entschleierungskurve der Erde". Sie enthält eine Aussage bis zum Jahr 1950.

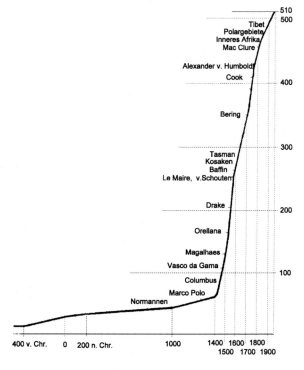

Bild 1.1
Entschleierungskurve der Erde aus europäischem Blickwinkel. Die jeweils entschleierte Fläche ist (rechts) in Millionen km² (10^6 km²) angegeben. 510 Millionen km² = Oberfläche des mittleren Erdellipsoids. Quelle: BEHRMANN (1948), verändert

Behrmann bemerkt, daß aus kleinmaßstäbiger Sicht zu diesem Zeitpunkt die Land- und Meeresgebiete der Erde topographisch und kartographisch generell als "entdeckt" gelten können. Rund ein Jahrzehnt später begann die Beobachtung und Vermessung der Erde aus dem Weltraum! Die Forschungsziele, bisher weitgehend auf eine "statische" Erdsicht ausgerichtet, konzentrierten sich nun mehr und mehr auf eine "kinematische" beziehungsweise "dynamische" Erdsicht, oder mit anderen Worten gesagt, auf die im Zeitablauf ständig sich wandelnden Erscheinungsbilder unserer Erde.

Erkundung und Beobachtung (Vermessung) des Systems Erde von erdumkreisenden Satelliten aus

Im Oktober **1957** war mittels einer Rakete der erste Satellit in eine Umlaufbahn um die Erde geschossen worden: der Sputnik-1 der UdSSR (Start von Baikonur). Dieser Rakete folgten inzwischen zahlreiche weitere. Am 13.06.**2001** waren es 5 402 Raketen, die Raumfahrzeuge in eine Erd-Umlaufbahn getragen haben (BULIRSCH 2001). Hinzu kommen noch weitere Raketen, die Raumfahrzeuge zum Mond und zu Planeten getragen haben. Die Erde umkreisten zum genannten Zeitpunkt 2 819 Satelliten und dazu über 6 189 Raketenteile (Raumfahrtmüll, Weltraummüll), teilweise tonnenschwer und von der Größe >100 m bis hinab zur Größe von 10^{-6} m, wobei die kleinsten Teile größtenteils nicht erfaßbar (beobachtbar) sind (beispielsweise Lacksplitter) (JOHNSON 1999). Über alle Satelliten und Raketenteile ist Buch zu führen und ihre Bahnen sind zu verfolgen, wenn Zusammenstöße mit neu startenden Raketen vermieden werden sollen. Das Bemühen um Beseitigung oder wenigsten Reduzierung von Weltraummüll erfolgt inzwischen international, beispielsweise durch IADC (Inter-Agency Space Debris Coordination Committee) (DLR 2001).

● Anfänge der Raketen- und Raumfahrttechnik
Die Anfänge der Raketentechnik sowie der ersten Raumfahrtvorstellungen sind noch weitgehend in Dunkel gehüllt. 160 n.Chr. schreibt LUKIAN(OS) von Samosata, griechischer Philosoph und Schriftsteller, seine Mondphantasie "Die Luftreise". In ihr wird ein Schiff mit vielen Menschen darauf von einer Wasserhose ergriffen und auf den Erdmond geschleudert. Im 7. Jahrhundert n.Chr. erwähnt ein byzantinischer Bericht Raketen. 1042 sollen in China nach einem Bericht von Tsing Kung Liang bei der Belagerung der chinesichen Stadt Chai Fung-Fu Kriegsraketen ("Pfeile des fliegenden Feuers") eingesetzt worden sein (Pulferraketen). 1231 finden sich weitere Hinweise auf Pulferraketen. 1240 gibt es in Arabien Hinweise auf Raketen. 1285 berichtet der Araber Hassan al RAMMAH von Pulverraketen (er bezeichnet sie als "Pfeile aus China"). 1634 schreibt Johannes KEPLER seinen Mondtraum "Somnium". Um 1660 formuliert Isaak NEWTON das physikalische Rückstoßprinzip und berechnet die erforderliche Fluchtgeschwindigkeit für den Aufbruch von der Erde in den Weltraum. 1792 verwenden die Inder Kriegsraketen (gegen die Engländer). 1804 entwickelt der englische General Sir William CONGREVE (1772-1828) (aufgrund seiner Erfahrungen in Indien) militärisch verwendbare Raketen (1806 gegen Frankreich, 1807 gegen Dänemark eingesetzt). Ab dieser Zeit sind militärische Raketen in verschiedenen europäischen Ländern in unterschiedlichem Umfange in Gebrauch. 1807 entwickelte der Franzose TREUGOUSE einen Leinenkanone zum Abfeuern von Raketen mit Leine zur Rettung Schiffbrüchiger. 1865 schreibt der französische Schriftsteller Julus VERNE sein Buch "Von der Erde zum Mond". Hier wird ein geschoßförmiges, bemanntes Raumschiff aus einer riesigen Kanone mit einer Geschwindigkeit von 11,2 km/s von der Erde zum Mond geschossen.

|St. Petersburger Raketenwerkstatt und weitere russische Aktivitäten|
Am Übergang vom 17. zum 18. Jahrhundert werden bei St. Petersburg (Russland) Raketenversuche unternommen und auf Weisung des Zaren PETER des Großen am Newa-Ufer eine Raketenwerkstatt errichtet. Der Zar war durch den ersten bekannten *Raketen-Fachbericht* des Geschützbauers Onissij MICHAILOW aus dem Jahre 1615 auf dieses Kriegsgerät aufmerksam geworden. Die von dem russischen Major der Artillerie DAWYDOW 1672 erschienenen Schriften dienten in dieser Raketenwerkstatt als Arbeitsgrundlagen. Um 1772 verfaßte der russische General SASSJADKO einige Werke über Raketen und baute das erste bekannte Raketengeschütz (1826 Serienherstellung). Die in der Raketenwerkstatt hergestellten Signalraketen erreichten Höhen bis ca 1000 m. Die Pulverrakete des ersten *Professors* für Raketentechnik, Konstantin Iwanowitsch KONSTANTINOW kann als Langstreckenrakete gelten (Reichweite ca 4 km). Er hielt Vorlesungen an der Michailowskij-Artillerie-Akademie (die Vorlesungsmanuskripte wurden 1861 in Paris in die französische Sprache übersetzt). Der russische Sprengstoff-Chemiker Nikolai Iwanowitsch KIBALTSCHITSCH (1854-1881) äußerte um 1880 die Idee, daß "wir möglicherweise sogar mit Raketen in den Weltraum vorstoßen" könnten.

|Raketenentwicklung zur Raumfahrt|
Da die viel zielsichere Artillerie sich in der zweiten Hälfte des 19. Jahrhunderts rasant entwickelte, trat die Raketenentwicklung zunehmend in den Hintergrund. Diese Aussage gilt jedoch nicht für die Weltraum-Rakete, für die Raketenentwicklung zum Vorstoß in den Weltraum. Als Pioniere der Anfänge der Raumfahrt gelten vor allem die nachgenannten Raketen- und Raumfahrtforscher sowie -techniker.
➤ Konstantin Eduardowitsch ZIOLKOWSKI (1857-1935), russischer Raketen- und Raumfahrtforscher, befaßt sich mit der "Erforschung des Weltraumes mittels Reaktionsapparaten", konzipiert das "Prinzip der Flüssigkeitstriebwerke" und entwirft das Strahlrohr. Unter anderem veröffentlichte er 1883 das Werk "Der freie Raum" und 1903 "Die Erforschung des Weltraums mit rückstoßangetriebenen Apparaten".
➤ Hermann GANSWINDT (1865-1934) entwirft den ersten Rückstoßantrieb für den Raumflug, für ein "Weltenfahrzeug, angetrieben durch intermittierende Pulverexplosionen".
➤ Nikolai Alexejewitsch RYNIN (1877-1942), russischer Raumfahrtforscher, veröffentlichte unter anderem "Enzyklopädie zur Geschichte und Theorie des Rückstoßantriebs und der Raumfahrt" und "Interplanetarer Verkehr", eine umfassende Geschichte der Raumfahrt und Raketentechnik (9 Bände).
➤ Walter HOMANN (1880-?), deutscher Raumfahrtforscher, veröffentlichte unter anderem 1925 "Die Erreichbarkeit der Himmelskörper" (Homann-Bahnen) und entwickelte ein "Beiboot für Landungen auf anderen Himmelskörpern".
➤ Robert ESNAULT-PELTERIE (1881-1957), zunächst Flugzeugbauer und Pilot wird schließlich Verfechter der Raumfahrt in Frankreich und veröffentlicht unter anderem sein Werk "L'Astronautique".
➤ Robert Hutchings GODDARD (1882-1945), us-amerikanischer Raketenforscher.

1932 erreichte seine Flüssigkeitsrakete eine Höhe von 600 m, eine nächste ("Nell") erreichte 2300 m.

➤ Friedrich Arturowitsch ZANDER (1887-1933), geboren in Riga, entwickelt Raketentriebwerke für Luft- und Raumfahrzeuge. Das Flüssigkeitstriebwerk OR-1 wird in der ersten sowjetischen Höhenrakete GIRD eingesetzt.

➤ Hermann OBERTH (1894-), geboren in Hermannstadt (Siebenbürgen), deutscher Raketen- und Raumfahrtforscher, Lehrer für Mathematik und Physik. Er veröffentlicht unter anderem "Die Rakete zu den Planetenräumen" (1923) und kreierte das Stufenprinzip in der Raketentechnik.

➤ Rudolf NEBEL (1894-?), deutscher Flieger und Flugzeugkonstrukteur sowie Raketen- und Raumfahrtforscher, führt um 1933 Raketenversuche bei Berlin durch und erhielt 1936 ein Reichspatent auf einen Rückstoßmotor für flüssige Treibstoffe.

➤ Maximilian VALIER (1895-1930), geboren in Bozen, veröffentlicht unter anderem sein Werk "Der Vorstoß in den Weltraum" und versucht über den Rakenantrieb für Landfahrzeuge (erreichte Geschwindigkeit auf der Berliner Avus 230 km/Stunde) zu solchem für Raumfahrzeuge zu gelangen.

➤ Johannes WINKLER (1897-1947), geboren in Carlsruhe in Schlesien, deutscher Raketen- und Raumfahrtforscher, regt an, auch Antriebsapparate für flüssigen Treibstoff zu entwickeln. 1927 gründet er den "Verein für Raumschiffahrt" und gibt die erste Zeitschrift für dieses Wissensgebiet heraus mit dem Titel "Die Rakete".

➤ Juri Wassiljewitsch KONDRATJUK (1898-1942), russischer Raketen- und Raumfahrtforscher, veröffentlicht unter anderem 1929 "Die Eroberung der interplanetaren Räume".

➤ Eugen SÄNGER (1905-1964), deutscher Raketenforscher, veröffentlicht unter anderem 1933 sein Werk "Raketentechnik".

➤ Sergei Pawlowitsch KOROLJOW (1906-1966), Raketen- und Raumfahrtforscher der UdSSR, Gründungsmitglied der MosGIRD (einer Gruppe zum Studium der Rückstoßbewegungen). 1933: Test der russischen Halbflüssigkeitsrakete GIRD-IX (Gruppa Izucheniya Reaktivnogo Dvizheniya). Fachlicher Chef der Raumfahrt der UdSSR. Der Start des ersten erdumkreisenden Satelliten (Sputnik-1, 1957) und die erste bemannte Raumfahrt (Juri Gagarin, 1961) sind sein Werk.

➤ Boris TSCHERTOK (?), Raketen- und Raumfahrtforscher der UdSSR. Sein Buch „Raketen und Menschen" (4 Bände, auch in deutsch) beschreibt den Weg der sowjetischen Raketentechnik von der erbeuteten und nachgebauten A4 (V2) zur sowjetischen R5 und R11.

➤ Leonid Iwanowitsch SEDOW (1907-?), Professor für Hydrodynamik an der Universität in Moskau, Raumfahrtforscher der UdSSR, Präsident verschiedener nationaler und internationaler Einrichtungen.

➤ Werner Freiherr v. BRAUN (1912-1977), in Deutschland geborener Raketen- und Raumfahrtforscher. Raketenversuche bei Berlin, gemeinsam mit dem Ingenieur Klaus RIEDEL sowie Rolf ENGEL. Ab 1932 ist v. Braun Mitarbeiter des deutschen Heereswaffenamtes (HWA). Ab 1934 Auftrag zum Bau und Start einer Rakete des

Baumusters A2 (erreichte Höhe 2000 m). 1936 Einrichtung der Heeresversuchsanstalt in Peenemünde. 1942 Start einer Rakete des Baumusters A4, die als erste Rakete die Schallmauer durchstieß, zur doppelten Schallgeschwindigkeit gelangte und eine Gipfelhöhe von 90 km erreichte sowie 190 km weit flog. Nach 296 Sekunden Laufzeit wurde der Brennschluß herbeigeführt und die Rakete zerstört.

● Fortsetzung der Arbeiten von Peenemünde nach 1945
Die deutsche Raketen-Versuchsanstalt war 1936 in *Peenemünde* (Insel Usedom, Ostsee) eingerichtet worden als Heeresversuchsanstalt des Heereswaffenamtes (HWA). Chef beider Einrichtungen war General Dr. Walter DORNBERGER (1895-1980). 1942 erreicht eine dort entwickelte Rakete des Baumusters A4 (später als V2 bezeichnet) erstmals eine Gipfelhöhe von 90 km über dem Meeresspiegel (siehe zuvor bei v. Braun). Später wird das Hauptforschungszentrum mit Prof. Dr. Freiherr v. Braun als technischem Leiter (600m tief unter der Geländeoberfläche) im *Harz* (nahe von *Nordhausen* und *Bleicherode*) errichtet. Dort liegt auch das Objekt Mittelbau (im *Konstein*, tief im Berg) in dem ab 1943 die Serienherstellung von Raketen erfolgt, die bis zum Kriegsende eine (verwendete) Stückzahl von ca 5500 umfaßt.

Am Kriegsende 1945 geht eine große Anzahl der deutschen Raketenspezialisten in die **USA** (zunächst 127, im Jahre 1952 sind es bereits 492 Wissenschaftler und 644 Familienangehörige). Ihnen stehen dort zur weiteren Arbeit die deutschen Forschungsunterlagen zur Verfügung. Ferner befinden sich inzwischen 100 startfähige V2-Raketen in den USA. Bis 1952 starten auf dem Versuchsgelände White Sands Proving Grounds 47 V2-Raketen. Bereits 1950 startete dort erstmals eine zweistufige Rakete, eine V2 mit der aufgesetzten (in den USA entwickelten) kleinen Rakete "WAC Corporal". Diese Zweistufenrakete erreicht eine Gipfelhöhe von 400 km über dem Meeresspiegel. Zu den deutschen Spezialisten in den USA gehören unter anderem Prof. Dr. Werner Freiherr v. BRAUN, Dr. Eberhard REES, Dr. Kurt DEBUS, Dr. Hans GRÜNE, Karl SENDLER. Von ihnen arbeiten 215 für das Heer, 205 für die Luftwaffe, 72 für die Marine. 1958 erfolgt die Gründung der NASA (National Aeronautics and Space Administration), als deren erster Chef Dr. Debus wirkt (neben einem Vertreter des US-Verteidigungsministeriums). 1959 werden die Weltraum-Bemühungen der NASA und des US-Heeres (Army Ballistic Missile Agency in Huntsville, in der v. Braun eine spezielle Gruppe leitet) vereinigt. 1972 verläßt v. Braun die NASA.

Ein anderer Teil der deutschen Raketenspezialisten geht nach Kriegsende in die **UdSSR**, zunächst nach Kapustin Jar und Baikonur. Hier erfolgt 1947, auf einem Versuchsgelände in der Steppe von Kasachstan nahe dem Städtchen Kapustan Jar, der erste Start einer Rakete des Baumusters A4 (V2). Der deutschen Arbeitsgruppe (ca 200 Spezialisten) gehören unter anderem an: Helmut GRÖTTRUP (Leiter), Dr. WOLFF, Dr. UMPFENBACH und andere.

Weitere historische Angaben zur Raketen- und Raumfahrtentwicklung sind unter anderem enthalten in (DLR August/2003), (GV 1984), (KOWAL/DESSINOW 1987),

(BURDA 1969).

"Offener Himmel" („Offene Himmel", engl. Open Skies)
1992 haben eine Reihe von Staaten (darunter USA, Russland, Deutschland) den (zeitlich unbegrenzten) *Vertrag über den offenen Himmel* unterzeichnet, der ab 01.01. 2002 in Kraft ist und den Luftraum aller Vertragsstaaten zur Inspektion öffnet (REICHERT 2002). Gegenwärtig gehören dem Vertrag 29 Staaten an. Das deutsche Open Skies-Flugzeug ist 1997 auf seinem Rückflug aus Südafrika nach Zusammenstoß mit einem us-amerikanischen Flugzeug abgestürzt. Seine Ausrüstung ist beschrieben in GRIMM (2003).

1.2 Erdbevölkerung.
Ist eine weitere Verstärkung der Wechselbeziehungen zwischen dem Menschen und seinem Lebensraum „tragbar" für das System Erde?

Auf der gegenwärtigen Landoberfläche der Erde leben heute rund 6 Milliarden Menschen. Die Kurve der Bevölkerungsentwicklung ab ca 10 000 Jahre v.Chr. zeigt ab ca 1800 n.Chr. einen explosionsartigen Anstieg, der inzwischen die 6-Milliardengrenze überschritten hat. Anfangs vermehrte sich die Bevölkerung der Erde nur langsam. Für die Vor- und Frühgeschichte des Menschen gibt es diesbezüglich nur sehr grobe Schätzungen. Um 8 000 v.Chr. dürften rund 5 Millionen Menschen auf der Erde gelebt haben. Zu dieser Zeit begannen Menschen erstmals seßhaft zu werden und Feldfrüchte anzubauen sowie Tiere zu domestizieren. Einen wesentlichen Einfluß auf das Wachstum der Erdbevölkerung übte dieser Vorgang nicht aus. Um 1 500 v.Chr. (in Europa hatte die Bronzezeit gerade begonnen) dürften rund 100 Millionen Menschen auf der Erde gelebt haben; zum Beginn unseres heutigen Kalenders sollen es rund 150 Millionen gewesen sein. Die Anzahl von 500 Millionen soll um 1650 n.Chr. überschritten worden sein (CLEVE 1987).

Bild 1.3
Die Zunahme der Erdbevölkerung ab ca 10 000 Jahre v.Chr. Rechts: Menschenanzahl auf der Erde in Milliarden. 1 Milliarde erreicht (1804) usw. Quelle: UN (1999), SCHMID (1993), GREGORY et al. (1991)

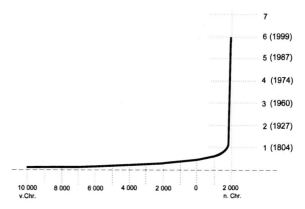

Die Entwicklung vor allem in der Naturwissenschaft, in der Medizin und in der Hygiene (Verringerung der Kindersterblichkeit, Zunahme der Lebenserwartung u.a.) sowie in der Lebensmittelproduktion ließ die Erdbevölkerung in den nachfolgenden Jahren *explosionsartig* ansteigen. Die Bilder 1.4 und 1.5 zeigen diese wesentliche Veränderung in der Zunahme der Erdbevölkerung.

Anzahl der Menschen	1 →	2 →	3 →	4 →	5 →	6
Anstiegszeit Δt	123	33	14	13	12	

Bild 1.4
Die Anstiegszeiten bei der Zunahme der Erdbevölkerung. Angegeben sind die Anstiegszeiten (in Jahren), die erforderlich waren, um von der 1. Milliarde Menschen bis zur 2. Milliarde, von der 2. bis zur 3. Milliarde usw. voranzuschreiten. Quelle: Die Daten für Δt entsprechen den Angaben der UN (1999). Sie weichen geringfügig ab von den in HEINRICH/HERGT (1991), GREGORY et al.(1991), SJ (1990) genannten Daten.

Die Berechnungsansätze zur "Tragfähigkeit" der Erde sind umstritten, als sicher kann aber gelten,
● daß die weitere Zunahme der Erdbevölkerung zu einer weiteren *Verstärkung der Wechselbeziehungen* zwischen der menschlichen Gesellschaft und ihrem Lebensraum führen wird.
Diese Wechselbeziehungen sind in den einzelnen Lebensräumen, in den verschiedenen Landschaften der Erde vermutlich unterschiedlich und wahrscheinlich auch abhängig von der Anzahl der dort lebenden Menschen.

	1900	1950	1960	1970	1980	1990	2004
Eurasien	1 355	1 946	2 305	2 803	3 330	3 896	4 603
Amerika	156	331	416	510	613	723	875
Afrika	133	224	281	364	482	644	885
Australien +Ozeanien	6	14	17	21	25	29	33
Erde	1 650	2 515	3 019	3 698	4 450	5 292	6 396

Bild 1.5
Die Bevölkerungsexplosion im System Erde während der letzten rund 100 Jahre mit einer Untergliederung nach verschiedenen Gebieten (Anzahl der Menschen: Angabe in Millionen). Quelle: SJ (1993), FISCHER Weltalmanach 1992 und andere

● Es ist heute davon auszugehen, daß der Mensch auch *mittelbar* (im Sinne des bewußten oder unbewußten Auslösens von Vorgängen) mit zunehmender Stärke in das Verhalten des Systems Erde eingreift. Dieses Eingreifen hat prinzipiell immer **globale** Auswirkungen, auch wenn diese für uns nur in bestimmten Gebieten der Erde erkennbar (meßbar) sind.

Ende der Bevölkerungsexplosion in Sicht?
Einige Wissenschaftler vermuten, daß die Bevölkerungsexplosion zum Ende des 21. Jahrhunderts zum Stillstand kommen werde (Sp. 10/2001, S.25). Bezüglich der Altersstruktur seien heute 10% der Menschen über 60 Jahre alt, 2100 könnten es schon 34% sein.

1.3 Allgemeine begriffliche Grundlagen

Die dem Buch zugrundeliegende Grundkonzeption ist vor allem dadurch gekennzeichnet, daß die Vielfalt des Kosmos als **unendliche Menge** im Sinne der Mengentheorie betrachtet wird, aus der durch Abstraktion Gegenstände unserer *Anschauung* und unseres *Denkens* gewonnen werden. Durch Abstraktion wird mithin eine **endliche Menge** gewonnen und als **System Erde** definiert. Aus der endlichen Menge werden sodann **Teilmengen** abstrahiert (in Buch sind das 8 Teilmengen). Diesen Teilmengen werden **Potentiale** (Leistungsfähigkeiten) zugeordnet. Es stellen sich unter anderen die Fragen: Kennzeichnet die endliche Menge System Erde dieses

System hinreichend, so daß |**Verstehen, Vorhersagen und eventuell Steuern**| möglich werden? Kann eine mengentheoretische Verknüpfung der 8 Teilmengen hergestellt werden, die hier als **Hauptpotentiale** des Systems Erde betrachtet werden? Lassen sich diese Hauptpotentiale letztlich durch wenige **mathematische funktionale Größen** darstellen, etwa solcher, die die **Energie** des Potentials beschreiben?

Zum Begriff „Potential"

Die Benennung „Potential" geht auf den deutschen Mathematiker, Physiker und Geodäten Carl Friedrich GAUSS (1777-1855) zurück, der sie 1840 einführte. Im ursprünglichen Sinne ist das *Potential* eine skalare, ortsabhängige physikalische Größe: V = V(r) zur Beschreibung eines *wirbelfreien* (Kraft-)feldes, aus der durch *Gradientenbildung* die Kraft beziehungsweise die Feldstärke F = F(r) folgt, die in diesem (Kraft-)feld auf einen Körper wirkt: F(r) = − grad V(r). Liegt ein Kraftfeld vor, dann ist die **Potentialdifferenz**

$$\Delta V = V(r_2) - V(r_1) = \int_1^2 F \cdot ds = A_{12}$$

gleich der Arbeit A, die die Kraft F an einem Körper leisten muß, um ihn längs eines Weges s von einem Raumpunkt P_1 zu einem Raumpunkt P_2 zu bringen. Potentiale, die als Funktion der Ortskoordinaten beziehungsweise des Ortsvektors r Feldgrößen von **Potentialfeldern** darstellen, werden mathematisch durch die **Potentialfunktionen** beschrieben. Als Beispiel sei hier auf das **Newton-Gravitationspotential** φ(r) verwiesen:

$$\varphi(r) = -\frac{\gamma \cdot m_1 \cdot m_2}{r}, \text{ wobei}$$

γ = Gravitationskonstante
m_1 und m_2 = Massen zweier sich infolge der Gravitation anziehenden Körper
r = Abstand der Körper

Die Newton-Gravitationstheorie ist im Abschnitt 4.2.02 behandelt, das Erdschwerkraftfeld im Abschnitt 2.1.02. Die dort erläuterte *Geopotentielle Kote*, die Potentialdifferenz zwischen zwei *Geopotentialflächen* (oder Niveauflächen), wird verschiedentlich auch *Geopotential* genannt. Eine Fläche, in der alle Punkte mit gleichem Wert für die Geopotentieller Kote liegen, heißt *Äquipotentialfläche* (oder Niveaufläche). Als *Geoid* wird jene Äquipotentialfläche bezeichnet, in der alle Punkte der Geopotentiellen Koten mit dem Wert 0 liegen.

Notwendige und hinreichende Bedingung dafür, daß F = − grad V gilt, ist die *Wirbelfreiheit* des vektoriellen Feldes, also rot F = 0 (rot = Differentialoperator, gesprochen „rotor"). Da V als Potentialfunktion der **Potentialgleichung** genügt, bedarf es zu seiner eindeutigen Festlegung noch der Vorgabe von **Randbedingungen** (Randwertproblem der Potentialtheorie). Die Entwicklung in der Wissenschaft, vor allem in der Physik, führte dazu, daß der Begriff Potential heute in einem erweiterten Sinne verwendet wird. Allgemein gilt heute jede skalare Funktion mehrerer Veränderlicher als **Potential**, deren *partielle* (differentielle) Ableitungen nach diesen unabhängigen Variablen zu Größen mit eigener physikalischer Bedeutung führen. Und noch allgemeiner:

Potentiale beschreiben die Leistungsfähigkeiten von (Kraft-)feldern.

Im vorliegenden Werk wird versucht, die Leistungsfähigkeiten der (definierten) Hauptpotentiale des Systems Erde zu beschreiben und ihr Wirken etwas aufzuhellen.

Einführung des Begriffes Geophänologie

Der schwedische Naturforscher und Botaniker Carl v.LINNÉ (1707-1778) hat in seinem Werk "Philosophia botanica, in qua explicantur fundamenta botanica" (Stockholm 1751) das Wissen seiner Zeit über jenen Forschungsbereich zusammengefaßt, der sich mit den periodisch wiederkehrenden Wachstumserscheinungen von Pflanzen in Abhängigkeit von Witterung und Klima befaßt. Er hat in diesem Werk zugleich auch Ziele und Methoden für diesen Forschungsbereich angegeben und wird daher allgemein als Begründer dieses Forschungsbereichs angesehen. Erstmals errichtete er ein diesebezügliches Beobachtungsnetz im damaligen Schweden, das 18 Stationen umfaßte. 1853 prägte der in Lüttich wirkende Botaniker Charles MORREN (1807-1858) für diesen Forschungsbereich den Begriff "Phänologie" (SCHLOTE 2002, SCHNELLE 1955). Die Benennung leitet sich ab von den griechischen Worten "phainesthai" (erscheinen) und "logos" (Lehre, Wissenschaft).

Bild 1.2
Carl v.LINNÈ. Quelle: MKL (1907)

In der Folgezeit entwickelte sich die Auffassung, daß Witterung und Klima einschließlich Standortbedingungen nicht nur die Wachstumserscheinungen von Pflanzen (wie etwa Laubentfaltung, Aufblühen, Vollblüte, Fruchtreife, Laubverfärbung, Blattfall) beeinflussen, sondern auch das Erscheinungsbild des Verhaltens von (wildlebenden) Tieren (wie etwa Wegzug und Ankunft der Zugvögel, Beginn und Aufhören des Winterschlafes von Tieren, ihre Paarungen). Schon bald wurde unterschieden als Teilbereiche der Phänologie: "Pflanzenphänologie" und "Tierphänologie" (MKL 1908, Phänologie).

Die Pflanzenphänologie hat inzwischen einen soliden Entwicklungsstand erreicht, woran vor allem der deutsche Agrarmeteorologe Fritz SCHNELLE (1900-1990) maßgeblichen Anteil hat. Außer den beiden genannten, Pflanzenphänologie und Tierphänologie, entstanden bisher keine weiteren Teilbereiche dieser Art, auch wurde bisher kein theoretischer Überbau entwickelt, in dem beide Teilbereiche unter einem Oberbegriff Phänologie hätten zusammengefaßt werden können, obwohl der Grundgedanke des skizzierten Forschungsbereichs, aus einer Abfolge von Erscheinungsbildern Rückschlüsse auf das jeweils betrachtete Objekt selbst und auf die einwirkende Umwelt zu ziehen, dies nahelegt.

Seit der Mensch imstande ist die Erde aus dem Weltraum zu beobachten, kann das Erscheinungsbild der Erde und vor allem auch der *ständige Wandel* dieses Erscheinungsbildes sehr viel *genauer* erfaßt und in sehr viel *kürzeren* Zeitabständen wiedererfaßt werden als zuvor. Es erscheint daher sinnvoll, die begrifflichen Grenzen der Pflanzenphänologie (und der Tierphänologie) zu überschreiten und eine

eine Phänologie der Erde, eine Geophänologie

zu entwickeln.

Abstraktion und Sprache

Was wäre der Mensch ohne diese Fähigkeiten? Was ist Sprache? Gibt es nur hörbare, oder auch sehbare, riechbare, fühlbare... Sprachen? Gibt es eine Farbensprache, eine Liniensprache, eine mathematische Sprache...? Haben nur die Menschen eine Sprache, oder auch die Tiere? Ist Sprache ein Mittel zum Ausdrücken von Willensregungen, Gefühlen, Gedanken...? Offensichtlich können sich Menschen und vermutlich auch Tiere mit ihrer Hilfe untereinander verständigen (oder auch nicht...). *Hören* und *Sprechen* sind offenkundig wichtige Kommunikationsmittel des Menschen. Dabei ist das Gehör wohl mehr als jeder andere Sinn für die menschliche Sprache und ihre Entwicklung verantwortlich (ZENNER 2000). Beim Menschen ist sie, sicherlich bereits seit langer Zeit, nicht nur eine *Ausdruckshilfe* und eine *Mitteilungshilfe*, sondern auch eine *Denkhilfe*. Damit das Denken des einzelnen Menschen zu Erkenntnissen führt, ist offensichtlich eine Anbindung der Denkinhalte an "Begriffe" erforderlich. Doch was sind Begriffe? Der für terminologische Fragen zuständige Normenausschuß des Deutschen Instituts für Normung (DIN) hat vor allem in den Normen DIN 2330 (Begriffe und Benennungen; Allgemeine Grundsätze) und DIN 2331 (Begriffssysteme und ihre Darstellung) versucht, darauf eine Antwort zu geben. Die Arbeit in diesem Normungsbereich begann bereits 1936, doch trotz intensiver Bemühungen von Vertretern zahlreicher Fachgebiete (bis hin zur Philosophie) konnte eine allseits befriedigende Terminologienormung noch nicht erreicht werden, dies gilt insbesondere für die Definition des Begriffes "Begriff". In Anlehnung an die vorgenannten Normen (einschließlich der früheren Ausgaben, insbesondere der Norm DIN 2330 vom Juli 1961) wird hier folgende Definition zugrundegelegt:

> Ein **Begriff** ist eine *Denkeinheit*,
> die in mathematischer Sicht (Mengentheorie)
> als ein *Element* einer *Menge* aufgefaßt wird.

Wenn Begriffe (Denkeinheiten) als Elemente einer Menge aufgefaßt werden, dann bleibt noch zu klären, was in dieser Betrachtungsweise unter Element und Menge verstanden werden soll. Von dem deutschen Mathematiker Georg CANTOR (1845-1918), der 1895 seine "Beiträge zur Begründung der transfiniten Mengenlehre" veröffentlichte und als Begründer der Mengenlehre gilt, stammt die Definition: "Eine Menge ist die Zusammenfassung von bestimmten, wohlunterschiedenen Gegenständen (Objekten) unserer Anschauung oder unseres Denkens zu einem Ganzen". Jeder der "wohlunterschiedenen Gegenstände" einer Menge wird dabei als "Element" dieser Menge bezeichnet.

> In der hier eingeleiteten Betrachtungsweise wird von einer gewissen Umkehrung der Definition von CANTOR ausgegangen:
> die Menge wird nicht als *Zusammenfassung*
> von Gegenständen der Anschauung und des Denkens aufgefaßt,
> sondern die Menge wird als *vorgegeben*, als *existierend* betrachtet
> und aus ihr werden durch *Abstraktion*
> Gegenstände unserer Anschauung *und* unseres Denkens gewonnen.

Eine vorgegebene Menge in dieser Betrachtungsweise kann nur eine *unendliche* Menge (im Sinne der Mengentheorie) sein, wenn sie das umfassen soll, was die Begriffe *Universum* und *Geist* ausdrücken, wobei die Begriffsinhalte dieser beiden

Benennungen umschrieben werden mit: das Ganze, der Inbegriff aller Dinge, soviel wie Welt, das All... (für Universum) und denkendes, erkennendes Bewußtsein des Menschen (für Geist). Für das Ganze, was Universum *und* Geist einschließt, haben weder die Gemeinsprache (Umgangssprache, Tagessprache...) noch die Fachsprachen bisher einen Begriff geprägt. Da der Mensch ein Teil des Universums ist, könnten prinzipiell auch seine geistigen Fähigkeiten in diesen Begriff eingeschlossen werden. Brauchbar erscheint auch die Benennung *Wirklichkeit* für das hier angesprochene Ganze. Doch in diesem Moment wollen wir uns der Worte des deutschen Physikers Werner HEISENBERG (1901-1976) erinnern, die er 1941 in einem Vortrag über die "Einheit des naturwissenschaftlichen Weltbildes" in der Universität in Leipzig sprach:

"Wir sind uns mehr als die frühere Naturwissenschaft dessen bewußt,
daß es keinen sicheren Ausgangspunkt gibt, von dem aus Wege in alle Gebiete des Erkennbaren führen,
sondern daß alle Erkenntnis gewissermaßen über einer grundlosen Tiefe schweben muß;
daß wir stets irgendwo in der Mitte anfangen müssen,
über die Wirklichkeit zu sprechen mit Begriffen,
die erst durch ihre Anwendung allmählich einen schärferen Sinn erhalten,
und daß selbst die schärfsten,
allen Anforderungen an logischer und mathematischer Präzision genügenden Begriffssysteme
nur tastende Versuche sind,
uns in begrenzten Bereichen der Wirklichkeit zurechtzufinden".

Der genannte Vortrag ist veröffentlicht in HEISENBERG (1949).
ECKHART (ECKART, ECKEHART, MEISTER E.) (um 1260-1328), Mystiker, Dominikaner, lehrte in Paris und Köln, erfand das Wort **Wirklichkeit**.

Wenn, entsprechend der vorstehenden Betrachtungsweise, aus einer *unendlichen* Menge durch *Abstraktion* Gegenstände der Anschauung und des Denkens gewonnen werden, dann sind *diese* Mengen im Sinne der Mengentheorie stets *endliche* Mengen. Mit anderen Worten gesagt: die lautsprachlichen, bildersprachlichen, kartographischen... Abstraktionen der verschiedenen Völker unserer Erde können zwar zu einer sehr großen Anzahl von Elementen dieser lautsprachlichen, bildersprachlichen, kartographischen... Mengen führen, dennoch sind diese stets endliche Mengen; es sind eben, gemäß den vorstehenden Worten Heisenbergs, nur tastende Versuche, uns in begrenzten Bereichen der Wirklichkeit zurechtzufinden. Dieser Aussage widerspricht nicht, daß die von den Menschen benutzten Sprachen im Vergleich zu früher offenkundig eine Vielzahl neuer Begriffe hervorgebracht haben und daß diese (Weiter-) Entwicklung der Sprachen bis heute nicht aufgehört hat. Die Frage, ob die Bildung neuer Begriffe nur möglich ist mit Hilfe der schon vorhandenen Begriffe bleibt zunächst dahingestellt.

Im Zusammenhang mit dem Zuvorgesagten sei noch auf eine Wesensart unserer Sprache verwiesen. Wir unterscheiden (WAHRIG 1986):
Homonym Wort, das mit einem anderen gleichlautet, aber eine andere Herkunft und Bedeutung hat (beispielsweise: *das* Steuer, *die* Steuer).
Synonym sinnverwandtes Wort, Wort von gleicher oder ähnlicher Bedeutung.

Die Existenz von Homonymen und Synonymen macht deutlich, daß ein Wort, ein Lautkörper verschiedene Begriffe repräsentieren kann und (in Umkehrung), daß ein Begriff durch verschiedene Lautkörper (Worte, Benennungen) repräsentiert werden kann.

Wie zuvor dargelegt, ist ein Begriff eine Denkeinheit. Die laut- und schriftsprachliche Darstellung einer solchen Denkeinheit ist die *Benennung*, ein (Fach-) Wort oder eine Wortfolge. Die Zuordnung zwischen dem Begriff und seiner Benennung wird durch eine *Definition*, die Beschreibung des Begriffsinhaltes und des Begriffsumfanges, hergestellt. Die Gesamtheit der Begriffe, die in einem Zusammenhang stehen, beispielsweise die Begriffe eines Fachgebietes, eines Forschungsbereichs, kann als ein System angesehen werden. Die Struktur eines solchen *Begriffssystems* und damit auch der Ort, der dem einzelnen Begriff darin in seiner Beziehung zu *Ober-, Nachbar- und Unterbegriffen* zugewiesen wird, ist nicht universell und nicht ein für allemal festgelegt (DIN 2330 und 2331).

Lautsprachliche Abstraktion am Beginn der Menschwerdung

Wann die hörbare Sprache, die *Lautsprache*, von unseren Vorfahren erstmals zur absichtlichen, bewußten Mitteilung von Vorstellungen eingesetzt wurde, ist nicht nachgewiesen. Entsprechend den bisherigen Funden wird angenommen, daß der *Homo erectus* (eine Hominidenform) Lebensräume in Asien, Afrika und Europa hatte. Ihre zeitliche Existenz reicht von 1,9 Millionen Jahre v.Chr. in Java, 1,6 Mio. Jahre v.Chr. in Ostafrika und etwa 0,5 Millionen Jahre v.Chr. in Europa bis etwa 300 000-100 000 Jahre v.Chr. in allen drei Regionen (ZIEGELMAYER 1987). Die Funde ließen auch erkennen, daß der Homo erectus bereits größere, symmetrisch geschlagene Steingeräte hergestellt hat, das Feuer gebrauchte und Großwildjagd betrieb. In Europa lebte er in Höhlen, errichtete aber auch schon Hütten. All dies zeugt nach ZIEGELMAYER von intelligentem Handeln, Lernfähigkeit und Weitergabe von Erfahrung, wozu *Sprache* eine wesentliche Voraussetzung sei. Ausführungen zum Stammbaum des Menschen sind im Abschnitt 8 enthalten.

Entstehung und Entwicklung der Abstraktion in der Lautsprache unserer Vorfahren liegen im geschichtlichen Dunkel, da eine Fixierung, eine Sichtbarmachung des Gesprochenen durch *Bildsprache* oder *Schriftsprache* erst wesentlich später möglich wurde.

Anmerkung
a) Sind die auf ca 8 000 Jahre alten Schildkrötenpanzer entdeckten Zeichen Schriftzeichen der chinesischen Schrift? (Sp. 7/2003)
b) Der früheste Hominidenfund in Deutschland wurde 1907 in Mauer bei Heidelberg gemacht. Man spricht deshalb auch vom Homo Heidelbergensis. Der gefundene Unterkiefer eines Pithecanthropus soll aus der Zeit zwischen 360 000 und 350 000 v.Chr. stammen.
c) Die Benennungen "hörbare Sprache" und "Lautsprache" gelten hier als synonym.

Bildsprachliche Abstraktion

In seinem Werk über die Handzeichnungen Albrecht Dürers weist der schweizerische Kunsthistoriker Heinrich WÖLFFLIN (1864-1945) darauf hin, daß es in der Natur keine Linien gibt. Daß es trotzdem möglich ist, der Wirklichkeit einen linearen Ausdruck abzugewinnen, zeuge von der hohen Abstraktionsfähigkeit des Menschen. Die ältesten bisher bekannten *Felszeichnungen* des *Homo sapiens neanderthalensis* (des sogenannten Eiszeitmenschen), etwa die Fingerritzungen in der Höhle von Altamira in Nordspanien, die in der Übergangszeit von der Mittleren Altsteinzeit (Mittelpaläolithikum) zur Jüngeren Altsteinzeit (Jungpaläolithikum) etwa um 50 000 Jahre v.Chr. entstanden sein sollen (FÖLDES-PAPP 1984), sind ein erster geschichtlicher Nachweis dieser Fähigkeit. Unabhängig davon, welche Informationen diese frühen Felszeichnungen dem Betrachter übermitteln sollten und unabhängig davon, ob sie überhaupt Informationen übermitteln sollten oder ob sie als magische Zeichen Kraft und Schutz verleihen sollten (sie befinden sich vielfach in versteckten hinteren Höhlenbereichen, beispielsweise beginnen die Darstellungen in der Höhle von Font-de-Gaume 65 m und in der Höhle von Altamira 270 m vom Höhleneingang entfernt), oder ob sie "nur" Bilder des menschlichen Ausdruckstriebes sind, in jedem Fall bezeugen sie, daß zumindest einige Menschen dieser Zeit bereits die Fähigkeit zur zeichnerischen Abstraktion entwickelt hatten.

Zur Kennzeichnung der heutigen Fähigkeiten des Menschen im Bereich der Liniensprache, der zeichnerischen Abstraktion, folgen wir noch einmal den Worten WÖLFFLINS: Albrecht DÜRER (1471-1528) ist einer der Großen der Liniensprache; er hat nach allen Seiten hin die Ausdrucksfähigkeit der Linie erweitert und für gewisse Phänomene die unüberbietbare zeichnerische Formel gefunden. Diese Aussage wird für viele Menschen auch heute noch gelten.

Kartographische Abstraktion

Die kartographische Sprache ist sicherlich als eine mögliche Form der Bildersprache anzusehen. Da sie in visuell schnell zugänglicher Form und innerhalb vorgebbarer Grenzen für die Zeichengenauigkeit eine *Übersicht* über die räumliche Verteilung von Objekten (abstrahierten Teilen der Wirklichkeit) und *Einsichten* in die Zusammenhänge solcher Verteilungen ermöglicht, hat sie unter anderem auch für die geowissenschaftliche Forschung, insbesondere für die hier zu behandelnde Aufgabe, große Bedeutung. Sie wird deshalb gesondert betrachtet.

Die kartographische Sprache ist primär eine Liniensprache, erst sekundär eine Farbensprache. Die **Farbe** ist gemäß ihrer fachwissenschaftlichen Definition eine *Empfindung* des Menschen (DIN 16 515, KLAPPAUF 1949, TRENDELENBURG 1961 u.a.). Alles, was der farbensehtüchtige Mensch sieht, kann er farbmäßig kennzeichnen: das Gras ist grün, der Wüstensand gelb, der Himmel blau... Linien dagegen (wie schon gesagt) finden wir in der Natur nicht. Daß es trotzdem möglich ist, der Wirklichkeit einen linearen Ausdruck abzugewinnen, ermöglicht erst Kartographie.

Zuvor war bereits auf die älteste erhaltene kartographische Darstellung eines Gebietes der Erde hingewiesen worden (Catal Hüyük), deren Entstehungszeit auf 6 200 Jahre v.Chr. festgelegt wurde. Wesentlich älter als diese sind die zuvor bereits angesprochenen Felszeichnungen der Altsteinzeit. Vermutlich dienten die frühen Felszeichnungen vor allem dem Totenkult und der Jagdmagie sowie der magischen Beeinflussung der Fruchtbarkeit. Oder könnte es sein, daß einige Felszeichnungen, wie etwa die in den Höhlen von El Castillo (Nordspanien) oder von Font-de-Gaume (Südfrankreich), die eine Vielzahl von hüttenförmigen Zeichen aufweisen, bereits *topographische* Informationen übermitteln sollten?

Was unterscheidet jenes kartographische Schaffen der Zeit um 6 200 v.Chr. vom heutigen kartographischen Schaffen?

Wenn wir **Kartographie** als Visualisierung raumbezogener Beobachtungs- und Forschungsergebnisse auffassen und in diesem Zusammenhang die **Karte** definieren als vorwiegend grundrißähnliche Darstellung (Visualisierung), die nach fachlichen Grundsätzen aufgebaut ist (SCHMIDT-FALKENBERG 1962), dann umfassen diese Definitionen offensichtlich das damalige *und* das heutige kartographische Schaffen, wenn man unterstellt, daß die fachlichen Grundsätze nicht "gegeben" sind, sondern vom Kartenschaffenden (beziehungsweise vom kartographischen Theoretiker) festgelegt werden und damit einem Wandel in der Zeit unterliegen. Sie sind von den jeweiligen technischen Möglichkeiten, vom Zeitgeist, von Stilepochen... abhängig; ein Phänomen, das nicht nur in der Kartographie (SCHMIDT-FALKENBERG 1962), sondern auch in anderen wissenschaftlichen Disziplinen, wie etwa in der Physik (BORN 1954, UNSÖLD 1977) erkennbar ist. Zwischen damaligem und heutigem kartographischen Schaffen liegt zwar eine enorme technische Entwicklung und Aufgabenausweitung (die Datenmenge ist umfangreicher und vielfältiger geworden, Erfassungs- und Meßgenauigkeit sind gestiegen, die Herstellungs- und Vervielfältigungstechniken wurden erweitert und weiterentwickelt..."), die grundlegenden Darstellungs- (Visualisierungs-) Elemente sind aber damals wie heute *Linie* und *Farbe*!

Anmerkung
"Ein Punkt ist, was keinen Teil hat" sagte der griechische Mathematiker EUKLID um 325 v.Chr. Während in der axiomatischen Geometrie unter einem Punkt, einer Linie... lediglich inhaltsleere Begriffsschemata verstanden werden (HEFFTER 1950), kennzeichnen diese Worte in der Kartographie den gezeichneten Punkt, die gezeichnete Linie... auf dem Zeichenträger (analoge Form) oder auf dem Bildschirm (digitale Form). Punkte und Linien dieser Art ermöglichen, Zeichen zu prägen für das Sichtbare und für das Denkbare (das Unsichtbare) (FISCHER 1951). In der Regel werden diese Zeichen im Sinne der Gestaltpsychologie (C. v. EHRENFELS 1890) "graphische Gestalten" sein (im hier angesprochenen Falle "Kartenzeichen") und der jeweilige Kartenbetrachter wird versuchen, diese beim Anblicken sofort mit einem Sinn zu erfüllen, ihnen (abstrahierte) Gegenstände der Wirklichkeit zuzuordnen, denn unser Bestreben ist, etwas *Bestimmtes* zu erkennen, das sich *sprachlich* (begrifflich) kennzeichnen läßt. Dieser Vorgang (die Sinnerfüllung) vollzieht sich im allgemeinen unbewußt und hat zwingenden Charakter (ROHRACHER 1960). Eine ausführliche Darstellung dieser "Grundlinien einer Theorie der Kartographie" gibt SCHMIDT-FALKENBERG (1962).

Offenes und geschlossenes System

Wie zuvor dargelegt, wird hier das Ganze, das durch die Begriffe Universum und Geist gekennzeichnet ist, als *unendliche* Menge im Sinne der Mengentheorie betrachtet. Werden durch Abstraktion Gegenstände der Anschauung und des Denkens daraus gewonnen, ergeben sich stets endliche Mengen. Eine *endliche Menge* ist bekanntlich definiert als eine endliche Menge von *Elementen* nebst einer endlichen Menge von *Relationen*, die zwischen diesen Elementen bestehen. Bilden die Elemente einer solchen Menge nach der Auffassung eines einzelnen Menschen oder mehrerer Menschen (etwa mehrerer Wissenschaftler einer Fachdisziplin) ein in sich geschlossenes, geordnetes und gegliedertes Ganzes..., dann gilt dies hier als ein *System*. Die Menge der zugehörigen Relationen zwischen den Elementen des Systems wird vielfach "Struktur des Systems" genannt. Aus verschiedenen Gründen (Grenzen unserer derzeitigen Beobachtungs- und Meßmöglichkeiten, Denkmöglichkeiten...) sind in der Wissenschaft *geschlossene* Systeme notwendig. Betrachten wir zunächst ein *offenes* System. Es umfaßt a) eine endliche Menge von internen Elementen, b) eine endliche Menge von Relationen zwischen ihnen und c) eine Menge von Relationen zwischen diesen internen Elementen und der *Umwelt des Systems*, die aber als Wirklichkeit eine unendliche Menge ist. Wir brauchen deshalb eine restriktive Auslegung dieser

Umwelt: etwa *Umwelt* = *System höherer Ordnung*, in dem das zu untersuchende System ein Element beziehungsweise ein Subsystem ist. Wir schaffen also um das offene (Sub-)System ein geschlossenes System aus all denjenigen externen Elementen und Relationen, die aus *hypothetischer* Sicht für dieses (Sub-)System relevant sind (HARD 1973).

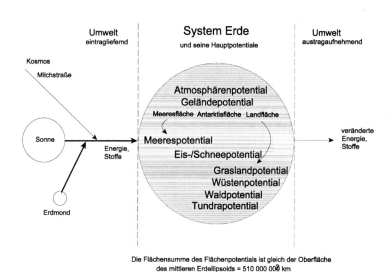

Bild 1.6
Das "offene" System Erde und seine "Umwelt". Quelle: SCHMIDT-FALKENBERG (1992)

Systeme höherer Ordnung, Systemhierarchie

In der Sicht von Geodäsie, Geophysik, Astronomie... kann das System Erde in folgender *Systemhierarchie* gesehen werden (SCHNEIDER 1989): (a) System Erde, (b) Erde-Mond-System, (c) Sonnensystem, (d) Milchstraßensystem. Im Sinne des zuvor beschrieben *offenen* Systems stellen die Systeme (b) bis (d) die Umwelt des Systems (a), also die *Umwelt des Systems Erde*, dar (gemäß der dieser Systemhierarchie zugrundeliegenden Hypothese !). Von besonderem Interesse in diesem Zusammenhang ist die Frage nach der *Reagibilität* des Systems Erde auf Änderungen der externen und internen Wirkungsbeziehungen (=Relationen). Haben externe Aktivitäten einen größeren Einfluß auf das Verhalten des Systems Erde als die internen Aktivitäten?

Nach dem zuvor Gesagten gilt zunächst, daß die Erde (das System Erde) ein Gegenstand unserer Abstraktion ist.
Das **System Erde** kann sodann definiert werden
als ein *offenes* System (im vorgenanntem Sinne),
in dem die *internen* Relationen
(Wirkungsbeziehungen im System, Systemstruktur)
und die *externen* Relationen
(Wirkungsbeziehungen zwischen System und Umwelt)
in einem solchem Umfange bekannt sind,
daß die *Verifikation* des Systems
eine *hinreichende Approximation* des Verhaltens der Wirklichkeit ergibt.
Es ist einsichtig, daß diese Approximation
nur im *beobachtungs-* und *meßtechnisch* zugänglichen Raum
aufgrund von Erfahrung bewertet werden kann.

Subsysteme des Systems Erde

Der Begriff "System" ist offenkundig nicht unabhängig von der Struktur der wissenschaftlichen Forschung. Je nach dem wissenschaftsdisziplinären Standpunkt (beziehungsweise einer diesbezüglichen Hypothese) werden aus der unendlichen Vielfalt der Wirklichkeit durch Abstraktion *Merkmale* von Gegenständen, Objekten, Gebilden, Phänomenen... ausgewählt, beobachtet, gemessen... und als Elemente eines Systems konstituiert; ebenso wird aus der Vielfalt der Relationen eine bestimmte Auswahl vorgenommen. Elemente und Relationen dieser Auswahl bilden dann ein System beziehungsweise Subsystem. Dieselben Gegenstände, Objekte, Gebilde, Phänomene... können mithin (je nach der getroffenen Auswahl bezüglich der Elemente und der Relationen) zu unterschiedlichen Systemen/Subsystemen führen (KLAUS 1968). Es stellt sich die Frage, ob dieses an die Wissenschaftsdisziplinen orientierte Vorgehen der Forschung zu einer "Verengung in der Problematisierung der Aufgabe" führen kann (SCHNEIDER 1989) und daher die *multidisziplinäre Forschung mit interdisziplinärer Aufgabenstellung* in der Forschungsorganisation noch höher als bisher zu bewerten ist.

Hinsichtlich der Subsysteme des Systems Erde ist grundsätzlich davon auszugehen, daß es sich hierbei um *integrierte* Subsysteme handelt. Eine *Subsystemhierarchie* (vergleichbar der zuvor beschriebenen Systemhierarchie) ist bisher nicht aufgestellt worden.

Zum Begriff Modell

Wird ein bestimmtes System als eine Nachbildung... von Gegenständen (Abstraktionen) unserer Anschauung und unseres Denkens anerkannt, dann sprechen wir von einem *Modell*. In der Regel wird die Anerkennung als Modell davon abhängen, ob die Charakteristik eines solchen Gegenstandes dabei hinreichend wiedergegeben ist. Als Folgerung daraus und unter Berücksichtigung der zuvor gegebenen Erläuterungen zum Begriff System ergibt sich: ein *Systemmodell* ist ein System, das zugleich auch als Modell aufgefaßt werden kann. (System-)Modelle der vorgenannten Art wurden von zahlreichen naturwissenschaftlichen Disziplinen (als Hypothesen) definiert, aufgrund von Meßdaten verifiziert und gegebenenfalls neu oder schärfer definiert (SCHNEIDER 1989).

|Temporäre und multitemporäre Modelle|
Das Gewinnen von Daten mittels Beobachtung, Messung, Erhebung... zur Entwicklung (Definition, Verifikation, Weiterentwicklung) eines Modells wird vielfach nicht zu einem bestimmten Zeit*punkt* möglich sein; es erfordert einen mehr oder weniger langen Zeit*abschnitt* (von ...Minuten, Stunden, Tagen...), der *Beobachtungsphase* genannt werden kann. Die aus theoretischer Sicht erforderliche Häufigkeit der Beobachtungsphasen im Zeitablauf ist die Soll-*Beobachtungsfrequenz* (Gegensatz: Ist-Beobachtungsfrequenz).

Daten, die innerhalb einer Beobachtungsphase gewonnen wurden, ergeben ein *temporäres Modell*, eine Vielzahl solcher temporären Modelle werden *multitemporäre Modelle* genannt. Dementsprechend kann (wie in vielen geowissenschaftlichen Disziplinen derzeit üblich) unterschieden werden zwischen *temporärer Betrachtungsweise* und die *multitemporärer Betrachtungsweise*. Andere Bezeichnungen in diesem Zusammenhang, wie etwa "statische" und "dynamische" Betrachtungsweise, sind in der Literatur oftmals nicht hinreichend definiert und werden vielfach unzutreffend angewandt.

Benennung und Begriff Landschaft
Das Wort "Landschaft" ist ein viel benutztes Wort sowohl in der Allgemeinsprache als auch in den Fachsprachen der Wissenschaften, allerdings mit sehr unterschiedlichem Sinngehalt. In Lexika und Wörterbüchern ist beispielsweise zu finden: "Landschaft ist jeder Ausschnitt der Erdoberfläche, den wir von einem bestimmten Standort aus zu überblicken vermögen, bis im Horizont oder Gesichtskreis Erde und Himmel zusammenzustoßen scheinen" (MKL 1906). "Landschaft ist ein geographisches

Gebiet mit bestimmten, von der Natur geprägter Eigenart" (WAHRIG 1986). "Landschaft ist ein Gebiet der Erdoberfläche von einheitlichem, charakteristischem Gepräge (DUDEN 1988).

|Malerei|

Das Wort Landschaft benutzte schon Albrecht DÜRER (1471-1528), etwa in den Briefen (1508, 1509) an den Kaufmann Jacob HELLER in Frankfurt am Main (HEIDRICH 1920). Im Bericht über seine Reise in die Niederlande von 1520-1521 findet sich das Wort *Landschaftsmaler*. 1521 ist Dürer Hochzeitsgast beim niederländischen Maler Joachim de PATINIER (1475/1480-1524) in Antwerpen. Dürer schreibt: "Item am Sonntag vor der Kreuzwochen hat mich Meister Joachim, der gut Landschaftmaler auf sein Hochzeit geladen und mir alle Ehr erboten" (HEIDRICH 1920). In der (zeitgenössischen) Sicht von Dürer ist Patinier (bereits) ein Landschaftsmaler. In der Sicht des deutschen Kunsthistorikers Wilhelm MÜSELER hat jedoch der deutsche Maler Albrecht ALTDORFER (1480-1538) erstmals eine Landschaft "um ihrer selbst willen gemalt", nämlich das 1529 entstandene Bild "Alexanderschlacht" (MÜSELER 1962). Die *Wörter* Landschaft und Landschaftsmaler sind zumindest von 1500 ab im deutschen Sprachraum gebräuchlich und insbesondere auch in der niederländischen Malerwelt, wie zahlreiche textliche Darstellungen von Künstlern und Kritikern aus dieser Zeit bezeugen (v. LÖHNEYSEN 1956). Der Begriff Landschaft bezog sich damals sehr wahrscheinlich auf einen Erdausschnitt, der von einem bestimmten Standort aus zu überblicken war, also bis zum Horizont oder Gesichtskreis reichte, wo Erde und Himmel scheinbar zusammenstoßen. Das malerische Ergebnis eines solchen Überblickes war eine *perspektive* Darstellung. Die Einführung der Benennung Landschaft für die malerische Abstraktion eines solchen Erdausschnittes war neu, nicht jedoch die malerische, oder allgemeiner, die bildersprachliche Abstraktion eines solchen Erdausschnittes selbst (einschließlich der kartographischen Abstraktion), denn die Fähigkeiten dazu hatte der Mensch schon sehr viel früher entwickelt und benutzt, wie zuvor über Abstraktion und Sprache bereits dargelegt. Beachtlich ist jedoch, daß die kartographische Abstraktion bereits in sehr früher Zeit nicht nur die *perspektive* Wiedergabe eines solchen Erdausschnittes, sondern auch die *orthogonale* (grundrißähnliche) Wiedergabe anwendete, obwohl ein Standort hoch über dem jeweiligen Erdausschnitt nur gedanklich, physisch aber noch nicht erreichbar war. Benennung und Begriff Landschaft (im vorgenanntem Sinne) fanden bald auch Eingang in Reisebeschreibungen; es entstanden textliche Landschaftsschilderungen, Landschaftsbeschreibungen... (*schriftsprachliche* Abstraktionen).

|Geographie|

In der deutschsprachigen geographischen Literatur taucht die Benennung "Landschaft" vermutlich erstmals 1805 bei HOMMEYER auf, 1840 auch bei G.L.KRIEGKS (BANSE 1953). Im Jahre 1903 erschienen dann von dem deutschen Volkswirt und Schriftsteller Max HAUSHOFER (1840-) die Veröffentlichung "Die Landschaft" und von dem deutschen Pädagogen und Kulturpolitiker Richard SEYFERT (1862-1940) die Veröffentlichung "Landschaftsschilderung". Die Benennung "Landschaftskunde"

wurde vermutlich erstmals 1884 von dem deutschen Geologen und Paläontologen Albert OPEL (1831-1865) benutzt, 1904 auch von dem deutschen Geographen Friedrich RATZEL (1844-1904) in seiner letzten Veröffentlichung "Über Naturschilderung".
Die deutschen Geographen Carl RITTER (1779-1859) und Ferdinand Freiherr v. RICHTHOFEN (1833-1905) führten den Begriff "Erdoberfläche" als Kennzeichen für den Forschungsgegenstand der Geographie ein, wobei RICHTHOFEN, der deutsche Geograph Alfred HETTNER (1859-1941) und andere auch das Wort "Erdhülle" (zur Kennzeichnung des Forschungsgegenstandes) gebrauchten, denn das Wort "Fläche" verweist ja nicht auf das Räumliche, das hier offensichtlich gemeint ist. Eine Übersicht über verschiedene Definitionen des Begriffes Landschaft aus der Zeit von 1805-1955 ist enthalten in SIEVERT (1955). Der deutsche Geograph Hans CAROL führt 1956 den Begriff "Geosphäre" zur Kennzeichnung des Forschungsgegenstandes der Geographie ein. Einen (radial) beliebig begrenzten Ausschnitt der Geosphäre nennt er "Geomer" und weist darauf hin, daß diese Benennung und die Benennung "Landschaft" synonym benutzt werden (CAROL 1963). In diesem Zusammenhang könne außerdem unterschieden werden: *anorganisches* Geomer, *organisches* Geomer und *anthropisches* Geomer (Kulturgeomer).

|Topographie|
Die Topographie, die "Ortsbeschreibung", befaßt sich mit dem großmaßstäbigen meßtechnischen Erfassen (Aufnehmen) des Geländes und der Geländebedeckung (siehe dort). Großmaßstäbig bedeutet hier eine (kartographische) Darstellung der Aufnahmeergebnisse in Kartenmaßstäben 1:300 000 und größer (also etwa 1:100 000, 1:25 000, 1:5 000 oder noch größer). Topographische Karten können definiert werden als Karten bis zu Maßstäben 1:300 000/1:500 000, die die integrale Wirklichkeit der Landschaft charakteristisch vereinfacht, begrifflich klar und innerhalb vorgegebener Fehlergrenzen geometrisch richtig wiedergeben (SCHMIDT-FALKENBERG 1960). Eine Definition der Topographie kann danach auch so formuliert werden: Topographie ist die meßtechnische und begriffliche Erfassung des Geländes, der Geländebedeckung und sonstiger Dinge oder Eigenschaften der Landschaft (SCHMIDT-FALKENBERG 1971). Für den Begriff Landschaft gilt dabei die (vorgenannte) Definition von CAROL.

|andere Sinngehalte|
Die Benennung "Landschaft" (auch "Landschafft") war in früherer Zeit aber auch Synonym für "Provinz" und, im staatsrechtlichen Sinne, für "Landstände", wie beispielsweise die "Churfürstliche/Sechsische Ordnung/..." von 1580 bezeugt (Churfürst...1580).

Der Begriff Landschaftsmodell
Unabhängig von den zahlreich vorliegenden, insbesondere von Geographen gegebenen Definitionen des Begriffes Landschaft wird **hier** die "Landschaft" als ein Gegenstand unserer Abstraktion aufgefaßt. Das *System Landschaft* sei sodann definiert als

ein *offenes* System (im Sinne des Systems Erde). Das System Landschaft *kann* ein Subsystem des Systems Erde sein, aber auch ein Subsystem des Systems Erdmond (Erdmondlandschaft), des Systems Mars (Marslandschaft), des Systems Venus (Venuslandschaft)... Entsprechend den Ausführungen zum Begriff Modell sprechen wir außerdem vom *Systemmodell Landschaft*, oder (als Kurzfassung) von temporären beziehungsweise multitemporären *Landschaftsmodellen*.

|Topographische, chorographische und thematische Landschaftsmodelle|
Werden Daten zur Entwicklung (Definition, Verifikation, Weiterentwicklung) eines Landschaftsmodells nach den Vorgaben der *Topographie* gewonnen, dann sprechen wir von einem *topographischen Landschaftsmodell*. Erfolgt das Gewinnen der Daten nach den Vorgaben *anderer (Geo-) Wissenschaften* (Geomorphologie, Geologie, Hydrologie...Geographie), dann sprechen wir analog von einem geomorphologischen, geologischen, hydrologischen... Landschaftsmodell, oder allgemein: von einem *thematischen Landschaftsmodell,* wenn dabei die thematischen Daten raumbezogen und (zur Verbesserung der Orientierung beim Betrachten des Modells) in einem geeignet-minimierten topographischen Landschaftsmodell eingebettet (integriert) sind. Wenn das *geographische* Landschaftsmodell nach bestimmten Vorgaben der Physiogeographie/Chorographie entwickelt wurde, dann kann es *chorographisches Landschaftsmodell* genannt werden. Da die Vorgaben von Topographie (als "Ortsbeschreibung") und Chorographie (als "Landschaftsbeschreibung") zur Entwicklung von Landschaftsmodellen prinzipiell gleichartig sind, besteht der Unterschied zwischen einem topographischen und einem chorographischen Landschaftsmodell vorrangig im Erfassungsmaßstab: topographisches Landschaftsmodell = großmaßstäbig, chorographisches Landschaftsmodell = kleinmaßstäbig.

|Chorographie|
"Chorographie" wird hier als Landschaftsbeschreibung aufgefaßt (MKL 1906). Mit "Chorologie" wurde zur damaligen Zeit die Pflanzen- und Tiergeographie bezeichnet. Die Ausführungen zum Stichwort "Chorologie" in Westermanns Lexikon der Geographie (Sonderdruck 1967: Methodische Begriffe der Geographie, besonders der Landschaftskunde) geben einen Überblick über die in der Geographie bestehenden diesbezüglichen unterschiedlichen Auffassungen. Eine Synonymität von Chorographie und Chorologie sollte in jedem Falle ausgeschlossen bleiben.

Geoinformationen und Geoinformationssystem

Geoinformationen sind Informationen über Objekte und Sachverhalte im Systems Erde mit räumlicher Fixierung, etwa in einem 3-dimensionalen Koordinatensystem. *Rechnerlesbare* Geoinformationen werden *Geodaten* genannt. Entsprechend der vorstehenden Unterscheidung zwischen topographischen und thematischen Daten wird verschiedentlich innerhalb der Geodaten unterschieden zwischen *Geobasisdaten* und *Geofachdaten*. Als Geobasisdaten gelten jene Daten, die die Landschaft und/oder Vorgänge darin charakteristisch, also topographisch beschreiben. Als Geofachdaten gelten jene Daten, die die Landschaft und/oder Vorgänge darin speziell, also thematisch beschreiben. Ein *Geoinformationssystem* (oft durch GIS gekennzeichnet) ist ein Informationssystem, in dem Geodaten gespeichert sind und das ausgestattet ist mit verschiedenen Funktionen zur Datenerfassung, Datenaktualisierung, Datenmanipulation, Datenverwaltung sowie zur Analyse solcher Daten und der Ausgabe (Visualisierung) von Analyseergebnissen in Form von kartographischen Darstellungen. Sogenannte *Metadaten* beschreiben Geo-Datensätze.

1963 entstand in Canada erstmals ein ziviles System dieser Art, das Canadian Geographic Information System (FREITAG 2004), das zugleich Namengeber war für die Benennung „Geographisches Informationssystem", die oftmals synonym benutzt wird mit Geoinformationssystem.

1992 entstand in den USA die Digital Chart of the World (DCW) als erste *globale* Datenbasis im Maßtsab 1:1 000 000.

1996 folgten dann erste kommerzielle Kartographie-Programme für die Nutzung im Internet (FREITAG 2004).

Ein inhaltsreiches **globales GIS** ist bisher wohl nur für militärische Aufgaben verfügbar (USA, Pentagon)? Europäische und deutsche Aktivitäten bezüglich der Einrichtung von (amtlichen) *regionalen* Geoinformationssystemen sind in BKG (2002) aufgezeigt.

„Internationales Geophysikalisches Jahr 2007/2008", Impulsgeber für interdisziplinäre Forschungsansätze?

Wie zuvor gesagt, werden in den folgenden Ausführungen die Fachgrenzen der gängigen Wissenschafts-Disziplinen an den Universitäten *bewußt* überschritten, denn wie sich zeigt, fördern *interdisziplinäre Forschungsansätze* nicht nur *multidisziplinäre Zusammenarbeit*, sondern „erzwingen" sie letztlich sogar, wie beispielsweise der Forschungsansatz „Plattentektonik" überzeugend aufzeigt. Einer der Gründe für diese Zielsetzung, interdisziplinäre Forschungsansätze verstärkt anzugehen, ist sicherlich die explosionsartige Zunahme der Erdbevölkerung. Wohin führt eine unbegrenzte Zunahme?. Hier wird in der Beantwortung vor allem auf die nicht erweiterbare Geländeoberfläche der Erde und auf die damit verbundene Verstärkung der Wechselbeziehungen zwischen dem Menschen und seinem Lebensraum verwiesen. Wenn das *System Erde* als eine *endliche Menge* im Sinne der Mengentheorie betrachtet wird, dann stellen sich (wie im Vorwort angesprochen) unter anderen die Fragen: Kennzeichnet diese endliche Menge das System Erde hinreichend, so daß |*Verstehen, Vorhersagen und eventuell Steuern*| möglich werden? Kann eine mengentheoretische Verknüpfung der hier behandelten 8 Teilmengen des Systems Erde hergestellt werden, also eine Verknüpfung zwischen den *Hauptpotentialen* des Systems Erde? Lassen sich diese Hauptpotentiale durch wenige *mathematische funktionale Größen* darstellen, etwa solcher, die die *Energie* des Potentials beschreiben?

Die internationale Dachorganisation der Wissenschaft: *International Council for Science* (ICSU) hat eine Planungsgruppe beauftragt, für ein
„Internationales Geophysikalisches Jahr 2007/2008"
bis 2005 einen endgültigen Plan für die Gestaltung dieses Vorhabens vorzulegen. Es wäre sicherlich sinnvoll, wenn hier
interdisziplinäre Forschungsansätze
verstärkt Eingang finden würden!

Der Gedanke, sogenannte Internationale Geophysikalische Jahre durchzuführen, basiert auf der nach 1870 entwickelten Sichtweise, die Polargebiete der Erde nicht nur durch Expeditionen zu erforschen, sondern dort auch Meßstationen einzurichten. 1874 legte der Direktor der Deutschen Seewarte, Georg v.NEUMAYER (1826-1909) die Bedeutung solcher Dauerstationen in den Polargebieten dar und unabhängig von ihm 1875 auch der österreichische Polarforscher Karl WEYPRECHT (1838-1881). Als Ergebnis dieser und weiterer Bemühungen kam es zur Durchführung eines „Internationalen Polarjahres 1882/1883", an dem sich 10 Staaten beteiligten. 50 Jahre später fand, angeregt durch den deutschen Polarforscher und Meteorologen Johannes GEORGI (1888-1972), ein weiteres „Internationales Polarjahr 1932/1933" statt, an dem sich 49 Staaten beteiligten. Die internationale Dachorganisation, der Internationale Rat wissenschaftlicher Vereinigungen ICSU veranlaßte in Fortsetzung der vorgenannten Polarjahre sodann die Durchführung des „Internationalen Geophysikalischen Jahres 1957/1958", an dem sich 67 Staaten beteiligten und das sich nunmehr auf die ganze Erde bezog. Erdweit waren bei diesem Geophysikalischen Jahr ca 2 500 Meßstationen beteiligt und mehr als 12 000 Wissenschaftler eingebunden (AWI 1994). Das Jahr 2007 markiert mithin ein 125-, 75- und 50-jähriges Jubiläum dieser internationalen Forschungsaktivität.

2

Räumliche Fixierung von Beobachtungsergebnissen.

Globale Flächensummen der Hauptpotentiale des Systems Erde.

Seit etwa 1960 ist der Mensch imstande, von Raumfahrzeugen aus, die sich in Umlaufbahnen um die Erde bewegen, das Antlitz der Erde, das Gesicht der Erde, das *Erscheinungsbild* der Erde und vor allem auch den *ständigen Wandel* dieses Bildes sehr viel genauer und in sehr viel kürzeren Zeitabständen durch Beobachtung (Messung, Erhebung...) zu erfassen als zuvor.

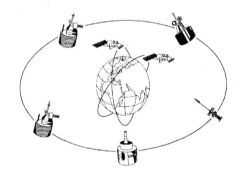

Genauer und kürzer gelten besonders für Datensätze, die sich auf die ganze Erde beziehen, auf *globale Datensätze*, weniger auf regionale oder örtliche. Mit anderen Worten gesagt: die vom Meßprinzip abhängige minimale *Beobachtungsphase* für globale Datensätze ist durch die heutige Beobachtungsmöglichkeit aus dem Weltraum erheblich weiter minimiert (verkleinert) worden; bei Bedarf kann die *Beobachtungsfrequenz* dementsprechend gesteigert werden.

Satelliten-Erdbeobachtungssysteme
Die Wechselwirkungen zwischen der menschlichen Gesellschaft und ihrem Lebensraum verstärken sich in heutiger Zeit in einem Maße wie nie zuvor in der Erdgeschichte seit dem Aufkommen des Menschen. Um die bestehende, (noch) hinreichend menschenfreundliche ökologische dynamische Stabilität zu erhalten, bedarf es einer

umfassenden Überwachung der Veränderungen der existentiellen Umweltparameter, die sich heute offensichtlich zunehmend schneller verändern als noch vor einigen Jahrzehnten. Die *globale* Erfassung solcher Umweltparameter ist fast nur mit Hilfe von erdumkreisenden Satelliten möglich. Grundlegende Satellitensysteme zur *Umweltüberwachung* (zur Überwachung des Systems Erde) sind die Satellitensysteme in der *geostationären* Umlaufbahn und in den *polnahen* Umlaufbahnen.

Geostationäre Satellitensysteme
Herausragende Satellitenserien in diesem Bereich sind (für die hier skizzierte Aufgabenstellung)
- ab 1975   NOAA-GOES (USA)
- ab 1977   METEOSAT (Europa, ESA, EUMESAT)
- ab 1977   GMS (Japan)

Diese und einige weitere Satellitenserien dieser Art dienen vorrangig der *Wettervorhersage*. Die sogenannten 1. Generationen dieser Serien sind daher im Rahmen des Atmosphärenpotentials (Abschnitt 10) übersichtlich zusammengestellt. Da diese Satellitensysteme *nunmehr* verstärkt auch zur Umweltüberwachung genutzt werden, sind die nachfolgenden Generationen, die vorrangig zugleich der *Landbeobachtung* dienen, im Rahmen des Graslandpotentials (Abschnitt 8) dargestellt. Jene Satellitensysteme die vorrangig zugleich der *Meerbeobachtung* dienen, sind im Rahmen des Meerespotentials (Abschnitt 9) ausgewiesen. Da eine strenge Trennung in diesem Sinne nicht immer möglich ist, sind dieselben Satellitensysteme in mehreren Abschnitten genannt, wobei jeweils jene an Bord befindlichen Sensoren besonders behandelt sind, die einen Beitrag zum betreffenden Hauptpotential erbringen beziehungsweise erbracht haben. Diese Vorgehensweise gilt auch für die nachstehend angesprochenen Satellitensysteme in den polnahen Umlaufbahnen.

Satellitensysteme in polnahen Umlaufbahnen
Herausragende Satellitenserien in diesem Bereich sind (für die hier skizzierte Aufgabenstellung)
- ab 1960   TIROS (USA)
- ab 1965   DMSP (USA)
- ab 1969   METEOR (UdSSR, Russland)
- ab 1970   NOAA-POES (kurz: NOAA) (USA)
- ab 1972   LANDSAT (USA)
- ab 1986   SPOT (Frankreich)
- ab 1991   ERS-1 (Europa, ESA)
- ab 1992   JERS (Japan)
- ab 1995   RADARSAT (Canada)
- ab 1999   TERRA (USA)

ab 2002   ENVISAT (Europa, ESA)
Diese und weitere Satellitenserien entsprechender Art dienten/dienen vorrangig der *Landbeobachtung* und (zumindest teilweise) gleichzeitig auch der *Meerbeobachtung* sowie der *Wettervorhersage* und der *Atmosphärenforschung*. Deshalb sind einige dieser Satelliten in mehreren Abschnitten (mit gleicher Bezeichnung) ausgewiesen. Neben den Satelliten in "polnahen" Umlaufbahnen sind auch die in "zwischenständigen" Umlaufbahnen sich bewegenden Satelliten genannt. Alle erfaßten
Erdbeobachtungssatelliten
sind gegliedert in solche
vorrangig zur Beobachtung von
Meereis, polaren Eiskappen und Schneedecken   (Abschnitt 4.3.01)
vorrangig zur **Landbeobachtung**   (Abschnitt 8.1)
vorrangig zur **Meerbeobachtung**   (Abschnitt 9.2.01)
vorrangig zur **Atmosphärenbeobachtung**   (Abschnitt 10.3)
Neben diesen Erdbeobachtungssatelliten sind in Übersichten auch zusammengestellt
Satelliten,
die vorrangig zur Erforschung
des **Schwerefeldes** der Erde   (Abschnitt 2.1.03)
der **Wechselwirkungen** zwischen Sonne/Erde   (Abschnitt 4.2.04)
des **Magnetfeldes** der Erde   (Abschnitt 4.2.07)
dienten/dienen.

Satelliten-Beobachtungssysteme
zum Erfassen der aus dem Weltraum kommenden Strahlung
Das System Erde empfängt aus seiner kosmischen Umgebung Strahlung (Energie) und gibt Strahlung (Energie) an diese ab. Seit etwa 1950 werden in zunehmendem Maße neben dem Licht (dem sichtbaren, dem visuellen Spektralbereich) auch weitere Bereiche des elektromagnetischen Wellenspektrums beobachtet. Im Zusammenhang mit diesen Beobachtungen sind zu unterscheiden: Beobachtungen von der Land/Meer-Oberfläche aus und Beobachtungen außerhalb der Erdatmosphäre. Die bei Beobachtungen außerhalb der Erdatmosphäre eingesetzten *Satelliten* sind im
Abschnitt 4.2.01
ausgewiesen und zwar getrennt für die
- sichtbare (visuelle) Strahlung   (VIS-Satelliten)
- Ultrarotstrahlung (Infrarotstrahlung)   (Ultrarot-Satelliten)
- Radiofrequenzstrahlung
- Ultraviolettstrahlung   (Ultraviolett-Satelliten)
- Röntgenstrahlung   (Röntgen-Satelliten)
- Gammastrahlung   (Gamma-Satelliten)
- Kosmischen Strahlung, Gravitationsstrahlung.

Die Träger von weltraumfesten und erdfesten Bezugssystemen

Zur umfassenden räumlichen Fixierung erdweiter Beobachtungsergebnisse der Geodäsie, der Geophysik und anderer Geowissenschaften sind mathematisch-physikalisch definierte Ordnungssysteme notwendig, die es erlauben, die Positionen diskreter Punkte in einem Raum-Zeit-Kontinuum darzustellen. Als Ordnungssysteme solcher Art gelten *geodätische Bezugssysteme*. Damit sie ihre Aufgaben erfüllen können, müssen sie nicht nur *definiert*, sondern auch *realisiert* werden, wobei zu berücksichtigen ist, daß die Naturgesetze unabhängig vom jeweiligen System sind und das Naturgeschehen bei jedem Systemwechsel sich als invariant erweisen muß. Die

● *Definition*

geodätischer Bezugssysteme (engl. reference Systems) umfaßt im allgemeinen Modelle, Parameter und Konstanten. Da in der deutschen Sprache sowohl die Benennung Bezugssystem als auch die Benennung Referenzsystem (abgeleitet vom franz. reference) gebräuchlich sind, werden beide Benennungen hier als Synonyme verwendet. Die

● *Realisierung*

eines Bezugssystems umfaßt die Zuordnung von Koordinaten und gegebenenfalls Geschwindigkeiten zu vermarkten Punkten oder Quasaren, die den sogenannten *Bezugsrahmen* (engl. reference frame) bilden. Die numerischen Werte (Konstanten, Koordinaten) werden dabei im allgemeinen erhalten aus physikalischen Experimenten und/oder Beobachtungen beziehungsweise Messungen. Diese sind mithin Bestandteil der Realisierung. Zur umfassenden räumlichen Fixierung sind zwei unterschiedliche Bezugssysteme erforderlich: ein *weltraumfestes* und ein *erdfestes* Bezugssystem.

Weltraumfestes Bezugssystem

Als Träger des weltraumfesten (extraterrestrischen) Bezugssystems sind jene *Signalquellen* am Rande des bekannten Weltraums geeignet, die keine (zusätzliche) Eigenbewegung erkennen lassen (wie etwa Quasare) und damit diesem Bezugssystem die Eigenschaften eines (quasi-)*inertialen* Systems verleihen (*Inertialsysteme* sind Bezugssysteme, in denen sich kräftefreie Objekte geradlinig und gleichförmig bewegen). Die gegenseitige Einmessung einer begrenzten Anzahl solcher Signalquellen kann als *Realisierung* des Systems gelten, insbesondere dann, wenn diese Quellen im Weltraum so verteilt sind, daß eine stabile Lagerung des Systems angenommen werden kann. Hinweise zur Optimierung von VLBI-Beobachtungsplänen geben HASE (1999), STEUFMEHL (1994).

Erdfestes Bezugssystem

Als Träger erdfester (terrestrischer) Bezugssysteme dienen meist punkthafte Markierungen beziehungsweise *Vermarkungen*. Entsprechend ihrer Verteilung auf den

Landflächen der Erde sind sie Träger *regionaler* oder *globaler* Systeme. Zur umfassenden räumlichen Fixierung erdweiter Beobachtungsergebnisse ist ein erdfestes *globales* System erforderlich. Damit ein solches globales Bezugssystem auch dann "erdfest" bleibt, wenn sich die Positionen der vermarkten Punkte durch *Relativbewegungen* ändern, werden den einzelnen Punkten individuelle Koordinatenkorrekturbeträge entsprechend den aus einem (kinematischen) *Plattenbewegungsmodell* abgeleitete Horizontalgeschwindigkeiten zugeordnet. Bisher diente dafür meist das geologisch-geophysikalische Plattenbewegungsmodell NNR-NUVEL1A (No Net Rotation-NUVEL1A), das von 16 starren Lithosphärenplatten ausgeht und außerdem annimmt, daß die globale Summe aller Plattenrotationen hinsichtlich ihrer horizontalen Bewegung zu Null gemacht wird (no-net-rotation condition). Nach heutiger Erkenntnis ist dies nicht mehr ausreichend (und im genannten Modell auch nicht erfüllt, DREWES 1999), denn entlang ausgedehnter Randzonen der Plattengrenzen ergaben sich signifikante Abweichungen zwischen diesem Bewegungsmodell und geodätisch bestimmten Bewegungsmodellen (Abschnitt 2.1.01). Ein aktuelles geodätisch bestimmtes Modell ist das im Abschnitt 3.2.01 erläuterte Aktuelle plattenkinematische Modell (APKIM), das die *heutigen* Bewegungen der Platten angibt und neben den "starren" Platten auch Deformationszonen enthält (bezogen auf eine Zeitskala von wenigen Jahren).

Verknüpfung beider vorgenannter Bezugssysteme
Die Realisierung von globalen Bezugssystemen basiert auf Messungen, die sich auf terrestrische und extraterrestrische Träger (vermarkte Punkte, Quasare) stützen. Am Meßvorgang sind mithin zwei sehr unterschiedliche Bezugssysteme beteiligt, die durch den Meßvorgang in eine gewisse Kommunikation eintreten. Das extraterrestrische und das terrestrische (globale) Bezugssystem sind dabei definiert durch ihre Träger(punkte) und durch Richtungsfestlegungen (beispielsweise der Achsen des Koordinatensystems). Die Verknüpfung von extraterrestrischen mit terrestrischen Punktfeldern, von extraterrestrischer mit terrestrischer "Vermarkung", eines (quasi) weltraumfesten Systems mit einem (quasi) erdfesten *globalen* System ermöglicht vor allem Aussagen zur Orientierung und Kinematik (Rotation und Translation) des Systems Erde im Weltraum. Die mathematische Transformation zwischen weltraumfesten und erdfesten Bezugssystem ist übersichtlich beschrieben in TESMER (2004).

Zum Entwicklungstand weltraumfester und erdfester Bezugssysteme

Im Zusammenhang mit der Unterscheidung *weltraumfest* und *erdfest* werden diesbezügliche Bezugssysteme in der englischen Sprache meist gekennzeichnet durch *celestial* und *terrestrial* beziehungsweise *Celestial Reference System* und *Terrestrial Reference System*. Da der Auf- und Ausbau eines *definierten* Bezugssystems im allgemeinen schrittweise vollzogen wird, können die einzelnen Schritte als jeweilige *Realisierungen* des Systems betrachtet werden. In diesem Zusammenhang werden in der englischen Sprache oftmals unterschieden *Reference System* (Bezugssystem) und *Reference Frame* (Bezugsrahmen). Ein Bezugssystem wird hier durch einen Bezugsrahmen materialisiert (durch Koordinatengebung aufgrund von Messungsergebnissen und anderes).

IAG (International Association of Geodesy), IUGG (International Union of Geodesy and Geophysics) und IAU (International Astronomical Union) haben in Empfehlungen und Resolutionen die Einführung von diesbezüglichen Bezugssystemen gefordert und weitgehend definiert. 1991 hat IAU entsprechende Empfehlungen zu einem zälestischen (und teilweise auch zu einem terrestrischen) Bezugssystem verabschiedet. Da IERS (International Earth rotation and Reference systems Service) bei der Bestimmung von Erdrotationsparametern auf zälestische und terrestrische Bezugssysteme beziehungsweise deren Realisierungen angewiesen ist, nimmt dieser die Veröffentlichung diesbezüglicher Ergebnisse wahr, die aus international koordinierten Messprogrammen hervorgehen (HASE 1999). IERS ist 1988 von IAU und IUGG eingerichtet und 2000 umstrukturiert worden (siehe auch Internationale Dienste...)

Weltraumfestes Bezugssystem:
ICRS
Die Abkürzung steht für *International Celestial Reference System*. Nach den von IAU gemachten Vorgaben und den Definitionen von IERS entstand das vorgenannte Bezugssystem, das ab **01.01.1998** Gültigkeit erhielt (bkg 5/1999). Es basiert auf VLBI-Beobachtungsergebnissen und hat eine höhere Genauigkeit als der auf *optischen* Beobachtungsergebnissen basierende (vorhergehende) Fixsternkatalog FK5 J2000.0 (entspricht 1. Januar 2000, 12.00 Weltzeit UT1). Als Träger des neuen Fundamentalkatalogs ICRS (beziehungsweise seiner Realisierung ICRF) dienen Signalquellen, deren Entfernung von der Erde größer als 1,5 Milliarden Lichtjahre ist und die keine (zusätzliche) Eigenbewegung erkennen lassen (wie etwa Quasare). Auf die Angabe einer *Epoche* für das System ICRS wird daher verzichtet (auch für die diesbezüglichen Realisierungen). Verschiedentlich wird sie jedoch mit J2000.0 bezeichnet (WENDT 1999). Der *Ursprung* des Bezugssystems liegt im Baryzentrum (Massenmittelpunkt) unseres Sonnensystems, wobei das Sonnensystem als hinreichend isoliert von den benachbarten Sternensystemen unserer Galaxie (der Milchstraße) angenommen wird. Die Achsenrichtungen von ICRS sind so definiert, daß die Änderungen gegenüber früheren Systemen klein sind.

Realisierungen des weltraumfesten Bezugssystems:
ICRF (gültig ab 1998)
Die Abkürzung steht für *Internatinal Celestial Reference Frame*. Sie kennzeichnet die jeweiligen Realisierungen für ICRS. Die Internationale Astronomische Union

(IAU) hat den Internationalen Erdrotationsdienst (IERS) mit der Aufrechterhaltung von ICRS beauftragt (bkg 5/1999). ICRF (1998) löst den bis dahin gültigen, auf *optisch* erfaßbare Objekte basierenden Fixsternkatalog FK5 ab.

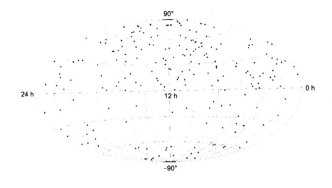

Bild 2.1 Verteilung der 212 definierenden Radioquellen des Fundamentalkatalogs ICRF. Genauigkeit ± 0,3 - 0,7 mas. Es bedeutet 1 mas = 1 Millibogensekunde = 1/1 000 Bogensekunde = 0.001 Bogensekunden. Quelle: HASE (1999)

● **ICRF**
wurde zunächst repräsentiert durch den extragalaktischen Radioquellenkatalog (Extragalactic CRF) mit der Katalogbezeichnung RSC(WGRF)95R01. Er enthält insgesamt Angaben (Rektaszension, Deklination) zu 608 Radioquellen. Die in der Katalogbezeichnung enthaltene Abkürzung WGRF (Working Group on Reference Frames) kennzeichnet die Arbeitsgruppe, die aus 1 647 800 VLBI-Beobachtungen des Zeitraums 1979-1995 den Katalog erstellt hat (BROSCHE/SCHUH 1999, HASE 1999). 212 von den zuvor genannten Radioquellen wurden sodann als "Definitions-Radioquellen" (defining sources) ausgewählt. Sie bilden nunmehr den **Fundamentalkatalog ICRF**. 294 haben den Charakter von "Kandidaten" (candidates), die eventuell (nach qualitativen Verbesserungen) in die Gruppe der Definitions-Radioquellen aufrücken können. 102 gelten als "andere Radioquellen" (others); sie dienen unter anderem zum Schließen von "Lücken" am südlichen Himmel.
Die Genauigkeit der Orientierung der Achsen des ICRF soll bei ± 0,2 mas liegen, was einer Unsicherheit von ca ± 5 mm im erdfesten Bezugssystem (also auf der Oberfläche des Erdellipsoids) entspricht.
● **USNO-RRF** (veröffentlicht 1995)
Die Abkürzung steht für USNO-*Radio Reference System*. United States Naval Observatory (USNO) hat gemeinsam mit anderen Institutionen VLBI-Beobachtungen im S- und X-Band aus dem Zeitraum 1979-1994 von insgesamt 560 Radioquellen zur Berechnung von RRF benutzt, das als Radioquellenanteil einen geplanten "Radio Optical Reference Frame" (RORF) gedacht ist (HASE 1999).
● **HIPPARCOS-Katalog** (veröffentlicht 1997)

Die Abkürzung steht für *High Precision Collecting Satellite* (Abschnitt 4.2.01). Das europäische Projekt (ESA) hat zur Bestimmung der Positionen, Parallaxen und Eigenbewegungen von mehr als 500 000 Sternen im Zeitraum von 1989-1993 geführt (HASE 1999). Der Katalog enthält Angaben zu ca 100 000 Sternen und ersetzt im *optischen* Spektralbereich die bisherigen (traditionsreichen) FK-Kataloge, wie beispielsweise die Fixsternkataloge des Astronomischen Rechen-Instituts in Heidelberg FK3 (1937), FK4 (1963) und **FK5** (1988) (HASE 1999, BROSCHE/SCHUH 1999). Während der HIPPARCOS-Katalog nur durch wenige Beobachtungsjahre gekennzeichnet ist, enthält beispielsweise der FK5 Beobachtungen aus einem Zeitraum von mehr als 100 Jahren. Inzwischen ist ein 6. Fundamentalkatalog erschienen: **FK6**. Eine eingehende Darstellung der Entwicklung von den weltraumfesten "optischen" zu den "Radio-Referenzsystemen" ist in WALTER/SOVERS (2000) enthalten.

Erdfestes Bezugssystem (global):
ITRS
Die Abkürzung steht für *International Terrestrial Reference System*. Die von einer Arbeitsgruppe der Internationalen Assoziation für Geodäsie (IAG) vorgelegten Empfehlungen für ein solches System wurden 1991 von der Internationalen Union für Geodäsie und Geophysik (IUGG) und der ihr zugehörigen IAG (anläßlich der 20. Generalversammlung in Wien) angenommen. Eine prägnante Beschreibung der Definitionsteile (Ursprung, Maßstab, Orientierung und anderes) ist enthalten in HASE (1999). Die Realisierungen von ITRS werden charakterisiert durch die geozentrisch-cartesischen Koordinaten x,y,z der beteiligten Meßstationen. Sind anstelle dieser Koordinaten geographische Koordinaten B,L,h erwünscht wird empfohlen, für die Transformation das Bezugsellipsoid GRS 80 zugrundezulegen. Als Ursprung des geozentrisch-cartesischen Koordinatensystems x,y,z gilt das Massenzentrum des Systems Erde (wobei im System auch Hydrosphäre und Atmosphäre eingeschlossen sind). Nach heutiger Erkenntnis ist davon auszugehen, daß der Massenmittelpunkt des Systems Erde variiert mit einer jährlichen und halbjährigen Periode im Millimeterbereich (die Lagestabilität des Geozentrums im Raum ist im Abschnitt 2.1.01 nochmals angesprochen).

Realisierungen des erdfesten globalen Bezugssystems:
ITRF
Die Abkürzung steht für *International Terrestrial Reference Frame*. Sie kennzeichnet die jeweiligen Realisierungen für das ITRS. Auf diese Realisierungen wird nachfolgend gesondert eingegangen (Abschnitt 2.1.01).

Verknüpfung von
ICRF und **ITRF**
Eine Verknüpfung zwischen ICRF und ITRF (und damit zwischen ICRS und ITRS) läßt sich durch die Beschreibung der *Bewegung* des Systems Erde im Weltraum

herstellen (etwa durch die Phänomene Präzession, Nutation, Erdrotation), wobei Modelle und aus Messungen abgeleitete Parameter benutzt werden (bkg 5/1999).

VLBI ist derzeit die einzige Messtechnologie, mit dessen Hilfe die Bewegung des Systems Erde im Weltraum in einem (quasi-) inertialen Bezugssystem hochgenau abbildbar ist (siehe VLBI-Technologie).

**Internationale Dienste
zur Bestimmung von Erdparametern und
zur Realisierung von Bezugssystemen**

Wie eingangs dargelegt, ist zur umfassenden räumlichen Fixierung erdweiter Beobachtungsergebnisse der Geowissenschaften ein weltraumfestes und ein erdfestes globales Bezugssystem (Referenzsystem) erforderlich.

Historische Vorbemerkung
Zur Einrichtung des konventionellen weltraumfesten (quasi-)inertialen Referenzsystems **CIS** (Conventional Inertial Reference System) wurden anfangs *Fixsterne* benutzt mit den von der *Astronomie* bestimmten Werten für Position, Eigenbewegung, Einfluß von Präzession und Nutation. Mit dem Entstehen von globalen Meß-Datensätzen wuchs in zunehmendem Maße das Verlangen nach Schaffung eines *globalen* erdfesten Referenzsystems. Doch dazu bedurfte es noch einiger Abklärungen, etwa bei der Definition und Festlegung der Erdrotationsparameter und anderes. Nachdem zuvor noch die
  geographische Längenzählung
vereinheitlicht und die
  Weltzeit auf den Nullmeridian Greenwich bezogen
worden waren, nahm 1899 der Internationale Polbewegungsdienst **IPMS** (International Polar Motion Service) seinen Dienst auf. 1913 erfolgte die Einrichtung des Büros des Internationalen Zeitdienstes **BIH** (Bureau International de l'Heure), womit der Bezug der Weltzeit auf den Nullmeridian Greenwich endgültig festgelegt war. Die Einrichtung des konventionellen globalen erdfesten Referenzsystems **CTS** (Conventional Terrestrial Reference Systems) schritt voran. Um die Bestimmung der Erdpolbewegung sowie die Definition und Festlegung der Erdrotationsparameter und der damit möglichen Verbindung von CTS und CIS hat sich bis um 1987 IPMS bemüht. Die von ihm festgelegte mittlere Pollage 1900.0-1906.0 **CIO** (Conventional International Origin) dient noch immer als erdfeste Referenz der z-Achse. Ausführungen über die Achsen heute benutzter Koordinatensysteme und Epochen sind im Abschnitt 3.1.01 enthalten.

Ab 1988 hat der in Kooperation von IAU (Internationaler Astronomischer Union) und IUGG (Internationaler Union für Geodäsie und Geophysik) neugegründete

Internationale Erdrotationsdienst **IERS** (International Earth rotation and Reference systems Service) neben anderen auch die Aufgaben von IPMS und BIH übernommen. IERS wurde 2000 umstrukturiert. Unter Berücksichtigung der Beschlüsse der IAU-Generalversammlung in Buenos Aires 1991 hat die IUGG-Generalversammlung in Wien 1991 sodann beschlossen, das konventionelle globale erdfeste Referenzsystem (CTS) neu zu definieren und die neue Definition durch eine *andere Abkürzung* zu kennzeichnen: **CCRS** (Conventional Celestial Reference System) und **CTRS** (Conventional Terrestrial Reference System). Bezüglich CTRS hat IERS die vorgegebene allgemeine Definition entsprechend umgesetzt: gekennzeichnet durch **ITRS** (International Terrestrial Reference System) (siehe zuvor).

Internationaler Erdrotationsdienst und Internationaler GPS-Dienst
Die koordinatenmäßige Festlegung von erdfesten globalen und regionalen Punktfeldern beziehungsweise die Realisierung von entsprechenden Bezugssystemen (Referenzsystemen) wird heute in zunehmendem Maße mit Hilfe der Daten von permanent arbeitenden Beobachtungsstationen (insbesondere GPS-Permanentstationen) vorgenommen. Es sind inzwischen eine Anzahl von Einrichtungen gebildet worden, die sich dieser Aufgabe im globalen und im regionalen Bereich annehmen, wie etwa IERS, IGS.

Internationaler Erdrotationsdienst (ab 1988, 2000 umstrukturiert)
IERS
Die Abkürzung steht für *International Earth rotation and Reference systems Service*. IERS hat ab 1988 die Aufgaben von IPMS (Internationaler Polbewegungsdienst) und BIH (Büro des Internationalen Zeitdienstes) übernommen. Sowohl IERS wie auch IGS sind auf Vorschlag der Internationalen Assoziation für Geodäsie (IAG) eingerichtet worden. Da beide Dienste teilweise gleiche Produkte erzeugen, ist eine enge Zusammenarbeit sinnvoll; sie wird durch Entsenden von Vertretern in das Führungsgremium der jeweils anderen Organisation verwirklicht (BEUTLER 1994). Die Aufgaben des *Zentralbüros* des IERS nimmt ab 2001 das Bundesamt für Kartographie und Geodäsie (bkg) in Frankfurt am Main wahr (zuvor Observatoire in Paris) (bkg 2001).

Internationaler GPS-Dienst (ab 1994)
IGS
Die Abkürzung steht für *International GPS Service for Geodynamics*. Der Internationale GPS-Dienst (so benannt von BEUTLER) hat 1994 seine Arbeit aufgenommen. Vorrangiges Ziel dieses Dienstes ist es, wenige Tage nach der Messung aus GPS-Daten abgeleitete Produkte bereitzustellen. Die GPS-Daten werden zunächst gesammelt, archiviert und weiterverteilt, sofern deren Qualität als ausreichend erscheint. IGS benutzt diese Daten dann als Basis zur Erzeugung verschiedener Produkte (siehe nachfolgende Ausführungen). Derzeit sind eine Anzahl von Datenzen-

tren sowie Rechenzentren/Analysezentren am IGS beteiligt. Die von diesen Zentren erstellten Produkte können vom Nutzer dort abgerufen werden, genauere und zuverlässigere Kombinationen davon bei den IGS-Produktzentren in Paris oder Washington. Das Zentralbüro von IGS befindet beim JPL (der NASA) in Pasadena/USA. Nach den Zielen des IGS (ZUMBERGE et al. 1995) sollte das künftige globale IGS-Punktfeld aus 30-40 Kernstationen (engl. core stations) und weiteren 150-200 Feststationen (engl. fiducial stations) bestehen, so daß ein *erdumfassendes Punktfeld* mit etwa 200-250 Punkten zur Verfügung stehen würde, dessen *Kinematik* IGS beziehungsweise einzelne Analysezentren in gewissen Zeitabständen überwachen würden. Die von den Kernstationen ermittelten GPS-Daten werden dabei routinemäßig für die zu erzeugenden IGS-Produkte genutzt.

Um 1996 sandten über 70 beobachtende IGS-Stationen ihre GPS-Daten an die Datenzentren, die von den Rechenzentren/Analysezentren (jeweils in Teilpunktfeldern) ausgewertet und anschließend über den Internationalen Erdrotationsdienst (IERS) in ITRF eingefügt werden (ANGERMANN et al. 1996, DREWES 1995). Bestehende und geplante Meßstationen zeigt Bild 2.2. Inzwischen sind 150-200 GPS-Stationen am IGS beteiligt (HABRICH/HERZBERGER 1998, DACH 2000). IGS kann gegenwärtig bereits von mehreren hundert Punkten der Geländeoberfläche hochgenaue Orts- und Geschwindigkeitsvektoren zur Verfügung stellen.

● *Permanent messende* GPS-Stationen (GPS-Permanentstationen) (ab 1988)
Sie sind eine wesentliche Grundlage für technologische Weiterentwicklung und flexiblere Nutzung der GPS-Technologie.
1988. Die diesbezügliche Entwicklung begann 1988 mit der Einrichtung von *Cooperative International GPS Network* (CIGNET) und dem kontinuierlichen Betrieb von ca 10 erdweit verteilten GPS-Stationen.
1994 folgte IGS (siehe zuvor). Im Rahmen von *IGS permanent* waren um 1994 erdweit ca 150-200 GPS-Stationen im Einsatz (betrieben von mehr als 70 Einrichtungen aus mehr als 30 Staaten).
2003. Inzwischen ist die erdweite Gesamtanzahl solcher permanent messenden Stationen schwer abschätzbar. In Europa sind es derzeit ca 650 (Abschnitt 2.3.01) (WANNINGER 2003). Betreiber dieser permanent messenden Stationen sind Forschungseinrichtungen, nationale Landesvermessungsbehörden oder private Einrichtungen (Firmen). Die Daten werden sowohl amtlich als auch privat genutzt, beispielsweise von internationalen Forschungskooperationen wie *International GPS Service* (IGS 2003), *International GLONASS Service Pilot Project* (IGLOS 2003), *EUREF Permanent Network* (EPN 2003).
VLBI und GPS:
Die Interferometrie über lange Basislängen oder *Langbasisinterferometrie* (VLBI) ermöglicht die zeitabhängige Fixierung eines auf den Landflächen der Erde vermarkten Punktfeldes in einem *weltraumfesten* Bezugssystem. Sie ermöglicht zwar auch die gegenseitige Fixierung dieser Punkte in einem *erdfesten* Bezugssystem, doch wird

diese Aufgabe heute überwiegend mittels globaler Positionierungssysteme (etwa GPS) gelöst. Die Kombination von VLBI und GPS stellt gegenwärtig eine optimale Arbeitsweise in diesem Bereich dar. *Realisierungen für erdfeste* Bezugssysteme werden heute in zunehmendem Maße durch die Analyse der Beobachtungsergebnisse *permanent* messende GPS-Stationen erbracht. Sie haben fast ganz die bisher *periodisch* durchgeführten GPS-Beobachtungen ersetzt.

Geodätische Erdmodelle, in denen der Erdkörper als deformierbar aufgefaßt wird (siehe beispielsweise DGFI 1997, HEITZ 1976), erfordern eine minimale Beobachtungsphase, so daß bei Bedarf (beispielsweise bei Verdacht auf künftige Erdbebenausbrüche) die Beobachtungsfrequenz gesteigert werden kann. Nur bei hinreichend minimaler Beobachtungsphase sind ausreichend sichere Aussagen zur Kinematik von vermarkten Punktfeldern möglich. Darüber hinaus ist in diesem Zusammenhang auch die Verdichtung des globalen vermarkten Punktfeldes sowie die flächenhafte Ausdehnung von vermarkten regionalen Punktfeldern von Bedeutung. Siehe hierzu Abschnitt 2.3. Der Ausbau der GPS-Technologie und des Systems der GPS-Permanentstationen hat mithin hohe Bedeutung für die Lösung der genannten Aufgaben.

Zu den Produkten von IERS *und* IGS
Da beide Dienste teilweise gleiche Produkte erzeugen, ist eine enge Zusammenarbeit erforderlich und weitgehend verwirklicht.

● IERS stellt bereit
  für das *weltraumfeste* Referenzsystem (ICRS)
  und für das *globale erdfeste* Referenzsystem (ITRS)
  jährlich *Realisierungen* dafür als ICRF beziehungsweise ITRF und
  wöchentlich Daten der *Erdrotationsparameter*.

Die Daten der Realisierung umfassen die Koordinaten der benutzten Signalquellen (Radiostrahlungsquellen) sowie die Koordinaten jener terrestrischen Stationen, die Beobachtungsergebnisse (etwa mittels VLBI, SLR, LLR) zur betreffenden Realisierung beigetragen haben.

● IGS stellt bereit (BEUTLER et al. 1994)
- hochpräzise Ephemeriden (Bahndaten) der GPS-Satelliten
- Erdrotationsparameter (ERP)
- Koordinaten und Geschwindigkeitskomponenten der IGS-Beobachtungsstationen
- Satelliten- und Stationsuhreninformation
- Inosphärendaten
Die Daten für die *Erdrotationsparameter* und die *Koordinaten* der IGS-Beobachtungsstationen stehen wenige **Tage** nach der Messung zur Verfügung.

Die hochpräzisen IGS-Bahndaten der GPS-Satelliten haben heute eine Genauigkeit von ± (3-5) cm und sind in ca 10 Tagen nach dem Beobachtungsdatum erhältlich (ROTHACHER 2000).

Bleibt noch anzumerken, daß die Realisierungen zunächst den Auf- und Ausbau eines Referenzsystems kennzeichnen, wobei die datumsmäßig jüngste Realisierung zugleich den aktuellen Stand des Referenzsystems beschreibt. Die Abfolge von datumsbezogenen Realisierungen eines Referenzsystems ermöglicht darüber hinaus Aussagen zur Deformation des Erdkörpers im Zeitablauf beziehungsweise zu den Wechselwirkungen zwischen Gezeiten-, Auflast- sowie weiteren Effekten und der Bewegung (Rotation und Translation) des Systems Erde (Abschnitt 3.1.01)

Bild 2.2 IGS-Meßstationen (operationelle und geplante). Quelle: LIEBSCH (1997), verändert. Die Übersicht soll nur die globale Verteilung verdeutlichen.

2.1 Geodätische Punktfelder als Träger erdfester globaler Bezugssysteme

Geodätische Punktfelder sind definierte Diskreta im Raum, denen nach gegenseitiger Einmessung in der Regel Koordinaten zugewiesen werden. Beziehen sich die zugewiesenen Koordinaten auf ein 3-dimensionales Koordinatensystem (x,y,z), dann wird in diesem Zusammenhang vielfach unterschieden zwischen "Lagekoordinaten" (x,y) und der "Höhenkoordinate" (z) beziehungsweise zwischen "Lage" und "Höhe" der Punkte. Die koordinatenmäßigen Kennzeichnung von Lage und Höhe der Punkte kann auch getrennt erfolgen, in einem "Lagebezugssystem" und in einem "Höhenbezugssystem", die miteinander verknüpfbar sein sollten. Das *Verhalten* solcher Punktfelder im Zeitablauf läßt sich durch geeignete *Modelle* beschreiben. Es können unterschieden werden: |*statische* Modelle| Hier werden nur Lage und Höhe von Punkten mittels Koordinatenzuweisung sowie die Orientierung des Bezugssystems (Referenzsystems) zu einem bestimmten Zeitpunkt (Epoche) beschrieben. |*kinematische* Modelle| Hier wird die Punktbewegung als zeitliche Veränderung der Koordinaten beschrieben, ohne die physikalischen Ursachen dafür zu benennen. Beispielsweise können die Koordinatenänderungen in Form einer zeitlichen Abfolge der Punktpositionen angegeben werden. |*dynamische* Modelle| Hier wird die Punktbewegung als Folge der Wirkung von Kräften beschrieben (etwa von gravimetrischen und elektromagnetischen Kraftfeldern).

Die Bewegung eines Punktes in Raum und Zeit kann beschrieben werden in der *Eulerschen Darstellung* (raumbezogen und datumsabhängig) oder in der *Lagrangeschen Darstellung* (objektbezogen).

Als Träger *weltraumfester* (extraterrestrischer) Bezugssysteme (Referenzsysteme) dienen, wie eingangs dargelegt, vorrangig jene *Signalquellen* am Rande des bekannten Weltraums, die keine (zusätzliche) Eigenbewegung erkennen lassen wie etwa Quasare (quasistellare punktartige optische Objekte je mit Quelle von Radiostrahlung), Radiogalaxien oder andere Signalquellen bestimmter Art. Als Träger *erdfester globaler* Bezugssysteme dienen vorrangig die an verschiedenen Stellen auf den Kontinenten der Erde errichteten sogenannten geodätischen Fundamentalstationen. Mit ihren nahezu gleichartigen Meßeinrichtungen ermöglichen sie, unter Einbeziehung geeigneter extraterrestrischer Signalquellen in den Meßvorgang, vor allem die hochgenaue Bestimmung der Basislinien-Längen zwischen den einzelnen (unter Umständen mehreren tausend Kilometer voneinander entfernten) Stationspunkten. Diese gegenseitige Einmessung des *terrestrischen* Punktfeldes erfolgt also mit Hilfe eines *extraterrestrischen* Punktfeldes. Die dabei benutzte Meßtechnologie (VLBI-Technologie) wird nachfolgend erläutert.

Der Auf- und Ausbau eines *erdfesten globalen* Bezugssystems erfolgt in der Regel schrittweise, wobei jeder einzelne Schritt, jede *Realisierung* eines solchen Bezugssystems mit einem Datum gekennzeichnet wird. Die *erste* Realisierung stellt das erste Ergebnis dar, die folgenden *weiteren* Realisierungen umfassen in der Regel eine

Änderung der *Punktanzahl* (Verkleinerung, Vergrößerung oder Verdichtung des Punktfeldes) oder eine Änderung der *Punktqualität* innerhalb des Punktfeldes (etwa Verbesserung der Lage- und/oder Höhengenauigkeit). Wird von einem deformierbaren Erdkörper ausgegangen, von einem Erdkörper, dessen Erscheinungsbild sich im Zeitablauf verändert, dann ist eine letzte Realisierung per definitionem ausgeschlossen, es sei denn, das Vorhaben selbst (die Erhaltung des Bezugssystems) wird aufgegeben. Ist die geodätische Modellierung des Systems Erde eine kinematische oder gar eine dynamische Modellierung (etwa im Sinne von DGFI 1995), dann ergeben sich daraus nicht nur Aussagen zur Kinematik beziehungsweise Dynamik von Punktfeldern, sondern auch Aussagen zur Plattentektonik, Erdrotation, zu den Erdgezeiten und anderes. Zur Realisierung von Bezugssystemen vorgenannter Art werden geodätische "Raum(meß)verfahren" (auch "Weltraummeßverfahren" genannt) eingesetzt, etwa solche der Radiointerferometrie (VLBI), der Laserentfernungsmessung (LLR, SLR) und andere (beispielsweise GPS), mit denen Ergebnisse von hoher Genauigkeit erzielt werden können. Es bedeuten:

VLBI (engl. Very Long Baseline Interferometry)
Die Basislinien-Interferometrie liefert den entscheidenden Beitrag zur Bestimmung der Orientierung der Erde im Raum. Sie ist das einzige Verfahren, mit dem Erdrotations- und Erdtranslations-Parameter als geometrische Verbindung zwischen dem weltraumfesten und dem erdfesten Bezugssystem bestimmt werden können. Seit etwa **1980** werden die Erdrotationsparameter Polbewegung (Xpol, Ypol), Rotationsphase (UT1) und Nutation ($\Delta\varepsilon$, $\Delta\psi$) regelmäßig mit dieser Meßtechnik erfaßt. Neben den Lasermessungen zum Mond (LLR) ist VLBI die einzige Meßtechnik, die die Rotationsphase und die Nutation ohne Hinzuziehung von Meßergebnissen anderer Technologien liefert. VLBI-Beobachtungen ermöglichen nur die Bestimmung von *Koordinatendifferenzen* (aus denen die Basislinien abgeleitet werden können). Die Beobachtungen haben keinen Bezug zu einem physikalisch definierten Koordinatenursprung (Koordinatennullpunkt). Der „Maßstab" von VLBI-Beobachtungen ist (direkt) nur abhängig von der Definition der Zeit und der Lichtgeschwindigkeit. Bei Satellitenverfahren ist zusätzlich noch der „Maßstab" des Erdschwerefeldes, beziehungsweise das Produkt von Gravitationskonstante und Masse der Erde (GM) zu beachten. VLBI kann daher *nicht* zur Bestimmung des Geozentrums beitragen.

SLR (Satellite Laser Ranging)
Optisches Verfahren. Laserentfernungsmessungen zu Satelliten eignen sich besonders zur Bestimmung des *Koordinatenursprungs* im Massenmittelpunkt des Systems Erde (Geozentrum) und eines mit der Gravitation verträglichen „Maßstabs". **1976** startete der erste LAGEOS (Laser Geodynamics Satellite). Mit der Form einer Kugel von ca 60 cm Durchmesser und einer vollständig mit Reflektoren besetzten Oberfläche ermöglichte dieser Satellitentyp Signal-Laufzeitmessungen (bezogen auf den Hin- und Rückweg) zwischen Meßstation und Satellit mit einer Genauigkeit im cm-Bereich. Das Meßverfahren wird mit SLR (Satellite Laser Ranging) bezeichnet. Laserentfernungsmessungen zum Erdmond werden gekennzeichnet durch **LLR** (Lunar

Laser Ranging).
GPS (Global Positioning System)
Dieses Mikrowellen-Verfahren ist im Vergleich zu den vorgenannten zwar mobiler und wirtschaftlicher, hat aber einen recht komplexen Fehlerhaushalt.
DORIS (Doppler Orbitography and Radio Positioning Integrated by Satellite)
Mikrowellen-Verfahren.

VLBI-Technologie (Langbasis-Interferometrie)

Die Abkürzung VLBI steht für *Very Long Baseline Interferometry*. Die Technologie wurde um **1967** in Canada und in den USA vorgeschlagen und realisiert (CAMPBELL 1979, NOTHNAGEL 1991, NOTHNAGEL et al. 2004). Die Meßanordnung besteht aus mindestens zwei Teleskopen, die Radiofrequenzstrahlung empfangen können. Anfänglich waren die beiden Empfangsantennen und eine zentrale Prozessoreinheit durch ein Kabel miteinander verbunden. Schon sehr bald kam es zur Erweiterung der Meßanordnung in dem Sinne, daß die beiden (oder mehrere) Meßstationen mit ihrem Teleskop nunmehr viele tausend Kilometer voneinander entfernt sein und, unabhängig voneinander, deren Antennen so gesteuert werden, daß sie jeweils Signale derselben Quelle empfangen können. Als Quelle dienen etwa Quasare und Radiogalaxien am Rande des bekannten Weltraums, die außer der radialen Komponente (siehe Expansion des Kosmos) keine weiteren meßbaren Eigenbewegung erkennen lassen (SCHUH 1987, CAMPBELL et al. 1992 und andere). Die Quellen senden Radiofrequenzwellen im cm- bis dm-Bereich aus. Qualitativ hochwertige VLBI-Beobachtungen gibt es seit ca **1984** (TESMER 2004).
● Derzeit sind mehr als **600** geeignete Quasare bekannt (BURLISCH 2001). Die Richtungen zu ca **500** von ihnen und die mittels VLBI daraus abgeleiteten *absoluten* Deklinationen und Rektaszensionsdifferenzen (bezogen auf einen frei wählbaren Rektasensionsnullpunkt) bilden das zuvor beschriebene *weltraumfeste* Bezugssystem, das als *Inertialsystem* betrachtet wird.

Die geodätische Langbasis-Interferometrie hat die Verfahren der bisherigen optisch-astrometrischen Messungen abgelöst und ist derzeit die einzige Technologie, durch die ein *terrestrisches* Punktfeld (Bezugssystem) mit einem *extraterrestrischen* Punktfeld (Bezugssystem) verknüpfbar ist und mittels der die Parameter der *Bewegung* des erdfesten Punktfeldes (Bezugssystem) im weltraumfesten Bezugssystem (Inertialsystem) mit hoher Genauigkeit abgeleitet werden können.
Mit Ausnahme der Pulsare werden Radiofrequenzstrahlungsquellen in der Astronomie grundsätzlich als inkohärente Strahler betrachtet (HASE 1999), was bedeutet, daß die von verschiedenen Punkten der Quelle empfangene Strahlung nicht korreliert ist.

Bei der Bestimmung der VLBI-Laufzeitdifferenz wurde bisher in der Regel unterstellt, daß *Radioquellen* (Quasare) kompakt sind und als punktförmig angenommen werden können. Da die meisten Radioquellen eine Ausdehnung haben, wird dies künftig zu berücksichtigen sein. Der Weg sich ausbreitender Quasarstrahlung führt sodann durch *Plasma*, wie etwa im ionisierten *interstellaren* und *interplanetaren* Medium sowie in der Erdatmosphäre, die in einen elektrisch geladenen (Ionosphäre) und einen elektrisch neutralen Bereich (Neutrosphäre) gegliedert werden kann. Bei Bestimmung der strahlkrümmenden und strahlbremsenden Einflüsse auf die VLBI-Laufzeitdifferenz, insbesondere bei Bestimmung des atmosphärischen Anteils, wird auch die Troposphäre als elektrisch neutral angenommen (HASE 1999). Ausführungen zur *Plasmasphäre der Erde* sind im Abschnitt 4.2.03 enthalten. Den größten Einfluß auf die Ausbreitung der Mikrowellen in der Erdatmosphäre hat der *Wasserdampf* (Abschnitt 10). Der *Fehlerhaushalt* bei der Bestimmung der VLBI-*Zielparameter*, insbesondere der im funktionalen Modell nicht erfaßbare stochastische Einfluß auf die gesuchten Parameter, ist eingehend behandelt in TESMER (2004).

Die sich aus den unterschiedlichen Ankunftszeiten eines identischen Signals bei den Radioteleskopen ergebende *Laufzeitdifferenz* τ stellt die primäre Beobachtungsgröße der (geodätischen) Langbasis-Interferometrie oder VLBI dar.

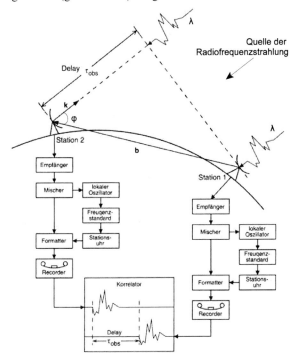

Bild 2.3
Grundaufbau des VLBI-Meßprinzips. Schema nach SCHWEGMANN 2004.

An den Teleskopen der Station 1 und der Station 2 wird die von sehr weit entfernten Galaxien oder Quasaren ankommende Radiofrequenzstrahlung im Bereich von ca 1-10 GHz *gleichzeitig* gemessen und derzeit nach dem angegebenen Schema verarbeitet sowie analysiert. Die Meßstationen werden auch VLBI-Stationen genannt. An einer Messungskampagne müssen mindestens zwei Teleskope beteiligt sein (es können auch mehr daran teilnehmen). τ = *Laufzeitdifferenz* (engl. delay). Infolge der Erdrotation ist die Konfiguration des Interferometers (also der zwei Teleskope) nicht fest. Sie ändert sich kontinuierlich, was zu einer zweiten meßbaren physikalischen Größe (Observablen) führt: T = *Laufzeitänderung* (engl. delay rate), die jedoch, wegen ihrer geringeren Genauigkeit, meist nur zum Lösen der Mehrdeutigkeiten benutzt wird (NOTHNAGEL 1991). b = Basislinie (sie kann auch durch das Erdinnere verlaufen). Der Laufzeitdifferenz entspricht einer Wegstrecke L = b · cos φ = c · τ. Ferner ist die projizierte Basislinie U = b · sin φ.

Primäre VLBI-Beobachtungsgleichung

Bild 2.4 Prinzip einer VLBI-Beobachtung (Meßprinzip)

Bei einer VLBI-Beobachtung sind (mindestens) zwei Teleskope (sogenannte Radioteleskope) auf dieselbe Strahlungsquelle (etwa einem Quasar) gerichtet. Jede Be-

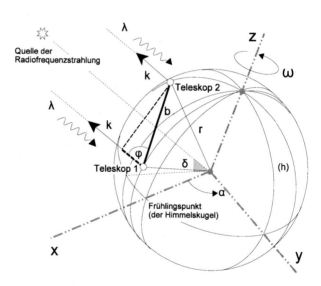

obachtungsstation empfängt unabhängig von der anderen die von der Quelle ausgesendeten Signale. Die bei VLBI benutzten Strahlungsquellen sind so weit von der Erde entfernt (> $3 \cdot 10^9$ Lichtjahre), daß die von ihnen ausgestrahlten Mikrowellen beim Eintreffen am Beobachtungsort als parallel angenommen werden können. Die Signale erreichen die Teleskope aus derselben Richtung des *Einheitsvektors* k, die beispielsweise durch die Koordinaten *Deklination* δ und *Rektaszension* α der Strahlungsquelle im zälestischen Äquator-System gegeben ist. Dieses Bezugssystem kann als Einheitskugel (Himmelskugel) um die Erde angenommen werden (TORGE 2003), wobei die senkrecht zum Himmelsäquator durch die Himmelspole laufenden Großkreise *Stundenkreise* (h) genannt werden. Die Rektaszention α ist dann der in Äquatorebene liegende Winkel zwischen den Stundenkreisebenen durch den Frühlingspunkt und durch die Strahlungsquelle (Himmelskörper). Die Rektaszension wird vom Frühlingspunkt aus entgegen dem Uhrzeigersinn gezählt (also im Sinne der Erdrotation, ihrer Winkelgeschwindigkeit ω). Die Deklination δ ist der Winkel *in* der Stundenkreisebene zwischen der Äquatorebene und der Verbindungslinie Geozentrum-Strahlungszentrum (der Quelle). Die Deklination wird vom Äquator aus positiv zum Nordpol und negativ zum Südpol hin gezählt. Für den Einheitsvektor k gilt (TESMER 2004):

$$k_{[ICRS]} = \begin{pmatrix} -\cos\alpha\cos\delta \\ -\sin\alpha\cos\delta \\ -\sin\delta \end{pmatrix}$$

Die beiden Teleskope sind geometrisch durch den *Basislinienvektor* b verbunden, der durch die Differenz der zugehörigen geozentrischen, cartesischen Ortsvektoren r(1) und r(2) dargestellt werden kann:

$$b_{[ITRS]} = r(2) - r(1) = \begin{pmatrix} x_2 - x_1 \\ y_2 - y_1 \\ z_2 - z_1 \end{pmatrix} = \begin{pmatrix} \Delta x \\ \Delta y \\ \Delta z \end{pmatrix}$$

Der Einheitsvektor k ist, wie ersichtlich, im raumfesten (zälestischen) Bezugssystem ICRS gegeben und der Basislinienvektor im erdfesten (terrestrischen) Bezugssystem ITRS. Der Bezug zwischen ICRS und ITRS kann durch eine geeignete Beschreibung der Bewegung der Erde im Raum (Abschnitt 3.1.01) hergestellt werden. Wegen der endlichen *Lichtgeschwindigkeit* c trifft das von der Strahlungsquelle ausgesandte Signal um die *Laufzeitdifferenz* τ zeitlich versetzt bei den Teleskopen ein, nämlich zu den Zeitpunkten t(1) und t(2). Wird der Basislinienvektor b durch das Skalarprodukt in die Richtung k projiziert, dann folgt für die Laufzeitdifferenz:

$$\tau = t(1) - t(2) = \frac{\vec{b}\cdot\vec{k}}{c}$$

Die Laufzeitdifferenz gilt als primäre Beobachtungsgröße der Langbasis-Interferometrie. Die *Lichtgeschwindigkeit* c ist im Abschnitt 4.2.02 gesondert behandelt. Mit dem von der Basislinie und der Richtung zur Strahlungsquelle aufgespannten Winkel φ sowie der Länge der Basislinie |b| kann die Laufzeitdifferenz auch dargestellt werden durch (TESMER 2004):

$$\tau = \frac{|b|\cdot\cos\varphi}{c}$$

wobei φ berechnet werden kann aus:

$$\cos\varphi = -\frac{\Delta x \cdot \cos\alpha \cdot \cos\delta + \Delta y \cdot \sin\alpha \cdot \cos\delta + \Delta z \cdot \sin\delta}{|b|}$$

Das von einer Quelle im Weltraum ausgestrahlte Rauschsignal wird während einer VLBI-*Beobachtung* innerhalb eines Zeitabschnittes von ca 3-5 Minuten durch die Beobachtungsstationen auf der Erde im X-Band (8,4 GHz) und im S-Band (2,3 GHz) auf einem Datenträger aufgezeichnet. Gleichzeitig werden die aufgezeichneten Signale mit *Zeitmarken* hochgenauer, in der Regel aus Wasserstoff-Masern bestehende Frequenznormale versehen. Die Laufzeitdifferenz τ wird in einem *Korrelator* ermittelt, einem speziell dafür entwickelten Prozessor (VLBI-Korrelator), in dem die von beiden Teleskopen aufgezeichneten Signalströme miteinander korreliert werden. Gebräuchlich sind die Korrelatoren MARK III und MARK IV als Magnetbandsysteme (sowie Folgeentwicklungen, MARK V ab 2004 als Magnetplattensystem). Die Signale werden dabei solange gegeneinander verschoben, bis der maximale Korrelationskoeffizient und damit die Laufzeitdifferenz gefunden ist (TESMER 2004, NOTHNAGEL et al. 2004)). Während einer VLBI-*Session* beobachten in der Regel 3-8 erdweit verteilte Teleskope 24 Stunden lang 15-60 Strahlungsquellen (Quasare). VLBI-Beobachtungen haben nach Tesmer keinen physikalischen Bezug zum Geozentrum, sie repräsentieren ein Polyeder im Raum und seien fehlertheoretisch unabhängig vom Schwerefeld der Erde. Erst durch eine sogenannte *Datumsgebung* erhalten die Bezugspunkte der VLBI-Teleskope die Eigenschaft von Koordinaten-Punkten beispielsweise im erdfesten Bezugssystem ITRS (Abschnitt 2.1.01). Erdweit sind derzeit drei Korrelationszentren einsatzbereit, die mit MARK III, nunmehr mit MARK IV arbeiten: US.Naval Observatory in Washington D.C., Haystack Observatory des Massachussets Institute of Technology (MTT) nahe Boston/USA, Max-Planck-Institut für Radioastronomie (MPIfR) in Bonn/Deutschland.

Zur Genauigkeit der VLBI-Technologie
Aus der vorstehenden primären Beobachtungsgleichung lassen sich mittels Ausgleichungsverfahren eine größere Anzahl von Zielparametern berechnen. Hierzu zählen vor allem die Komponenten des Basislinienvektors im erdfesten Bezugssystem. Schon mit einer einzigen 24-Stunden-Beobachtungsreihe lassen Basislinien je nach ihrer Längenzunahme mit einer Unsicherheit von ± **5-15 mm** bestimmen. Höchste Genauigkeiten bezüglich Position der Quasare, Koordinaten und Bewegungen der Beobachtungsstationen (Meßstationen) ergeben sich schließlich durch Akkumulierung von Beobachtungen über einen längeren Zeitabschnitt (meist mehrere Jahre). Die sich daraus ergebende Unsicherheit bezüglich der Position der Quasare liegt heute bei ca ± **0,2 mas** (Millibogensekunden), bezüglich der Koordinaten der Beobachtungsstationen bei ± **1-4 mm** und bezüglich der Bewegungen der Beobachtungsstationen (entsprechend der Kinematik der Lithosphärenplatten) bei ± **0,1-1,00 mm/Jahr** (NOTHNAGEL et al. 2004).

In diesem Zusammenhang sei darauf verwiesen, daß die Koordinaten der Beobachtungsstationen eine herausragende Bedeutung bei der Realisierung des erdfesten Bezugssystems (ITRS beziehungsweise ITRF) haben, unter anderem deshalb, weil mit Hilfe der VLBI-Basislinien der *Maßstab* des erdfesten Bezugssystems (des globalen Punktfeldes) festgelegt wird (NOTHNAGEL et al. 2004).

Jede VLBI-Beobachtungssession liefert einen Satz von Erdrotationsparametern, bestehend aus Nutationskorrekturen in Länge (dψ) und Schiefe (dε), Rotationsphase (UT1) sowie den Polbewegungskomponenten (Xpol) und (Ypol).

Komponenten	1984-2000	1995-2000
σ (Xpol)	0,49 mas	0,19 mas
σ (Ypol)	0,48 mas	0,18 mas
σ (UT1-UTC)	26 μsec	12 μsec
σ (dψ)	0,52 mas	0,25 mas
σ (dε)	0,21 mas	0,11 mas

Einen Einblick in die Genauigkeit der aus VLBI-Messungen (und anderen Messungen) abgeleiteten Erdrotationsparameter vermittelt die vorstehende Übersicht (bkg 2001) worin bedeuten mas = Millibogensekunde und μsec = Mikrosekunde (10^{-6} Sekunden). Die angegebenen mittleren Standardabweichungen der Komponenten der Parameter beziehen sich auf Daten aus dem Zeitabschnitt 1984-2000. Durch weiterentwickelte VLBI-Meßtechnik ist (etwa ab 1995) eine deutlich bessere Genauigkeit erreicht worden (rechte Spalte). In der Übersicht kennzeichnen Xpol, Ypol die Pol-Lagekoordinaten, UT1 die nicht gleichförmige Weltzeit und UTC die "Universal Time Coordinatet", die Parameter (dψ) und (dε) sind Nutationsablagen in Länge und Schiefe. Weitere Erläuterungen zur Parametrisierung der Orientierung der Erde sowie zu Zeitzonen und Zeitskalen sind im Abschnitt 3.1.01 enthalten.

Inzwischen ist deutlich geworden, daß sich die Rotationsphase der Erde (UT1) beziehungsweise die Tageslänge (LOD) so schnell ändern, daß Messungen im Abstand von mehreren Tagen nicht hinreichende Informationen liefern zur Erfassung dieser kurzzeitigen Änderungen. Es werden daher, soweit logistisch möglich, zusätzlich zu den 24-Stunden-Messungen auf einzelnen Basislinien Messungen mit einer Dauer von nur ca 1 Stunde zwischengeschoben (NOTHNAGEL et al. 2004). Diese Messungsergebnisse ermöglichen Aussagen über die subtäglichen Änderungen der Polbewegung und der Rotationsphase.

Globales geodätisches VLBI-Punktfeld

Erdweit bestanden um 1992 etwas mehr als 30 *feste* VLBI-Stationen und etwa 40 Plattformen für den Einsatz von *mobilen* VLBI-Stationen (CAMPBELL et al.1992). Durch die ca 70 Stationen ergaben sich über 200 Basislinien zwischen den Stationspunkten. Sollen Positionen und Geschwindigkeiten der Punkte im erdfesten Bezugssystem strenge Stabilitätskriterien erfüllen, dann waren um **2002** erdweit ca **50** feste VLBI-Stationen dafür verfügbar (allerdings geographisch nicht optimal verteilt) (TESMER 2004).

Bild 2.5
Derzeitige globale Verteilung der VLBI-Stationen. Quelle: SCHWEGMANN (2004), verändert

Im Deutschen Geodätischen Forschungsinstitut (DGFI) in München ist eine **VLBI-Beobachtungsdatenbank** verfügbar, in der alle Daten der *erdweit* ab 1979 durchgeführten, der wissenschaftlichen Öffentlichkeit zugänglichen VLBI-Sessionen systematisch abgelegt sind (DGFI 2003). Wie zuvor gesagt, beobachten während einer VLBI-*Session* in der Regel 3-8 erdweit verteilte Teleskope 24 Stunden lang 15-60 Strahlungsquellen (Quasare). Neben diesen Daten enthält die DGFI-Datenbank auch Beobachtungen von 30 bisher nicht öffentlich zugänglichen VLBI-Sessionen mit der Bezeichnung RDV (Research and Development with the VLBA), die von mehreren Institutionen in den USA durchgeführt wurden. Diese Sessionen lieferten eine große Anzahl von Beobachtungen höchster Qualität (pro Session, also in 24 Stunden bis zu 3000 Beobachtungen), da hier 20 Teleskope beteiligt waren, darunter 10 des VLBA (Very Large Baseline Array), die ausschließlich auf us-amerikanischem Gebiet stehen (auf dem USA-Festland, auf Hawaii und auf St. Croix in der Karibik). Die Datensammlung des DGFI umfaßte 2002 Beobachtungen von ca 3500 Sessionen, an denen insgesamt 146 Meßstationen beteiligt waren. Inzwischen sind Daten von mehr als 3600 VLBI-Sessionen darin gespeichert (TESMER 2004).

Ausgewählte Punkte des globalen geodätischen VLBI-Punktfeldes

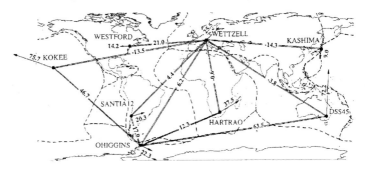

Bild 2.6
Änderungen der Basislinienlängen pro Jahr nach THORANDT et al. (1997)

Kokee, Kauai, Hawaii, USA	Hartebeesthoek, nahe Johannesburg,
Westford, Massachusetts, USA	Südafrika |Hartrao|
Peldehue, Chile |Santia 12|	Wettzell, Deutschland
O'Higgins, Antarktis (Deutschland)	Kashima, Japan |Kashima|
	Tidbinbilla, Australien |DSS45|

Gegenwärtige Hauptaktivitäten

Seit 1997 sind die 15-20 leistungsfähigsten VLBI-Stationen auf der Erde durch gemeinsame Projekte verbunden wie etwa IRIS-S, EUROPE, CORE-OHIG... (CAMPBEL et al. 2002). Seit 1999 erfolgt die Überwachung der Erdrotation mittels kontinuierlicher VLBI-Messungen. Derzeit beobachten bei einer VLBI-Session die jeweils beteiligten 4-6 erdweit verteilten Beobachtungsstationen innerhalb 24 Stunden ca 60 Quasare. Pro Woche werden derzeit ca 2-3 Sessionen durchgeführt (TESMER 2002).

IVS (ab 1999)

Die Abkürzung IVS steht für *International VLBI Service* (for Geodesy and Astronomy). IVS soll vorrangig fördern sowie koordinieren und umfaßt drei "Primary Data Centers". Das bkg (Bundesamt für Kartographie und Geodäsie) in Frankfurt am Main ist eines der drei Zentren und unterhält für eigene Analysen ein "Operational Data Center", in dem unter anderem alle Datenbasen aus VLBI-Messungen 1976-2001 gespeichert sind (bkg 2002).

ILRS

Die Abkürzung ILRS steht für *International Laser Ranging Service*.

Antarktisches geodätisches VLBI-Punktfeld und Nachbarpunkte

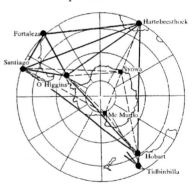

Bild 2.7
Geodätisches VLBI-Punktfeld
Antarktis und Nachbarpunkte
nach HASE et al. (1994).

Beobachtungsstationen:
Hartebeesthoek, nahe Johannesburg, Südafrika; Fortaleza, Brasilien; Santiago, Chile; Hobart, Tasmanien, Australien; Tidbinbilla, Australien; **O'Higgins** (Deutschland, 9m-Teleskop); Syowa (Japan) und Mc Murdo (USA), noch nicht eingerichtet.

Im Rahmen von DOSE (siehe zuvor) wurden auf der Station O'Higgins im Zeitabschnitt 1993-1995 saisonal VLBI-Beobachtungen durchgeführt, deren Ergebnisse für die Lagekomponente im Bild dargestellt sind. Signifikante Ergebnisse für die Höhenkomponente konnten noch nicht abgeleitet werden. Ein Höhenanschluß des 1995 in O'Higgins installierten *Pegelsystems* (mit Drucksensoren in etwa 4 m Wassertiefe) konnte somit noch nicht erfolgen. Zur Bestimmung der *Meeresgezeiten* in diesem Bereich ist dies jedoch erforderlich. Seit 1995 arbeitet in O'Higgins permanent ein GPS-Empfänger, der in das globale System der IGS-Stationen integriert ist

(Abschnitt 2.2) (THORANDT et al. 1997).
Die deutsche Beobachtungsstation O'Higgins wurde von 1989-1992 aufgebaut und führt auch den Namen *German Antarctic Receiving Station* (GARS) (NOTHNAGEL et al. 2004). Sie liegt in unmittelbarer Nähe der chilenischen Antarktis-Station *Genral Bernardo O'Higgins*, weshalb GARS meist durch den Namen O'Higgins gekennzeichnet wird.

Europäisches geodätisches VLBI-Punktfeld
Die Meßergebnisse im nachstehenden Bild 2.8 beziehen sich auf die Beobachtungsstationen:

1 Ny Alesund, Norwegen	6 Yebes, Spanien
2 Onsala, Schweden	7 Medicina, Italien
3 Effelsberg, Deutschland	8 Matera, Italien
4 Wettzell, Deutschland (20m-Teleskop)	9 Noto, Italien
5 Madrid, Spanien	10 Simeiz, Ukraine

und umfassen einen mehrjährigen Zeitabschnitt (länger als 7 Jahre, zwischen 1990 und 1999).

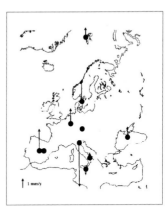

Bild 2.8
(links)
Vektorielle
Horizontalverschiebungen pro Jahr
(in x,y)
(rechts)
Vertikalverschiebungen
pro Jahr
(in z)
nach CAMPBELL (2000)

Mit einer Genauigkeit von ± 1-2 mm der Lage-Koordinaten (x,y) und besser als ± 1 mm/Jahr bei der Bewegungsangabe hat das europäische VLBI-Punktfeld inzwischen einen erstrangigen Platz in der globalen Bewertung erreicht (NOTHNAGEL 2004).

Die geographischen Koordinaten (in Grad und Minuten) einiger (fester) VLBI-Stationen sind nachstehend genannt:

Eurasien		B	L
Europa:			
CHLBOLTN*	Chilbolton, England	51 09	358 34
DSS65	Madrid, Spanien	40 26	355 45
EFFLSBERG	Effelsberg, Deutschland (100m-Teleskop)	50 31	6 53
MATERA	Matera, Italien	40 39	16 42
MEDICINA	Medicina, Italien	44 31	11 39
NOTO	Noto, Italien	36 53	14 59
ONSALA60	Onsala, Schweden	57 24	11 56
ROBLED32	Madrid, Spanien	40 26	355 45
WETTZELL	Wettzell, Deutschland (20m-Teleskop)	49 09	12 53
Asien:			
KASHIMA	Kashima, Japan	35 57	140 40
KASHIM34	Kashima, Japan	35 57	140 40
MARCUS	Minami-tori Shima, Japan	24 17	153 59
NOBEY 6M	Nobeyama, Japan	35 56	138 28
SESHAN25	Shanghai, China	31 06	121 12
SHANGHAI	Shanghai, China	31 11	121 26
USUDA64	Usuda, Japan	36 08	138 22

Pazifik-Inseln		B	L
KAUAI	Kokee Park, Kauai, Hawaii, USA	22 08	200 20
KWAJAL26	Roi-Namur, Marshall-Inseln	9 24	167 29

Australien		B	L
DSS45	Tidbinbilla, Australien	- 35 23	148 59
HOBART26	Hobart, Tasmanien, Australien	- 42 47	147 26

Antarktis		B	L
O'Higgins	O'Higgins (Deutschland) (9m-Teleskop)	- 63 19	57 54
Syowa	Syowa (Japan) (noch nicht eingerichtet)		
Mc Murdo	Mc Murdo (USA) (noch nicht eingerichtet)		

Nord- und Mittelamerika		B	L
ALGOPARK	Lake Traverse, Ontario, Canada	45 57	281 56
DSS15	Barstow, California, USA	35 25	243 07
FD-VLBA	Fort Davis, Texas, USA	30 38	256 03
GILCREEK	Fairbanks, Alaska, USA	64 59	212 30
GOLDVENU	Barstow, California, USA	35 15	243 12
HATCREEK	Hat Creek, California, USA	40 49	238 32
HAYSTACK	Westford, Massachusetts, USA	42 37	288 31
HRAS 085*	Fort Davis, Texas, USA	30 38	256 03
LA-VLBA	Los Alamos, New Mexico, USA	35 47	253 45
MARPOINT*	Maryland Point, Maryland, USA	38 22	282 46
MOJAVE12	Barstow, Californis, USA	35 20	243 07
NRAO85 3	Green Bank, West Virginia, USA	38 26	280 09
NRAO 140	Green Bank, West Virginia, USA	38 26	280 10
ORVO 130	Big Pine, California, USA	37 14	241 43
PIETOWN	Pietown, New Mexico, USA	34 18	251 53
RICHMOND	Miami, Florida, USA	25 37	279 37
VNDNBERG	Vandenberg, USA	34 33	239 23
WESTFORD	Westford, Massachusetts, USA	42 37	288 30

Südamerika		B	L
SANTIA12	Peldehue, Chile	- 33 08	289 20
SEST	Cerro Tolollo, Chile	- 29 15	289 16
Santiago	Santiago, Chile		
Fortaleza	Fortleza, Brasilien		
Concepcion	Concepcion, Chile. Von Deutschland 2003 dort aufgestelltes *Transportables Integriertes Geodätisches Observatorium* (TIGO) (6m-Teleskop).		

Afrika		B	L
HARTRAO	Hartebeesthoek, nahe Johannesburg, Südafrika	-25 52	27 41

Bild 2.9
B = Geographische Breite (engl. Latitude) (in Grad/Minuten).
L = Geographische Länge (engl. Longitude) (in Grad/Minuten).
* = führt zur Zeit keine VLBI-Messungen durch.
Quelle: NASA (National Aeronautics and Space Administration) Technical Memorandum 104572 (1993), HASE et al. (1994), DGK/J (2004)

2.1.01 Realisierungen des erdfesten globalen Bezugssystems ITRS

Alle Realisierungen des erdfesten globalen Referenzsystems ITRS sind gekennzeichnet durch **ITRF+Datum**, wobei das *Kalenderdatum* in der Regel durch die letzten zwei Ziffern der Jahreszahl ausgedrückt ist. Wie zuvor dargelegt, werden die Realisierungen derzeit vom Internationalen Erdrotationsdienst IERS jährlich erstellt. Realisierungen umfassen vorrangig die *Koordinatengebung* für die Punkte, auf denen die Messungen ausgeführt wurden. Zum Einsatz kommen unterschiedliche Meßtechnologien (wie VLBI, SLR, GPS...). Sie ergeben jeweils spezielle Realisierungen (spezielle Bezugsrahmen), die nebeneinander ihre Gültigkeit haben. Bei geeigneter Kombination dieser Techniken besteht jedoch auch die Möglichkeit, die verfahrensbedingten Unterschiede in einem übergeordneten Bezugsrahmen miteinander zu verbinden, was bei den nachgenannten Realisierungen meist auch durchgeführt wurde. Da das *aktuelle* ITRF auch zur Berechnung von *Präzisen Ephemeriden* beispielsweise für die GPS-Satelliten benutzt wird, stellt das ITRF sowohl eine *punktorientierte* als auch eine *bahnorientierte* Realisierung dar.

Die zur Realisierung benutzten Punkte sind in der Regel je ein bestimmter Punkt (Meßpunkt) der beteiligten Meßstationen (Meßplattformen). Diese Stationen befinden sich auf der im Weltraum sich translatorisch und rotatorisch bewegenden Erde und unterliegen darüber hinaus offensichtlich einer Reihe von geophysikalischen Einwirkungen (Abschnitt 3.1.01), wie etwa

plattentektonischen Bewegungen, nach-eiszeitlichen Hebungen, Gezeiten des "festen" Erdkörpers (des Erdinnern), ozeanischen Auflastgezeiten, Polgezeit, atmosphärischen Auflasten, Grundwasserstandsveränderungen, lokalen Instabilitäten, seismischen oder vulkanischen Aktivitäten, Variationen des Geozentrums,

die weitgehend zu einem lokalen *Geschwindigkeitsfeld* der Meßplattform führen und damit die Koordinatengebung beeinflussen. Zur *Korrektion* dieser Effekte werden meist Modelle benutzt, wie etwa das Plattenbewegungsmodell NNR-NUVEL, das nacheiszeitliche Hebungsmodell ICE3G und andere, die in der Regel als fehlerfrei in die Ausgleichung eingeführt werden (HASE 1999). Bezüglich der Variation beziehungsweise Lagestabilität des Geozentrums im Raum kann folgende Betrachtung dienlich sein. Die konventionelle Beziehung (Verknüpfung) zwischen der Realisierung des weltraumfesten Bezugssystems ICRF und der Realisierung des globalen erdfesten Bezugssystems ITRF lautet nach MCCARTHY 1996 (siehe MONTAG 1998):

ICRF = P N S W (ITRF)

P, N = Präzessions- beziehungsweise Nutationsmatrix
S = Matrix der Erdrotation, verbunden mit der Sternzeit
W = Matrix der Polbewegung beziehungsweise Polkoordinaten

Wird das Geozentrum als veränderlich angesehen, dann ist die vorgenannte Gleichung zu erweitern (MONTAG 1998):

ICRF = P N S W (ITRF − T)

T = zeitabhängiger Translationsvektor vom ITRF-Ursprung zum momentanen Massenzentrum des Systems Erde.

Aus den Differenzen der Realisierung des Geozentrums für die ITRF 88-93 zu der des ITRF 94 kann gefolgert werden, daß die Lagestabilität des Geozentrums im Raum in z-Richtung ca ±1 cm und in x- und y-Richtung einige mm beträgt (MONTAG 1998). Nach M. MARAS liegt die *Veränderlichkeit des Geozentrums* für x,y,z im Bereich von ± 10 mm, verursacht vermutlich durch saisonale Massenverlagerungen im Erdinnern (Zeitschrift für Vermessungswesen Heft 4/2001). Es konnten Perioden von 1/2 und 1 Jahr festgestellt werden. Die Bestimmung erfolgte aus Altimetermessungsergebnissen des Satelliten Topex/Poseidon. Weitere Angaben zur Veränderlichkeit des Geozentrums sind im Abschnitt 3.1.01 enthalten.

Anmerkungen zu Realisierungen des erdfesten globalen Referenzsystems

Wie zuvor dargelegt, wird eine Realisierung von ITRS mit ITRF bezeichnet. Eine solche Realisierung besteht aus einem Satz von geozentrisch gelagerten, rechtwinkligen (oder cartesischen) Koordinaten x,y,z und Geschwindigkeitsangaben für die global verteilten Meßstationen. Diese Koordinaten der Meßstationen definieren implizit den **CTP** (also die Richtung der z-Achse) und den **Nullmeridian** durch Greenwich (x-Achse). Nur wenn Geschwindigkeitsangaben für die Meßstationen vorliegen (Individualgeschwindigkeiten), kann eine Transformation von einer Epoche (beispielsweise Bezugsepoche) in eine andere durchgeführt werden. Nachfolgend Anmerkungen zu den ab 1988 berechneten ITRF:

ITRF 88

Bezugsepoche ist 1988.0. Als Plattenbewegungsmodell diente das Modell AMO-2 von J. B. MINSTER (ZEBHAUSER 1999). Diese Realisierung umfaßt nur SLR-Lösungen.

ITRF 89 (Punktgenauigkeit kleiner/gleich ± 20 cm)
Bezugsepoche ist 1988.0. Als Plattenbewegungsmodell diente das Modell AMO-2 von J. B. MINSTER (ZEBHAUSER 1999). Realisierung als Kombination von VLBI- und SLR-Lösungen.

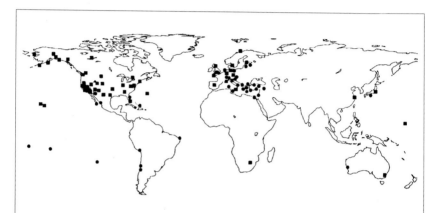

Bild 2.10
Übersicht über das erdfeste globale Punktfeld **ITRF 89** nach GUBLER et al. (1992).
■ = VLBI-Messung (teilweise auch mit SLR-Messung). ● = SLR-Messung.
Aus dem *globalen* Punktfeld (der Realisierung ITRF 89) wurden ein bestimmtes Punktfeld ausgewählt und als Gerüst für das (regionale) *europäische Punktfeld* (ETRS 1989) benutzt. Aus diesem europäischen Punktfeld wurde wiederum ein bestimmtes Punktfeld ausgewählt und als Gerüst für das (regionale oder nationale) *deutsche Punktfeld* (DREF 1991) benutzt. Weitere Erläuterungen zu den regionalen geodätischen Punktfeldern sind im Abschnitt 2.3 enthalten.

ITRF 90
Bezugsepoche ist 1988.0. Als Plattenbewegungsmodell diente das Modell AMO-2 von J. B. MINSTER (ZEBHAUSER 1999).
ITRF 91 (Punktgenauigkeit kleiner/gleich ± 10 cm)
Bezugsepoche ist 1988.0. Das benutzte Plattenbewegungsmodell ist konsistent mit dem NNR-NUVEL-Modell. Das Bezugssystem WGS 84 (G730) wurde 1993 auf ± 10 cm genau in das ITRF 91 (Epoche 1994.0) eingemessen und eingerechnet. Vor dieser Anbindung an das ITRF war das WGS 84 (GPS) nur auf ca ± 1-2 m genau bestimmt (ZEBHAUSER 1999).
ITRF 92 (Punktgenauigkeit kleiner/gleich ± 5 cm)
Bezugsepoche ist 1988.0. Das benutzte Plattenbewegungsmodell ist konsistent mit

dem NNR-NUVEL-Modell.
ITRF 93
Bezugsepoche ist 1993.0. Das benutzte Plattenbewegungsmodell ist konsistent mit dem NNR-NUVEL-Modell. Gegenüber dem NNR-NUVEL 1A-Modell zeigt es kleine Rotationen (ZEBHAUSER 1999).

ITRF 94 (Punktgenauigkeit kleiner/gleich ± 3 cm)
Bezugsepoche ist 1993.0. Das benutzte Plattenbewegungsmodell ist konsistent mit dem NNR-NUVEL 1A-Modell. Realisierung als Kombination von VLBI-, SLR-, GPS- und erstmals DORIS-Lösungen. Das *Geodätische Datum* des ITRF 94 ist definiert durch das Geozentrum (Kombination aus GPS- und SLR-Lösungen), den Maßstab (Kombination aus VLBI-, SLR-, GPS-Lösungen), die Orientierung (konsistent mit ITRF 92 zur Epoche 1988.0). Das ITRF 94-*Geschwindigkeitsfeld* wurde ermittelt als Differenz der Realisierungen der Bezugsepochen 1993.0 und 1988.0. Das Bezugssystem WGS 84 (G873) wurde 1996 auf ± 5 cm genau in das ITRF 94 (Epoche 1997.0) eingemessen und eingerechnet.

ITRF 95
Keine Realisierung durchgeführt.

ITRF 96 (Punktgenauigkeit kleiner ± 1 cm für 50% der Punkte)
Bezugsepoche ist 1997.0. *Erstmals* ist kein tektonisches Plattenbewegungsmodell (wie etwa NNR NUVEL-1A), sondern an seine Stelle ein *geodätisch* bestimmtes Geschwindigkeitsfeld berücksichtigt worden. Realisierung als Kombination aus 17 Einzellösungen (4 VLBI-, 2 SLR-, 8 GPS- und 3 DORIS-Lösungen).

ITRF 97
Bezugsepoche ist 1997.0. Das Lösungs-Ergebnis umfaßt (wie auch zuvor) den Maßstab des Bezugssystems, seinen Koordinatenursprung (Geozentrum), die Koordinaten und Geschwindigkeiten der einbezogenen Beobachtungsstationen (Meßpunkte).

Das ITRF 97-*Geschwindigkeitsfeld* wurde verglichen mit den aus dem geophysikalischen plattenkinematischen Modell NNR NUVEL-1A (Abschnitt 3.2.01) und den aus SLR (Laserentfernungsmessungen im Zeitabschnitt zwischen 1990 und 1999 von 41 global verteilten Stationen aus zu den Satelliten LAGEOS-1/2) abgeleiteten Geschwindigkeiten (ANGERMANN et al. 2001). Es ergab sich eine gute Übereinstimmung zwischen den drei Geschwindigkeiten für jene Stationen, die im stabilen Bereich der Lithosphärenplatten liegen (Bild 2.11). Für Stationen im Plattenrandbereich liefert das Modell NNR NUVEL-1A offensichtlich unrealistische Geschwindigkeiten. Die erreichte globale *Genauigkeit* der aus der SLR-Lösung erhaltenen Geschwindigkeitsdaten betrug ± 2 mm/Jahr, der Stationskoordinaten x,y,z größenordnungsmäßig ± 6 mm, wobei hervorzuheben sei, daß die SLR-Vertikalkomponente (Höhe z) genauer bestimmt ist, als die Horizontalkomponenten (x,y). Bei den anderen diesbezüglichen Verfahren ist dies bekanntlich umgekehrt.

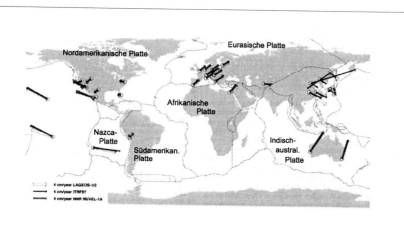

Bild 2.11
Vergleich von drei Geschwindigkeitsfeldern: ITRF 97, Modell NNR NUVEL-1A und SLR-LAGEOS-1/2 (1990-1999) bezogen auf 41 Meßpunkte nach ANGERMANN et al. (2001).

ITRF 98
Keine Realisierung durchgeführt.
ITRF 99
Keine Realisierung durchgeführt.
ITRF 2000 (Punktgenauigkeit teilweise kleiner ± 1 mm)
Bezugsepoche ist 1997.0. Beim Übergang von ITRF 97 zum ITRF 2000 wurde der Wechsel von der „geozentrischen Koordinatenzeit" TCG zur „dynamisch terrestrischen Zeit" TDT vollzogen (SCHUH et al. 2003). TDT wurde inzwischen umbenannt in TT. Die Realisierung ist eine Kombination aus 21 Einzellösungen (7 SLR-, 6 GPS-, 3 VLBI-, 2 DORIS-, 1 LLR-, 2 kombinierte Lösungen) und 8 regionalen GPS Verdichtungsnetzen.Von den festgelegten 477 Punkten haben 417 mittlere Punktlagefehler von kleiner ± 1 cm und 177 kleiner ± 1 mm (DREWES 2002, DGFI 2002). Insgesamt ist festzustellen, daß *heute* die Realisierung des globalen erdfesten Bezugssystems ITRS mit einer *Positionsgenauigkeit* von **ca ± 1 cm** und einer *Geschwindigkeitsgenauigkeit* von **ca 1 mm/Jahr** möglich ist (SCHUH et al. 2003).
ITRF 2004
Die Realisierungen werden inzwischen *nicht mehr* jährlich durchgeführt, sondern in geeigneten zeitlichen Abständen.
  IERS ist zuständig für Definition, Realisierung und Veröffentlichung von ITRS. 2003 hat IERS gemäß Beschlüssen von IUGG und IAU neue Konventionen zur Bereitstellung der Daten herausgegeben mit denen unter anderem auch das **Geodäti-**

sche **Datum** festgelegt wird (es definiert Lage und Orientierung des mathematischen Koordinatensystems auf dem Erdkörper). Die neue Konvention beziehungsweise ITRS-Definition erfüllt folgende Bedingungen (BECKERS et al. 2005):
(1) Das Koordinatensystem ITRS ist geozentrisch gelagert. Das Massenzentrum ist definiert für die „gesamte Erde" (also einschließlich Meer und Atmosphäre), mithin für das System Erde.
(2) Die Einheit der Länge ist das Meter (SI, siehe dort). Diese Skala ist konsistent mit TCG (Geocentric Coordinate Time) für ein geozentrisches lokales System in Übereinstimmung mit IAU- und IUGG-Resolutionen.
(3) Die Orientierung ist durch Festlegungen von BIH (Bureau International de l'Heure für die Epoche 1984.0 definiert.
(4) Die Berücksichtigung der zeitlichen Änderung der Orientierung erfolgt gemäß der No-net-rotation-Bedingung, bezogen auf die globale *horizontale* tektonische Platten-Bewegung (die *vertikale* Bewegung bleibt unberücksichtigt).

Das ITRF 2004 wird einzelne kombinierte Lösungen (Verbindung verschiedener geodätischer Meßtechniken) und Meßdaten bis Ende 2004 umfassen. Diese Ergebnisse werden sodann vom ITRS-Produktzentrum zu einer Gesamtlösung zusammengeführt.

Historische Anmerkung zur Entwicklung erdfester globaler Bezugsysteme

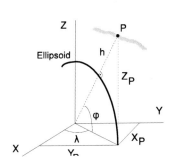

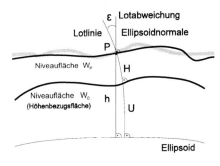

Bild 2.12/1
Lage-Bezugssystem

Bild 2.12/2
Höhen-Bezugssystem

Aus meßtechnischen und anderen Gründen erfolgen Punktfestlegungen in einem Koordinatensystem meist getrennt nach "**Lage**" und "**Höhe**"; das heißt es werden meßtechnisch getrennt bestimmt |x,y = Lage| und |z = Höhe|. Die nachstehenden Ausführungen beziehen sich vorrangig auf die Lage-Koordinaten der Punktfelder und den ihr zugeordneten Bezugssystemen (Referenzsystemen). Die Höhen-Koordinaten deutscher Punktfelder und die Entwicklung ihr zugeodneter Bezugssysteme ist gesondert dargestellt (siehe Historische Anmerkung zu deutschen amtlichen Höhensystemen). Zunächst einige grundlegende Bemerkungen über beide Arten von Bezugssystemen.

Die (geometrisch definierten) Lage-Koordinaten (x,y oder λ, φ) beziehen sich auf das jeweils benutzte Ellipsoid (beispielsweise Bessel, Krassowski). Die (physikalisch definierte) Höhen-Koordinate ist durch die Potentialdifferenz zwischen den beiden Niveauflächen (Äquipotentialflächen) W_P und W_0 beschrieben. Um von dieser Geopotentiellen Kote (siehe dort) zu einer geometrischen Höhe zu gelangen, wird die Geopotentielle Kote durch einen definierten Schwerewert dividiert, was zu unterschiedlichen Gebrauchshöhensystemen führt. Die Niveaufläche W_0 als Höhenbezugsfläche kennzeichnet in der Regel das Geoid. Der Abstand eines Punktes P vom gewählten Ellipsoid läßt sich in zwei Anteile aufspalten: h = H + U, wobei h die ellipsoidische Höhe, H die orthometrische Höhe und U die Geoidundulation darstellt. Durch Punkt P (Bild 2.12/2) läuft die („wahre", reale aktuelle) *Lotrichtung* und die Ellipsoidnormale. Die Differenz zwischen beiden Richtungen, zwischen der Tangente an der Lotrichtung im Punkt P und der Ellipsoidnormalen ist die *Lotabweichung* ε.

Früher waren die meisten geodätischen Bezugssysteme *regionale* Systeme mit entsprechend eingeschränktem Geltungsbereich, etwa begrenzt auf ein politisches Hoheitsgebiet (Staatsgebiet). Diese regionalen Bezugssysteme basieren auf mehr oder weniger willkürliche Festlegungen. Mit Hilfe regionaler Vermessungergebnisse wurde versucht, die Figur der Erde zu approximieren (durch eine Kugel oder ein Ellipsoid) und einem Ausgangspunkt (Zentralpunkt, Referenzpunkt) geographische Koordinaten zuzuordnen, die beispielsweise in Richtung der geographischen Breite vom Äquator und in der geographischen Länge vom Meridian von Greenwich aus zählen. Die Orientierung der Koordinatenachsen sollte durch die Nordrichtung eines Meridians zum Rotationspol der Erde und die Orientierung des Ellipsoids durch Ergebnisse aus lokalen Lotrichtungsmessungen abgeleitet werden. Die Realisierung solcher Systeme erfolgte durch astronomische Lage- und Azimutmessungen. Vom so festgelegten Ausgangspunkt und so festegelegter Ausgangsrichtung wurden sodann mittels Winkel-, Richtungs- und Streckenmessungen die Koordinaten weiterer Punkte im Geltungsbereich bestimmt (durch Triangulation, Trilateration). Da die Punkte, entsprechend der gegenseitigen Eimessungsart, als Netzpunkte aufgefaßt werden können, wird vielfach vom *Dreiecksnetz* gesprochen (Triangulationsnetz, Trilaterationsnetz), beispielsweise vom Deutschen Hauptdreiecksnetz. Die Schwächen dieser Vorgehensweise sind (aus heutiger Sicht) die geringe Verfahrensgenauigkeit der astronomischen Messungen und die Störung der lokalen Lotrichtung durch nahegelegene Massenanomalien, was zu absoluten Lage- und Orientierungsfehlern solcher Netze von mehreren hundert Metern führen konnte (DREWES 2002). An den Nahtstellen zweier getrennt erstellter regionaler Netze traten dementsprechend große Klaffungen auf, die verschiedentlich sogar zu politischen Streitigkeiten der betroffenen Staaten Anlaß gaben.

Eine *Vereinheitlichung* und *Zusammenlegung* verschiedener regionaler Netze zu einem flächenmäßig größerem regionalen Netz erfolgte beispielsweise innerhalb *Deutschlands* zwar bereits im Zeitabschnitt 1870-1950, wurde im Wesentlichen aber im Zeitabschnitt 1935-1945 vollzogen (DREWES 2002). Das Punktfeld des daraus entstandenen *Deutschen Hauptdreiecksnetzes* (DHDN) hat als Zentralpunkt der Berechnungen den Punkt *Rauenberg* in Berlin. Das Bezugssystem wird heute oftmals (nicht ganz zutreffend) als *Potsdam Datum* bezeichnet, weil 1921 für den zwischenzeitlich zerstörten Punkt Rauenberg als Ersatzpunkt der Punkt *Potsdam Helmertturm* bestimmt worden war. Die Lage-Koordinaten des Punktfeldes beziehen sich auf das Erdellipsoid von BESSEL 1841, dessen große Halbachse vom heute gültigen Wert 740 m abweicht. Netzzusammenlegungen und -vereinheitlichungen in *Europa* begannen (intensiv) nach dem Zweiten Weltkrieg durch das "Institut für Erdmessung" in Bamberg (Deutschland), dessen Arbeiten wesentlich durch das Wirken der deutschen Geodäten Erwin GIGAS (1899-1976) und Helmut WOLF (1910-1994) geprägt sind. Es entstand schließlich (um 1950) ein (West-) *Europäisches Hauptdreieksnetz* (das RETrig, Réseau Européen de Triangulation). Die Lage-Koordinaten dieses Punktfeldes beziehen sich auf das Erdellipsoid INTERNATIONAL 1924. Das Bezugssystem wird als *Europäisches Datum* 1950 (ED 50) bezeichnet und war bis 1996 Grundlage der militärischen Kartenwerke der NATO und anderer internationaler Kartenwerke. Wegen aufkommender und sich durchsetzender "revolutionärer" neuer Meßverfahren mußte das Netz aber sehr bald als (methodisch) überholt angesehen werden. Es ist inzwischen in ein global ausgerichtetes Bezugssystem aufgegangen. In *Europa* trat ab 1996 in den militärischen Kartenwerken an die Stelle des ED 50 das WGS 84 beziehungsweise das ETRS 89 (European Terrestrial Reference System 1989), wobei WGS 84 und ETRF 89 nahezu identisch sind. Weitere Ausführungen über die den deutschen amtlichen topographischen Kartenwerken zugrundeliegenden Koordinatensysteme und zur Darstellung der Koordinatenlinien in diesen Kartenwerken siehe beispielsweise OSTER/SPATA (1999). In der UdSSR war ab 1944 als Bezugssystem das Erdellipsoid von KRASSOWSKI 1940 eingeführt worden, das ab 1946 in vielen Staaten Süd- und Osteuropas (einschließlich Sibirien) als Bezugssystem und Grundlage amtlicher Kartenwerke dient.

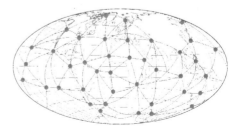

Bild 2.13
Mit Hilfe von Satellitenmessungen erzeugte erste Realisierung eines globalen geozentrischen Bezugssystems (SCHMID 1974).

Satellitenmessungen. Erste geodätisch genutzte Satellitenmessungen waren optische Beobachtungen, bei denen Ballonsatelliten (Durchmesser bis zu 30 m) mit dem Sternenhimmel

als Hintergrund photographiert und aus den Bildern räumliche Richtungen hergeleitet wurden. Das Netz umfaßte 45 Meßstationen (Bild 2.13) und gilt als
● **erste globale Realisierung eines geozentrischen Bezugssystems.**
Daten über dieses Netz wurden (erstmals) 1974 veröffentlicht von dem in Deutschland geborenen Geodäten Hellmut SCHMID (1914-1998), der maßgebend daran mitgewirkt hat. Die Genauigkeit der Koordinaten dieses Punktfeldes wird auf ca ± 4 m geschätzt (DREWES 2002).

WGS und PZ. Die inzwischen (durch genauere Zeitmessung) möglich gewordenen Satelliten-Doppler-Messungen erbrachten eine wesentliche Verbesserung der Genauigkeit. Die Koordinaten der Meßstationen konnten nun mit einer Genauigkeit von ca ± 40 cm bestimmt werden. Dies führte im "Westen" (USA) zur Anlage des *World Geodetic System* WGS 72 und später WGS 84, DMA 1987 (Referenzsystem für das Raumsegment von GPS) sowie im "Osten" (UdSSR) zur Anlage des Systems SGS 85 und später PZ 90 (Referenzsystem für das Raumsegment von GLONASS). Die vorgenannten Systeme sind keine "klassischen" Bezugssysteme, denn sie liefern lediglich hochgenaue Satellitenpositionen, die dann jedoch zur Positionsbestimmung von Punkten im Raum genutzt werden können (Abschnitt 2.2). Die zuvor benutzte Abkürzung DMA steht für Defense Mapping Agency (USA).

Heute. Zur Realisierung erdfester globaler Bezugssysteme tragen die heute gebräuchlichen Beobachtungstechniken (wie etwa VLBI, SLR, GPS und andere) in unterschiedlicher Weise bei. Sie bilden die Grundlage der heutigen geodätischen Koordinatenbestimmung von Punktfeldern und der Realisierung von (globalen) Bezugssystemen. Sie haben die "klassischen" Beobachtungstechniken (basierend auf Strecken, Richtungen, Winkeln) weitgehend verdrängt. VLBI ist von den heutigen Beobachtungstechniken jedoch die einzige Beobachtungstechnik, die die Orientierung der Erde im Kosmos durch die Richtungen zu Quasars bestimmen kann (Abschnitt 2.1). Sie ist deshalb besonders geeignet zur Festlegung der Richtungen von Koordinatenachsen globaler erdfester und weltraumfester Bezugssysteme sowie zur Erfassung der Veränderlichkeit der Bewegung der Erde, insbesondere ihrer Rotation.(Abschnitt 3.1.01). Die Kombination der Ergebnisse aller eingesetzten Meßtechniken und die Veröffentlichung der Daten erfolgt heute durch den IERS, dem Internationalen Erdrotationsdienst. Die *erste* so gewonnene Realisierung des erdfesten globalen Bezugssystems ITRS (die Realisierungen werden mit ITRF bezeichnet) umfaßt die Meßdaten bis zum Jahre **1988**. Dieser ersten Realisierung (ITRF 88) folgten jährlich weitere bis zum ITRF 97 (mit Ausnahme von 1995). Nach 1997 wurde bisher nur die Realisierung ITRF **2000** berechnet (siehe dort). Insgesamt umfaßt diese Realisierung 477 erdweit verteilte Punkte, von denen 417 Punkte einen mittleren Punktlagefehler von kleiner ± 1 cm haben (bei 177 Punkten sei er kleiner ± 1 mm) (DREWES 2002). Im Vergleich zum Betrag von ca ± 4 m der zuvor genannten ersten Realisierung eines erdfesten globalen geozentrischen Bezugssystems ist dies unbestritten ein gewaltiger Genauigkeitsgewinn. Die Realisierung ITRF **2004** ist in Arbeit.

67

Zur Bewegung von Punkten innerhalb eines Punktfeldes. Die inzwischen erreichbare Punktgenauigkeit (wie zuvor dargelegt) erfordert eine Berücksichtigung aller Effekte, die die Koordinaten der Meßstationen beeinflussen, denn sie können nun nicht mehr als "Festpunkte" gelten (wie noch um 1950 angenommen). Alle an der Geländeoberfläche vermarkten Punkte bewegen sich entsprechend der zeitabhängigen Deformation dieses Erdkörperteils (Abschnitt 3.1.01). Beispielsweise treten durch tektonische Prozesse in der Gesteinsschicht der Erde (in der Lithosphäre) Bewegungen bis zu 15 cm/Jahr auf. Da das weltraumfeste Bezugssystem als Inertialsystem angenommen wird und mit dem (gemäß Translation und Rotation) sich bewegenden "erdfesten" globalen Bezugssystem durch mathematische Beziehungen verknüpft ist, können Bewegungen der das "erdfeste" System tragenden Punkte festgestellt (gemessen) werden. Die geodätische "Lage" eines Punktes läßt sich daher nicht mehr durch zwei Koordinaten angeben (x, y beziehungsweise geographische Länge λ, geographische Breite φ). Es sind vier erforderlich, nämlich zusätzlich die (Lage-) *Geschwindigkeit* des Punktes in den beiden genannten Koordinatenrichtungen. Bei einer 3-dimensionalen Darstellung (x,y,z), wenn also die "Höhe" eines Punktes durch eine Koordinate zu kennzeichnen ist, muß auch die zugehörige "Höhen"-Geschwindigkeit angegeben werden. Ausführungen zum erdfesten Bezugssystem und zum Begriff "erdfest" sind im Abschnitt 2 enthalten.

2.1.02 Mittleres Erdellipsoid, Erdschwerkraftfeld, Geoid und Höhensysteme.

Gestalt und Größe der Erde sind ein wesentlicher Teil des jeweiligen Weltbildes einer Epoche. Die Vorstellungen über die Gestalt der Erde, wie sie im laufe der Geschichte entwickelt wurden, lassen sich charakterisieren durch die Köperformen *Scheibe, Kugel, Ellipsoid*. Die Meilensteine dieser Geschichte von 500 v.Chr. bis 1500 n.Chr. sind im Abschnitt 2.6 dargelegt.

Da der Begriff „Erde" hier identisch sein soll mit dem Begriff „System Erde" (beide Benennungen also synonym sein sollen), muß dies auch in davon abgeleiteten Begriffen zum Ausdruck kommen. Mithin wird hier der **im** System Erde durch die Geländeoberfläche begrenzte Erdkörperteil als **Erdinneres** bezeichnet und der oberhalb der Geländeoberfläche liegende Erdkörperteil als **Erdäußeres**. Die **Geländeoberfläche** ist somit Trennfläche zwischen dem Erdinnern und dem Erdäußeren. Die Oberfläche, die das Erdäußere zum Weltraum hin begrenzt, ist zugleich *Oberfläche der Erde*, also *Oberfläche des Systems Erde*. Als solche Oberfläche könnte gelten die „Oberfläche der Erdatmosphäre", die „Oberfläche der Erdmagnetosphäre" oder eine andere geeignete Oberfläche (Abschnitt 4.2.06).

Der zuvor definierte Erdkörperteil Erdinneres wird oftmals, aber sprachlich ungenau, als „feste Erde" bezeichnet. Ist beispielsweise der äußere Erdkern „fest"? Auch

Aussagen zur Deformation des Erdinnern werden oftmals, aber ebenfalls ungenau, als „Erddeformation" bezeichnet. Wenn der Begriff Erde als Synonym für System Erde stehen soll (wie das meist, vielleicht sogar unbewußt unterstellt wird), dann muß dies in den benutzten beziehungsweise neu eingeführten Benennungen zum Ausdruck kommen. Hier wird angestrebt, diese sprachlichen Ungenauigkeiten möglichst zu vermeiden. Siehe etwa die Ausführungen zu Benennung und Begriff Erdgezeiten (Abschnitt 3.1.01).

Figur der Land/Meer-Oberfläche und ihre Repräsentation

Jener Erdkörperteil, der (nach außen) durch die *Land/Meer-Oberfläche* der Erde begrenzt wird, wurde früher (und wird oftmals noch immer, aber nicht ganz zutreffend) als „Gestalt der Erde" bezeichnet. Diese Gestalt wurde (zunächst) *geometrisch* approximiert anfangs durch eine *Kugel*, nach **1650** durch ein *Ellipsoid*. Etwa ab **1930** fanden neben „geometrischen" auch „physikalische" Parameter Eingang in die Definition dieses Ellipsoids. Ein solches globales *Niveauellipsoid* (wie es nun genannt wurde) repräsentiert heute das *mittlere Erdellipsoid*.

> Das **mittlere Erdellipsoid** ist ein *Niveauellipsoid*, für das neben den Ellipsoidparametern auch die physikalischen Parameter Gesamtmasse und Rotationswinkelgeschwindigkeit gegeben sind und dessen *Oberfläche* eine Fläche gleichen *Normalschwerepotentials* ist (DIN 18709-1, Ausgabe 1995).
> Die Anforderungen an ein mittleres Erdellipsoid sind:
> - der Ellipsoidmittelpunkt muß im Geozentrum liegen
> - die Rotationsachse des mittleren Erdellipsoids muß mit der mittleren Rotationsachse der Erde zusammenfallen
> - das Volumen des mittleren Erdellipsoids muß dem Volumen des Geoids gleich sein.
> Es kann nach DIN so bestimmt werden, daß entweder die Quadratsumme der Lotabweichungen oder der Geoidhöhen oder der Schwereanomalien global ein Minimum ist. Das mittlere Erdellipsoid (sprachlich irreführend gelegentlich auch „Normalerde" genannt) gilt als Ersatzfläche für das Geoid, es soll das Geoid bestmöglichst approximieren.

Ein Niveauellipsoid läßt sich durch vier Parameter eindeutig festlegen (siehe beispielsweise GRS 80, Geodätisches Referenzsystem 1980).

Eine **Niveaufläche** ist eine Fläche konstanten *Schwerepotentials*, sie wird daher auch *Äquipotentialfläche* genannt. Niveauflächen sind untereinander nicht parallel. Das **Geoid** ist eine Niveaufläche des von verschiedenen Einflüssen (Erdgezeiten, Luftdruckschwankungen und anderes) *befreiten* Erdschwerefeldes in der Höhe des mittleren Meeresniveaus (DIN 18709-1, Ausgabe 1995).
● Das Geoid ist *Bezugsfläche* für geopotentielle Koten und für metrische Höhen.

Zusammenfassend kann gesagt werden:
Jener Erdkörperteil, der (nach außen) durch die Land/Meer-Oberfläche begrenzt ist kann *repräsentiert* werden durch das **mittlere Erdellipsoid** oder durch das **Geoid**.
Beide Erdkörperteile sind veränderlich, also zeitabhängig (siehe Abschnitte 3.1.01 und 4.4). Globale Schwerefeld- und Geoidinformationen waren bis fast in die Gegenwart hinein (wegen des erforderlichen sehr hohen Aufwandes für ihre Bestimmung) nicht ausreichend verfügbar. Nur mittels *Satellitenmissionen* gelingt es, diesen Mangel weitgehend zu beheben.

Die Abweichungen beziehungsweise Abstände (zenitwärts oder nadirwärts) der Land/Meer-Oberfläche vom *Geoid* können in allgemeiner Form durch die **Landtopographie** und die **Meerestopographie** repräsentiert werden.

Die Landtopographie ist vorrangig in diesem Abschnitt (2.1.02) beschrieben, insbesondere die Höhensysteme. Die Meerestopographie ist vorrangig im Abschnitt 9.1.01 dargelegt. Die Abweichungen beziehungsweise Abstände des Geoid vom mittleren Erdellipsoid werden oft *Geoidundulationen* oder *Geoidanomalien* genannt (siehe dort). Das mittlere Erdellipsoid kann bei bestimmten Aufgaben als Ersatzfläche für das Geoid benutzt werden, denn seine Definition ist so angelegt, daß es das Geoid bestmöglichst approximiert.

Vom „bestanschließenden" zum „mittleren" Erdellipsoid

Die Definitionen der beiden vorgenannten Erdkörperteile enthalten eine „geometrische" (Figur des Ellipsoids) und eine „physikalische" (Schwerefeld) Fragestellung, die eng miteinander verknüpft sind. Die Unterscheidung zwischen geometrisch und physikalisch ist hier sprachlich zwar nicht ganz korrekt, da eine bessere sprachliche Ausdrucksweise zur Beschreibung des Sachverhalts bisher nicht gefunden wurde, wird sie dennoch beibehalten. GAUSS (1828) und BESSEL (1837) unterschieden zwar bereits klar zwischen dem Geoid und einem das Geoid approximierenden Ellipsoid, doch war damals die *geschlossene* Realisierung dieser Modelle zur Erdbeschreibung wegen fehlender *globaler* Datensätze noch nicht möglich. Im geometrischen Teil des Modellansatzes behalf man sich mit aus *Gradmessungen* abgeleiteten Ellipsoiden, wie etwa Bessel **1841** und versuchte, meist unter Festhalten am polaren Abplattungswert des Bessel-Ellipsoids, die große Halbachse des Ellipsoids zutreffender zu bestimmen. Aus *europäischen* Daten ermittelte HELMERT **1906** den Wert a = 6 378 150 m. STRASSER (1957) hat die Parameter der im Zeitabschnitt 1800-1950 aus Gradmessungen abgeleiteten Ellipsoide in sehr übersichtlicher Weise zusammengestellt und die Ergebnisse kritisch gewürdigt, insbesondere auch die Umrechnung der damals teilweise noch gebräuchlichen nationalen Maßeinheiten und deren Normalmaße in das Meter-System. Die meisten Ellipsoide dieses Zeitabschnittes sind sogenannte **bestanschließende Ellipsoide**, also solche, die das Geoid im Bereich des zur Berechnung benutzten (Fest-) Punktfeldes bestmöglichst approximieren. Als sogenannte *konventionelle Ellipsoide* dienten/dienen sie als (Lage-) Bezugssystem des Vermessungswerkes eines Landes oder einer Gruppe von Ländern. Bild 2.14 zeigt eine Auswahl bedeutsamer bestanschließender Erdellipsoide. Es sind keine oder nur nahezu *mittlere* Erdellipsoide und daher in der Regel weder geozentrisch gelagert noch verlaufen ihre kleinen Achsen parallel zur mittleren Rotationsachse der Erde. Über die gegenseitigen Lagerungsbeziehungen der genannten Ellipsoide werden hier keine Angaben gemacht.

Erdellipsoide (Auswahl)	*große* Halbachse a (m)	*kleine* Halbachse b (m)	Anmerkungen
EVEREST 1830	6 377 276,3	6 356 075,4	Indien...
BESSEL 1841	6 377 397,2	6 356 079,0	(1)
CLARKE 1866	6 378 206,4	6 356 583,8	Nordamerika...
CLARKE 1880	6 378 249,1	6 356 514,9	(2)
HAYFORD 1909	6 378 388,0	6 356 909,0	Nordamerika...
KRASSOWSKI 1940	6 378 245,0	6 356 863,0	(3)

Bild 2.14
Parameter einiger an das Geoid „bestanschließender" Erdellipsoide, deren Oberflächen als Bezugsflächen (Berechnungsflächen) verschiedener nationaler und internationaler Vermessungs- und Kartenwerke dienen/dienten. Quelle: STRASSER (1957), DGFI (1991).
(1) Bezugsfläche deutscher Vermessungs- und Kartenwerke. Das BESSEL-Ellipsoid fand große internationale Verwendung: so in vielen Staaten Europas (Rußland beziehungsweise UdSSR 1910-1946) und andere, in USA bis 1880, in Indonesien und andere.
(2) Bezugsfläche der „Internationalen Weltkarte 1:1 000 000" (IWK)

(3) Seit 1946 verwendet in vielen Staaten Süd- und Osteuropas (einschließlich Sibirien).

Die Entwicklung der Gradmessung und der Ellipsoidbestimmung in der Zeit vor 1800 ist enthalten in PERRIER (1939/1949), BACHMANN (1965) und andere. Einen ausgezeichneten Einblick in die Vorstellungen des Altertums über die Erdumfangslänge vermittelt PRELL (1959). Die Gestalt der Erde, Meilensteine ihrer Geschichte von 500 v.Chr. bis 1500 n.Chr. ist im Abschnitt 2.6 dargelegt.

Ein auf der Theorie des Niveauellipsoids basierendes Erdellipsoid wurde erstmals 1924/1930 eingeführt. Die Werte der Parameter des *Hayford-Ellipsoid 1909* wurden (etwas modifiziert) **1924** auf Beschluß der IUGG als die einer internationalen Bezugsfläche angenommen und zur Benutzung empfohlen. Als Formel für die *Normalschwere* hat **1930** die IUGG die von CASSINIS aufgestellte Formel zugeordnet (STRASSER 1957):

$$\gamma_0 = 9{,}78049 \cdot \left(1 + 0{,}0052884 \cdot \sin^2 \varphi - 0{,}0000059 \cdot \sin^2 2\varphi \right) \frac{m}{s^2}$$

Der Schwerewert am Äquator stammt aus einer Veröffentlichung von HEISKANEN (1928). Mit der Zuordnung dieser *Normalschwereformel* wurde das Ellipsoid zum Niveauellipsoid. Es erhielt den Namen „Internationales Ellipsoid" (1924/1930). Dieses Niveauellipsoid gilt als *erste Realisierung* des eingangs definierten **mittleren Erdellipsoids** und ist durch vier Parameter definiert:

a = 6 378 388 m große Halbachse

$$f = \frac{1}{297{,}0}$$ Abplattung (damit ist b = 6 356 911,946 m)

γ_0 Normalschwere (siehe oben)

ω Winkelgeschwindigkeit der Erdrotation

● Das vorgenannte Bezugssystem (Referenzsystem) wurde 1967 von der IUGG durch das „Geodätische Referenzsystem 1967" (**GRS 67**) ersetzt mit den Werten für die Definitionsparameter:

a = 6 378 160 m große Halbachse

$$GM = 398603 \cdot 10^9 \frac{m^3}{s^2}$$ geozentrische Gravitationskonstante

$$J_2 = 1082{,}7 \cdot 10^{-6}$$ dynamischer Formfaktor

$$\omega = 7{,}2921151467 \cdot 10^{-5} \frac{rad}{s}$$ Winkelgeschwindigkeit

Das diesen Definitionsparametern entsprechende Ellipsoid wurde zum Niveauellipsoid erklärt.

● Das vorgenannte Bezugssystem (Referenzsystem) wurde 1979 von der IUGG durch das „Geodätische Referenzsystem 1980" (**GRS 80**) ersetzt. Dies ist das derzeit **aktuelle** Geodätische Referenzsystem (siehe dort).

Aktuelles mittleres Erdellipsoid
als Träger des erdfesten globalen Bezugssystems

Das Randwertproblem des mittleren Erdellipsoids kann vereinfacht etwa wie folgt umschrieben werden: Es soll ein *Ellipsoid* sein, dessen *Oberfläche* eine *Niveaufläche* ist (also eine Fläche konstanten Schwerepotentials) und zwar eine Fläche konstanten *Normalschwerepotentials*. Es soll (nach DIN 1995) so bestimmt werden, daß entweder die Quadratsumme der *Lotabweichungen* oder der *Geoidhöhen* oder der *Schwereanomalien* global ein Minimum ist. Das mittlere Erdellipsoid ist in dieser Form durch vier Parameter eindeutig festgelegt. Diese Definitionsparameter und die daraus abgeleiteten weiteren Parameter sind nachstehend ausführlich dargestellt und erläutert.

Ein Rotationsellipsoid ergibt sich bekanntlich durch Rotation einer Ellipse um ihre kleine Halbachse. Wie die auf die Hauptachsen bezogene Ellipsengleichung

$$\frac{x^2}{a^2} + \frac{z^2}{b^2} = 1$$ zeigt, genügen zur Kennzeichnung der Meridianellipse die große

Halbachse a und die kleine Halbachse b.

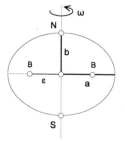

Bild 2.15
Meridianellipse (Vertikalschnitt) des rotierenden mittleren Erdellipsoids mit Kennzeichnung einiger Parameter:
a = große Halbachse
b = kleine Halbachse
B = Brennpunkt(e)
ε = lineare Exzentrizität
ω = Winkelgeschwindigkeit
N = Nordpol
S = Südpol

Die IUGG hat 1979 das „Geodätische Referenzsystem 1980" (**GRS 80**) durch die folgenden vier *Definitionsparameter* festgelegt:

$a = 6\,378\,137$ m   = große Halbachse (Äquatorradius), bestimmt aus Ergebnissen von Laserentfernungsmessungen zu Satelliten, aus Ergebnissen der Satellitenaltimetrie und aus Ergebnissen von Dopplerpositionierungen

$GM = 3\,986\,005 \cdot 10^8$ m³/s² = geozentrische Gravitationskonstante (einschließlich der Atmosphäre), bestimmt aus Beobachtungsergebnissen von Raumsonden sowie aus Ergebnissen von Laserentfernungsmessungen zum Mond und zu Satelliten

$J_2 = 108\,263 \cdot 10^{-8}$ = dynamischer Formfaktor (ausschließlich der permanenten Gezeitendeformation), bestimmt aus Bahnstörungen von Satelliten

$$\omega = \frac{2 \cdot \pi}{86164{,}10\text{s}}$$

$= 7{,}292115 \cdot 10^{-5} \frac{\text{rad}}{\text{s}}$ = Winkelgeschwindigkeit der Erdrotation,

bestimmt aus Ergebnissen astronomischer Messungen (GROTEN 2000). Der Wert für ω ist nach STROBACH (1991) genauer bestimmbar (als auf 7 Ziffern), doch schwanke die Rotationsgeschwindigkeit der Erde um diesen *Mittelwert* um bis zu $d\omega/\omega = \pm 5 \cdot 10^{-8}$.

Hinsichtlich der Orientierung wird verlangt, daß die kleine Achse des Ellipsoids parallel zu der durch Conventional International Origin definierten Richtung und der Hauptmeridian parallel zum Nullmeridian der BIH-Längen verlaufen soll. Das GRS 80 der IUGG ist konsistent mit dem IAU(1976)-System. Als *abgeleitete Parameter* ergeben sich:

$b = 6\,356\,752{,}3141$ m   = kleine Halbachse

$\varepsilon = \sqrt{a^2 - b^2} = 521\,854{,}0097$ m   = lineare Exzentrizität

$c = \dfrac{a^2}{b} = 6\,399\,593{,}6259$ m   = Polkrümmungsradius

$e = \dfrac{\sqrt{a^2 - b^2}}{a}$ = erste numerische Exzentrizität

$e^2 = 0{,}006\,694\,380\,022\,90$

$e' = \dfrac{\sqrt{a^2 - b^2}}{b}$ = zweite numerische Exzentrizität

$e'^2 = 0,006\ 739\ 496\ 775\ 48$

$f = \dfrac{a-b}{a} = 0,003\ 352\ 810\ 681\ 18$ = (geometrische) Abplattung

$\dfrac{1}{f} = 298,257\ 222\ 101$ = reziproke Abplattung

$G = \int_0^\varphi M \cdot d\varphi = a \cdot (1-e^2) \cdot \int_0^\varphi \dfrac{d\varphi}{(1-e^2 \cdot \sin^2 \varphi)^{\frac{3}{2}}} = 10\ 001\ 965,7293\ m$

= Meridianquadrant

$U_0 = \dfrac{GM}{\varepsilon} \arctan \dfrac{\varepsilon}{b} + \dfrac{\omega^2}{3} \cdot a^2$

$= 62636860,850\ \dfrac{m^2}{s^2}$

= **Normalschwerepotential** *auf* dem Ellipsoid
(*auf* dem mittleren Erdellipsoid GRS 80)

Außer dieser Äquipotentialfläche (Niveaufläche) U_0, die Oberfläche des Niveauellipsoids ist, sind die weiteren Äquipotentialflächen im „Außenraum" (Bild 2.21) keine Ellipsoide.

$J_4 = -0,000\ 002\ 370\ 912\ 22$ = Kugelfunktionskoeffizient
$J_6 = 0,000\ 000\ 006\ 083\ 47$ = Kugelfunktionskoeffizient
$J_8 = -0,000\ 000\ 000\ 014\ 27$ = Kugelfunktionskoeffizient

$m = \dfrac{\omega^2 \cdot a^2 \cdot b}{GM} \approx \dfrac{\omega^2 \cdot a}{\gamma_a}$ = Verhältnis...

$= 0,00344978600308$

$\gamma_a = 9,780\ 326\ 771\ 5\ m/s^2$ = Normalschwere am Äquator
$\gamma_b = 9,832\ 186\ 368\ 5\ m/s^2$ = Normalschwere am Pol

$$\gamma_0 = \frac{a \cdot \gamma_a \cdot \cos^2 \varphi + b \cdot \gamma_b \sin^2 \varphi}{\sqrt{a^2 \cdot \cos^2 \varphi + b^2 \cdot \sin^2 \varphi}}$$

$$= \gamma_a \frac{1 + k \cdot \sin^2 \varphi}{\left(1 - e^2 \cdot \sin^2 \varphi\right)^{\frac{1}{2}}} \quad \text{mit } k = \frac{b \cdot \gamma_b}{a \cdot \gamma_a} - 1$$

γ_0 = **Normalschwere** auf dem Ellipsoid nach der Formel von SOMIGLIANA (1929)
mit k = 0,001 931 851 353
Die Normalschwere kann auch berechnet werden mit der Reihenentwicklung:

$$\gamma_0 = \gamma_a \cdot (1 + 0{,}0052790414 \cdot \sin^2 \varphi + 0{,}0000232718 \cdot \sin^4 \varphi$$
$$+ 0{,}0000001262 \cdot \sin^6 \varphi + 0{,}0000000007 \cdot \sin^8 \varphi)$$

(Genauigkeit: $10^{-3} \frac{\mu m}{s^2}$), oder durch die konventionelle Reihenentwicklung:

$$\gamma_0 = 9{,}780327 \cdot (1 + 0{,}0053024 \cdot \sin^2 \varphi - 0{,}0000058 \cdot \sin^2 2\varphi) \frac{m}{s^2}$$

(Genauigkeit: $1 \frac{\mu m}{s^2}$).

$$\beta = \frac{\gamma_b - \gamma_a}{\gamma_a} = 0{,}005\ 302\ 440\ 112 \quad = \text{Schwereabplattung}$$

Die Angaben für die genannten Parameter wurden aus TORGE (2003) entnommen (Originalquelle: MORITZ, H. Geodetic Reference System 1980, Bulletin Geodesique, The Geodesists Handbook, 1988, International Union of Geodesy and Geophysics). Torge verweist darauf, daß nach der Definition von GM sich γ_0 auf die Gesamtmasse der Erde bezieht, also einschließlich der Atmosphäre. Sind Normalschwerewerte *auf* dem Ellipsoid oder im Bereich der Atmosphäre zu berechnen, muß der Einfluß der *oberhalb* des Berechnungspunktes liegenden Luftmassen von γ_0 abgezogen werden. Daten zu den genannten Personen sind in der nachfolgen historischen Anmerkung angegeben.

● Vorschlag für ein Geodätisches Referenzsystem **(GRS) 2000**
Die aktuellen Schätzungen der fundamentalen Konstanten und Parameter, die derzeit in der Geodäsie gebräuchlich sind beziehungsweise eingeführt werden sollten, behandelt GROTEN (2000). Als Ziel gelte, die Realität mit einer Genauigkeit von ± 10^{-9} zu erfassen. Auf die von verschiedenen Seiten bisher eingebrachten Ansätze für ein verbessertes Geodätisches Referenzsystem, etwa GRS 2000, wird hingewiesen.

Erdschwerkraftfeld

Die Definition des mittleren Erdellipsoids umfaßt nach den vorstehenden Ausführungen geometrische Parameter, denen nicht nur eine mathematische, sondern teilweise auch eine physikalische Bedeutung zukommt. Dies sind insbesondere jene Parameter, die *unmittelbar* zum Erdschwerkraftfeld (kurz: Erdschwerefeld) Bezug haben, wie etwa der dynamische Formfaktor und andere. Das Erdschwerkraftfeld soll daher nachfolgend etwas näher betrachtet werden

Der Begriff *Erdschwerkraftfeld* kennzeichnet, ebenso wie die Begriffe "elektrisches Feld" oder "magnetisches Feld", allgemein einen Raum, in dem sich physikalische Wirkungen zeigen. Das Schwerefeld der Erde läßt sich veranschaulichen durch die Schar seiner *Niveauflächen* und durch seine *Kraftlinien* (Vektorlinien), deren Tangenten in allen Punkten mit der Richtung des Vektors der Erdschwerkraft zusammenfallen. Es gilt, daß ein Körper dem Einfluß der Erdschwerkraft unterliegt, wenn er mit dem System Erde rotiert. Bei erheblicher Entfernung von der Land/Meer-Oberfläche wird der Körper nicht mehr mit dem System Erde rotieren und auch nicht mehr (meßbar) dem Einfluß der *Erdschwerkraft*, jedoch dem Einfluß der *Erdanziehung* unterliegen. Der Ausdehnungsbereich der Schwerkraft ist daher (im Vergleich zur Anziehungskraft) begrenzt. Unter *Erdschwerkraft* kann eine massenabhängige Kraft verstanden werden, die auf einen an der *Land/Meer-Oberfläche*, in endlichem Abstand *über* diese Oberfläche oder *unter* dieser Oberfläche befindlichen Körper (mit der Masse m) einwirkt.

Anziehung (Gravitation), Gravitationspotential

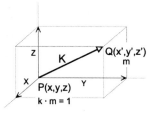

Bild 2.16
Begriff Gravitationspotential

Der Begriff „Potential" läßt sich am Gravitationsgesetz von NEWTON (1687) erläutern:

$$K = k \cdot \frac{m_1 \cdot m_2}{a^2}$$

wobei K die Kraft ist, mit der sich die beiden Massen m_1 und m_2 anziehen (Anziehungskraft, Gravitationskraft). k = Proportionalitätsfaktor (beispielsweise die Gravitationskonstante). a = Abstand zwischen beiden Massen, die hier als *Punktmassen* angenommen werden. Nach dem Wechselwirkungsgesetz zieht die Masse m_1 die Masse m_2 mit der gleichen Kraft an, mit der die Masse m_2 die Masse m_1 anzieht. Um die Darlegung einfach zu halten, wird in P eingeführt: $k \cdot m_1 = 1$ und außerdem gesetzt: $m_2 = m$. Ferner werde der *Aufpunkt* P vom *Quellpunkt* Q angezogen. Mithin ist die Kraft K (der Vektor) von P nach Q gerichtet. Bildet diese Kraftrichtung in einem rechtwinkligen Koordinatensystem (x,y,z) die Winkel α,β,γ gegen die Koordinatenachsen x,y,z, dann ergeben sich gemäß der analytischen Geometrie die Komponenten der Kraft K mit $X = K \cdot \cos α$, $Y = K \cdot \cos β$ und $Z = K \cdot \cos γ$. Nach LAGRANGE (1773) sind diese Komponenten partielle Differentialquotienten einer Funktion V(x,y,z), die nach GAUSS (1840) **Potential** der in Q befindlichen Masse m für den Aufpunkt P ist.

Wird nämlich gesetzt $V = \dfrac{m}{a}$ und Q(x',y',z') als **fest**, P(x,y,z) als **veränderlich** angenommen, dann ergibt die partielle Ableitung nach x: $\dfrac{\partial V}{\partial x} = X$. Für y und z folgt dementsprechend: $\dfrac{\partial V}{\partial y} = Y$, $\dfrac{\partial V}{\partial z} = Z$. Das *Potential* lautet mithin:

$$V = V(x, y, z) = \dfrac{m}{a}.$$ Dieses Potential V *ist mit Ausnahme des Quellpunktes Q im ganzen 3-dimensionalen Raum definiert*. Für P = Q verschwindet der Nenner, der Ausdruck $\dfrac{m}{a}$ ist daher für a = 0 nicht definiert.

Die vorstehenden Darlegungen lassen sich verallgemeinern in der Form, daß die Anziehung untersucht wird, die eine *kontinuierlich ausgebreitete Masse* auf einen Aufpunkt P ausübt, der **außerhalb**, also **nicht** *auf* der Oberfläche oder *innerhalb* dieser Masse liegt. Der Raum außerhalb der räumlichen Masse (T) und der Punktmasse P gilt als *massefrei*.

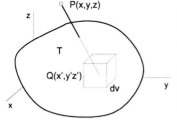

Bild 2.17
Potential einer kontinuierlich verteilten räumlichen Masse T

Gedanklich wird die Masse, die einen Raum T ausfüllt, in unendlich kleine (und damit unendlich viele) *Volumenelemente*
$dv = dx' \cdot dy' \cdot dz'$ mit der Masse dm und
der Dichte $ρ = \dfrac{dm}{dv}$ eingeteilt. Vom Volumenelement im Quellpunkt Q(x',y',z') aus wirkt dann auf den Aufpunkt P(x,y,z) eine Anziehungskraft mit den Komponenten dX, dY, dZ. Die Masse im Raum T ergibt sich durch Summieren der unendlich vielen Volumenelemente, also durch Integration über T:

$$dX = \frac{x'-x}{a^3} \cdot dm, \quad dY = \frac{y'-y}{a^3} \cdot dm, \quad dZ = \frac{z'-z}{a^3} \cdot dm$$

$$X = \iiint_T \frac{x'-x}{a^3} \cdot dm, \quad Y = \iiint_T \frac{y'-y}{a^3} \cdot dm, \quad Z = \iiint_T \frac{z'-z}{a^3} \cdot dm$$

Diese Komponenten sind wiederum partielle Ableitungen eines Potentials V, wie durch partielle Ableitung unter dem Integralzeichen gezeigt werden kann:

$$V = \iiint_T \frac{dm}{a} = \iiint_T \frac{\rho}{a} \cdot dv$$

Dieser mathematische Ausdruck wird auch *Newton-Potential* genannt (GHM 1968).

Gravitationspotential der „Erde"

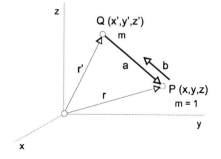

Bild 2.18
Gravitationspotential der „Erde"

Zunächst ist festzustellen, daß die Gravitation nur vom Abstand zwischen der anziehenden Masse und dem betrachteten Punkt P (Aufpunkt) abhängig ist, nicht von der Wahl des Koordinatensystems. Globale Anwendungen erfordern jedoch ein geozentrisches Koordinatensystem. Wie zuvor dargelegt, kann auch beim System Erde (gedanklich) unterstellt werden, daß es sich aus unendlich kleinen (und damit unendlich vielen) Massenelementen dm beziehungsweise Volumenelementen dv zusammensetzt, wobei gilt: dm = ρ · dv (mit ρ = Volumendichte). In der Literatur wird bezüglich der nachstehenden Betrachtungen meist unterstellt, daß die *Erdanziehung* von der Masse jenes **Erdkörperteils** bewirkt wird, der durch die *Land/Meer-Oberfläche* begrenzt ist (oder einer nahe dieser verlaufenden anderen Oberfläche). Die meisten Aussagen zur Erdanziehung beziehen sich mithin auf die Masse dieses Erdkörperteils, also nicht auf die Masse des *Systems* Erde. Mit dieser Einschränkung gelten „für die Erde" die folgenden mathematischen Beziehungen (TORGE 2003):
Das Newton-Gravitationsgesetz lautet in Vektor-Darstellung:

$$\vec{K} = -G \cdot \frac{m_1 \cdot m_2}{a^2} \cdot \frac{\vec{a}}{a} = -G \cdot \frac{m_1 \cdot m_2}{a^3} \cdot \vec{a}$$ wobei K die Kraft ist, mit der sich die beiden Massen m anziehen. a = Abstand zwischen beiden Massen (Punktmassen). Der Abstandsvektor $\vec{a}$ weist vom *Quellpunkt* Q zum *Aufpunkt* P. Abstandsvektor $\vec{a}$ und Kraftvektor $\vec{K}$ (sieh zuvor) haben also entgegengesetzte Richtung. Die *Gravitationsbeschleunigung* b (Vektor) zählt vom Aufpunkt P an und ist auf den Quellpunkt Q gerichtet. Um die mathematische Darstellung zu vereinfachen, wird in P die Masse m = 1 gesetzt (Einheitsmasse).

Es ist dann: $\vec{b} = -G \cdot \dfrac{m}{a^2} \cdot \dfrac{\vec{a}}{a}$

Der Abstand a zwischen Quellpunkt und Aufpunkt kann durch die Ortsvektoren r und r' dargestellt werden, etwa im globalen rechtwinkligen Koordinatensystem x,y,z durch:

$$a = |\vec{a}| = \sqrt{(x-x')^2 + (y-y')^2 + (z-z')^2}$$

Für die Erde ergibt sich damit als *Gravitationsbeschleunigung* bezüglich der Einheitsmasse im Aufpunkt P(r):

$$\vec{b} = \vec{b}(r) = -G \cdot \iiint\limits_{Erde} \frac{r - r'}{|r - r'|^3} \cdot dm$$

Die Einheit der Gravitationsbeschleunigung ist $\dfrac{m}{s^2}$.

Die mathematischen Darstellungen und Berechnungen vereinfachen sich, wenn von der Vektorgröße „Beschleunigung" zur skalaren Größe „Potential" übergegangen wird und wenn, wegen der *Wirbelfreiheit* des Gravitationsfeldes (rot b = 0), die Gravitationsbeschleunigung b als Gradient des Potentials V dargestellt wird (b = grad V) (TORGE 2003). Das in seinen Raumpunkten durch die herrschenden Feldstärken (*Beschleunigungen*) gekennzeichnete *Vektorfeld* wird also durch ein *skalares Feld* ersetzt, das durch die in seinen Raumpunkten herrschenden *Potentiale* gekennzeichnet ist. Dies vereinfacht die Beschreibung der mathematischen Zusammenhänge, da das Potential zu seiner Beschreibung nur der Angabe des Betrages bedarf, während bei der Beschleunigung noch die Angabe der Richtung hinzukommt. Das Potential als skalares Produkt zweier Vektoren ist ein Skalar. Wegen b = grad V folgt für eine *Punktmasse* m (TORGE 2003): $V = G \cdot \dfrac{m}{a}$ mit $\lim\limits_{r \to \infty} V = 0$

Das Potential V ist also (wie zuvor schon gezeigt) mit Ausnahme des Quellpunktes Q (für den a = 0 ist) im *ganzen 3-dimensionalen Raum* definiert.

Für die Erde folgt unter Berücksichtigung von dm = ρ · dv der nachstehende mathematische Ausdruck als *Gravitationspotential* bezüglich der Einheitsmasse im Aufpunkt P(r).

Gravitationspotential der „Erde":

$$V = V(r) = G \cdot \iiint_{Erde} \frac{dm}{a} = G \cdot \iiint_{Erde} \frac{\rho}{a} \cdot dv \quad \text{mit} \quad \lim_{r \to \infty} V = 0$$

Die Einheit des Gravitationspotentials ist $\frac{m^2}{s^2}$.

Beim Gravitationsfeld (als Zentralfeld) ist es üblich, den *Nullpunkt* des Potentials, also V = 0, in den Abstand r → ∞ vom Kraftzentrum zu legen. Einer Masseneinheit, die sich unendlich fern vom Kraftzentrum befindet, ist mithin die potentielle Energie Null zugeordnet. Erfolgt eine Verschiebung in Richtung der anziehenden Kraft (hier der Erde), ist dazu keine Arbeit zu leisten, sondern es wird Arbeit gewonnen. Entsprechend sinkt dabei die potentielle Energie der Masseneinheit. Das Potential ist, infolge der Wahl des Nullpunktes, im ganzen Gravitationsfeld mithin *negativ*.

Bei bekannter Dichtefunktion ρ = ρ(r') könnte das Gravitationspotential der Erde als vektorielle Ortsfunktion (bezogen auf den Nullpunkt des globalen geozentrischen Koordinatensystems) berechnet werden. Die Dichtefunktion ρ des *Systems* Erde ist jedoch nicht bekannt (auf Messung basierende Dichteinformationen liegen nur für die Schichten nahe unterhalb und oberhalb der *Land/Meer-Oberfläche* vor). Da die Dichtefunktion ρ = ρ(r') des durch die Land/Meer-Oberfläche begrenzten *Erdkörperteils* nicht hinreichend bekannt ist, kann das Gravitationspotential V = V(r) **nicht** mit Hilfe der vorstehenden Gleichung berechnet werden. Das obige *Volumenintegral* (auch dreifaches Integral genannt) kann jedoch beispielsweise durch eine *Kugelfunktionsentwicklung* in eine konvergierende unendliche Reihe transformiert und damit berechenbar gemacht werden, denn beide behandelten Potentiale, das Potential einer Punktmasse und das Potential einer kontinuierlich verteilten Masse, sind Lösungen der Laplace-Gleichung (siehe dort).

**Kugelfunktionsentwicklung
des Gravitationspotentials der „Erde"**

Zur Lösung von Randwertaufgaben dienen vielfach Kugelfunktionen (auch *Legendre-Funktionen* genannt). Angeregt durch LEGENDRE behandelte LAPLACE 1782 in seiner Arbeit über Anziehungskräfte die Potentialgleichung in Polarkoordinaten und *führte die Entwicklung der Potentialfunktion nach Kugelfunktionen ein.* Beim Übergang von rechtwinkligen Koordinaten x,y,z zu Kugelkoordinaten r,ϑ,λ ergeben sich vom Kugelradius sowohl abhängige als auch unabhängige Funktionen. Letztere werden *Kugelflächenfunktionen* genannt

Für den Abstand zwischen Aufpunkt P(r) und Quellpunkt Q(r') galt a = r - r' (Bild 2.18). Wird $\frac{1}{a}$ in eine für r'<r konvergierende Reihe entwickelt, so folgt:

$$\frac{1}{a} = \frac{1}{r} \cdot \sum_{a=0}^{\infty} \left(\frac{r'}{r}\right)^a \cdot P_a(\cos\psi),$$ wobei ψ der Zentriwinkel zwischen den Richtungen nach P(r) und Q(r') ist. Nach Einsetzen dieser Kugelfunktionsentwicklung für 1/a in das zuvor beschriebene Volumenintegral

$$V = V(r) = G \cdot \iiint_{Erde} \frac{dm}{a}$$ mit $\lim_{r \to \infty} V = 0$ und Einführen der großen Halbachse $\bar{a}$ des Erdellipsoids als Konstante sowie einigen weiteren Maßnahmen ergibt sich als

---

Kugelfunktionsentwicklung des **Gravitationspotentials** der „Erde":

$$V = \frac{GM}{r}$$

$$\cdot \left\{ 1 + \sum_{a=1}^{\infty} \sum_{m=0}^{a} \left(\frac{\bar{a}}{r}\right)^a \cdot \left(C_{am} \cdot \cos m\lambda + S_{am} \cdot \sin m\lambda\right) \cdot P_{am}(\cos\vartheta) \right\}$$

Gemäß dieser Formel kann das Potential V für beliebige Punkte im „Außenraum" berechnet werden. Eine ausführliche Darstellung der Herleitung dieser Gleichung ist in TORGE (2003) enthalten. Dort ist auch die Bedeutung der Kugelfunktionskoeffizienten erläutert. Die Kugelfunktionsentwicklung V stellt *sphärische* Lösungen der Laplace-Gleichung dar. Sie konvergiert mithin *außerhalb* der Kugel mit dem *gewählten* Radius r = R. Anstelle von G = Gravitationskonstante und M = Masse der Kugel wird oftmals gesetzt: G · M = GM. Außerhalb der Kugel mit dem gewählten Radius r wird der Raum hier also als *massefrei* angenommen. Die dabei vernachlässigte Masse der Atmosphäre beträgt ca 5,32 · 10^{18} kg (ca 10^{-6} der Kugelmasse M einer geeigneten Kugel vom Radius r). Die Frage: Welcher Kugelradius r = R sollte bei einer Kugelfunktionsentwicklung dieser Art gewählt werden und wo verläuft dann die so festgelegte Kugeloberfläche in Bezug zur Land/Meer-Oberfläche oder zum Geoid ist ein *Randwertproblem.* Diejenige Kugeloberfläche, die über der Land/Meer-Oberfläche verläuft und diese dabei an deren höchsten Spitze berührt, wird *Brillouin-Sphäre* (oder Brillouin-Bezugsfläche) genannt. Diejenige Kugeloberfläche, die unter der Land/Meer-Oberfläche verläuft und diese an ihrer tiefsten Spitze berührt, wird *Bjerhammar-Sphäre* (oder Bjerhammar-Bezugsfläche) genannt. Der Kugelmittelpunkt beider genannter Kugeln liegt dabei im Erdmittelpunkt (Geozentrum).

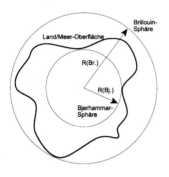

Bild 2.19
Anordnung der Brillouin- und Bjerhammar-Sphäre über und unter der Land/Meer-Oberfläche. Andere (wählbare) Sphären liegen zwischen den beiden genannten Sphären.

Hinsichtlich der *Reduktionen der Massen auf die jeweils gewählte Sphäre* (Schwere-Reduktionsverfahren) können beispielsweise unterschieden werden (DIN 1995): Freiluftreduktion, Bouguerreduktion, topographische Reduktion, Plattenreduktion, Geländereduktion, isostatische Reduktion. Allgemein wird aufgrund der heute erreichbaren Meß-Genauigkeit die Auffassung vertreten, daß die Gravitation der Erdatmosphäre bei Kugelfunktionsentwicklungen nicht mehr vernachlässigt werden darf (TORGE 2003).

Da die obige, auf eine gewählte Sphäre bezogene Kugelfunktionsentwicklung V der Laplace-Gleichung genügt und mithin eine harmonische Funktion ist, konvergiert diese Funktion (*außerhalb* der Kugel).

Laplace-Gleichung, Laplace-Operator

Wird der Ausdruck $\dfrac{1}{a} = \sqrt{(x-x')^2 + (y-y')^2 + (z-z')^2}$ zweimal partiell nach x, y und z differentiiert (werden also die zweiten partiellen Ableitungen nach x, y und z gebildet) und die drei partiellen Ableitungen addiert, dann heben sich die rechten Seiten der Gleichung auf und es ergibt sich:

$$\frac{\partial^2}{\partial x^2}\left(\frac{1}{a}\right) + \frac{\partial^2}{\partial y^2}\left(\frac{1}{a}\right) + \frac{\partial^2}{\partial z^2}\left(\frac{1}{a}\right) = 0$$

Die Funktion $u = \dfrac{1}{a}$ genügt damit der von LAPLACE 1782 erstmals angegebenen und nach ihm benannten Differentialgleichung. Die Laplace-Differentialgleichung oder kurz **Laplace-Gleichung** des 3-dimensionalen beziehungsweise 2-dimensionalen Raumes wird als **Potentialgleichung** bezeichnet, ihre Lösungen sind **Potentialfunktionen**. Die Potentialgleichung ist die Grundgleichung der Potentialtheorie und hat die Form:

$$\frac{\partial^2 u}{\partial x^2} + \frac{\partial^2 u}{\partial y^2} + \frac{\partial^2 u}{\partial z^2} = 0 \quad \text{(Laplace-Gleichung)}$$

$$\Delta u = 0$$

Diese lineare, homogene, partielle Differentialgleichung zweiter Ordnung kann auch abgekürzt geschrieben werden durch $\Delta u = 0$, wobei Δ den Laplace-Operator angibt:

$$\frac{\partial^2}{\partial x^2} + \frac{\partial^2}{\partial y^2} + \frac{\partial^2}{\partial z^2} = \Delta \quad \text{(Laplace-Operator)}$$

Da die Laplace-Gleichung *homogen* und *linear* ist, bleibt sie auch dann richtig, wenn sie mit einer Konstanten multipliziert wird.

Mit $\Delta\left(\dfrac{1}{a}\right) = 0$ gilt deshalb auch $\Delta\left(\dfrac{m}{a}\right) = 0$. Das Punktpotential $V = \dfrac{m}{a}$ ist demnach eine Lösung der Laplace-Gleichung und ebenso das Newton-Potential V, denn es ergibt sich nach Differentiation unter dem Integralzeichen:

$$\Delta V = \iiint_T \Delta\left(\frac{1}{a}\right) \cdot \rho \cdot dv = 0$$

Beide behandelten Potentiale, das *Potential einer Punktmasse* und das *Potential einer kontinuierlich verteilten Masse*, sind somit Lösungen der Laplace-Gleichung.

Eine Differentialgleichung heißt *linear*, wenn die gesuchten Funktionen und ihre Ableitungen nur linear und nicht miteinander multipliziert auftreten. Eine lineare partielle Differentialgleichung heißt *homogen*, wenn sie kein von den gesuchten Funktionen und ihren Ableitungen freies Glied enthält, sonst heißt sie *inhomogen*.

Poisson-Gleichung,
Gravitationspotential innerhalb einer räumlichen Masse

Bei den vorstehenden Betrachtungen zur Anziehung einer kontinuierlich ausgebreitete

Masse T auf einen Aufpunkt P waren Punktlagen von P *innerhalb* der Masse T oder *auf* der Oberfläche dieser Masse T ausgeschlossen worden. Dieser dort ausgeschlossene Fall führt auf eine *inhomogene* Differentialgleichung der Form:

$$\Delta u = -4 \cdot \pi \cdot \rho \qquad \text{(Poisson-Gleichung)}$$

wobei ρ die Dichte der Masse T und Δ der Laplace-Operator ist. Die Gleichung wurde 1813 von POISSON gefunden. Das Gravitationspotential V und seine ersten differentiellen Ableitungen sind zwar auch innerhalb der Masse T eindeutig, endlich und stetig, doch weisen die zweiten Ableitungen bei plötzlich auftretenden Dichteänderungen Unstetigkeiten auf. Innerhalb der räumlichen Masse T ist das zuvor angegebene Gravitationspotential V also *keine* harmonische Funktion. Dort gilt mithin gemäß der Poisson-Gleichung: $\Delta V = -4 \cdot \pi \cdot \rho \cdot G$

Eine in einem Gebiet zweimal stetig differentiierbare Funktion V heißt *harmonische Funktion* oder *Potentialfunktion*, wenn dort gilt: $\dfrac{\partial^2 V}{\partial x_1^2} + \dfrac{\partial^2 V}{\partial x_2^2} = \Delta V = 0$

Das nachstehende Beispiel kann den Sachverhalt verdeutlichen.

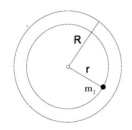

Bild 2.20
Massenpunkt innerhalb einer räumlichen Masse

Ohne Einschränkung gilt das Newton-Gravitationsgesetz nur für *Punktmassen*. Befindet sich eine Masse m_2 *innerhalb* einer räumlich verteilten Masse m_1 ergeben sich Einschränkungen. Beispielsweise unterliegt der Massenpunkt m_2 dann nur der Anziehung einer begrenzten Masse. Zur Veranschaulichung sei als räumliche Masse m_1 eine Kugel (Radius R) mit homogener Dichte ρ angenommen. Der Kugelmittelpunkt ist dann zugleich Massenschwerpunkt.

Als Masse der Kugel mit dem Radius r ergibt sich: $m_2 = \dfrac{4 \cdot \pi \cdot r^3 \cdot \rho}{3}$

Der Massenpunkt m_2 wird also nur mit der Kraft

$$K = G \cdot \frac{m_1 \cdot m_2}{r^2} = G \cdot \frac{4 \cdot \pi}{3} \cdot \rho \cdot m_2 \cdot r \quad \text{in Richtung Massenschwerpunkt}$$

gezogen. In diesem Beispiel gilt danach allgemein: Die Anziehung dieser Kugel nimmt bei Annäherung von außen an ihre Oberfläche zu, um nach Durchgang durch die Kugeloberfläche wieder abzunehmen und im Massenschwerpunkt (hier Kugelmittelpunkt) zu verschwinden.

Im vorstehenden Beispiel wurde also eine *Kugel* mit *homogener Dichte* ρ angenommen. Jener Erdkörperteil, der durch die *Land/Meer-Oberfläche* begrenzt wird hat aber, unter Berücksichtigung heute möglicher, relativ hoher Meßgenauigkeit, weder die Form einer Kugel, noch ist seine Dichtfunktion $\rho = \dfrac{dm}{dv}$ hinreichend bekannt. Das damit vorliegende Problem kann als *Randwertproblem* bezeichnet werden. Die Aufgabe besteht darin, Lösungen einer gegebenen *Differentialgleichung* zu finden, die am *Rand* eines Gebietes vorgeschriebene (oder gemessene Werte), sogenannte *Randwerte*, annehmen.

Schwerepotential der „Erde"

Als Weltraumkörper unterliegt die Erde *vorrangig* zwei Kräften, die ihre Figur bestimmen: Anziehungskraft (Gravitation) und die aus der *Rotation* der Erde sich ergebende Fliehkraft (Zentrifugalkraft). Hinsichtlich der Benennung „Zentrifugalkraft" sei noch angemerkt, daß diese nach BREUER (1994) vermieden werden sollte, denn die angesprochene Kraft sei ja eine Trägheitskraft. Die *Schwerebeschleunigung* g (oder Schwere g, lat. gravitas) ist die Resultierende aus der *Gravitationsbeschleunigung* b und der *Fliehkraftbeschleunigung* z (Zentrifugalbeschleunigung), also

$$\vec{g} = \vec{b} + z$$

Für einen angezogenen Punkt mit der Masse m folgt für die *Schwerkraft*:
$\vec{F} = m \cdot g$. Die Richtung von g ist die *Lotrichtung*, der Betrag von g die *Schwereintensität* (oder ebenfalls: Schwere). Unter Berücksichtigung von z = grad Z ergibt sich das

---

Fliehkraftpotential (Zentrifugalpotential) der „Erde":

$$Z = Z(p) = \frac{\omega^2}{2} \cdot p^2 \quad \text{mit} \quad \lim_{p \to 0} Z = 0$$

---

p = rechtwinkliger Abstand des angezogenen Punktes zur Drehachse der Erde. Die zweimalige Differentiation und Anwendung des Laplace-Operators auf Z ergibt: $\Delta Z = 2 \cdot \omega^2$. Das Fliehkraftpotential ist mithin, im Gegensatz zum Gravitationspotential mit $\Delta V = 0$, *nicht harmonisch*. Der analytische Ausdruck für Z läßt sich jedoch relativ leicht berechnen. Es folgt damit als

Schwerepotential der „Erde":

$$W = W(r) = V + Z = G \cdot \iiint_{Erde} \frac{\rho}{a} \cdot dv + \frac{\omega^2}{2} \cdot p^2$$

Eine ausführliche Herleitung der vorstehenden Gleichungen ist in TORGE (2003) enthalten.

Kugelfunktionsentwicklung des Schwerepotentials der „Erde"

Wird unterstellt, daß sich das Schwerepotential W als Summe von Gravitationspotential V und Fliehkraftpotential (Zentrifugalpotential) Z ergibt, dann folgt die Kugelfunktionsentwicklung des Schwerepotentials W aus der Erweiterung der Kugelfunktionsentwicklung des Gravitationspotentials V um den Term Z.

Gemäß $W = V + Z$ folgt als Kugelfunktionsentwicklung (Reihenentwicklung) für das Schwerepotential W der nachstehende mathematische Ausdruck.

Kugelfunktionsentwicklung des **Schwerepotentials** der „Erde":

$$W = \frac{GM}{r}$$

$$\cdot \left\{ 1 + \sum_{a=1}^{\infty} \cdot \sum_{m=0}^{a} \left(\frac{\bar{a}}{r}\right)^a \cdot \left(C_{am} \cdot \cos m\lambda + S_{nm} \cdot \sin m\lambda\right) \cdot P_{am}(\cos \vartheta) \right\}$$

$$+ \frac{\omega^2}{2} \cdot r^2 \cdot \sin^2 \vartheta$$

Für den letztgenannten Term kann auch gesetzt werden (TORGE 2003):

$$\frac{\omega^2}{3} \cdot r^2 \cdot \left(1 - P_2(\cos \vartheta)\right)$$

Eine andere mathematisch/physikalische Darstellung (Mehrgittermodell) des Erdschwerefeldes in Verbindung zur Satellitentechnik ist im Abschnitt 2.1.03 angesprochen. Einen Überblick über noch andere diesbezügliche Darstellungsformen des Gravitationsfeldes und des Schwerefeldes der Erde geben BARTHELMES (1986), FENGLER et al.(2004) und andere.

Die Funktion für das Schwerepotential W ist (wegen der Eigenschaften von V und Z) im gesamten Raum eindeutig, endlich und stetig mit Ausnahme der Fälle $r \rightarrow \infty$ (dann gilt auch $Z \rightarrow \infty$) und g = 0 (Lotrichtung nicht eindeutig). Aufgrund der Eigenschaften von V weisen die zweiten Ableitungen von W bei *plötzlichen Dichteänderungen* Unstetigkeiten auf, wie etwa beim Übergang vom „Außenraum" in den „Innenraum" (Bild 2.21). Im Innenraum befinden sich definitionsgemäß alle das Schwerefeld der Erde erzeugende Massen (die felderzeugenden Massen). Im Außenraum befinden sich definitionsgemäß keine felderzeugenden Massen. Für den Innenraum gilt gemäß der Poisson-Gleichung:

$$\Delta W = -4 \cdot \pi \cdot p \cdot G + 2 \cdot \omega^2$$

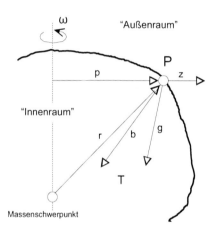

Bild 2.21
Schwerepotential der „Erde".
T = räumliche Masse
P = Punkt **auf** der Oberfläche der räumlichen Masse
p = rechtwinkliger Abstand dieses Punktes von der Drehachse der rotierenden Masse T
ω = Winkelgeschwindigkeit der Erdrotation
r = Ortsvektor nach P
z = Fliehkraftbeschleunigung (Zentrifugalbeschleunigung)
b = Gravitationsbeschleunigung
g = Schwerebeschleunigung (Lotrichtung)

Das Schwerepotential W des Systems Erde unterliegt zeitlichen Veränderungen bedingt durch Massenverlagerungen, Verlagerungen der Rotationsachse, Änderungen der Rotationsgeschwindigkeit, auf die gesondert eingegangen wird (Abschnitt 3.1.01).

Wie dargelegt, kann die Schwerkraft der Erde als Resultierende von Anziehungskraft und Fliehkraft (Zentrifugalkraft) angenommen werden. Bis um **1940** sei es praktisch bedeutungslos gewesen, welche der beiden Kräfte (Anziehungskraft oder Fliehkraft) aus *Messungen* ermittelt wurde, da der Unterschied zwischen ihnen etwa $3 \cdot 10^{-7}$ der Anziehungskraft betrage, die Meßgenauigkeit bezüglich beider Kräfte zu jener Zeit aber nur bei etwa $2 \cdot 10^{-6}$ gelegen habe (MAGNIZKI et al. 1964).

Da das Fliehkraftpotential mit hinreichender Genauigkeit bestimmt werden und daher als bekannt gelten kann, besteht die *generelle* Strategie der Schwerefeldbestimmung im wesentlichen zunächst in der Bestimmung des Gravitationspotentials (KLEIN 1997). Die *globalen Modelle des Gravitationspotentials* der Erde sind daher gesondert behandelt.

Kraftlinien und Niveauflächen des Schwerkraftfeldes der Erde

Die Gleichung W(x,y,z) = const. stellt eine Flächenschar dar. Bei verschiedenen Werten der Konstante ergeben sich verschiedene Flächen der Schar. Solche Flächen sind die *Niveauflächen*. Eine Niveaufläche ist eine Fläche konstanten *Schwerepotentials* und wird deshalb auch Äquipotentialfläche genannt (dagegen sind weder der Betrag noch die Richtung der *Schwerkraft* auf einer Niveaufläche konstant, da die Niveauflächen untereinander nicht parallel sind). Der *Abstand benachbarter Niveauflächen ist also an verschiedenen Stellen verschieden.* In jedem Punkt der Niveaufläche steht der Vektor, der das Potential kennzeichnet, rechtwinklig zur Fläche. Wegen der Potentialeigenschaften gilt für den

Vektor der Schwerkraft: $\vec{g} = \dfrac{\partial W}{\partial x}\vec{i} + \dfrac{\partial W}{\partial y}\vec{j} + \dfrac{\partial W}{\partial z}\vec{k}$

Die Dimension des Potentials W ist durch das Produkt einer Vektordimension mit einer Längendimension bestimmt. Wenn der Vektor eine Kraft darstellt, entspricht die Dimension des Potentials der Dimension von Energie und Arbeit: [W] = g cm^2 / s^2. Wenn der Vektor eine Beschleunigung darstellt, ist die Dimension des Potentials [W] = cm^2 / s^2. Kurven, deren Tangenten mit den angesprochenen Vektoren zusammenfallen, werden *Vektorlinien* oder *Kraftlinien* genannt. Sie schneiden alle Niveauflächen rechtwinklig.

Allgemein entspricht jedem Punkt (x,y,z) mit dem Potential V = C(1) ein Abschnitt der Länge s auf der Kraftlinie bis zur Niveaufläche V = C(0). Der Abstand zwischen benachbarten Niveauflächen ergibt sich aus:

$ds = -\dfrac{dV}{|F|}$, wobei $|F|$ die wirkende Kraft kennzeichnet.

Das Konzept der Niveauflächen geht auf MACLAURIN (1742) zurück und bereits CLAIRAUT (1743) hat die Eigenschaften von Niveauflächen und Lotlinien gründlich erörtert. Als äußere Begrenzung des Schwerkraftfeldes der „Erde" kann die Niveaufläche gelten, bei der sich im Äquator Gravitationsbeschleunigung und Fliehkraftbeschleunigung (Zentrifugalbeschleunigung) aufheben (TORGE 2003). Der Äquatorradius dieser Fläche betrage 42 200 km.

Höhensysteme und Geoid

Der Begriff „Höhe" kennzeichnet die Länge des geradlinigen oder krummlinigen Projektionsstrahls auf eine Linie (im 2-dimensionalen Raum, beispielsweise Höhe im Dreieck) oder auf eine Fläche (im 3-dimensionalen Raum, beispielsweise auf die Geoidoberfläche) (LELGEMANN/PETROVIC 1997). Gemäß dieser Definition ist die

Höhe (oder Tiefe, als negative Höhe) stets eine geometrische Größe, die somit anschaulich darstellbar sein sollte.

Die Höhe im vorgenannten Sinne ist jedoch, schon von ihrer Bestimmung (Messung) her, verknüpft mit *Potentialunterschieden*, etwa wie sie zwischen Punkten im *Erdschwerkraftfeld* bestehen. Konzeptionell ist beispielsweise das Ergebnis eines Nivellements stets ein Potentialunterschied, aus dem in einem zweiten, unabhängigen Schritt eine Höhe berechnet wird (LELGEMANN/PETROVIC 1997).

Geopotentielle Kote C

Geopotentielle Koten sind *gemessene* Potentialunterschiede. Geopotentielle Koten lassen sich durch Nivellement und Schweremessung hypothesenfrei (also ohne zusätzliche Annahmen) ermitteln. Die geopotentielle Kote C gibt die Differenz an zwischen dem Schwerepotential des Geoids G und dem Schwerepotential eines Punktes P:
$$C_P = W_G - W_P$$

W_P = Potential im Punkt P, W_G = Potential des Geoids. Im Hinblick auf die vorhandenen *regionalen* (nationalen) Gebrauchs-Höhensysteme wird anstelle des *globalen* Geoids oftmals eine andere Bezugsfläche benutzt, beispielsweise die Niveaufläche, die durch „Normal Null" eines geeigneten Pegels verläuft, also W_{NN} = Potential der durch NN verlaufenden Bezugsfläche. Für die geopotentielle Kote des Punktes P gilt dann: $C_P = W_{NN} - W_P$

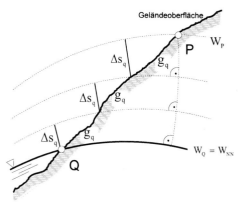

Bild 2.22
Bestimmung von
Potentialdifferenzen
(geopotentielle Koten)
durch Nivellement.

Potentialdifferenzen werden im allgemeinen mit Hilfe von Nivellements ermittelt. Mathematisch läßt sich der Vorgang als (numerische) Integration eines Linienintegrals im Erdschwerkraftfeld W darstellen durch:

$$W_Q - W_P = -\int_Q^P \vec{g} \cdot d\vec{s} \quad \text{mit}$$

$\vec{g}$ = Schwerkraftvektor (*Fallbeschleunigung* im Erdschwerkraftfeld).
Die Fallbeschleunigung in einem Punkt ist also ein Vektor, der zugehörige Betrag heißt Schwere oder auch Schwerewert (DIN 1995). Flächen gleicher Schwere sind keine Äquipotentialflächen. ● In einer Äquipotentialfläche ist die Schwere in *Polnähe* um 0,5% größer als in *Äquatornähe* (WEBER 1994).

$d\vec{s}$ = differentielles Linienelement

Wird der Integrationsweg in geeignete Teilstücke s_q zerlegt und für jedes Teilstück $\vec{g}_q$ = const gesetzt, dann folgt für die geopotentielle Kote C des Punktes P:

$$C_P = W_Q - W_P = -\int_Q^P \vec{g} \cdot d\vec{s} = -\sum_q \vec{g}_q \cdot \Delta \vec{s}_q$$

Die Einheit der geopotentiellen Kote ist $\dfrac{m^2}{s^2}$

Als *Nivellementshöhe* H kann die Länge des (krummlinigen) Projektionsstrahls eines Punkte P entlang einer Lotlinie auf die Bezugsfläche gelten. Die Länge der realen Lotlinie zwischen P und der Bezugsfläche ist die „orthometrische Höhe H" (Bild 2.25). Die Länge der realen Lotlinie ist nicht meßbar, da sie im Erdinnern verläuft.

|Arbeitshöhe|

Der Wert des Schwerepotentials in einem Punkt (der Geländeoberfläche) entspricht der Arbeit die geleistet werden muß, um die Masseneinheit (1 kg) von dort in Richtung Schwerepotential = 0 zu transportieren. Bei Bewegung einer Masse vom Erdmittelpunkt *weg* muß somit Arbeit geleistet werden, bei Bewegung zum Erdmittelpunkt *hin* wird Arbeit frei. Die Niveauflächen als Flächen konstanter potentieller Energie (Arbeit) verlaufen dementsprechend so, daß bei nichtbeschleunigter (reibungsfreier) Bewegung einer Masse in einer Niveaufläche weder Arbeit geleistet noch Arbeit frei wird. Die geopotentielle Kote wird deshalb gelegentlich auch *Arbeitshöhe* genannt.

|Gebrauchshöhensysteme|

Die geopotentielle Kote kann zwar als ein gewisses Maß für die Höhe eines Punktes über der Bezugsfläche gelten, sie ist aber, wie dargelegt, kein Abstand von dieser Fläche, der in einem *Längenmaß* ausgedrückt ist. Daß dieser Abstand durch ein Längenmaß angegeben wird, hat jedoch große praktische Bedeutung, etwa bei der Nutzung von Höhenangaben im Bauwesen und anderen Bereichen, in denen die erforderlichen ingenieurtechnischen Höhenmessungen möglichst von einfacher Art (und schnell ausführbar) sowie von geringem Aufwand sein sollen. Andererseits wird von diesen Nutzern aber auch erwartet, daß zwischen zwei Punkten mit gleichen

Höhenangaben kein Wasser von selbst fließt, kein Fahrzeug von selbst rollt und ähnliches. Sowohl die *physikalische* als auch die *geometrische* Dimension des Begriffes Höhe sind mithin für unsere Tätigkeiten bedeutungsvoll. Ein an praktischen Bedürfnissen orientiertes Höhensystem muß beiden Dimensionen hinreichend gerecht werden. Man unterscheidet aus den genannten Gründen oftmals zwischen dem *System geopotentieller Koten*, das auf Potentialdifferenzen aufbaut, und sogenannten *Gebrauchshöhensystemen*, die (potentialstheoretisch begründet) auf geometrisch definierte Abstände aufbauen, die in einem Längenmaß angegeben sind. Diese Gebrauchshöhensysteme unterscheiden sich vorrangig durch die Wege die beschritten wurden, um von der Potentialdifferenz zu einer metrischen Differenz zu gelangen, also durch welchen Durchschnittswert µ der Schwerebeschleunigung g die geopotentielle Kote C zu dividieren ist, damit eine metrische Höhe daraus entsteht:

$\text{Höhe}^{metrisch} = \dfrac{C}{\mu}$ Es entstanden Gebrauchshöhensysteme nach Helmert (1884), Nicthammer (1932), Molodenski (1945), Vignal (1949) und andere (LEISMANN et al. 1992).

|Nichtparallelität der Niveauflächen|
Die Niveauflächen oder Äquipotentialflächen des Erdschwerefeldes verlaufen nicht parallel. Aus dieser Nichtparallelität folgt, daß der "geometrische" Abstand eines Punktes P_1 von einer *Bezugsfläche* (Geoid) ein anderer ist als der des Punktes P_2, obwohl beide Punkte auf derselben Äquipotentialfläche liegen und somit zwischen ihnen beispielsweise kein Wasser fließt (Bild 2.23).

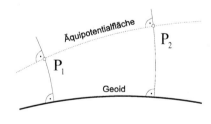

Bild 2.23
Nichtparallelität der Niveauflächen des Erdschwerefeldes.

Die Forderung *gleiche* Höhenangaben für alle (Geländeoberflächen-) Punkte, die in der *gleichen* Äquipotentialfläche (Niveaufläche) liegen wird von Gebrauchshöhensystemen nur *näherungsweise* erfüllt (LEISMANN et al. 1992). Sie täuschen mithin ein Gefälle/Anstieg vor, das/der real nicht vorhanden ist. Dieses scheinbare Gefälle ist jedoch relativ klein, so daß es nur bei hochgenauen Anwendungen berücksichtigt werden muß.

Deutsche amtliche Gebrauchshöhensysteme
Wie zuvor erläutert, sind „Höhen" schon von ihrer Bestimmung (Messung) her mit Potentialunterschieden verknüpft. Geopotentielle Koten sind gemessene Potential-

unterschiede. Alle Punkte mit gleichwertigen Geopotentiellen Koten liegen in derselben Niveaufläche. Zwischen Punkten einer solchen Fläche fließt beispielsweise Wasser nicht von selbst (weil gleiches Niveau vorliegt). Geopotentielle Koten werden in der Regel als Differenz zu einem *geeignet gewählten Nullpunkt* angegeben. Zur Überführung der *Potentialdifferenz* in eine *metrische Differenz* (in ein Längenmaß) gibt es verschiedene Vorgehensweisen. Als Ergebnis solcher Überführungen ergeben sich *Gebrauchshöhensysteme*.

|Nullpunkte und Entstehung der deutschen Gebrauchshöhensysteme|
Der Nullpunkt des ersten deutschen Gebrauchshöhensystems wurde vom *Tidehochwasser der Nordsee am Amsterdamer Pegel* abgeleitet. Die diesbezüglichen Beobachtungen erfolgten am Ende des 17. Jahrhunderts. Zu dieser Zeit lag das mittlere Tidehochwasser 17 cm über dem dortigen Mittelwasser. Als Nullpunkt dieses Gebrauchshöhensystems gilt der 1879 an der Sternwarte in Berlin angebrachte Höhenpunkt mit der Bezeichnung **NHP 1879** (NHP = Normalhöhenpunkt). Seine Höhe wurde vom Pegel *Amsterdam* aus durch Nivellement nach *Berlin* übertragen. Er erhielt den Höhenwert 37,000 m zugeordnet. Ein solcher Nullpunkt ist Ausgangspunkt der Messungen (Nivellements) zum Anschluß weiterer Höhenpunkte, die in ihrer Gesamtheit dann das Gebrauchshöhensystem ergeben, hier das Gebrauchshöhensystem NHP 1879.

Der Nullpunkt NHP 1879 wurde 1912 nach *Hoppegarten* verlegt (ca 40 km östlich von Berlin gelegen) und erhielt nun die Bezeichnung **NHP 1912**. Seine Höhe wurde vom Nullpunkt NHP1879 ausgehend durch Nivellement bestimmt. Er diente nunmehr als neuer Ausgangspunkt umfangreicher Höhenbestimmungen. Im Zeitabschnitt 1912-1956 entstand so das *Deutsche Haupthöhennetz* 1912, kurz **DHHN 1912**. Gemäß dem Übertragungsweg beziehen sich alle Höhenangaben der bisher beschriebenen Gebrauchshöhensysteme prinzipiell auf das Tidehochwasser der Nordsee am Amsterdamer Pegel. Sie werden meist als **NN-Höhen** (Normalnull-Höhen) bezeichnet. Wegen der inhomogenen Berechnungsverfahren und den daraus resultierenden Netzspannungen wurde das DHHN 1912 nach seiner Fertigstellung bald als unzureichend angesehen.

Die *westlichen* deutschen Bundesländer erneuerten daher im Zeitabschnitt 1980-1985 ihr Nivellementsnetz 1. Ordnung. Während der Vorarbeiten zur Einführung dieses neuen Höhensystems **DHHN 1985** erfolgte 1990 die Wiedervereinigung mit den östlichen deutschen Bundesländern.

In den *östlichen* deutschen Bundesländern war nach 1945 ein neues amtliches Höhensystem eingeführt worden (Beschluß 1953 des Präsidiums des dortigen Ministerrats), dessen Nullpunkt vom *Mittelwasser der Ostsee am Pegel Kronstadt* abgeleitet wurde, der auf einer Insel bei St. Petersburg liegt und seit 1703 beobachtet wird (WEBER 1994, LEISMANN et al. 1992 S.90). Er liegt ca 15 cm über dem Pegel in Amsterdam. Das Gebrauchshöhensystem basiert auf dem "Staatlichen Nivellementsnetz 1.Ordnung", gemessen 1954-1956. Es erhielt die Bezeichnung *Staatliches Nivellementsnetz 1956* (**SNN 1956**). Die Höhen wurden als *Höhen über Höhennull* (HN) bezeichnet. Von 1974-1976 erfolgte eine vollständige Neumessung des Nivellementsnetzes 1.Ordnung, dabei wurde der Höhenwert des Punktes *Hoppegarten* aus der Messung 1954-1956 unverändert beibehalten und als Ausgangshöhe benutzt. Das amtliche Höhennetz der Messung 1974-1976 erhielt die Bezeichnung *Staatliches Nivellementsnetz* 1976 (**SNN 1976**) (ZfV 1/2002). Die Höhen wurden (wie beim SNN 1956) als Höhen über Höhennull (HN) bezeichnet, verschiedentlich auch *Normalhöhen 1976* genannt.

Das aktuelle deutsche Gebrauchshöhensystem

Zur Verbindung der Höhenpunktfelder der westlichen und östlichen deutschen Bundesländer erfolgten im Zeitabschnitt 1991-1992 Verbindungsmessungen (einschließlich zugehöriger Schweremessungen) und 1994 eine fehlertheoretische Ausgleichung des gesamten Höhenpunktfeldes 1. Ordnung.

Dieses neue amtliche Gebraushöhensystem in Deutschland (nach der Wiedervereinigung) ist das *Deutsche Haupthöhennetz* **DHHN 1992**. Die Art seiner Höhen beruht auf die Meßverfahren Nivellement und Schweremessung, wobei das für einen Punkt errechnete Schwerepotential nach der *Theorie der Normalhöhen* in eine Gebrauchshöhe umgerechnet wird. Diese Theorie wurde unabhängig voneinander von MOLODENSKI (in Rußland 1945) und VIGNAL (in Frankreich 1949) entwickelt. Die „Normalhöhen" (von Molodenski so bezeichnet) waren bereits im damaligen Ostblock (Staaten des Warschauer Pakts, zu dem damals auch die östlichen Bundesländer gehörten) und in Frankreich üblich. Die Höhenwerte des DHHN 1992 sind nicht an einem eigenen Höhenbezugspunkt, sondern an die *Geopotentiellen Koten* des Vereinigten Europäischen Nivellementsnetzes / Réseau Européen Unifié de Nivellemnet (REUN) / United European Levelling Net (UELN) angeschlossen. Derzeit ist gültig REUN 1986, das wiederum an die *Geopotentielle Kote* des (ehemaligen) Amsterdamer Pegels angeschlossen ist, der wegen Landgewinnungsmaßnahmen heute nicht mehr an der Nordsee liegt (WEBER 2004, 1994). Als Anschlußpunkt für die Ausgleichung des DHHN 1992 diente der Nivellementspunkt "Kirche *Wallenhorst*" (bei Osnabrück), der als Knotenpunkt des UELN 1986 an den Pegel Amsterdam angeschlossen ist (ZfV 1/2002).

|Berechnungsverfahren|

Die Berechnung der Gebrauchshöhen erfolgte beim DHHN 1912 und DHHN 1992 nach unterschiedlichen Verfahren (WEBER 2004): Beim DHHN 1912 wurde an jedem Nivellementsergebnis eine *normal-orthometrische Reduktion* angebracht, wobei von einem Erdellipsoid mit homogener Massenverteilung ausgegangen wurde. Beim DHHN 1992 wurde an jedem Nivellementsergebnis eine *Normalhöhen-Reduktion* angebracht. Die aus Definition und Realisierung der Gebrauchshöhensysteme sich ergebenden Höhenbezugsflächen sind wie folgt benannt:

DHHN 1912: Höhenbezugsfläche = „**Normalnull**" (NN)
DHHN 1992: Höhenbezugsfläche = „**Normalhöhennull**" (NHN)
Diese *Höhenbezugsflächen* sind fiktive Flächen. Sie ergeben sich, wenn alle Punkte eines Gebrauchshöhensystems um ihren eigenen Höhenwert abgesenkt, beziehungsweise bei negativen Höhen angehoben werden. Sie sind mithin *keine* Niveauflächen.

Anmerkung:
Das nach der Wiedervereinigung Deutschlands von der deutschen Landesvermessung eingeführte Gebrauchshöhensystem DHHN 1992 besteht aus **Normalhöhen H***. Die Einführung beinhaltet, daß zunächst das gesamte deutsche Nivellementsnetz **1. Ordnung** (55 000 Punkte) in diesem System zu berechnen ist. Diese Aufgabe ist abgeschlossen. Die Berechnung der Nivellementspunkte niederer Ordnungen erfolgt in den einzelnen Bundesländern zeitlich unterschiedlich. Bayern plant, seine sämtlichen 117 000 Nivellementspunkte bis Ende 2005 in diesem System zu berechnen und sie anschließend *amtlich* einzuführen (WEBER 2004). Wie nachfolgend weiter ausgeführt, kommt den Normalhöhen H* *keine* geometrische und/oder physikalische Bedeutung zu. Sie sind **nicht** anschaulich. Sie sind „nur" formal, also durch eine *mathematische Formel* definiert, und daher sehr zweckmäßige *Hilfsgrößen* bei der Berechnung von geometrisch/physikalisch relevanten Größen. Insbesondere sind sie geeignet für in der Praxis oft anstehende *Transformationsaufgaben*:
Normalhöhe H* ↔ Ellipsoidische Höhe h
Normalhöhe H* ↔ Geopotentielle Kote C
Normalhöhe H* → Normal-orthometrische Höhe h* (also nicht umgekehrt)
Die in Zusammenhang mit Normalhöhen H* oft diskutierten Begriffe wie Quasigeoid und Telluroid seien entbehrlich (LELGEMANN/PETROVIC 1997). Die Ellipsoidischen Höhen h beziehen sich im DHHN 1992 auf das *mittlere Erdellipsoid* GRS 80 mit der *Lagerung* im Koordinatensystem ETRS 89. Sie werden daher auch *Ellipsoidische ETRS 89 - Höhen* genannt (WEBER 2004).

**Ellipsoidische Höhe h
und Normal-orthometrische Höhe h***
Die **Ellipsoidische Höhe h** ist (im Sinne der Geometrie) die *Länge der Ellipsoidnormalen* zwischen einem Punkt P und der Oberfläche einer ellipsoidischen Bezugsfläche. Als Bestandteil der *ellipsoidischen Koordinaten* (φ,λ,h) tragen sie zur Beschreibung der Position von Punkten im 3-dimensionalen Raum bei. Da sie nicht potentialtheoretisch festgelegt sind, stimmen die Flächen gleicher ellipsoidischer Höhen nicht mit den Äquipotentialflächen des Erdschwerkraftfeldes überein.

Bild 2.24
Ellipsoidische Höhe h über dem
Bezugsellipsoid (Niveauellipsoid)
GRS 80.

Der Ellipsoidpunkt $\overline{S}$ ergibt sich
durch die Abbildung des Punktes
P längs der Ellipsoidnormalen. Die
Oberfläche des Niveauellipsoids
GRS 80 ist diejenige Äquipotentialfläche des Erdschwerkraftpoten-
tials W, deren numerischer Wert
W_0 mit dem numerischen Wert U_0

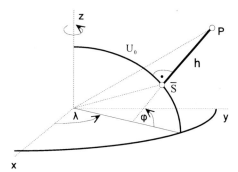

des *Normalpotentials* des GRS 80 übereinstimmt. Das Normalpotential ist zwar *real* nicht existent, mathematisch aber eindeutig definiert.

Zur Bestimmung ellipsoidischer Höhen sind verschiedenen Verfahren verfügbar. Meßverfahren auf der Landoberfläche, wie etwa trigonometrische Höhenbestimmung, geometrisch-astronomisches Nivellement, die Auswertung 3-dimensionaler Punktfelder (nationaler Landesvermessungen), Einsatz von Trägheitsnavigationssystemen (HECK 1987), ergeben in der Regel ellipsoidische Höhendifferenzen (sogenannte *relative ellipsoidische Höhen*). *Absolute ellipsoidische Höhen* ergeben sich aus satellitengestützten Meßverfahren (GPS und andere) (TORGE 2003), die nahezu hypothesenfrei 3-dimensionale Koordinaten (x,y,z) in einem globalen, geozentrischen, rechtwinklig-*cartesischen* Koordinatensystem liefern, welche dann in ein gleichgelagertes *ellipsoidisches* Koordinatensystem (φ,λ,h) transformiert werden können. Absolute ellipsoidische Höhen ergibt auch das VLBI-Meßverfahren (Abschnitt 2.1). Eine Verknüpfung dieses ellipsoidischen Höhensystems mit den zuvor genannten potentialtheoretisch begründeten Gebrauchshöhensystemen ist also möglich. Eine gute Übersicht über den Stand der Integration von GPS-Höhen in Gebrauchshöhensysteme geben ILLNER/JÄGER (1995).

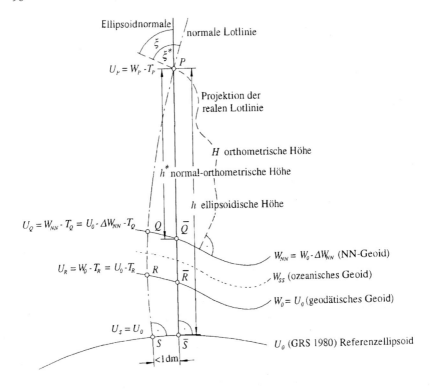

Bild 2.25
Äquipotentialflächen (als Höhenbezugsflächen) und Höhen. T = Störpotential. Das Normal-Null-Geoid (NN-Geoid) ist jene Äquipotentialfläche, die durch den Bezugspunkt (meist Pegel) des jeweiligen nationalen (regionalen) Höhensystems verläuft. Quelle: LELGEMANN/PETROVIC (1997). Die sogenannte *normale Lotlinie* verläuft von P nach S. Die Abweichung zwischen normaler Lotlinie und Ellipsoidnormalen beträgt auf der Oberfläche des GRS 1980 also nur: $\overline{S} - S \prec |10\text{cm}|$.

Die **Normal-orthometrische Höhe** h* (Benennung eingeführt von LELGEMANN/PETROVIC 1997) ist nicht identisch mit der „sphäroidisch-orthometrischen Höhe" (für die gelegentlich als Synonym die Benennung normal-orthometrische Höhe verwendet wird).

Bei zahlreichen (Gebrauchs-) Höhensystemen werden aus Gründen der Zweckmäßigkeit die Parameter eines *Normalschwerefeldes* verwendet, die einem Rotationsellipsoid zugeordnet sind, dessen Oberfläche zugleich Äquipotentialfläche des eigenen Schwerkraftfeldes ist (Niveauellipsoid). MOLODENSKI definierte eine solche Normalschwere durch: $\gamma = \gamma(\varphi, h)$ und erhielt dadurch folgendes Gleichungssystem zur Bestimmung der Differenzen des *Normalpotentials* U = W - T:

$$U_0 - U_P = h_P \cdot \overline{\gamma}_P \quad \text{mit} \quad \overline{\gamma}_P = \frac{1}{h_P} \cdot \int_0^{h_P} \gamma(\varphi, h) \cdot dh$$

Damit kann die *Länge der normalen Lotlinie* vom mittleren Erdellipsoid $U = U_0 = $ const bis zum Punkt P berechnet werden. Diese ist (fast) gleich der *Länge der Ellipsoidnormalen*. Die Längen der Lotlinien des durch vier Größen definierten mittleren Erdellipsoids (GRS 80) weichen nach HEISKANEN/MORITZ 1967 auch in Extremfällen (Spitze des Mount Everest) nur um wenige cm von den zugehörigen Längen der Ellipsoidnormalen ab. Der Unterschied ist mithin vernachlässigbar. Aufbauend auf das vorgenannte Gleichungssystem ergibt sich nach LELGEMANN/PETROVIC (1997) als

---

Gleichung zur Berechnung der *normal-orthometrischen Höhe* h*:

$$h_P - h_Q = \frac{1}{\gamma_{PQ}} \cdot (W_{NN} - W_P) + \frac{1}{\gamma_{PQ}} \cdot (T_P - T_Q)$$

γ_{PQ} = Mittelwert der Normalschwere zwischen P und Q
T = Störpotential
Die nachgenannten Ausdrücke sind wie folgt benannt:

$\frac{1}{\gamma_{PQ}} \cdot (T_P - T_Q)$ = orthometrische Korrektion ΔH der Normalhöhe

$\frac{1}{\gamma_{PQ}} \cdot (W_{NN} - W_P)$ = **Normalhöhe H***

Mit der Definition der normal-orthometrischen Höhe ist also ein *geometrisches* Konzept verbunden, das sich auf die *Höhenbezugsfläche* (NN-Geoid) stützt. Sie ist daher anschaulich darstellbar. Die normal-orthometrische Höhe beschreibt mithin (längs der Ellipsoidnormalen) die Tiefe der Höhenbezugsfläche (NN-Geoid), die als eine Äqipotentialfläche des *realen* Erdschwerepotentials definiert ist. Lelgemann/Petrovic weisen darauf hin, daß die kreierten „Dynamischen Höhen" geometrisch und physikalisch bedeutungslos und daher entbehrlich seien.

Geoidundulationen (Geoidhöhen)
Das mittlere Erdellipsoid als Niveauellipsoid soll das (globale) Geoid bestmöglichst approximieren (ist also eine Näherungsfigur für das Geoid). Die Abweichungen des globalen Geoids beziehungsweise eines NN-Geoids vom mittleren Erdellipsoid sind die zugehörigen *Geoidundulationen* oder *Geoidhöhen* oder *Geoidanomalien*.

Für einen Punkt P gilt gemäß Bild 2.25 als **Geoidhöhe**: $N = h - h^*$

h = Ellipsoidische Höhe (Länge der Ellipsoidnormalen zwischen dem Punkt P und dem mittleren Erdellipsoid (derzeit GRS 80)

h* = normal-orthometrische Höhe zwischen dem Punkt P und einem NN-Geoid.

Geoid als Höhenbezugsfläche
Die Oberfläche des Geoids dient als *Höhenbezugsfläche* für die sogenannten *Meereshöhen*. Die Meereshöhe gibt die „Höhe" für einen Punkt auf der Landoberfläche (oder der Meeresoberfläche) über der Höhenbezugsfläche an, also definitionsgemäß über dem „mittleren Meeresspiegel". Mittels solcher auf die Geoidoberfläche bezogenen (metrischen) Höhenangaben kann die *Landtopographie* und die *Meerestopographie* repräsentiert werden, ebenso (mittels der „Tiefe") die *Meeresgrundtopographie*. Landtopographie und Meeresgrundtopographie beschreiben die Gestalt der *Geländeoberfläche* (siehe dort).

|regionales NN-Geoid|
Die Randbedingung, daß das Geoid in der Höhe des mittleren Meeresspiegels liegen soll, kann beispielsweise erfüllt werden, in dem eine Niveaufläche als Geoid ausgewählt wird, die durch jenen Höhenwert *eines* Meerespegels (Mareographen) verläuft, der den mittleren Meeresspiegel in Pegelumgebung repräsentiert (Mittelwert aus mehreren Beobachtungsjahren). Im Bild 2.25 ist die höhenmäßig so festgelegte Oberfläche des Geoids beziehungsweise ein solches Geoid als NN-Geoid (Normal-Null-Geoid) gekennzeichnet. In der Regel ist dieser Pegelpunkt zugleich *Bezugspunkt* der nationalen (also regionalen) Höhensysteme (Gebrauchshöhensysteme). Sie beispielsweise die Ausführungen über: Deutsche amtliche Gebrauchshöhensysteme.

|globales NN-Geoid|
Die Randbedingung, daß das Geoid in der Höhe des mittleren Meeresspiegels liegen soll, kann im globalen Bereich beispielsweise auch dadurch erfüllt werden, daß jene Niveaufläche als Geoid ausgewählt wird, die sich dem mittleren Meeresspiegel an *mehreren* (erdweit verteilten) Pegeln bestmöglichst anpaßt.

Zur Bestimmung des Geoids
Geometrisch läßt sich das reale Schwerkraftfeld der Erde durch Niveauflächen und Lotlinien darstellen. Die Niveauflächen sind Flächen konstanten Schwerepotentials

und heißen deshalb auch Äquipotentialflächen. Flächen dieser Art sind zwar geschlossene, aber keine analytische Flächen. Als geschlossenen Flächen schließen sie jeweils einen Erdkörperteil ein, gelagert um den Massenschwerpunkt der Erde. Äquipotentialflächen des realen Schwerkraftfeldes der Erde, die im mittleren Meeresniveau liegen sind geeignet zur Definition eines **Geoids**. Die *Oberfläche* eines solchen Geoids ist also eine ausgewählte Äquipotentialfläche des realen Schwerkraftfeldes der Erde, die zunächst das mittlere Meeresniveau anzeigen soll. Darüber hinaus soll sie noch weitere bestimmte Eigenschaften haben, die ihr in der Regel mathematisch zugeordnet werden.

Nach der hier vertretenen Auffassung wird die *Land/Meer-Oberfläche* der Erde durch das *mittlere Erdellipsoid* und durch das *Geoid* repräsentiert. Um das *äußere* Schwerkraftfeld der Erde beschreiben zu können ist es erforderlich, daß die Land/Meer-Oberfläche und die Geoidoberfläche die Eigenschaft einer *Randfläche* in diesem Schwerkraftfeld erhalten (Randwertaufgabe). Dazu bedarf es verschiedener Reduktionen, die nachfolgend etwas erläutert werden.

|Reduktion der im Raum gemessenen Daten
auf die Geoidoberfläche|

Theoretisch streng kann die Oberfläche des Geoids nur bestimmt werden, wenn die Dichteverhältnisse zwischen dieser Oberfläche und der Land/Meer-Oberfläche bekannt sind. Soll die Geoidoberfläche die Eigenschaft einer *Randfläche* im Schwerefeld erhalten, so sind zunächst die Unregelmäßigkeiten der topographischen Massen über der Geoidoberfläche zu beseitigen, etwa durch Erzeugen einer (ebenen oder sphärischen) Platte konstanter Dicke und Dichte (Bouguerplatte) und sodann die im Raum gemessenen Schwerewerte auf die Geoidoberfläche zu reduzieren. Durch eine solche (nur theoretisch/rechnerisch durchgeführte) Verlagerung der topographischen Massen wird das Schwerefeld der Erde und damit auch der Potentialwert des Geoids verändert. Je nach Art der Verlagerung ergeben sich unterschiedliche Typen von *Schwereanomalien auf dem Geoid*, die als Ergebnis der zuvor genannten *Schwerereduktionen* gewonnen wurden.

Die *Schwerereduktion* auf die Geoidoberfläche läßt sich darstellen
durch die Gleichung: $g_0 = g + \Delta g$

Ist beispielsweise die (absolute) Schwerebeschleunigung g in einem Punkt P im Raum gemessen worden, so ist daran eine Reduktion Δg anzubringen, um die Schwerebeschleunigung an der Geoidoberfläche zu erhalten. Die Anzahl möglicher Geoide wird mithin ebenso groß sein wie die Anzahl der Möglichkeiten zur Festlegung einer sinnvollen mathematischen Formel für eine solche Schwerereduktion Δg. Hinsichtlich der Reduktionen (Reduktionsverfahren) können beispielsweise unterschieden werden (DIN 1995): Freiluftreduktion, Bouguerreduktion, topographische Reduktion, Plattenreduktion, Geländereduktion, isostatische Reduktion. PERRIER (1939/1949) erläutert in seiner ausgezeichneten ‚Kurzen Geschichte der Geodäsie' die damals berechneten Geoide von Bouguer, Stokes, Faye und verweist auf die Geoide von Helmert, Rudski sowie auf die Bezugsfläche von Brillouin. TORGE (2003) beschreibt die neueren Definitionen: „mittleres" Geoid, „non-tidal" Geoid, „Null-Geoid" (zerotide-Geoid). Zusammengefaßt läßt sich sagen: es gibt ebenso viele Geoide wie Reduktionsverfahren. Offensichtlich hat jedes der bisher definierten Geoide Vorteile und Nachteile in Bezug auf eine vorliegende Aufgabenstellung.

Die **Schwereanomalie** Δg *auf der Geoidoberfläche* läßt sich als Schweredifferenz darstellen durch die Gleichung: $\Delta g = g_0 - \gamma_0$

γ_0 kennzeichnet dabei die sogenannte *Normalschwere* (theoretische Schwere) auf dem mittleren Erdellipsoid. Die beim mittleren Erdellipsoid GRS 80 verwendete Normalschwere ist dort formel- und betragsmäßig angegeben.

Die **Geoidanomalie** N läßt sich darstellen durch die Gleichung: $N = h - h^*$
Die Geoidanomalie wird auch Geoidhöhe oder Geoidundulation genannt (siehe dort). Sie kennzeichnet den auf einen Punkt bezogenen Abstand zwischen dem mittleren Erdellipsoid und dem Geoid. Wird anstelle der hier angegebenen normal-orthometrische Höhe h* eine andere Meereshöhe (etwa die orthometrische Höhe H) benutzt, ist dies in der angegebenen Gleichung zu berücksichtigen (sie lautet dann: $N = h - H$).
Die Geoidanomalien lassen sich durch eine *Isoliniendarstellung* veranschaulichen. N wird in der Regel als +N angenommen, wenn der Geoidpunkt über dem mittleren Erdellipsoid liegt. Eine solche Darstellung zeigt damit die Oberfläche des Geoids. HELMERT stellte 1899 anhand der damals verfügbaren g-Werte fest, daß N den Wert ± 100 m nicht überschreitet.

|Zur Definition des Geoids|
Da die Oberfläche des Geoids im mittleren Meeresniveau liegen soll, verläuft sie teilweise unter der Land/Meer-Oberfläche, unter Umständen auch geringfügig über dieser Oberfläche. Dies bedeutet, daß die *Oberfläche des Geoids* teilweise auch im **Erdinnern** verläuft und ihre Krümmung bei plötzlichen Dichteänderungen (Dichtesprüngen) somit Unstetigkeiten aufweist. Die Oberfläche ist mithin keine analytische Fläche. Sie kann dennoch vielfach hinreichend, beispielsweise durch eine *Kugelfunktionsentwicklung*, approximiert werden.
Wird in der Geoidbestimmung eine cm-Genauigkeit angestrebt, dann bedarf es einer *verfeinerten Geoiddefinition.* Nach TORGE (2003) sollte diese unter anderem festlegen wie der *permanente Gezeiteneffekt* zu behandeln ist und wie die (zeitabhängigen) *Veränderungen* zu berücksichtigen sind, die sich aus *Massenverlagerungen im System Erde* ergeben, etwa solche im Erdinnern, in der Atmosphäre oder in der Hydrosphäre.

Als Weltraumkörper unterliegt die Erde vorrangig zwei Kräften, die ihre Figur bestimmen: Anziehungskraft (Gravitation) und Fliehkraft (Zentrifugalkraft). Entsprechend der räumlichen Ausdehnung der Erde gilt allerdings auch für diese, daß für einen Punkt auf der Land/Meer-Oberfläche die zugehörige Gravitationskraft von der für das Massenzentrum der Erde (Geozentrum) etwas abweicht. Diese Differenz wird *Gezeitenkraft* genannt. Durch solche Gezeitenkräfte treten Gezeitenbeschleunigungen mit entsprechenden *Gezeiteneffekten* auf, die im allgemeinen abhängig sind von der geographischen Breite und Länge sowie von der Zeit. Ausführungen zu den *Erdgezeiten* sind im Abschnitt 3.1.01 enthalten.

Historische Anmerkung
zur Bestimmung des mittleren Erdellipsoids und des Erdschwerkraftfeldes

Jener Erdkörperteil, der (nach außen) durch die *Land/Meer-Oberfläche* begrenzt ist, kann *repräsentiert* werden durch das **mittlere Erdellipsoid** oder durch das **Geoid**. Zunächst wurde dieser Erdkörperteil durch rein geometrische Formen veranschaulicht, anfangs durch eine Kugel, nach 1650 durch ein Ellipsoid. Etwa ab 1930 fanden neben sogenannten „geometrischen" auch „physikalische" Parameter Eingang in die Definition dieses globalen Ellipsoids, das dadurch zum Niveauellipsoid wurde und heute mittleres Erdellipsoid genannt wird (derzeit aktuell ist das GRS 80).

1500...

Nach 1500 erbrachten Astronomie und Physik neue Beobachtungsergebnisse und Ideen, die auch die gängigen Vorstellungen über die Figur der Erde und ihre Bewegung im Weltraum stark veränderten. COPERNICUS setzt um **1543** an die Stelle des *ptolemäischen Weltbildes* das heliozentrische Weltbild, das später *copernicanisches Weltbild* genannt wurde. Danach ist die Erde ein Planet und bewegt sich wie die anderen Planeten in Kreisen um die Sonne. Copernicus verheimlichte nie, daß er sich die Anregung dazu bei ARISTARCH holte, der um 265 v.Chr. gelebt hatte. 36 Jahre schwieg Copernicus über seine Arbeit. Als sie gedruckt veröffentlicht wurde, lag er im Sterben. Allerdings waren handschriftliche Kopien von Freund zu Freund verschwiegen herumgereicht worden (BACHMANN 1965). Gestützt auf die außerordentlich wertvollen und umfangreichen Ortsbestimmungen und Sternverzeichnisse von BRAHE erkennt KEPLER um **1618** die Gesetze der Planetenbewegungen, die unter anderem grundlegend sind für die Bahngestaltung und Bahnberechnung der heutigen (erdumkreisenden) *Satelliten*. Nach den beiden Kepler-Gesetzen bewegen sich die Planeten in Ellipsen, in deren einem Brennpunkt die Sonne steht, und der Leitstrahl zwischen Planet und Sonne beschreibt in gleichen Zeiten gleiche Flächen. GALILEI entwickelt die Grundlagen der Mechanik (Fallgesetz 1590 genauer formuliert 1604,

Pendelgesetz 1596). Auch die Bemühungen zur Bestimmung von Form und Größe eines globalen Ellipsoids zur Veranschaulichung jenes Erdkörperteils, der durch die Land/Meer-Oberfläche begrenzt ist, erreichen nach 1500 eine neue Qualität vorrangig durch NEWTON und HUYGENS. Newton erklärt um **1665** das Schwerefeld der Erde als Folge einer allgemein wirksamen Massenanziehung oder *Gravitation* und formuliert das später nach ihm benannte Gravitationsgesetz (Abschnitt 4.2.02). Huygens und Newton behaupten aufgrund ihrer hydrostatischen Überlegungen, daß die Erde an den Polen abgeplattet sein müsse, weil ihre Rotation eine solche Deformation bewirke. Sie erhalten Unterstützung für ihre Aussagen durch RICHER, der 1672/1973 feststellt, daß die Pendeluhr in Paris für 1 Sekunde ein längeres Pendel haben muß als für den gleichen Zeitabschnitt in Äquatornähe (in Cayenne). Aus dieser Feststellung kann nach dem Pendelgesetz geschlossen werden, daß die Schwerkraft der Erde vom Äquator zu den Polen hin zunimmt, also eine Abhängigkeit der Fallbeschleunigung (im Erdschwerefeld) von der geographische Breite besteht. HALLEY bestätigt dieses Ergebnis durch Vergleich der Ergebnisse seiner Pendelmessungen in London und St. Helena.(1677-1678). Newton und Huygens berechnen je ein an den Polen abgeplattetes globales Ellipsoid und geben erstmals Werte für die polare Abplattung

gestorben:
1543 COPERNICUS
1601 BRAHE
1630 KEPLER
1642 GALILEI

$$f = \frac{a - b}{a} \text{ an}$$

mit a = große Halbachse und b = kleine Halbachse des Rotationsellipsoids.

1700...

Eine Synthese zwischen der physikalischen und der geometrischen Begründung der Ellipsoidgestalt gelang CLAIRAUT. Das später nach ihm benannte Theorem (**1743**) erlaubt die Berechnung der Abplattung f eines Rotationsellipsoids aus zwei Schweremessungen in verschiedenen geographischen Breiten:

gestorben:
1695 HUYGENS
1696 RICHER
1727 NEWTON
1742 HALLEY

$$f = \frac{a - b}{a} = \frac{5 \cdot \omega^2 \cdot a}{2 \cdot g_0} - \frac{g_1 - g_0}{g_0} \quad \text{(Clairaut-Theorem)}$$

In dieser (als Clairaut-Theorem) bekannten Formel sind ω die Winkelgeschwindigkeit der Erdrotation und g_0 die normale Schwerkraft am Äquator, g_1 diejenige am Pol (HAALCK 1954). Auf dieser Basis der Theorie wird ihre weitere Entwicklung vorrangig durch die Arbeiten von LEGENDRE, LAPLACE (Laplace-Gleichung **1782**) und GREEN geprägt. POISSON (**1813**) entdeckt die später nach ihm benannte Gleichung.

Als "mathematische Oberfläche der Erde" bezeichnet GAUSS **1828** diejenige Fläche, "... welche überall die Richtung der Schwere senkrecht schneidet und von der die Oberfläche des Weltmeeres einen Teil ausmacht" (VÖLTER 1963). BESSEL meint **1837**, man könne sich die durch die Meeresfläche dargestellte Niveaufläche auch in die Kontinente fortgesetzt denken, wenn man sich ein Netz wassergefüllter Kanäle vorstellt, die mit dem Meer in Verbindung stehen. LISTING nennt 1872 die von Gauss und Bessel beschriebene Erdfigur **Geoid**. Das Geoid als physikalisch definierter Erdkörperteil wurde also bereits 1828 von GAUSS eingeführt. Mit dem **1849** von STOKES angegebenen globalen *Flächenintegral* (das die Beziehung zwischen der Oberflächengestalt und den lokalen Variationen der Schwerkraft beschreibt) und dem **1884** von HELMERT angegebenen lokalen *Linienintegral* (astronomisches Nivellement) stehen also bereits im 19. Jahrhundert Formeln zur *Transformation* von *meßbaren* Schwerefeldgrößen (Schwereanomalien beziehungsweise Lotabweichungen) in Geoidundulationen (Geoidhöhen über dem Ellipsoid) zur Verfügung (TORGE/DENKER 1999). Helmert hatte 1880 dargelegt, daß "... ein geometrischer Zusammenhang zwischen Schwerpunktlage und Lotablenkung nicht besteht, sondern nur ein dynamischer" (VÖLTER 1963). Von BRUNS war **1878** angeregt worden, die „Oberfläche der Erde" (die Niveaufläche in Höhe des mittleren Meeresniveaus) punktweise durch ein räumliches Polyeder zusammen mit den äußeren Niveauflächen zu bestimmen. Es sollen in *einem* mathematischen Modell horizontale und vertikale Positionsbestimmungen zusammengeführt werden. Dieses Konzept wird aus verschiedenen Gründen erst um 1950 wieder aufgegriffen.

gestorben:
1765 CLAIRAUT
1813 LAGRANGE
1827 LAPLACE
1833 LEGENDRE
1840 POISSON
1841 GREEN
1846 BESSEL
1855 GAUSS
1882 LISTING
1885 BAEYER
1895 v.REBEUR-PASCHWITZ
1903 STOKES
1907 CLARKE
1917 HELMERT
1919 BRUNS

Die zuvor dargelegten Erkenntnisse führen zu einer verfeinerten Definition der Figur jenes Erdkörperteils, der (nach außen) durch die Land/Meer-Oberfläche begrenzt ist. Die Abweichung zwischen der *physikalischen Lotrichtung*, auf welche sich die Messung am punkthaften Ort auf der Land/Meer-Oberfläche bezieht, und der *Ellipsoidnormalen* für diesen Punkt konnte nicht mehr unbeachtet bleiben. Diese Differenz, die *Lotabweichung*, galt es bei künftigen Modellbildungen zu berücksichtigen, wenn die inzwischen erreichte Meßgenauigkeit voll ausgeschöpft werden sollte. So unterschieden GAUSS und BESSEL klar zwischen dem Geoid und dem Ellipsoid, einem das Geoid approximierenden Ellipsoid. HELMERT befaßt sich eingehend mit der Auswertung der bis zu dieser Zeit vorliegenden gravimetrischen Daten und ihrem Beitrag zur Ermittlung der Abplattung des Ellipsoids sowie der Verteilung der

Schwerkraft an seiner Oberfläche. Mit seinem Werk „Die mathematischen und physikalischen Theorie(e)n der höheren Geodäsie" **1880** Teil 1, **1884** Teil 2 vollzieht er den Übergang zu heutigen Auffassungen bezüglich Geoid und Erdellipsoid beziehungsweise der Repräsentation der Land/Meer-Oberfläche durch das Geoid und durch ein diesen Erdkörperteil approximierendes mittleres Erdellipsoid sowie der Land- und Meerestopographie.

1888 veröffentlichte KÜSTER die Ergebnisse seiner im Zeitabschnitt 1884-1885 durchgeführten Messungen zur *Polbewegung*. Bereits 1844 hatte BESSEL in einem Brief an A. v. HUMBOLDT den Verdacht geäußert, daß die Rotationsachse der Erde sich bewege. Nach der Kreiseltheorie war davon auszugehen, denn wäre die Erde eine starre Kugel, würde ihre Rotationsachse in 305 Tagen um die Hauptträgheitsachse (Figurenachse) wandern, sofern durch Massenverschiebungen beide Achsen irgendwann voneinander getrennt worden waren. Zwar hatten PETERS von 1842-1844 und NYREN von 1871-1873 auch schon Polbewegungsmessungen durchgeführt, doch bestanden Zweifel über ihre Aussagekraft (sie hätten durch systematische Meßfehler verfälscht sein können) (VÖLTER 1963). Die Ergebnisse von Küster galten als signifikant und führten zu weiteren diesbezüglichen Aktivitäten.

Im Zeitabschnitt **1889**-1893 erfolgen erstmals Beobachtungen zur Erfassung der *Erdgezeiten* durch v. REBEUR-PASCHWITZ (TORGE 2003). Er registriert mit einer 64minütigen Verzögerung in Potsdam und Wilhelmshaven die Erdbebenwellen eines Erdbebens in Japan. Damit werden erstmals seismische Wellen festgestellt, die das Erdinnere durchquert haben müssen (SCHLOTE 2002).

Die Polbewegung und die Veränderlichkeit der Tageslänge sind im Abschnitt 3.1.01 dargelegt, ebenso die Gezeiteneffekte.

1900...

Ein geodätisches *Modell* des Geoids und des daran nach "außen" anschließenden Schwerefelds des Systems Erde umfaßt mithin „geometrische" und „physikalische" Parameter. Diese sprachliche Unterscheidung ist zwar nicht ganz korrekt, da eine bessere bisher nicht gefunden werden konnte, wird sie hier beibehalten. Die geschlossene praktische Verwirklichung eines solchen Modells war zu jener Zeit wegen fehlender *globaler* Datensätze allerdings noch nicht möglich. Im *geometrischen* Teil des Modellansatzes behalf man sich mit aus *Gradmessungen* abgeleiteten Ellipsoiden, etwa BESSEL 1841, CLARKE 1880... und versuchte, unter Festhalten an der Abplattung des BESSEL-Ellipsoids, die große Halbachse a zutreffender zu bestimmen. HELMERT ermittelte **1906** aus *europäischen* Daten a = 6 378 150 m. Die auf Initiative von BAEYER 1862 in Berlin gegründeten (zwischenstaatliche)
Mitteleuropäischen Gradmessung (1862-1867) und danach erweitert zur
Europäischen Gradmessung (1867-1886)
verstärkte die Bemühungen zur Lösung der anstehenden Aufgaben und ließ die Anzahl der Schweremessungen erheblich anwachsen. Dies führte bald zur Ableitung

von *Normalschwereformeln*, die nun, unter Verwendung der aus Gradmessungen abgeleiteten großen Halbachse, auch zur Berechnung der Ellipsoidabplattung herangezogen wurden. HELMERT ermittelte 1884 aus 124 Schwerewerten $1/f = 299,26$ und **1901** aus etwa 1 400 Schwerewerten $1/f = 298,3$ (HARNISCH/HARNISCH 1993). Die Mitteleuropäische Gradmessung wurde 1867 zur
Internationalen Erdmessung (1886-1916)
erweitert und nahm ihre Aufgabe bis 1916/1917 wahr. Nach **1918** entstand eine (nichtstaatliche) Organisation mit dem Namen
Internationale Union für Geodäsie und Geophysik (IUGG);
eine der anfangs bestandenen sechs Abteilungen befaßte sich unmittelbar mit der Geodäsie; sie trägt heute den Namen
Internationale Assoziation für Geodäsie (IAG).

● Zu einem *ersten* konsistenten *geometrisch-physikalischen* geodätischen Modell führten die Beschlüsse der IAG-Generalversammlungen 1924 und 1930. Als "Internationales Ellipsoid" wird 1924 das modifizierte HAYFORD-Ellipsoid (1909) zur allgemeinen Verwendung empfohlen. **1930**, nach Annahme der von G. CASSINIS und G. SILVA vorgeschlagenen *Normalschwereformel* (mit dem von HEISKANEN 1928 bestimmten *Schwerewert* am Äquator) und ihrem Bezug zum Internationalen Ellipsoid, wird dann *erstmals* das *Niveauellipsoid* als geodätisches Modell verwirklicht (TORGE 1993).

Ab **1930** wird als geodätisches Modell nunmehr ausschließlich ein Niveauellipsoid (Potentialellipsoid) mit seinem Normalschwerefeld benutzt, für das neben den geometrischen Parametern auch die physikalischen Parameter Gesamtmasse und Rotationsgeschwindigkeit gegeben sind und dessen Oberfläche eine Fläche gleichen Normalschwerepotentials ist. Abhängig vom Fortschritt in der Bestimmung dieser geometrischen und physikalischen Parameter des Systems Erde wurden in der nachfolgenden Zeit mehrere solche Niveauellipsoide definiert.

gestorben:
1925 HAYFORD
1930 NANSEN
**** CASSINIS
**** SILVA
**** KÜHNEN
1940 FURTWÄNGLER
1948 KRASSOWSKI
1966 VENING-MEINESZ
1968 HOTINE
1971 HEISKANEN
1984 MARUSSI
1991 MOLODENSKI

Ebenso wie für die Ergebnisse aus Gradmessungen gilt auch für die Ergebnisse aus Schweremessungen als nachteilig, daß sie erdweit betrachtet damals *nicht* hinreichend gleichmäßig auf der Land/Meeroberfläche verteilt waren. Sie lagen *anfangs* fast nur auf dem *Land*, was schon HELMERT veranlaßte nach Lösungen zu suchen, die auch das rund 70% der Ellipsoidoberfläche umfassende *Meer* einbezogen. **1901** ließ er durch HECKER Schweremessungen auf dem Meer vornehmen (HARNISCH/HARNISCH 1993). Schweremessungen auf einem im Eis eingefrorenen Schiff beziehungsweise auf Eisschollen hatte bereits NANSEN (um 1895) durchführen lassen. **1923** gelang VENING-MEINESZ die Konstruktion eines Dreipendelapparates, mit dem im getauchten Unterseeboot Schweremessungen vorgenommen werden konnten. Messungen dieser Art erfolgten bis etwa 1960. Danach kamen modifizierte Landgravimeter auf kreiselstabilisierten Plattformen an Bord von Schiffen, Hubschraubern (ab etwa **1980**) und Flugzeugen (ab etwa **1990**) zum Einsatz.

Das zuvor angesprochene, von BRUNS 1878 vorgeschlagene Konzept hinsichtlich einer gemeinsamen Behandlung (und Messung) von „Lage" und „Höhe" griffen MARUSSI (**1949**) und HOTINE (**1969**) wieder auf. MOLODENSKI arbeitete bereits ab **1945** an einer Theorie, in der anstelle des Geoids (Stokes-Problem) die Land/Meer-Oberfläche als unbekannte Randfläche (im Sinne des Randwertproblems) benutzt wird (Molodenski-Problem, MAGNIZKI et al. 1964).

● In der klassischen Theorie von STOKES (1849) wird die *Geoidoberfläche als Randfläche* verwendet. Es wird somit unterstellt, daß das Geoid Randfläche der felderzeugenden Masse sei. Dies ist bekanntlich *nicht* der Fall, da die Geoidoberfläche im kontinentalen Bereich meist unter der Landoberfläche, also im Erdinnern verläuft und auch die Masse der Atmosphäre dabei nicht eingeschlossen ist. Es ist deshalb erforderlich, die Massen im „Außenraum" (außerhalb des Geoids) *rechnerisch* zu entfernen beziehungsweise in den „Innenraum" (in das Geoid) zu verschieben. Einen alternativen Weg zu Stokes hat MOLODENSKI (1945) vorgeschlagen. Um eine weitgehend hypothesenfrei Lösung zu ermöglichen, wird die *Land/Meer-Oberfläche als Randfläche* eingeführt, die durch meßtechnisch bestimmte Geopotentielle Koten C hinreichend approximierbar ist. Die Geopotentiellen Koten C werden sodann mit Hilfe der streng berechenbaren mittleren Normalschwere γ in metrische Höhen, den Normalhöhen überführt. Weitere Darlegungen hierzu geben unter anderen TORGE (2003), LELGEMANN/PETROVIC (1997), MAGNIZKI et al. (1964).

Als ein Meilenstein in der Entwicklung eines Konzeptes zur *gemeinsamen* Behandlung (und Messung) von „Lage" und „Höhe" kann der Beginn der erdumkreisenden Raumfahrt gelten (Sputnik I, **1957**). Nunmehr können Beobachtungen zu erdumlaufenden Satelliten genutzt werden zur Bestimmung von Punkten in einem 3-dimensionalen Koordinatensystem (x,y,z) und aus der Bahnanalyse dieser Satelliten lassen sich Informationen über das Erdschwerefeld gewinnen. Seit etwa **1980** wird das globale Positionierungssystem GPS für geodätische Aufgaben genutzt. Im Rahmen der verschiedenen Anwendungen dieser Techniken kommt nach TORGE (2003) der Festlegung des *Geoids* gegenüber einem globalen Bezugsellipsoid besondere Bedeutung, etwa als Bezugsfläche für Höhenangaben und anderes. In diesem Zusammenhang ist jedoch zu beachten, daß das Schwerefeld der Erde mit zunehmender Höhe über der Land/Meeroberfläche sich abschwächt und eine hochauflösende Vermessung bei großen Flughöhen in der Regel dadurch verhindert wird. Dies gilt auch für Schweremessungen aus Flugzeugen.

Zuvor war schon gesagt worden, daß um 1900 *globale Schweredatensätze* noch nicht verfügbar waren. Die vorliegenden umfangreichen *regionalen* Datensätze von absoluten und relativen Pendelmessungen mußten erst noch miteinander kombiniert werden. 1909 wurde dafür das *Potsdamer Schweresystem* von IAG eingeführt, das auf Reversionspendelmessungen (Länge des Sekundenpendels: L = 994,263 ± 0,020 mm) im Geodätischen Institut in Potsdam beruht, die von 1898-1904 von KÜHNEN und FURTWÄNGLER durchgeführt worden waren (HARNISCH/HARNISCH 1993). Dieser *Potsdamer Absolutwert* (Schwerewert für den Pendelsaal des Geodätischen Instituts):

$g_{Potsdam} = 981{,}274 \pm 0{,}003 \frac{cm}{s^2}$ wurde anschließend durch relative Pendelmessungen

auf die Basispunkte anderer Regionen übertragen. Ab 1930 ergaben weitere absolute und relative Schweremessungen, daß der Potsdamer Wert verbesserungsbedürftig sei. Auf Empfehlung der IUGG ist das Potsdamer System durch das **IGSN 71** (International Gravity Standardization Net 1971) ersetzt worden. Das Punktfeld umfaßt 1 854 Schwerestationen und die

mittlere Unsicherheit der Schwerewerte sei kleiner $\pm 1 \frac{\mu m}{s^2} = 0{,}001 \frac{mm}{s^2}$

Seit **1987** ist das **IAGBN** (International Absolute Gravity Basestation Network) in Arbeit. TORGE (2003) verweist darauf, daß mit zunehmender Verfügbarkeit von transportablen *Absolutgravimetern* und damit

erzielbaren Genauigkeiten von $\pm 0{,}05 \frac{\mu m}{s^2} = 0{,}000\ 05 \frac{mm}{s^2}$ (und besser)

die Schwerereferenz *unabhängig* von einem globalen Absolutschwere-Punktfeld bei jeder einzelnen gravimetrischen Vermessung hergestellt werden kann. Hierbei ist eine Eichung der Absolutgravimeter erforderlich, die seit etwa **1980** von BIPM (in Sevres) vorgenommen wird.

● Derzeit *aktuelles* mittleres Erdellipsoid ist das GRS 80 (**1980**).

Daten der genannten Personen
(1473-1543) COPERNICUS, Nicolaus, Astronom
   1500
(1546-1601) BRAHE, Tycho, dänischer Astronom
(1564-1642) GALILEI, Galileo, italienischer Mathematiker, Philosoph und Physiker
(1571-1630) KEPLER, Johannes, deutscher Astronom.
   1600
(1615-1696) RICHER, Jean, französischer Astronom
(1629-1695) HUYGENS, Christiaan, niederländischer Physiker, Mathematiker und Astronom, 1690: „Discours de la Cause de la Pesanteur".
(1643-1727) NEWTON, Sir Isaac, Professor, englischer Mathematiker, Physiker und Astronom, 1687: „Philosophiae Naturalis Principia Mathematica").
(1656-1742) HALLEY, Edmond, englischer Mathematiker, Physiker und Astronom.

1700

(1713-1765) CLAIRAUT, Alexis Claude, französischer Mathematiker, Physiker und Astronom, 1743: „Theorie der Erdgestalt nach Gesetzen der Hydrostatik" (deutsch 1913).

(1736-1813) LAGRANGE, Joseph Louis de, französischer Mathematiker

(1749-1827) LAPLACE, Pierre Simon Marquis de, französischer Mathematiker und Astronom.

(1752-1833) LEGENDRE, Adrien-Marie, französischer Mathematiker.

(1777-1855) GAUSS, Carl Friedrich, Professor, deutscher Mathematiker, Astronom, Physiker und Geodät, Direktor der Sternwarte in Göttingen, führte 1821-1824 eine Gradmessung nahe Hannover durch (hannoveranischer Gradbogen, Länge 2°01')

(1781-1840) POISSON, Simeon Denis, französischer Mathematiker und Physiker

(1784-1846) BESSEL, Friedrich Wilhelm, Professor, deutscher Astronom, Mathematiker und Geodät, Direktor der Sternwarte in Königsberg, führte 1831-1838 eine Gradmessung in Ostpreußen durch (ostpreußischer Gradbogen, Länge 1°30')

(1793-1841) GREEN, George, englischer Mathematiker und Physiker, spricht erstmals von „Potentialtheorie".

(1794-1885) BAEYER, Johann Jacob, Dr. phil. h.c., Generalleutnant, deutscher Geodät, erster Präsident des Geodätischen Instituts in Berlin (Potsdam), beteiligt an der von Bessel in Ostpreußen durchgeführten Gradmessung

1800

(1808-1882) LISTING, Johann Bendikt, Professor in Göttingen, deutscher Physiker

(1819-1903) STOKES, Sir George Gabriel, Professor, englischer Mathematiker und Physiker

(1832-1907) CLARKE, Alvan, us-amerikanischer Geodät

(1843-1917) HELMERT, Friedrich Robert, Dr. phil. Dr-Ing. e.h., Professor, deutscher Geodät, Direktor des Geodätischen Instituts in Berlin (ab 1892 in Potsdam) (als Nachfolger von Baeyer)

(1848-1919) BRUNS, Ernst Heinrich, Professor, deutscher Mathematiker und Astronom, Direktor der Sternwarte in Leipzig, 1878 „Die Figur der Erde"

(1861-1895) REBEUR-PASCHWITZ, Ernst v., deutscher Geophysiker

(1861-1930) NANSEN, Fridtjof, norwegischer Polarforscher und Diplomat

(1868-1925) HAYFORD, John F., Professor, us-amerikanischer Geodät

(1869-1940) FURTWÄGNLER, Phillip, Prof. der Mathematik in Bonn

(****-****) KÜHNEN, Friedrich, Prof. der Geodäsie, Potsdam

(1878-1948) KRASSOWSKI, F. N.

(1887-1966) VENING-MEINESZ, F. A., Professor, niederländischer Geodät

(1895-1971) HEISKANEN, Weikko Aleksanteri finnischer Geodät

(1898-1968) HOTINE, M, englischer Geodät

1900

(1900-****) HECKER, Otto, Professor, deutscher Geodät

(1900-****) SILVA, G.

(****-****) CASSINIS, G., Professor, italienischer Geodät
(1908-1984) MARUSSI, Antonio, italienischer Geodät
(1909-1991) MOLODENSKI, M. S. russischer Geodät
(1933-) MORITZ, Helmut, Dr. techn. Dr.h.c. mult., Professor, österreichischer Geodät, berechnete die Parameter des GRS 80

Übersicht über benutzte Abkürzungen
(mit engl. und deutsch., teilweise franz. Angaben)

Internationale Institutionen:

ICSU	= International Council for Science (Dachorganisation)
	mit den Kommissionen und Projekten:
SCAR	= Scientific Committee on Antarctic Research
CODATA	= Committee on Data for Science and Technology
IGBP	= International Geosphere-Biosphere Programme
IASC	= International Arctic Science Committee
IFS	= International Foundation for Science
ESF	= European Science Foundation

Internationale *Fachunionen* (Mitglieder in ICSU)
- IAU = Internationale Astronomische Union
 (International Astronomical Union)
- IGU = Internationale Geographische Union
 (International Geographical Union)
- IUGG = Internationale Union für Geodäsie und Geophysik
 (International Union of Geodesy and Geophysics)
 mit der *Untergruppe*:
 IAG = Internationale Assoziation für Geodäsie
 (International Association of Geodesy)
- IUGS = Internationale Union für Geologie
 (International Union of Geological Science)
- IUBS = Internationale Union für Biologie
 (International Union of Biological Science)

....

- IPMS = International Polar Motion Service
 (Internationaler Polbewegungsdienst)
- BIH = Bureau International de l'Heure
 (Büro des Internationalen Zeitdienstes)
- IERS = International Earth rotation and Reference systems Service
 (Internationaler Erdrotationsdienst)
 Ab 1988 die Aufgaben von IPMS und BIH übernommen.
 Ab 2000 umstrukturiert.
- IGS = International GPS Service for Geodynamics
 (Internationaler GPS-Dienst)

Referenzsysteme:

CIS	= Coventional Inertial Reference System
	(Konventionelles raumfestes, quasi-inertiales Referenzsystem)
CTS	= Conventional Terrestrial Reference System
	(Konventionelles globales erdfestes Referenzsystem)
CCRS	= Conventional Celestial Reference System
	(Konventionelles raumfestes, quasi-inertiales Referenzsystem)
	Wegen neuer Definition durch andere Abkürzung gekennzeichnet.
CTRS	= Conventional Terrestrial Reference System
	(Konventionelles globales erdfestes Referenzsystem)
	Wegen neuer Definition durch andere Abkürzung gekennzeichnet.
ICRF	= International Celestial Reference Frame
	(Realisierungslösung für CCRS)
ITRF	= International Terrestrial Reference Frame
	(Realisierungslösung für CTRS)
GRS	= Geodetic Reference System
	(Geodätisches Referenzsystem)
	In der Regel wird das Datum, auf das sich die Messungen beziehen, hinzugefügt.
ETRF	= European Terrestrial Reference Frame
	Europäischer Anteil am ITRF
	In der Regel wird das Datum, auf das sich die Messungen beziehen, hinzugefügt: beispielsweise 1989.0.
EUREF	= European Reference Frame
	Europäisches Punktfeld = ETRF+Punktfeldverdichtung)
GTRF	= German Terrestrial Reference Frame
	Deutscher Anteil am ITRF
GREF	= German Reference Frame
	Deutsches Punktfeld = GTRF+Anteil aus EUREF+ Punktfeldverdichtung)
	Das Deutsche vermarkte Punktfeld wird auch mit DREF bezeichnet.
EUVN	=European Vertical Reference Network

Verfahrenstechnologie:

VLBI = Very Long Baseline Interferometry. Basislinien Interferometrie. Auch benutzt in folgender Verbindung: VLBI-Verfahren, VLBI-Messung. Meßgröße: Laufzeitdifferenz.

LLR = Lunar Laser Ranging. Laserentfernungsmessung zum Mond. Auch benutzt in folgender Verbindung: LLR-Verfahren, LLR-Messung.

SLR = Satellite Laser Ranging. Laserentfernungsmessung zu Satelliten oder Satelliten-Laser-Radar. Auch benutzt in folgender Verbindung: SLR-Verfahren, SLR-Messung. Meßgröße: Laufzeit. Es ist eine *Zweiwege-Entfernungsmessung*, die in der Regel von Bodenstationen aus mit Laserimpulsen zu Satelliten durchgeführt wird.

GPS = Global Positioning System, genauer: NAVSTAR GPS = Navigation System with Time and Ranging, Global Positioning System. Globales Positionierungssystem. Auch benutzt in folgender Verbindung: GPS-Verfahren, GPS-Messung. Meßgröße: Laufzeitdifferenz.

DORIS = Determination Orbite Radiopositionement Integres Satellite. (CNES, Frankreich) engl.: Doppler Orbitography and Radiolocation Integratet by Satellite System. Es ist eine *Einweg-Entfernungsmessung* nach dem Doppler-Prinzip, die in der Regel von Bodenstationen aus erfolgt. Die Umkehrung des Verfahrens ermöglicht die Bestimmung von Bodenpositionen aus der Erdumlaufbahn des Satelliten. Es kann somit auch (eingeschränkt) zur Positionsbestimmung benutzt werden.

PRARE = Precise Range and Range Rate Equipment. Satellitenbahnvermessungssystem, das im X-Band als *Zweiwege-Meßsystem* und im S-Band als *Einweg-Meßsystem* strukturiert ist.

Doris und Prare dienen primär der Satellitenbahnvermessung. Laser = Kurzbezeichnung für (engl.) ligth amplification by stimulated emission of radiation. Lichtverstärkung durch stimulierte Strahlungsemission.

2.1.03 Satellitenmissionen zur Erforschung des Schwerkraftfeldes der Erde

Die *traditionellen erdgebundenen* Messungen im Schwerkraftfeld der Erde (kurz: Schwerefeld) umfassen in der Regel Schwere- beziehungsweise Schweredifferenz-Messungen (Messung der Größe der Erdanziehungskraft g beziehungsweise Δg) und Lotabweichungsmessungen (Messung der Richtung der Erdanziehungskraft). Sie sind räumlich, zeitlich und bezüglich ihrer Genauigkeit inhomogen. Für *globale* Aussagen stehen solche Daten in einem ausreichenden Umfange nicht zur Verfügung, da ein sehr hoher Aufwand zu ihrer Gewinnung notwendig ist.

Etwa ab **1960** erfolgten *erdgebundene Messungen nach Satelliten*. Sie dienten in dem hier angesprochenen Zusammenhang vorrangig der Satellitenbahnvermessung. Um einen zentralsymmetrischen Weltraumkörper mit homogener Massenverteilung bewegen sich Satelliten auf elliptischen Bahnen (Kepler-Ellipsen). Die unregelmäßige Massenverteilung im System Erde beschleunigt oder bremst den erdumlaufenden Satelliten. Er fliegt mithin nicht genau auf einer Kepler-Ellipse, sondern auf einer etwas gestörten Bahn. Nach Vermessung der Bahn und Berechnung der *Bahnstörungen* kann auf die unregelmäßige Massenverteilung etwa unter der Land/Meer-Oberfläche geschlossen werden. Die Vermessung der Satellitenbahnen erfolgt(e) durch Photographie des aktiv oder passiv beleuchteten Satelliten vor dem Sternenhintergrund oder mittels Dopplermessung oder mittels Laser-Laufzeitmessung. Die so erdweit gewonnenen Satellitenbahndaten dienten zur Modellierung von mehreren Schwerefeldmodellen wie etwa dem EGM96 (Bild 2.28), das sich auf Daten von ca 40 Satelliten stützt, die aus einem Zeitabschnitt von mehr als 30 Jahren stammen (LEMOINE et al. 1998). Dieses Modell kennzeichnet etwa den derzeitigen Stand dieser Vorgehensweisen, die unter dem Begriff *Bahnverfolgung* zusammengefaßt werden können.

Etwa ab gleichem Zeitpunkt erfolgten auch *Messungen von erdumkreisenden Satelliten aus*, vorrangig mittels *Satellitenaltimetrie* Die Altimetrie liefert brauchbare Daten (wegen der Meßanordnung) vorrangig über dem Meer, kaum über Land und muß zur Geoidbestimmung Modelle für die Meerestopographie einsetzen (Abschnitte 9.1.01 und 9.2.01).

Schwachstellen beider Vorgehensweisen (Bahnverfolgung und Satellitenaltimetrie) waren bisher meist: hohe Flughöhen (die Bahn des Satelliten wird mit zunehmender Flughöhe unempfindlicher gegenüber den Feinstrukturen des Erdschwerefeldes) und begrenzte Länge der beobachtbaren Bahnstücke wegen Einschränkung durch den Horizont (HEß/KELLER 1999). Eine Verbesserung dieser Sachlage ist durch CHAMB (gestartet **2000**) und nachfolgende Satelliten möglich geworden.

Start	Bezeichnungen und andere Daten
1992	**TOPEX/Poseidon** (Abschnitt 9.2.01) *Bahnverfolgung* durch DORIS
-	**SLALOM** *nicht realisiert*
-	**GRAVSAT** *nicht realisiert*
-	**GRM** *nicht realisiert*
-	**ARISTOTELES** (Applications and Research Involving Space Techniques Observing The Earth Field from Low-Earth Orbiting Satellite) (Europa, ESA) *nicht realisiert*
?	**STEP** (Satellite Test of the Equivalence Principle) (Europa, ESA) Test des Äquivalenzprinzips
1999	**ÖRSTED** (Dänemark) *Bahnverfolgung* durch GPS, Magnetometer
1999	**SUNSAT** (Südafrika) *Bahnverfolgung* durch GPS, Kamera, SLR
2000	**SAC-C** (USA, Argentinien) *Bahnverfolgung* durch GPS und Laser-Altimetrie
2001	**JASON-1** (Abschnitt 9.2.01) *Bahnverfolgung* durch Laser-Altimetrie und DORIS
2000	**VCL** (USA) *Bahnverfolgung* durch GPS und Laser-Altimetrie
2002	**ICESat** (Abschnitt 9.2.01) *Bahnverfolgung* durch GPS und Laser-Altimetrie
? 2005	**GPB** (USA, NASA) Gyro, *Bahnverfolgung* durch GPS

Bild 2.26
Wichtige Satelliten-Altimetermissionen zur Bestimmung des Erdschwerefeldes durch *Bahnverfolgung*

Globale Modelle des Gravitationspotentials der Erde in Verbindung zu Satellitendaten

Wegen der sehr unterschiedlichen Eigenschaften der jeweiligen Datensätze (traditionelle Daten, Satellitendaten, inhomogene Datengenauigkeit und anderes) sind verschiedene Vorgehensweisen zur Beschreibung des Erdschwerefeldes entwickelt worden (HEß/KELLER 1999, KLEIN 1997, SCHEINERT 1996 und andere). Die Ableitung *globaler* Modelle für das Gravitationspotential in Verbindung zu Satellitendaten begann etwa ab 1960. Sie erfolgte in Form von Kugelfunktionsentwicklungen zunächst ausschließlich aus Satellitenbahnanalysen, die später dann auch mit Satellitenaltimetermessungen und terrestrischen Schweredaten kombiniert wurden (DENKER 1996). Die ersten diesbezüglichen Kugelfunktionsmodelle für das Gravitationspotential gehen zurück auf Aktivitäten von W. M. KAULA (1966) und R. H. RAPP

(1969). Danach wurde eine Vielzahl weiterer Modelle entwickelt. Eine Übersicht hierzu ist enthalten in NRC (1997). Einige globale Modelle sind im Bild 2.28 genannt.

Sphärische harmonische Funktionen (Kugelfunktionsentwicklungen)
Das zur mathematischen Beschreibung des Erdgravitationsfeldes traditionell verwendetete Gravitationspotential V kann, wie schon dargelegt, in Form einer Kugelfunktionsentwicklung geschrieben werden. Als Linearkombination der Kugelfunktionskoeffizienten $\overline{c}_{nm}$ lautet sie (entnommen aus HEß/KELLER 1999):

$$V(\lambda, \vartheta, r)$$
$$= \frac{G \cdot M}{r} \cdot \left[1 + \sum_{n=2}^{\infty} \sum_{m=0}^{n} \left(\frac{R}{r}\right)^n \cdot \overline{P}_{nm}(\cos\vartheta) \cdot \left(\overline{C}_{nm} \cdot \cos m\lambda + \overline{S}_{nm} \cdot \sin m\lambda\right) \right]$$
$$= \frac{G \cdot M}{r} \cdot \left[1 + \sum_{n=2}^{\infty} \sum_{m=-n}^{n} \left(\frac{R}{r}\right)^n \cdot \overline{c}_{nm} \cdot \overline{Y}_{nm}(\lambda, \vartheta) \right]$$

λ, ϑ, r	= Kugelkoordinaten des Berechnungspunktes im „Außenraum"
G	= Gravitationskonstante
M	= Erdmasse
n, m	= Grad, Ordnung der Kugelfunktionsentwicklung
R	= Große Halbachse des Erdellipsoids
$\overline{P}_{nm}(\cos\vartheta)$	= vollständig normierte zugeordnete Legendre-Funktionen
$\overline{C}_{nm}, \overline{S}_{nm}$	= Kugelfunktionskoeffizienten (bei vollständiger Normierung der $\overline{P}_{nm}$)
$\overline{Y}_{nm}$	= vollständig normierte Kugelflächenfunktionen

Dabei gilt
$$\overline{Y}_{nm}(\lambda, \vartheta) = \overline{P}_{n|m|}(\cos\vartheta) \cdot \begin{cases} \cos m\lambda \\ \sin|m|\lambda \end{cases}$$

$$\overline{c}_{nm} = \begin{cases} \overline{C}_{nm} \\ \overline{S}_{n|m|} \end{cases} \text{ für } \begin{cases} m \geq 0 \\ m \prec 0 \end{cases}$$

Nach HEß/KELLER (1999) lassen sich die das anomale Gravitationsfeld der Erde repräsentierenden $\overline{c}_{nm}$ aus den Satellitenbahnstörungen *nicht eindeutig* auflösen, denn es sei nicht unterscheidbar, ob eine Bahnstörung von Kugelfunktionstermen mit $\overline{c}_{nm}$ oder $\overline{c}_{n-2,m}$ oder $\overline{c}_{n+2,m}$ oder...

oder $\overline{c}_{n-Nmax,m}$ oder $\overline{c}_{n+Nmax,m}$

oder von einer Kombination dieser Terme hervorgerufen wurde. Zur Lösung bedarf es zusätzlicher Annahmen (wie etwa 1966 von KAULA eingeführt). Werden anstelle der Satellitenbahnstörungen die Relativbeschleunigungen zweier zum Massenzentrum des Satelliten angeordneten Prüfmassen beobachtet, dann kann dieses Problem umgangen werden, wie etwa bei der Satellitenmission GRACE (siehe dort).

Kugelfunktionsentwicklungen für das Gravitationspotential des Systems Erde lassen sich durch Wellenlängenbereiche charakterisieren. Langwellige Strukturen werden meist von tiefer liegenden Massenkörpern (etwa im Erdkernmantel) erzeugt, kurzwellige Strukturen meist von Massenkörpern in der Erdkruste. Die topographischen Massenkörper im sichtbaren Teil der Erdkruste bestimmen durch ihre Form und ihrer Dichte die hochfrequenten Anteile des Gravitationsfeldes (GERLACH 2003). Strukturell wird vielfach unterschieden (SCHEINERT 1996):

Wellenlängenbereich	*langwellig*	*mittelwellig*	*kurzwellig*
Wellenlänge λ	>1 000 km	>200 km	<200 km
Entwicklungsgrad n	<36	<200	>200
Kompartimentsgröße	>5°	>1°	<1°

Bild 2.27
Beispiel zur Trennung der Gravitationsfelder von Körpern (Kompartimenten).
Quelle: MAGNIZKI et al. (1964)

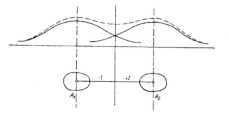

Die Gleichung der Kurven für die Körper A1 und A2, die sich vom Ursprung in einem Abstand von + l und − l befinden lauten: Φ (x + l) und Φ (x − l). Die Gleichung der Kurvensumme (unterbrochene Linie) lautet: Ψ (x) = Φ (x + l) + Φ (x − l). Im allgemeinen Fall zeigt die Kurve Ψ (x) drei Extrempunkte. Wird der Abstand 2·l zwischen den Körpern kleiner, vereinigen sich alle drei Extrema zu einem. Es ist dann praktisch nicht mehr möglich anhand der Kurvenform zu sagen, ob ein oder zwei Körper vorliegen. Sind die Körper gesuchte Rohstoffstätten (Lagerstätten), wäre eine Suchbohrung im Maximum dieser

Kurvensumme erfolglos, da das Bohrloch zwischen beiden gesuchten Körpern verlaufen würde. Je höher der Entwicklungsgrad der Kugelfunktionsreihenentwicklung, desto stärker besteht Abhängigkeit vom Abstand der Körper.

Anmerkung zur Genauigkeit von
Kugelfunktionsmodellen des Gravitationspotentials
Nach WENZEL (1999) gestatten Kugelfunktionsmodelle des Gravitationspotentials prinzipiell die Berechnung beliebiger Schwerefeldparameter oberhalb der Land/Meer-Oberfläche (im „Außenraum der Erde") ohne nennenswerte Näherung. Mit den heute verfügbaren Rechnern können *ultrahochauflösende* Kugelfunktionsmodelle etwa vom Grad 1 800 benutzt werden. Wenzel hat drei solche Modelle bis Grad und Ordnung 1 800 entwickelt (GPM98A-C). Sie enthalten je 3,243 Millionen Koeffizienten, was einer räumlichen *Auflösung* von ca 10 km entspricht. Eine Blockgröße von 30' x 30' begrenzt den maximalen Grad des Modells auf etwa 360. Eine Blockgröße von 2' x 2' begrenzt den maximalen Grad des Modells auf etwa 5 400. Die erstgenannte Auflösung (Blockgröße) sei derzeit für Landflächen, die letztgenannte für Meeresflächen (durch Satellitenaltimetrie) verfügbar. Das Modell **EGM96s** (Bild 2.26) wurde bis zu Grad und Ordnung 360 berechnet, ist durch mehr als 130 000 Koeffizienten definiert und galt bisher als das genaueste Modell des Gravitationspotentials. Es basiert auf Beobachtungen von etwa 40 Satelliten, die sich über einen Zeitabschnitt von mehr als 30 Jahren verteilen (LEMOINE et al. 1998). Für das aus dem EGM96s abgeleitete globale *Geoid* wird eine Genauigkeit von ± 15-50 cm unterstellt, wobei in einzelnen Punkten auch Unsicherheiten von wenigen Metern auftreten können. Die *Geoidundulationen* haben hier Werte zwischen - 106 m und + 85 m. Bezüglich Geoid-Genauigkeiten aus Satellitenbeobachtungen mit CHAMP siehe dort.

Im Rahmen seiner Untersuchungen zur Erfassung und Beschreibung des Schwerefeldes im Gebirge kommt FLURY (2002) zum Ergebnis, daß bei einer gewünschten Genauigkeit von ± 1 cm für ein globales Geoid (1cm-Geoid) der Meßpunktabstand ca 5 km betragen muß.

max n,m	max A (in km)	Modell	Quelle/Autor
1800	ca 11	GPM98A,B	1998 Wenzel
720	28	GPM98ar,br,cr	1998 Wenzel
360	56	OSU91A	1991 Rapp et al.
		EGM96	1996 Lemoine et al. (NIMA)
		EGM96s	
180	111	OSU81	1981 Rapp
120	167		
100	200		
90	222		
80	250		
70	286	JGM3	1996 Tabley et al.
60	334		
50	400	GRIM4c2,s2	1992 Schwintzer et al., 1997
36	556	GRIM3,3b,311	1983 Reigber
12	1668	GEM3,5	1972 Lerch et al., 1974

Bild 2.28
Auswahl *globaler* Modelle des Gravitationspotentials des Systems Erde. Quelle: SCHÄFER (2001), WENZEL (1999), DENKER (1996). A = Auflösung. GRIM = zusammengesetzt aus den ersten beiden Buchstaben von **GRGS** und den beiden aus **I**nstitut **M**ünchen (Institut für Astronomische und Physikalische Geodäsie der Technischen Universität in München). GRGS = Groupe de Recherche de Geodesie Spatiale, Toulouse/Frankreich. GRIM1 und GRIM2 entstanden 1976. GRIM3 und GRIM4 entstanden ab 1980 im DGFI (Deutsches Geodätisches Forschungsinstitut in München). Das Geoforschungszentrum (GFZ) wird künftig EIGEN-Modelle entwickeln (Bild 2.32) mittels Kombination unterschiedlicher Datensätze (die GRIM-Serie endet mit GRIM5) (ZfV 2/2002).

Bei der Modellierung des Gravitationspotentials können unterschieden werden hochauflösende Modelle: n_{max} 180...200...360 und ultra-hochauflösende Modelle: n_{max} 1 800... Grad und Ordnung 1 800 entspricht einer räumlichen Auflösung (Halbwellenlänge) von ca 11 km. Solche Modelle ermöglichen, das *globale* Geoid mit einer Genauigkeit von bis zu ± 3 cm zu bestimmen. Da durch die Satellitenmissionen CHAMP, GRACE und GOCE hochgenaue und global verteilte Daten gewonnen werden können wie sie nach Menge und Qualität bisher nicht zur Verfügung standen, sind Weiterentwicklungen in der Datenauswertung und Modellierung gefragt. Die *Mehrgitterverfahren* können als solche gelten und sind offensichtlich gut geeignet zur Gravitationsfeldanalyse hochaufgelöster Satellitendaten und zur Modellierung des Erdschwerefeldes (RUDOLPH 2000).

Mehrgitterverfahren (Mehrgittermodelle)
Zur Darstellung des globalen Gravitationspotentials (Gravitationsfeldes) können (außer den zuvor beschriebenen Kugelfunktionsentwicklungen) auch Mehrgitterverfahren benutzt werden. Sie basieren auf einer Sequenz hierarchischer Gitter, die jeweils eine Diskretisierungstufe des Kontinuums darstellen. Beispiele für solche Gitter zeigt Bild 2.29. Das sich in der Ebene stellende Randproblem (kein Nachbarfeld) gibt es auf der Kugeloberfläche, also bei globalen Anwendungen, nicht (hier sind stets Nachbarfelder vorhanden), allerdings Verdichten sich die Maschen auf der Kugeloberfläche in den Polarbereichen. Welche kleinste Maschenweite (-fläche) zweckmäßig zu wählen ist, wird vorrangig durch das Auflösungsvermögen des Meßverfahrens bestimmt. Bei einer Diskretisierung mit 2° x 2° Maschen ergeben sich global $180 \cdot 90 = 16\,200$ Maschen, deren Mittelpunkte sich jeweils auf den ungeraden Längen- und Breitengraden befinden. Das entsprechende grobe Netz mit Maschen 4° x 4° umfaßt 4 050 Maschen (RUDOLPH 2000). Bei dem von Rudolph entwickelten und getesteten Mehrgitterverfahren zur Parametrisierung des Gravitationsfeldes hat sich gezeigt, daß das Verfahren gut geeignet ist zur Modellierung des Erdschwerefeldes. Da die Parametrisierung des Gravitationsfeldes mit Hilfe von ortslokalisierenden Basisfunktionen in der Sequenz hierarchischer Gitter erfolgt, ergibt sich eine sehr große Anzahl von Unbekannten. Zur Lösung der resultierenden Gleichungssysteme wurden erstmals spezifische Mehrgitteralgorithmen entwickelt und eingesetzt.

Bild 2.29
Anordnung der Maschen
links: bei Verdoppelung der Maschenweite
rechts: bei Verdoppelung der Maschenfläche.
Quelle: RUDOLPH (2000), verändert

Schwerkraft und Bezugssystem

Zuvor war dargelegt worden, daß das Schwerepotential der Erde sich ergibt als Summe von Gravitationspotential und Fliehkraftpotential (Zentrifugalpotential) gemäß der Beziehung:

$W = V + Z$ mit

W = Schwerepotential (Potential der Fallbeschleunigung im Erdschwerefeld)
V = Gravitationspotential (Potentials der Anziehungskraft)
Z = Fliehkraftpotential (Zentrifugalpotential) (Potential der Fliehkraft infolge der Erdrotation)

Umfassender kann nach SCHNEIDER (2003) gesetzt werden:
$$S = G + T \text{ mit}$$
S = Schwerkraft in einem Galileisystem B (in einem translatorisch beschleunigt bewegten und/oder rotierenden Bezugssystem B)
G = Gravitationskraft
T = Summe der Trägheitskräfte, die im System B auftreten

Die Summe der Trägheitskräfte T läßt sich dabei hinreichend beschreiben durch:
$$T = F + Z + E + C \text{ mit } F = \text{Zentralkraft}$$
$$Z = \text{Fliehkraft}$$
$$E = \text{Eulersche Kreiselkraft}$$
$$C = \text{Corioliskraft}$$

Die Gravitationskraft kennzeichnet dabei die Anziehungskraft der momentanen Massenverteilung im System Erde (im Erdinnern, im Meer und in der Erdatmosphäre) sowie die Anziehungskraft der felderzeugenden Drittkörper (vorrangig Erdmond und Sonne). Die Trägheitskräfte sind eine Folge der speziellen Meßanordnung. Die Schwerkraft der Erde ist mithin abhängig von der Festlegung des Bezugssystems B, in dem die Messung durchgeführt wird.

Hochgenaue Bestimmungen des globalen Gravitationsfeldes der Erde

Eine solche Bestimmung ermöglichen zwei Konzepte: die *Gradiometrie* (die Messung differentieller Beschleunigungen über kurze Basislängen von ca 50 cm) oder *Satellite-to-Satellite-Tracking* (SST) (die Messung des gegenseitigen Abstandes zweier Satelliten und dessen Änderung) (SCHNEIDER 2003, MÜLLER 2001). CHAMP, GRACE und GOCE erfüllen diesbezüglich wesentliche Anforderungen. Die Beobachtungen werden kontinuierlich durchgeführt. Die Satelliten fliegen auf polnahen Umlaufbahnen. in vergleichsweise *niedriger* Flughöhe. Die Gravitationseffekte in der Flugbahn sind dadurch stark ausgeprägt. Für die spätere Reduktion werden auch nicht-gravitative Effekte gemessen. Das Erfassen der Flugbahnen der Satelliten erfolgt erstmals 3-dimensional und kontinuierlich mit an Bord von CHAMP, GRACE und GOCE befindlichen GPS-Empfängern. Der Ort des Satelliten kann somit zu jedem Zeitpunkt mit einer Genauigkeit von ± wenigen cm rekonstruiert werden. Die GPS-Satelliten fliegen in *höherer* Umlaufbahn (H = 20 200 km). CHAMP (Flughöhe ca 400 km) dient unmittelbar als Sensor im Schwerefeld der Erde. Die Gravitationsfeldanalyse beruht auf Entfernungsmessungen von den 24 GPS-Satelliten zu CHAMP. Neben der Schwerefeldbestimmung dient er zur *Magnetfeldbestimmung*. GRACE (Flughöhe ca 400 km) umfaßt zwei baugleiche Satelliten, die die Erde auf derselben Bahn in einem Abstand von ca 200 km umkreisen. An Bord befindet sich ein Meßsystem, das die Änderung dieses Abstandes mit einer Genauigkeit von ± 1 µm/s bestimmen kann. Das

System soll vorrangig zur Bestimmung der *zeitlichen Variation* des Schwerefeldes dienen. GOCE (Flughöhe ca 250 km) soll vor allem eine *hohe räumliche Auflösung* liefern. Es ist die *erste* Mission mit einem *Schweregradiometer* an Bord (RUDOLPH 2000). Die Satellitengradiometrie benötigt (wie zuvor gesagt) hochgenaue Meßgeräte zur Bestimmung von Beschleunigungen. Bei Gradiometern wird vielfach die durch äußere Kräfte verursachte Auslenkung einer Probemasse gegenüber einem Gehäuse gemessen (etwa durch ein gedämpftes Feder-Masse-System). Dazu sind geeignet: induktive und kapazitive Gradiometer (MÜLLER 2001). Beim induktiven Gradiometer "schwebt" die supraleitende Probemasse in einem magnetischen Feld. Es wird auch kryogenes (engl. cryogenic) oder supraleitendes (engl. superconducting) Gradiometer genannt. Beim kapazitiven Gradiometer "schwebt" die Probemasse in einem elektrischen Feld. GOCE wird teilweise *drag-free* gehalten, das heißt Satellitenbahnänderungen verursacht durch atmosphärische Einflüsse werden weitgehend kompensiert (indem mit einem Düsensystem gegengesteuert wird). Die aus den gemessenen Beschleunigungsdifferenzen bezüglich einer Basislinie abgeleiteten Gravitationsgradienten (in zwei oder drei Raumrichtungen) werden meist in der Einheit Eötvös (E) angegeben, so benannt nach dem ungarischen Physiker Roland v. EÖTVÖS (1848-1919). 1 E = $1/10^9/s^2$. Die Gradienten können bei GOCE mit einer Genauigkeit bestimmt werden, die im mE-Bereich (m = milli) liegt.

Die auf *Satelliten* einwirkende Kräfte können nach LELGEMANN/CUI (1999) wie folgt gruppiert werden: *Erdgravitationsfeld*, moduliert durch Kugelfunktionskoeffizienten, Mehrgitter-Verfahren..., *Drittkörpergravitation*, unter Einschluß der durch sie hervorgerufenen Gezeiten: (Landgezeiten, Meeresgezeiten...), moduliert durch die Funktionen der 5 gezeitenbeschreibenden Argumente, *Oberflächenkräfte* beziehungsweise Akzelerometerkräfte können mittels eines Akzelerometers im Satelliten direkt gemessen werden (Luftwiderstand, Sonnenstrahlungsdruck, Erdalbedo...).

Start	Name der Satellitenmission und andere Daten
2000	CHAMP (Challenging Mission Payload) (Deutschland, GFZ, DLR) H = 300 km (zur Bahnberechnung diente das Schwerefeldmodell GRIM5), I = >83°, 7 Meßsysteme: GPS/TRSR (Global Positioning System/Turbo Rogue Space Receiver), Laser-Retro-Reflektor, STAR-Akzelerometer, Overhauser-Skalarmagnetometer, Fluxgate-Vektormagnetometer, Ionendriftmeter, Erde-Sonne-Sensor (Coarse Earth Sun Sensor, CESS), geplante Missionsdauer 2000-2005, angestrebte Bestimmung der Kugelfunktionskoeffizienten bis Grad/Ordnung n = m = 75 (entspricht Wellenlängen im Geoid von λ/2 >100 km)
2002	GRACE (ESSP/) (Gravity Recovery and Climate Experiment) (USA, NASA, Deutschland, DLR) H = 300-500 (485) km, I = 89°, SST (Niedrig-Niedrig-Modus), Abstand Satellit 1 - Satellit 2: 220 km, Meßsysteme: KBR, GPS, SuperStar (USA, Frankreich) Sternsensoren, Prä-

? 2006	zessionsakzelerometer, LLR und andere, geplante Missionsdauer 2002-2007, angestrebte Bestimmung der Kugelfunktionskoeffizienten bis Grad/Ordnung n = m = 150 (entspricht Wellenlängen im Geoid von $\lambda/2 >100$ km)
? 2006	**GOCE** (Gravity field and steady-state Ocean Circulation Explorer) (Europa, ESA) H = ca 250 km, I = ca 97°, ST (Hoch-Niedrig),GPS, *erstmals* Gradiometermessung, geplante Missionsdauer 2006-2008, angestrebte Bestimmung der Kugelfunktionskoeffizienten bis Grad/Ordnung n = m = 200 (entspricht Wellenlängen im Geoid von $\lambda/2 >100$ km)

Bild 2.30
Satellitenmissionen zur Bestimmung des globalen Gravitationsfeldes und Schwerefeldes der Erde (bezüglich des Magnetfeldes siehe Abschnitt 4.2.07). Quelle: The Earth Observer (USA, EOS, 2003, 2001), SANDAU (2002), MÜLLER (2001), DLR (2001) und andere. Im Bild bedeuten: H = Höhe der Satelliten-Umlaufbahn über der Land/Meer-Oberfläche der Erde, I = Inklination, n/m = Grad/Ordnung einer Kugelfunktionsentwicklung.

Globale Schwerefeldmodelle ab 2000...

Mit dem Start des Satelliten CHAMP im Jahre 2000 ist zugleich eine *neue Qualität* in der Schwerefeldmessung und -modellierung erkennbar. Der Satellit liefert nahezu kontinuierlich Daten zur Bestimmung des Schwerefeldes und des Magnetfeldes der Erde. Das neueste CHAMP-Schwerefeldmodell basiert auf ca 12 Millionen Beobachtungen aus dem Zeitabschnitt Oktober 2000 bis Juli 2003 und mehreren Millionen Meßdaten des Beschleunigungsmessers im Massenzentrum von CHAMP (REIGBER et al 2004). In diesem globalen Schwerefeldmodell (EIGEN-CHAMP 03S) zeigen sich räumliche Schwerefeld-Strukturen bis hinab zu einer (vollen) Wellenlänge λ von ca 700 km mit einer homogenen globalen Genauigkeit von besser als ± 10 cm beziehungsweise ± 0,1 milliGal. Nach Reigber et al. bedeutet dies gegenüber „vor CHAMP Satellitenlösungen" eine Genauigkeitssteigerung um den Faktor 10. Für Umrechnungen gilt: 1 Gal = 1 cm / s², 1 Milligal = 1 milliGal = 1 mGal = 10^{-3} Gal = $10^{-5} \cdot ms^{-2}$, 1 Mikrogal = 1 µGal = 10^{-6} Gal = $10^{-8} \cdot ms^{-2}$. Die Einheit Gal ist benannt nach dem italienischen Physiker Galileo GALILEI (1564-1642).

Satellitenmission	Modell	Wellenlängen-Auflösung
CHAMP	EIGEN-CHAMP 03S	ca 700 km
	EIGEN-CHAMP 03	
GRACE	EIGEN-GRACE 02S	ca 550 km
	EIGEN-GRACE 02	
	EIGEN-CG 01C	ca 100 km

Bild 2.31
Globale Schwerefeldmodelle des Systems Erde, basierend auf Satellitenmissionen ab Mission CHAMP (Bild 2.30). EIGEN = European Improved Gravity Model of the Earth by New Techniquest. Die Wellenlängen-Auflösung besagt, daß Schwerefeldstrukturen bis hinab zu dieser Größe im betreffenden Modell angezeigt werden.
Quelle: REIGBER et al. (2004), MÜLLER (2003)

Geoid-Modelle mit Auflösungen im langwelligen Bereich (EIGEN-CHAMP 03S) sind geeignet, gemeinsam mit seismischen Beobachtungen, Strukturen und Prozesse im Erdinnern zu untersuchen. Die Zusammenhänge zwischen Schwerefeld und topographisch-geologischen Strukturen zeigen besser Geoid-Modelle, die aus Geschwindigkeitsmessungen und Akzelerometermessungen zwischen den beiden GRACE-Satelliten abgeleitet werden. Das Modell EIGEN-GRACE 02S basiert auf einen Beobachtungszeitabschnitt von 110 Tagen (August 2002 - April 2003). Die Strukturen sind erfaßt mit einer Genauigkeit im Geoid von $< \pm 1$ cm beziehungsweise $\pm 0{,}03$ milliGal im Anomalienfeld.

Wechselwirkungen zwischen dem Gravitationsfeld des Systems Erde und der Dynamik im Systems Erde

Wie zuvor dargelegt, ergibt sich die *Schwerkraft* der Erde (S) durch Summierung der *Gravitationskraft* (G) und der vom gewählten Bezugssystem abhängigen *Trägheitskräfte* (T): $S = G + T$
Die Gravitationskraft kennzeichnet dabei die Anziehungskraft der momentanen Massenverteilung im System Erde (im Erdinnern, im Meer und in der Erdatmosphäre) sowie die Anziehungskraft der felderzeugenden Drittkörper (vorrangig Erdmond und Sonne). Die Wirkung der Schwerkraft verspürt der Mensch zwar zu jeder Zeit, doch ist sie ihm so vertraut, daß sie kaum ins Bewußtsein rückt. Auch beim Anblick von himmelwärts ragenden Hochhäusern, elegant geschwungenen Brückenbauten oder verheerenden Wirkungen von Naturkatastrophen (wie etwa bei Lawinenabgängen) verknüpfen wir unsere Eindrücke primär kaum mit dem Thema Schwerkraft.

Seit NEWTON (1643-1727) gilt der fallende Apfel als Symbol für Gravitation. Auch die erdumkreisenden Beobachtungssatelliten fallen kontinuierlich auf ihrer Umlaufbahn im Gravitationsfeld der Erde. Um einen zentralsymmetrischen Körper mit homogener Massenverteilung bewegen sich Satelliten auf elliptischen Bahnen. Durch unregelmäßige Massenverteilung im System Erde wird der Satellit beschleunigt oder abgebremst. Mithin bewegt er sich *nicht* genau auf einer Kepler-Ellipse, sondern auf einer *gestörten* Bahn. Durch Bahnvermessung und Berechnung der Störungen kann der unregelmäßige Aufbau des Erdschwerkraftfeldes bestimmt werden. Läßt sich aus Meßergebnissen dieser Fallbewegung ein Bild des globalen Gravitationsfeldes der Erde gewinnen und lassen sich hieraus Aussagen über die Dynamik im System Erde ableiten? Kann aus den räumlichen und zeitlichen Veränderungen des Gravitationsfeldes der Erde beispielsweise auf Dichteänderungen und Massentransporte im System Erde geschlossen werden? Nach RUMMEL (2003) sind globale Schwerefeldinformationen vor allem auf drei Arten nutzbar: (1) Jede Verlagerung von Massen im Erdinnern, in den eisbedeckten Gebieten von Land und Meer, von Wassermassen im Meer und von Luftmassen in der Atmosphäre, aber auch zwischen diesen genannten Bereichen geht einher mit Veränderungen des Gravitationsfeldes der Erde. (2) Das Erdschwerefeld definiert die hypothetische Ruhefläche des Meeres. Diese Ruhefläche ist geeignet für die Sichtbarmachung der realen Meeresoberfläche. (3) Die Anomalien des Schwerefeldes bezogen auf einen Zustand der Erde in hydrostatischem Gleichgewicht erlauben Aussagen zur Dynamik im Erdinnern. BOSCH (2002) verweist darauf, daß eine verbesserte Kenntnis des Erdschwerkraftfeldes es erstmals ermöglichen wird, nationale und kontinentale Höhensysteme zusammenzuschließen und, in Verbindung mit anderen Erderkundungs- und Meßverfahren, grundlegende Erkenntnisse über die im System Erde ablaufenden dynamischen Prozesse zu gewinnen. Dazu gehört etwa eine bessere Kenntnis der Meeresströmungen, die durch den Transport von Wärme maßgeblich das Klima im System Erde mitbestimmen, eine bessere Kenntnis des hydrologischen Kreislaufs (des Wasserkreislaufs) sowie der Massenbilanzen der großen Eisdecken und eine bessere Abklärung der Frage: steigt der Meeresspiegel an. Die Anforderungen an die *relative Meßgenauigkeit* sind bei diesen Aufgabenstellungen sehr hoch: es müssen solche von $1 \cdot 10^{-9}$ eingehalten werden, also beispielsweise ± 1 mm bei einer Länge von 1 000 km.

Ändert sich die dynamische Abplattung?

Schon NEWTON folgerte um 1687 aufgrund hydrostatischer Überlegungen, daß jener Erdkörperteil, den die Land/Meer-Oberfläche begrenzt, nicht die Gestalt einer Kugel, sondern die eines Ellipsoids haben müßte. Der Äquatorradius wäre länger, als der Polradius. Die damit gegebene *Abplattung* dieses Erdkörperteils ist nach heutiger Auffassung eine Folge seiner Verformbarkeit und der Rotation der Erde seit Beginn ihrer Akkretion. Vielfach werden unterschieden: *geometrische*, *dynamische* und *hydrostatische* Abplattung (TORGE 2003). Aus der Rotation der Erde resultiert außerdem die *Fliehkraft* (Abschnitt 9.2, Bild 9.19).

● Die *dynamische* Abplattung H (auch mechanische Abplattung genannt) ist definiert durch die Hauptträgheitsmomente C und A der Erde. Die Gleichung für diese Abplattung lautet (TORGE 2003): $H = \dfrac{C - A}{A}$

C und A kennzeichnen das polare beziehungsweise das mittlere äquatoriale Trägheitsmoment.

Die Gleichung für den *dynamischen Formfaktor* lautet: $J_2 = \dfrac{C - A}{a^2 \cdot M}$ wobei

M = Masse der Erde, a = mittlerer Äquatorradius (beziehungsweise große Halbachse des mittleren Erdellipsoids). Der dynamische Formfaktor J_2 ist ein Definitionsparameter des mittleren Erdellipsoids GRS 80 (siehe dort).

● Fliehkraft, Fliehkraftbeschleunigung
Die Gleichung für den Betrag der *Fliehkraftbeschleunigung* lautet:

$$z = |z| = \omega^2 \cdot r \cdot \cos \overline{\varphi}$$

Für einen Punkt auf dem Äquator $(\overline{\varphi} = 0)$ ist derzeit: $z = 0{,}03 \dfrac{m}{s^2}$

Dies entspricht ca 0,3% der Gravitation (TORGE 2003). An den Polen gilt: z = 0 (Bild 2.20).

Diskussion:
Die Dynamische Abplattung beträgt derzeit ca 0,3%. Der Polradius R(pol) ist danach ca 21 km kürzer als der Äquatorradius R(äqu). Die Größe der Abplattung läßt sich aus der Analyse von Satellitenbahnen bestimmen. Beim derzeit gültigen mittleren Erdellipsoid GRS 80 ist sie (als dynamischer Formfaktor bezeichnet) mit einem Betrag von $J_2 = 108263 \cdot 10^{-8}$ in der Definition berücksichtigt (Abschnitt 2.1.02). Seit etwa 1960 zeigt(e) sich eine stetige, sehr kleine Abnahme der Abplattung von $3 \cdot 10^{-11}$ / Jahr (RUMMEL 2003). Als Auslöser wird eine Massenumverteilung im Erdkernmantel vom Äquator zu den Polen hin angenommen, als Ausgleich des Massendefizits, das durch das Abschmelzen der Eiskappen nach der letzten Eiszeit entstanden ist (Abschnitt 4.4.03). Seit 1998 scheint sich diese Abnahme plötzlich umgekehrt zu haben, denn nun sei eine Zunahme um $2{,}2 \cdot 10^{-11}$ / Jahr erkennbar (RUMMEL 2003), deren Auslöser noch nicht bekannt sei. Die Annahmen reichen von einer großräumigen Umverteilung der Wassermassen im Meer bis zu Massenumverteilungen im flüssigen, äußeren Erdkern.

Anomalien im Erdinnern
(und andere Einflüsse auf das Schwerefeld des Systems Erde?)
Allgemein gilt als *Anomalie* die Abweichung eines Meßwertes von einem theoretisch definierten Wert oder die Abweichung des realen Erdschwerefeldes von einem Modell des Erdschwerefeldes. Dynamische Abplattung und Fliehkraft bewirken, daß die *Schwerebeschleunigung* g vom Äquator bis zu den Polen hin (unter Schwankungen) insgesamt um 0,5% zunimmt

- **Geoidanomalie:** $\quad U_P = W_P - T_P \quad$ oder $\quad N = h - h^*$

  (auch Geoidundulation oder Geoidhöhe genannt)
  W_P = Schwerepotential im Punkt P. T_P = Störpotential im Punkt P (auch *Höhenanomalie* genannt). Das Störpotential dient ferner als Hilfsgröße bei der Berechnung geometrisch/physikalisch relevanter Größen (siehe ellipsoidische Höhe und normalorthometrische Höhe).

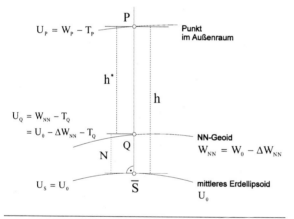

Bild 2.32
Geoidanomalie

- **Schwereanomalie:** $\quad \Delta g_P = g_P - \gamma_Q$

  $\Delta g = g_0 - \gamma_0$ (Schwereanomalie auf dem Geoid)

Die *realen* Schwerewerte an der Land/Meer-Oberfläche variieren um die (theoretisch begründeten) *Normalschwerewerte* des Rotationsellipsoids. Die Abweichungen zwischen beiden Werten sind die **Schwereanomalien**. Die *maximalen* Abweichungen liegen derzeit bei ca ± **500** milliGal, also 500 Millionstel der Normalschwere.

- **Schwerestörung:**

  $\delta g_P = g_P - \gamma_P$

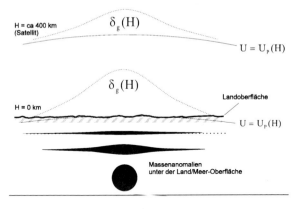

Bild 2.33
Massenanomalien und Schwerestörung.

Jede einzelne der drei unter der Landoberfläche angedeuteten **Massenanomalien** bewirkt an der Landoberfläche (H = 0 km) dieselbe **Schwerestörung** (BOSCH 2002). Die Massenanomalien haben eine höhere Dichte als ihre Umgebung. Sie erzeugen an der Landoberfläche (H = 0) eine *deutliche* Schwerestörung, die in der Flughöhe über Grund (H = ca 400 km) jedoch nur noch in *gedämpfter* Form erkennbar ist (die Darstellung ist nicht maßstäblich). Der *Normalschwerewert* γ_p (als theoretischer Wert) bezieht sich auf die Niveauflächen

$U = U_p(H)$ im *Normalschwerefeld*.

Entsprechend den theoretisch vorgegebenen Werten werden im Rahmen der Schwereanomalien ferner unterschieden: Freiluftanomalie, Bougueranomalie, isostatische Anomalie (Definitionen siehe DIN 1995 und Abschnitt 2.1.01).

● **Schwerebeschleunigung**
Beschleunigung beziehungsweise Verzögerung sind Zunahme beziehungsweise Abnahme der Geschwindigkeit in der Zeiteinheit. Die Schwerebeschleunigung wird oftmals auch *Fallbeschleunigung* genannt. Der *freie Fall* ist eine gleichmäßig beschleunigte Bewegung. Im Vakuum fallen alle Körper gleich schnell. Dies würde näherungsweise auch für den Raum oberhalb der Land/Meer-Oberfläche der Erde gelten, wenn dieser *luftleer* wäre. An Orten gleicher geographischer Breite würden alle Körper nahezu gleich schnell fallen, und zwar in gleichmäßig beschleunigter, lotrechter Bewegung, wobei die Fallrichtung zusätzlich von der Coriolis-Kraft beeinflußt wird (Abschnitt 9.2). Im *lufterfüllten* Raum oberhalb der Land/Meer-Oberfläche erfolgt das Fallen der Körper wegen des Luftwiderstandes unterschiedlich schnell und generell langsamer. Die Fallbeschleunigung im lufterfüllten Raum (in der Atmosphäre des Systems Erde) nimmt vom Äquator nach den Polen hin zu, da wegen der Abplattung die Anziehungskraft dort stärker ist, als im Äquator, denn die Polpunkte sind dem Erdmittelpunkt (Massenschwerpunkt) näher als Punkte des Äquators. Die Zunahme der Fallbeschleunigung wird ferner dadurch unterstützt, daß die die Schwerkraft schwächende Wirkung der Fliehkraft nach den Polen hin abnimmt und in den

Polpunkten verschwindet. Im Zusammenhang mit der Poisson-Gleichung und dem Gravitationspotential innerhalb einer räumlichen Masse (etwa einer Kugel mit homogener Dichte) war zuvor bereits dargelegt worden, daß die Anziehungskraft einer solchen Kugel bei Annäherung an ihre Oberfläche von außen, zunimmt, um nach Durchgang durch die Kugeloberfläche wieder abzunehmen und im Massenschwerpunkt (hier Kugelmittelpunkt) zu verschwinden.

Die Schwerebeschleunigung g variiert derzeit

zwischen $g(\ddot{A}) = 9{,}78 \frac{m}{s^2}$ am *Äquator* und $g(P) = 9{,}83 \frac{m}{s^2}$ am *Pol* (TORGE 2003). Sie nimmt mithin vom Äquator zum Pol um 0,5% zu.

Diskussion:
Derzeit betragen die Geoidanomalien mehrheitlich ca 30-50 m, sie erreichen nur an einem Ort ca 100 m. Die Größenordnung der Geoidanomalien liegt mithin bei ca 1/100 000 des Erdradius R, also bei ca $10^{-5} \cdot R = 0{,}000\ 01 \cdot R$. Die Schwereanomalien betragen derzeit maximal ca 1/10 000 der Erdanziehung, also ca $10^{-4} \cdot g = 0{,}000\ 1 \cdot g$ (RUMMEL 2003). Die aktuellen Größen von R und g sind in der jeweiligen Definition des mittleren Erdellipsoids enthalten (siehe beispielsweise Definition des GRS 80 im Abschnitt 2.1.02). Heute wird nach Rummel vielfach davon ausgegangen, daß *Geoidanomalien* wesentliche Informationen zur Zusammensetzung und zur Viskositätsverteilung des Erdkernmantels enthalten. *Schwereanomalien* enthalten demgegenüber Informationen über Dichtekontraste der kontinentalen und ozeanischen Lithosphäre. Das Schwerefeld der Erde ist mithin eine der Quellen, die uns einen Blick ins tiefe Erdinnere ermöglichen. Die zwei weiteren Quellen sind die Seismik (Abschnitt 2.3.03) und das Magnetfeld der Erde (Abschnitte 4.2.06 und 4.2.07). Die Bohrungen in die Erdkruste sind im Abschnitt 3.2.04 dargestellt.

... zur Meerestopographie:
Das globale Geoid repräsentiert eine Äquipotentialfläche, die auf mittlerem Meeresniveau liegt. Wäre das Meer bewegungslos, die Wassermassen also frei von äußeren und inneren Antriebskräften und nur dem Schwerefeld der Erde ausgesetzt, dann würde die Oberfläche des Meeres mit der Oberfläche des Geoids zusammenfallen. In der Realität bewirken eine Reihe von Antriebskräften (wie etwa Gezeiten, Windreibung, horizontale Druckgradienten) Wasserbewegungen und Wasserströmungen. Die Abweichungen der Meeresoberfläche vom Geoid bilden die Meerestopographie (Abschnitt 9.1.01). Die maximalen Erhebungen dieser Wasserberge sind 1-2 m, die „Hangneigungen" sind proportional zu den Strömungsgeschwindigkeiten. Seit 1985 wird die Meeresoberfläche geometrisch mit Radaraltimetern von Satelliten aus praktisch unterbrechungsfrei erfaßt. Derzeit erbringen vor allem die Satelliten JASON und ENVISAT (Abschnitt 9.2.01) diesbezügliche Daten, die eine Erfassungsgenauigkeit der Oberfläche im cm-Bereich ermöglichen. Leider war die räumliche Auflösung

verfügbarer Geoidmodelle nach Rummel bisher noch unzureichend. Derzeit beste Geoidmodelle sind die EIGEN-Modelle (Bild 2.31).
... *zur Bewegung des Gravitationsfeldes*:
Jede Verlagerung von Materie bewirkt eine Veränderung des Gravitationsfeldes. Diesbezügliche Verlagerungen werden durch verschiedene Kräfte ausgelöst. So führen die Gezeitenkräfte nicht nur zu Ebbe und Flut im Meer, sondern auch zu Verformungen des Erdinnern, des Meeres und der Atmosphäre. Ferner zählen zu diesen Phänomenen die jahreszeitlichen Verlagerungen im Wasserhaushalt des Systems Erde, die tektonisch bedingten Verlagerungen, Verlagerungen im Erdinnern und schließlich thermische Ausdehnungen etwa des Meerwassers oder Abschmelzvorgänge in den Polargebieten und anderes. Die Wechselwirkungen zwischen Gezeiten-, Auflast- sowie weiteren Effekten und der Bewegung (Rotation und Translation) des Systems Erde sind ausführlicher behandelt im Abschnitt 3.1.01.

2.2 Satelliten-Navigations- und Positionierungssysteme

Die nachfolgend erläuterten Satelliten-Navigations- und Positionierungssysteme **GPS** (USA) und **GLONASS** (Russland) entstammen militärischen Entwicklungen. Die vollständige Abkürzung für die Kurzbenennung GPS ist NAVSTAR GPS und steht für *Navigation System with Time and Ranging Global Positioning System*. Das vom us-amerikanischen Verteidigungsministerium (US Department of Defense, DOD) aufgebaute und betriebene globale Positionierungssystem umfaßt 24 funktionstüchtige Satelliten. Es ist seit Dezember 1993 voll operationell einsatzfähig. Die Benennung GLONASS steht für *Global'naya Navigationaya Sputnikovaya Sistema* (HABRICH 2000). Das von den russischen (früher sowjetischen) Luftstreitkräften entwickelte System ist seit 1996 mit 24 aktiven Satelliten funktionstüchtig.

Das geplante zivile europäische Satelliten-Navigationssystems **GALILEO** soll in drei Phasen realisiert werden: Definition, Entwicklung, Errichtung. Die Entwicklungsphase begann mit einer Entscheidung der EU-Verkehrsminister im März 2002. Danach sollen 2005 die ersten Galileo-Satelliten starten und ab 2008 das System mit 30 Satelliten voll einsatzbereit sein (EISFELLER 2002).

GPS und WGS 84

Das GPS-*Raumsegment* ist gegliedert in sechs Bahnebenen, in denen jeweils vier Satelliten die Erde umlaufen. Die Bahnebenen haben einen Abstand in der Äquatorebene von 60 Grad (weitere Daten im Bild 2.40). Das GPS-Meßverfahren ist ein aktives Mikrowellen-Meßverfahren und somit bei Tag und Nacht einsatzbereit sowie weitgehend wetterunabhängig. Die Satelliten (Meß-Baken) im Weltraum haben jeweils 4 Atomuhren an Bord. Sie senden Zeitsignale aus. Die hochfrequenten Trägerwellen sind außerdem mit Bahnelemente-Werten (Bahnkoordinaten) des betreffenden Satelliten moduliert. Zwei Beobachtungsformen sind zu unterscheiden: Codebeobachtungen und Phasenbeobachtungen.

Codebeobachtung (Coderegistrierung) können (vereinfacht) als Messung der Signallaufzeit τ vom Satelliten zum Empfänger betrachtet werden. Anders als bei Altimetermessungen (Zweiweg-Messverfahren) handelt es sich hier um ein Einweg-Meßverfahren, wobei die Signallaufzeit durch Uhrfehler des Empfängers und des Satelliten verfälscht werden kann. Die sich durch Multiplikation mit der Signalausbreitungsgeschwindigkeit c ergebende Größe wird daher Pseudoentfernung genannt; sie ergibt sich aus der Beobachtungsgleichung (LIEBSCH 1997):

$$c \cdot \tau = \left| X_{Sat} - X_{Sta} \right| + c \cdot (\Delta t_{Sat} - \Delta t_{Sta}) + \varepsilon$$

$c \cdot \tau$ Pseudoentfernung
X_{Sat} Vektor vom Geozentrum zum Satelliten
X_{Sta} Vektor vom Geozentrum zur Meßstation
Δt_{Sat} Uhrfehler des Satelliten
Δt_{Sta} Uhrfehler des Empfängers
ε Meßrauschen

Daten zur Berechnung der Satellitenuhrfehler und zur Position des Satelliten sendet der jeweils angezielte Satellit aus. Unbekannte Größen in der Beobachtungsgleichung sind daher die drei Koordinaten und der Uhrfehler des Empfängers. Zur Bestimmung der Koordinaten des Empfängers ist mithin eine simultane Messung der Pseudoentfernungen zu vier Satelliten erforderlich.

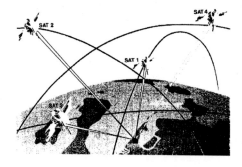

Bild 2.34
GPS-Messung zu vier umlaufenden Satelliten.

Die Überwachung und Korrektur der in einem Satelliten befindlichen (vier) Uhren erfolgt durch das GPS-*Kontrollsegment*. Da in geodätischen GPS-Empfängern in der Regel nur eine Uhr vorhanden ist (um den technischen Aufwand in Grenzen zu halten) und die Überwachung weniger intensiv erfolgt, steht eine ebenso hohe Zeitgenauigkeit wie in den Satelliten hier im allgemeinen nicht zur Verfügung. Ein Uhrfehler von 1 ms (Millisekunde) ergibt bereits einen Streckenfehler von ca 300 km, weshalb bei geodätischen Positionierungen (zur Beseitigung eines solchen Fehlers) in der Regel simultane Messungen zu mindestens vier GPS-Satelliten erfolgen (HARTMANN et al. 1992). Bezüglich Zeitmessung siehe Abschnitt 3.1.01.

Das GPS-*Kontrollsegment* überwacht die Funktionalität der 24 GPS-Satelliten durch kontinuierliche Beobachtung und Datenregistrierung in fünf erdweit verteilten Kontrollstationen, die ihre Daten unmittelbar an eine Hauptkontrollstation (in Colorado Springs, USA) weiterleiten. Diese überprüft die aktuellen Bahndaten und das Verhalten der Satellitenuhren, berechnet Ephemeriden ("Broadcast"-Ephemeriden) und leitet diese vorausberechneten neuen Navigationsdaten an drei Telemetriestationen weiter, die ihrerseits diese Daten an die operationellen GPS-Satelliten übermitteln. Gemäß dieser sich wiederholenden Maßnahme des GPS-Kontrollsegments sind die geometrischen Örter der operationellen Satelliten mithin per definitionem zu jedem beliebigen Zeitpunkt koordinatenmäßig im WGS 84 bekannt. Anstelle der vorgenannten *Broadcast-Ephemeriden* werden bei großräumigen, hochgenauen Positionsbestimmungen meist *Präzise Ephemeriden* benutzt. Diese werden inzwischen vom IGS, dem Internationalen GPS-Dienst, herausgegeben (siehe IGS). Für Echtzeitmessungen sind sie derzeit aber noch nicht verfügbar, da sie im Nachhinein aus Meßdaten bestimmt werden.

Phasenbeobachtung (Phasenregistrierung)
Zahlreiche Vorgänge in der Natur lassen sich auf *Schwingungen* zurückführen. Die mathematische Beschreibung dieser Vorgänge führt auf die Sinus- oder Cosinus-Funktion. Die *Welle* ist eine fortschreitende zeitliche und räumliche Veränderung eines Schwingungszustandes. Die *Phase* einer Welle beschreibt den *Schwingungszustand* der Welle (BREUER 1994). Elektromagnetische Wellen lassen sich mit Hilfe eines Wellentyps, der *harmonischen* Welle, mathematisch beschreiben.

|Allgemeine Kenngrößen der Sinusschwingung (Sinuswelle)|
Eine harmonische Schwingung kann als Projektion einer gleichförmigen Kreisbewegung angesehen werden. Wird die Schwingung als Weg-Zeit-Diagramm graphisch dargestellt, ergibt sich eine *Sinuswelle*. Harmonische Schwingungen werden daher meist *Sinusschwingungen* genannt.

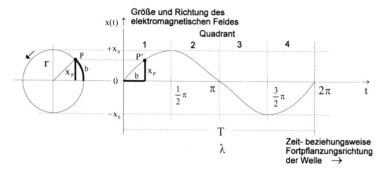

Bild 2.35
Darstellung von Kenngrößen einer harmonischen Schwingung: links Zeigerdarstellung (oder Vektordiagramm), rechts Kurvendarstellung (oder Liniendiagramm).

Wird beliebig ein Punkt P auf dem Kreisumfang ausgewählt und werden die zum Punkt gehörigen Größen b (Bogenmaß) und x_P auf den Koordinatenachsen vom Ursprung 0 aus aufgetragen, dann ergibt sich ein Punkt P' der Sinuswelle. Für b = 1/2 π (also am Ende des 1. Quadranten) folgt als maximaler Wert der Sinuswelle: + x_0 und für b = 3/2 π (also am Ende des 3. Quadranten) als maximaler Wert: - x_0. Bei 2 π (also am Ende des 4. Quadranten) ist *eine* Vollschwingung (Wellenberg + Wellental) der Sinuskurve beendet. Gemäß erneuten Kreisumläufen schließen sich weitere, kongruente Schwingungen an. Die Sinuswelle setzt sich mithin durch Verschiebung längs der t-Achse um die Länge 2 π in sich fort bis t = + ∞. Sie ist daher eine *periodische* Funktion. Die vorgenannten Grenzen der Sinuswelle + x_0 (auch Gipfelpunkt genannt) und - x_0 (auch Talpunkt genannt) werden unterschiedlich bezeichnet durch die Benennungen: Schwingungsweite, Scheitelwert, Ausschlag, Auslenkung, Amplitude, Wellenhöhe (SCHEFFERS 1943, WESTPHAL 1947, KUCHLING 1986, BREUER 1994). Die irgendeinem Zeitpunkt t entsprechende Verschiebung x wird ebenfalls unterschiedlich bezeichnet durch die Benennungen: Momentanwert der Schwingung, momentaner Abstand von der Ruhelage, Auslenkung des Massenpunktes aus der Gleichgewichtslage, Elongation, Amplitude (WIENHOLZ 2003, GERTHSEN 1960). Hier werden benutzt:

    x(t)   = **Auslenkung**
    x_0 = **maximale Auslenkung**
    t   = **Zeit** (vergangene Zeit seit *Beginn* der Schwingung)

Die Schnittpunkte der Sinuswelle mit der t-Achse heißen *Knotenpunkte* und dementsprechend wird vom *aufsteigenden* und *absteigenden Knoten* gesprochen, je nachdem, ob sie eine positive oder negative Steigung haben (SCHEFFERS 1943). Die Knotenpunkte sind zugleich *Wendepunkte* der Kurve.

Wird die Zeit t als *unabhängige* Veränderliche angenommen, dann lautet die Glei-

chung für die allgemeine Sinuswelle:
$$x(t) = x_0 \cdot \sin \varphi$$
Weitere Einzelheiten zur Gleichung sind nachstehend erläutert.

|Winkelangaben im Gradmaß oder Bogenmaß|
Die Größe eines ebenen Winkels α kann im **Gradmaß** oder im **Bogenmaß** angegeben werden.
Wird der ebene Vollwinkel mit 360 Grad (Altgrad) angenommen, dann dient als *Einheit* des Winkels im Gradmaß der 360.Teil dieses Vollwinkels. Der **Grad** (Altgrad) wird meist angegeben durch Grad (°), (Winkel-) Minuten ('), (Winkel-) Sekunden ("). Es ist 1 Grad (°) = 60 Minuten (') = 3600 (") (Sexagesimalsystem). Der Grad kann aber auch angegeben werden durch: Grad,...° (Dezimalsystem).
Beim Bogenmaß dient als *Einheit* des Winkels der **Radiant** (rad). Der Radiant ist der ebene Winkel zwischen zwei Radien eines Kreises, die aus dem Kreisumfang einen Bogen von der Länge des Radius ausschneiden. Mit anderen Worten ausgedrückt: der Radiant ist jener ebene Winkel, der als Zentriwinkel eines Kreises vom Radius 1 m aus dem Kreisumfang einen Bogen der Länge 1 m ausschneidet. Ein Kreis mit dem Radius r = 1 wird **Einheitskreis** genannt. Zu einem Vollwinkel gehört der Kreisbogen 2π. Wird der Vollwinkel mit 360° angenommen, dann gilt: 1 Vollwinkel = 360° = 2π Radiant = 6,28... rad. Mithin ist:

$$1 \text{ rad} \cong \left(\frac{360}{2\cdot\pi}\right)^\circ = 57°17'45{,}8\ldots" = 57{,}296\ldots°$$

Diese Einheit ist gegeben, wenn der Kreisbogen gleich dem Radius des Kreises ist. Unter der Voraussetzung, daß Kreisbogenlänge und Einheitskreisradius in der *gleichen* Maßeinheit (etwa in cm) angegeben sind, ist die **Bogenlänge** (arc α = arcus α = Bogen, der zum Zentriwinkel α gehört) **auf dem Einheitskreisumfang**:

arc 360°	= 2π	= 6,28... rad	
arc 180°	= π	= 3,14... rad	
arc 90°	= 1/2 π	= 1,57... rad	
arc 1°	= π/180°	= 0,01745... rad	= 17,45... mrad
arc 1'	= π/10800	= 0,000291... rad	
arc 1"	= π/648000	= 0,000005... rad	

Die Bogenlänge arc α auf dem *Einheitskreisumfang* für einen beliebigen Zentriwinkel α ergibt sich aus:

$$\text{arc } \alpha = 2 \cdot \pi \cdot \frac{\alpha°}{360°}$$

Soll die Maßzahl eines im Gradmaß vorliegenden Zentriwinkels in das zugehörige

Bogenmaß umgerechnet werden, so ist die Maßzahl mit dem Faktor 0,01745 (siehe zuvor) zu multiplizieren.

Für einen **Kreis von beliebigem Radius** r ergibt sich die Bogenlänge für einen Zentriwinkel α aus der Gleichung:

$$b = 2 \cdot \pi \cdot r \cdot \frac{\alpha}{360} \quad \text{(mit α im Gradmaß)}$$

Wird für α der zuvor angenommene Vollwinkel von 360° in diese Gleichung eingesetzt, ergibt sich der *Kreisumfang*: $U = 2 \cdot \pi \cdot r$

Jedem ebenen Winkel kommt mithin ein zwischen 0 und 2π gelegenes (positives oder negatives) Bogenmaß b zu. Allerdings können bei harmonischen Schwingungen zuvor bereits eine beliebige Anzahl N von vollen Umdrehungen (2π) auf dem zugehörigen Kreis ausgeführt worden sein,
- deshalb kann einem Winkel mit dem zwischen 0 und 2π gelegenem Bogenmaß (b) auch jedes Bogenmaß ($b + 2 \cdot N \cdot \pi$) zugeordnet sein, wo N irgend eine positive oder negative *ganze* Zahl bedeutet. Das Bogenmaß eines durch Anfangsschenkel und Endschenkel gegebenen Winkels ist mithin nur bis auf ein beliebiges additives positives oder negatives ganzes Vielfaches von 2π bestimmt.

|Kreisbewegung, Phase der Sinuswelle|

Wie zuvor gesagt, kann eine harmonische Schwingung als Projektion einer gleichförmigen Kreisbewegung angesehen werden.

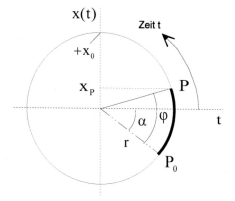

Bild 2.36
Darstellung von Kenngrößen einer harmonischen Schwingung.

Ein Punkt P beschreibe gleichförmig einen Kreis mit dem Radius r, so daß in gleichen Zeiten gleiche Bogenstükke durchlaufen werden. Die Zeit eines ganzen Umlaufs sei T. Der positive Drehsinn ist durch den Pfeil angezeigt. Die Anfangslage sei durch den positiven Winkel α festgelegt, den P_0 beschreiben muß, um in die positive Koordinatenachse t zu gelangen. φ sei der Winkel, den der Radius r in der Zeit t bis zum beliebig gewählten Punkt P durchläuft. Beide Winkel (α und φ) sind im Bogenmaß anzunehmen. Die Strecke x_P ergibt sich aus der Projektion des Radius zu P auf die (positive) x(t)-Koordinatenachse, also ist

$$x = r \cdot \cos\left(\frac{1}{2} \cdot \pi - \varphi + \alpha\right) = r \cdot \sin(\varphi - \alpha)$$

Wegen der Gleichförmigkeit der Drehung von P um den Kreismittelpunkt ist außerdem:

$$\frac{\varphi}{2 \cdot \pi} = \frac{t}{T} \quad \text{also} \quad \varphi = \frac{2 \cdot \pi \cdot t}{T}$$

Der Winkel α liegt zwischen 0 und 2π, also ist $\frac{\alpha}{2 \cdot \pi} = p$ eine zwischen 0 und 1 gelegene Zahl, die hier zunächst mit p bezeichnet wird. Mit $r = x_0$ ergibt sich damit die Gleichung der Sinuswelle, bezogen auf die unabhängige Veränderliche t in der Form:

$$x(t) = x_0 \cdot \sin\left(\frac{2 \cdot \pi \cdot t}{T} - \alpha\right)$$
$$= x_0 \cdot \sin\left[2 \cdot \pi \cdot \left(\frac{t}{T} - p\right)\right]$$

p wird nach SCHEFFERS (1943) **Phase** genannt. Sie gibt an, um welchen Teil von T die Bewegung vor denjenigen Schwingungen *voraus* ist, bei denen sich der Punkt zur Zeit t = 0 in der Null-Lage befindet und von da nach der positiven Seite der x(t)-Koordinatenachse hinstrebt. In der vorstehenden Gleichung bedeuten ferner: x(t) = Auslenkung, x_0 = maximale Auslenkung, t = Zeit, T = Schwingungsdauer. Schließlich kennzeichnet

$$\frac{2 \cdot \pi}{T} = \frac{\varphi}{t} = \omega$$

die **Winkelgeschwindigkeit** der Drehung von P um den Kreismittelpunkt, weil eine volle Umdrehung 2π in der Zeit T zurückgelegt wird. Entsprechend den zuvor erläuterten Größen kann die Gleichung der Sinuswelle auch geschrieben werden in der Form:

$$x(t) = x_0 \cdot \sin(\varphi - \alpha)$$
$$= x_0 \cdot \sin(\omega \cdot t - \alpha)$$

Nach WESTPHAL (1947) ist der Betrag, um den $\omega \cdot t + \alpha$ das nächst kleinere ganzzahlige Vielfache von 2π überschreitet, die **Phase** der Schwingung. Die Größe α sei die **Phasenkonstante**. Nach ROTHE (1949) ist der mit der Zeit t veränderliche Weg von P von einem Anfangsradius als t-Achse aus zu zählende Winkel $\varphi = \omega \cdot t$ (im Bogenmaß !) die **Phase** von P. Ist $\varphi = \omega \cdot t + \varphi_0$ ($\alpha = \varphi_0$), dann heißt nach Rothe $\varphi_0 = \varphi(0)$ die **Anfangsphase**. Im Großen Handbuch der Mathematik (GHM 1968) wird φ_0 als **Phasendifferenz** bezeichnet. Sie sei der Winkel (im Bogenmaß), um den die zugehörige Sinuswelle der Sinuswelle $\varphi = \omega \cdot t$ „vorauseilt" beziehungsweise „nachhinkt". Nach KUCHLING (1986) kennzeichne die Benennung **Phase** den augenblicklichen Zustand einer Schwingung und sei durch zwei Schwingungsgrößen (beispielsweise Weg und Zeit) bestimmt. Nach BREUER (1994) beschreibt die **Phase** einer Welle ihren Schwingungszustand

|Phasenwinkel, Nullphasenwinkel|

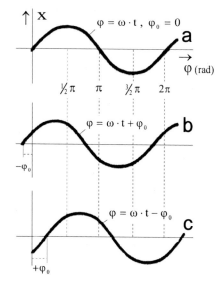

Bild 2.37
Darstellung von Kenngrößen einer harmonischen Schwingung.

Wie zuvor dargestellt, kann die Gleichung der Sinuswelle geschrieben werden in der Form:

$$x(t) = x_0 \cdot \sin(\varphi - \varphi_0)$$
$$= x_0 \cdot \sin(\omega \cdot t - \varphi_0)$$

Im Vergleich zur Welle a würde die Welle b nach nach GHM (1968) „Vorauseilen" (die Welle c „Nachhinken"). Nach SCHEFFERS (1943) und BREUER (1994) würde die Welle c „Vorauseilen".

Die Gleichung für den **Phasenwinkel** φ der Sinuswelle lautet:

$$\varphi = \omega \cdot t - \varphi_0 = 2 \cdot \pi \cdot f \cdot t - \varphi_0$$

Der Phasenwinkel ergibt sich in dieser Gleichung stets als *Bogenmaß* (also in rad). Nach KUCHLING (1986) bedeutet: $\varphi_0 =$ **Nullphasenwinkel**, der bei der Bestimmung des Phasenwinkels zu berücksichtigen ist. Der Nullphasenwinkel (auch **Phasenkonstante** genannt) ist jener Phasenwinkel, der am Beginn der Zeitmessung (t = 0) bereits vorliegt. $\omega = 2 \cdot \pi \cdot f =$ Kreisfrequenz. f = Frequenz. t = Zeit.

Unter Berücksichtigung der soeben gegebenen Darlegung ergeben sich die folgenden Gleichungen für die Sinuswelle (KUCHLING 1986).

Ist $\varphi_0 = 0$, dann folgt $\varphi = \omega \cdot t$ und damit ergibt sich als Gleichung der Sinuswelle:

$x(t) = x_0 \cdot \sin(\omega \cdot t)$ [entspricht Welle a im Bild 2.37]

Für $\varphi = \omega \cdot t$ und $\varphi_0 = -\varphi_0$ ergibt sich als Gleichung der Sinuswelle:

$x(t) = x_0 \cdot \sin(\omega \cdot t + \varphi_0)$ [entspricht Welle b]

Für $\varphi = \omega \cdot t$ und $\varphi_0 = +\varphi_0$ ergibt sich als Gleichung der Sinuswelle:

$x(t) = x_0 \cdot \sin(\omega \cdot t - \varphi_0)$ [entspricht Welle c]

|Welle, Wellenlänge und weitere Begriffe|

Die **Welle** ist eine fortschreitende zeitliche und räumliche Veränderung eines Schwingungszustandes (BREUER 1994). Alle Punkte mit gleicher Phase bilden eine *Wellenfront* oder *Wellenfläche*.

● Der **zeitliche** Abstand zweier benachbarter Punkte *gleicher* Phase ist die Schwingungsdauer.
Da nach Bild 2.35 für $\omega \cdot t = 2 \cdot \pi$ eine ganze Schwingung beendet ist, folgt für die Dauer einer

Vollschwingung (Wellenberg + Wellental): $t = \dfrac{2 \cdot \pi}{\omega}$.

Die Dauer einer vollen Hin- und Herschwingung eines Massenpunktes wird bezeichnet als Schwingungszeit, Schwingungsdauer, Periodendauer und meist durch T gekennzeichnet. Hier wird als Benennung benutzt:

Schwingungsdauer: $T = \dfrac{2 \cdot \pi}{\omega}$

Wird T in Sekunden angegeben, dann ist 1/T die Anzahl der Schwingungen in einer Sekunde, mithin die Frequenz f. Sie wird auch Schwingungszahl genannt. Hier wird als Benennung benutzt:

Frequenz (der Schwingung): $f = \dfrac{1}{T}$

Die Kreisfrequenz gibt die Anzahl der Schwingungen in $2 \cdot \pi$ Sekunden an. Es gilt als

Kreisfrequenz: $\omega = \dfrac{2 \cdot \pi}{T} = 2 \cdot \pi \cdot \dfrac{1}{T} = 2 \cdot \pi \cdot f$

● Der **räumliche** Abstand zweier benachbarter Punkte *gleicher* Phase ist die Wellenlänge:

Wellenlänge: $\lambda = \dfrac{c}{f}$

Die Fortpflanzungsrichtung der Welle ist mit der Zeitrichtung identisch. In der vorstehenden Gleichung kennzeichnen: c = **Phasengeschwindigkeit** (oder **Ausbreitungsgeschwindigkeit** der Welle), f = Frequenz. In Verbindung zur Wellänge gilt außerdem:

$$\lambda = \frac{c}{f} = c \cdot T = c \cdot \frac{2 \cdot \pi}{\omega}$$

Phasenmessung

Die zu messende Phasendifferenz ist: $\Delta\varphi = \varphi_c - \varphi_0$ mit

ϕ_c = Trägerwelle, ϕ_0 = Referenzwelle.

Die Beobachtungsgleichung für die Beobachtungsgröße $\Delta\varphi$ lautet (LIEBSCH 1997, TORGE 2003):

$$\Delta\varphi = \frac{2 \cdot \pi}{\lambda} \cdot \left\{ |X_{Sat} - X_{Sta}| \right\} - N \cdot \lambda + c \cdot (\Delta t_{Sat} - \Delta t_{Sta}) + \epsilon$$

λ Wellenlänge der Trägerfrequenz
N Anzahl der vollen (ganzen) Wellenlängen zwischen Satellit und Empfänger

Da die Beobachtungsgröße $\Delta\varphi$ nur die Phase (Phase der Trägerwelle) innerhalb *einer* Wellenlänge und deren Änderung zur im Empfänger erzeugten Referenzfrequenz (Phase der Referenzwelle) enthält, tritt in der Beobachtungsgleichung eine neue Unbekannte hinzu, das Mehrdeutigkeitsterm N. Durch die Einbeziehung von Phasenregistrierungen in das Positionsbestimmungsverfahren ist in der Regel eine Genauigkeitsverbesserung möglich. Voraussetzung für eine solche Einbeziehung ist aber, daß die unbekannte Anzahl N von vollen (ganzen) Wellenlängen zwischen Satellit und Empfänger als natürliche Zahl eindeutig bestimmt werden kann, eine Phasenmehrdeutigkeit (engl. ambiguity) danach nicht mehr besteht. Am Beginn einer Messung kann der GPS-Empfänger nur die Phase des letzten Wellenzyklus messen. Die Anzahl der ganzen Wellenlängen des Signals vom Satelliten bis zum Empfänger bleibt im Meßvorgang unbekannt. Kann der Empfänger im Verlauf der Messung das Signal (also auch die Änderung der Phase) kontinuierlich verfolgen, bleibt die Konstanz der Phasenanzahl prüfbar beziehungsweise über Phasennulldurchgänge verfolgbar. Im Falle eines Signalabrisses (etwa wegen auftretender Störfrequenzen) kommt es zu einem sogenannten Phasensprung (engl. cycle slip). Die Konstanz der Phasenanzahl zwischen Satellit und Empfänger ändert sich dann in eine unbekannte ganze Zahl.

Zum technischen Stand des GPS-Raumsegments
Beim GPS bauen alle von einem Satelliten ausgesandten Signale auf eine Nominalfrequenz auf, die von hochgenau arbeitenden Atom-Oszillatoren erzeugt wird, meist

Rubidium- und Cäsium-Oszillatoren oder neuerdings von H-Maser-Oszillatoren. Die erwünschte Nominalfrequenz ist 10,23 MHz; sie wird um 0,00445 Hz verkleinert, um bestimmte Effekte zu berücksichtigen, die nach der Relativitätstheorie gegeben sind (etwa der Unterschied zwischen dem Gravitationspotential am Satelliten und dem an der Land- oder Meeresoberfläche). Aus der Nominalfrequenz (Grundfrequenz) sind Trägerfrequenzen zur Übertragung der Codes abgeleitet (GIANNIOU 1996):

    L1-Trägerfrequenz   = 1575,42 MHz   (154 · 10,23 MHz)
    L2-Trägerfrequenz   = 1227,60 MHz   (120 · 10,23 MHz)

Auf diese Trägerwellen sind sodann folgende Informationen aufmoduliert:

    Navigationsdaten   = 50 Hz   (10,23 MHz/204600)
    C/A-Code   = 1,0230 MHz (10,23 MHz/10)
    P-Code   = 10,230 MHz (10,23 MHz · 1)
    W-Code   = 0,5115 MHz (10,23 Mhz/20)

Der L1-Trägerfrequenz ist der C/A- und der P-Code aufmoduliert, der L2-Trägerfrequenz ist (bei üblichem GPS-Betrieb) nur einer der vorgenannten Codes aufmoduliert, in der Regel ist dies der P-Code beziehungsweise der Y-Code. Die Übertragungszeit eines Bits (dieser Codes) wird dabei als Periode aufgefaßt, der folgende Wellenlängen entsprechen:

    L1-Träger: λ = 0,1905 m
    L2-Träger: = 0,2445
    C/A-Code: = 293,10   = coarse acquisition code
    P-Code: = 29,31   = precise code
    Y-Code: = 29,31

Die Navigationsdaten berechnet das GPS-Kontrollsegment, das diese Daten den aktiven Satelliten des GPS-Systems auch übermittelt. Der C/A-Code ist bekannt und dient vorrangig zur Positionierung mit geringer Genauigkeitsanforderung; er ist nur L1 aufmoduliert. Der P-Code (L1 und L2 aufmoduliert) ist ebenfalls bekannt und kann höhere Genauigkeitsanforderungen erfüllen.

    Um die Genauigkeiten der Meßergebnisse für zivile und unberechtigte Benutzer gering zu halten, wurden zwei Verfahren zur Systemverschlechterung eingeführt: *Selective Availability* (SA) und *Anti-Spoofing* (AS).

Das Verfahren (SA)
umfaßt eine kontrollierte Beeinflussung der Satellitenuhr. Die dadurch mögliche kontrollierte Verschlechterung der in den Navigationsnachrichten gesendeten Bahnparameter wird auf Beschluß der US-Regierung ab dem 01.05.2000 nicht mehr eingesetzt. Die nominale absolute Genauigkeit liegt damit bei ca ± 18 m. Die Satellitenuhren-SA kann durch differentielles GPS praktisch vollständig beseitigt werden.

Das Verfahren (AS)
umfaßt die Umwandlung des bekannten P-Codes in den nur intern bekannten Y-Codes (es erfolgt eine bestimmte Addition des bekannten P-Codes mit dem nicht bekannten

W-Code, was zum Y-Code führt). Dies bedeutet, daß auf L1 nur noch der ungenauere C/A-Codes für Messungen zur Verfügung steht. Das *Joint Program Office* (JPO) hat Möglichkeiten zur Veränderung, Aufteilung beziehungsweise Erweiterung der bisher genutzten Frequenzen untersucht und Vorschläge unterbreitet (GROTEN et al. 1997). Eine Modernisierung von GPS ist geplant.

Zur Genauigkeit der GPS-Technologie
Im allgemein können zivile Nutzer des GPS-Systems die volle Leistungsfähigkeit des Systems nicht ausschöpfen, da der Betreiber durch System- beziehungsweise Datenmanipulationen den Zugriff auf die maximal erreichbare Genauigkeit *absichtlich* verhindert. Für die zivile Nutzung liegt die erreichbare *absolute* Genauigkeit daher nur im Bereich von ca ±100 m in der Lage und ±150 m in der Höhe. Ausgewählten ("autorisierten") Nutzern wird mittels einem bestimmten Code der Zugang zu höherer Genauigkeit eröffnet.

Unabhängig davon führten Verfahrensentwicklungen in der Geodäsie zu beachtlichen Verbesserungen der Verfahrensgenauigkeit. So werden zur Auswertung anstelle der ursprünglichen Beobachtungen die *Differenzen* zwischen den Beobachtungen verschiedener Stationen und Satelliten (Doppeldifferenzen) benutzt, da sich einige Fehler beziehungsweise Störfaktoren (wie Bahnfehler, Uhrfehler, Fehler infolge troposphärischer und ionosphärischer Laufzeitverzögerung) auf simultane Beobachtungen nahezu gleich auswirken und durch solche Differenzenbildung weitgehend eliminiert werden. Auch sogenannte Zeit-Differenzenbildungen (bei Messungen, die zu verschiedenen Zeitpunkten erfolgten) können nützlich sein. Bezüglich Differenzenbildung siehe beispielsweise DACH (2000), GIANNIOU (1996), VOGEL (1995), FELTENS (1991). Vorgehensweisen dieser Art ermöglichen unter Umständen sogar ein Umgehen der vom Betreiber beabsichtigten zeitweiligen oder nutzerbezogenen Genauigkeitseinschränkungen. Als Ergebnis dieser Auswertungen ergeben sich dreidimensionale Koordinatenunterschiede zwischen den benutzten Stationen. Die Genauigkeit dieser Koordinatenunterschiede (Δx, Δy, Δz) kann als *differentielle* oder *relative* Genauigkeit aufgefaßt werden. Wurde bei den Messungen einer der Empfänger auf einen Punkt aufgestellt, dessen Koordinaten in einem bestimmten Koordinatensystem bekannt sind (Referenzpunkt) und eine hohe Genauigkeit aufweisen, dann kann auch für die (mittels Δx, Δy, Δz) daran anzuhängenden Punkte eine hohe *absolute* Genauigkeit erreicht werden. Gleichzeitig läßt sich damit auch das Datumsproblem beheben (das *geodätische Datum* gibt die räumliche Lage eines konventionellen Bezugssystems zum geozentrischen Globalsystem an). Durch die heute in der GPS-Technologie verfügbaren Vorgehensweisen sind Genauigkeiten für Punktkoordinaten erreichbar, die im *cm/mm-Bereich* liegen (Abschnitt 2.1.02).

Die GPS-Technologie ist sowohl bei *statischen* als auch bei *kinematischen* Punktbestimmungen einsetzbar. Sie ermöglicht nicht nur die Bestimmung der Position eines Punktes, sondern auch die Bestimmung der Geschwindigkeit eines sich bewegenden

Punktes. Wenn sich Sender und/oder Empfänger eines Signals relativ zueinander bewegen, dann ist die empfangene Frequenz gegenüber der gesendeten Frequenz gemäß dem Doppler-Effekt (siehe Bild 4.32) verschoben. Der Frequenzunterschied zwischen dem ankommenden Signal und dem im Empfänger erzeugten Signal ist mithin die zu ermittelnde Beobachtungsgröße beim GPS-Dopplerverfahren. Bei statischen Positionierungen kann die Dopplerverschiebung dementsprechend aber auch Störfaktor sein. Kinematischen Positionsbestimmungen in *Echtzeit* sind inzwischen bis zu Basislängen (maximaler Abstand Referenzpunkt ↔ Empfängerstanpunkt) um 65 km (unter Umständen bis um 100 km) ebenfalls mit hoher Genauigkeit durchführbar (LEINEN 1997).

Bei GPS-Messungen und -Auswertungen für Anwendungen mit *sehr hohen Genauigkeitsanforderungen* an das Ergebnis (cm- bis mm-Bereich) sind eine Vielzahl von Störfaktoren (Fehlerquellen) zu berücksichtigen. Einfluß auf das Ergebnis haben vor allem folgende Phänomene:
Koordinaten der Referenzstation
(ihre absolute Genauigkeit)
GPS-Satellitenbahnen
(gravitative und nichtgravitative Bahnstörungen, Strahlungsdruck von Sonne und Erde)
ionosphärische Refraktion
Das vom GPS-Satelliten ausgesendete elektromagnetische Signal unterliegt auf dem Weg durch die Atmosphäre bis hin zum GPS-Signalempfänger bestimmten Refraktionseffekten. Aufgrund der medialen Eigenschaften von Ionosphäre und Troposphäre zeigt der Signallaufweg eine Krümmung. Um aus der gemessenen Entfernung (Signallaufweg) die geometrische Entfernung Satellit-Empfänger bestimmen zu können, müssen diese Wegverzögerungen abgeschätzt werden, etwa mit Hilfe eines Modells (beispielsweise dem TUBGPS, WIENHOLZ 2003).

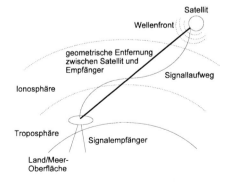

Bild 2.38
Refraktion in der Atmosphäre (Ionosphäre, Troposphäre).

Die Ionosphäre erstreckt sich höhenmäßig von ca 50 km bis ca 1 000 km. Die Signal-Laufzeitverzögerungen ergeben sich vorrangig aus der Wechselwirkung der GPS-Signale mit den freien Elektronen in der Atmosphäre. Die maximale Konzentration an freien Elektronen liegt in ca 450 km Höhe. Die Konzentration ist abhängig von der Sonnenaktivität (Anzahl der

Sonnenflecken), der geographischen Breite in der die Station liegt, der Tageszeit. Die vertikale Struktur der Atmosphäre ist im Abschnitt 10 dargelegt.

troposphärische Refraktion
Die Laufzeit der GPS-Signale werden in der Troposphäre (in der neutralen Atmosphäre) verzögert gemäß dem Brechungsindex entlang des Laufweges. Der Brechungsindex ist abhängig vom Druck der trockenen Luft, dem Druck des Wasserdampfes und der Temperatur.

Phasenzentrum der Empfängerantenne
(Eigenschaften des Empfangssystems)
Mehrwegeffekte
(Mehrwegeausbreitung des Signals, engl. multipath)
Störsignal-Interferenzen
Bewegung der Stationen
(aufgrund der Erdgezeiten, Plattenbewegung, Intraplattenbewegung)
Rotation der Erde
relativistische Effekte
(Raumzeit-Faktoren nach der Relativitätstheorie)
und anderes, sowie die zuvor genannten *absichtlichen* Genauigkeitsverschlechterungen durch
Selective Availability (SA) und
Anti-Spoofing (AS).

Die genannten Störfaktoren sind in zahlreichen Veröffentlichungen behandelt wie beispielsweise in ZEBHAUSER (2000), DACH (2000), ROTHACHER (2000), WANNINGER (2000), LEINEN (1997), GIANNIOU (1996), SCHWARZE (1995), FELTENS (1991).

● Bei *globalen* Bezugssystemen beträgt die Genauigkeit der Koordinaten derzeit rund ± 1 cm in der Lage und ± 2 cm in der Höhe (ROTHACHER 2000). Die Geschwindigkeiten der Stationen sind auf ca ± (1-2) mm/Jahr bestimmbar. Bei *regionalen* Verdichtungsstufen wird etwa dieselbe Genauigkeit erreicht.

World Geodetic System 1984 (**WGS 84**)

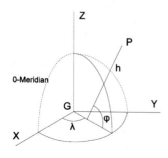

Bild 2.39
Globales erdfestes Koordinatensystem (GPS-Bezugssystem) und Umwandlung cartesischer Koordinaten (x,y,z) in ellipsoidische Koordinaten (λ, φ, h) für den Punkt P. Die Höhe h ist die Länge des Lotes vom Punkt P bis zum Ellipsoid. G = Geozentrum (Massenmittelpunkt des Systems Erde).

Die koordinatenmäßige Bestimmung von

Punkten mittels GPS-Verfahren erfolgt in einem einheitlichen Koordinatensystem, dem GPS-Bezugssystem mit der Bezeichnung World Geodetic System (WGS). Derzeit aktuell ist das WGS 84. Es ist definiert als geozentrisches Koordinatensystem mit Zuordnung eines mittleren Rotationsellipsoids und die Ableitung eines globalen Geoidmodells. Die Definition besagt:

✧ der Ursprung des Koordinatensystems befindet sich im Geozentrum
✧ die x-Achse verläuft parallel zur Richtung des 0-Meridians (Greenwich)
✧ die y-Achse steht senkrecht zur x- beziehungsweise z-Achse (damit ergibt sich ein sogenanntes Rechtssystem, siehe dort)
✧ die z-Achse verläuft in der Drehachse des Systems Erde

Da die cartesischen geozentrischen Koordinaten wenig anschaulich sind, wird das WGS 84-Rotationsellipsoid als mittleres Erdellipsoid eingeführt, wobei die Umrechnung der geozentrischen x,y,z-Koordinaten in ellipsoidische Koordinaten Länge λ, Breite φ und ellipsoidischer Höhe h gemäß den im Bild 2.39 ersichtlichen geometrischen Beziehungen durchführbar ist. Diese ellipsoidischen Koordinaten sind allerdings *nicht* identisch mit den ellipsoidischen Koordinaten geographische Länge und geographische Breite etwa aus Bestimmungen der (nationalen) Landesvermessungen oder der Astronomie. Das WGS 84 hat somit keinen unmittelbaren Bezug zu bestehenden regionalen oder nationalen Referenzsystemen (etwa dem europäischen oder dem deutschen Referenzsystem). Beabsichtigte Koordinatentransformationen erfordern hier die Bereitstellung von System-Transformationsparametern oder die Anwendung des Paßpunktverfahrens (siehe beispielsweise NIEMEIER 1992, GROTEN et al. 1992, RICHTER 1992, JACHMANN 1992).

Wie zuvor dargelegt, gibt es beim WGS 84 keine Trennung in Lage- und Höhen-Bezugssystem (siehe dort). Die Höhenangaben beziehen sich auf das eingeführte Rotationsellipsoid. Um von diesen geometrischen auf "physikalische" Höhen zu kommen, wird ein WGS 84-Geoidmodell eingeführt, das sich auf eine berechnete globale mittlere Meeresoberfläche gründet (statt auf eine bestimmte Pegelhöhe). Die Undulationen dieses Geoids (bezogen auf das WGS 84-Ellipsoid) sollen in Norddeutschland ca 40 m betragen (GRENZDÖRFFER 2002). Um diesen Betrag wäre die ellipsoidische Höhe zu verringern, wenn eine mittlere Meereshöhe gefragt ist. Dies so ermittelte Höhensystem ist jedoch nicht vergleichbar mit den Gebrauchshöhensystemen der (nationalen) Landesvermessungen (etwa den Normal-orthometrischen Höhen, Abschnitt 2.1.02). Beabsichtigte Koordinatentransformationen erfordern die schon genannte Vorgehensweise.

Als Vorgänger des WGS 84 sind zu nennen WGS 60, 66 und 72. Das WGS 72 galt bis einschließlich 1986 als Referenzsystem für das globale Positionierungssystem GPS. Ihm folgte das WGS 84. Eingehende Beschreibungen gibt NIMA (National Imagery and Mapping Agency, Department of Defence USA). Die Realisierung WGS 84 (G730) ist mit einer mittleren Abweichung von ± 1dm in das ITRF 91 (Epoche 94.0) eingepaßt und ab 29.06.1994 bei der Berechnung der Broadcast-Ephemeriden verwendet worden. Die Realisierung WGS 84 (G873) ist mit einer mittleren Abweichung von ± 5 cm in das ITRF 94 (Epoche 97.0) eingepaßt und ab 29.01.1997 verwendet worden . Mit diesen Überführungen wurden auch einige Systemparameter in das WGS 84 neu eingeführt, wie etwa das Niveauellipsoid EGM 96, der Massenparameter GM des ITRS, das Plattenbewegungsmodell NUVEL A (bkg 5/1999, GROTEN 2000).

● Derzeit *aktuell* ist die Realisierung **WGS 84 (G873)**
Für die große Halbachse des WGS 84-Ellipsoids gilt a = 6 378 137,0 m. Seine geometrische Abplattung beträgt 1/298, 257 223 563. Die Koordinaten werden angegeben als geozentrisch-cartesische Koordinaten x, y, z oder als ellipsoidische Breite, Länge, Höhe (B, L, h). Für die geozentrische Gravitationskonstante der Erde (einschließlich Atmosphäre) gilt GM = 3986004,418 $\cdot 10^8$ m^3/s^2. Die Lichtgeschwindigkeit ist mit c = 299792458 m/s angenommen (ZEBHAUSER 2000). Da zur GPS-Positionierung elektromagnetische Signale genutzt werden, dabei Sender und Empfänger eine hohe Geschwindigkeit aufweisen und sie sich in einem starken Gravitationsfeld befinden, ist anstelle der Newtonschen Mechanik im 3-dimensionalen euklidischen Raum die Relativitätstheorie in einem 4-dimensionalen Raum zu berücksichtigen (siehe Abschnitt 4.2.01). Der Signalweg entspricht dann geodätischen Linien und es gilt: bewegte Uhren und Uhren nahe großer Massen gehen langsamer.

GLONASS und PZ 90

Der *aktuelle* Anzahl der funktionstüchtigen Satelliten kann ± 24 sein. Seit 1995 gibt das *Coordinational Scientific Information Center of the Russian Space Forces* Informationen über GLONASS an zivile Nutzer ab. Die Navigationstechnik von GLONASS entspricht der von GPS: gemessen werden mindestens vier Entfernungen zu vier verschiedenen Satelliten. Das *Raumsegment* ist gegliedert in drei Bahnebenen, in denen jeweils acht Satelliten die Erde umlaufen. Die Bahnebenen haben einen Abstand in der Äquatorebene von 120 Grad (weitere Daten im Bild 2.40). Das *Nutzersegment* ist nicht mit Einschränkungen behaftet; dem Nutzer steht das System *ohne* eine Minderung der Datenqualität zur Verfügung (keine Selective Availability, kein Anti-Spoofing). Das *Kontrollsegment* umfaßt rund 20 Stationen (ROTHACHER 2000), deren geographisch Verteilung fehlertheoretisch jedoch ungünstig ist.

Das Referenzsystem für das Raumsegment von GLONASS war zunächst das SGS 85 (Sowjet Geometric System 1985), heute ist es das PZ 90 (eine Weiterentwicklung des SGS 85) (ZARRAOA et al. 1997). PZ steht für *Parametry Zemli* (Erdparameter). In diesem geozentrischen, erdfesten Koordinatensystem sind/werden die Bahnen der Satelliten des Systems definiert.

Verbindung von GPS und GLONASS

Die Verbindung beider Systeme ergibt, daß insgesamt 48 Satelliten die Erde umlaufen und an einem beliebigen Standort auf der Erde jederzeit die Signale von mindestens 12 Satelliten empfangen werden können. Gemeinsamkeiten und Unterschiede beider Systeme zeigt Bild 2.40. Wegen der Nutzung unterschiedlicher Referenzsysteme unterscheiden sich mithin die Koordinaten einer GPS-Messung von denen einer GLONASS-Messung. Die systematischen Abweichungen zwischen beiden Referenzsystemen lassen sich mit hinreichender Genauigkeit berechnen. Gleiches gilt für das Zeitsystem. Diesbezügliche Transformationsparameter sind enthalten in HABRICH (2000).

Merkmal	GPS	GLONASS
Bahnhöhe	20 200 km	19 100 km
Inklination	55°	64,8°
Umlaufzeit	11 Stunden, 58 Minuten	11 Stunden, 16 Minuten
Satelliten-Anzahl	24 (nominal)	24 (nominal)
Trägerfrequenz	L1 = 1575,42 MHz	L1 = 1602...1615,5 MHz
	L2 = 1227,60 MHz	L2 = 1246...1256,5 MHz
Signalmodulation	L1 = C/A, P/Y-Code (P1)	L1 = C/A, P-Code (P1)
	L2 = P/Y-Code (P2)	L2 = P-Code (P2)
Satellitenuhr	Rubidium, Cäsium...	3-Cäsium
Zeitskala	UTC (USNO)	UTC (SU)
	ohne Schaltsekunden.	*mit* Schaltsekunden.
Referenzsystem	WGS 84*	PZ 90

Bild 2.40
Charakteristische Merkmale von GPS und GLONASS. Quelle: HABRICH (2000), ZARRAOA et al. (1997). UTC = Universal Time Coordinated. * beziehungsweise WGS 84 (G873), siehe zuvor.

Künftige Satelliten-Navigationssysteme

Die zuvor beschriebenen Satelliten-Navigationssysteme GPS (USA) und GLONASS (Rußland) entstammen militärischen Entwicklungen. Vielfach bestehen Zweifel an der unbegrenzten zivilen Verfügbarkeit dieser Systeme, obgleich zumindest die weitere zivile Nutzung von GPS durch die am 29.03.1996 veröffentlichte Erklärung des Präsidenten der USA gesichert erscheint und außerdem ab dem 01.05.2000 *Selective*

Availability unbenutzt bleibt. Über Alternativen zu den vorgenannten Systemen haben seit etwa 1995 verschiedene private und staatliche Bereiche nachgedacht, auch wurden entsprechende konzeptionelle Studien durchgeführt (beispielsweise THIEL 1996). *Department of Transportation* und *Department of Defense* der USA haben 1996 ferner einen *Federal Radionavigation Plan* (FRP) erstellt, in dem alle für Navigation, Transport, Vermessung der bis zu diesem Zeitpunkt eingesetzten Techniken im Hinblick auf Genauigkeit, Nutzung sowie geplante Weiterentwicklung diskutiert werden (GROTEN et al. 1997).

● **GALILEO** Das zivile europäische Satelliten-Navigationssystems *Galileo* soll in drei Phasen realisiert werden: Definition, Entwicklung, Errichtung. Die Entwicklungsphase begann mit einer Entscheidung der EU-Verkehrsminister im März 2002. Danach sollen 2005 die ersten Galileo-Satelliten starten und ab 2008 das System mit 30 Satelliten voll einsatzbereit sein (EISFELLER 2002, LIEBIG 2002, ENGELHARDT 2002, SCHÄFER/WEBER 2002). Von den 30 Satelliten sind 27 stets aktiv, 3 geparkt in Umlaufbahnen. Die vorgesehenen drei Umlaufbahn-Ebenen haben eine Inklination von 56°, Umlaufbahnhöhe 23 616 km. Das Satelliten-Navigationssystem ist benannt nach dem Physiker Galileo GALILEI (1564-1642), die Benennung KEPLER, nach dem Physiker Johannes KEPLER (1571-1630), wäre gerechter gewesen (BURLISCH 2001). Generell sollen bei *Galileo* drei Frequenzbänder für Signale verwendet werden (EISFELLER 2002)

Träger E5a (L5)   Mittenfrequenz (in MHz)   1176.45
       E5b   (1196.91-1207.14)
       E6   1278.750
       E2-L1-E1   1575.42

E5a ist absichtlich überlagert mit GPS L5, E1 und E2 liegen links und rechts von GPS L1. Im derzeitigen System GPS II/IIA/IIR steht für eine hochgenaue Anforderung kein vollwertiges 2-Frequenzsystem zur Verfügung (Y-Kode auf L2 unter AS-Einschränkung). Im Rahmen der geplanten Modernisierung von GPS soll bis 2008 der zivile Kode auf L2 und bis 2012 das Luftfahrtsignal auf L5 zur Verfügung stehen. Über den Stand der Entwicklungsphase berichtet DEISTING (2004).

Elektromagnetische Strahlung und das Ausbreitungsmedium Ionosphäre

Die Ionosphäre erstreckt sich höhenmäßig von ca 50 km bis ca 1 000 km. Die maximale Konzentration an freien Elektronen liegt in ca 450 km Höhe. Die ionosphärische Refraktion ist zuvor im Zusammenhang mit den Genauigkeitsanforderungen bezüglich GPS bereits angesprochen worden. Die vertikale Struktur der Atmosphäre ist im Abschnitt 10 dagelegt.

Die elektrisch leitfähige Ionosphäre wirkt auf ankommende Hochfrequenzwellenfronten unterhalb ca 30 MHz (Megahertz) etwa wie ein metallischer Spiegel. Kurzwellensender erreichen durch die Mehrfachreflexionen zwischen Ionosphäre und Land/Meer-Oberfläche große Reichweiten (punktierte Linie im Bild). Satellitensignale werden durch das ionische Plasma *gebrochen* (starke vollschwarze Linien im Bild). **1901** gelang dem italienischen Ingenieur und Physiker Guglielmo MARCONI (1874-1937) mit der „drahtlosen Telegraphie" die Funkverbindung zwischen den Kontinenten, also mit Lichtgeschwindigkeit herzustellen. Allerdings paßte diese Funkverbindung nicht hinreichend in das Konzept der geradlinigen Ausbreitung des Lichts, das ja ebenfalls zu den elektromagnetischen Wellen gehört. Mit der Annahme einer elektrisch leitfähigen und damit auch Radiofrequenzwellen reflektierenden Schicht durch den us-amerikanischen Ingenieur Arthur KENNELLY (1861-1939) und (unabhängig von diesem) durch den englischen Physiker Oliver HEAVISIDE (1850-1925) konnte bereits **1902** das Problem geklärt werden. Die zunächst nach ihren Entdeckern als *Kennelly-Heaviside-Schicht* benannte Atmosphärenschicht erhielt um **1929** die Bezeichnung *Ionosphäre* (JAKOWSKI 2004, SCHLOTE 2002).

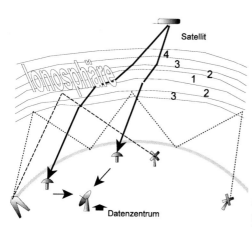

Bild 2.41
Wellenausbreitung und Ionosphäre (mit den Schichten 1 bis 4).

Wegen der spiegelnden Eigenschaft der Ionosphäre kehren die Hochfrequenz-Wellen (HF), zu denen auch die Mittel- und Kurzwellen gehören, also immer wieder zur Land/Meer-Oberfläche zurück. Die Radiofrequenzwellen mit höheren Frequenzen (ab ca 20 MHz) dagegen, durchqueren die Ionosphäre. Sie sind daher beispielsweise für Funkkontakte mit Satelliten und Raketen geeignet. Satellitensignale oberhalb 10 GHz durchqueren die Ionosphäre praktisch unbeeinflußt.

2.3 Regionale geodätische Punktfelder

Geodätische Punktfelder dienen zur Lösung sowohl theoretischer als auch praktischer Aufgaben.

Theorie: Zur Beantwortung zahlreicher geowissenschaftlicher Fragen sind sowohl *globale* als auch *regionale* geodätische Punktfelder erforderlich. Beispielsweise kann im Zusammenhang mit der Plattentektonik ein Punktfeld auf der Eurasischen Platte eine andere Bewegung ausführen als ein Punktfeld auf der Südamerikanischen Platte. Regionale Punktfelder sind heute grundsätzlich in ein übergeordnetes Punktfeld eingebunden.

Die Grundlage für ein *globales* Punktfeld bildet, wie zuvor dargelegt, eine ständig wachsende Anzahl von erdweit verteilten Meßstationen (derzeit ca 800), deren Koordinaten mit höchster Genauigkeit in einem geozentrischen Bezugssystem bestimmt und permanent überwacht werden. Zuständig für diese Aufgabe ist der Internationale Erdrotationsdienst (IERS) mit seiner Zentrale in Frankfurt am Main (beim Bundesamt für Kartographie und Geodäsie). Seit **1988** wurde das *globale* Punktfeld (das ITRS = International Terrestrial Reference System) bisher durch 10 Realisierungen (ITRF = International Terrestrial Reference Frame) verwirklicht (Abschnitt 2.1.01). Das globale Punktfeld ist gegeben durch die Koordinaten der Meßstationen (x,y,z) und deren Bewegungsgeschwindigkeiten, denn die Meßstationen wandern mit den Kontinentalplatten, auf denen sie errichtet sind. Zur Festlegung des Bezugssystems für diese Geschwindigkeiten diente bisher vorrangig das geologisch-geophysikalische Plattenbewegungsmodell NUVEL 1A (Abschnitt 3.2.01). Die Festlegung von ITRF erfolgt dabei mittels einer „rotationsfreien" (NNR = No Net Rotation) Lösung, die so konzipiert ist, daß das Integral über die Geschwindigkeitsvektoren aller Punkte auf der Landoberfläche Null ergibt.

Praxis: Eine folgende Realisierung (ITRF x+1) führt, wegen der Zeitabhängigkeit der Messungen, in der Regel zu jeweils etwas veränderten Koordinatenwerten und Geschwindigkeitsvektoren im Vergleich zur vorausgehenden Realisierung (ITRF x). Zur Grundversorgung von Verwaltung und Technik mit Geobasisdaten sind *fortwährend aktualisierte* ITRF-Koordinaten (bisher) generell weniger geeignet. Die für das Europäische Bezugssystem zuständige Subkommission EUREF von IAG (International Association of Geodesy) hat daher 1990 beschlossen, die ITRF-Koordinaten der Meßstationen in und um Europa, wie sie für den Jahresbeginn 1989.0 vorlagen (ITRF 89), unverändert beizubehalten und darauf das europäische Punktfeld aufzubauen.

Theorie und Praxis: Die Bearbeitungswege bei der Einrichtung des globalen und der regionalen Punktfelder sind nachstehend skizziert. Bei einem *regionalen* Punktfeld wird der ausgewählte übergeordnete weitabständige Punktfeldbereich in der Regel *verdichtet*, um genügend nahe liegende Punkte für weitere Messungen (Anschlußmessungen) zur Verfügung zu haben. Die Verdichtung erfolgt gegenwärtig meist mittels GPS-Technologie (Abschnitt 2.2). Die allgemeine Struktur des angesprochenen Bearbeitungsweges zeigt an einem Beispiel Bild 2.42: Das *deutsche* Punktfeld ist danach eingebunden in das *europäische* Punktfeld und in das *globale* Punktfeld. In Umkehrung des Weges wird von EUREF aus den "nationalen" Punktfeldern eine Gesamtlösung für Europa erstellt. EUREF übergibt diese Kombinationslösung dem Internationalen GPS-Dienst (IGS). Dort werden die "kontinentalen" Punktfelder zu einem globalen (GPS-) Punktfeld vereinigt. Dieses Ergebnis wird weitergereicht an den Internationalen Erdrotationsdienst (IERS) und dort mit Ergebnissen aus der Langbasisinterferometrie (VLBI) und Satelliten-Laserentfernungsmessung (SLR) zusammengefaßt.

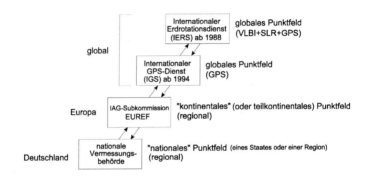

Bild 2.42
Bearbeitungswege bei Einrichtung der genannten 3-dimensionalen Punktfelder (Beispiel).

2.3.01 Europa-Punktfelder

Nachfolgend ist unterschieden zwischen *europäischen* Punktfeldern und *"nationalen"* Punktfeldern (eines Staates oder einer Region). Die Punkte der Punktfelder sind durch Koordinaten (x,y,z) in geodätischen Bezugssystemen (Referenzsystemen) eindeutig erfaßt.

Hinsichtlich der europäischen Bezugssysteme sind näher erläutert die Systeme vorrangig für den Lage-Bezug: EUREF 1989 (1997) und EUREF-Permanent sowie die Systeme vorrangig für den Höhen-Bezug: EVRS und ESEAS.

Von den europäischen *nationalen* Bezugssystemen sind nur die deutschen Systeme näher beschrieben. Die diesbezüglichen Verhältnisse in zahlreichen anderen europäischen Staaten sind dargelegt beziehungsweise angesprochen in den sogenannten "National Reports", enthalten in bkg 23/2002 (EUREF-Publication No. 10 und nachfolgende).

Europäische Punktfelder

Die **1987** gegründete IAG-Subkommission für Europa **EUREF** (nach Einbeziehung der Höhe auch EUROPE genannt) erhielt als Aufgabe, in Europa ein 3-dimensionales Bezugssystem (Referenzsystem) einzurichten und aufrechtzuerhalten. In Anbindung an das Internationale Terrestrische Referenzsystem ITRS entstand das Europäische Refrenzsystem **EUREF 1989**. Die Arbeiten begannen mit Beobachtungsserien in Westeuropa, die nach 1990 auf Osteuropa ausgedehnt wurden (bkg 5+6+7/1999).

Seit **1994** werden von EUREF die europäischen GPS-Permanentstationen (permanent messende GPS-Stationen) zur Gestaltung und Aufrechterhaltung des Europäischen Referenzsystem mit herangezogen. Dieses europäische Referenzsystem wird vielfach **EUREF-Permanent** genannt (bkg 5/1999).

Realisierungen des europäischen Bezugssystems
EUREF 1989 (oder ETRS 1989)
Das ETRF 89 mit Punktfeld-Verdichtung gilt als *erste* Realisierung des Europäischen Bezugssystems (TRS steht für *Terrestrial Reference System* und TRF für *Terrestrial Reference Frame*). Das gesamte Punktfeld umfaßt 92 vermarkte Punkte. 22 Punkte davon wurden aus dem ITRF 89 ausgewählt. Durch sie ist ein begrenztes europäisches Landgebiet gekennzeichnet. 70 Punkte wurden innerhalb des vorgenannten Landgebietes als Verdichtungspunkte mittels GPS eingemessen.

Bild 2.43/1
Übersicht über das europäische Punktfeld **EUREF 1989** (92 Punkte).
☐ = VLBI-Messung
◯ = SLR-Messung
● = GPS-Messung
Quelle: GUBLER et al.
(1992) S.209

Eine Abschätzung der *inneren* Punktfeldgenauigkeit ergab (bkg 1/1998 S.15): für das Punktfeld der 22 ITRF-Punkte in den Koordinaten x,y,z = ± 13-23 mm, für das Punktfeld der 70 Verdichtungspunkte in x,y = ± 40 mm und in z = ± 60 mm. Die vorgenannten 92 vermarkten Punkte sind verteilt auf 17 europäische Staaten. Ausweitungen über den im Bild 2.43/1 durch die Punkte gekennzeichneten Bereich sind in Arbeit. Den Stand um 1997 zeigt Bild 2.43/2. Ob eine Ausweitung über die "tektonisch stabile Europäische Platte" hinaus sinnvoll ist, bedarf noch der Diskussion.

Bild 2.43/2
Europäisches Punktfeld **EUREF 1989/1997** nach Verbesserungen und Erweiterungen bis 1997.
● = ETRF 89
▲ = ETRF 89
◯ = EUVN/EUREF-Punkte
(siehe europäische Höhen-Punktfelder)
Quelle: bkg 1/1998, verändert

Die Übergabe eines Verzeichnisses der Punktkoordinaten des EUREF 1989 an beteiligte Dienststellen erfolgte 1992. Sind *Verbesserungen* einzelner Koordinatenwerte erforderlich (aufgrund von Nachmessungen) beziehungsweise beeinflussen *Erweiterungen* des Punktfeldes die Homogenität von EUREF 1989, ist das Vorgehen in diesen Fällen regularisiert (bkg 1/1998 S.16 und S.23).

Realisierungen des europäischen Bezugssystems
EUREF-Permanent (auch EUREF-Permanent Network, EPN)
Erdweit sind seit 1988 permanent betriebene GPS-Meßstationen im Aufbau (Abschnitt 2, IGS). Betreiber der Stationen sind Forschungseinrichtungen, nationale Landesvermessungsbehörden oder private Einrichtungen (Firmen).

Bild 2.44
GPS-Permanentstationen in Europa. Die o sollen nur einen Eindruck vermitteln von der generellen Verteilung der Stationen. Ein o kann auch für mehrere Stationen stehen. In Mitteleuropa beträgt der Stationsabstand teilweise nur 20-50 km. Nach WANNINGER (2003) waren im März 2003 ca **650** Permanentstationen im dargestellten geographischen Bereich im Einsatz (offizielle EUREF-Permanentstationen und Nicht-EUREF-Permanentstationen). Allein in *Deutschland* waren davon im Auftrag von SAPOS mehr als **250** Permanentstationen als offizielle EUREF-Permanentstationen im Einsatz (EUREF-Publication No. 13, 2004).

Nach heutiger Erkenntnis ist es nicht sinnvoll, die hochgenauen Koordinaten des GPS-Punktfeldes mit fehlertheoretischem *Zwang* an die Koordinaten des Punktfeldes EUREF 1989 beziehungsweise EUREF 1989/1997 anzuschließen, da diese entweder relativ *alt* (wie EUREF 1989) oder deren *Bewegungsgeschwindigkeiten* nicht hinreichend bekannt sind. Um Qualitätsverluste zu vermeiden werden die GPS-Punktfelder daher vielfach als sogenannte *freie* Netze (freie Punktfelder) behandelt. Die Gesamtheit der europäischen GPS-Permanentstationen erbringt mithin fehlertheoretisch zwangsfreie Realisierungen des Europäischen Bezugssystems. Diese Realisierungen können *täglich, wöchentlich...* erstellt werden und haben somit einen *hohen Aktualitätsgrad* (bkg 1/1998 S.98). Die mittlere Punktgenauigkeit in diesen GPS-Punktfeldern beträgt für die erdweite „absolute" Position ca ± 10 cm und für die „relative" Position ca ± 1 cm. Die relative Genauigkeit (Nachbargenauigkeit) ergibt sich bei Anwendung der differentiellen GPS-Messung. Um 1cm-Genauigkeit zu erreichen wäre bei heutiger Meßtechnik ein Abstand der Meßstationen von ca 25 km erforderlich. Es genüge jedoch ein Abstand von 50-60 km, wenn sogenannte *virtuelle Stationen* berechnet werden (WANNINGER 2003, 2000). Die Daten einer virtuellen Station werden aus den Daten der realen Meßstationen nach einem Modellansatz berechnet. Die cm-genaue Positionierung einer Meßstation erfolgt dann über eine Basislinie zur virtuellen Station. Einen Überblick über den gegenwärtigen Stand der nahezu Echtzeit-Positionierung geben KLEIN et al. (2004), WANNINGER (2003) und andere.

Europäische Höhen-Punktfelder: EVRS, ESEAS

Seit 1995 bemüht sich EUREF auch um die Realisierung eines europäischen Höhen-Punktfeldes beziehungsweise eines Höhenbezugssystems. Zum Aufbau eines einheitlichen Raumbezugs für GIS-Daten der *Europäischen Kommission* hat diese 1999 EUREF und eine weitere Einrichtung veranlaßt, Koventionen für ein solches Bezugssystem in Europa vorzulegen. Für den *Lage*-Bezug ist das EUREF 1989 als Systemdefinition festgelegt worden. Für den *Höhen*-Bezug stand eine Sytemdefinition bisher nicht zur Verfügung. Basierend auf den Ergebnissen zum UELN 95/98 (United European Levelling Network 1995/1998) und zum EUVN (European Vertical Reference Network) ist ein solches Höhenbezugssystem nunmehr ebenfalls definiert und seine Realisierung beschlossen worden. Das Höhenbezugssystem trägt die Bezeichnung **EVRS** (European Vertical Reference System). Es ist als globales System definiert und als regionales System für Europa unter der Bezeichnung EVRF 2000 durch das UELN 95/98 und das EUVN realisiert (bkg 2001). Diese (erste) Realisierung umfaßt neben
- EUVN-Höhenpunkten auch
- UELN-Höhenpunkte (mit Höhenangaben in Geopotentiellen Koten)

United European Levelling Network für West-, Mittel- und Nordeuropa mit dem Null-Niveau bezogen auf den Pegel von Amsterdam/Niederlande, und
- UPLN-Höhenpunkte (mit Höhenangaben in "Normalhöhen" bei UPLN 89)
United Präcise Levelling Network für Mittel- und Osteuropa mit dem Null-Niveau bezogen auf den Pegel von Kronstadt/Russland. Die Null-Markierung des Pegels von Kronstadt liegt ca 15 cm über der Null-Markierung des Pegels von Amsterdam.

Die Einrichtung eines europäischen Höhenbezugssystems schließt auch ein die Erfassung der europäischen *Küstenpegel*. Für Europa ist EOSS (European Sea Level Observing System) in Arbeit (RICHTER 1998), während GLOSS (Global Sea Level Observation System) global ausgerichtet ist (Abschnitt 9.1.01). Seit 2000 bemüht sich **ESEAS** (European Sea Level Service), die diesbezüglichen Daten für Europa bereitzustellen (bkg 23/2002). In Europa gibt es ca 10 000 Pegelstationen. ESEAS analysiert derzeit ca 450 Stationen.

Vorrangige Ziele aller diesbezüglichen Bemühungen sind: die Vereinheitlichung der *europäischen Gebrauchshöhensysteme* (also der verschiedenen nationalen Höhensysteme), die geodätische Verbindung der *europäischen Pegelpunkte* zur Erfassung von regionalen/globalen Meeresspiegelschwankungen, die Realisierung von Punkten für eine *europäische Geoidbestimmung*, der Aufbau von Höhenpunktfeldern zur Bestimmung/Überwachung der *Kinematik* bestimmter Landgebiete in Europa. Eine Beschreibung der Bezugspegel der nationalen Höhensysteme (Gebrauchshöhensysteme) in Europa enthält IHDE et al. (1998). Die vielfältigen Aspekte der Meeresspiegelschwankungen sind im Abschnitt 9.1.01 behandelt.

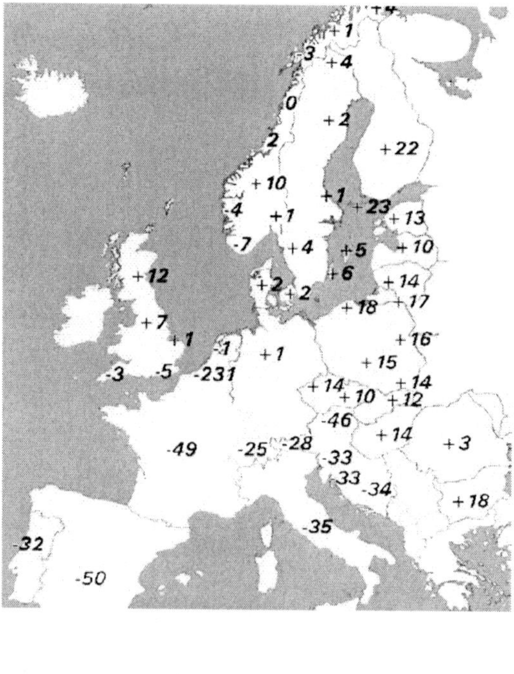

Bild 2.45
Differenzen zwischen nationalen Höhensystemen (Gebrauchshöhensystemen) und Höhen im ETRF 2000 (in cm). Quelle: BKG (2005): Bericht über die Tätigkeit 2003-2004, verändert

Die einzelnen nationalen Höhensysteme beziehen sich auf unterschiedliche Wasserstände (mittleres Tidehochwasser, Mittelwasser....) und unterschiedliche Meeresteile: Ostsee (Baltische See), Nordsee, Mittelmeer, Schwarzes Meer, Atlantik. (EUREF nach Einbeziehung der Höhe nunmehr EUROPE genannt)

Deutsche Punktfelder

Entsprechend dem Runderlaß des Reichs- und Preußischen Ministers des Innern über den „Zusammenschluß der Landesvermessungen" wurde ab **1935** begonnen, die Grundlagenvermessung in Deutschland einheitlich zu gestalten. Die für einzelne Landesteile vorliegenden unterschiedlichen Lage-Koordinatensysteme (x,y) waren danach in *Gauß-Krüger-Koordinatensysteme* (x',y') zu überführen. Die dafür definierten 6 Meridianstreifensysteme mit den Hauptmeridianen 6°, 9°, 12° ... östlich Greenwich basieren auf dem Ellipsoid von Bessel, das sich dem globalen Geoid im Bereich Mitteleuropa optimal anpaßt. Das so entstandene *Deutsche Hauptdreiecksnetz* (**DHDN**) zerfiel nach 1945, bedingt durch unterschiedliche politische Entwicklungen in West- und Ost-Deutschland. Nach der deutschen Wiedervereinigung wurde das 1983 berechnete „Staatliche Trigonometrische Netz" (STN) der östlichen Bundesländer mit dem bestehenden Deutschen Hauptdreiecksnetz (DHDN) der westlichen Bundesländer *formell* zum **DHDN 1990** vereinigt. In den westlichen und östlichen Bundesländern bestanden somit recht unterschiedliche Koordinatensysteme: Das DHDN war gekennzeichnet durch das Bessel-Ellipsoid und Gauß-Krüger-Koordinaten in 3° breiten Meridianstreifensystemen. Das STN war gekennzeichnet durch das Krassowski-Ellipsoid und Gauß-Krüger-Koordinaten in 6° breiten Meridianstreifensystemen (genutzt wurde das System 42/83). **1991** beschloß die deutsche Landesvermessung die Einführung eines einheitlichen Koordinatensystems für ganz Deutschland mit **EUREF**-Koordinaten und **UTM**-Verebnung (Überführung der ellipsoidischen Koordinaten in *ebene* Universale Transversale Mercator-Koordinaten). Formeln für die Transformation des zuvor in Deutschland geltenden Punktfeldes DHDN in das neue deutsche beziehungsweise europäische Punktfeld sind enthalten in LELGEMANN/NOAK (2003).

Gemäß der Grundkonzeption für ein solches einheitliches deutsches Koordinatensystem werden dafür die EUREF-Koordinaten der Meßstationen *in und um Deutschland* benutzt, wie sie aus der Realisierung **ITRF 89** (ITRF 1989) hervorgegangen sind. Diese Koordinaten beziehen sich auf das geozentrisch gelagerte mittlere Erdellipsoid **GRS 80** (GRS 1980).
  Dieses ITRF-Punktfeld ist zur Lösung von Aufgaben der **Praxis** nur eingeschränkt brauchbar, da seine Punkte zu weit auseinander liegen. Das Punktfeld muß mithin *verdichtet* werden. Eine erste solche Verdichtungsmessung fand 1989 statt, eine weitere 1991. Die letztgenannte führte zum *Deutschen Referenznetz* 1991 (**DREF 91**). Es umfaßt 102 Punkte. Diese DREF-Punkte lagen zur Lösung verschiedener prakti-

scher Aufgaben noch immer zu weit auseinander, weshalb in den einzelnen Bundesländern noch weitere Verdichtungsmessungen durchgeführt wurden (KLEIN et al. 2004).

Satellitenpositionierungsdienst der deutschen Landesvermessung (SAPOS)

Der Aufbau eines bundesweiten Punktfeldes permanent messender GPS-Stationen begann **1995**. Da in diesem System (WGS-84) 3-dimensionale Koordinaten (= Positionen) mit Hilfe von erdumkreisenden Satelliten permanent (heute nahezu in Echtzeit) bestimmt werden, erhielt diese Vorgehensweise den Namen SAPOS. Ein erstes, 20 permanent messende GPS-Stationen umfassendes Punktfeld, entstand unter dem Namen *Geodätisches Referenznetz* (GREF) (bkg 2001). Um Qualitätsverluste zu vermeiden, wurde dieses Punktfeld fehlertheoretisch als *freies* Punktfeld behandelt, also ohne einen Zwangsanschluß an die ETRS 89 - Koordinaten des deutschen Koordinatensystems vorzunehmen. Diese homogenen SAPOS-Koordinaten von hoher Genauigkeit offenbarten, daß das aufgebaute DREF 91 - Punktfeld bereits nach ca 10 Jahren nicht mehr dem Stand der Meßtechnik entsprach. Es zeigten sich unter anderem Spannungen in den Koordinatenwerten von einigen cm.

Die deutsche Landesvermessung beschloß daher, die homogenen, hochgenauen **SAPOS-Koordinaten** für ganz Deutschland einzuführen. Eine gemeinsame fehlertheoretische Ausgleichung („Diagnoseausgleichung der Koordinaten der SAPOS-Referenzstationen im System ERS 89") der Meßdaten der 42. Kalenderwoche des Jahres 2002 mit Lagerung im DREF wurde durchgeführt und das Ergebnis von den deutschen Bundesländern im Wesentlichen übernommen. In Umkehr der bisherigen Vorgehensweise erfolgte also nunmehr eine Anpassung aller bereits berechneten, auf das deutsche Punktfeld sich beziehenden EUREF 1989 - Koordinaten an die „neuen" SAPOS-Koordinaten. Beispielsweise wurde im Bundesland Bayern der gesamte amtliche EUREF 1989 - Koordinatenbestand (ca 250 000 Punkte) von November 2003 bis Februar 2004 in das neue, *bundesweit* homogene, SAPOS-Permanent überführt (KLEIN et al 2004).

|Bewegungen der Meßstationen|
Die Auswertungen der permanent durchgeführten GPS-Beobachtungen ergeben Koordinaten-Zeitreihen, die Aussagen über die *Stationsbewegungen* ermöglichen.

|Bestimmung von Troposphärenparametern|
Die Länge der zum Stelliten gemessene Strecke unterliegt troposphärischen Einflüssen (bkg 5/1999, WEBER et al. 1998). Trockene Luft verursacht einen *hydrostatischen* Anteil: Zenith Hydrostatic Delay (ZHD). Wasserdampf verursacht einen *feuchten* Anteil: Zenith Wet Delay (ZWD). Als Summe ergibt sich. Zenith Total Delay (ZTD). Je nach Azimut und Elevationswinkel der Strecke Satellit/GPS-Antenne

ergibt sich eine scheinbare Verlängerung: Path Delay TD. Permanente GPS-Messungen ermöglichen mithin den Gehalt an *Wasserdampf in der Atmosphäre* zu bestimmen. Eine andere Möglichkeit zu einer solchen Bestimmung besteht im Einsatz von Wasserdampfradiometern (bisher nur Experimental-Geräte verfügbar) für Messungen von der Landoberfläche aus.

Bild 2.46
Stationen mit permanenter GPS-Beobachtung in Deutschland (Stand 2003). Quelle: EUREF-Publication No. 13 (2004), verändert. Das SAPOS-Punktfeld umfaßt inzwischen über **250** Meßstationen (BKG 33/2004).

Transformation der ellipsoidischen Koordinaten in Gebrauchskoordinaten

Die zuvor beschriebenen ellipsoidischen EUREF 1989-Koordinaten beziehungsweise SAPOS-Koordinaten (x,y,z) sind für den Gebrauch in der **Praxis** umzuwandeln in *verebnete* Lage-Koordinaten (x',y') und in geeignete Höhenkoordinaten (z'). Diese Koordinaten x',y',z' gelten sodann als *Gebrauchskoordinaten*. Aus verschiedenen Gründen erfolgen Punktfestlegungen in einem *Gebrauchskoordinatensystem* meist getrennt nach „Lage" und „Höhe" (Abschnitt 2.1.01).

Lage: Ein für *Europa* einheitliches Abbildungsverfahren (Koordinatentransformationsverfahren) für die Verebnung der ellipsoidischen Koordinaten konnte bisher nicht erreicht werden. In Deutschland wurde daher 1995 als Abbildungssystem für die Lage die *Universale Transversale Mercator Abbildung* (UTM) eingeführt mit 6° breiten Meridianstreifen auf dem mittleren Erdellipsoid GRS 80. Einige andere europäische Staaten folgten dieser Vorgehensweise. Zur Kompensation der Maßstabsverzerrung wird für den Mittelmeridian eines Koordinatensystems der bereits international verwendete (dimensionslose) Maßstabsfaktor m_0 = 0,9996 verwendet (der für Deutschland allerdings nicht optimal ist). Mit den Mittelmeridianen 9° und 15° gelten für Deutschland nunmehr die *Meridiansysteme* **UTM 32** und **UTM 33** (KLEIN et al. 2004). Vorgänger dieser UTM-Koordinaten sind die *Gauß-Krüger-Koordinaten* (GK) im System DHDN (Deutsches Haupt-Dreiecks-Netz). Eine übersichtliche Darstellung der *Gauß-Krüger-Abbildung* ist beispielsweise enthalten in SCHMIDT-FALKENBERG (1965).

Höhe: Das aktuelle deutsche Gebrauchshöhensystem ist das *Deutsche Haupthöhennetz* **DHHN 1992** (Abschnitt 2.1.02). Es besteht aus **Normalhöhen H***. Als Anschlußpunkt für die fehlertheoretische Ausgleichung des Punktfeldes diente der Knotenpunkt des UELN 1986 (*Wallenhorst* bei Osnabrück), der an den (ehemaligen) Pegel *Amsterdam* angeschlossen ist.

2.3.02 Asien-Punktfelder

CATS

Die Abkürzung steht für *Central Asian Tectonic Science*. Das Punktfeld soll Auskunft geben über Deformationen in der Pamir-Tienshan-Region in Zentralasien, insbesondere über die Talas-Fergana-Störung (vermutlich erdweit bestes Beispiel für intrakontinentale Blattverschiebung, siehe auch Bild 3.42/2). Das Punktfeld betreuen das GFZ (Potsdam) und die jeweiligen geodätischen Dienste der Staaten Kirgistan, Kasachstan, Usbekistan und Tadschikistan sowie verschiedene seismische, astronomische und andere Institute (KLOTZ et al. 1995).

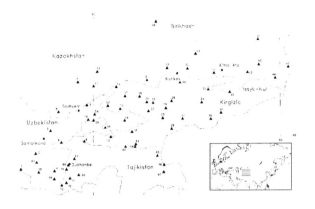

Bild 2.47
Das Punktfeld
CATZ/Zentralasien
(73 Punkte). Quelle:
REINKING et al.
(1995), verändert.

Inzwischen wurde das Punktfeld nach China erweitert (Tarim-Becken); es umfaßt nunmehr 78 Punkte. Ausdehnung des Punktfeldes ca 1 500 km · 1 500 km (ANGERMANN et al. 1996). Im August 1992 wurden zunächst auf 40 Punkten GPS-Messungen durchgeführt. Im September 1994 erfolgten GPS-Messungen auf 64 Punkten, wovon 39 Punkte bereits zum zweitenmal gemessen wurden.

GEODYSSEA

Mit dem von der Europäischen Kommission und der Organisation südostasiatischer Staaten (ASEAN) getragenen Vorhaben soll die Kinematik der Geländeoberfläche in dieser Region erfaßt werden. Das Punktfeld umfaßt 42 Punkte, seine Ausdehnung beträgt ca 5 000 km · 3 000 km. Die Vermarkung und eine erste GPS-Messung wurden 1994 durchgeführt (ANGERMANN et al. 1996).

2.3.03 Amerika-Punktfelder

SIRGAS

Die Abkürzung steht für *Sistema de Referencia Geocentrico para America del Sur*. Eine erste GPS-Meßkampagne wurde **1995** durchgeführt und umfaßte 58 vermarkte Punkte. Danach erfolgte eine Erweiterung des Punktfeldes. Die GPS-Meßkampagne **2000** umfaßte 184 vermarkte Punkte, davon 76 Permanentstationen und 36 Pegelstationen. Die Erweiterung ergab sich durch die Ausdehnung des Punktefeldes auf Mittel- und Nordamerika (DGFI 2003, 2002, 2001). Aus dem Vergleich beider Meßkampagnen sollen Aussagen zur Kinematik des kontinentalen Punktfeldes gewonnen werden. Ziel der Arbeiten ist ferner, die nationalen Höhensysteme der Staaten zusammenzuschließen und zu vereinheitlichen sowie die Einrichtung eines geozentrischen Bezugssystems. *Neuer Name* für SIRGAS: Geozentrisches Referenzsystem für die Amerikas.

Bild 2.48
Punktfeld der SIRGAS 2000 GPS-Kampagne. Das räumliche Punktfeld soll als Grundlage für ein künftiges Referenzsystem dienen mit einem einheitlichen amerikanischen Höhensystem durch Verbindung der Referenzpegel. Es soll außerdem Aussagen zur Kinematik der Lithosphärenplatten ermöglichen. Weitere Angaben in DGFI (2003, 2002, 2001) und andere.

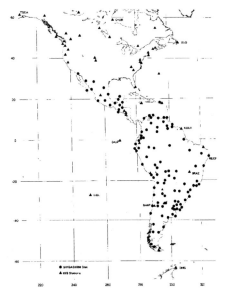

CAP und SAGA
Die Abkürzungen stehen für *Central Andes Project* (CAP) und *South American Geodynamic Activities* (SAGA). Die regionalen Punktfelder sollen zur Beantwortung geodynamischer Fragen im Bereich der Anden (insbesondere Subduktion der Nazca-Platte unter die südamerikanische Platte) dienen (ANGERMANN et al. 1996).

Bild 2.49
Punktfeld SAGA (190 Punkte, wovon 2 Punkte auf Inseln der Nazca-Platte liegen). Zusammen mit dem RED AUSTRAL, einem Gemeinschaftspunktfeld des GFZ (Potsdam), des Instituto Geografico Militar Chile und amerikanischen Universitäten, hat das Punktfeld eine Ausdehnung von ca 2000 km in Ost-West-Richtung und ca 4000 km in Nord-Süd-Richtung. Die erste GPS-Messung wurde im nördlichen SAGA-Punktfeld im Herbst 1993, im restlichen SAGA-Punktfeld im Frühjahr 1994 durchgeführt. Weitere Angaben in REINKING et al. (1995), KLOTZ et al. (1995) und andere.

CASA

Die Abkürzung steht für *Central and South America*. Das Punktfeld soll Aussagen zur Kinematik der Lithosphärenplatten ermöglichen (DGFI 2003, 2002).

Bild 2.50
CASA-Punktfeld. Es wurden GPS-Messungen durchgeführt 1993, 1995, 1997 (teilweise), 1998 (teilweise), 1999, 2000 (DGFI 2002).

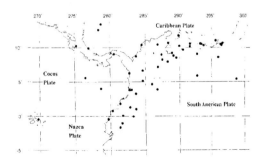

Episodische Punktverlagerungen durch Erdbeben
Erdbeben verursachen Punktverlagerungen Δs, die neben den plattentektonischen Punktverlagerungen bei der Realisierung von Bezugssystemen ebenfalls zu berück-

sichtigen sind (durch entsprechende Koordinatenänderungen). Bei einem Erdbeben in *El Salvador* ergaben sich folgende Punktverlagerungen: 13.01.2001 (erstes Beben) Δs = 0,7 cm, 13.02.2001 (Nachbeben) Δs = 4,3 cm, bei einem Erdbeben in *Peru* 23.06.2001 (erstes Beben) Δs = 52,1 cm, 07.07.2001 (Nachbeben) Δs = 6,6 cm (DGFI 2002).

2.3.04 Antarktis-Punktfeld

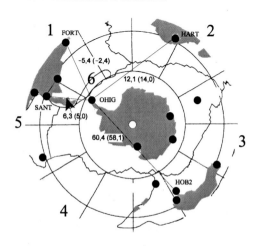

Bild 2.51
Änderung der Basislinienlängen (in mm/Jahr). Angegeben sind Ergebnisse aus VLBI-Messungen und aus GPS-Messungen (die letztgenannten sind in Klammern gesetzt). Die Daten entstammen dem Beitrag von ENGELHARDT et al. in DIETRICH (2000).

Die Abkürzungen für die Meßpunktbezeichnungen geben zugleich die Stationsnamen an. Die Basislinienlängen von OHIG (O'Higgins) aus (als km-Werte) betragen nach

SANT (Santiago de Chile)	3 470 km
FORT (Fortaleza)	6 745 km
HART (Hartebeesthoek)	7 197 km
HOB2 (Hobart)	7 943 km

Von Scientific Committee on Antarctic Research (SCAR) erstmals initiiert wurden im Zeitabschnitt 1995-1998 in der Antarktis GPS-Kampagnen durchgeführt, deren Ergebnisse in DIETRICH (2000) dargelegt sind. Wie bereits erwähnt, werden zur Erfassung *zeitabhängiger* Phänomene GPS-Beobachtungen in zunehmendem Maße nicht mehr periodisch (in Kampagnen), sondern *permanent* ausgeführt. Die Betriebszeiten dieser sogenannten GPS-*Permanentstationen* sind wählbar und ermöglichen mithin kontinuierliche Datenaufzeichnungen über Tage, Monate und Jahre hinweg.

Bild 2.52
Einige GPS-Permanentstationen auf der antarktischen Platte und auf angrenzenden Platten (= ●) sowie Meßstationen des IGS (= O). Die Stationen sind teilweise auch mit Geräten für andere Meßverfahren ausgerüstet. Die Daten entstammen DIETRICH (2000) S.46, 102 und 107.

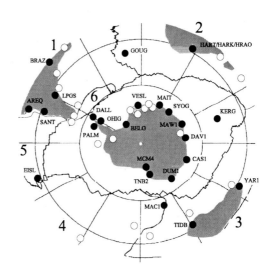

Die Abkürzungen für die Meßpunktbezeichnungen der Permanentstationen geben zugleich die Stationsnamen an:

AREQ	Arequipa		MAC1	Macquarie Island
BRAZ	Brasilia		MAW1	Mawson
BELG	Belgrano II,		MCM4	Mc Murdo
CAS1	Casey			Orcadas*
DALL	Dallmann/Jubany		OHIG	O'Higgins
DAV1	Davis,		PALM	Palmer
DUM1	Dumont d'Urville		ROT1	Rothera *
	Fildes*		SANT	Santiago de Chile,
EISL	Easter Island		SMR1	San Martin*
GOUG	Gough		SYOG	Syowa
HART/HARK	Hartebeesthoek		TIDB	Tidbinbilla,
KERG	Kerguelen		TNB2	Terra Nova Bay
LPGS	La Plata		VESL	SANAE IV
MAIT	Maitri		YAR1	Yaragadee

In den Bereichen Transantarctic Mountains und Marie Byrd Land befinden sich insgesamt weitere 5 Permanentstationen. Diese und die mit * gekennzeichneten Stationen sind im Bild nicht dargestellt.

GPS-Permanentstationen auf der antarktischen Platte und auf angrenzenden Platten

Basislinie	mm/Jahr	geographische Namen der Stationen
MCM4 - CAS 1	1,4	Mc Murdo - Casey
CAS 1 - DAV 1	0,6	Casey - Davis
DAV 1 - KERG	2,0	Davis - Kerguelen
OHG - MCM 4	0,6	O'Higgins - Mc Murdo
KERG - HART	11,3	Kerguelen - Hartebeesthoek
DAV 1 - HART	2,0	Davis - Hartebeesthoek
KERG - YAR 1	61,9	Kerguelen - Yaragadee
CAS 1 - MAC 1	13,1	Casey - Macquarie Island
MAC 1 - YAR 1	- 5,3	Maquarie Island - Yaragadee
MAC 1 - TIDB	12,1	Maquarie Island - Tidbinbilla
OHG - SANT	15,0	O'Higgins - Santiago de Chile
OHG - LPGS	1,0	O'Higgins - La Plata
SANT - LPGS	- 19,4	Santiago de Chile - La Plata
LPGS - AREQ	- 5,1	La Plata - Arequipa
AREQ - SANT	- 0,2	Arequipa - Santiago de Chile
EISL - SANT	- 40,4	Easter Island - Santiago de Chile
EISL - AREQ	- 42,3	Easter Island - Arequipa
EISL - LPGS	- 67,6	Easter Island - La Plata

Bild 2.53
Änderung der Basislinienlängen zwischen zwei Punkten (in mm/Jahr). Daten der SCAR-Kampagne 1995-1998 aus DIETRICH (2000) S.39. Weitere Angaben zu Änderungen von Basislinienlängen sind im Abschnitt 3.2.01 enthalten.

2.4 Die Oberfläche des mittleren Erdellipsoids und ihre Gliederung

Aktuelles mittleres Erdellipsoid ist das von der IUGG festgelegte GRS 80 (Abschnitt 2.1.02). Die Werte für die große und kleine Halbachse dieses Ellipsoids sind identisch mit den in der GPS-Technologie derzeit benutzten Ellipsoids WGS 84 (Abschnitt 2.2).

Ellipsoide dieser Art sind besonders gut geeignet für koordinatenmäßige Festlegungen von Punkten beziehungsweise globalen und regionalen Punktfeldern, wie sie in den vorstehenden Abschnitten beschrieben wurden. Die *Oberfläche* des mittleren Erdellipsoids GRS 80 (und somit auch die des WGS 84) umfaßt 510 Millionen km^2. Sie wird derzeit meist wie folgt gegliedert:

Meeresfläche	361	71 %
Landfläche	136	27 %
Antarktisfläche	13	2 %
Oberfläche des mittleren Erdellipsoids	510	100 %

Bild 2.54
Oberflächenangaben (in Millionen km^2 = 10^6 km^2)

	1957	1959	1967	1987
Nord- und Mittelamerika	24,1	25,702	24,3577	25,349
Südamerika	17,8	18,185	17,7449	17,61
Amerika	41,9	43,887	42,1026	42,60
Europa	4,7	10,066	9,9134	10,5
Asien	49,5	44,093	43,7607	43,61
Eurasien	54,2	54,159	53,6741	54,11
Afrika	29,8	30,027	29,8202	30,34
Australien+Ozeanien	8,9	8,960	8,9625	8,923
Landfläche der Erde	134,8	137,033	134,4594	136,324

Bild 2.55
Angaben verschiedener Autoren zu den Landflächen der Erde (in Millionen km^2).
(1957) BERTELSMANN, (1959) ENZYKLOPÄDIE, (1967) VIOLETT, (1987) KNAUR

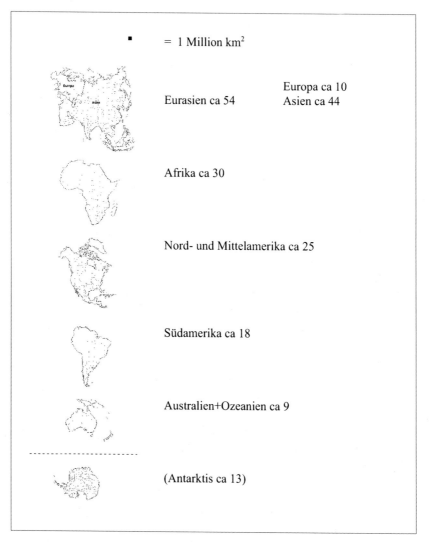

■ = 1 Million km²

Eurasien ca 54   Europa ca 10
                  Asien ca 44

Afrika ca 30

Nord- und Mittelamerika ca 25

Südamerika ca 18

Australien+Ozeanien ca 9

(Antarktis ca 13)

Bild 2.56
Die Landflächen der Erde (in Millionen km²). Wie genau sind diese Flächen und auf welchen Zeitpunkt (auf welches Datum) beziehen sie sich?

Welche Teile der *Antarktisfläche* der Meeresfläche beziehungsweise der Landfläche zuzuordnen sind, ist noch ungeklärt. In der Literatur wird als Landfläche gelegentlich auch der Wert 149 Millionen km² benutzt. Falls nicht besonders angegeben, beziehen sich alle hier genannten Werte auf die Landfläche = 136 Millionen km².

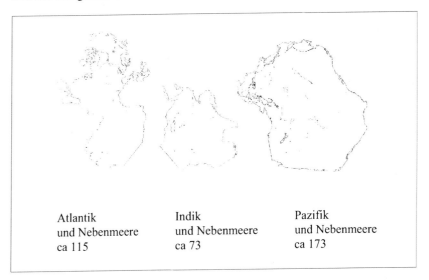

Bild 2.57
Die Meeresflächen der Erde (in Millionen km²). Wie genau sind diese Flächen bestimmt und auf welchen Zeitpunkt (auf welches Datum) beziehen sie sich?
■ = 1 Million km²

	1957	1959	1967	1987
Atlantik und Nebenmeere	106	106,463	106,5	116,056
Indik und Nebenmeere	75	74,917	74,9	73,919
Pazifik und Nebenmeere	180	179,679	179,7	174,159
Meeresfläche der Erde	361	361,059	361,1	364,134

Bild 2.58
Angaben verschiedener Autoren zu den Meeresflächen der Erde (in Millionen km²).
(1957) BERTELSMANN, (1959) ENZYKLOPÄDIE, (1967) VIOLET, (1987) KNAUR

Meeres+Landfläche der Erde	1957	1959	1967	1987
Meeresfläche	361,0	361,059	361,1000	364,134
Landfläche	134,8	137,033	134,4594	136,324
Antarktisfläche	14,2	14,120	14,2000	13,340
Ist-Oberfläche	510,0	512,212	509,7594	513,798
Soll-Oberfläche	510 (Oberfläche mittleres Erdellipsoid)			
Soll - Ist = v =	0,0	- 2,212	+ 0,2406	- 3,798
Land+Antarktisfläche	149,0	151,153	148.6594	149,664

Bild 2.59
Angaben (in Millionen km^2) verschiedener Autoren zur Gliederung der Oberfläche des mittleren Erdellipsoids: (1957) BERTELSMANN, (1959) ENZYKLOPÄDIE, (1967) VIOLETT, (1987) KNAUR

2.5 Globale Flächensummen der Hauptpotentiale des Systems Erde

Die bisherigen Ausführungen besagen: Werden aus einer *unendlichen Menge* (im Sinne der Mengentheorie) durch Abstraktion und Sprache Gegenstände unserer Anschauung und unseres Denkens gewonnen, dann können diese als eine *endliche Menge* aufgefaßt werden. Die Vielfalt im System Erde läßt sich *flächenhaft* strukturieren. Es können unterschieden werden: Waldflächen, Meeresflächen, Wüstenflächen... Aus dem Erscheinungsbild der Erde (des Systems Erde) werden hier solche *Flächen* abstrahiert. Diesen Flächen können sodann bestimmte *Potentiale* zugeordnet werden. Damit ergeben sich: Waldpotential, Meerespotential, Wüstenpotential... Ist die *Potential-Fläche* vergleichsweise groß, sprechen wir von *Hauptpotentialen*. Die Potential-Sollfläche des Systems Erde ist gleich der Oberfläche des mittleren Erdellipsoids (siehe zuvor). Sie ist *nicht* identisch mit der Oberfläche des Systems Erde. Mit Blick auf die gesamte Erde werden hier die folgenden Hauptpotentiale unterschieden

Geländepotential	G	Waldpotential	Wa
Eis-/Schneepotential	E/S	Graslandpotential	Gr
Tundrapotential	Tu	Meerespotential	M
Wüstenpotential	Wü	Atmosphärenpotential	A

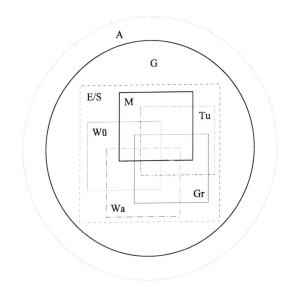

Bild 2.60/1
Darstellung (Venn-Diagramm oder Euler-Diagramm) der Hauptpotentiale des Systems Erde und die Verknüpfung dieser Mengen (im Sinne der Mengentheorie). Die Darstellung ist *nicht* maßstäblich, dies gilt mithin auch für die Schnittmengen.

Die Potentiale des Systems Erde (Mengen) sind *wirksam*: miteinander, gegeneinander, aufeinander... Besonders wirksame Eigenschaften sind beispielsweise: beim Eis-/Schneepotential die Strahlungsreflexion, beim Waldpotential die Photosynthese, beim Meerespotential die Wasserzirkulation, beim Atmosphärenpotential die Luftzirkulation... Alle Potentiale fungieren zugleich mehr oder weniger stark als Quelle und Senke der globalen Stoff- und Energiekreisläufe... Die Formen des *Lebens* im System Erde sind wesentlich abhängig vom Zusammenspiel dieser Potentiale. *Menschliches* Leben in der *heutigen* Form benötigt eine gewisse Konstanz im Resultat dieses Zusammenspiels, denn *unsere* Umwelt darf sicherlich nur in gewissen Grenzen pendeln. Andere Lebensformen können allerdings auch unter ganz anderen Umweltbedingungen existieren (beispielsweise mittels *lichtunabhängiger* Energiegewinnung durch Chemosynthese etwa an Hydrothermalquellen der ozeanischen Rücken im Meer).

Ein bestimmtes Hauptpotential (beispielsweise das Waldpotential) ist in der Regel durch eine Vielzahl von Flächenteilen charakterisiert, die eine unterschiedliche geographische Lage auf der Oberfläche des mittleren Erdellipsoids haben können. Die Summe solcher Flächenteile gilt dann als *globale Flächensumme des jeweiligen Hauptpotential*. Die Flächensumme des Geländepotentials |G| beträgt gemäß der Oberfläche des mittleren Erdellipsoids 510 Millionen km². Dieser Wert hat den Charakter eines *Meßwertes* und gilt per definitionem als "richtig". Mit welcher Sicherheit (Genauigkeit) die gegenwärtige globale Flächensumme des Meerespotentials |M| bestimmt ist, läßt sich schwer abschätzen. Abgesehen von möglichen Unsicherheiten der *kartometrischen* Bestimmung ist diese Fläche, wie bereits erwähnt, auch abhängig von der Definition der Antarktisfläche, vom Zeitpunkt der Erhebung (dem Datum) und anderem. Die Genauigkeit der gegenwärtigen globalen Flächensummen von Wüstenpotential, Waldpotential und Graslandpotential lassen sich eher abschätzen. Umfangreiche Literaturstudien des Autors ergaben die folgenden *minimalen* und *maximalen* Grenzwerte: Wüstenpotential $|\mathbf{Wü}| = 40\text{-}54$ Millionen km², Waldpotential $|\mathbf{Wa}| = 36\text{-}44$ Millionen km², Graslandpotential $|\mathbf{Gr}| = 42\text{-}46$ Millionen km². Für das Tundrapotential findet sich überwiegend der Wert $|\mathbf{Tu}| = 8$ Millionen km². Wird der Wert von 136 Millionen km² als *Sollwert* betrachtet, dann ergibt sich gemäß den vorstehenden Daten als *Istwert*: minimal = 126 Millionen km², maximal = 152 Millionen km². Welchen Einfluß diese Streuungen, diese Unsicherheiten, etwa auf klima- oder umweltrelevante Schlußfolgerungen haben können, ist weitgehend ungeklärt. Dies gilt insbesondere auch für das Eis-/Schneepotential $|\mathbf{E/S}|$, das mit Jahresschwankungen zwischen ca 27-110 Millionen km² und seiner vergleichsweise sehr hohen Albedo sicherlich ein wesentlicher Parameter des Klimageschehens ist. Das Atmosphärenpotential $|\mathbf{A}|$ hat hier als *untere* Grenzfläche die Oberfläche des mittleren Erdellipsoids $|\mathbf{Au}| = 510$ Millionen km². Seine *obere* Grenzfläche $|\mathbf{Ao}|$ ist noch zu definieren, da diese Definition gegebenenfalls zugleich die Definition der *Oberfläche des Systems Erde* einschließen sollte.

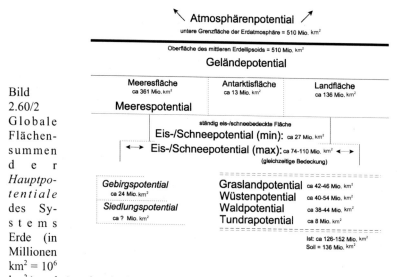

Bild 2.60/2 Globale Flächensummen der *Hauptpotentiale* des Systems Erde (in Millionen km² = 10⁶ km²) nach Angaben in der Literatur, die allerdings erheblich streuen.

2.6 Die Gestalt der Erde - Meilensteine ihrer Geschichte von den Anfängen v.Chr. bis 1500 n.Chr.

Gestalt und Größe der Erde sind ein wesentlicher Teil des jeweiligen *Weltbildes* einer Epoche. Mit Weltbild sei dabei die Gesamtheit des menschlichen Wissens von der Welt und das menschliche Urteil darüber in dieser Epoche bezeichnet. Die Vorstellungen über die Gestalt der Erde, wie sie im Laufe der Geschichte entwickelt wurden, lassen sich charakterisieren durch die Köperformen Scheibe, Kugel, Ellipsoid.

● *Zur Vorstellung Scheibe.* Die umgangssprachlichen Benennungen Landoberfläche und Meeresoberfläche sowie Himmel kennzeichnen in allgemeiner Form die umgebende Natur, die sich dem betrachtenden Menschen in der Regel darbietet, wenn er auf der Landoberfläche steht oder wenn er das Meer mit dem Schiff befährt. In der frühen Geschichte des Menschen bestand daher allgemein die Vorstellung, daß die Erde die Gestalt einer Scheibe habe, die vom Himmel mit seinen Sternen überwölbt ist. In etwas unterschiedlichen Versionen ist diese Vorstellung in fast allen Völkern und Kulturkreisen der damaligen Zeit nachweisbar: beispielsweise bei den Griechen, Ägyptern, Polynesiern, Mikronesiern und anderen.

● *Zur Vorstellung Kugel.* Daß die Erde die Gestalt einer Kugel habe, ist zunächst ein Denkergebnis griechischer Philosophie und Wissenschaft. Einige ihrer Vertreter, vor allem die Philosophen und Mathematiker, liebten spekulative Gedankengänge und versuchten sich Vorstellungen zu machen von der Erdgestalt, vom Erdumfang und von der Stellung der Erde zum Himmel. Andere befaßten sich mehr mit dem Beschreiben und Erfassen der Landoberfläche sowie deren Bedeckung mit Objekten; sie neigten mehr zu historischen Gedankengängen und zu länderkundlichen Beschreibungen. Zur erstgenannten Gruppe zählt PYTHAGORAS aus Samos (um 570 - um 500 v.Chr.). Er gründetete (in Süditalien) eine ordensähnliche Vereinigung, später *Pythagoreer* genannt. Als hervorragende Mathematiker und Physiker gelangten die Pythagoreer zur Vorstellung, daß die Erde die Gestalt einer Kugel haben müsse. Sie folgerten dies vor allem aus der Anziehungskraft, die überall zur Erde hinstrebt, und aus den Gesetzen der Harmonie. Die Pythagoreer lebten abgeschieden und versuchten ihre Erkenntnisse geheimzuhalten.

Nachdem man zur Vorstellung gelangt war, daß die Erde die Gestalt einer Kugel habe, lag es nahe, nunmehr die *Größe* dieser Kugel zu ermitteln. Die älteste im Schrifttum bisher nachweisbare Angabe über die *Erdumfangslänge* stammt von ARISTOTELES (384-322). Ihre Herkunft ist allerdings unbekannt. Dies gilt auch für die von KLEOMEDES (2. Hälfte 1.Jh. v.Chr.) angegebene Erdumfangslänge. Einen brauchbaren Weg zur Bestimmung der Erdumfangslänge hat um 246 v.Chr. vermutlich erstmals ERATOSTHENES (um 284 - um 202 v.Chr.) aufgezeigt. Die Vorstellungen des Altertums von der Erdumfangslänge sind umfassend dargestellt in PRELL (1959).

● *Der lange Weg bis zur endgültigen Anerkennung der Kugel-Vorstellung.* Das

Aufkommen der Vorstellung von der Kugelgestalt der Erde, für die zugleich auch Beweise dargelegt wurden, konnte die Vorstellung von der Scheibengestalt aber kaum verdrängen oder gar endgültig aufheben. Vor allem aus religiösen Gründen wurde besonders im westeuropäischen Kulturkreis die Aussage, die Erde habe die Form einer Scheibe, weiterhin als die allein richtige proklamiert. Noch bis in die Zeit um 1500 n.Chr. hinein hat die Katholische Kirche, hat der Papst in Rom, versucht, die kirchliche (und damit auch die weltliche) Gültigkeit dieser Aussage aufrechtzuerhalten.

Nachfolgender Inhalt:

☐ **Hochkulturen der frühen Menschen**
im eurasisch-nordafrikanischen Raum
☐ **Die griechisch-hellenistisches Welt**
700 v.Chr. bis 300/500 n.Chr.
☐ **Rom und die römische Welt**
395 n.Chr. Ende der Einheit des Römischen Reiches
☐ **Das Reich der Franken in Europa**
482-843 n.Chr.
Karl der Große (768-814)
☐ **Oströmisches Reich - Byzantinisches Reich**
Frühbyzantinische Zeit
Entstehung des mittelbyzantinischen Reiches
Machtentfaltung des mittelbyzantinischen Reiches 867-1025
Niedergang des mittelbyzantinischen Reiches 1025-1204
Zerfall und Ende des Oströmischen Reiches 1453
☐ **In der Welt der arabischen Sprache**
Naturwissenschaft im eurasisch-nordafrikanischen Raum
600-1000 n.Chr.
☐ **Das Heilige Römische Reich Deutscher Nation in Europa**
962 Krönung des ersten Kaisers (OTTO I.) des später als
Heiliges Römisches Reich Deutscher Nation bezeichneten Reiches.
1648 Ende des europäischen 30-jährigen Krieges.
Nach 1648 wird *Frankreich* Vormacht in Europa.

○ **Die Bewegungen der Gestirne und Planeten am Himmel**
(ptolemäisches Weltbild, copernicanisches Weltbild)

	Hochkulturen der frühen Menschen im eurasisch-nordafrikanischen Raum
Zeit v.Chr.	
180 000 10 000 5 000	Etwa Beginn der älteren *Steinzeit* (Paläolithikum) der mittleren Steinzeit (Mesolithikum) der jüngeren Steinzeit (Neolithikum) (Beginn und Ende dieser Zeitabschnitte regional unterschiedlich)
4000	*Im Niltal* entsteht die Hochkultur der **Ägypter**, in den Tälern von *Euphrat und Tigris* die der **Sumerer**.
um 3800	● *Sumerische kartographische Darstellung auf einer Tontafel.* Sie zeigt das nördliche Mesopotamien mit dem Euphrat. (? Agada-Periode um 3 800 v.Chr.)
vor 3000	Die Sumerer erschaffen eine teilweise phonetisierte *Hieroglyphenschrift* aus der sich (nach einigen Jahrhunderten) eine sehr brauchbare *Keilschrift* entwickelt. Im 2. Jahrtausend v.Chr. (als die Sumerer geschichtlich bereits abgetreten waren) bildete die Keilschrift im südwestlichen Orient ein Mittel der internationalen Verständigung für Kaufleute und Diplomaten (FÖLDES-PAPP 1984). Die Schrift der Sumerer ist die älteste bisher bekannte Schrift der Menschen
3000	Die ägyptischen Könige (Pharaonen) lassen Grabmäler, die *Pyramiden*, erbauen. Eine *Hieroglyphenschrift* entsteht, nur wenige hundert Jahre nach der sumerischen Schriftentstehung. Die ägyptische Hieroglyphenschrift gilt als erster Vorfahr unseres heutigen lateinischen und „deutschen" Alphabets (FÖLDES-PAPP 1984).
um 2770	In Ägypten wird ein *Kalender* eingeführt
um 2500	König *Gilgamesch* bezwingt den Himmelsstier - der sumerische Mythos beschreibt so den Sieg des Frühlings (Sternbild Löwe) über den Winter (Sternbild Stier).
um 2350	Die **Babylonier** gründen ein Großreich.
2000	Die **Indogermanen** wandern in Griechenland und in die alten Hochkulturen des Orients ein und vermischen sich mit der ansässigen Bevölkerung.

1800	*Beginn der Bronzezeit*
um 1600	● *Erd-Himmelskarte von Nebra auf einer Bronzeschale* (Fundort in Deutschland: der Mittelberg bei Nebra in Sachsen-Anhalt.
um 1500	Die **Phönizier** gründen die Städte Sidon und Tyros, betreiben Handel im Mittelmeer und verbreiten ägyptische und babylonische Kultur.
1500	In Kleinasien entsteht das indogermanische **Hethiterreich**.
1400	Auf Kreta entwickelt sich die **Minoische Kultur**.
1300	Das Reich von **Assyrien** gewinnt Bedeutung.
1200	Die **Mykenische Kultur** beeinflußt, von Mykene ausgehend, Griechenland.
1000	Die **Dorer** stoßen in den Süden Griechenlands vor.
um 1000	*In Griechenland beginnt die Eisenzeit*
	In Indien entsteht die Religion des *Brahmanismus*.
	In Griechenland bildet sich die Religion der *Olympischen Götter* aus.
um 875	Die griechische *Buchstabenschrift* entsteht.
	Das griechische Alphabet wurde vermutlich aus dem phönizischen Alphabet entlehnt. Von mehreren regional verschiedenen Alphabeten fand das auf 24 Buchstaben ergänzte *milesische Alphabet* (benannt nach der Stadt Milet) die weiteste Verbreitung. Es wurde 402 v.Chr. in Athen amtlich eingeführt (WENDT 1961). Die Schrift verlief ursprünglich von rechts nach links, dann furchenwendig, mit der Einführung des milesischen Alphabets schließlich in rechtsläufiger Richtung.
um 800	Die Dichtungen des sagenhaften blinden griechischen Dichters **Homer** entstehen: die „Ilias" (Kampf um Troja) und die „Odyssee" (Irrfahrten des Odysseus).
776	In Griechenland bilden **Städte** die Zentren des menschlichen Lebens. Es entwickelt sich der **Stadtstaat**, die *Polis*.
760	In Griechenland werden erstmals *Olympische Spiele* veranstaltet.
um 541	Eine „Erdkarte" soll nach bisheriger Kenntnis (um 541 v.Chr.) erstmals der Grieche ANAXIMANDER aus Milet erstellt haben. Sie ist bisher nicht aufgefunden worden.
um 500	● Die älteste *erhaltene* „Erdkarte" ist bisher die *Babylonische kartographische Darstellung auf einer Tontafel*.

Sumerische kartographische Darstellung auf einer Tontafel

Bild 2.61
Sumerische kartographische Darstellung auf einer Tontafel, erstellt von einem unbekannten Autor
(a) um **3 800 v.Chr.**?
(b) um **2 300 v.Chr.**?
Das Fragment wurde 1930 von us-amerikanischen Wissenschaftlern 200 km nördlich von Bagdad, im Schutt der früheren Siedlung Nuzi, gefunden SAMMET (1990).

Die *Sumerer* siedeln um 3 200 - 2 800 v.Chr. im Süden Mesopotamiens (= „Land zwischen den Flüssen"). Ihre Herkunft ist unbekannt (dtv-Atlas zur Weltgeschichte 1964). Nach CERAM (1956) brachte das Volk der Sumerer bei seiner Einwanderung ins Zweistromland bereits eine hohe Kultur mit (Schrift, Gesetze, Sexagesimalsystem und anderes). Nachfolgende kulturelle Leistungen beruhen vielfach auf sumerische Grundlagen. Ihre Sprache sei dem alten Türkisch (turanisch) ähnlich. Ihrer Konstitution nach gehören sie zum indoeuropäischen Stamm. Bis etwa 2 225 v.Chr. habe sich die kulturschaffende Geschichte des Zweistromlandes vorrangig im Mündungsgebiet (Unterlauf) von Euphrat und Tigris vollzogen und sei eindeutig sumerisch-babylonisch geprägt. Die Benennung „Sumerer" stammt von dem Deutsch-Franzosen Jules OPPERT. Die Benennung „Mesopotamien" umfaßt die Reiche der *Sumerer*, *Babylonier* und *Assyrer* (also *Sumer*, *Akkad* und *Assur*). Die beiden Flüsse Euphrat und Tigris, die dies Zweistromland zur Wiege einer hohen Kultur verhalfen, entspringen in der Türkei, vereinigen sich kurz vor dem heutigen Basra (was sie im Altertum nach CERAM nicht taten) und strömen in den Persischen Golf. Eine Parallele zum Nil und dem Nilland (Ägypten)?

➤ Nach BAGROW/SKELTON (1963) stammt die Tontafelkarte aus der Agadeperiode um 3 800 v.Chr. (Agade = Akkade = Akkad, ehemalige Stadt in Nord-Babylonien) und zeigt offenbar das nördliche Mesopotamien mit dem Euphrat und seinem Nebenfluß, dem Wadi Harran, mit den Zagros-Bergen im Osten und dem Libanon oder Antilibanon im Westen. Die Berggrate und der das Land durchfließende Strom seien klar umrissen. Die Städte seien durch Kreise dargestellt.

➤ Nach SAMMET (1990) stammt die Tontafelkarte aus der Zeit um 2 300 v.Chr. und zeige sehr wahrscheinlich ein Flußsystem, von Bergen flankiert, mit einer Verbindung zur offenen See. Die Siedlungen sind durch Kreise markiert. Nur ein Ortsname sei bisher identifiziert worden. Die Verwendung von Ortsnamen und der Hinweis auf die Haupthimmelsrichtungen offenbare, daß die Babylonier bereits elementare Techniken der Kartographie kannten. Es gilt als einigermaßen gesichert, daß die Darstellung einen größeren Teil von Mesopotamien umfaßt. Im Westen liege vermutlich der Libanon, im *Osten* (auf der Karte *oben*) das Sagros-Gebirge mit einem daraus hervortretenden Nebenfluß des Euphrat, dem Wadi Harran.

Ob die kartographische Darstellung mit *ovaler Begrenzung* und daran angefügter *Bergzeichnung* eine Darstellung der damals (oder dem Autor) bekannten Erde sein soll (Erdkarte), muß hier offen bleiben. Die Bergzeichnung könnte allerdings ein Hinweis darauf sein, daß der Autor ausdrücken wollte, auf diesen Bergen ruht das über der Erdscheibe befindliche Himmelsgewölbe.

Erde und Himmel
Zum Weltbild der frühen Menschen

Wie zuvor schon dargelegt (Abschnitt 1.1), bestand das Bedürfnis des Menschen, sich eine topographische Orientierung über seinen jeweiligen Lebensraum zu verschaffen, offenbar schon sehr früh. Anfänglich war es vermutlich weniger Neugier, sondern mehr Notwendigkeit, um überleben zu können. Die älteste, bisher bekannte und erhaltene *topographische* Darstellung eines Gebietes der Erde, die Siedlung Catal Hüyük, entstand um **6 200 v.Chr.** (SAMMET 1990). Die Erde, der jeweilige Lebensraum des Menschen gab ihm Nahrung, Kleidung und Obdach. Als sein Erfahrungsverlangen, seine Neugier zunahmen, überschritt er die Grenzen dieser *ortsbezogenen Welt* und drang zunehmend in die auf die Gesamterde bezogene, in die *erdbezogene Welt* vor und ebenso in die *kosmosbezogene Welt*. Er erarbeitete sich *Bilder von diesen Welten*, die in ihrer Gesamtheit das *Weltbild* eines Menschen, eines Volkes, einer Epoche ausmachen. Mit Weltbild sei dabei die Gesamtheit des menschlichen Wissens von der Welt und das menschliche Urteil darüber in dieser Epoche bezeichnet.

Das Vordringen in die erdbezogene Welt erfolgte offensichtlich zunächst nur langsam. Eine *schnelle* topographisch-geographische Entschleierung der damals noch weitgehend unbekannten Erde dürfte sich nur in Regionen vollzogen haben, in denen eine relativ leichte Beweglichkeit möglich war, etwa auf Meeren, in Steppen oder Wüsten (BEHRMANN 1948). Sperrige Bereiche, wie etwa große Waldgebiete oder unwegsame

Gebirge, waren oft lange Zeit Barrieren des Informationsaustausches. Inwieweit der Handel mit Waren den erdbezogenen Gesichtskreis des Menschen erweiterte, ist differentiiert zu betrachten. Beim Tauschhandel kann die Ware von Hand zu Hand, von Siedlung zu Siedlung und von Staat zu Staat gelangen, ohne daß das Ursprungsland bekannt ist (BEHRMANN 1948, KRÄMER 1953). Dennoch führte auch ein solcher Tauschhandel zumindest zur Berührung mit Nachbarregionen, und dabei könnten auch Informationen über ferne Staaten und Völker weitergegeben worden sein. Nach Krämer waren es vorrangig Seefahrer, die schon in früher Zeit ins Erd-Unbekannte vorstießen und denen in späterer Zeit die größten geographischen Entdeckungen im Zusammenhang mit der Entschleierung der Erde gelangen (Marco Polo, Columbus und andere, Abschnitt 1.1). Schließlich sei hier noch die Größe der „Weltreiche" angesprochen. Behrmann verweist darauf, daß die Flächengröße der Weltreiche etwa eines Alexanders des Großen, eines Karls des Großen und anderer nicht im Verhältnis zur heute bekannten, sondern zur damals bekannten Erde gesehen werden muß. Erst dadurch werde die überragende Bedeutung der Großreiche klar und führe zu einer gerechteren geschichtlichen Bewertung dieser Großreiche. Jedes Volk und jeder Kulturkreis formte sich etwa auf diesem grob skizzierten Weg sein auf die jeweils bekannte Erde bezogenes Weltbild. Die alten Ägypter wohnten im langgestreckten Niltal, das an beiden Seiten von den hohen Tafeln der Wüste umrahmt ist. Für sie war folglich die Erde eine langgestreckte, *ovale Scheibe*, die auf dem Meer schwimmt und in der Mitte vom Nil durchzogen ist. Über diese Scheibe befand sich der *Himmel*, der randlich auf den Bergen ruht (BEHRMANN 1948). Auch die älteste bisher aufgefundene und erhaltene Karte, die zuvor wiedergegebene Sumerische Karte auf einer Tontafel aus der Zeit um **3 800 v.Chr.** hat die Form einer langgestreckten, *ovalen Scheibe*, die randlich von Bergen begrenzt ist. Durch das ovale Feld fließt der Euphrat. Zeigt sie das erdbezogene Weltbild, wie es dem Kartenautor damals bekannt war? Wäre sie damit eine Darstellung des damaligen erdbezogenen Weltbildes, so wie es dem Kartenautor bekannt war? Hatten *Ägypter* und *Sumerer* damals die gleiche Vorstellung von der Gesamterde, hatten sie das gleiche erdbezogene Weltbild (obwohl ihre Karten unterschiedliche Regionen wiedergeben)?

Unabhängig von Antworten auf diese Frage ist in beiden erdbezogenen Weltbildern verdeutlicht, daß die Erde vom *Himmel* überwölbt wird. Das Gesichtsfeld des Menschen beim Umsehen von einem bestimmten Standpunkt aus ist begrenzt durch den *Horizont*. Diese aus dem Griechischen kommende Benennung kennzeichnet einen, den jeweiligen Standpunkt umrandenden Kreis (beziehungsweise Kreisstück). Über dem Horizont erhebt sich der Himmel mit seinen Gestirnen, der Sonne, dem Erdmond und den Planeten (also den im Vergleich zu den Fixsternen „umherirrenden" Sternen). Sehr früh wandte sich der Mensch auch den Himmelsphänomenen zu. Insbesondere hatten Fabulierer und *Dichter* Antworten zur Hand. Die Mondgöttin erschien in wechselten Gestalten. Der Sonnengott lenkte die Rosse des Feuerwagens täglich vom Auf- zum Niedergang und anderes mehr. Diese Dichteraussagen konnten tiefergehende Fragen jedoch nicht beantworten: Die Sonne war sichtbar, aber kein Sonnenwagen und keine Rosse, die ihn zogen. Die Priester, denen bei den meisten alten Kulturen der Kalender anvertraut war, verfolgten zwar den Lauf der Gestirne, aber sie waren vielfach gefangen in den Vorstellungen und Vorgaben ihrer Kaste. Nach FAUSER (1967) schaffte den Durchbruch zu wissenschaftlicher Erkenntnis in der vorderasiatisch-europäischen Kulturwelt schließlich ein Volk, das keine Priesterkaste entwickelt hatte, bei dem Beobachtung und Denken Einzelleistung war: die Griechen. Bei ihnen habe sich ein neues Verhalten des Menschen zu seiner Umwelt entwickelt, das des *Forschers*. Vielleicht habe es Ähnliches schon in älteren Kulturen gegeben, geschichtlich greifbar wird es nach Fauser erst bei den Griechen. Die Geisteshaltung des Forschers wurde als *philosophia* bezeichnet. Das Wort wird übersetzt mit „Liebe zur Weisheit" oder zutreffender (?) mit „Liebe zum Wissen". Der griechische Philosoph kannte die Mythen, aber er suchte (nach Fauser) die Wirklichkeit. Offensichtlich standen ihm dabei die auf den Himmel bezogenen Beobachtungsreihen der Babylonier und Ägypter zur Verfügung.

Das Wort *Globus* entstammt dem Lateinischen und bedeutet soviel wie Masse, Klumpen und schließlich Kugel.

Die Voraussetzungen für die Konstruktion eines *Himmelsglobus* waren damals offensichtlich besser, als für die Konstruktion eines *Erdglobus*. Der gestirnte Himmel bot und bietet sich dem Beschauer, weitgehend unabhängig von seinen astronomischen Kenntnissen und Vorstellungen, als Halbkugel dar. Er sieht die Sterne auf- und untergehen und anderes mehr. Nach FAUSER (1967) hat den Himmelsglobus die Antike hervorgebracht. Der Kultur des Islam sei er geläufig gewesen, dem Abendland hätte um 700 n.Chr. der angelsächsische Theologe und Geschichtsschreiber BEDA Venerabilis (lat. der Ehrwürdige) (672/673-735) die Verwendung empfohlen, doch erst um 1000 n.Chr. sei der Himmelsglobus über die Mauren in Spanien von der abendländischen Kultur angenommen worden. Wann erstmals ein Himmelsglobus erstellt wurde ist unbekannt. Derzeit gilt als ältester *erhaltener* Himmelsglobus die Kugel, die der *Atlas Farnese* auf seinem Nacken trägt (siehe Zeitafel 1.Jh. v.Chr.). Die Benennung *Atlas* steht hier für Titan der griechischen Mythologie.

Einen ersten *Erdglobus* soll KRATES aus Mallos (um 152 v.Chr.) geschaffen haben. Der Nürnberger Kartograph in portugiesischen Diensten Martin BEHAIM erstellt um 1492 n.Chr. den ersten *Erdglobus in Europa*.

|Der Begriff Himmel bei den frühen Menschen|
In mehreren Religionen der frühen Menschen galt der Himmel als Stätte alles Überirdischen, Transzententen. Er wird häufig vorgestellt als Zeltdach, als eine vom Weltenbaum, von Pfeilern oder Titanen gestützte Kuppel, als Scheibe, als Trennwand zwischen oberen und unteren Gewässern, oder als ein in mehreren Sphären gegliedertes Gewölbe. Mit der Heiligkeit des Himmels steht in Zusammenhang die Heiligkeit der Berggipfel. Sie sind bevorzugte Kultstätten, weil sie als irdische Plätze dem Himmel am nächsten liegen.

Erd-Himmelskarte von Nebra auf einer Bronzeschale

Bild 2.62/1
Erd-Himmelskarte von Nebra auf einer Bronzeschale, erstellt von einem unbekannten Autor um **1 600 v.Chr.**. Die Himmelskarte wird (etwas ungenau) auch Himmelsscheibe oder Sternenscheibe genannt. Die 1999 auf dem Mittelberg bei Nebra (Deutschland, Sachsen-Anhalt, Nebra an der Unstrut) aufgefundene Bronzeschale (2 kg schwer) hat einen Durchmesser von ca 32 cm, ist in der Mitte 4,5 mm und am Rand 1,7 mm dick (REICHERT 2004). Sie befindet sich im *Landesamt für Denkmalpflege und Archäologie Sachsen-Anhalt* in Halle. Am Fundort der Bronzeschale (der in einer Wallanlage liegt) wurden weitere Bronzegegenstände gefunden: 2 Schwerter, 1 Meißel, 2 Beile und Bruchstücke von Armreifen. Die im Bild gewählte Orientierung der Erd-Himmelskarte (links/rechts, oben/unten) entspricht der (vermuteten) Fundlage, die als etwa aufrechtstehend angenommen wird.

➤ Nach REICHERT (2004) gilt diese Erd-Himmelskarte als *älteste konkrete Darstellung der Gestirne*. Es sei bisher kein anderes von Menschenhand geschaffenes Werk bekannt, das Gestirne so konkret darstellt. Selbst im alten Ägypten seien Sternsymbole nur dekorativ verwendet worden. Die Karte läßt nach Reichert das astronomische Wissen und die Weltbilder der Bronzezeit-Menschen im neuen Licht erscheinen. Reichert gibt auch einen kurzgefaßten Überblick über die angewendeten *Datierungsverfahren* zur Bestimmung des Alters der Bronzeschale sowie zur *Herstellungstechnik* der Schale.

➤ Die *Fundgeschichte* der Bronzeschale beschreibt MELLER (2003). Der Archäologe Harald Meller (Leiter des Landesamtes für Denkmalpflege und Archäologie Sachsen-Anhalt) gibt zugleich auch eine archäologische Deutung der Darstellung. Die beiden größten Goldsymbole der Bronzeschale lassen sich als Sonne oder Vollmond beziehungsweise als teilverfinsterte Sonne oder Sichelmond deuten. Das breite Bogenteil am rechten Rand hatte sehr wahrscheinlich ein Gegenstück am linken Rand gehabt. Ein dritter Bogen am unteren Rand ist stärker gekrümmt und kann als Symbol für ein Schiff (Barke) gedeutet werden. Zwischen diesen großen Objekten sind 30 Goldpunkte eingestreut, die sehr wahrscheinlich Sterne symbolisieren. Der *Sternhaufen* könnte die *Plejaden* darstellen, die, ebenso wie die Horizontbögen, eine gewisse *Kalenderfunktion* erfüllen könnten.

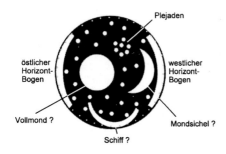

Bild 2.62/2
Mögliche Deutung des Karteninhalts der Erd-Himmelskarte von Nebra (Schema der Karte nach REICHERT, 2004).
Definitionen:
Himmelskarte = Darstellung der Sternörter. Es können unterschieden werden: Erd-Himmelskarten, Mars-Himmelskarten und andere.
Sternkarte = Darstellung eines Weltraumkörpers (Planet, Fixstern oder anderer Weltraumkörper) (SCHMIDT-FALKENBERG 1965).

▶ Anmerkung des Astronomen Wolfhard SCHLOSSER (Universität Bochum)
Der Deutungsansatz geht davon aus, daß die Sterngruppe die Plejaden (das Siebengestirn) darstellt, ferner werden unterschieden: die Mondsichel, der Vollmond, sowie zwei „Horizontbögen" (einer ist verlorengegangen) und die „Sonnenbarke". Würde die Erd-Himmelskarte wie eine heutige Himmelskarte betrachtet, dann markiere der fehlende Horizontbogen (linker Rand) den *östlichen* Horizontbereich, in dem die Sonne aufgeht. Der vorhandene Horizontbogen (rechter Rand) markiere den *westlichen* Horizontbereich, in dem die Sonne untergeht. Die Sichel des zunehmenden Mondes stelle mit den Plejaden die astronomische Situation zu Beginn des bäuerlichen Jahres dar, wenn beide Gestirne eng beieinander über dem Westhorizont stehen. Am Ende des bäuerlichen Jahres (Mitte Oktober) sind die Plejaden frühmorgens zusammen mit dem Vollmond über dem Westhorizont zu sehen. Nach dieser Deutung wäre der Vollkreis als Vollmond anzunehmen (nicht als Sonne). Die Horizontbögen markieren also die Verschiebung des Sonnenaufgangs und des Sonnenuntergangs im Ablauf eines Jahres. Die Darstellung sei nach Norden ausgerichtet. Weitere Ausführungen zu diesem Deutungsansatz sind enthalten in SCHLOSSER (2003), HAHN (FAZ 01.10.2004), REICHERT (2004).

➤ Anmerkung von Prof. Dr. Ulrich KÖHLER (Universität Freiburg)
in FAZ 11.11.2004:
Die Himmelsdarstellung sei eindeutig nach Süden ausgerichtet. Für einen Beobachter auf den mittleren geographischen Breiten der Nordhalbkugel seien die Plejaden nur am Südhimmel zu sehen. Die Plejaden stehen mithin im Süden. Der junge Mond stehe in allen Kulturen, in denen er Beachtung findet, im Westen, denn dort taucht er nach der Unsichtbarkeit in der Abenddämmerung als schmale Sichel oder Schale wieder auf. Die Mondsichel stehe mithin im Westen.

Ist die Bronzeschale von Nebra mit der Erd-Himmelskarte Teil einer Trommel? Nach Köhler sei das Objekt in gewandelter Form ein guter Bekannter, nämlich eine Schamanentrommel, wie sie im nördlichen Eurasien gebräuchlich waren und noch heute anzutreffen seien.

Die (kultische) Nutzung der Bronzeschale ergebe sich aus den am Rand angebrachten Streifen (Bogen). Sie kennzeichnen die Bandbreite der Auf- und Untergangspunkte der Sonne am Horizont. Da die Plejaden in der betreffenden Himmelsregion nur im Winter zu sehen sind, ergeben sich daraus die Zuordnungen der Bogenendpunkte zur Sommer- oder Winter-Sonnenwende. Im mitteleuropäischen Kulturkreis gebe es eine lange Tradition im Feiern des Jahresbeginns zur Mittwinterzeit. Das Julfest der Germanen ist die älteste schriftlich überlieferte diesbezügliche Form, die jedoch Vorgänger gehabt haben dürfte.

➤ Anmerkung des Archäologen Prof. Dr. Peter SCHAUER (Universität Regensburg)
in FAZ 30.11.2004:
Die bisherigen Datierungsparameter seinen nicht ausreichend. Es bestehen nach Schauer erhebliche Zweifel, ob es sich um ein prähistorische Objekt aus dem zweiten Jahrtausend v.Chr. handele. Der von Köhler gegebene Hinweis auf Schamanentrommeln (siehe zuvor) sei bedeutsam.

➤ Anmerkung von Prof. W. A. KREINER (Ulm)
in Sp. 1/2005:
Das sogenannte *Mondphänomen*, nach dem einem Betrachter auf der Land/Meer-Oberfläche der Mond hoch am Himmel wesentlich kleiner erscheint, als in Horizontnähe, ist kein physikalisch meßbarer Effekt, sondern eine Wahrnehmungstäuschung. Falls der Fund authentisch und die Interpretation schlüssig sei, wonach es sich in der Karte um zwei Monddarstellungen handele, dann ist auffallend, daß der Vollmond hoch am Himmel und dann die Mondsichel tiefer (in Richtung des Westhorizonts) deutliche Größenunterschiede zeigen: hoch am Himmel ist der Mond klein, in Richtung Horizont ist der durch die Mondsichel erkennbare Monddurchmesser größer. Es wäre dann die erste bekannte und erhaltene Darstellung des Mondphänomens in der Geschichte des Menschen.

➤ Anmerkung des Archäologen Joachim REICHSTEIN
in FAZ 11.01.2005:
Reichstein weist darauf hin, daß Scheibe und Beifunde sowohl auf das radioaktive Bleiisotop mit der Massenzahl 210 (dessen Halbwertszeit 22,3 Jahre beträgt), als auch auf Spurenelement- und Bleiisotopenverhältnisse untersucht worden seien. Es ergab sich keine meßbare Radioaktivität von Blei 210. Die Legierungen seien damit älter als wenigstens 100 Jahre. Spurenelementverteilung und Bleiisotopenverhältnisse (Blei 208/206 und Blei 207/206) seien typisch für Materialien aus dem Ostalpenraum. Die Herstellungstechnik entspreche der bronzezeitlichen und goldtechnischen Toreutik (Kunst der Metallbearbeitung auf kaltem Wege). Die Korrosionsschicht der Scheibe bestehe aus langsam gewachsenen, glasartig harten Malachit, also basischem Kupfer(II)carbonat, das von Kasserit (Zinnstein, Zinndioxid) durchsetzt sei. Der den Fundstücken anhaftende Boden ergab zweifelsfreie Übereinstimmung mit den Bodenproben vom Fundort. An der Geschlossenheit des Fundes, sowie an dessen Echtheit und Zeitstellung könne nach derzeitigem Wissensstand kein Zweifel mehr bestehen.

➤ Anmerkung von Reiner BURGER
in FAZ 17.03.2005:
Burger gibt einen Überblick über den derzeitigen Stand der Deutung (nach Beendigung des Hehler-Prozesses beim Landgericht in Halle). Insbesondere verweist er auf die naturwissenschaftlich-gesicherten Ergebnisse des Achäo-Chemikers Christian-Heinrich WUNDERLICH (sächsisch-anhaltisches Landesamt für Archäologie), der gemeinsam mit Prof. Ernst PERNIKA (Universität Tübingen) ein Rechtsgutachten vorlegte, nach dem Echtheit und Datierung der Himmelskarte (um 1 600 v.Chr.) als zutreffend anzunehmen seien.

Babylonische kartographische Darstellung auf einer Tontafel

Bild 2.63
Babylonische kartographische Darstellung auf einer Tontafel, erstellt von einem unbekannten Autor um **500 v.Chr.** Das Original hat einen Durchmesser von ca 10 cm und befindet sich in London, *British Museum*.
Beim *Original* der Karte (linksstehender Bildteil) ist Süden oben (die Original-Karte ist also *südorientiert*). Zum besseren Verständnis der geographischen Lage zeigt der untenstehende Bildteil eine schematische Darstellung der Karte, nun jedoch *nordorientiert*.

▶ Nach MEIßNER (1926) ist „Biru" ein Wegemaß, das die Entfernung von einem zum anderen „Bezirk" angibt. „Bitter-Fluß" ist das Grundwasser, das Meer und der „himmlische Ozean" (Regen). Er umfließt kreisförmig das Festland. 1 = Assyrien, 2 = Stadt.

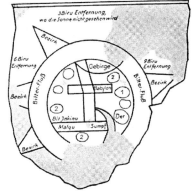

▶ Nach BAGROW/SKELTON (1963) kennzeichnet der innere Kreis die Erde, die vom Meer umflossen wird, das hier „Bitterer Fluß" heißt (bei den Germanen gekennzeichnet durch die Benennung „Midgardschlange"). Außerhalb des Indischen Ozeans liegt der himmlische Ozean, der mit Sternen und Sternbildern verbunden ist. Zu ihm leiten 7 Inseln hinüber, die mit der Erde zusammen einen Stern bilden.

➤ Nach BACHMANN (1965) wird die Babylonische Karte (das Fundstück) von Fachleuten zwar auf die Zeit um 500 v.Chr. datiert, doch könnte das Fundstück auch eine *Kopie* sein, denn sicherlich wohne der Art der Darstellung die uralte priesterliche Schau des Weltalls inne. Die Babylonier hätten die Erde als flache Scheibe angenommen mit der Hauptstadt Babylon als Mittelpunkt. Sie wußten von drei irgendwie zusammenhängenden Meeresteilen, welche nach Farbempfindungen unterschieden wurden: Schwarzes Meer, Rotes Meer. Ihr heimatlicher Meeresteil, der heutige Persische Golf, galt ihnen als Ausgang in das unbekannte Ostmeer. Nach Bachmann besage der am unteren Rand angefügte Beschriftungsteil, daß die Karte SARGONS Eroberungen von Sumer und Akkad (2400 v.Chr.) verdeutlichen soll. SARGON I., erster Herrscher der *Dynastie von Akkad*, regierte etwa von 2350-2295 v.Chr.. Bachmann verweist darauf, daß die Alten zunächst ihr eigenes Land schlechtweg als „die Erde" betrachten. Die Darstellung soll dann jedoch nicht eine „vermessene" Wiedergabe des Darstellungsgegenstandes sein, sondern eine Übersicht von etwas *Gewußtem* oder *Vorgestelltem* über diesen Darstellungsgegenstand (also der Erde). Die Babylonische Erdkarte, das babylonische „Weltbild", zeige in der inneren Kreisfläche das Reich Babylon. *Norden* ist in der Original-Karte *unten*, dort wo aus den armenischen Bergen der Euphrat herkommt, der in Form einer Doppellinie durch die Stadt Babylon fließt, die als Rechteck gekennzeichnet ist. Der Euphrat mündet sowohl in den durch einen dunklen Bogen markierten Persischen Golf, als auch in ein Sumpfgebiet, welches durch ein längeres Rechteck angedeutet ist. Einige eingefügte Kreise kennzeichnen die großen Tempelstädte des Reiches. Das Ganze ist sodann von einem breiten Ring umgeben, dem „Weltmeer". Jenseits des Ringes sind noch vier Bereiche besonders hervorgehoben.

● War dieses „Weltbild" schon das Weltbild der damaligen Babylonier um 2400 v.Chr. (wie Bachmann annimmt)?

➤ Nach SAMMET (1990) ist die Erde als flache Scheibe dargestellt mit Babylon als Stadt und Staat im Zentrum. Die (bekannte) Erde wird sodann mit einem Kranz entlegener Inseln umgeben, am inneren Rand des begrenzenden Meeres. Die nur teilweise erhaltene Beischrift (Legende) zu dieser Karte bezeichnet eine der entfernten Regionen als den Ort, „wo die Sonne nicht scheint". Vielleicht sei dies ein Hinweis auf die winterliche Dunkelheit der Polarregionen. Charakteristisch für die Babylonische Erdkarte bleibe, daß sie die älteren Weltbilder mit den kartographischen Techniken ihrer Zeit zu bestätigen suche. Die Darstellung des Weltbildes sei nicht allein spekulativ, sie versuche zugleich aus der Vogelschau nach einer Bestätigung der realen Welt. Die Erde wird aufgefaßt als eine in ihrem Zentrum bewohnte, an den Grenzen aber unzugängliche Scheibe.

Die kartographische Darstellung mit *Begrenzung durch zwei Kreislinien* gilt heute vielfach als älteste bisher aufgefundene kartographische Darstellung der damals bekannten (dem Autor bekannten) Erde (Erdkarte).

Die griechisch-hellenistische Welt
700 v.Chr. bis 300/500 n.Chr.

Die *griechisch-hellenistische Antike* gilt allgemein als jener Zeitabschnitt, an dessen Anfang die Mathematik und die Naturwissenschaft entstand, im Sinne eines nach gewissen logischen Regeln aufgebauten Systems. Es vollzog sich in diesem Zeitabschnitt der Übergang von der Sammlung und Sichtung von Naturerscheinungen sowie der Aneignung von Erfahrungen zur Suche nach den Ursachen der Erscheinungen und dem Aufbau von Erklärungsmustern in Form strukturierten Wissens (SCHLOTE 2002). Der geographische Ort dieses Wandels waren die griechischen Siedlungen an der Küste Kleinasiens, auf den ägäischen Inseln und auf dem griechischen Festland.

Etwa ab dem 4. Jahrhundert n.Chr. verlor Griechenland als Staat zunehmend an Bedeutung. Die Bürger sahen den Staat mehr oder weniger nur in ihrer Stadt, statt in der gesamten Volksgemeinschaft. Der griechische Geist lebte jedoch weiter, eroberte sich durch ALEXANDER den Großen das *Morgenland*. Später eroberte sich dieser Geist auch das *Abendland*. Da so in vielen Gebieten die geistige Haltung *hellenisch* wurde, kann die Zeit ab Alexander als Zeit des *Hellenismus* bezeichnet werden (STEUDEL 1933). Alexander der Große stirbt 323 n.Chr. und auch sein Großreich zerfällt kurz danach. Mit der Schließung des letzten großen Zentrums der antiken Wissenschaft, der Akademie in Athen im Jahre 529 n.Chr. endet die griechisch-hellenistische Antike (SCHLOTE 2002).

Zeit v.Chr.	
760	In Griechenland und Kleinasien beginnen **Kolonisationsbewegungen**. Große Teile der Küsten des Mittelmeeres und des Schwarzen Meeres werden von Griechen in Besitz genommen.
um 700	Der griechische Dichter **Hesoid** aus Böotien verfaßt die Werke „Theogonie" (Entstehung der Götter und der Welt) sowie „Werke und Tage".
um 600	Zarathustra (auch Zoroaster) (660-583) begründet die Religion der Parsen (der alten Iraner) ● **Thales** aus Milet (624-544) ● **Anaximander** aus Milet (um 611-546) ● **Anaximenes** aus Milet (um 585-um 525) ● **Pythagoras** aus Samos (um 570-um 500)
559	KYROS II. eint die beiden wichtigsten iranischen Völker: Perser und Meder.

○ *Persisches Großreich*
Unter weiteren Herrschern, insbesondere KAMBYSES II. (Regierungszeit 529-522) und DAREIOS I. (Regierungszeit 521-486), entsteht das Persische Großreich, das sich um 480 von Indien bis Griechenland und von Zentralasien bis zum Mittellauf des Nil erstreckt. Nach Ermordung DAREIOS III. (Regierungszeit 336-330) fällt das Perserreich an Alexander den Großen

>Die Benennung *Vorderasien* kennzeichnet den südwestlichen Teil Asiens und umfaßt *Kleinasien*, Armenien, Persien und Arabien. Die heute gebräuchlichen Benennungen "naher Osten" und "mittlerer Osten" enthalten keine geographisch-eindeutige Aussage. Hier werden daher und im Hinblick auf die frühere Geschichtsschreibung die Benennungen Kleinasien und Vorderasien benutzt.

um 500	In Indien entwickelt Gautama **Budda** (der Erleuchtete) (ca 560-483) eine Sittenlehre.
um 500	In China entwickelt der Philosoph **Konfuzius** (551-479) eine Sittenlehre.
4./3. Jh.	In China entwickelt der Philosoph **Laotse** eine Sittenlehre (im 4. oder 3. Jahrhundert, nicht 6. Jh.)
nach 500	HERODOT aus Halikarnass (ca 500-424), Geschichtsschreiber der Antike (CICERO nannte ihn „Vater der Geschichte")
457	Beginn der Peloponnesischen Kriege.
	Zu den Stadtstaaten Griechenlands gehören Hunderte von Kolonien, verstreut über 3000 km Küstenland von Spanien bis zum Schwarzen Meer. Die Peloponnesischen Kriege |457-451| |431-421| |418-404| sind nach SCHILLING (1933) der zunächst mißlungene Versuch, einen griechischen Einheitsstaat zu schaffen; Hellas erlebt aber bei tiefster politischer Zerrissenheit eine kulturelle Blütezeit: so beginnt mit dem Tragiker AISCHILOS (524-456) die Blütezeit des griechischen Dramas, mit den Philosophen ANAXAGORAS (500-428), EMPEDOKLES (492-434) und LEUKIPP (500-420) die selbständige wissenschaftliche Denkweise; auch Malerei und Bildhauerei beginnen sich zu entfalten. Im Zeitabschnitt 404-336 wird Makedonien griechische Vormacht.
402	Als offizielle Grundlage der *griechische Schriftsprache* wird das aus 24 Buchstaben bestehende milesische Alphabet festgesetzt. Durch Schaffung von Zeichen für ihre Vokalphoneme hatten die Griechen ein in der Geschichte der Schrift höchst bedeutsames Ziel erreicht: Sie besaßen eine Schrift, die fast alle Phoneme ihrer Sprache hinreichend deutlich wiedergab (WENDT 1961). Sie gilt

336	als erste reine *Lautschrift*. ALEXANDER DER GROßE (Regierungszeit 336-323), Schöpfer des ○ *Griechischen Großreiches* Als 20jähriger (von ARISTOTELES erzogen) besteigt Alexander den Thron von Makedonien, baut sein Großreich auf, erobert Kleinasien, besiegt den persischen Großkönig DARIUS III., nimmt Ägypten ein, erobert Mesopotamien und zieht durch Persien, Baktrien und Afghanistan bis zum Indus. In dem von Alexander geschaffenen Griechischen Großreich verbreitet sich die griechische Kultur. Griechisch wird im ganzen östlichen Mittelmeerraum gesprochen, die griechische Kunst erreicht Indien, der griechische Handel zieht sich durch Persien und verbindet die Mittelmeermacht mit China. In Alexandria (Ägypten) entsteht eine große Bibliothek. 323 v.Chr. stirbt Alexander (33 Jahre alt). Nicht lange danach zerfällt sein Großreich in drei Teile. *Rom hatte inzwischen die Führungsrolle in Europa übernommen.* ● **Eudoxos** aus Knidos (um 400-um 347) ● **Aristoteles** aus Stagira (384-322) ● **Aristarchos** aus Samos (um 310-um 230) ● **Eratosthenes** aus Kyrene (um 284-um 202) ● **Kleomedes** (2. Hälfte 1.Jh. v.Chr.) ● **Krates** aus Mallos (?)
275	Rom besiegt die Griechen in Süditalien.
264	Beginn der Punischen Kriege: Römer ↔ Phönizier (Punici: römische Benennung für die Phönizier).
146	Das phönizische Karthago von Rom erobert.
1.Jh.	Der *Atlas Farnese* als Träger einer Himmelskugel. Einziger Himmelsglobus, der aus der Antike überkommen ist. Er gilt als ältester, erhaltener **Himmelsglobus**. Die Statue wurde 1575 bei Grabarbeiten in Rom gefunden und ist vermutlich eine römische Kopie des griechischen (?) Originals. Größe der Statue 1,91 m, Globusdurchmesser 65 cm. Sternbilder und Haupthimmelskreise sind als Hochrelief herausgearbeitet. Die Statue war im Besitz des italienischen Fürstengeshlechts FARNESE und befindet sich heute in Neapel, Museo Nazionale (FAUSER 1967).
48	Julius CÄSAR (100-44), Alleinherrscher des ○ *Römischen Großreiches.*
46	Der Julianische Kalender (Abschnitt 3.1.01) wird eingeführt.
27	Kaiser AUGUSTUS regiert von 27 v.Chr. bis 14. n.Chr.

um 7	**Jesus** aus Nazareth, **Christus**, in Bethlehem geboren. Stifter der *christlichen Religion*. Gekreuzigt in Jerusalem 30 n.Chr.(?) Mit seiner Geburt beginnt die **abendländische** oder **christliche Zeitrechnung**. Durch einen Rechenfehler des Abtes Dionysus, der 525 n.Chr. die christliche Zeitrechnung begründet, fällt das Jahr 1 n.Chr. *nicht* mit dem Geburtsjahr von Jesus zusammen. Ein Jahr 0 gibt es nicht. Dem Jahr 1 v.Chr. folgt das Jahr 1 n.Chr. Bezüglich Kalender siehe Abschnitt 3.1.01.
Zeit n.Chr. um 10	**Strabo** aus Amaiseia (auch Strabon) (63/64 v.Chr.-nach 23 n.Chr.), griechischer Geograph, unternimmt ab 44 v.Chr. zahlreiche Reisen durch Kleinasien, Griechenland, Italien, Ägypten. Erstellt um 10 n.Chr. eine teilweise überarbeitete Fassung seiner um 7 v.Chr. niedergeschriebenen *Geographica* an, die er um 18 n.Chr. abschließt und später auf 17 Bände erweitert.
um 110	**Marinos von Tyros** (Ende 1.Jh./Anfang 2.Jh.), entwickelt eine mathematische Theorie über das Netz der Meridiane und Breitenkreise sowie deren Abbildung durch eine Zylinderabbildung.
152	● **Claudius Ptolemäus** (um 100-um160), griechischer Astronom und Geograph. Unter dem vorgenannten Namen ist er bekannt, obwohl sein richtiger Name lautet: *Ptolemaio Klaudios*. Sein Vorname hat den Familiennamen völlig überdeckt und ist der Nachwelt zum Begriff geworden. Ptolemäus (vermutlich in Oberägypten geboren) ist in Alexandria tätig. Er begründet das später nach ihm benannte Ptolemäische Weltbild und gibt, neben anderen, eine Theorie des Kartenzeichnens. Sein Werk: *Geographische Anleitung zur Anfertigung von Karten* wird später als die **Geographie** oder Kosmographie des Ptolemäus bezeichnet.

Die Vorstellung der Erde als „Scheibe"

Um 580 v.Chr. versucht THALES, der erste griechische Naturphilosoph, ein den herrschenden mythischen Vorstellungen entgegengesetztes Weltbild zu schaffen. Nach ihm ist das *Wasser* der Urstoff und der Ursprung des Wirklichen. Die Erde ist in seiner Sicht eine auf dem Meer schwimmende *Scheibe*, der die Himmelskugel aufsitzt. Thales gilt als Begründer der ionischen Naturphilosophie.

Um 550 v.Chr. stellt der Thales-Schüler ANAXIMANDER seine Kosmogonie in dem Werk *Über die Natur* dar, dem ersten griechischen Buch zur Naturphilosophie. Der Kosmos sei geometrisch strukturiert. Die Erde wird von ihm als freischwebend in der

Himmelkugel angesehen. Die *zylinderförmige* Erde, deren Höhe 1/3 des Durchmessers betrage, sei auf einer der gegenüberliegenden *Grundflächen* belebt. Erde und Sonne seien gleichgroß. Die Schiefe der Ekliptik (Abschnitt 3.1.01) soll von ihm erkannt worden sein. Anaximander hat vermutlich einen Himmelsglobus und eine Erdkarte erstellt. Er gilt als Begründer der griechischen Kartographie und der astronomischen Sphärentheorie.

Um 530 v.Chr. geht ANAXIMENES, ein Schüler des Anaximander, davon aus, daß alle Dinge aus Verdichtungen und Verdünnungen der Luft entstehen. In seiner Kosmogenese unterstellt er dies auch für die Entstehung der Erde, wobei die Gestirne aus zu Feuer verdünnten Erdausdünstungen entstanden sein sollen. Die *flache* Erde könnte auf der Luft ruhen und Sonnenscheibe und Mondscheibe in der Luft schweben. Die Bewegung des Fixsternhimmels über der Erde erfolge jenseits von Mond und Sonne.

Die Vorstellung der Erde als Kugel
Um 529 v.Chr. gründet PYTHAGORAS in Kroton (Süditalien) eine wissenschaftliche Schule. Seine Philosophie, daß die Zahl das Wesen aller Dinge sei, führt zu einer quantitativen Betrachtung der Wirklichkeit.

Um 510 v.Chr. beginnt die *pythagoreische Schule*, beginnen die *Pythagoreer*, ein Modell der Planetenbewegungen zu entwickeln, indem die Erde nicht im Mittelpunkt dieser Bewegungen steht. Alle Himmelskörper haben dabei die Gestalt einer Kugel.

Um 365 v.Chr. stellt EUDOXOS die Krümmung der Land/Meer-Oberfläche fest und teilt den Himmel in Sternbilder ein.

Um 334 v.Chr. folgert ARISTOTELES aus der Theorie der Bewegung die Kugelgestalt der Erde und ihre Ruhelage im Weltmittelpunkt. Aristoteles gab als Beweise an: (1) Die Krümmung der Meeresoberfläche, (2) Die Veränderung der Sternhöhen bei verschiedener geographischer Breite, (3) Die unterschiedlichen Sonnenhöhen an Orten verschiedener geographischer Länge, (4) Der kreisförmige Erdschatten bei einer Mondfinsternis (BACHMANN 1965).

Um 270 v.Chr. vertritt ARISTARCHOS ein heliozentrisches Weltbild. Sonne und Fixsterne stehen still. Die Planeten einschließlich Erde kreisen um die Sonne. Die Erde rotiere täglich um ihre Achse. Die Fixsternsphäre ist wesentlich größer als die Erdsphäre.

Um 246 v.Chr. gibt ERATOSTHENES in seinem Werk *Geographika* eine geschichtliche Darstellung sowie eine Begründung und Darlegung der allgemeinen Geographie. Er wird Leiter der Bibliothek in Alexandria und beginnt mit wissenschaftlichen Vermessungen der Erdkugel (Berechnung des Erdumfangslänge).

Um 159 v.Chr. plädiert KRATES für die kugelförmige Darstellung der Erde. Er soll den ersten *Erdglobus* erstellt haben, aufgestellt in Pergamon. Im Mittelalter soll dieser Globus (unter anderem in Byzanz) aus Gold nachgebaut und mit dem christlichen Kreuz am Nordpol geziert worden sein, weil das Christentum die Erde beherrschen sollte. Der Reichsapfel des Römischen Reiches deutscher Nation sei ein getreues

Abbild dieses Globus, geziert mit dem christlichen Kreuz (BEHRMANN 1948). Um 152 v.Chr. ist für PTOLEMÄUS die Kugelgestalt der Erde eine Tatsache.

Rom und die römische Welt
395 n.Chr. Ende der Einheit des Römischen Großreiches

Aus einer kleinen Ansiedlung am Tiber entwickelt sich die mächtigste Stadt Italiens: Rom. Weitere kleine italienische Stämme leben in der Umgebung Roms, der Rest Italiens wird von Galliern, Etruskern, Griechen und Karthagern beherrscht. Rom gewinnt den Latinerkrieg und wird damit Herr über Mittelitalien (338 v.Chr.). Rom besiegt die Griechen in Süditalien (ca 275 v.Chr.). Rom beherrscht Italien, vom Rubikon (Fluß in Italien) bis zur Meerenge von Messina.

In den 3 Punischen Kriegen |264-241| |218-201| |149-146|v.Chr. stößt Rom bei weiteren Versuchen zur Ausweitung seines Einflusses auf die semitische Seemacht Karthago (erstmals auf Sizilien). Trotz einzelner Erfolge im zweiten Krieg (mit HANNIBAL als befähigtem Heerführer) wird Karthago im dritten Krieg endgültig von Rom in Besitz genommen. Makedonien wird römische Provinz (146 v.Chr.). Um 133 v.Chr. beherrscht Rom weitere Staaten am Mittelmeer und in Kleinasien. Die römischen Feldherren POMPEJUS, CRASSUS und Julius CÄSAR schließen sich als erstes Triumvirat zur Beherrschung des Staates zusammen. Crassus fällt im Krieg, Pompejus und Cäsar geraten in Streit. Ermutigt durch Siege in Gallien und seinem Angriff auf Britannien (54 v.Chr.) marschiert Cäsar mit seinen Legionen nach Rom. Pompejus flieht, Julius CÄSAR (100-44 v.Chr.) ist von 48-44 v.Chr. Alleinherrscher des römischen Staates. Der *Republik* folgt die *Monarchie*. Aus dem zweiten Triumvirat (Octavian, Antonius, Lepidus) erringt OCTAVIAN die Alleinherrschaft. Als Oberbefehlshaber des Heeres nimmt er den Titel Imperator an, er selbst bezeichnet sich als Princeps (erster Bürger im Staat). Die Mitglieder des Senats legen ihm den Titel "Augustus" bei. Kaiser AUGUSTUS regiert von 27 v.Chr. bis 14 n.Chr. Nach Augustus folgen weitere Kaiser, wie etwa Tiberius, Claudius, Vespasian, Trajan, Caligula, Nero.

Zeit v.Chr.	
3. Jh.	Die *lateinische Sprache* beginnt sich auszubreiten. Sie war ursprünglich auf die Bewohner des *Latiums* (Italien) begrenzt, aus denen die Römer hervorgingen. Das *lateinische Alphabet* stammt sehr wahrscheinlich aus dem etruskischen, das seinerseits auf das griechische Alphabet zurückgeht. Aus dem von der lateinischen Hochsprache (Schriftsprache) zunehmend abweichenden *Vulgärlatein* entwickelten sich die heutigen *romanischen Sprachen*:

Französisch, Spanisch, Portugiesisch, Italienisch, Rumänisch und andere. Ab dem 11. Jahrhundert n.Chr. ändert sich die Anzahl der Buchstaben des lateinischen Alphabets (von zunächst 24 auf schließlich 26) (FÖLDES-PAPP 1984). Von allen Schriften hat die *lateinische Schrift* die größte Verbreitung erlangt und diese Verbreitung schreitet noch immer fort (beispielsweise China), obwohl die lateinische Sprache als lebendige Sprache weitgehend erloschen ist.

275	Rom besiegt die Griechen in Süditalien
264	Punische Kriege (Rom↔Karthago)
146	Karthago von Rom erobert
48	Julius CÄSAR (100-44) Alleinherrscher des Römischen Großreiches
v./n.Chr.	Kaiser AUGUSTUS regiert von 27 v.Chr. bis 14 n.Chr.
117	Das *Römische Großreich* erreicht seine größte flächenhafte Ausdehnung

Bild 2.64
Das *Römische Großreich* in seiner größten Ausdehnung (117 n.Chr), erreicht unter Kaiser TRAJAN (53-117) (Regierungszeit 98-117). Jahreszahlen = Jahr des Erwerbs. Maßstab 1: 40 000 000. Das Großreich hat eine Flächengröße von rund 2 000 000 km² und umfaßt ca 120 000 000 Menschen verschiedener Abstammung, Sprache und Kultur. Quelle: EBELING (1954), verändert

180	Kaiser AUREL fällt bei Wien
	Mark AUREL (Marcus Aurelius) (121-180 n.Chr.) (Regierungszeit 161-180), der Gelehrte und Philosoph, fällt im Kampf gegen Germanen an der Donau bei der Grenzstadt des Römischen Reiches Vindo-

	bona (Wien).
311	Kaiser GALERIUS (um 242-311) (Regierungszeit 305-311 n.Chr.) verleiht den Christen Religionsfreiheit.
375	Einfall der Hunnen in Europa, Beginn der Völkerwanderung.
391	Kaiser THEODOSIUS I. der Große (um 347-395) (Regierungszeit 379-395 n.Chr.) erklärt das Christentum zur Staatsreligion, um die Reichseinheit zu fördern (Verbot aller heidnischen Kulte). Nach seinem Tod wird das Reich unter seinen Söhnen geteilt: ARCADIUS erhält den Osten, HONORIUS den Westen.
395	*Ende der Einheit des Römischen Großreiches.* Bildung eines *Weströmischen* und eines *Oströmischen* Reiches. Staatengründungen der Germanen auf römischem Reichsboden.
476	Ende des Weströmischen Reiches.
482	Aufbau des Frankenreiches beginnt.

Das Reich der Franken in Europa
482 - 843 n.Chr.
Karl der Große (768-814)

Das Weströmische Reich zerfällt. Die römische Kultur wird vor allem in christlichen Klöstern bewahrt. Die Christen bleiben weiterhin auf Rom ausgerichtet, aber nicht mehr auf den römischen Kaiser, sondern auf ihr Oberhaupt, den **Papst**. Der Überlieferung nach starb der Apostel Petrus als Bischof von Rom; den auf ihn folgenden Bischöfen fiel deshalb die Leitung der Kirche zu. Im Laufe der Zeit kam die Benennung Papst für den Bischof von Rom auf. Papst bedeutet soviel wie "Vater" und steht für das irdische Haupt der (heutigen Katholischen) Kirche.
Eroberungen und religiöse Bekehrungen führen zum Aufstieg des Frankenreiches. Die politische Einheit der in Norddeutschland und Nordfrankreich lebenden Franken wird hergestellt durch den Reichsgründer CHLODWIG I. (um 465-511) (Regierungszeit 482-511) aus dem Geschlecht der Merowinger. Die Eroberung weiterer Gebiete beginnt. Im Laufe der Zeit verlieren die folgenden rechtmäßigen Könige immer mehr Macht an die "Hausmeier" des merowingeschen Palastes, die wegen ihres Bekehrungseifers von den Päpsten Unterstützung erfahren. Karl MARTELL, (um 689-741), Hausmeier 714-741, besiegt 732 n.Chr. die eindringenden Araber bei Tours und Poitiers in Südfrankreich und drängt sie nach Spanien zurück.
KARL I. der Große (748-814) (Regierungszeit 768-814) ist der herausragende Herrscher des Frankenreichs (HÄGERMANN 2000). Er entstammt dem Geschlecht der Arnulfinger, nach Karl auch Karolinger genannt. Einziges kulturelles Bindeglied

zwischen den verschiedenen westeuropäischen Völkern ist das Christentum. Papst LEO III. festigt seine Bande mit den Karolingern und krönt Karl am ersten Weihnachtstag im Jahre 800 in Rom zum Kaiser KARL I. Papst Leo III. begründet mit der Kaiserkrönung Karls des Großen, daß das *Kaiserkrönungsrecht für christliche Herrscher* der Kirche, dem Papst zukomme. Karl der Große nennt sich "König der Franken und der Langobarden", bezeichnet sich nicht als "Römischer Kaiser" und betont, daß er "von Gott gekrönt sei" und das "Römische Reich regiere" (BRAUNFELS 1982).

Bild 2.65
Das *Frankenreich*, das Reich Karls des Großen, 814 n.Chr. Mit der Kaiserwürde (800 n.Chr.) erhielt Karl auch die Oberhoheit über das Patrimonium Petrie (Kirchenstaat). Gestreift: Fränkische Einflußgebiete. Pfeile: Vorstöße unter Karl dem Großen. Gestrichelt: Grenzen der Teilung des Reiches gemäß Vertrag von Verdun 843 n.Chr. Quelle: HARENBERG (1983), verändert

Karls Reich bricht bald nach seinem Tode (gestorben in Aachen) auseinander. Im Vertrag zu Verdun erhalten Teile des Reiches seine Enkel:
LOTHAR I. (795-855) erhält die Kaiserwürde und das Mittelreich (Italien, Burgund und Gebiete am Rhein mit Aachen, Mainz, Frankfurt und Rom).
KARL II. der Kahle (823-877) erhält Westfranken.
LUDWIG der Deutsche (um 805-876) erhält Ostfranken (das spätere Deutschland).

Zeit n.Chr.	
482	*Aufbau des Frankenreiches beginnt.*
	● **Kosmas Indikopleustes** (im 6. Jh.)
	● **Isidor von Sevilla** (um 560-636)
	● **Jacobus von Edessa** (um 640-708)
	● **Geograph von Ravenna** (anonymer Autor) (um 700)
732	Karl MARTELL drängt die Araber aus Südfrankreich nach Spanien zurück
768	KARL der Große, Regierungszeit 768-814, herausragender Herrscher des Frankenreiches
800	Kaiserkrönung KARL I. des Großen in Rom durch Papst LEO III.
843	*Teilung des Frankenreiches*

Die Vorstellung der Erde als Scheibe

Nach 525 reist der griechische Kaufmann und Geograph KOSMAS INDIKOPLEUSTES (gr."Indienfahrer") aus Alexandria, von Ägypten über das Rote Meer nach der äthiopischen, ostafrikanischen, persischen und indischen Küste sowie nach Ceylon. Als Mönch beschreibt er diese Reise in seinem Werk *Topographia Christiana* in 12 Bänden (535-547) (KRÄMER 1953). Es wird vermutet, daß sein wirklicher Name *Konstantin von Antiochien* ist (BAGROW/SKELTEN 1963). Er vertritt die Vorstellung, daß die Erde die Gestalt einer *Scheibe* habe und sagt: "Was nützt uns jegliche Erkenntnis der Erde, wenn wir dadurch in unserem Glauben nicht weiterkommen" (BEHRMANN 1948).

Der anonyme GEOGRAPH VON RAVENNA verfaßt eine Kosmographie (in 5 Bänden) und fügt ihr eine Erdkarte bei. Die Erde nimmt er als *Scheibe* an (SCHLOTE 2002).

Die Vorstellung der Erde als Kugel

ISIDOR VON SEVILLA (auch SAN ISIDORE), Kirchenlehrer und ab 600 Bischof von Sevilla (Spanien, damals westgotisch). Sammler und Vermittler antiken Geistesgutes. Autor einer Kosmographie *De natura rerum*. Sein Werk *Etymologiarum sive Originum libri XX* (eine Art Lexikon der Begriffe in 20 Bänden) soll die mittelalterliche Kosmographie stark beeinflußt haben (GERICKE 2003, BAGROW/SKELTON 1963

S.498).
Bischof JACOBUS VON EDESSA vertritt die Vorstellung, daß die Erde die Gestalt einer *Kugel* habe (BAGROW/SKELTEN 1963 S.52).

Oströmisches Reich - Byzantinisches Reich
Frühbyzantinische Zeit
Entstehung des mittelbyzantinishen Reiches
Machtentfaltung des mittelbyzantinischen Reiches 867-1025
Niedergang des mittelbyzantinischen Reiches 1025-1204
Zerfall und Ende des Oströmischen Reiches 1453

Unter Kaiser KONSTANTIN I., dem Großen, war 330 n.Chr. **Byzantinum** unter Umbenennung in **Konstantinopel** *christliche* Hauptstadt des Römischen Reiches geworden, im bewußten Gegensatz zum *heidnischen* Rom (das als 2. Hauptstadt galt). Nach dem Tode von Kaiser THEODOSIUS I. (395 n.Chr.) wurde das Römische Reich geteilt in *Oströmisches Reich* und *Weströmisches Reich*. Theosoius Sohn HONORIUS erhielt den Westen, sein Sohn.ARCADIUS erhielt den Osten.

Im 6. Jahrhundert waren die Stürme der Völkerwandung über Rom und das Weströmische Reich hinweggegangen. 476 n.Chr. wurde der letzte weströmische Kaiser entthront, was zugleich das Ende des Weströmischen Reiche bedeutete. Das Oströmische Reich (Griechenland, Kleinasien, Syrien und Ägypten) bestand dagegen noch jahrhundertelang weiter.

Zwischendurch hatte zwar Kaiser JUSTINIAN (527-565) die Einheit des Römischen Reiches noch einmal hergestellt, die nach seinem Tode jedoch rasch wieder zerfiel. Rom (Westeuropa) und die alte griechische Kolonistenstadt Byzanz beschritten verschiedene Wege: im Westen entstanden einzelne Königreiche und eine davon getrennte selbständige Kirche, im Osten übernahmen die vom lateinisch sprechenden Westen abgetrennten Byzantiner in zunehmendem Maße eine griechische und orientalische Lebensweise. Justinians Gesetze waren noch in *lateinischer* Sprache verfaßt, aber alle nach seinem Tode hinzugefügten Gesetze sind in byzantinischer Amtssprache, in *griechischer* Sprache geschrieben (HUXLEY 1972).

Byzanz beziehungsweise Konstantinopel war durch Handel reich und damit verlockende Beute für Nachbarvölker geworden. Arabische Eroberer setzten sich in Syrien, Ägypten und Nordafrika fest. Das Byzantiner Reich war zwar dadurch kleiner geworden, erreichte dennoch (nach 867) unter der mazedonischen Dynastie einen beachtlichen Gipfel von Macht und Wohlstand. Sogar Kleiasien und Syrien wurden zurückerobert. Nach dem Tod des letzten mächtigen mazedonischen Kaisers, BASILOS II. (976-1025), bedrohten jedoch neue Feinde das Reich: die *Seldschuken* brachen in

Kleinasien ein, die *Normannen* griffen von Sizilien aus Süditalien an. Das Byzantinische Reich, das eine hohe Kultur hervorgebracht hatte, verfiel mehr und mehr. In byzantinischer Kultur und Religion liegen die Ursprünge der meisten heutigen Völker in Osteuropa (HUXLEY 1972).

Zeit n.Chr.	
	Die frühbyzantinische Zeit:
395	Ende der Einheit des Römischen Großreiches, Bildung eines *Weströmischen* und eines *Oströmischen* Reiches.
438	In Byzanz (= Konstantinopel), der Hauptstadt des Oströmischen Reiches, wird eine Gesetzessammlung angelegt (*Codex Theodosianus*). 528 erfolgt mit dem *Codex Justianus* und dem *Corpus juris civilis* eine Zusammenstellung des grundlegenden römischen Rechts.
537	In Konstantinopel wird die Sophienkirche (*Hagia Sophia*) errichtet.
	Entstehung des mittelbyzantinischen Reiches
610	Unter HERAKLEIOS (Titel: Basileus statt Imperator) (Regierungszeit 610-641) wird die griechische Sprache Amtssprache.
800	KARL der Große wird in Rom von Papst LEO III mit der *Kaiserkrone zum Imperator der Römer* gekrönt, wodurch er vom fränkischen König zum römischen Kaiser und christlichen Herrscher wird, der für den Schutz des christlichen Glaubens verantwortlich ist.
812	Der byzantinische Kaiser MICHAEL I. (Regierungszeit 811-813, wurde gestürzt) erkennt Karls Kaisertitel an.
867-1025	**Machtentfaltung des mittelbyzantinischen Reiches:**
nach 963	Im griechischen *Athosgebirge* entstehen *Klöster*, die große kulturelle Bedeutung erlangen.
976	Der Gipfel der byzantinischen Machtentfaltung wird erreicht während der Regierungszeit (976-1025) von Kaiser BASILIUS II. (auch Basileios) (um 956-1025). Durch die Heirat seiner Schwester mit dem russischen Großfürsten WLADIMIR (989) breitet sich der orthodoxe Glaube in Russland aus. Die russische Kirche wird dem Patriarchen von Konstantinopel unterstellt.
1025-1204	**Niedergang des mittelbyzantinischen Reiches:** Durch Feudalisierung wird die fiskalische und militärische Grundlage des Reiches untergraben.
1054	Wegen des Universalanspruchs zerbricht die römische Kirche (Großes Schisma). Es kommt zur Trennung in **griechisch-orthodoxe Kirche** (Ostkirche) und **römisch-katholische Kirche**

1071	(Westkirche). Die *Seldschuken* (altürkische Dynastie in Vorderasien) erobern Kleinasien (und Jerusalem).
1096	Beginn des Durchzuges der *Kreuzfahrer* durch das Reich und Gründung von *Kreuzfahrerstaaten*.
1203	Erste Eroberung Konstantinopels durch Kreuzfahrer.
1204	Zweite Eroberung, Errichtung des *Lateinischen Kaiserreiches* (1204-1261).
um 1250	● **Nicephorus Blemmides** (um 1197-1272) ● **Gregoras Nikephoros** (1295-1359)
1422	**Zerfall und Ende des Oströmischen Reiches:**
1453	Erste osmanische Belagerung von Konstantinopel Konstantinopel wird schließlich von den *osmanischen Türken* unter Muhammad II.(Regierungszeit 1451-1481) erobert. Der letzte byzantinische Kaiser, KONSTANTIN XI., Dragases Palaiologos (1404-1453) (Regierungszeit ab 1449), fällt bei der Verteidigung der Stadt. Der Fall der einst als uneinnehmbar geltenden Hauptstadt bedeutete den *Untergang des Oströmischen* beziehungsweise *Byzantinischen Reiches*. Konstantinopel (das heutige Istanbul) wird nun die Hauptstadt des *Osmanischen Reiches*. Die Hagia Sophia wird in eine Moschee umgewandelt.

● Die „Geographie" des Ptolemäus
Der griechische Text der ptolemäischen Geographie „Geographische Anleitung zur Anfertigung von Karten" ist in mehreren Kopien überliefert, die jedoch erst aus dem letzten Jahrhunderten des byzantinischen Kaiserreichs stammen.

Mit seinem Werk „Geographische Anleitung zur Anfertigung von Karten" legte Ptolemäus Grundsätze für das Anfertigen von Karten fest. In späterer Zeit wird das Werk vielfach als „Geographie" des Ptolemäus bezeichnet. Die „Geographie", wie sie uns bisher bekannt ist, gilt heute als ein *Sammelwerk*, das im Laufe der Jahrhunderte zusammengefügt wurde und mindestens von drei Zeichnern stammende Karten enthält (BAGROW/SKELTON 1963).

Die ältesten überlieferten Handschriften reichen ins 11. beziehungsweise 10 Jh. zurück. Der byzantinische Mönch Maximos PLANUDES (1260-1310) entdeckte eine Handschrift der „Geographie" und erwarb sie. Ein weiteres Manuskript befindet sich im Kloster von Vatobedi auf dem Berg Athos (BAGROW/SKELTON 1963). Um 1365 waren die Türken bis zu den Dardanellen vorgedrungen. Zahlreiche Flüchtlinge aus Konstantinopel strömten in Richtung Westen und mit ihnen gelangte eine große Anzahl byzantinischer Handschriften auf diese Wege nach Italien, darunter auch eine

Handschrift der „Geographie". Der byzantinische Gelehrte Emanuel CHRYSOLORAS (ca 1335-1415), in dessen Hände sie gelangt war, begann sie in die *lateinische* Sprache zu übersetzen. Sein Schüler Jacobo D'ANGELO (Jacobus Angelus) beendete 1406 die Übersetzungsarbeiten.

Nach dem Fall von Byzanz (1453) fand der Eroberer, der türkische Sultan Muhammad II., in der von byzantinischen Herrschern hinterlassenen Bibliothek eine Handschrift der „Geographie" (BAGROW/SKELTON 1963).

Inzwischen ist uns die „Geographie" aus 52 verschiedenen Manuskripten bekannt. Ein solches Manuskript der „Geographie" befindet sich in der Bibliothek des Vatikan (Vat.Gr.177) und zwar jenes, das der byzantinische Mönch Maximos PLANUDES damals aufgekauft haben will.

Die Vorstellung der Erde als Kugel

Um 1250 n.Chr. verfaßt NICEPHORUS BLEMMIDES (um 1197-1272) eine Schrift über die *Kugelgestalt* der Erde sowie die *Größe* der Erde (SCHLOTE 2002). Er soll Karten aus der „Geographie" kopiert haben (vielleicht auch eine Handschrift-Kopie der „Geographie" gefertigt?).

Der byzantinische Historiker und Kommentator der „Geographie" GREGORAS NIKEPHOROS (1295-1359) fertigt vermutlich eine Handschrift (-Kopie) der „Geographie" sowie eine vierblättrige Erdkarte (BAGROW/SKELTON 1963).

Zusammenhang zwischen religiöser und politischer Macht um 800 n.Chr. im eurasisch-nordafrikanischen Raum

Wegen des Universalanspruchs zerbricht die römische Kirche (Großes Schisma). Es kommt zur Trennung in **römisch-katholische Kirche** (Westkirche) mit *Rom* als Zentrum und in **griechisch-orthodoxe Kirche** (Ostkirche) mit *Konstantinopel* als Zentrum. Im Rahmen dieser Entwicklung setzt sich das *Christentum* immer wieder mit Fragen der *Orthodoxie* (Rechtgläubigkeit) auseinander. Im 7. Jahrhundert werden die Patriarchen von Antiochia, Alexandria und Jerusalem durch die Eroberungen der Araber von den anderen Christen gebietsmäßig getrennt. Der Patriarch von Konstantinopel wird oberster Bischof der Ostkirche. Heute ist die griechisch-orthodoxe Kirche die größte der orthodoxen Kirchen, die im byzantinischen Reich entstanden sind. Die anderen Kirchen dieser Richtung bildeten sich zu *Nationalkirchen* um, als ihre Staaten von Byzanz unabhängig wurden (HUXLEY 1972).

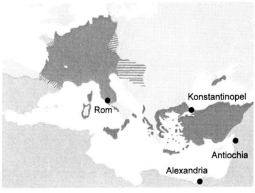

Bild 2.66
Glaubensbekenntnisse in verschiedenen Regionen.
Die Karte zeigt
(a) das *katholische* Reich Karls des Großen (mit Rom),
(b) das *orthodoxe* byzantinische Reich (mit Konstantinopel),
(c) das Gebiet der *islamischen* Herrschaft (mit Antiochia und Alexandria). Das letztgenannte Gebiet enthält Inseln von orthodoxen Gläubigen.

In der Welt der arabischen Sprache
Naturwissenschaft im eurasisch-nordafrikanischen Raum
600 - 1000 n.Chr.

Die Benennung *Araber* steht hier für das Wirken von Persern, Syrern und Angehörigen anderer Völker. Da sich die meisten der Gelehrten und Wissenschaftler dieses Kulturkreises der *arabischen Sprache* bedienten, seien sie hier unter dieser Benennung zusammengefaßt. Eine arabische *Schriftsprache* entwickelte sich am Ende des 7. Jahrhunderts. Ein erster Anstoß dazu stamme vom Kalifen Abd al-Malik. Er führte Arabisch als offizielle Kanzleisprache ein (BAGROW/SKELTON 1963) . Zuvor habe Abu-l-Aswad al Duali (? - 688 ?) eine Reform des arabischen Alphabets durchgesetzt, um es dem arabischen Lautbestand anzupassen. Bis zu diesem Zeitpunkt hätten die arabischen Schriftzeichen den syrischen Lauten entsprochen.

Zeit n.Chr.	
um 600	Arabien war dieser Zeit in feindliche Beduinenstaaten aufgesplittert. In kommenden Zeitabschnitt von weniger als 100 Jahren wurden die Stämme zum mächtigen Arabischen Reich vereint, bewirkt durch einen einzelnen Mann - MOHAMMED - mit einer neuen Religion, dem **Islam** (arab. „Hingebung") (HUXLEY 1972) MOHAMMED (arab. Muhammad, der „Gepriesene") (um 570 - 632), Stifter des Islams. Im **Koran** schreibt Mohammed seine Offenbarungen nieder.
622	MOHAMMED wandert von Mekka nach Medina aus. In diesem Jahr beginnt die *islamische Zeitrechnung*: *Hedschra* (arab. „Loslösung").
632	MOHAMMED gestorben. Die Araber erobern:
635	Damaskus (wird bis 750 Sitz der Kalifen)
637	Persien
642	Alexandria
646	Kalif Abd al-Malik (646-705 n.Chr.) Die Araber erobern ferner:
664	Kabul
674	Buchara
711	Südspanien
	In diesem vergleichsweise kurzen Zeitabschnitt hatten die Araber mithin einen großen Teil der damaligen Kulturwelt erobert. Dort beggegneten sie der griechischen, persischen und indischen Wissenschaft (GERICKE 2003). Das Wort „Islam" kennzeichnet nun-

	mehr eine Religion und ein mächtiges Reich, das *Arabische Reich*, das flächenmäßig größer ist, als das Römische Reich je war (HUXLEY 1972).
754	Kalif al-Mansur (Kalif 754-775), während seiner Regierungzeit wird 763 Bagdad die Hauptstadt des Abbasidenreiches (Dynastie der Abbasiden, 750-1258)
786	Kalif Harun al-Rashid (Kalif 786-809)
813	Kalif al-Ma'mun (Kalif 813-833)
827	Die Araber erobern Sizilien.
929	Das Kalifat Cordoba in Spanien wird selbständig.
970	In Kairo wird die *Universität al-Azhar* gegründet. Sie ist eine der beiden im arabischen Großreich geschaffenen Universitäten.
	● **Abu r-Raihan Muhammad ibn Ahmad al-Biruni** (973-1048)
1026	Die Araber erobern den Nordwesten Indiens.
1065	In Bagdad wird eine *Hohe Schule* gegründet, die zum Mittelpunkt arabischer Wissenschaft wird.

● *Zur Übersetzung*
  griechisch-hellenistischer wissenschaftlichen Werke
  in die arabische und lateinische Sprache

Die *griechische Sprache* läßt sich über einen sehr langen Zeitabschnitt (fast 3000 Jahre) zurückverfolgen und ist damit die älteste bekannte europäische Sprache (Schriftsprache). Die Entwicklung kann in vier Zeitabschnitte unterteilt werden (WENDT 1961): *Altgriechisch* bis 300 v.Chr.
  Koine (a) von 300 v.Chr. bis 0
       (b) von 0 bis 300 n.Chr. (In dieser Sprache ist das *Neue Testament* verfaßt)
  Mittelgriechisch 300-1453 n.Chr.
  Neugriechisch ab 1453 n.Chr. bis zur Gegenwart

Die *arabische Sprache* entstand ursprünglich in Arabien. Das *Altarabisch* umfaßte das Süd- und das Nordarabisch, die sich mehr oder weniger nur durch eine Fülle von Dialekten unterschieden. Am Ende des 5. Jahrhunderts n.Chr. entstand eine sogenannte *Sprache der Dichter*, die mehr nördliche Dialekte einschloß. Der *Koran* ist in dieser neugebildeten Sprache verfaßt, die sich in nachfolgenden Generationen zu einer klassischen, durch islamische Grammatiker von Dialektmerkmalen gereinigte Sprache heranbildete. Die heutigen arabischen Dialekte gehen auf die altarabischen zurück und umfassen etwa 5 Hauptgruppen (MEL 1971):

Arabien-Arabisch
Irakisch-Arabisch
Syrisch-Libanesisch-Palästinensisch-Arabisch
Ägyptisch-Arabisch
Nordafrikanisch- oder Maghrebinisch-Arabisch.

GERICKE (2003) gibt in seiner geschichtlichen Darstellung der Mathematik im Abendland (von den römischen Feldmessern bis zu Descartes), insbesondere zur Aneignung der griechischen und arabischen Wissenschaft durch die Westeuropäer folgende Anmerkungen zur Übersetzung griechischer und arabischer wissenschaftlicher Werke in die *lateinische* Sprache:

635 n.Chr. eroberten die Araber Damaskus (es wurde zunächst die Hauptstadt der *Kalifen*, der Stellvertreter beziehungsweise Nachfolger des Propheten Mohammed), 637 eroberten die Araber Persien, 642 Alexandria, 664 erreichten sie Kabul, 674 Buchara, 771 setzten sie bei Gibraltar nach Spanien über. In wenigen Jahrhunderten hatten sie mithin einen großen Teil der damaligen Kulturwelt erobert, in der sie der griechischen, persischen und indischen Wissenschaft begegneten. Sowohl Herrschende (die Kalifen, wie etwa al-Mansur, Harun al-Rashid, al-Ma'mun), als auch Kaufleute und andere Bürger des Kalifenreichs *förderten Übersetzungen* solcher wissenschaftlichen Werke in die arabische Sprache. Nach Gericke waren

um **900 n..Chr.** nahezu sämtliche griechischen Klassiker der Mathematik (wie die Elemente des Euklid, der Almagest von Ptolemäus und andere) als gute Übersetzungen in *arabischer Sprache* verfügbar. Vielfach haben die Übersetzer die griechischen wissenschaftlichen Ansätze eingehend durch- und ausgearbeitet sowie auch Kommentare zu den Arbeiten geschrieben oder eigene Erkenntnisse hinzugefügt.

Westeuropa hat die griechisch-sprachigen Werke also vielfach *zuerst* aus arabisch-sprachigen Übersetzungen kennengelernt, die entweder gelesen werden konnten oder anschließend in die lateinische Sprache übersetzt wurden. Einige griechische Werke seien auch heute noch nur in arabisch-sprachiger Übersetzung verfügbar.

Das Bekanntwerden der Hauptwerke der griechischen Wissenschaft in Westeuropa begann nach Gericke im 11. Jahrhundert, zunächst also auf dem Wege über die Araber.

Justinian I., der Große (482-565 n.Chr.), der letzte *römische* Kaiser in Byzanz, hatte im Rahmen seines Kampfes gegen das Heidentum 529 n.Chr. die *Philosophenschule* (*Akademie*) in Athen geschlossen. Die *Alexandrinische Bibliothek*, die bedeutendste Bibliothek der Antike (im 3. Jahrhundert v.Chr. angelegt), war teilweise um 273 v.Chr. und mehr oder weniger ganz 390 n.Chr. zerstört worden. Einen großen Teil der erhaltenen gebliebenen Bestände hat dann Kaiser Justinian I. nach Konstantinopel überführt. Im 11. Jahrhundert fielen den Christen bei der Rückeroberung *Spaniens* große *arabische Bibliotheken* in die Hände, wie etwa in Toledo (erobert 1085 n.Chr.).

Ein Großteil der arabischen wissenschaftlichen Literatur, einschließlich der arabischsprachigen Übersetzungen griechischer Werke war damit den Westeuropäern zugänglich geworden und leicht verfügbar. Die Fülle von Literatur mußte „nur" noch ausgewertet, erschlossen werden. Auch die Kontakte der Westeuropäer zu Byzanz, zu Konstantinopel, verbesserten sich. Otto I. veranlaßte, daß sein Sohn (und Mitkaiser seit 967 n.chr.), der spätere Otto II., die byzantinische Prinzessin Theophanu 972 n.Chr. heiratete. Auf diesem Wege erreichte Otto I. die Anerkennung seines Kaisertums durch Byzanz. Sicherlich ergab sich daraus auch eine engere Beziehung zur byzantinischen Kultur und Wissenschaft. Nach GERICKE (2003) kann aus allem, besonders aus der Zusammenstellung von Lehrbüchern durch THIERRY VON CHARTRES (um 1100-um 1151), gefolgert werden,
> daß ab etwa **1130 n.Chr.** die *arabische* Literatur allmählich in *lateinisch-sprachigen* Übersetzungen zugänglich wurde.

Die Reihenfolge der Übersetzungen war teilweise vom Zufall bestimmt, teilweise von Wünschen beeinflußt. Nach Gericke gehören zu ersten übersetzten Werken die astronomischen Werke von Ptolemäus, dann die Elemente von Euklid und die Schriften von al-Hwarizmi über den Gebrauch der indischen Ziffern und über Algebra, die besonders in der Praxis benötigt wurden (Handel und anderes).

Im Hinblick auf den Stand der mathematische Kenntnisse um 1100 n.Chr. kann beispielsweise die erste Übersetzung (um 1130 n.Chr.) des vollständigen Textes der Elemente von Euklid aus dem Arabischen ins Lateinische durch ADELARD VON BATH (um 1116-1142) als eine gewaltige, überragende Leistung gelten.

Ein herausragendes Zentrum der Übersetzertätigkeit im 12. Jahrhundert ist Toledo (in Spanien), gefördert durch Erzbischof Raymund (1126-1151). Das fruchtbarste Mitglied des Übersetzerzentrums war offensichtlich GERHARD VON CREMONA (1114-1187). Er übersetzte nach bisheriger Kenntnis mehr als 71 astronomische, mathematische, philosophische und medizinische Werke (GERICKE 2003).

Im 12. Jahrhundert entstand in Süditalien oder in Sizilien eine Übersetzung der Elemente von Euklid aus dem *Griechischen* ins *Lateinische*. Aufgrund stilistischer Merkmale wird vermutet, daß der Übersetzer derselbe ist, der zuvor (?) den Almagest des Ptolemäus übersetzt hatte.
Nach GERICKE (2003) war
> am **Ende des 13. Jahrhunderts** ein großer Teil der klassischen mathematischen und naturwissenschaftlichen Literatur (der Griechen und Araber) in *lateinischer Sprache* zugänglich.

Die Vorstellung der Erde als Kugel

Abu r-Raihan Muhammad ibn Ahmad al-Biruni (973-1048)
Geboren in Kath (südlich des Aralsees) gilt als arabischer Universalgelehrter. Er

gelangte zu Erkenntnissen, die vergleichbaren Entwicklungen im Abendland um Jahrhunderte vorangingen (STROHMAIER 2001). Im Alter von 17 Jahren bestimmte er die geographische Breite seines Geburtsortes mit Hilfe der Sonnenhöhe. Er diskutiert das *Ptolomäische Weltsystem* sowie die Erdrotation. Die Erde hat nach seiner Auffassung *Kugelgestalt*. Um 1020 bestimmt er die *Erdumfangslänge* mit 41 550 km und erläutert die stereographische und weitere kartographische Abbildungen (SCHLOTE 2002). Er baute einen Erdglobus (Durchmesser 5 m), zwar nur die nördliche Halbkugel davon, aber dies rund ein halbes Jahrtausend vor Martin Behaim, der 1492 in Nürnberg seinen "Erdapfel" schuf. Gemeinsam mit einem Astronomen in Bagdad führte er ferner eine geographische Längenbestimmung durch (Kath-Bagdad), wobei die Bestimmung der Zeitdifferenz mit Hilfe einer Mondfinsternis erfolgte. Er gilt als Pionier der Geodäsie (Erdmessung), schrieb ein Buch "Geodäsie" und beschäftigte sich auch mit der trigonometrischen Höhenbestimmung von Bergen und anderem. Ebenso galt der Mineralogie sein Interesse.

In Europa entsteht das
Heilige Römische Reich Deutscher Nation
Sacrum Imperium Romanum Nationis Germanicae
900 n.Chr....

Die vorstehende Benennung hat Vorläufer (BRAUNFELS 1982). OTTO III. (Regierungszeit 983-1002) nennt sich als erster "Imperator Romanorum": Kaiser der Römer. Seit KONRAD II. (Regierungszeit 1024-1039) spricht man vom "Imperium Romanum". FRIEDRICH I. Barbarossa (Regierungszeit 1152-1190) bezeichnet sein Reich als "Sacrum Imperium". 1254 entsteht daraus die Benennung "Sacrum Imperium Romanum". Seit 1486 wird dieser Benennung hinzugefügt "Nationis Germanicae". Seit der Wahl KARLS V. (Regierungszeit 1519-1556) spricht man vom "Heiligen Römischen Reich Deutscher Nation" ohne daß diese Benennung auch offiziell benutzt wird. Sie hat Bestand bis 1806.

Das Frankenreich, das Reich KARLS des Großen, zerfällt letztlich in viele selbständige Königreiche und Stammesherzogtümer. In Westeuropa besteht eine große Machtzersplitterung. Ebenso wie in England (Wessex) erfolgen nun auch hier neue politische Zusammenschlüsse.

Das Herrscherhaus *Sachsen* stellt von 919-1024 die deutschen Könige. Die sächsischen Kaiser bilden das Kaisertum der *Ottonen*, so benannt nach dem ersten sächsischen Kaiser Otto I. Die Sachsen, ein germanischer Volksstamm, erhielten ihren Namen nach der Lieblingswaffe von Widukind: sahs (spr. sachs, Steinmesser,

Schwert; stammverwandt mit lat. saxum). HEINRICH I. (876-936) (Regierungszeit 919-936) Herzog von Sachsen, wird König der Herzogtümer Sachsen und Franken; auch andere Stämme erkennen ihn als König an. Heinrichs politisches und militärisches Vorgehen ist erfolgreich. OTTO I. der Große (912-973, Sohn Heinrichs) (Regierungszeit 936-973) hat die Herzöge von Bayern, Franken und Lothringen gezwungen sich seiner Autorität unterzuordnen. 951 gewinnt er das Königreich Italien. Als Dank für gegebene Unterstützung wird OTTO der Große vom Papst zum Kaiser gekrönt (das Kaisertum der Ottonen, der Sachsen, endet mit König Heinrich II. (als Kaiser Heinrich I.) dem Heiligen, gestorben 1024).

Das Herrscherhaus der *Franken* stellt von 1024-1125 die deutschen Könige. Soweit sie dem Herrscherhaus des Hauptstammes der Franken, der Salier, entstammen, werden sie auch *Salier* genannt. Die Reformen von Papst GREGOR VII (Amtszeit 1073-1085) gehen den deutschen Bischöfen zu weit. Gemeinsam mit König HEINRICH IV (1050-1106) (Regierungszeit 1056-1106) setzen sie den amtierenden Papst ab. Gregor exkommuniziert Heinrich (Kirchenbann). Nach dem Gang nach Canossa (1077) ist Heinrich vom Kirchenbann befreit. Danach nimmt Heinrich (1084) Rom mit Gewalt ein, ernennt einen neuen Papst der Heinrich zum Kaiser krönt (als Kaiser HEINRICH III), wobei Heinrich die Kaiserkrone sich *selbst* aufsetzt.

Die deutschen Kaiser sehen sich als Nachfolger der römischen Kaiser, als Herrscher über Könige und Herzöge - und als Beschützer der Kirche; sie sind bestrebt, einen starken Staat zu schaffen. Dies wird um 1070 unter König Heinrich IV weitgehend erreicht. Die Macht der Kaiser ist jedoch besonders abhängig von den jeweiligen Beziehungen zum Papst. Die deutschen Herrscher lassen die Idee eines christlichen Großreiches wieder aufleben und sind jahrhundertelang römisch gebundene Kaiser. 1806 gilt als offizielles Ende des Heiligen römischen Reiches deutscher Nation. König Heinrich V. (als Kaiser Heinrich IV), Regierungszeit 1106-1125 und König Lothar III. von Sachsen (als Kaiser Lothar II.), Regierungszeit 1125-1137, sind letzte kaiserliche Repräsentanten des dargestellten Zeitabschnittes. Dem Kaisertum der Sachsen (Ottonen) und der Franken oder Salier folgt das der Hohenstaufen

Zeit n.Chr.	

um 750	Der Gebrauch der lateinischen Sprache wandelt sich allmählich. Es tauchen die ersten bisher bekannten *schriftlichen* Quellen der *deutschen Sprache* auf. Sie entstand aus mehreren germanischen Dialekten (Mundartsprachen). Die Entwicklung der deutschen Sprache wird heute meist gegliedert in die Zeitabschnitte (MEL 1972):
	    750-1050 *Althochdeutsch*
	    1050-1350 *Mittelhochdeutsch*
	    nach 1350 *Hochdeutsch*

	Verschiedentlich wird der letztgenannte Zeitabschnitt noch untergliedert in Frühneuhochdeutsch (1350-1650) und Neuhochdeutsch (nach 1650).
um 770	Auf Anregung des Bischofs ARBEO von Freising entsteht der *Abrogans*, ein lateinisch-althochdeutsches Synonymenlexikon.
919	Herzog Heinrich von Sachsen wird als HEINRICH I. deutscher König.
962	Kaiserkrönung OTTO I. des Großen in Rom durch Papst JOHANNES XII. Otto ist der erste Kaiser des *später* als "Heiliges Römisches Reich Deutscher Nation" bezeichneten Reiches.
um 1070	Der Aufbau zu einem starken Reich in Mitteleuropa erreicht unter König HEINRICH IV. seinen Höhepunkt.
1125/1137	Dem Sächsischen (Ottonischen) und dem Fränkischen/Salischen Kaisertum folgt das der Hohenstaufen.
1152-1197	Unter Kaiser FRIEDRICH I. Barbarossa und seinem Nachfolger, seinem Sohn, Kaiser HEINRICH VI., beherrschen die Staufer einen großen Flächenteil Mittel- und Südeuropas
	● **Albertus Magnus** (um 1200-1280)
1215-1250	Kaiser FRIEDRICH II. entfaltet nochmals die Macht des "abendländischen Imperiums" als Kaiser des Reiches und Herrscher von Sizilien und Jerusalem. Gründer der *Universität Padua* (1222) und der *Universität Neapel* (1224)
1351	Der deutsche Ordensstaat kommt unter Hochmeister Winrich v. KNIPRODE zur größten Entfaltung.
1355	KARL IV., in Rom zum Kaiser gekrönt, erhebt das Reich zu neuer Machtfülle. Gründer der *Universität Prag* (1348)
1358	Die *Hanse* erlangt zunehmend die Bedeutung einer Großmacht

Das Herrscherhaus *Hohenstaufen* (so benannt nach Berg und Burg Hohenstaufen nahe Lorch in Schwaben) stellt von 1138-1254 die deutschen Könige. In dieser Zeit der *Staufer* sind es vor allem FRIEDRICH I. Barbarossa (Rotbart) (1122-1190) (Regierungszeit 1152-1190) und sein Nachfolger (sein Sohn) HEINRICH VI. (1165-1197) (Regierungszeit 1190-1197), die das Reich festigen und erweitern. Die Krönungen zum Kaiser durch den Papst in Rom erfolgen: 1155 Friedrich I., 1191 Heinrich VI. Der erste Stauferkaiser, Friedrich Barbarossa, stellt trotz heftiger Widerstände die Macht des Kaisers wieder her. Seine Herrschaft bedeutet den Höhepunkt des als christliche Einheit gedachten abendländischen Kaisertums (SCHILLING 1933). Friedrich Barbarossa ertrinkt im Bergstrom Saleph in Anatolien während seines dritten Kreuzzuges (1190). Bereits 1186 hatte er seinen Sohn Heinrich VI. mit Konstanze, der Erbin des normannischen Königreiches Neapel und Sizilien, vermählt. 1194 wird Heinrich VI.

König von Sizilien; es besteht somit Personalunion zwischen Sizilien und dem Reich. Er stirbt 1197 (im Alter von 32 Jahren) und kann seinen Plan, ein Erbreich zu schaffen, nicht mehr verwirklichen. Unter Friedrich II. (1194-1250) (Regierungszeit 1215-1250), der 1220 in Rom durch den Papst zum Kaiser gekrönt wird (als Friedrich II.), ist Palermo Sitz des Kaisers. Wenn auch in der Geschichtsschreibung unterschiedlich charakterisiert, kann Friedrich II. sicherlich als ein großer Europäer bezeichnet werden, der nicht nur Herrscher ist, sondern sich auch mit Mathematik und Naturwissenschaft befaßt sowie den Ausbau der medizinischen Wissenschaft betreibt. Er gründet die Universitäten Padua (1222) und Neapel (1224). Nach dem Tode König Konrad V. (er stirbt 1254 im Alter von 26 Jahren) beginnt der tragische Untergang der Hohenstaufen als Herrscherhaus. Es folgt das sogenannte Interregnum (1254-1273). Ab 1273 folgen Könige und Kaiser aus verschiedenen Herrscherhäusern. Gestützt auf sein Erbland Böhmen erhebt König KARL IV von Luxemburg (1316-1378) (Regierungszeit 1346-1378) das Reich zu neuer Machtfülle. 1348 gründet er in Prag (seiner Residenz) die erste deutsche Universität. Seine Reichskanzlei fördert die Schriftsprache (Prager Kanzleideutsch). 1355 erfolgt in Rom durch einen päpstlichen Legaten die Krönung zum Kaiser Karl IV. Im Rahmen seiner Hausmachtpolitik erwirbt er die Oberpfalz (1353), Schlesien und die Lausitz (1368) und Brandenburg (1373). Kaiser Karl IV. stirbt 1378 in Prag, wo er den Veitsdom und die Königsburg Hradschin erbauen ließ.

● *Deutscher Orden.* Sein Kennzeichen: weißer Mantel mit schwarzem Kreuz. Geistlicher Ritterorden, gegründet 1190 beziehungsweise 1198 von Friedrich von Schwaben, 1199 (erneut) vom Papst bestätigt, erobert 1230-1283 Preußen und verlegt 1309 seinen Sitz von Venedig in die für den Landmeister von Preußen erbaute Marienburg. Unter Winrich v. KNIPRODE (Hochmeister 1351-1382) erreicht der deutsche Ordensstaat seine größte Machtfülle. 1525 wird Preußen weltliches Herzogtum.

Die *Schwertbrüder*, ein geistlicher Ritterorden, gegründet 1202 vom Bischof Albert in Riga, 1204 vom Papst bestätigt, nennen sich "Brüder der Ritterschaft Christi in Livland", erobern ganz Estland mit Riga, schließen sich 1237 dem Deutschen Orden an.

● *Die Hanse.* "Städte von der Deutschen Hanse", der Zusammenschluß bedeutender Seestädte an der Nord- und Ostseeküste sowie zahlreicher norddeutscher Binnenstädte erlangt nach 1358 die Bedeutung einer Großmacht. Die Hanse, ein Bund zur Sicherung von Handelsvorteilen, ist eingeteilt in vier Regionalverbände (Quartiere): westfälisches, sächsisches, wendisches und preußisches Quartier und besitzt als Gesamtheit Handelsniederlassungen im Ausland; zu ihrem Besitz gehört außerdem die Insel Gotland mit der Handelsstadt Wisby. Niedergang um 1500.

Bild 2.67
Das *Heilige Römische Reich Deutscher Nation* zur Zeit Kaiser Friedrich II. (gestorben 1250 n.Chr.) sowie die Gebiete des *Deutschen Ordens* (einschließlich des Schwertbrüderordens). Quelle: HARENBERG (1983), verändert

Zeit n.Chr.	
	● **Nikolaus von Kues** (1401-1464)
1438	Ab diesem Zeitpunkt kommen die Kaiser des Reiches aus dem
1447	Hause Österreich.
	Johannes GUTENBERG (auch Gensfleisch) (zwischen 1397 und 1400 - 1468) druckt mit beweglichen Lettern.
	● **Martin Behaim** (1440-1506)
	● **Martin Waldseemüller** (1470-1518)
	● **Nicolaus Copernicus** (1473-1543)
	● **Johannes Schöner** (1477-1547)
1492	Martin Behaim erstellt in Nürnberg (erstmals in Europa) einen Erdglobus.
	● **Gerard Mercator** (1512-1594)
1517	Martin LUTHER (1483-1546), Theologe und Reformator veröffentlicht seine 95 Thesen gegen den Ablaßhandel.
1534	Die erste Luthersche Vollbibel wird in Wittenberg veröffentlicht: „Biblia, das ist die gantze Heilige Schrifft Deudsch"
	● **Leonardo da Vinci** (1541-1619)
	● **Galilei Galileo** (1564-1642
	● **Johannes Kepler** (1571-1630)
1582	Der *Gregorianische Kalender* wird eingeführt (nach Papst GREGOR XIII.)
	● **Jean Richer** (1615-1696)
1618-1648	*Dreißigjähriger Krieg*
nach 1648	Frankreich wird Vormacht in Europa
	● **Christian Huygens** (1629-1695)
	● **Isaak Newton** (1643-1727)
1701	FRIEDRICH I. krönt sich in Königsberg zum (ersten) König von Preußen. Beginn der Entfaltung Preußens zur Großmacht in Mitteleuropa
1740	FRIEDRICH II. der Große, König von Preußen

Von 1438-1806 kommen die Kaiser des Reiches aus dem Hause *Österreich*: bis 1740 aus dem Hause *Habsburg*, ab 1745 aus dem Hause *Lothringen-Toskana*. König Friedrich IV. ist der letzte in Rom durch den Papst gekrönte Kaiser des Reiches (1452 als Kaiser Friedrich III.). Ihm folgt König Maximilian I. Er nimmt (1508) mit Zustimmung des Papstes als erster Regent den Titel eines "Erwählten Römischen Kaisers" an. Nach dem Tod Kaiser Maximilians I. (1519) bewerben sich um die Krone des Reiches der französische König Franz I. und Maximilians Enkel Karl I. (seit 1516 König von

Spanien). Karls Wahl gelingt (mit finanzieller Unterstützung des Hauses *Fugger* in Augsburg). Er besteigt den Thron als Kaiser KARL V. (1500-1558) (Regierungszeit 1519-1556) und dankt 1556 als Kaiser ab.
Mit dem *Westfälischen Frieden* 1648 (Münster, Osnabrück) endet der *Dreißigjährige Krieg* in Europa. Er bestätigt den Sieg Frankreichs und Schwedens über den Kaiser des *Heiligen Römischen Reiches*... (FERDINAND III. aus dem Hause Habsburg, Regierungszeit 1637-1657) und führt zur Modifizierung der Reichsverfassung: dem Kaiser wird (nunmehr auch verfassungsrechtlich) die Möglichkeit entzogen, die anderen Reichsfürsten in seine Abhängigkeit zu bringen (RILL 1998). Die ebenfalls enthaltene Einschränkung, daß Bündnisse der Reichsfürsten sich aber nicht gegen das Reich oder den Kaiser richten dürfen, war praktisch bedeutungslos. Ein Reich (ein Staat) kann nach seiner innenpolitischen und nach seiner außenpolitischen Handlungsfähigkeit bewertet werden: nach RILL war das Heilige Römische Reich... nach 1648 außenpolitisch nicht mehr konzentriert handlungsfähig. Beispielsweise wird der Kaiser (LEOPOLD I. aus dem Hause Habsburg, Regierungszeit 1658-1705) durch den "Pyrenäenfrieden" von 1659 gezwungen, seinen spanischen Verwandten im noch andauernden (25jährigen) Krieg zwischen Frankreich und Spanien die Unterstützung zu entziehen. Es entfallen damit die Hoffnungen des Hauses Habsburg, seine Vorherrschaft in Europa (orientiert am Universalismus der mittelalterlichen Kaiseridee) etablieren zu können.

|Frankreich|

Die durch den Dreißigjährigen Krieg vernichtete habsburgische Vormacht in Europa geht an das Königreich Frankreich über (SCHILLING 1933). Die Verwirklichung eines abendländischen Imperiums im Sinne der römischen Kaiser des Heiligen Römischen Reiches...wird unwahrscheinlich. In Frankreich regiert in dieser Zeit der "Sonnenkönig" LUDWIG XIV. (1638-1715) (Regierungszeit 1643-1715) aus dem Herrscherhaus *Bourbon*. 1789 beginnt die Französische Revolution; es regiert in dieser Zeit König Ludwig XVI. (1754-1793) (Regierungszeit 1774-1792) aus dem Herrscherhaus *Bourbon*.

|Preußen|

Kurfürst Friedrich III. von Brandenburg (1657-1713) krönt sich 1701 mit Zustimmung des Kaisers in Königsberg als FRIEDRICH I. zum König von Preußen (Regierungszeit 1688-1713). Damit beginnt die Entwicklung der Hohenzollernschen Monarchie zur Großmacht (SCHILLING 1933). Das Herrscherhaus *Hohenzollern* (bezüglich des Namens abzuleiten von Söller = Höhe) umfaßt die Fürstentümer Hohenzollern-Hechingen und Hohenzollern-Sigmaringen. Es folgen die Könige Friedrich Wilhelm I. der "Soldatenkönig" (1688-1740) (Regierungszeit 1713-1740), Friedrich II. der Große (1712-1786) (Regierungszeit 1740-1786) und weitere.

● *Die „Geographie" des Ptolemäus*
  und ihre Übersetzung in die lateinische Sprache

Der griechische Text der ptolemäischen Geographie „Geographische Anleitung zur Anfertigung von Karten" ist in mehreren Kopien überliefert, die jedoch erst aus dem letzten Jahrhunderten des byzantinischen Kaiserreichs stammen. Gegenwärtig sind 52 Handschriften der Geographie bekannt, in griechischer oder lateinischer Sprache. Die ältesten überlieferten Handschriften reichen in 11. beziehungsweise 10 Jh. zurück.

Griechische Gelehrte hatten auf der Flucht vor den Türken eine Handschrift der Geographie in griechischer Sprache nach *Italien* mitgebracht. Zu ihrer Erschließung bedurfte es der Übersetzung in die lateinische Sprache, denn die griechische Sprache war damals selbst den meisten Gelehrten in Westeuropa nicht geläufig.

Mit seinem Werk „Geographische Anleitung zur Anfertigung von Karten" legte Ptolemäus Grundsätze für das Anfertigen von Karten fest. In späterer Zeit wird das Werk vielfach als „Geographie" des Ptolemäus bezeichnet. Die „Geographie", wie sie uns bisher bekannt ist, gilt heute als ein *Sammelwerk*, das im Laufe der Jahrhunderte zusammengefügt wurde und mindestens von drei Zeichnern stammende Karten enthält (BAGROW/SKELTON 1963).

Um 1365 waren die Türken bis zu den Dardanellen vorgedrungen. Zahlreiche Flüchtlinge aus Konstantinopel (das 1453 von den Türken besetzt wurde) strömten in Richtung Westen und mit ihnen gelangte eine große Anzahl von byzantinischen Handschriften auf diese Wege nach Italien, darunter auch eine Handschrift der „Geographie". Der byzantinische Gelehrte Emanuel CHRYSOLORAS (um 1335-1415), in dessen Hände sie gelangt war, begann sie in die *lateinische* Sprache zu übersetzen. Sein Schüler Jacobo D'ANGELO (Jacobus Angelus) beendete 1406 die Übersetzungsarbeiten. Diese Übersetzung wurde sodann zunächst durch *handschriftliches* Kopieren, später durch *Drucken* in unterschiedlichen Fassungen weiterverbreitet.

Inzwischen ist uns die „Geographie" (als Ganzes oder in Teilen) aus 52 verschiedenen Manuskripten bekannt. Ein solches Manuskript der „Geographie" befindet sich in der Bibliothek des Vatikan (Vat.Gr.177) und zwar jenes, das der byzantinische Mönch Maximos PLANUDES (1260-1310) damals aufgekauft haben will. Ein weiteres Manuskript befindet sich im Kloster von Vatobedi auf dem Berg Athos (BAGROW/SKELTON 1963). Die „Geographie" (mit beigefügten Karten) ist eingehend behandelt in SCHNABEL (1938). Die Manuskripte der „Geographie" sind außerdem beschrieben und numeriert in FISCHER (1932). Die Bedeutung der „Geographie" für die Entwicklung der europäischen Kartographie um 1500 n.Chr. ist dargelegt in SCHMIDT-FALKENBERG (1965).

Erste Druckausgaben (Holz- beziehungsweise Kupferdruck) der „Geographie":
Bologna (= Bononiae) 1477
Rom (= Romae) 1478, 1507
Florenz (= Firenze) 1482
Ulm (= Ulmae) 1482
Venedig (= Venetiis) 1511, 1548, 1561, 1596
Straßburg (= Argentinae) 1513
Basel (= Basilae) 1540
Köln (=Coloniae) 1578
Von einigen diesen Ausgaben wurden Nachfolgeausgaben gedruckt, teilweise auch in anderen Orten und in nichtlateinischen Sprachen. Ab 1482 sind den Ausgaben erstmals „moderne" Karten hinzugefügt worden. Ab 1561 enthalten die Ausgaben neben den 27 „alten" Karten bereits bis zu 37 „moderne" Karten (BAGROW/SKELTON 1963).

Die Vorstellung der Erde als Kugel

ALBERTUS MAGNUS (ca 1200-1280)
Als ein großer Naturforscher und Universalgelehrter des Mittelalters gilt der Predigerbruder und spätere Bischof von Regensburg ALBERTUS MAGNUS. Geboren in Lauingen an der Donau, gestorben in Köln am 15.11.1280. Als erster Deutscher erhielt er eine Professur an der Universität in Paris. Den Beinamen „Magnus" („der Große") bekam er schon zu Lebzeiten. Sein (handschriftliches) Gesamtwerk umfaßt über 70 Bücher und Abhandlungen aus den Bereichen Mensch, Tier, Pflanze, unbelebte Materie (STEIB/POPP 2003). Er erklärte: Neugier spornt zu wissenschaftlichen Beobachtungen an. Er durchquerte ganz Mitteleuropa (Rom, Riga, Paris, Antwerpen, Basel), gemäß den Regeln des Bettelordens zu Fuß! Er war davon überzeugt, daß die Erde *Kugelform* habe. Die rationale Deutung von Naturgeschehen, seine genaue und systematische Beobachtung wie auch seine Experimente machen Albertus Magnus zu einem Wegbereiter der heutigen Naturwissenschaft (STEIB/POPP 2003).

Nikolaus von KUES (1401-1464)
Der Kirchenrechtler, Philosoph, Bischof von Brixen und Kardinal erklärt im Alter von 39 Jahren: das Weltganze sei eine unendliche Einheit und schon darum könne die Erde nicht Mittelpunkt der Welt sein, denn ein unendlicher Raum habe keinen Mittelpunkt (HARENBERG 1983).

Martin BEHAIM (1440-1506)
Der Nürnberger Kartograph in portugiesischen Diensten, erstellt den ersten *Erdglobus* in Europa, als sinnfällige Darstellung der Erde (als Kugel) und letztlich als Ausdruck des nun aufkommenden neuen Weltbildes, als Wiedergeburt des pythagoreischen. Die Kugel hat einen Durchmesser von 51 cm. Der Globus war zunächst im Besitz der Stadt Nürnberg, wurde Anfang des 17. Jahrhunderts der Familie Behaim übergeben und kam 1907 als Leihgabe in das Germanische Nationalmuseum in Nürnberg, das ihn 1937

erwarb (FAUSER 1967).
Martin WALDSEEMÜLLER (1470-1518)
auch Hylacomilius oder Ilacomilius genannt. Kartograph, Reformator, aus dem Kreise der Gelehrten von St. Dié (Lothringen), fertigt 1507 einen *Erdglobus*. Auf Veranlassung von Matthias RINGMANN (um 1482 - 1511) trägt Waldseemüller 1507 in seine Erdkarte und auf seinem Globus die Bennung **America** für die von Asien getrennte und von Amerigo VESPUCCI (1454-1512) entdeckte Landfläche (Südamerika) ein. Amerika gilt bald als Name für den gesamten Erdteil.

Johannes SCHÖNER (1477-1547)
Kleriker in Bamberg, später Professor der Mathematik in Nürnberg, fertigt mehrere *Erdgloben* (1515-1533).

Gerardus MERCATOR (= Gerard Kremer) (1512-1594)
Berühmter Kartograph, in Ostflandern geboren, geht 1552 nach Duisburg und fertigt zahlreiche Karten sowie *Erdgloben* (1541-1551).

LEONARDO (genannt DA VINCI) (1542-1619)
Genialer Wissenschaftler, als Maler wohl am bekanntesten geblieben, vertraut das, was sein geistiges Auge über Zeit und Raum hinaus erschaut, meist nur seinem verschwiegenen Tagebuch an. Auf einigen der 5 300 Tagebuchblätter steht: "Die Sonne steht unbeweglich im Raum; sie hat Körper, Drehbewegung, Glanz und Wärme. Die Erde ist nur ein Stern unter vielen anderen und bildet nicht den Mittelpunkt der Welt... Die Erfahrung ist eine Fähigkeit, die niemals trügt; nur unser Urteil irrt..." (BACHMANN 1965).

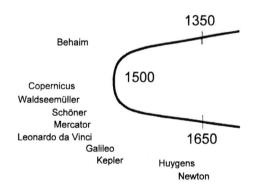

Bild 2.68
Die Erkenntnis, daß die Erde Kugelgestalt habe, wird um 1500 n.Chr. erneut wissenschaftlich diskutiert und zunehmend Allgemeingut, trotz erheblicher Widerstände der Kirche und des Papstes in Rom.

Gemäß den Vorstellungen der *Pythagoreer* hat die Erde die Gestalt einer Kugel. Trotz der von ARISTOTELES angegebene Beweise und der Messung der Erdumfangslänge durch ERATOSTHENES konnte sich diese Erkenntnis erst nach rund 2000 Jahren stärker durchsetzen. Behaim, Copernicus, Waldseemüller, Schöner, Mercator, Leonardo da Vinci, Galileo, Kepler und andere sind überzeugt von der Kugelgestalt der Erde. Wie zuvor dargelegt, ist die Kirche, der Papst in Rom, aus Eigeninteresse darum bemüht, daß diese wissenschaftliche Erkenntnis noch nicht Allgemeingut wird. Schließlich ist die allgemeine Verbreitung der Erkenntnis, daß die Erde Kugelgestalt hat, aber nicht mehr zu verhindern. Die sichtbaren Beweise und die inzwischen ausgeführten Erdmessungen hatten die Erkenntnis eindeutig bestätigt.

Die Vorstellung der Erde als Ellipsoid

Das Staunen selbst der Fachwelt ist groß, als von dem niederländischen Physiker, Mathematiker und Astronomen Christian HUYGENS (1629-1695) und bald auch von dem englischen Physiker, Mathematiker und Astronomen Isaak NEWTON (1643-1727) behauptet wird, daß die Erde an den Polen abgeplattet sein müsse, weil ihre Rotation eine solche Deformation bewirke. Huygens berechnet ein *Abplattungsverhältnis* von 1:579, Newton ein solches von 1:230 (BACHMANN 1965). Die aufgestellte Hypothese erhält unerwartet Unterstützung durch den französischen Astronomen Jean RICHER (1615-1696), der 1672 im Auftrag der Pariser Akademie nahe des Äquators (in Cayenne, Hauptstadt Französisch-Guayana), astronomische Messungen durchführt und dabei feststellt, daß die Pendeluhr in Paris für 1 Sekunde eine Pendellänge von 993,9 mm erfordert, in Äquatornähe für dieselbe Zeit um 3,9 mm verkürzt werden muß. Als Newton von diesem Phänomen erfährt, erklärt er sogleich: "Der große Unterschied in der Schwingungsdauer des Pendels zwischen Paris und Cayenne läßt sich nicht allein mit der Veränderung der Zentrifugalkraft der Erde erklären. Der Unterschied muß zum großen Teil der ungleichen Erdanziehung zugeschrieben werden. Aus dem Umstand, daß die Anziehungskraft am Äquator kleiner ist als in Paris, schließe ich, daß Paris dem Erdmittelpunkt näher liegt als Cayenne. Die Erde ist somit abgeplattet."(BACHMANN 1965). Zur endgültigen Abklärung dieser Hypothese läßt die Pariser Akademie zwei Meridianmessungen durchführen: in Polnähe die sogenannte Lappland-Expedition (1736-1737) und in Äquatornähe die sogenannte Peru-Expedition (1735-1744/1745). Ihre Ergebnisse bestätigen die Richtigkeit der Hypothese. Das Akademiemitglied Pierre MAUPERTIUS (Teilnehmer an der Lappland-Expedition) verkündet 1737 (noch vor Heimkehr seiner Kollegen aus Südamerika): "Unsere Erde ist ein an den Polen abgeplattetes Ellipsoid" (BACHMANN 1965). Einen weiteren Beweis erbrachte bald darauf der französische Mathematiker und Astronom Pierre Simon LAPLACE (1749-1827), der aus kleinsten Veränderungen der Mondbahn ein Abplattungsverhältnis von 1:305 berechnete. Für das *aktuelle* Erdellipsoid GRS 80 beträgt das Abplattungsverhältnis, die Abplattung: $f = (a - b)/a = 1:298,26$. In Wissenschaft und Forschung tritt nun an die Stelle der Erdkugel das *Erdellipsoid* (Abschnitt 2.1.02).

**Die Bewegungen
der Gestirne und Planeten am Himmel**
(ptolemäisches Weltbild, copernicanisches Weltbild)
Der Blick zum Himmel, zu den Sternen, hat den Menschen offenbar schon frühzeitig fasziniert und seine Neugier erregt, denn unbeeinflußt von ihm ziehen die Gestirne seit tausenden von Jahren ihre Bahnen. Es kann hier nicht auf das Denken und Beobachten der Völker des alten Orients, der Sumerer, Babylonier, Assyrer und Ägypter sowie der Chinesen, Japaner und Inder eingegangen werden. Der Begriff Kosmos und seine Erforschung im hier zugrundegelegtem Sinne gehen auf die *Griechen* zurück.

Zeit v.Chr.	
um 380	Die Philosophie des Griechen PLATON (427-347 v.Chr.) übt starken Einfluß auf die astronomischen Vorstellungen aus (SZABO 1984). Platon lehrt das pythagoreische Planetenmodell und unterstützt die These, daß *Kreisbewegungen* die einzigen möglichen Bewegungen der Himmelskörper sind (SCHLOTE 2002).
um 365	EUDOXOS aus Knidos versucht das Bewegungsproblem mit der Theorie der *konzentrischen Kreise* zu lösen.
um 350	HERAKLEIDES PONTIKOS (um 390 - um 310 v.Chr.) nimmt anstelle der Bewegung des Himmelsgewölbes eine *Eigenbewegung der Erde um ihre Achse* an. Die Erde drehe sich im Ablauf eines Tages einmal um ihre Drehachse.
um 334	ARISTOTELES aus Stagira (384-322 v.Chr.) entwickelt seine *Sphärenphysik*.
um 270	ARISTARCH gibt. (rund 1 800 Jahre vor Copernicus) eine *Skizze des copernicanischen Weltsystems*.
um 210	APOLLONIUS aus Perge (um 260 - um 190 v.Chr.) entwickelt seine *Epizykeltheorie*.
um 146	HIPPARCH teilt (bei Beobachtungsinstrumenten) den Vollkreis in 360°.
um 130	HIPPARCH befaßt sich mit der *Epizykel-* und der *Exzentertheorie* zur Erklärung der Planetenbewegungen.
um 10	KLEOMEDES (1. Jh. v.Chr.) vertritt nicht die Fachwissenschaft, sondern erstellt ein Schulbuch über *volkstümliche* Astronomie, das was jeder „gebildete" Mensch über den Sternenhimmel wissen sollte (SCHLOTE 2002, SZABO 1984).
Zeit n.Chr.	

um 145 | PTOLEMÄUS versucht die *Bewegung der Planeten* in einer Theorie zu erklären: 13-bändiges Werk *Mathematike syntaxis* (auch bekannt als *Megale syntaxis*) später *Almagest* genannt.

EUDOXOS aus Knidos (um 400 - um 347 v.Chr.)
Er gibt mit der Theorie der konzentrischen Sphären erstmals eine mathematische Darstellung der Planetenbewegungen. Er stellt die Krümmung der Land/Meer-Oberfläche fest und teilt den Himmel in Sternbilder ein (SCHLOTE 2002).

ARISTARCH(os) aus Samos (um 310 - um 230 v.Chr.)
Nach ihm stehen Sonne und Fixsterne still, während die Planeten und die Erde um die Sonne kreisen. Die Erde rotiert täglich einmal um die eigene Drehachse. Die Fixsternsphäre ist unvergleichlich größer als die Erdsphäre (SCHLOTE 2002).

HIPPARCH(os) aus Nikaia (ca 190 - nach 127 v.Chr.)
Hipparch konstruiert um 150 v.Chr. einen *Himmelsglobus*. Um 134 v.Chr. erstellt er einen Fixsternkatalog des nördlichen und südlichen Himmels mit mehr als 850 Objekten, der von Ptolemäus erweitert (auf 1028) und korrigiert wird (SCHLOTE 2002). In *Sternkatalogen* sind für ausgewählte Gruppen von Sternen Koordinaten, scheinbare Helligkeiten und andere Größen angegeben. Hipparch entdeckt um 130 v.Chr. ferner die *Präzession* (siehe dort), also das Vorrücken der Tagundnachtgleichen und damit des Unterschiedes von tropischem und siderischem Jahr.

Claudius (auch Klaudius) PTOLEMÄUS (um 100 n.Chr. - um 160)
Der alexandrinische Astronom, Mathematiker und Geograph versucht, die *Bewegung der Planeten* in einer Theorie zu erklären. Er verfaßt um 145 n.Chr. ein 13-bändiges Werk: „Mathematike syntaxis" (auch bekannt als „Megale syntaxis"), das einen gewissen Abschluß der antiken griechischen Astronomie darstellt. Es begründet die Astronomie als mathematische Theorie und bleibt über 1000 Jahre Standardwerk dieser Wissenschaft. Unter der arabischen Benennung „Almagest" wurde es später auch in Europa bekannt. Im *ptolemäische Weltbild* ist die Erde Mittelpunkt des kosmischen Systems, insbesondere des Planetensystems (einschließlich von Sonne und Erdmond). Es wird daher (etwas ungenau) auch geozentrisches Weltbild genannt. Das Werk des Ptolemäus basiert teilweise auf eigene Beobachtungen, besonders aber auf die Beobachtungen und Berechnungen des Hipparch sowie die *Epizykeltheorie* des Apollonios aus Perge, die er mit der *Exzentertheorie* kombinierte. Verschiedentlich wird auch die Auffassung vertreten, daß Ptolemäus zwei Modelle skizzierte: Im *Epizykelmodell* steht die Erde im Mittelpunkt des Systems und die Sonne läuft auf dem Epizykel. Im *Exentermodell* ist die Sonnenbahn zwar ein Kreis, aber dessen Mittelpunkt fällt nicht mit der Position der Erde zusammen. Beide Modelle könnten die von der Erde aus zu beobachtende (also die scheinbare) Bewegung der Sonne gleichgut erklären (SALIBA 2004) und erlaubten auch recht zuverlässige Vorausberechnungen von Bahnen. Das ptolemäische Weltbild stützt sich generell auf die *Sphärenphysik* des griechischen Philosophen Aristoteles, die allerdings annahm, daß alle Bewegungen am

Himmel gleichmäßig und kreisförmig ablaufen (was beide Modelle des Ptolemäus *nicht* erfüllen).

Das Erbe der antiken griechischen Überlegungen und Beobachtungen traten vor allem im Zeitabschnitt vom 10-15. Jahrhundert die *Araber* an. Sie übersetzten das Werk des Ptolemäus („Almagest") in die arabische Sprache und fügten umfangreiche Anmerkungen hinzu (SALIBA 2004). Die Benennung „Araber" steht hier für die Arbeiten von Persern, Syrern und Angehörigen anderer Völker. Da sich alle der *arabischen Sprache* bedienten, seine sie hier unter dieser Benennung zusammengefaßt. Als herausragende arabische Astronomen in diesem Zusammenhang gelten die nachstehend Genannten und andere.

Zeit n.Chr.	
um 830	Die Gebrüder *Banu Musa* (die drei Söhne des *Musa ibn Säkir*) organisieren in Bagdad die Übersetzung vieler griechischer Schriften unter anderem ins Arabische. Diese Übersetzungen haben die Wissenschaftsentwicklung stark beeinflußt (GERICKE 2003).
um 850	*al-Fargani* (auch *al-Farghani* oder *Alfraganus*) (gestorben nach 861), gibt in seinen Elementen der Astronomie einen umfassenden Überblick über den Wissensstand zu seiner Zeit und fügt eigene Erkenntnisse hinzu (GERICKE 2002).
um 1270	*Nasir ad-Din at-Tusi* (1201-1274), auch *Muhammad Ibn Mahmud at-Tusi Nasir ad-Din*, arbeitet die ptolemäische Astronomie gründlich durch und erstellt eine neue Planetentheorie mit dem Modell des doppelten Epizykel (SCHLOTE 2002).
um 1262	*al-Urdi* (im 13 Jh.) fertigt einen Himmelsglobus.
um 1331	*Ibn as-Satir* (um 1305-um 1375) modifiziert das ptolemäische Modell und ersetzt unter anderem den Exzenter (SCHLOTE 2002).

Um 1270 führt *Nasir ad-Din at-Tusi* eine gründliche Neubearbeitung der ptolemäischen Astronomie durch und leitet eine neue Planetentheorie mit dem Modell des doppelten Epizykel ab (SCHLOTE 2002). Mittels dem sogenannten *Tusi-Paar* kann aus gleichförmigen Bewegungen zweier Kreise eine lineare Bewegung erzeugt werden. Die kritische Auseindersetzung arabischer Wissenschaftler mit dem Werk des Ptolemäus fortsetzend, nimmt Ibn as-Satir um 1331 verschiedene Modifikationen der ptolemäischen Modelle vor, ersetzt den Exzenter und verbessert wesentlich die Modelle zur Bewegung von Erdmond und Merkur. Die Verbesserungen werden später von Copernicus übernommen (SCHLOTE 2002). Das Theorem von al Urdi (heute *Urdi-Lemma* genannt) konnte die scheinbaren Bewegungen der Planeten durch einen Trägerkreis (Deferenten) darstellen, der sich gleichförmig um eine Achse in seinem

Zentrum bewegt. Auch diese Erkenntnis hat später Copernicus genutzt (SALIBA 2004).

Zeit n.Chr.	
um 1507	COPERNICUS beendet in Frauenburg sein Manuskript über die Bewegung der Himmelskörper und begründet damit ein neues Weltbild.
1543	Das Hauptwerk von Copernicus erscheint im Druck.
1600	BRUNO wird als Ketzer in Rom verbrannt.
ab 1605	KEPLER formuliert seine Gesetze zur Himmelsmechanik.
1616	Das Werk von Copernicus wird als ketzerisch verdammt und verboten. Galilei wird für seine Stützung des copernicanischen Weltsystems von der Inquisition gerügt sowie 1633 verurteilt und unter Arrest gestellt.
um 1665	NEWTON gibt sein Gravitationsgesetz an.

Nicolaus COPERNICUS (1473-1543)
Arzt, Priester und Astronom, stellt dem ptolemäischen Weltbild sein heliozentrisches Weltbild gegenüber. Nach dem bisher geltenden und durch die Scholastik geheiligten Weltbild des PTOLEMÄUS ist die Erde ein feststehendes unbewegliches Zentrum der Welt und die Himmelskörper bewegen sich in Kreisbahnen um die Erde. Nach dem neuen heliozentrischen oder copernicanischen Weltbild gibt es für alle Himmelskörper und deren Bahnen einen gemeinsamen Mittelpunkt, die Sonne. Die Erde ist ein Planet und bewegt sich wie die anderen Planeten in Kreisen um die Sonne. Außerdem dreht sich die Erde täglich einmal um ihre Achse, die schief zur Ebene ihrer Bahn steht und mit derselben einen Winkel von ca 66.1/2 Grad bildet. Copernicus verheimlicht nicht, daß er die Anregung zu seiner Theorie bei ARISTARCH (um 310 - um 230 v.Chr.) geholt hat, der um **265 v.Chr.** sagte: "Der Himmel steht still; die Erde bewegt sich in schiefer Kreisbahn um die Sonne und dreht sich zugleich um die eigene Achse" (BACHMANN 1965). Rund 1 800 Jahre nach der Aussage des großen Griechen findet die Erkenntnis nun nach 1500 n.Chr. breite Aufnahme, wenn auch zunächst nur unter großen Schwierigkeiten. Als das Werk des Copernicus gedruckt herauskommt, liegt er auf dem Sterbebett. Er starb (in Thorn) - bevor man ihn und sein Werk auf den Scheiterhaufen bringen konnte. In der Öffentlichkeit schwieg Copernicus über das Ergebnis seiner 36jährigen Überlegungen und Studien, lediglich handschriftliche Kopien von Ergebnissen waren bereits vor seinem Tode verschwiegen von Freund zu Freund gereicht worden.

In seinem **1543 n.Chr.** in Nürnberg gedruckten Hauptwerk De *revoltionibus orbium coelestium* gibt Copernicus eine mathematische Durcharbeitung und einen Nachweis des heliozentrischen Systems, berechnet Planetenörter und hebt die Kleinheit unseres Planetensystems gegenüber dem Fixsternhimmel hervor. Die Anziehung, die Sonne,

Erdmond und Planeten auf die Erde ausüben, nennt er zu diesem Zeitpunkt bereits als Ursache der Präzessionsbewegung der Erde (SCHLOTE 2002). Das allgemeine Gravitationsgesetz gibt Newton erst 1665/1666 an. Eine Analyse des Werkes von Copernicus habe ergeben, daß er nur zwei Theoreme benutzt, die nicht bereits in den klassischen Quellen dargestellt waren: das Urdi-Lemma und das Tusi-Paar (SALIBA 2004). Nach bisheriger Kenntnis, las Copernicus zwar Griechische Schriften, beherrschte aber nicht die arabische Sprache.

Giordano BRUNO (1548-1600)
Italienischer Naturphilosoph, wird wegen seiner Lehre und dem Festhalten am copernicanischen Weltbild in Rom als Ketzer verbrannt.

Galileo GALILEI (1564-1642)
Mathematiker, Physiker und Astronom; ab 1610 läßt ihn der Herrscherhof von Florenz sich voll der Forschung widmen. Von ihm stammt der auf die Erde bezogene berühmte Ausspruch: "Eppur si muove!" (Und sie bewegt sich doch!). Die von Galilei verfaßte Disputation führt schließlich 1633 zum Inquisitionsverfahren der Kirche (Inquisition, vom 12.-18. Jahrhundert Gericht der katholischen Kirche gegen Abtrünnige). Die Schriften, in denen die copernicanische Lehre vorgetragen wird, werden erst 1835 vom Index (Verzeichnis der von der katholischen Kirche verbotenen Schriften) gestrichen.

Johannes KEPLER (1571-1630)
Aus Weil der Stadt (Schwaben) kommend, Theologe, Mathematiker in Graz, Astronom, formuliert ab 1605 die drei (später) nach ihm benannten Gesetze der Himmelsmechanik. Die Zeitgenossen finden seine Arbeiten von nur geringem Wert. Er vermerkt einem Freunde: "Ich schreibe mein Buch, obwohl es heute noch nicht verstanden wird. Es kann auf seine Leser warten." (BACHMANN 1965). 1609 erscheint sein Werk *Astronomia nova...*, worin die ersten beiden Gesetze der Planetenbewegung abgeleitet sind. Es wird damit das Kreisbahndogma und auch die Lehre von der Gleichförmigkeit der Planetenbewegung widerlegt (SCHLOTE 2002).

Schreibschriften und Alphabete

Die Entwicklung der *Schreibschriften* ist weitgehend abhängig vom Beschreibstoff und vom Schreibgerät sowie (später) von der Druckschrift und schließlich vom sich wandelnden Geschmack. Einige Prinzipien, die den Gestaltwandel der Buchstaben von ihren bildhaften Ursprüngen zu den heutigen abstrakten Zeichen steuerten, zeigt BREKLE (2005) auf. Der Weg von den ersten bildhaften Zeichen zu den heutigen Buchstaben kann danach als ein Optimierungsprozeß angesehen werden, bei dem Prinzipien der Schreibmotorik und der optischen Wahrnehmung die Gestalt der Buchstaben prägten.

In Europa entwickelte sich aus der *gotischen Schrift* die *Frakturschrift*. Diese Entwicklung hat ihre Anfänge im 15. Jahrhundert n.Chr. (in der kaiserlichen Kanzlei) und wurde im 16. Jahrhundert vor allem durch den deutschen Schreib- und Rechenmeister

Johann NEUDÖRFFER (auch Neudörfer) (1497-1563) weiterentwickelt. Sie fand zunächst weite Verbreitung in Italien und Frankreich, kam aber schon im 16. Jahrhundert in den Niederlanden und im 18. Jahrhundert außer Gebrauch.

Im deutschen Sprachgebiet herrschten zu dieser Zeit teilweise schwungvolle Barockformen vor, die das Lesen nicht gerade leicht machten. Die von den deutschen Graphiker Ludwig SÜTTERLIN (1865-1917) geschaffene Schreibschrift, die deutsche *Sütterlin-Schrift*, wurde Grundlage der deutschen Schreibschrift und ab **1935** an den deutschen Schulen als Normalschrift, als (normierte) *Deutsche Schreibschrift* eingeführt. Die Deutsche Schreibschrift wurde sodann **1941** durch die *Deutsche Normalschrift* abgelöst, einer normierten lateinischen Schrift. Die unter anderen von dem englischen Schriftkünstler Edward JOHNSTON (1872-1944) geprägte lateinische Schrift war in Süd- und Westeuropa bereits seit längerer Zeit gebräuchlich.

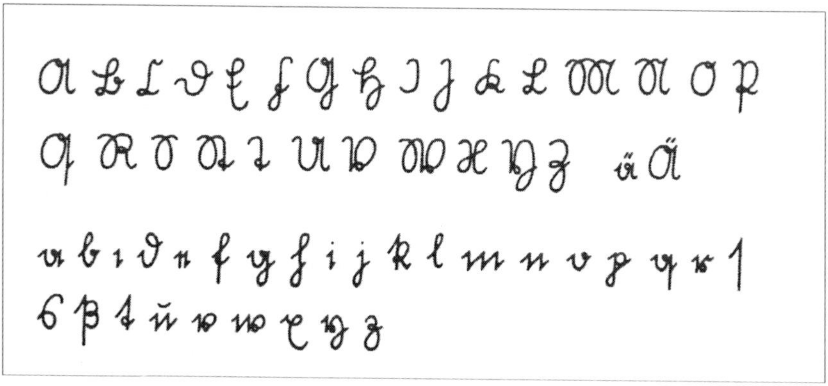

Bild 2.69/1
Deutsche Schreibschrift (Sütterlin-Schrift). Die im Bild wiedergegebene Schrift wurde 1941 abgelöst durch die Deutsche Normalschrift, einer normierten lateinischen Schrift.

Nach **1953** wurde auf Beschluß der Kultusministerkonferenz der Bundesrepublik Deutschland (am 04.11.) die *Lateinische Ausgangsschrift* an den Schulen eingeführt, die **1971** als *Vereinfachte Ausgangsschrift* und **1980** in einer etwas veränderten Richtform festgelegt wurde (Bild 2.69/2).

Bild 2.69/2 Richtformen der heutigen deutschen Schreibschrift.

Lateinisches Alphabet						
A	a	Ä	ä	N	n		
B	b			O	o	Ö	ö
C	c			P	p		
D	d			Q	q		
E	e			R	r		
F	f			S	s		
G	g			T	t		
H	h			U	u	Ü	ü
I	i			V	v		
J	j			W	w		
K	k			X	x		
L	l			Y	y		
M	m			Z	z		

Bild 2.70 Klassisches Lateinisches Alphabet.

Griechisches Alphabet					
A	α	Alpha	Ξ	ξ	Xi
B	β	Beta	O	o	Omikron
Γ	γ	Gamma	Π	π	Pi
Δ	δ	Delta	P	ρ ϱ	Rho
E	ε	Epsilon	Σ	σ ς	Sigma
Z	ζ	Zeta	T	τ	Tau
H	η	Eta	Y	υ	Ypsilon
Θ	ϑ θ	Theta	Φ	φ ϕ	Phi
I	ι	Iota	X	χ	Chi
K	κ	Kappa	Ψ	ψ	Psi
Λ	λ	Lamda	Ω	ω	Omega
M	μ	My			
N	ν	Ny			

Bild 2.71
Klassisches Griechisches Alphabet.

3 Geländepotential

Die globale Flächensumme
ist gleich der Oberfläche des mittleren Erdellipsoids
510 000 000 km²

Landgebiete und Meeresgebiete prägen durch ihre Anordnung, Größe und Umrißform die markanten Strukturen des Erscheinungsbildes unserer Erde. Die ältesten Gesteine der Landgebiete haben ein Alter von 3,8-3,9 Milliarden Jahren; ältere als diese in Grönland und in der Antarktis entdeckten Gesteine sind bisher nicht gefunden worden (Abschnitt 7.1.01). Welche Umgestaltung die Landoberfläche der Erde in diesem Zeitabschnitt durchlaufen hat, läßt sich bisher nur teilweise hinreichend sicher nachvollziehen. Die Vorgänge, die daran beteiligt waren beziehungsweise sind, werden in der Sicht von Geologie, Geomorphologie, Geographie und anderen Geowissenschaften gegliedert in *endogene, exogene* und *kosmische* Vorgänge. Prinzipiell sind die endogenen (innenbürtigen) Vorgänge dem *Erdinnern*, die exogenen (außenbürtigen) dem *Erdäußeren* und die kosmischen der nahen und fernen *Erdumgebung* zugeordnet.

Da der Begriff *Landoberfläche* in der Allgemeinsprache (Umgangssprache) sehr gebräuchlich ist und unterschiedliche Bedeutung haben kann, etwa: Landoberfläche im Sinne von Oberfläche des Landes, das nicht vom Meer bedeckt ist, oder Landoberfläche, einschließlich jener, die vom Meer bedeckt ist, wird der in der Geodäsie/Topographie seit altersher gebräuchliche Begriff *Geländeoberfläche* hier vorrangig verwendet und die Benennung Landoberfläche nur im Sinne von Oberfläche des Landes, das *nicht* vom Meer bedeckt ist, und nur als Gegensatz von *Meeresoberfläche* benutzt.

Das Geländepotential |G| umfaßt das *Gelände* sowie das weitere Erdinnere bis zum Erdmittelpunkt. Die Oberfläche des Geländes ist die *Geländeoberfläche*. Beide Begriffe sind im Abschnitt 3.1 nochmals erläutert. Die globale *Flächensumme* des Geländepotentials wird hier gleichgesetzt mit der Oberfläche des (benutzten) mittleren Erdellipsoids. Der Wert für diese Oberfläche ist ein Meßergebnis (derzeit 510 000 000 km²) und gilt mithin als "richtig". Das mittlere Erdellipsoid dient als globales geodätisches Bezugssystem zur Beschreibung der geometrischen Position von Punkten im Raum durch Koordinaten (Abschnitt 2).

Die Geländeoberfläche ist zugleich die Grenzfläche zwischen dem *Erdinneren* und dem *Erdäußeren*. Die Begriffe Geländeoberfläche und "Erdoberfläche" sind *nicht* synonym.

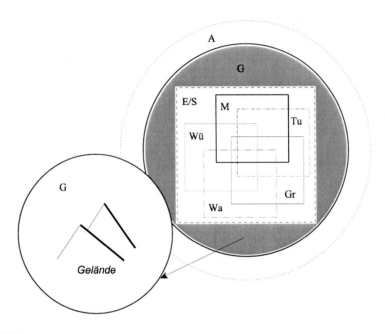

Bild 3.1
Das Geländepotential |G| und die Verknüpfungen (im Sinne der Mengentheorie) zwischen dem Geländepotential und den anderen Hauptpotentialen des Systems Erde.

Der Bereich der endogenen Vorgänge, das Erdinnere, ist dem direkten Zugang des Menschen aus naheliegenden Gründen verschlossen. Hier ist nur eine indirekte Erkundung möglich. Von dem rund 6 370 km langen radialen Abstand der Geländeoberfläche vom Erdmittelpunkt ist durch direkte Erkundung bisher nur ein Abstandsbereich von ca 12 km (ca 0,2%) unter der übermeerischen Geländeoberfläche zugänglich (Abschnitt 3.2.04).

Im Bereich der exogenen Vorgänge ist außer den Agenzien Wasser, Eis, Wind, Gravitation auch der *Mensch* als Agens genannt. Bereits vor etwa 10 000 Jahren begann er seinen Lebensraum zu verändern, als mit dem Seßhaftwerden die landwirtschaftliche Phase einsetzte (GREGORY et al.1991). Der Sammler und Jäger wurde zum Landwirt, baute Feldfrüchte an, domestizierte Tiere. Die erfolgreiche Lebensmittelproduktion führte aber auch zu einer wesentlichen Änderung der Landnutzung: Wald wurde gerodet, Land umgepflügt, bewässert... Mit dem Beginn der industriellen Phase, die in Europa mit dem ausgehenden 18.Jahrhundert einsetzte, wurden Umfang und Intensität der menschlichen Einwirkung auf seinen Lebensraum (und damit auch auf die Umgestaltung der Geländeoberfläche) wesentlich verstärkt: Zunahme der

Versiegelung der Geländeoberfläche, Abbau von Rohstoffen, vermehrte Abgabe von Schadstoffen an den Boden, an die Lufthülle... Schließlich führten Fortschritte in den Naturwissenschaften, der Medizin, der Hygiene und der Lebensmittelproduktion zum Beginn einer weiteren Phase: der Bevölkerungsexplosion (Abschnitt 1.2). Es ist offensichtlich, daß bei unveränderter Lebensraumfläche die Wechselbeziehungen zwischen dem Menschen und seinem Lebensraum (seiner Umwelt), und damit auch zwischen dem Menschen und der Geländeoberfläche vor allem in den letzten 100 Jahren wesentlich stärker geworden sind und bei anhaltender Bevölkerungszunahme noch stärker werden dürften.

3.1 Geländeoberfläche der Erde

Unter *Gelände* wird hier die äußere jeweils anstehende Gesteins-, Boden- oder Sedimentschicht der kontinentalen oder ozeanischen Kruste der Erde verstanden (SCHMIDT-FALKENBERG 1959). Die *Geländeoberfläche* ist die äußere Oberfläche des Geländes. Ihre Existenz ist somit gegeben
- in Gebieten, die nicht vom Meer bedeckt sind (Landgebiete)
- in Gebieten, die zeitweise vom Meer bedeckt sind (Gezeitengebiete)
- in Gebieten, die ständig vom Meer bedeckt sind (Meeresgrund)
- in Landgebieten, die von Binnengewässern bedeckt sind (Flußbett, Seegrund).

In der vorstehenden Definition des Begriffes Gelände ist bewußt unterschieden zwischen Gesteins-, Boden- und Sedimentschicht. Eine *anstehende Gesteinsschicht* liegt vor, wenn die Gesteinsschicht *bodenfrei* oder nur punktuell oder nur minimal mit Boden bedeckt ist. Dies trifft zu für große Gebiete der Arktis und Antarktis sowie bei Vollwüsten, Hochgebirgslagen. Die bodenfreie Fläche der Erde (einschließlich Vollwüstenfläche) soll nach GRACANIN/GANSSEN 1972 (HEMPEL 1974) ca 11 $\cdot 10^6$ km² betragen (darin ist die ständig von Eis und Schnee bedeckte Fläche der Erde nicht enthalten). Unter *Boden* soll hier verstanden werden das Ergebnis physikalischer und chemischer Gesteinsverwitterung und biogener Umsetzungen, die zur Humusbildung führen. Global gesehen, hat die *anstehende Bodenschicht* eine Dicke von durchschnittlich 0,5-2 m (GANSSEN 1965). Unter *Sediment* soll hier verstanden werden, eine im Wasser oder aus der Luft abgesetzte Ansammlung von lockeren oder verfestigten Gesteinen (QUIRING 1948). Die im Laufe der Zeit mögliche Verfestigung einer Sedimentschicht durch Verkittung und/oder Druck wird *Diagenese* genannt (SCHACHTSCHABEL 1989; ZEIL 1990). Nach dem Transportmittel und dem Ablagerungsgebiet (Sedimentationsgebiet) kann man unterscheiden: fluvia(ti)le, limnische, äolische, glaziale, marine *Sedimentschichten* (NEEF 1981). Weitere Ausführungen hierzu enthält Abschnitt 3.3.

Bild 3.2
Profildarstellung
besonderer Oberflächen der Erde
mit Gliederung
der Erde über der
Asthenosphäre.

Die Oberfläche
des Geoids ist
eine Äquipotentialfläche des
Schwerefeldes
der Erde. Sie
verläuft mithin
überall senkrecht
zur Lotrichtung.

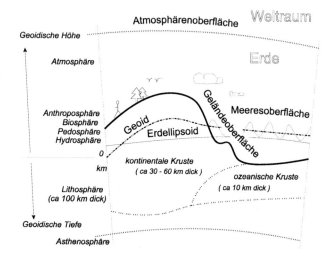

Das Geoid wird
mathematisch beschrieben durch seine Abstände zu einem Erdellipsoid, die *Geoidundulationen* genannt werden. Es ist zugleich Bezugsfläche der *Gebrauchs-Höhensysteme* von Staaten oder Staatengruppen. Die auf das Geoid bezogenen Höhen werden hier *geoidische* Höhen genannt (zur Unterscheidung von *ellipsoidischen* oder anderen *geodätischen* Höhen). Entsprechendes gilt für Tiefen, die gegebenenfalls auch als negative Höhen gekennzeichnet werden können (etwa durch - H). Die Begriffe *Meeresoberfläche* und *Meeresspiegel* sind im Abschnitt 9.1.01 näher erläutert. Was als *Oberfläche des Systems Erde* ("Erdoberfläche") gelten kann, ist im Abschnitt 4.2.05 aufgezeigt.

Globale kartographische Darstellungen der Geländeoberfläche der Erde

Die Darstellung der Geländeoberfläche der Erde erfolgt oftmals getrennt nach übermeerischer und untermeerischer Geländeoberfläche.

Übermeerische Geländeoberfläche
Es gibt zahlreiche kartographischen Darstellungen in denen die Geländeoberfläche wiedergegeben ist, entweder nur die übermeerische oder über- und untermeerische gemeinsam. Genannt seien hier die Kartenwerke

1:500 000, World (Serie 104)
1:1 000 000, Internationale Weltkarte (IWK)
angeregt 1891 durch den deutschen Geographen Albrecht PENCK und 1913 als internationales Gemeinschaftswerk beschlossen (Betreuung durch UN inzwischen eingestellt)
1:2 500 000, Weltkarte
1:5 000 000, 1:10 000 000 und in kleinerem Maßstab,
verschiedene Kartenwerke.
Hinweise auf weitere Kartenwerke und Erläuterungen zu den genannten Kartenwerken sind enthalten in HAKE/GRÜNREICH (1994). Die Benennung "Weltkarte" ist veraltet. Es handelt sich hier um globale Erdkartenwerke. Aus der Vielzahl der vorliegenden Darstellungen sei ferner hervorgehoben
1:80 000 000, Übersicht des Reliefs der Erde in Isoliniendarstellung,
Beilage in LOUIS/FISCHER (1979)
Gebräuchliche
● *digitale* Geländemodelle
sind beispielsweise (KUHN 2000 und andere):

Benennung	Auflösung	Ersteller/Organisation
global		
ETOPO-5	5' · 5'	National Geophysical Data Center (NGDC), USA
		Technische Universität Graz, Österreich
TUG-87	5' · 5'	Defense Mapping Agency (DMA) und NASA/
JPG-95E	5' · 5'	Goddard Space Flight Center (GSFC), USA
		NGDC
DTED1	30" · 30"	zusammengetragen aus 18 inhomogenen Quellen,
GTOPO-30	30" · 30"	Bildpunktabstand ca 1 km
oder		
GLOBE		
regional		
E01KMG-87	30" · 30"	Bundesamt für Kartographie und Geodäsie
		(BKG), Deutschland
DGM	40m · 40m	Bundesländer in Deutschland (BW 50m · 50m)

Das erste mittels
● *Fernerkundung* (also durch unmittelbare Messung)
erstellte digitale Modell von ca 80 % der übermeerischen Geländeoberfläche ist gesondert behandelt.

Untermeerische Geländeoberfläche
Um zu einer globalen und einheitlichen kartographischen Darstellung der Meerestiefen

227

zu gelangen, beschloß 1899 der VII. Internationale Geographische Kongreß in Berlin die Herstellung der "General Bathymetric Chart of the Oceans" (Gebco). Der Verlauf der erdweiten Erkundung und Vermessung des Meeresgrundes bis ca 1955 ist gesondert dargestellt. Der *heutige* globale Erfassungsstand des Meeresgrundes wird durch die 5. Ausgabe der Gebco (und deren Fortführung) repräsentiert. Die Ausgabe umfaßt: 16 Kartenblätter im Maßstab 1:10 000 000 in Mercator-Abbildung und 2 Kartenblätter (Polgebiete) im Maßstab 1:6 000 000 in "stereographischer" Abbildung (= konforme azimutale Abbildung). In der Mercator-Abbildung wird die *Loxodrome* als gerade Linie abgebildet. Bild 3.3 gibt eine Übersicht über den Kartenschnitt und die Kartenblattbezeichnungen dieser Ausgabe der Gebco. Eine globale Übersichtsdarstellung (auf einem Blatt) ist erschienen:

1984

General Bathymetric Chart of the Oceans (Gebco):

Gesamtkarte im Maßstab 1:35 000 000. Isoliniendarstellung.

(Ottawa)

Die 6. Ausgabe der Gebco soll in

- *digitaler* Form

erstellt werden (IHO Data Center for Digital Bathymetry in Boulder, USA): "GEBCO Digital Atlas" (GDA 97)

Die von der *Polarstern* aufgenommenen bathymetrischen Daten stellt das AWI (Alfred-Wegener-Institut für Polar- und Meeresforschung, Bremerhaven) für diese Ausgabe zur Verfügung. Unter der Bezeichnung "Elektronische Seekarte" richtet das deutsche Bundesamt für Seeschifffahrt und Hydrographie (BSH, in Hamburg) ein digitales nautisches Informationssystem ein. Eine umfassende Darstellung der Grundlagen einer solchen elektronischen Seekarte geben HECHT et al. (1999).

Das AWI (AWI 1998/1999 S.122) bearbeitet eine

AWI-Bathymetric Chart of the Weddell Sea (AWI-BCWS)

(bis 1999 veröffentlicht 2 Blätter)

Erschienen: Übersichtskarte 1:3 000 000

Ferner ist in Bearbeitung

"International Bathymetric Chart of Arctic Ocean" (IBCAO).

Bild 3.3
Kartenschnitt und
Kartenblattbezeichnungen der
5. Ausgabe der "General
Bathymetric Chart of the
Oceans" (Gebco)
(Ottawa 1975-1984).
Quelle:
IHO = International
Hydrographic Organization
IOC = Intergovernmental
Oceanographic Commission
(of Unesco)
In Deutschland ist an der
Bearbeitung des Kartenwerkes
beteiligt:
BSH = Bundesamt für
Seeschifffahrt und
Hydrographie (in Hamburg)

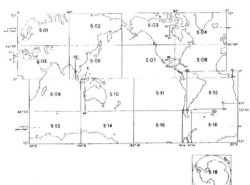

Die "Seemeile" (sm) wird auch "nautische Meile" (nm) genannt.
1 sm   = 1,852 km
abgeleitet aus der mittleren Länge einer Bogenminute auf dem Erdmeridian:
40 000 km (mittl. Erdumfang)/(360 · 60) = 1,852 km. Der Betrag wurde 1954 als
international verbindlich erklärt.
1 fathom (deutsch: Faden)   = 6 foot (deutsch: Fuß) = 1,8288 m.
1 foot   = 30,48 cm
10-Fadenlinie   = 18,288 m-Isolinie.
In den meisten Staaten der Erde gilt das Meter (m) als Einheit der Längenmessung. Nichtmetrische Maßsysteme gelten vor allem noch in den USA und in
Großbritannien. Seit 1965 werden in Großbritannien die Maßangaben in den
amtlichen Karten auf das Meter umgestellt.
1 Knoten ≙ 1 sm/Stunde   = 1,852 km/h.

Bild 3.4
Längenmaße im Bereich Seevermessung und Schifffahrt. Quelle: GIERLOFF-EMDEN
(1980), HAKE/GRÜNREICH (1994)

Historische Anmerkung
zur Erkundung der untermeerischen Geländeoberfläche (des Meeresgrundes) bis 1955

1845 stellte der deutsche Naturforscher Alexander v. HUMBOLDT (1769-1859) in seinem "Kosmos, Entwurf einer physikalischen Weltbeschreibung" fest:

~~~~~~~~~~~~~~~~~

die Tiefen der Meere

sind so gut wie unbekannt

Bild 3.5
Alexander v. HUMBOLDT
Quelle: MKL (1907)

1850 entwickelte der Marineoffizier BROOKE erstmals ein brauchbares Tiefseelot (*Leinen-* beziehungsweise *Drahtlot*), das zugleich das Hochbringen von Sedimentproben ermöglichte.

1855 veröffentlichte der us-amerikanische Marineoffizier und Ozeanograph Matthew Fontaine MAURY (1806-1873) erstmals eine Tiefenkarte vom Nordatlantik, die bereits eine Gliederung des Meeresgrundes in Becken und Schwellen ermöglichte.

1866 wurde die erste Tiefsee-Kabelverbindung zwischen Europa und Amerika hergestellt: von St. Hilaire de Riez (Frankreich) über den Meeresgrund des Atlantik bis nach Tucatan (USA).

1876 erbrachte die britische *Challenger*-Expedition (1872-1876) einen wesentlich erweiterten Einblick in die Tiefseeverhältnisse von Atlantik, Indik und Pazifik sowie in die dort vorliegenden Sedimentverteilungen. Die Fahrtstrecke hatte eine Länge von 68 890 sm (127 584 km); auf 362 Schiffspositionen wurden Lotungen mit dem BROOKE-Tiefseelot durchgeführt, nahe den Marianen-Inseln bis zu Tiefen von 26 850 Fuß (8 189 m).

1904 wurde die 1. Ausgabe der "General Bathymetric Chart of the Oceans" (Gebco) fertiggestellt. Diese Ausgabe basiert auf 18 400 Lotungen.

1912 gelang es dem deutschen Physiker A. BEHM erstmals die Wassertiefe mit Hilfe der Schallgeschwindigkeit, die im Wasser 1 500 m/s beträgt, zu messen. Dieses Verfahren hat zur Entwicklung des *Echolotes* geführt.

1920 beziehungsweise in wenigen Jahren danach, leitete der erstmalige Einsatz des

Echolotes eine neue Epoche der Vermessung der untermeerischen Geländeoberfläche ein. *Die Fernerkundung der untermeerischen Geländeoberfläche begann!*

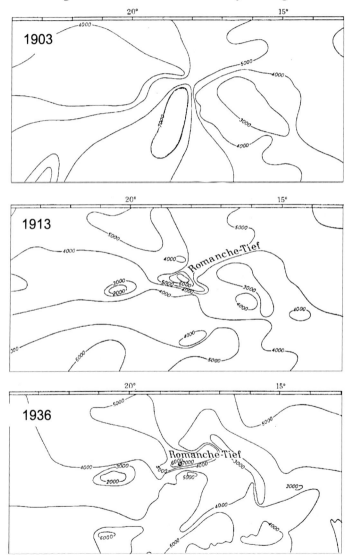

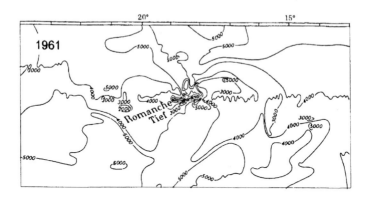

Bild 3.6
Identische Kartenausschnitte aus den Ausgaben **1903** (1.Ausgabe), **1913** (2.Ausgabe), **1936** (3.Ausgabe) und **1961** (4.Ausgabe) der General Bathymetric Chart of the Oceans (Gebco). Die Ausschnitte wurden erstellt aus einer Beilage zur Veröffentlichung von ERMEL (1967). Der Originalmaßstab 1:10 000 000 ist aus Platzgründen auf ca 1:11 000 000 verkleinert worden. Die Länge der oberen/unteren Rahmenseite entspricht einer Länge in der Natur von 1 220 km. Der Ausschnitt 1961 läßt im Vergleich zu den vorhergehenden Ausschnitten, abgesehen von möglichen Veränderungen der untermeerischen Geländeoberfläche, eine verbesserte topographische Aufnahmegenauigkeit und Meßgenauigkeit erkennen. Die Äquidistanz der Isobathen (Linien gleicher Meerestiefe) beträgt 1 000 m.

1927 wurde das letzte Blatt der 2. Ausgabe der Gebco fertiggestellt. Diese Ausgabe basiert auf 29 000 Lotungen.

1927 erbrachte die deutsche *Meteor*-Expedition (1925-1927) durch systematische Echolotungen erstmals eine detaillierte topographische Aufnahme der untermeerischen Geländeoberfläche vom Südatlantik; zugleich wurden zahlreiche Sedimentproben aus diesem Meeresgundgebiet mittels Stoßröhren gewonnen. Die Fahrtstrecke im Expeditionsgebiet hatte eine Länge von 67 535 sm (125 075 km); auf 310 Schiffspositionen wurden Echolotungen durchgeführt. Den für dieses Gebiet vorliegenden rund 3 000 Lotungen wurden durch die *Meteor*-Expedition rund 67 000 Echolotungen hinzugefügt.

1955 wurde das letzte Blatt der 3. Ausgabe der Gebco fertiggestellt. Diese Ausgabe basiert auf 370 000 Lotungen; sie kennzeichnet den Stand der globalen meßtechnischen Erfassung der untermeerischen Geländeoberfläche zu diesem Zeitpunkt. Bild 3.6 zeigt einen identischen Ausschnitt aus verschiedenen Ausgaben und ermöglicht so einen Qualitätsvergleich.

Digitales Modell der übermeerischen Geländeoberfläche

Die im Zeitabschnitt vom 11.-22.02.2000 durchgeführte Shuttle-Radar-Topography-Mission (SRTM, Missionsdaten Abschnitt 8.1) mit den an Bord befindlichen Systemen C-Band-Radar (5,3 GHz, 5,6 cm) und X-Band-Radar (9,6 GHz, 3,1 cm) erbrachte eine Datenaufzeichnung im *Stereomodus* für den Land-Bereich zwischen 60° Nord und 57° Süd (ca 119 Millionen km^2 mithin ca 88 % der Landfläche im System Erde). Der Datensatz (das Interferogramm) ermöglicht eine geometrische Auflösung in einen 30m-Gitter und erbringt eine relative Höhengenauigkeit für diese Gitterpunkte von ca ± 6 m (BAMLER et al. 2003). Die absolute Genauigkeit der auf das WGS 84 bezogenen *ellipsoidischen Höhen* liegt bei ca ± 16 m (ROTH/HOFFMANN 2004). Die Qualität bisher verfügbarer, vergleichbarer Datensätze (wie beispielsweise GLOBE oder GTOPO-30) ist etwa gekennzeichnet durch die Parameter: ca 1000m-Gitter, Höhengenauigkeit ca ± 150 m. Der SRTM-Datensatz ist ein erster homogener Datensatz für einen solchen großen Raumbereich. Durch den Stereomodus ergeben sich erstmals auch *homogene* Höhenangaben für einen solchen Bereich, wobei im Hinblick auf das relativ enge Gitter fast eine flächenhafte Erfassung der Geländeoberfläche besteht. Der Stereomodus wurde erzielt durch einen in der Umlaufbahn (ca 240 km über der Land/Meer-Oberfläche) ausgefahrenen 60mlangen Antennenmast. Das rückgestreute Radarsignal konnte so fast zeitgleich mit zwei Antennen in einem festen Abstand registriert werden. Bedeutungsvoll ist ferner die Länge des Zeitabschnittes, in der die Messungen erfolgten (10 Tage). Bei einer so *kleinen* Beobachtungsphase kann unterstellt werden, daß während der Meßzeit keine Umgestaltungen der Geländeoberfläche erfolgten, denn tätige Vulkane wären im Rahmen der Messung ebenfalls erfaßt und als solche erkannt worden. Die Verarbeitung erfolgt für die C-Band-Daten bei JPL (Jet Propulsion Laboratory), für die X-Band-Daten im DLR (2001-2004?). Bezugssystem für die *Lagedaten* ist das WGS 84 (BAMLER et al.2003, ROTH et al. 2001, ÖTTL 2000). Die aus den vorgenannten ellipsoidischen Höhen abgeleiteten weiteren Höhendaten sind geeicht auf Altimetermessdaten über der Meeresoberfläche vor und nach dem Überfliegen der jeweiligen Küsten (berechnet vom Geoforschungszentrum in Potsdam). Diese Höhendaten beziehen sich daher auf einen mittleren Meeresspiegel und gelten somit als *Meereshöhen*.

|Bewegungsmessung|

Die beiden Antennensysteme von SRTM waren nicht nur 60 m quer zum Flugweg versetzt, sondern auch 7 m *in* Flugwegrichtung, was das Erfassen von *Bewegungen* ermöglicht, beispielsweise Strömungen im Meer (BAMLER et al. 2003). Der Radarsatellit TerraSAR-X (Abschnitt 8.1) wird mit einer solchen Einrichtung zum Messen von Bewegungen (mittels Flugweg-Interferometrie oder engl. Along-Track-Interferometrie) ausgestattet sein.

3.1.01 Die Dynamik der Erde.
Gezeiten-, Auflast- und weitere Deformationseffekte.

|Gezeiteneffekte|

Mit allen Bewegungen der Weltraumkörper um gemeinsame Schwerpunktzentren sind Gezeitenkräfte verbunden, da in der Realität nicht Punktmassen, sondern ausgedehnte Körper vorliegen. Wegen dieser mehr oder weniger großen räumlichen Ausdehnung der Weltraumkörper sind die Gravitationsbeschleunigungen geringfügig ortsabhängig, während die Bahnbeschleunigungen räumlich konstant sind (WENZEL 1996). Entsprechend der räumlichen Ausdehnung der Erde gilt auch für diese, daß für einen Punkt auf der Geländeoberfläche die zugehörige Gravitationskraft von der für das Geozentrum etwas abweicht. Die Differenz wird *Gezeitenkraft* genannt. Durch solche Gezeitenkräfte treten Gezeitenbeschleunigungen mit entsprechenden *Gezeiteneffekten* auf, die im allgemeinen abhängig sind von der geographischen Breite und Länge sowie von der Zeit.

|Auflasteffekte|

Im System Erde liegen *über der Geländeoberfläche* Lufthülle, Meer, Schnee/Eisdecken und andere Bedeckungen dieser Oberfläche der Erdkruste (der Lithosphäre, des Erdinnern). Mit ihrem Gewicht stellen sie für die Geländeoberfläche eine Belastung, eine *Auflast* dar, wodurch diese verformt werden kann, entsprechend der Elastizität der darunter liegenden Schicht. Werden Auflastmassen dieser Art in horizontaler und/oder vertikaler (radialer) Richtung bewegt (verlagert), führt dies zu *Auflaständerungen* in den Orten (Bezugspunkten, Bezugsflächen), die im Einflußbereich solcher Massenbewegungen liegen. Effekte, die sich aus solchen Massenverteilungen und Massenbewegungen (Massenverlagerungen) ergeben, werden meist *Auflasteffekte* genannt. Gegebenenfalls sind hier auch sogenannte sterische Effekte einzuschließen (also Dichteänderungen des Wassers durch Temperaturänderungen).

|Rotationseffekte|

Unter diesem Begriff werden Effekte zusammengefaßt, die sich aus den Auswirkungen der Zentrifugalkräfte ergeben (DILL 2002b, DGFI 2002). Insbesondere ist die Rotationsdeformation jenes Teiles des Erdkörpers zu berücksichtigen, der unter der Geländeoberfläche liegt, da dieser nicht fest ist, sondern eine gewisse Elastizität aufweist

Alle Effekte dieser Art können als *Deformationseffekte* aufgefaßt werden (als Gezeitendeformationen, Auflastdeformationen, Rotationsdeformationen), da durch sie (zumindest) Teile des Systems Erde verändert, deformiert werden. Die Verwendung der Begriffe *Deformation, Dehnung, Verzerrung* und *Verformung* erfolgt nicht einheitlich. Nach WENDT (1999) haben sie zumindest im Zusammenhang mit der geodätischen Verzerrungsanalyse zumeist *gleiche* Bedeutung. Häufig wird auch der englischsprachige Begriff *Strain* verwendet. Beispielsweise gilt Verzerrungstensor gleich Straintensor.

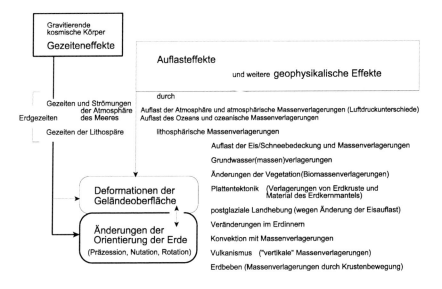

Bild 3.7
Zusammenhänge zwischen verschiedenen physikalischen Effekten und der Bewegung des Systems Erde im Weltraum (in Anlehnung an HAAS 1996, HASE 1999, DILL 2002b und andere).

Deformationen werden hier, in Anlehnung an die physikalische Mechanik nichtstarrer (also deformierbarer) Körper, aufgefaßt als Abweichungen der Form und der Größe eines Punkthaufens zum Zeitpunkt t_1 gegenüber dem Zustand zum (Referenz-) Zeitpunkt t_0. Die Deformation ist damit ein Maß für die Störung der Kongruenz beider Geometrien. Eine allgemeine Deformation kann formal in einem *isotropen* und einen *anisotropen* Anteil zerlegt werden (WENDT 1999). Hinsichtlich der *Bewegung* wird unterschieden: Bewegung deformierbarer Körper und Bewegung starrer Körper (Starrkörperbewegung).

Die Weiterentwicklung der Meßtechnik (verbunden mit entsprechenden Genauigkeitssteigerungen) hat dazu geführt, daß heute Phänomene nachweisbar werden, die bisher meist vernachlässigt wurden (aus Erfassungsgründen vernachlässigt werden mußten) wie beispielsweise die Auflastdeformation der Erdkruste beziehungsweise der Geländeoberfläche durch Eis/Schnee, Grundwasser, Vegetation. Zur *Vermessung* etwa des durch Grundwassernutzung verursachten Versatzes von Gelände (Landsenkung/Landhebung, Hangrutschungen und anderes) kann heute die satellitengestützte differentielle Interferometrie eingesetzt werden (ROTH/HOFFMANN 2004)

Gezeiteneffekte und Auflasteffekte

Wie aufgezeigt, führen Gezeitenkräfte zu gewissen Gezeiteneffekten im System Erde, die im allgemeinen abhängig sind von geographischer Breite und Länge sowie von der Zeit. Diese Gezeiteneffekte und ihre Zeitskalen werden sodann von weiteren Effekten überlagert, wie etwa von Auflasteffekten. Bezüglich der Rotation der Erde bewirken diese Effekte eine Änderung der Richtung und des Betrages des *Rotationsvektors*. Im *erdfesten* Bezugssystem bedeutet dies Änderungen in der *Polbewegung* und in der *Tageslänge*. Bei den sich ergebenden Änderungen wird sodann vielfach unterschieden zwischen *periodischen* und *aperiodischen* Anteilen an der Gesamtänderung. Periodische Anteile erlauben oftmals Rückschlüsse auf die sie erzeugenden Prozesse.

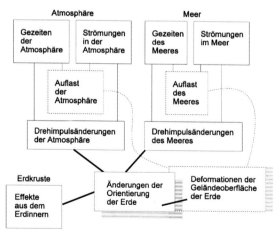

Bild 3.8
Wechselwirkungen zwischen den Gezeiten- und Auflasteffekten der Atmosphäre, des Meeres sowie der Lithosphäre (dem Erdinnern) **und** der Deformation der Geländeoberfläche sowie der Orientierung (Bewegung) der Erde im Weltraum.

Atmosphäre

Atmosphärengezeiten (WENZEL 1996) und atmosphärische Strömungen werden vor allem durch die Gezeitenwirkungen von Erdmond und Sonne bewirkt sowie durch das globale Klimageschehen im System Erde. Durch das Klimageschehen entstehen Luftmassenbewegungen. Es bilden sich Hoch- und Tiefdruckgebiete mit entsprechenden Windfeldern aus. Obwohl die Dichte der Atmosphäre vergleichsweise gering ist, werden hier erhebliche Massen verlagert. Diese Auflastverlagerungen und die aus den Luftdruckschwankungen sich ergebenden Auflastverlagerungen bewirken Deformationen der Land/Meer-Oberfläche und somit (bei Einschluß der Meeresauflast) der gesamten Geländeoberfläche. Mit Hilfe der Ergebnisse aus globalen Messungen des Luftdrucks und des Windfeldes in verschiedenen Höhenschichten lassen sich die Einflüsse der Atmosphäre auf die Rotation des Systems Erde realitätsnah modellieren (HAAS 1996 und andere). Ihr Anteil am Gesamteinfluß auf die Erdrotation wird derzeit auf ca 80% geschätzt (DILL 2002b).

Meer

Den zweitgrößten Anteil zum Gesamteinfluß auf die Erdrotation liefert nach derzeitiger Abschätzung das Meer (DILL 2002b). Alle ozeanischen Einflüsse auf die Erdrotation dürften zusammen ca 18% umfassen. Entsprechend den großen ozeanischen Strömungen, dem Wind an der Wasseroberfläche und den Meeresgezeiten (Ebbe und Flut) sind die Wassermassen ständig in Bewegung. Auch diese Auflastverlagerungen bewirken am Meeresgrund Deformationen der Geländeoberfläche. Die Auflastverlagerungen des Meeres deformieren nicht nur den Meeresgrund, sondern auch die umgebende (übermeerische) Geländeoberfläche, so daß beispielsweise auf der Landoberfläche befindliche küstennahe Meßstationen um bis zu mehrere cm versetzt werden können. Es existieren verschiedene Modelle für ozeanische Gezeiten- und Auflasteffekte (HAAS 1996, DACH 2000 und andere).

|Meeresgezeiten|
Die Gezeiten des Meeres sind gekennzeichnet durch Ebbe und Flut. Im *offenen Meer* bewirken Springfluten ein Heben der Meeresoberfläche um ca 78 cm, Nippfluten um ca 29 cm. In den *Randbereichen* der Meeresteile, besonders in Buchten, kommt es vor allem durch Eigenschwingungen der Wassermassen teilweise zu sehr großen Gezeitenhüben. Beispielsweise in der Fundy Bai (Canada) im Mittel bis 16 m, maximal bis 21 m, an der Küste der Bretagne (Saint-Malo) ca 12 m (BROCKHAUS 1999). Die Meeresgezeiten können durch eine Summe von Einzelschwingungen (Partialtiden) beschrieben werden, welche sich aus der Relativbewegung von Erde, Sonne und Erdmond herleiten lassen. Die Reaktion des Meeresgrundes und der Küsten auf die Meeresgezeiten führt, wie zuvor gesagt, zu Deformationen. Die Summe der Wirkungen von Meeresgezeiten und Auflasteffekten wird gelegentlich auch durch die (wenig aussagekräftige) Benennung "elastische Meeresgezeiten" gekennzeichnet. Die Modellierung der Meeresgezeiten ist im Abschnitt 9.2 gesondert behandelt. Dort sind auch *globale Meeresgezeitenmodelle* genannt.

Erdkruste, Lithosphäre, Erdinneres
Die Gezeitenwirkung von Erdmond, Sonne und weiterer erdnaher Planeten führt nicht nur zu atmosphärischen und ozeanischen Gezeiten, sondern auch zu Gezeiten der Erdkruste beziehungsweise der Lithosphäre beziehungsweise des Erdinnern.

|Gezeiten des Erdinnern|
Die gezeitenerzeugende Kräfte wirken, wie zuvor angesprochen, auch auf jenen Erdkörperteil, der sich aus Erdkern, Erdkernmantel sowie Erdkruste zusammensetzt und durch die Geländeoberfläche begrenzt wird. Die Gezeitenhübe betragen hier maximal ca 32 cm (zur Zeit der "Syzygien": Mond, Erde und Sonne stehen in einer Geraden) und minimal ca 12 cm (zur Zeit der "Quatratur": Mond und Sonne stehen in einem rechten Winkel zueinander) (BROCKHAUS 1999). Die Erwärmung im Erdinnern beträgt durch Gezeitendissipation ca $8 \cdot 10^{10}$ W, durch Zerfall radioaktiver Isotope ca $3 \cdot 10^{12}$ W (WIECZERKOWSKI 1999). Die Gezeiten des Erdinnern beziehungsweise der Lithosphäre werden verschiedentlich auch Gezeiten der Erdkruste genannt.

|Massenverlagerungen im Erdinnern|
Vermutlich infolge Massenverlagerungen im Erdinnern rotiert die Erde über Jahrzehnte hinweg einmal schneller und dann wieder langsamer. Diese *Fluktuationen*, auch *dekadische Schwankungen* genannt, übertreffen die jahresperiodischen Schwankungen (STROBACH 1991). Die bisher festgestellten größten Abweichungen der Tageslänge vom Sollwert betrugen |1871 = +0,005 s| und |1907 = +0,002 s| (HERRMANN 1985). Polkoordinaten und Tageslängen werden kontinuierlich von IERS bereitgestellt (Abschnitt 2). *Atmosphärische Daten* hierzu liefert NCEP (National Center for Environmentel Prediction) (Abschnitt 10). *Hydrologische Daten* kommen aus unterschiedlichen Quellen: über Niederschlag und Verdunstung etwa aus DAAC (Distributed Active Archive Center, Greenbelt; Grundwasser(stands)messungen sind global und flächendeckend bisher nicht verfügbar.

Benennung und Begriff Erdgezeiten
Das System Erde kann unterschiedlich begrenzt werden. Bildet die Oberfläche der Erdatmosphäre die Begrenzung des Systems Erde? Sollte die Erdmagnetosphäre beim Festlegen der Begrenzung des Systems Erde berücksichtigt werden? Weitere Ausführungen hierzu enthält Abschnitt 4.2.06. Der im System Erde durch die Geländeoberfläche begrenzte *Erdkörperteil* (der Erdkern, Erdkernmantel und Erdkruste umfaßt) ist hier zunächst von besonderem Interesse. Dieser Erdkörperteil wird oftmals, aber ungenau, als "feste Erde" bezeichnet (sind Fluide "fest", ist der äußere Erdkern "fest"?). Aussagen zur Deformation dieses Erdkörperteils werden oftmals, aber ebenfalls ungenau, als "Erddeformation" bezeichnet. Wenn der Begriff "Erde" als Synonym für "System Erde" stehen soll, dann muß dies auch in den verwendeten beziehungsweise neu eingeführten Benennungen zum Ausdruck kommen. Hier wird angestrebt, diese sprachlichen Ungenauigkeiten möglichst zu vermeiden. Es sind mithin zunächst klar zu unterscheiden: Modelle der Deformation des "Erdkörpers" (der "Erde"), also des Systems Erde, in dem zumindest das Subsystem Atmosphäre eingeschlossen ist,

und Modelle der Deformation jenes Erdkörperteils, der Erdkern, Erdkernmantel und Erdkruste umfaßt und durch die Geländeoberfläche (*nicht* Land/Meer-Oberfläche) begrenzt ist. Da, wie zuvor gesagt, die Geländeoberfläche Grenzfläche zwischen dem Erdinnern und dem Erdäußeren ist, kann der oben angesprochene Erdkörperteil durch die Benennung "Erdinneres" gekennzeichnet werden. Mithin handelt es sich in dieser Ausdrucksweise um Modelle der Deformation des "Erdinnern" beispielsweise durch Auflasten (Atmosphäre, Meer, Eiskappen), durch Plattentektonik, durch Vorgänge im Erdinnern selbst und anderes. Dieser Erdkörperteil, das Erdinnere, wird somit durch erdinnere (endogene) und erdäußere (exogene) Vorgänge deformiert, außerdem aber auch durch Vorgänge im Kosmos (oder "kosmische" Vorgänge), etwa durch gravitierende kosmische Körper (Erdmond, Sonne). Erst eine geeignete Integration der einzelnen Gezeiten (des Erdinnern, Meeresgezeiten, Atmosphärengezeiten und anderen) führt zu den Gezeiten des Erdkörpers, zu *Gezeiten des Systems Erde = Erdgezeiten*.

Gezeiteneffekte, Gezeitenreibung

Gezeiteneffekte können durch eine Summe von Einzelschwingungen (*Partialtiden*) beschrieben werden, welche sich aus der Relativbewegung von Erde, Sonne und Erdmond herleiten lassen. Das gesamte Gezeitenpotential, das auf einen Punkt der Land/Meer-Oberfläche wirkt, ergibt sich aus der Summe solcher Einzelkomponenten (Partialditen). Hochgenaue Modelle zur Darstellung der *Erdgezeiten* enthalten über 10 000 Partialtiden, wie beispielsweise das 1995 von HARTMANN/WENZEL veröffentlichte Modell HW95 mit 12 935 Partialtiden. Nach heutiger Erkenntnis haben jedoch Erdmond und Sonne den größten Einfluß auf die im System Erde wirksamen Gezeitenkräfte.

Die mathematischen Gleichungssysteme zur Beschreibung von Gezeiteneffekten (siehe beispielsweise DACH 2000) zeigen, daß die Gezeiten *Perioden* aufweisen müssen. So verursachen etwa Variationen in der Umlaufbahn des Mondes um die Erde neben den ganz- und halbtägigen Perioden noch weitere Perioden. Die Antwort des Erdkörpers auf das einwirkende Gezeitenpotential hängt stark ab vom Modell über den Aufbau des Erdinnern. Eine durch ein einfaches Modell approximierte Erde weist *Eigenschwingungen* auf, wodurch Resonanzeffekte der Erdgezeiten entstehen und daher auch Tiden mit kleinem Anteil am gezeitenerzeugenden Potential relativ große Deformationen herbeiführen können. Es existieren verschiedene Modelle für die Effekte der Erdgezeiten (siehe beispielsweise HAAS 1996).

Partial- tide	Periode	Ur- sprung	Partial- tide	Periode	Ursprung
Nodaltide	18,6 Jahre	Mond	N (2)	12,66 Std.	Mond
S (sa)	0,5 Jahre	Sonne	M (2)	12,42	Mond
M (m)	27,55 Tage	Mond	L (2)	12,19	Mond
M (f)	13,66 Tage	Mond	T (2)	12,02	Sonne
			S (2)	12,00	Sonne
O (1)	25,82 Std.	Mond	K (2)	11,97	M+S
P (1)	24,07	Sonne			
K (1)	23.93	M+S			

Bild 3.9
Einige Partialtiden und ihre Perioden. Nach LAMBECK 1988 umfassen die im Bild angegebenen Partialtiden mehr als 95 % des gesamten gezeitenerzeugenden Potentials (DACH 2000). Die Indizes 1 und 2 bezeichnen *eintägige* beziehungsweise *halbtägige* Tiden.

Gezeitenreibungen
Eine langfristige Änderung, auch *säkulare* Änderung genannt, zeigt sich in einer (kontinuierlichen) Abnahme der Rotationsgeschwindigkeit beziehungsweise Zunahme der Tageslänge. Als Ursache gelten die Gezeitenreibungen, wobei vermutlich die Meeresgezeiten den größten Einfluß ausüben. Die Gezeitenreibungen wirken wie Bremsbacken, die letztlich zur Abbremsung der Erdrotation führen, also zu einer Verminderung des Drehimpulses der Erde. Vielfach wird angenommen, daß die Tageslänge pro 100 Jahre um 2,05 Millisekunden zunimmt (BROCKHAUS 1999). Vor $400 \cdot 10^6$ Jahren war der Tag demnach um ca 2 Stunden 13 Minuten kürzer als heute und das Jahr hatte rund 400 Tage (also rund 35 mehr als heute). Siehe hierzu auch die Ausführungen zum Kalender.

**Auflasteffekte und weitere Deformationseffekte,
periodische und aperiodische Schwankungen**
Als solche Effekte sind derzeit vor allem die im Bild 3.7 genannten im Gespräch. Neben den Auflasteffekten von Atmosphäre und Meer hat in diesem Rahmen vermutlich der *hydrologische Kreislauf* (Abschnitt 7.6.02), mit den veränderlichen Eis/Schneebedeckungen und den Schwankungen des (kontinentalen) Grundwasserhaushalts, den größten Einfluß auf die Änderungen der Erdrotation. Wahrscheinlich werden hier erhebliche Massen umgelagert. Diese Auflastverlagerungen ergeben entsprechende Deformationen der Geländeoberfläche und beeinflussen so die Erdrotation. Es wird angenommen, daß Grundwasser(massen)schwankungen derzeit bis zu

0,25 mas in der Polbewegung bewirken können (DILL 2002b). Je genauer (realitätsnaher) die Modellierung dieser Vorgänge wird, umso mehr sind auch kleinere Massenverlagerungen von Bedeutung, wie etwa der *Kohlenstoffkreislauf* (Abschnitt 7.6.03) mit seinen Biomasseverlagerungen. Durch Aufbau und Vernichtung von Vegetation wird Biomasse umgelagert und sowohl im Boden, als auch im Wasser gespeichert. Außerdem bewirkt das jahreszeitliche Wachsen vieler Pflanzen und Bäume einen wechselnden Wasserhaushalt in Blättern und Stämmen. Außer diesen meist periodisch verlaufenden Vorgängen sind ferner noch zeitlich begrenzt wirksame Vorgänge zu berücksichtigen wie etwa Massen- und damit Auflastverlagerungen durch *Vulkanismus* und *Erdbeben*. Eine Besonderheit stellen die *postglazialen Landhebungen* nach Abschmelzen der Eismassen der letzten Eiszeit dar (Abschnitt 4.4). Schließlich verlagert auch der Mensch größere Massen, etwa durch den Bau von *Stauseen*, durch die *Umleitung von Flüssen*, durch *Grundwassernutzung* (ROTH/HOFFMANN 2004) und anderes.

|Jahresperiodische Schwankungen|
Sie werden sehr wahrscheinlich hervorgerufen durch *jahreszeitliche* Luftmassenverlagerungen, Abschmelzvorgänge in den Polgebieten und anderes. Die Abweichungen der Tageslänge vom Sollwert erreichen im März mit +0,0010 s und im August mit -0,0011 s ihr Maximum (HERRMANN 1985). Im März dreht sich die Erde mithin am langsamsten; der Tag ist im März somit länger als im September. Da periodischen Vorgänge Wellenform haben, benutzt man in diesem Zusammenhang oftmals auch die Bestimmungsgrößen einer Welle zur Beschreibung dieser Vorgänge, etwa die *Wellenlänge* (Abstand zweier aufeinanderfolgender Wellenberge), die *Amplitude* (halber Unterschied des höchsten und des tiefsten Wertes), die *Phase* (Zeit des Eintritts des Wellenberges an einem Ort), die *Frequenz* (Anzahl der Vollschwingungen pro Sekunde). Beispielsweise spricht man von Chandlerwelle (Wellenform der Chandlerperiode), Jahreswelle (Wellenform der Jahresperiode).

|Aperiodische Schwankungen|
Den Gegensatz zu den periodischen Schwankungen bilden die *aperiodischen* Schwankungen, zu denen beispielsweise auch sprunghafte Änderungen der Tageslänge zählen wie sie bei großen Sonnen-Eruptionen auftreten können (BARTELS 1960).

Veränderlichkeit des Geozentrums

Massenverlagerungen sowohl über der Geländeoberfläche der Erde (im Erdäußeren) als auch unter der Geländeoberfläche der Erde (im Erdinnern) bewirken in der Regel räumliche Verschiebungen des Geozentrums.

Das erdfeste globale Referenzsystem ITRS (Abschnitt 2) ist ein *geozentrisches* Koordinatensystem. Sein Ursprung liegt mithin im Geozentrum. Die Realisierungen dieses erdfesten globalen Referenzsystems ITRS werden gekennzeichnet durch ITRF.

Die jährlich berechneten Realisierungen (Abschnitt 2.1.01) ermöglichen somit Rückschlüsse auf Variationen des Geozentrums durch Vergleich ihrer Ursprungslagen im weltraumfesten Referenzsystem. Aus der Differenz zwischen ITRF 88-93 und ITRF 94 kann gefolgert werden, daß diese Verschiebung in dieser Zeit etwa betrug in z-Richtung ca ± 1 cm und in x-, y-Richtung jeweils einige mm (MONTAG 1998).

Bei einer anderen Vorgehensweise wird die Veränderung der Wassermassen im Meer abgeschätzt mit Hilfe der Schwankungen des Meeresspiegels (Abschnitt 9.1.01), die sowohl eintreten können durch Dichteänderungen (Volumenänderungen) des vorhandenen Wassers (sterischer Effekt) und/oder durch Verlagerungen der vorhandenen Wassermassen. Die so gewonnenen Daten für die Veränderlichkeit des Geozentrums zeigt Bild 3.10. Die z-Komponente zeigt hier eine deutliche Jahresperiode, die vermutlich durch saisonal schwankende Verdunstungen und Niederschläge auf der Nord- und Südhalbkugel bedingt ist. Die Komponenten in x und y zeigen auch Jahresperioden, wobei besonders im Nordwinter 1997 deutliche Variationen des Geozentrums hervortreten. Sie fallen zeitlich mit dem starken El-Nino-Ereignis 1997/1998 zusammen

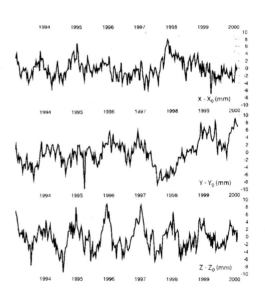

Bild 3.10
Variationen des Geozentrums in der x-, y- und z-Koordinatenachse (in mm) nach DGFI (2001) für den Zeitabschnitt 1993-2000. Die Abschätzung erfolgte auf der Grundlage von Topex/Poseidon-Altimeterdaten und Temperaturdaten der Meeresoberfläche. Alle Beträge sind danach < ± 1 cm.

Veränderlichkeit der Bewegung der Erde, insbesondere ihrer Rotation

Zum besseren Verständnis bestehender Wechselwirkungen zwischen Erddeformation und der Erdrotation ist ein Überblick über die Bewegungen der Erde im Weltraum mit ihrer zeitabhängigen Orientierung in diesem Raum erforderlich.

● *Umlauf des Systems Erde um die Sonne, Jahreszeiten*
Die Erde beschreibt in einem Jahr eine Umlaufbahn um die Sonne, die gemäß den *Keplerschen Gesetzen* eine (nahezu kreisförmige) Ellipse ist, in deren einem Brennpunkt die Sonne steht. Die (mittlere) Ebene, in der die Bahnbewegung (oder Revolution) der Erde um die Sonne erfolgt, wird *Ekliptik* (griech. eklipsis, Verfinsterung, Bahn der Verfinsterungen) genannt. Die Kalender-Daten entsprechen der astronomischen (nicht der metrischen) Zählung. Sie können bis zu zwei Tagen von den angegebenen Daten abweichen, etwa wegen des Schaltjahr-Rhythmus (LINDNER 1993 S.44). Auf der großen Achse der Umlaufellipse (Apsidenlinie) liegen der Ort der größten Sonnennähe (Perihel) und der Ort der größten Sonnenferne (Aphel) mit den Entfernungen ca $147 \cdot 10^6$ km beziehungsweise ca $152 \cdot 10^6$ km vom Mittelpunkt der Sonne. Die mittlere Entfernung Sonne/Erde (in Richtung der kleinen Halbachse b) beträgt ca $150 \cdot 10^6$ km. Den Punkt größter Sonnennähe passiert die Erde gegenwärtig am 02. 01. Nach ca 21 000 Jahren verschiebt sich dieser Termin um 365 Tage (Verschiebung der Apsidenlinie durch Einwirkung anderer Planeten). Die gedachte Verbindungslinie zwischen den Punkten der Frühling- und Herbst-Tag/Nachtgleiche in der Erdbahnebene heißt Äquinoktiallinie. Die Solstitiallinie verbindet jene Punkte der Erdbahn, an denen die Rotationsachse der Erde gegenüber dem Leitstrahl von der Sonne her die größtmögliche Neigung von derzeit ca 23°27' aufweist. Die mittlere Geschwindigkeit der Erde in der Umlaufbahn beträgt ca 30 km/s; in Sonnennähe bewegt sie sich schneller, in Sonnenferne langsamer (2. Keplersches Gesetz). Die Erdumlaufbahn hat die Länge von ca $940 \cdot 10^6$ km.

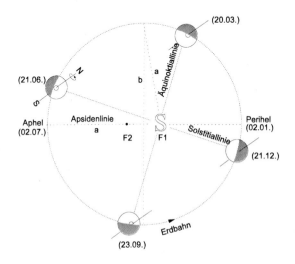

Bild 3.11
Umlauf der Erde um die Sonne (S) im Ablauf eines Jahres (aus der Sicht von oben).

Die Erde rotiert von West nach Ost, mithin im gleichen Richtungssinn wie die Bewegung der Erde in der Umlaufbahn um die Sonne. Es wird davon ausgegangen, daß das System Erde seit seiner Akkretion rotiert und daß sich dadurch seine "Figur" entwickelte. Mit der Benennung Figur ist in der Regel die Geoid-Figur gemeint, die durch ein Rotationsellipsoid, dem mittleren Erdellipsoid (Abschnitt 2.1.01), approximiert werden kann.

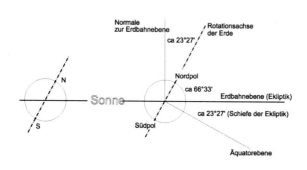

Bild 3.12 Zusammenhänge zwischen Erdbahnebene und Erdäquatorebene (Vertikalschnitt).

Erdbahnebene und Erdäquatorebene schließen einen Winkel von ca 23°27' (23,44°) ein, die sogenannte *Schiefe der Ekliptik*. Der Winkel ist (geringfügig) zeitabhängig |1950: 23,446°|, |2000: 23,439°|(LINDNER 1993).

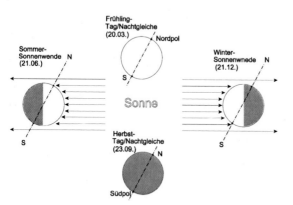

Bild 3.13 Beleuchtungsverhältnisse beim Umlauf der (rotierenden) Erde um die Sonne im Ablauf eines Jahres (Vertikalschnitt). Die Jahreszeiten-Benennungen beziehen sich auf die *Nordhalbkugel*.

Bemerkenswert ist, daß die Rotationsachse der Erde nicht senkrecht zur Erdbahnebene steht, sondern mit ihr einen Winkel von ca 66°33' einschließt. Diese *schiefe Stellung der Erdrotationsachse* verursacht eine unterschiedliche Dauer von Tag und Nacht sowie den Wechsel der Jahreszeiten. Dieser Wechsel wiederum ist unter anderem Antrieb des Wetters und mithin bestimmend für das Klima des Systems Erde. Man kann daraus folgern, daß vom Neigungswinkel der Rotationsachse weitgehend das Leben auf unseren Planeten abhängt, denn bei einer etwa um 10 Grad anderen Neigung (schiefer oder weniger schief) wäre das Erdgeschehen einschließlich der Geschichte des Menschen sehr wahrscheinlich anders verlaufen.

Zur Erfassung und Darstellung der Bewegung des Systems Erde in Koordinatensystemen (Bezugssystemen)
Ein 3-dimensionales Koordinatensystem ist bestimmt durch den Ursprung, die *Grundebene*, die beispielsweise eine Kugeloberfläche im *Grundkreis* schneidet, und durch die *Pole* dieses Grundkreises. Die Richtung zu den Polen steht dabei in der Regel senkrecht auf den Grundkreis. Die *Orientierung* eines solchen Koordinatensystems ist durch zwei nicht kollineare Richtungen eindeutig bestimmt. Grundlage sind damit *Achse* und *Grundebene*. Je nach dem Ort, der zum Anfangspunkt (Ursprung) des Koordinatensystems gewählt wird, können beispielsweise unterschieden werden: *topozentrische* Systeme (Ursprung im Standpunkt des Beobachters), *geozentrische* Systeme (Ursprung im Massenzentrum der Erde, im Geozentrum), *heliozentrische* Systeme (Ursprung im Massenzentrum der Sonne, im Heliozentrum), *galaktozentrische* Systeme (Ursprung im Zentrum der Galaxis, beispielsweise im Zentrum der Milchstraße), *baryzentrische* Systeme (Ursprung im Schwerpunkt einer Gemeinschaft von Körpern des Kosmos).

Die Lage eines Punktes auf der *Erdkugel* kann durch seine geographischen Koordinaten (geographische Breite und Länge) fixiert werden. Ähnlich läßt sich auch die Lage eines Punktes auf der *Himmelskugel* durch sphärische Koordinaten fixieren. Die in der Astronomie bisher gebräuchlichen Koordinatensysteme sind unter anderen das Horizontalsystem, das Äquatorialsystem, das Ekliptiksystem, das Heliozentrische System und das Galaktische System. Erläuterungen hierzu sind enthalten in LINDNER (1993), HERRMANN (1985), KEN (1975) und andere. Beim
|Ekliptiksystem|
ist die Grundebene beziehungsweise der Grundkreis die Ekliptik, senkrecht (normal) dazu verläuft die Achse der Ekliptik, durchgehend durch den jeweils *gewählten* Ursprung des Koordinatensystems. Die Durchstoßpunkte der Achse an der Oberfläche der Himmelskugel markieren die Pole der Ekliptik. Beim
|Heliozentrischen System|
ist die Grundebene beziehungsweise der Grundkreis ebenfalls die Ekliptik zu der senkrecht (normal) die Achse verläuft durch den Ursprung des Systems, dem Massenzentrum der Sonne (Heliozentrum). Die Achsenrichtung durch den Nordpol des Systems zeigt in Richtung Sternbild Drachen (Bild 3.35), die Achsenrichtung durch den Südpol in Richtung Sternbild Schwertfisch (Dorado).

Je nach dem gewählten Ursprung und dem Grundkreis in der Himmelskugel um ihn wird die Richtung nach einem kosmischen Punkt (ihr Durchstoßpunkt durch die Himmelskugel) durch Winkel zu ausgezeichneten Koordinatenlinien (etwa 0-Meridian und Äquator) fixiert, wobei der Scheitelpunkt dieser Winkel im Ursprung liegt. Die Entfernung des kosmischen Punktes vom Ursprung bleibt dabei zunächst unbestimmt. Der *Radius der Himmelskugel* kann frei gewählt werden. Als Träger der genannten Koordinatensysteme (Bezugssysteme) dienten in der Regel Fixsterne. Inzwischen entstand als Bezugssystem nach den von der IAU (Internationalen Astronomischen Union) gemachten Vorgaben das *weltraumfeste* Bezugssystem ICRS, das ab 01.01.1998 Gültigkeit erhielt und auf VLBI-Meßergebnissen nach Signalquellen basiert, deren Entfernung von der Erde größer als 1,5 Milliarden Lichtjahre ist und die keine (zusätzliche) Eigenbewegung erkennen lassen (wie etwa Quasare). Der Entwicklungsstand weltraumfester und erdfester Bezugssysteme ist im Abschnitt 2 dargestellt.

● VLBI (Abschnitt 2.1) ist derzeit die *einzige* Meßtechnologie mit dessen Hilfe die Bewegung des Systems Erde, ihre *Orientierung* im Weltraum, in einem (quasi) *inertialen* Bezugssystem *hochgenau* abbildbar ist. Durch interferometrische Korrelation der Signale, die von weit auseinanderliegenden, erdweit verteilten Meßstationen empfangen wurden, kann die Basislinie zwischen ihnen hochgenau (bis auf ± wenige mm) bestimmt werden. Aus einem Netz solcher Basislinien lassen sich sodann die Koordinaten dieser VLBI-Meßstationen in einem einheitlichen Bezugssystem mit etwa gleicher Genauigkeit berechnen.

Rotation des Systems Erde

Zusätzlich zu der zuvor beschriebenen Bahnbewegung um die Sonne (*Translation*) führt die Erde die tägliche *Rotation* um ihre Rotationsachse aus. Die Rotation erfolgt von West nach Ost, ist also richtungsgleich mit der Bewegung um die Sonne. Allgemein wird davon ausgegangen, daß die Erde seit ihrer *Akkretion* rotiert (STROBACH 1991). Der ihr dabei durch auftreffende Planetesimalen zugeführte *Drehimpuls* (Produkt von Geschwindigkeit einer Masse und ihres Abstandes von der Drehachse) läßt sie um ihre Rotationsachse rotieren. Diese Rotation hat offensichtlich zu einer abgeplatteten (ellipsoidähnlichen) Rotationsfigur geführt, wobei die Achse des größten Trägheitsmoments (Hauptträgheitsachse) nahe der Rotationsachse liegt (DREWES 2002). Allerdings rotiert das System Erde nicht gleichmäßig. Messungergebnisse bezeugen, daß beispielsweise an Nord- und Südpol die Durchstoßpunkte der Erdrotationsachse an der Ellipsoidoberfläche sich in einem Monat um einige 10 cm verlagern. Sodann beschreibt die Stellung der Rotationsachse auf der Oberfläche des mittleren Erdellipsoids in ungefähr einem Jahr eine fast geschlossenen Kreiskurve mit einem mittleren Durchmesser von 15 m (DILL 2002b). Außer dieser zeitabhängigen Lageänderung der Rotationsachse im erdfesten Bezugssystem (Polbewegung) ändert sich auch der zugehörige Betrag des Rotationsvektors, also die Rotationsgeschwindigkeit (meist ausgedrückt durch die Tageslänge).

Die **Rotation des Systems Erde** kann definiert werden als *zeitliche* Änderung der räumlichen Orientierung eines *erdfesten* globalen Koordinatensystems relativ zu einem *weltraumfesten* Koordinatensystem. Die Rotation wird durch den *Rotationsvektor* repräsentiert. Dieser liegt parallel zur Rotationsachse (hat die *Richtung der Rotationsachse*) und sein Betrag ist gleich der *Rotationsgeschwindigkeit*.

Wird für ein *weltraumfestes* Bezugssystem $\overline{I}$ und für ein *erdfestes* Bezugssystem $\overline{H}$ gesetzt:

$$\overline{I} = \begin{bmatrix} \vec{I}_1 \\ \vec{I}_2 \\ \vec{I}_3 \end{bmatrix}, \quad \overline{H} = \begin{bmatrix} \vec{H}_1 \\ \vec{H}_2 \\ \vec{H}_3 \end{bmatrix}$$

mit

drei weltraumfesten rechtshändigen orthonormalen Basisvektoren $\vec{I}_1, \vec{I}_2, \vec{I}_3$ und drei erdfesten rechtshändigen orthonormalen Basisvektoren $\vec{H}_1, \vec{H}_2, \vec{H}_3$, dann ist die relative Orientierung des erdfesten zum weltraumfesten Bezugssystems zu einem Zeitpunkt t gegeben durch die Transformation (RICHTER 1995):

$$\overline{H} = R(t) \cdot \overline{I}$$

wobei R eine zeitabhängige Rotationsmatrix ist, deren Zeilen die Koordinaten der drei erdfesten Basisvektoren $\vec{H}_1, \vec{H}_2, \vec{H}_3$ in bezug auf die weltraumfeste Basis $\overline{I}$ enthalten.

Die Lage des *Ursprungs* der beiden Systeme $\overline{I}$ und $\overline{H}$ ist für die Darstellung ihrer relativen Orientierung zunächst bedeutungslos. Gemäß vorstehender Gleichung ist mithin gesucht die zu jedem Zeitpunkt t gehörige Rotationsmatrix R(t). Aus den Elementen der Matrix R und ihren Ableitungen (Differentiationen) nach der Zeit können die Koordinaten des *Rotationsvektors* erhalten werden. Die elementare Aufgabe lautet: Gesucht ist zu jedem Zeitpunkt t die Rotationsmatrix R. Sie ist bestimmt durch 3 Parameter (RICHTER 1995), beispielsweise in der *Euler-Parametrisierung* oder in der *Cardan-Parametrisierung* durch $R = R_3(\gamma) R_2(\beta) R_1(\alpha)$. Hierin sind α, β, γ drei zeitlich veränderliche *Cardan-Winkel*, die in geeigneten Zeitabständen ermittelt werden können aus einer hinreichenden Anzahl von geometrischen Beobachtungen (etwa mittels VLBI) zwischen *terrestrischen* und *extraterrestrischen* Punkten. Diese elementare Vorgehensweise hat allerdings gewisse Nachteile im Vergleich zu derzeit gebräuchlichen Vorgehensweisen, bei denen die Rotationsmatrix R als **Modell** vorgegeben wird (siehe Modellierung des Erdrotationsvektors sowie historische Anmerkung).

Zur Messung und Genauigkeit von Erdrotationsparametern
In der Regel werden unter Erdrotationsparameter verstanden die **Tageslänge** (resultierend aus der Rotationsgeschwindigkeit des Systems Erde) und die **Polbewegung** (resultierend aus der Richtungsänderung der Rotationsachse im erdfesten Bezugssystem).
1970. Bis ca 1970 ermöglichten die verfügbaren Meßverfahren noch nicht die zeitliche Auflösung, die zur Erfassung *tagesperiodischer* Richtungsänderungen der Erdrotationsachse erforderlich ist. Deshalb blieb etwa bis dahin auch die Vorstellung des französischen Mathematikers Louis POINSOT (1777-1859) unbeachtet, daß die Erdrotationsachse unter anderen auch einen Kegel-Umlauf ausführt mit dem Kegel-Öffnungswinkel $2\varepsilon_0 = 0{,}0087"$, dem eine *tägliche* Bewegung des Rotationspols auf der Erdkugel-Oberfläche mit einem Radius von ca 27 cm entspricht (RICHTER 1995). Die Genauigkeit der durch Methoden der Geodäsie bestimmten Richtungen im erdfesten System betrug um 1975 größenordnungsmäßig $\pm 0{,}1"$ (HEITZ 1976), was einer Unsicherheit der Punktbewegung an der Erdkugel-Oberfläche von ca **± 318 cm** entspricht.
2000. Heute lassen sich die genannten Erdrotationsparameter mit Hilfe geodätischer Raummeßverfahren (VLBI, GPS, SLR...) mit hoher Genauigkeit *messen* und bestimmen. Der IERS berechnet aus den Ergebnissen der jeweils eingesetzten unterschiedlichen Raummeßverfahren sogenannte *Kombinationslösungen* mit einer zeitlichen Auflösung von 1 Tag. Die Tageslänge läßt sich inzwischen mit einer Genauigkeit von ± 0,02 ms bestimmen, mit einer zeitlichen Auflösung von 2 Stunden. Die Genauigkeiten für die Polrichtung konnte inzwischen auf kleiner ± 0,3 mas verbessert werden, was bei einem mittleren Erdradius von 6 370 km einer Unsicherheit der Punktbewegung an der Erdkugel-Oberfläche von ca **± 1 cm** entspricht (SCHMITZ-HÜBSCH 2002). Es bedeuten: mas = Millibogensekunde, ms = Millisekunde (siehe Variation der Tageslänge). Da aus naheliegenden Gründen auf der Modellseite eine ähnlich hohe Genauigkeit wie auf der soeben beschriebenen Meßseite anzustreben ist, sollte eine möglichst gute Kenntnis derjenigen Einflüsse erreicht und im Modell erfaßt werden, die die Rotation des Systems Erde aufrechterhalten und beeinflussen, also auch die hinsichtlich Betragsanteil kleinen Einflüsse und die nichtperiodischen Einflüsse.

Zur Modellierung der Erdrotation
Die Physik unterscheidet bekanntlich zwischen Drehmoment und Drehimpuls (Drall, Impulsmoment).
|starrer Körper|
Wirkt eine Kraft auf einen drehbaren starren Körper, erzeugt sie ein Drehmoment M. Unter der Wirkung eines solchen Drehmoments erfährt ein drehbarer starrer Körper eine Winkelbeschleunigung. Der Drehimpuls L eines rotierenden starren Körpers ist das Produkt aus seinem Massenträgheitsmoment J und seiner Winkelgeschwindigkeit ω (KUCHLING 1986). Die *Euler-Kreiselgleichung* folgt aus dem Drehimpulssatz dL/dt = M, wenn von einem Inertialsystem S zu einem *kreiselfesten* Bezugssystem S' übergegangen wird, das mit der Winkelgeschwindigkeit ω (Drehvektor) gegen das *raumfeste*

Bezugssystem S rotiert (wobei für S und S' ein gemeinsamer Ursprung angenommen wird). Die Euler-Kreiselgleichung lautet dann d'L/dt + (ω × L) = M. Wie zuvor gesagt gilt: L = J · ω , wobei J der Trägheitstensor des starren Körpers ist. Er beschreibt beispielsweise die Massenverteilung eines als starr angenommenen Erdkörpers und ist definiert durch seine Hauptträgheitsmomente, also durch die Figurenachse des rotierenden Körpers. Das kreiselfeste Bezugssystem (x, y, z) wurde dabei meist so gewählt, daß z-Achse und Figurenachse (zum Zeitpunkt t_0) gleiche Richtung hatten. Die Euler-Kreiselgleichung ist benannt nach dem in Schweiz geborenen Mathematiker und Physiker Leonhard EULER (1707-1783).

|deformierbarer Körper|
Die Reaktion des Systems Erde auf *Massenverlagerungen* innerhalb des Systems läßt sich aus der Lösung der Bewegungsgleichung für einen *deformierbaren* Körper ableiten. Im (mit-) rotierenden Bezugssystem des Körpers kann die Drehimpulsbilanz durch die *Liouville-Bewegungsgleichung* beschrieben werden. Die Gleichung ist benannt nach dem französischen Mathematiker Joseph LIOUVILLE (1809-1882). Sie wird auch *Euler-Liouville-Bewegungsgleichung* genannt. Danach besteht ein Zusammenhang zwischen von außerhalb auf einen Körper einwirkende Drehmomente und der Änderung des Eigendrehimpulses dieses Körpers etwa durch Massenverlagerungen im Körpersystem (DGFI 2002)

$$\frac{dH}{dt} + \omega \times H = L$$

H = Eigendrehimpulsvektor des Körpers
ω = Rotationsvektor des Körpers
L = von außerhalb auf den Körper einwirkende Drehmomente
Alle in der Differentialgleichung enthaltene Größen sind zeitabhängig.

Bei *heutigen* Modellierungen des Erdrotationsvektor wird das System Erde nicht mehr als starrer, sondern als deformierbarer Körper angenommen. Das mit dem System Erde (mit-) rotierende Bezugssystem ist dabei in der Regel ein globales Koordinatensystem, dessen Ursprung im Geozentrum liegt. Aus der vorstehenden Gleichung ergeben sich, je nach der Vorgehensweise zur Erfassung und Analyse der auf das System Erde einwirkende Massenverlagerungen, unterschiedliche Differentialgleichungen (wie etwa in SCHUH et al. 2002 ausführlich aufgezeigt). Zu ihrer Lösung eignen sich der Drehimpulsansatz und der Drehmomentenansatz (SEITZ 2002). Beim *Drehimpulsansatz* soll der Gesamtdrehimpuls des durch die Geländeoberfläche begrenzten Erdkörperteils (des Erdinneren, ungenau "feste Erde" genannt) sowie der Atmosphäre und des Meeres erhalten bleiben, und zwar unter Berücksichtigung der von außen einwirkenden Drehmomente L(t). Diese Drehmomente sind gravitativ bedingt und umfassen in der Regel das einwirkende Drehmoment des Erdmondes und das einwirkende Drehmoment der Sonne (also die lunisolaren Drehmomente). Beim *Drehmomentenansatz* werden die Einflüsse von Atmosphäre und Meer auf die Drehimpulsbilanz über die externen Drehmomente L(t) moduliert in Form von L(t) = L(Gravitation) (t) + L(Reibung) (t) + L(Druck) (t) + ... Da hinreichend genaue Modelle für die durch Reibung und Druck verursachten Drehmomente bisher nicht vorliegen (SEITZ 2002), wird derzeit vielfach der Drehimpulsansatz zur Lösung der anstehenden Differentialgleichungen benutzt, wobei ein geeignetes *Kreiselmodell* des Systems Erde als Grundlage dient.

|Kreiselmodell im Drehimpulsansatz|
Es gilt die Annahme, daß aus der Rotation des mit dem Körper verbundenen Bezugssystems der Drehimpuls I · ω resultiert und die Bewegung von Massenelementen relativ zu diesem Bezugssystem einen zusätzlichen Drehimpuls h erzeugt. Die Liouville-Bewegungsgleichung kann dann geschrieben werden (DGFI 2002)

$$\frac{d}{dt}(I \cdot \omega + h) + \omega \times (I \cdot \omega + h) = L$$

I   = Trägheitstensor des Körpers
h = zusätzlicher Drehimpuls, bewirkt durch die Bewegung von Massenelementen relativ zum erdfesten Bezugssystem
Alle in der Differentialgleichung enthaltene Größen sind zeitabhängig.

Bild 3.14
Beispiel für ein eingesetztes Kreiselmodell mit den wesentlichen Wechselwirkungen (DGFI 2002). Die im Strukturdiagramm dargestellten einzelnen Komponenten wurden als voneinander unabhängig angenommen, damit sie additiv überlagert werden können.

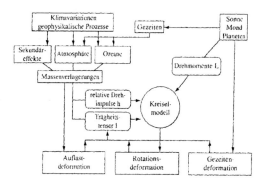

Die Reaktion des Systems Erde auf Massenverlagerungen kann also (in einem mitrotierenden Bezugssystem) mit Hilfe der Liouville-Bewegungsgleichung berechnet werden.

Die Begriffe Präzession und Nutation im Kreiselmodell des Systems Erde
Die Benennungen sind vom Lateinischen abgeleitet: Präzession, lat. praecedere, voranschreiten; Nutation, lat. nutare, nicken, schwanken. Sie entstammen der Kreiseltheorie (KLEIN/SOMMERFELD 1965, MAGNUS 1971). Generell kann die Erde im Sinne

der Kreiseltheorie als Kreisel mit *freier* (nicht befestigter) Drehachse aufgefaßt werden. Sie ist aber *kein kräftefreier* Kreisel. Zunächst rotiert die Erde seit ihrer Akkretion aufgrund des ihr durch auftreffende Planetesimale zugeführten Drehimpulses. Ihre Figur entwickelte sich daher zu einer abgeplatteten ellipsoidähnlichem Rotationsfigur. Diese und die ihr (zusätzlich) durch äußere Kräfte wie Gravitationskräfte des Erdmondes und der Sonne sowie in geringerem Maße durch die Wirkung der Planeten aufgezwungene *generelle* Drehbewegung relativ zum weltraumfesten Bezugssystem ist die "Präzession". Da die Äquatorebene gegen die Erdbahnebene geneigt ist um die "Schiefe der Ekliptik", erzeugen vorrangig Erdmond und Sonne ein Drehmoment welches bestrebt ist, die auf der Erdbahnebene *schief* stehende Figurenachse aufzurichten, worauf die Pfeile im Wulstbereich beiderseits der Äquatorebene hinweisen (Bild 3.15). Die relativ schnelle Rotation der Erde verleiht dieser jedoch eine gewisse Stabilität.

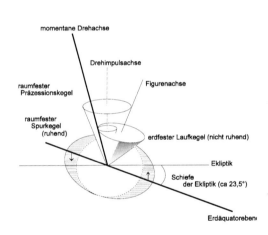

Bild 3.15
Zur Präzessionsbewegung der Drehachse der Erde. Die Drehimpulsachse wird als *raumfest* angenommen. Sie steht senkrecht (normal) auf der Erdbahnebene (Ekliptik). Die im Bild angegebenen Benennungen und Begriffe der Kreiseltheorie entsprechen denen, die in der Physik gebräuchlich sind (BREUER 1994). Das *erdfeste* Bezugssystem (x, y, z) wurde meist so gewählt, daß z-Achse und Figurenachse zum Zeitpunkt t_0 (!) gleiche Richtung hatten. Bezüglich Achsen benutzter Koordinatensysteme und Epochen siehe dort.

Erde, Erdmond und Sonne verändern periodisch ihre Stellung zueinander. Die präzessionserzeugenden Kräfte von Erdmond und Sonne sind daher periodischen Schwankungen unterworfen. Diese Schwankungen, die sich der Präzession überlagern, werden vielfach "Nutation" genannt. Die Nutation wurde **1747** von dem englischen Astronomen James BRADLEY (1692-1762), die "Lunisolar-Präzession" um **130 v.Chr.** von HIPPARCH aus Nikäa entdeckt. Präzession und Nutation der Erdrotationsachse einerseits und ihre Polbewegung andererseits sind abhängig voneinander, denn der Rotationsvektor der rotierenden Erde hat die Eigenschaft, daß seine differentielle Ableitung nach der Zeit relativ zu einem *erdfesten* Bezugssystem stets *übereinstimmt* mit seiner differentiellen Ableitung nach der Zeit relativ zu einem *weltraumfesten* Bezugssystem

(MAGNUS 1971). Demnach ist seine Richtungsänderung und seine Betragsänderung (Rotationsgeschwindigkeitsänderung) in *beiden* Systemen *gleich*.

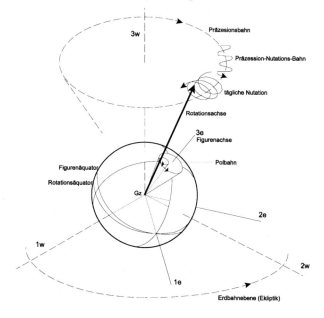

Bild 3.16 Generelles Schema zum Kreiselmodell des Systems Erde. Dargestellt sind einige Kegelumläufe der Erdrotationsachse mit den Kegelumlaufbahnen: *Präzessionsbahn* mit Kennzeichnung der *Nutationsbahn* sowie die *Polbahnen* einer Tagesperiode (24 Stunden) und einer Chandler-Periode (ca 435 Tage). Die Rotationsachse des Systems Erde wird durch den Rotationsvektor repräsentiert. Seine Richtungsänderung relativ zum erdfesten Bezugssystem |1e, 2e, 3e| ergibt die *Polbewegung*, die gleiche Richtungsänderung relativ zum weltraumfesten Bezugssystem |1w, 2w, 3w| ergibt die *Präzession-Nutation*. Die Präzession-Nutation-Umlaufperiode (ca 25 700 Jahre) wird vielfach *Platonisches Jahr* oder *Großes Jahr* genannt. Gz = Geozentrum.

Die Bahnen von Präzession und Nutation sowie des Rotationspols der Erde lassen sich mithin weitgehend darstellen durch zahlreiche sich überlagernde Kegelumläufe der Rotationsachse im weltraumfesten und in einem globalen erdfesten Bezugssystem mit gemeinsamen Ursprung im Geozentrum. Die Parameter der einzelnen Kegelumläufe des Rotationsvektors sind die Umlaufgeschwindigkeit und der Öffnungswinkel des Kegels sowie die Winkelgeschwindigkeit, mit der die Richtung des Rotationsvektors sich beim jeweiligen Umlauf relativ zum weltraumfesten beziehungsweise erdfesten Bezugssystem ändert. Meist werden unterschieden: der Präzessionsumlauf und Nutationsumläufe im weltraumfesten System sowie die entsprechenden Polbewegungsumläufe im erdfesten System (oder umgekehrt!). Ein generelles Schema der geometrischen Aspekte der Erdrotation mit einigen solchen Umlaufkegeln zeigt Bild 3.16.

|prograd und retrograd|

Im Bild 3.16 ist der Präzessionsbahn eine *ellipsenförmige* Nutationsbahn aufgelagert. Vielfach wird in diesem Zusammenhang von *Nutationsellipsen* gesprochen. Ellipsen in diesem Sinne werden meist als Superposition (Überlagerung) von *prograden* und *retrograden* kreisförmigen Komponenten aufgefaßt, denn in allgemeiner Form kann jede Ellipse aus der Summe zweier Kreisbewegungen mit gleicher Kreisfrequenz aber gegenläufigem Umlaufsinn dargestellt werden. *Prograd* (gradus, lat. Schritt) bedeutet dabei: im Sinne der Erdbewegung (beziehungsweise *entgegen* dem Uhrzeigersinn) und *retrograd* (lat. rückläufig) entgegen dem Sinn der Erddrehung (beziehungsweise *im* Uhrzeigersinn).

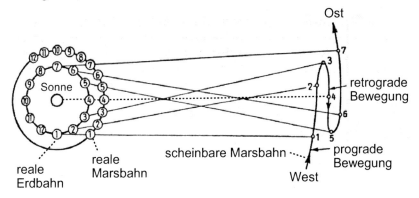

Bild 3.17
Prograde (West-Ost) und retrograde (Ost-West) Bewegung des Planeten Mars *bei Betrachtung von der Erde aus*. Der Stand von Erde und Mars auf ihren *realen* Bahnen ist von Monat zu Monat numeriert durch ①, ②, ③, ④, ⑤... Bei ④ wird der Mars von der Erde überholt, seine *scheinbare* Bahn durch 4 ist daher eine retrograde (also rückläufige) Bewegung. Daten nach UNSÖLD/BASCHEK (1991).

Das Zustandekommen solcher prograden und retrograden Bewegungen eines Weltraumkörpers kann Bild 3.17 verdeutlichen. Beispielsweise entstehen die von der *Erde* aus zu beobachtenden *scheinbaren Planetenbewegungen* durch die Überlagerung dreier *realer* Bewegungen: (1) Umlauf der Planeten um die Sonne, (2) Umlauf der Erde um die Sonne, (3) Rotation der Erde um ihre Achse. Neben der täglichen Bewegung bewegen sich die Planeten (mit Ausnahme von Pluto) in der Nähe der Ekliptik. Da die Planeten nach dem 3. Kepler-Gesetz die Sonne mit unterschiedlichen Geschwindigkeiten umlaufen, überholt die Erde in regelmäßigen Abständen die langsamer umlaufenden äußeren Planeten, während andererseits die Erde von den schneller umlaufenden inneren Planeten überholt wird. Diese Überholvorgänge führen zu der scheinbaren Rückwärtsbewegung (Rückläufigkeit) des betreffenden Planeten. Da die realen Bahnen der Planeten gegen die Ekliptik geneigt sind, haben die scheinbaren Planetenbahnen nahe der Rückläufigkeit einen schleifenförmigen Verlauf. Die Richtung der *scheinbaren Sonnenbewegung* wird als rechtläufig bezeichnet (LINDNER 1993). Bild 3.17 zeigt am Beispiel des Planeten Mars das soeben Gesagte.

Veränderlichkeit der Tageslänge
gemäß Änderungen der *Rotationsgeschwindigkeit* des Systems Erde

Wie zuvor gesagt, kennzeichnet der zeitabhängige *Betrag* des Erdrotationsvektors die *Rotationsgeschwindigkeit* des Systems Erde. Ändert sich diese Geschwindigkeit, kann sich auch die Tageslänge ändern, die vielfach mit LOD bezeichnet wird (lod, engl. length of day). Als Bezugslänge für 24 Stunden dient $LOD_0 = 86\,400$ (SI)-Sekunden. Ausführungen zum Internationalen Einheitensystem (SI) sind im Abschnitt 4.2.02 enthalten, dort ist auch die Sekunde definiert.

|Millisekunde, Millibogensekunde|
Im Zusammenhang mit der Tageslängenvariation und der Polbewegungsvariation werden oft die Größen *Millisekunde* (ms) und *Millibogensekunde* (mas) benutzt. Die Vorsilbe Milli (m) bedeutet $10^{-3} = 0{,}001$. Mithin gilt: s oder sec = secunda pars (lat. Sekunde), 1 ms (Millisekunde) = 0,001 s. Zur Unterscheidung von der Zeiteinheit Sekunde kann die Bogensekunde benutzt werden. Sie kennzeichnet die gleichlautende Winkeleinheit. Ist b = Teilstück des Kreisumfanges (Bogenlänge), r = Radius des Kreises, α = der zur Bogenlänge gehörige Zentriwinkel, $U = 2\pi r$ der Umfang des Kreises, dann besteht bekanntlich die Beziehung: $U/360° = b/α°$ beziehungsweise $2\pi r/360° = b/α°$ oder etwas umgeformt $b/r = 2\pi\,(α°/360°)$. Die Verhältniszahl b/r ist das zum Winkel α gehörige *Bogenmaß*, geschrieben arc α (arc von lat. arcus, Bogen). Für die *Bogensekunde* folgt daraus: arc 1" = 1 as = $\pi / 648\,000 = 0{,}000\,005$ und damit für 1 mas (Millibogensekunde) = 0,001 as = 0,000 000 005. Mit r = 6 370 km (Erdkugel) ergibt sich als Bogenlänge
für 1 as   = 0,000 005 · 6 370 km = 0,031 85 km   = ca 32 m
für 1 mas   = 0,000 000 005 · 6 370 km = 0,000 031 km   = ca 0,03 m
Als Einheit des Winkels im Bogenmaß wird auch benutzt: 1 rad (Radiant) = $360/2\pi$ = 57°17'45". $1 \cdot 10^{-7}$ rad = 20,626 mas.

Drehte sich die Erde früher schneller?
Bremsen die Gezeiten die Rotationsgeschwindigkeit der Erde?
Am Ende des 17. Jahrhunderts vermutet der englische Astronom Edmond HALLEY (1656-1742) aus dem Vergleich antiker und zeitgenössischer Sonnenfinsternisse, daß sich die mittlere Bewegung des Mondes in langen Zeitabschnitten ändert. Die Winkelgeschwindigkeit des Mondumlaufs um die Erde schien sich zu beschleunigen. Etwa um die Mitte des 18. Jahrhunderts sprach der deutsche Philosoph Immanuel KANT (1724-1804) die Vermutung aus, daß die Gezeiten des Meeres die Rotation der Erde abbremsen könnten. Zunehmend entstand die Auffassung, daß zwischen beiden Vorgängen ein Zusammenhang bestehe und die Rotation der Erde langsamer werde. Der Drehimpuls, der der Erde verlorengeht, muß der Mondbahn zugutekommen, die sich deshalb ausdehnt, was zugleich zu einer Verringerung der Winkelgeschwindigkeit führt. 1963 entdeckte der Paläontologe WELLS die Möglichkeit, aus den Wachstumsrhythmen fossiler Lebewesen, die *Anzahl* der in einem Jahr erhaltenen Tage zu ermitteln. Sie war danach offensichtlich früher größer als heute. Da die *Jahreslänge* relativ konstant sei, bedeute dies, daß in früheren geologischen Epochen die *Tageslänge* kürzer war als heute.

Die skizzierte Sachlage war Anreiz für die Wissenschaft, die unterstellten Prozesse zu überdenken und die Abläufe nachzurechnen. Solange die Erdgezeiten als wesentliche Wechselwirkung angenommen wurden, oder die Meeresgezeiten in analoger Weise betrachtet wurden, war die Grundlage der Berechnungen relativ einfach: zwei Gezeitenberge liegen etwa in der Verbindungslinie Erde-Mond, werden jedoch durch die Erdrotation ständig etwas aus dieser Richtung herausgedreht. Basierend auf einer solchen Vorstellung berechnete erstmals 1955 GERSTENKORN die diesbezügliche Entwicklung des Erde-Mond-Systems für einen längeren, vergangenen Zeitabschnitt (einige Milliarden Jahre). Es ergab sich in weiten Zeitabschnitten keine Übereinstimmung mit anderen erdgeschichtlichen Daten.

Indessen hatte sich zunehmend die Überzeugung verstärkt, daß vorrangig die Meeresgezeiten den Austausch von Energie und Drehimpuls zwischen Erde und Erdmond bestimmen. Die Meeresgezeiten mit den zugehörigen *Gezeitenreibungen* hängen allerdings in komplizierter Weise von der geometrischen Gestalt der *Meeresgrundbekken* ab, deren hinreichende meßtechnische Erfassung erst später möglich wurde, ebenso auch die umfangreichen Berechnungen (Leistung der Rechner). Eine Summation der Drehmomentbeiträge aller Meeresteile ergibt dann letztlich das gesuchte *Netto-Drehmoment*, das mit dem astronomisch bestimmten verglichenwerden kann. Diese Aufgabe ist bereits für die aktuelle Meeresgestaltung nicht einfach und wird noch schwieriger für vergangene geologische Epochen, deren Meeresgrundgestalt wegen fehlender Daten in der Regel nur sehr schwer bestimmbar ist. Die *Paläogeographie* kann inzwischen jedoch wesentliche Fortschritte aufweisen, ermöglicht besonders durch die Ergebnisse der durchgeführten *Tiefseebohrungen* (Bohrungen in die ozeanische Kruste). Entsprechende kartographische Darstellungen dienen sodann zur Rekonstruktion der Paläoepochen. Sie sind nach dem Gesagten erforderlich, wenn eine realistische Rückrechnung der Entwicklung des Erde-Mond-Systems erreicht werden soll. BROSCHE/SÜNDERMANN (1978) haben eine solche Rechnung für die Paläogeographie eines *Perm-Zeitpunktes* durchgeführt, die bemerkenswerterweise für die Erde nicht ein größeres, sondern ein kleineres Drehmoment als das Heutige ergab. Sie benutzten für diese Berechnung die im Bild 3.18 dargestellte Paläogeographie.

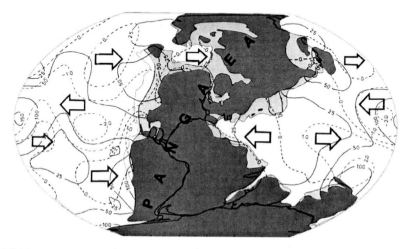

Bild 3.18
Paläogeographie im Zeitabschnitt Oberes Perm (250-230 Millionen Jahre vor der Gegenwart) nach BROSCHE/SÜNDERMANN (1978).

Das Bild zeigt die halbtägige Hauptmondgezeit M 2 im Meer des Oberen Perm. Landflächen = dunkel-grau, Schelfgebiete = hell-grau, Tiefsee = weiß. Volle Linien = Amplituden der Gezeitenwellen in cm. Gestrichelte Linien = das durch Reibung am Meeresgrund ausgeübte Drehmoment pro 4°-Flächenelement in 10^{21} dyn cm. Die Pfeile symbolisieren die Richtung dieser Größe.

Während eine *Einzelkraft* eine beschleunigte fortschreitende Bewegung (Translation) eines Körpers erzeugt, bewirkt ein an einem Körper angreifendes *Kräftepaar* eine beschleunigte Drehbewegung (Rotation). Das Kräftepaar übt am Körper ein *Drehmoment* aus. *Einheit des Drehmoments* im physikalischen Maßsystem ist: 1dyn · cm beziehungsweise 1Dyn · m. 1 Dyn (gesprochen: Großdyn) beziehungsweise 1 dyn ist die Kraft, welche der Masse 1 kg beziehungsweise 1 g die Beschleunigung 1 m / sec² beziehungsweise 1 cm / sec² erteilt. 1 Dyn = 10^5 dyn.

Nach CHOWN (1999) ergab sich aus der Analyse zahlreicher historischer Sonnenfinsternisse seit 500 v.chr., daß die *Tageslänge zunimmt* und zwar um durchschnittlich 1,7 ms/100 Jahre, wobei allerdings periodische Schwankungen auftreten, deren Auslöser bisher unbekannt seien. Aus der Analyse des Abstandszuwachses des Erdmondes ergab sich, daß die Tageslänge durchschnittlich 2,3 ms/100 Jahre zunimmt. Es wird angenommen, daß die Differenz zwischen beiden Werten durch einen *gegenläufigen* Effekt bewirkt wird, der 2,3 auf 1,7 ms/100 Jahre herabdrückt (1000Jahr-Zyklus oszillierender Eismengen im System Erde?).

Nach STROBACH (1999) nehme die Tageslänge um 2,05 ms/100 Jahre zu. Obwohl gering erscheinend, habe dieser Betrag in geologischen Zeiträumen durchaus Bedeutung. So sei vor 400 Millionen Jahren der Tag um ca 2 Stunden 13 Minuten kürzer gewesen als heute und das Jahr hätte rund 400 Tage, 35 mehr als heute gehabt.

Durch die Abbremsung der Erdrotation verliert die Erde Drehimpuls, die der Erdmond durch Ausweitung seiner Umlaufbahn weitestgehend aufnimmt. Der Mond *entferne* sich mithin von der Erde nach Strobach um ca 1 cm/Jahr. Der zuvor genannte Betrag von 1,7 ms/100 Jahre entspricht einer Vergrößerung des Abstandes Erde-Erdmond um 3,7 cm/Jahr.

Nach GAIDA (2000) ergab sich mit Hilfe der "Korallenuhr", daß vor 400 Millionen Jahren das Jahr 400 Tage zu 22 Stunden hatte. Bei gleichbleibender (linearer) Abbremsung würde die Tageslänge in 100 000 Jahren damit um 1,6 Sekunden zunehmen oder um 1,6 ms/100 Jahre.

Allgemein wird heute davon ausgegangen, daß die Rotationsgeschwindigkeit der Erde sich *verlangsamt* und damit die *Tageslänge zunimmt*.

Bild 3.19
Die Kurve zeigt die (meßtechnisch bestimmte) Veränderlichkeit der Tageslänge für den Zeitabschnitt ab 1700 nach Daten von STROBACH (1999). $LOD_0 = 24$ Stunden = 86 400 (SI)-Sekunden. Die große Variation von 3 bis 4 Millisekunden im Zeitabschnitt 1860-1930 gehöre zu den 10jährigen Schwankungen, die nach 1780 einsetzten. Der dargestellte säkulare Trend sei durch Gezeitenreibung bedingt.

|Periodische Schwankungen der Erdrotation (Tageslänge)|
Nach dem zuvor Gesagten und nach Bild 3.19 verlangsamt sich die Erdrotation (die

Rotationsgeschwindigkeit) und die Tageslänge nimmt dementsprechend langsam zu. Die Kurve, die diesen Verlauf der Zunahme beschreibt, ergibt sich allerdings erst durch Mittelbildung aller verfügbaren *periodischen* und *aperiodischen* Schwankungen. Diese umfassen neben den *längerfristigen* vor allem *jährliche, halbjährliche* und noch *kleinere* zeitliche Schwankungen. Nach bisherigen Ergebnissen von *Zeitreihenanalysen* lassen sich folgende Periodenbereiche unterscheiden:

Periodenbereich 28-30 Jahre:
> mit einer Amplitude von 4 Millisekunden, die auf Vorgänge im Erdinnern beruhen soll (SCHMITZ-HÜBSCH/DILL 2001).

Periodenbereich um 11,2 Jahre:
> Dieser entspreche der Sonnenaktivität, dem sogenannten "Sun spot cycle" (DGFI 1997).

Periodenbereich um 6,6 Jahre:
> sogenannte Schwebungsperiode.

Periodenbereich um 1,19 Jahre:
> *Chandler-Periode*, mit maximaler Amplitute von ca 300 mas. Diese Periode beruht auf den Kreiseleigenschaften des Systems Erde und ist insofern eine freie, jedoch gedämpfte Eigenschwingung (DILL 2002b).
> Inzwischen gelang es, die **Chandler-Periode** von der **Jahresperiode** zu trennen. Chandler-Periode und Jahresperiode ergeben in der Überlagerung die zuvor angegebene Schwebungsperiode von ca 6,6 Jahren. Die Amplitute der Chandlerbewegung von maximal ca 300 mas verringert sich dabei um ca 40%. Die Chandler-Periode gilt, wie gesagt, als spezifische Eigenperiode des Systems Erde und schwankt vermutlich zwischen 426-436 Tagen (DGFI 1996). Festgestellte größere Schwankungen beruhen wahrscheinlich auf numerische Effekte der Beobachtungsgenauigkeit, da solche Schwankungen nach Einführung der VLBI-Messungen ab 1984 nicht mehr auftraten (DGFI 1995). Gegenüber der Euler-Periode von 305 Tagen für eine *starre* Erde verlängert die Frequenz einer *deformierbaren*, elastischen Erde diese Periode auf 435 Tage. Der theoretische Betrag der Chandler-Periode von 435 Tagen liegt nahe dem aus zahlreichen Messungen ermittelten Betrag von **433** Tagen (DILL 2002b). Ferner zeigte sich, daß die Chandler-Welle und die Jahreswelle fast nur prograde Anteile aufweisen, also im Sinne der Erdbewegung beziehungsweise entgegen dem Uhrzeigersinn ablaufen.

Periodenbereich 1 Jahr und kleiner:
> Im *Jahresablauf* ändere sich die Tageslänge größenordnungsmäßig um 1/2 ms (Millisekunde), die *halbjährige* Änderung soll größenordnungsmäßig um 1/3 ms betragen (STROBACH 1991). Aufgrund der heute möglichen hochgenauen Zeitmessung (siehe dort) wird angenommen, daß sich die Erde im Frühjahr (Anfang März) pro Tag um ca 2 ms *schneller* und Spätsommer (Anfang September) entsprechend *langsamer* dreht (DILL 2002b).

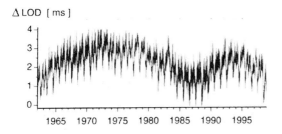

Bild 3.20
Tageslängenänderung (Δ LOD) nach Daten von IERS. Quelle: SCHUH et al. (2003), verändert

Atmosphärische und ozeanische Einflüsse auf die Erdrotation
➤ **Tageslänge**

Wie zuvor gesagt, führen *Massenverlagerungen* in horizontaler und vertikaler (radialer) Richtung zu *Auflaständerungen* in den Orten, die im Einflußbereich solcher Verlagerungen liegen. Die aus Massenverlagerungen resultierenden Einflüsse auf die Erdrotation werden vielfach im Begriff "Anregung" zusammengefaßt. Da die zugehörigen jeweiligen Anregungsfunktionen (siehe dort) trigonometrische Terme enthalten, besteht eine *Abhängigkeit* solcher Funktionen von der geographischen Lage (DILL 2002b). Dieselbe Massenverlagerung hat also an verschiedenen geographischen Orten unterschiedliche Auswirkungen auf die Tageslänge und auf die Polbewegung.
Bei der *Tageslänge* besteht die Abhängigkeit von der geographischen Lage nur im Abstand von der Rotationsachse, also von der geographischen Breite. Die Anregung nimmt somit vom Äquator ausgehend zu den Polen hin ab, wo sie bis auf Null abfällt.
Bei der *Polbewegung* ist die Anregung aufgrund von Massenverlagerungen in den mittleren geographischen Breiten (beiderseits 45°) am größten. Zum Pol und zum Äquator hin fällt sie bis auf Null ab.

|Globales Druck- und Windfeld der Atmosphäre|

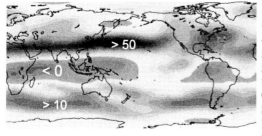

Bild 3.21
Zonales Windfeld in Höhe der Jetstream-Schichten. Die Zahlen geben ungefähr die Windgeschwindigkeiten in m/s an und variieren entsprechend den Grautönen. Entnommen aus SCHUH et al. (2003), verändert. Dieses Windfeld liefert nach Schuh et al. einen primären Beitrag zum atmosphärischen Drehimpuls und zu den Änderungen der Tageslänge.

Aufgrund der unterschiedlichen Einstrahlung der Sonne zwischen Äquator und Pol entsteht in der Atmosphäre eine (horizontale) Strömung von West nach Ost (Westwind) in den mittleren geographischen Breiten sowie eine Strömung von Ost nach West (Ostwind) in den äquatorialen geographischen Breiten. Der vertikalen Ausdehnung dieser Strömungen werden gewisse Modulationen aufgeprägt durch die Oberflächengestalt des Geländes und der Geländebedeckung sowie durch die Land/Meer-Kontraste. Sie sind also von der Jahreszeit abhängig und außerdem hydrodynamisch instabil. In den mittleren geographischen Breiten entwickelt sich aus den baroklinen Instabilitäten das Wettergeschehen (Rossbywellen) in Form von Hoch- und Tiefdruckgebieten. In den tropischen geographischen Breiten ist das Wettergeschehen insofern komplexer, als hier weitere Phänomene hinzukommen: starke Gewitter, tropische Wirbelstürme, Monsunstörungen von großem Ausmaß und anderes. Weitere Ausführungen zur globalen atmosphärische Zirkulation sind in den Abschnitten 10.4 und 10.5 enthalten. Bei *Zeitreihenanalysen* diesbezüglicher Daten sind verschiedene Periodenbereiche erkennbar. SCHUH et al. (2003) unterscheiden:

Periodenbereich zwischen 5 Tagen und mehreren Wochen:
    Rossbywellen der mittleren geographischen Breiten.
Periodenbereich 30-60 Tage:
    Madden-Julian-Ozillation der tropischen Troposphäre.
Periodenbereich 26-28 Monate:
    quasi-zweijährigen Schwankungen des Windfeldes der tropischen Stratosphäre.
Periodenbereich 3-7 Jahre:
    El Nino-Southern Oscillation (ENSO) und Nordatlantische Oszillation (NAO).

Die Wirkung der atmosphärischen Dynamik auf die Erdorientierung ist unterschiedlich hinsichtlich Massenbewegung (Bewegungsterm oder Windterm) und Massenverlagerung (Massenterm oder Druckterm). Die Windterme beeinflussen vorrangig die Tageslänge, die Druckterme vorrangig die Polbewegung.

Einen vergleichsweise kleineren, inzwischen meßbaren Einfluß auf die Erdrotation üben die *atmosphärischen Gezeiten* (siehe dort) aus, die durch die lunisolare Gravitation und die solare Strahlung angeregt werden.

|Ozeanische Massenverlagerungen (Tageslänge)|

Das ozeanische Bewegungsfeld läßt sich in erster Näherung gliedern in das durch lunisolare Gravitationskräfte erzeugte Gezeitenfeld und in die durch die Atmosphäre angeregte allgemeine (dichte-, wind- und druckgetriebene) ozeanische Zirkulation (SCHUH et al. 2003). Die Beiträge von Gezeiten und Zirkulation zur Anregung von Erdrotationsschwankungen würden sodann modifiziert durch die bisher als sekundär eingestuften Effekte von Auflast und Selbstgravitation der Wassermassen. Ferner beeinflussen die Gezeiten der Erdkruste (des Erdinnern) das Resonanzverhalten der bewegten Wassermassen. Weitere Effekte sind inzwischen erkannt oder in Diskussion. Es können unterschieden werden:

Periodenbereich 1 Jahr:
   Die *jährliche* Schwankung der Tageslänge durch ozeanische Massenverlagerungen sei überwiegend vom globalen Druck- und Windfeld abhängig (SCHMITZ-HÜBSCH/DILL 2001), während die *halbjährige* Schwankung nicht nur von der atmosphärischen Anregung, sondern von zusätzlichen Anregungen (etwa globaler oder regionaler ozeanischer Anregungen) abhängig sei (das El Nino-Ereignis von 1982/1983 habe beispielsweise fast zu einer Aufhebung der halbjährigen Periode geführt).
Periodenbereich 150-30 Tagen:
   Auch die *saisonalen* Schwankungen der Tageslänge mit Perioden kleiner 150 Tagen bis zu Perioden von 30 Tagen seien noch mit dem globalen atmosphärischen Druck- und Windfeld gekoppelt.
Periodenbereich <30 Tage:
   Hier sei die Tageslänge ausschließlich von drei Gezeitenperioden beeinflußt: den Perioden von 13,63 und 13,66 Tagen mit der Schwebungsperiode von 18,6 Jahren und der monatlichen Gezeitenperiode von 27,6 Tagen.

|Weitere hydrologische Einflüsse|
Alle Wassermassenbewegungen im System Erde werden verschiedentlich im Begriff globaler *hydrologischer Kreislauf* zusammengefaßt. Die hierzu gehörenden ozeanischen Wassermassenbewegungen waren zuvor bereits behandelt worden. Weitere hydrologische Wassermassenbewegung mit ihren Einflüssen der zuvor beschriebenen Art führen zu *jährlichen* Schwankungen der Tageslänge von bis zu ± **0,20 ms** (SCHMITZ-HÜBSCH/DILL 2001). Besonders wirksam in diesem Zusammenhang dürften sein Wassermassenbewegungen des Grundwassers, in Binnenseen und Flüssen sowie durch Schwankungen der Schnee- und Eisbedeckung. *Insgesamt* würden die hydrologisch bedingten Effekte einen Anteil an der Tageslängenänderung von **ca 0,04 ms** bewirken (und an der Polbewegung von 10-80 mas).

▶ *Grundwasser*. Neben Meer und Atmosphäre gilt das Grundwasser als drittgrößte Wasseransammlung. Nach bisheriger Erkenntnis können im kontinentalen Grundwasserhaushalt ebenfalls umfangreiche Massen verlagert werden. Falls genauere Modellierungen der Vorgänge im Grundwasserhaushalt möglich werden, könnten auch Massenverlagerungen Bedeutung erlangen, wie sie etwa im Rahmen des *Kohlenstoffkreislaufs* (Abschnitt 7.6.03) vorkommen. Das saisonale Wachstum vieler Pflanzen bewirkt einen variierenden Wasserhaushalt in Blättern und Stämmen und eine Verlagerung von Biomasse (durch Aufbau und Vernichtung von Pflanzen) sowohl im Boden als auch im Wasser.

▶ *Schneebedeckung*. Durch saisonal schwankende Schneebedeckungen (besonders auf der Nordhalbkugel) sei die Tageslänge in den Wintermonaten um 0,025 ms länger als im Sommer. Da für die Tageslängenvariation der Abstand der Massen von der Rotationsachse maßgebend ist, gleicht der Massengürtel am Äquator die Deformationen unter den Schneeauflasten auf den Nordkontinenten nahezu wieder aus (DILL 2000b).

➤ *Seen.* Auch Seen können durch wechselnden Wasserstand Einfluß auf die Erdrotation haben, insbesondere dann, wenn sie äquatornah und in mittleren geographischen Breiten liegen. Außerdem greift der Mensch meßbar in den Wasserhaushalt von Seen ein. Nach einer Abschätzung von DILL (2002a) führte die Austrocknung des **Aralsees** zu einer Drift des Rotationspols in Richtung Aralsee von ca 0,33 mas/Jahr. Die Rotationsgeschwindigkeit der Erde habe dabei nur unwesentlich zugenommen. Der Wasserstandsspiegel des Aralsees habe sich im Zeitabschnitt 1950-1995 um mehr als 19 m gesenkt (SCHMITZ-HÜBSCH/DILL 2001). Der größte Stausee der Erde, der **Drei-Schluchten-Stausee**, wird gegenwärtig in China gebaut: Dammhöhe 185 m, Dammbreite größer 2 km, voraussichtliche Länge 500-700 km, Fassungsvermögen bis ca 44,6 $\cdot 10^9$ m^3, wovon 24,9 $\cdot 10^9$ m^3 als Puffer für die jährliche Flutregulierung vorgesehen sind (SCHMITZ-HÜBSCH/DILL 2001). Der Stausee verursache jährlich Schwankungen von kleiner ± 0,0002 ms in der Tageslänge (und wirke sich mit etwas mehr als 1 mas auf die Polbewegung aus). Die Auffüllung des Stausees (bis 2009 geplant) führe zu einer Drift des Rotationspols um 0,4 mas in Richtung Alaska (DILL 2002b).

Veränderlichkeit der Polbewegung
gemäß Änderungen der *Richtung des Rotationsvektors* des Systems Erde

Wie zuvor dargelegt, zeigt die Richtung des Rotationsvektors zeitabhängig stets die Richtung der Rotationsachse der Erde an. Richtungsänderungen des Rotationsvektors relativ zum weltraumfesten und relativ zum erdfesten Bezugssystem sind zu jeder Zeit gleich. Als Polbewegung gilt die Abweichung der Richtung des Rotationsvektors von der x_3-Achse (z-Achse) eines vereinbarten erdfesten Bezugssystems. Sie wird meist durch ihre Polkomponenten angegeben (siehe Polkomponenten-Koordinatensystem). Im Bild 3.20 ist die Bahn des Rotationspols (die Polbewegung) im erdfesten Bezugssystem dargestellt. Sie besteht vorrangig aus ellipsenähnlichen Bewegungen, wobei der jeweilige Koordinatenursprung im Mittelpunkt der Perioden 0,50 a, 1,00 a und der Chandler-Periode von 1,19 a = 435 d liegt. Die Abkürzungen bedeuten d = dies (lat. Tag) und a = anno (lat. Jahr). Es wird angenommen, daß die Chandler-Periode eine spezifische Eigenperiode des Systems Erde sei, während die jährliche und halbjährliche Periode (und kleiner) durch jahreszeitabhängige (saisonale) Verlagerung von Massen im System verursacht werde (WÜNSCH 2002). Nach Trennung der genannten Perioden zeigt sich, daß die einjährige Polbewegung mit Verzögerungen bis zu einem Jahr auf Massenverlagerungen in der Atmosphäre und im Meer reagiert (SCHMITZ-HÜBSCH/DILL 2001). Der Pol folge also relativ träge den Drehimpulsänderungen der Atmosphäre und des Meeres.

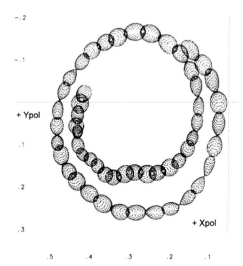

Bild 3.22
Spur des nördlichen Rotationspols im *erdfesten* Bezugssystem in den Jahren 1988-1989 nach DGFI (1997). Die Polkomponenten Xpol, Ypol sind in as (Bogensekunden) angegeben. Diese Spur des momentanen Rotationspols ergibt als Summe des langperiodischen Anteils (Chandler-Periode und jährliche Periode) und der täglichen Polbewegung.

Atmosphärische und ozeanische Einflüsse auf die Erdrotation
➤ **Polbewegung**

Wie zuvor gesagt, führen Massenverlagerungen in horizontaler und vertikaler (radialer) Richtung zu Auflaständerungen in den Orten, die im Einflußbereich solcher Verlagerungen liegen und außerdem sind die mit solchen Verlagerungen gekoppelten Anregungsfunktionen abhängig von der geographischen Lage der jeweiligen Massenverlagerung. Dieselbe Massenverlagerung hat somit an verschiedenen geographischen Orten unterschiedliche Auswirkungen auf die Polbewegung. Die Auswirkungen sind in den mittleren geographischen Breiten (beiderseits 45°) am größten und fallen zum Pol sowie zum Äquator hin bis auf Null ab. Außerdem besteht eine Richtungsabhängigkeit der Anregung von der geographischen Länge (DILL 2000b). Da die großen Landmassen auf der Nordhalbkugel (Nordamerika und Asien/Sibirien) längenmäßig sich etwa gegenüberliegen, hebe sich die Wirkung einer geschlossenen Schneedecke nahezu auf. Da die großen Wassermassen überwiegend auf der Südhalbkugel liegen, verstärke eine globale Meeresspiegelsenkung die Wirkung von Schneedecken auf der Nordhalbkugel. Massenverlagerungen in der Antarktis beeinflussen wegen ihrer polnahen Lage die Polbewegung kaum.

Insgesamt haben Massenverlagerungen in der Atmosphäre und im Meer die größten Einflüsse auf die Polbewegung (SCHMITZ-HÜBSCH/DILL 2001). Erkennbar sind inzwischen aber auch Wirkungen von Massenverlagerungen die beispielsweise mit *El-Nino-Ereignissen* einhergehen, die in verschiedenen Jahren um die Weihnachtszeit (El Nino

= das Kind) auftreten und erhebliche Wassermassen von Indonesien entlang des Äquators nach Ecuador/Peru führen. Das bisher wirksamste Ereignis vollzog sich zum Jahreswechsel 1982/1983. Im Gegensatz zur weitgehend kreisähnlichen Polbewegung der Chandler-Periode führe die *atmosphärische* Anregung zu einer ausgeprägten elliptischen Bewegung mit überwiegend prograden Umlaufsinn. Die *ozeanische* Anregung zeige ein Minimum im Frühjahr und ein Maximum im Herbst. Diese jahreszeitliche Variation offenbare sich auch in den Höhenanomalien von ca ± 35 cm. Es bestehe eine *Schaukelbewegung* des Meers um den Äquator, wobei die Meeresoberfläche im Frühjahr auf der Nordhalbkugel ein niedrigeres Niveau habe als auf der Südhalbkugel (im Herbst umgekehrt).

Bild 3.23/1
Nicht-saisonale Meeresspiegelschwankungen im *Pazifik*. Etwa beiderseits des Äquators zeigt sich im Ost-Pazifik ein erhöhter Meersspiegel und im West-Pazifik ein abgesenkter Meerespiegel. Diese bipolare Struktur ist typisch für ein **El Nino-Ereignis**. Hier dargestellt ist das besonders stark ausgeprägtes El Nino-Ereignis vom Dezember **1997**. Sein Anteil an der Gesamtvarianz habe 9,4 % betragen. Quelle: DGFI (2002), verändert

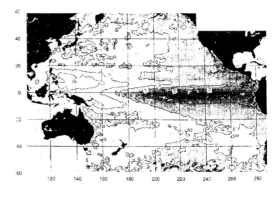

Bild 3.23/2
Nicht-saisonale Meeresspiegelschwankungen im *Pazifik*. Etwa beiderseits des Äquators zeigt sich im Ost-Pazifik ein abgesenkter Meersspiegel und im West-Pazifik ein erhöhter Meerespiegel. Dieser *Nachschwingungseffekt* nach einem El Nino-Ereignis wird **La Nina** genannt. Hier dargestellt ist der im Frühsommer **1998** aufgetretene Nachschwingungseffekt. Sein Anteil an der Gesamtvarianz habe 4,1 % betragen. Quelle: DGFI (2002), verändert

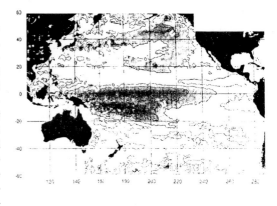

|Weitere hydrologische Einflüsse|
Die ozeanischen Wassermassenbewegungen und ihr Einfluß auf die Erdrotation sind zuvor dargestellt. Weitere hydrologische Einflüsse resultieren aus Schwankungen des Grundwasserspiegels, aus veränderlichen Schnee- und Eisauflasten und aus Wasserstandsänderungen in großen Seen (einschließlich Stauseen). Diese Einflüsse sind im Zusammenhang mit Änderungen der Tageslänge bereits näher beschrieben worden. Die jährlichen Grundwasserschwankungen sollen derzeit Schwankungen bis zu ± 0,25 mas in der Polbewegung verursachen (DILL 2002b). Der Einfluß von jährlichen Grundwasserschwankungen sei (ebenso wie bei jährlichen Schneebedeckungsschwankungen) deshalb relativ groß, weil die Perioden der Anregung nahe der Eigenperiode der Erde liegen und daher Resonanzeffekte erzeugt werden, die stark auf die Polbewegung einwirken. Insgesamt sollen die hydrologisch bedingten Effekte einen Anteil an der Polbewegung von 10-80 mas bewirken.

Darstellung der Polbewegung über längere Zeitabschnitte

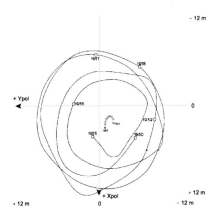

Bild 3.24
Bahn des nördlichen Rotationspols im erdfesten Bezugssystem im Zeitabschnitt 1955-1960 nach BACHMANN (1965). Xpol und Ypol sind in Meter (m) angegeben. Wie das Bild zeigt, erfolgt die Bewegung entgegen dem Uhrzeigersinn (prograd). Die kleinen Kreise in der Mitte des Bildes kennzeichnen für den Zeitabschnitt 1952-1960 die Lage des zur jeweiligen Chandler-Periode gehörigen "Mittelpunkts" und ergeben die zugehörige Polwanderungskurve. Weitere Daten zur Polwanderung sind im Bild 3.27 dargestellt.

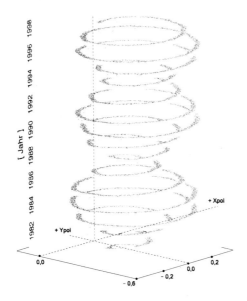

Bild 3.25/1 Bahn des nördlichen Rotationspols im erdfesten Bezugssystem im Zeitabschnitt 1980-1998 nach Daten des IERS. Xpol und Ypol sind in Bogensekunden (as) angegeben. Wie im Bild erkennbar, erzeugt die Überlagerung von Chandler-Periode (ca 435 Tage) und einjähriger Periode eine sogenannte Schwebungsperiode von 6,6 Jahren. Die Daten würden außerdem auf eine Polwanderung in Richtung Nord-Canada hinweisen (SCHMITZ-HÜBSCH/DILL 2001). Die Daten sind in einem Rechtssystem dargestellt.

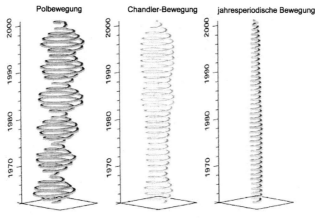

Bild 3.25/2 Perspektive Darstellung der Polbewegung für den Zeitabschnitt 1962-2000 mit ihren wavelet-gefilterten Hauptschwingungen von Chandler- und jahresperiodischer Bewegung nach DGFI (2003). Es ist erkennbar, daß in dem Maße, in dem sich die Chandler-Amplitude von 1962 an vergrößert, die Amplitude der jahresperiodischen Bewegung sich verkleinert. Die Trennung der beiden Hauptschwingungen (Chandler-Bewegung und jahresperiodische Bewegung) im Wavelet-Bereich erfolgte mit dem im DGFI entwickelten Wavelet-Filterungsverfahren FAMOS (Fabert-Morlet-Signal filtering). Die Chandler-Schwingung habe eine Hauptperiode von ca 435 Tagen. Sie scheint *nicht* stabil zu sein (FABERT 2004).

Die *Chandler-Schwingung* wird als freie Schwingung angenommen und sei dadurch bedingt, daß die Rotationsachse der elastischen Erde nicht mit der Hauptträgheitsachse zusammenfällt. Es sei ungeklärt, warum sie keine gedämpfte Schwingung sei (TESMER 2004). Die Auslenkung (Amplitude) beträgt ca 150-200 mas, was ca 5-6 m auf der Ellipsoidoberfläche entspricht. Die Auslenkung (Amplitude) der *jährlichen Schwingung* liegt zwischen ca 60-90 mas, was ca 3-4 m auf der Ellipsoidoberfläche entspricht.

Im Zeitabschnitt eines Jahres bleiben die Abweichungen des *momentanen* Rotationspols von der *mittleren* Lage < 0,3" (< 300 mas), was einer Lageverschiebung auf der Ellipsoidoberfläche von 9 m entspricht (TORGE 2003).

|Polkomponenten-Koordinatensystem|

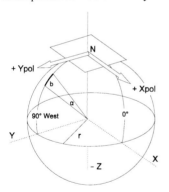

Bild 3.26
Die Polkomponenten (Polkoordinaten) Xpol und Ypol werden meist in Meter (m) oder in Bogensekunden (as = arcsec) beziehungsweise in Millibogensekunden (mas) angegeben. Dabei zeigen +Xpol in Richtung des 0°-Meridians (Greenwich-Meridians) und +Ypol in Richtung des Längengrades 90° West. Bezüglich Koordinatensystem entspricht dies einem Linkssystem (die Rechtsdrehungsrichtung zeigt nach -Z). Im Gegensatz dazu wird bei mathematischen Herleitungen gelegentlich auch ein Rechtssystem benutzt (WÜNSCH 2002). +Ypol würde bei einem solchen System in Richtung des Längengrades 90° Ost zeigen. Weitere Erläuterungen zu Links- und Rechtssystem sind im Abschnitt 9.2 enthalten. N kennzeichnet den Nordpol des erdfesten Koordinatensystems. Die Verhältniszahl b/r ist das zum Zentriwinkel α gehörige Bogenmaß. Mit r = 6 370 km folgt: 1 as = ca 32 m, 1 mas = ca 3 cm (siehe zuvor).

Polwanderung
Bild 3.27
Drift des nördlichen mittleren *Rotationspols* der Erde etwa entlang des Meridians 80° W (in Richtung **Canada**) für den Zeitabschnitt 1890-1999, vorrangig bewirkt durch postglaziale Landhebung. Quelle: IERS, Annual Report. Die Drift erfolgt gegen das erdfeste Koordinatensystem.

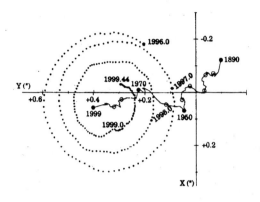

Die Überlagerung der Polbewegungsanteile ergibt eine spiralförmige Kurve mit langsam fortschreitender Mittellage (mittlerer Rotationspol). Polwanderungen (Polwanderungskurven) dieser Art wurden mit Hilfe *paläomagnetischer* Methoden für verschiedene Kontinente vom Kambrium bis heute abgeleitet (MILLER 1992).

Bild 3.28
Bahn des nördlichen Rotationspols im erdfesten Bezugssystem im Zeitabschnitt **1846-1993** nach Daten des IERS. Xpol und Ypol sind in Meter (m) angegeben. Quelle: DGFI (1994), verändert

Die vorstehenden Bilder zeigen die Polbewegung sowohl in Grundrißdarstellung als auch in perspektiver Darstellung, wobei die dargestellten Zeitabschnitte nicht identisch sind.

Tageslänge und Polbewegung dargestellt als Funktion von "Anregungen"

Erdrotationsänderungen ergeben sich aus dem zeitlich unterschiedlichen integralen Wirken aller planetaren und geophysikalischen Kräfte, die ein *Drehmoment* am Erdkörper ausüben und dadurch dessen *Drehimpuls* ändern. Die Modellierung der Erdrotation kann dabei, wie zuvor schon angesprochen, auf einen „starren" oder „deformierbaren" Körper bezogen werden. In einem ersten Schritt der Modellierung sind die grundlegenden mathematisch-physikalischen Formalismen zur Beschreibung der Erdrotation bereitzustellen beziehungsweise zu entwickeln, insbesondere die Bewegungsgleichungen, die die Rotation des Systems Erde hinreichend genau darstellen. Als solche gelten heute (SCHUH et al. 2003): die Newton-Theorien, die Euler-Theorie des starren Kreisels, Schichtentheorien, lokale Theorien, relativistische Formalismen. In einem zweiten Schritt der Modellierung sind dann diese Theorien auf das rotierende System Erde mit seinen Subsystemen anzuwenden, beispielsweise durch die Modellierung von *Anregungsfunktionen* für bestimmte Teilaspekte, bei denen ein (meßbarer) Einfluß auf die Erdrotation zu erwarten ist. Dabei wird unterschieden zwischen planetaren beziehungsweise *lunisolaren* und *geophysikalischen* Anregungen.

Die aus *Massenbewegungen* im System Erde resultierenden Einflüsse (also geophysikalische Anregungen) auf die Erdrotation lassen sich durch verschiedene Anregungsfunktionen mathematisch beschreiben und analysieren (SCHMITZ-HÜBSCH 2002, DILL 2002b). Bei dieser Vorgehensweise bleiben die äußeren Einflüsse (etwa von Erdmond, Sonne) in der Regel unberücksichtigt, da der Gesamtdrehimpuls des Systems Erde ohne Einwirkung durch Kräfte von außen als eine physikalische Erhaltungsgröße angesehen werden kann. Die großen Massenbewegungen in der Atmosphäre und im Ozean werden nach heutiger Auffassung zwar vorrangig durch das Klima im System Erde angetrieben, jedoch beeinflusse zusätzlich die Gezeitenwirkung vor allem von Erdmond und Sonne in geringem Maße diese Massenbewegungen (DILL 2000b). In den Liouville-Bewegungsgleichungen wird dementsprechend L = 0 gesetzt. Diese Homogenisierung ermöglicht eine Integration.

In der zuvor dargestellten Liouville-Bewegungsgleichung war mit H der Eigen-Drehimpulsvektor des deformierbaren Körpers und mit L die Gesamtheit der von außen einwirkenden Drehmomente bezeichnet worden. Wird L = 0 gesetzt und H aufgespalten in H = $\omega \cdot$ I + h, wobei I der Trägheitstensor des Körpers ist, der durch die veränderliche Lage aller Massen des Körpers bestimmt ist (*Massenterm*) und h der Drehimpulsvektor aufgrund der Bewegung dieser Massen relativ zum erdfesten Bezugssystem (*Bewegungsterm*), dann ergibt sich über eine Linearisierung der Liouville Differentialgleichung (mit Vernachlässigung von Produkten kleiner Größen) eine Anregungsfunktion χ, die (bei einem 3-dimensionalen Bezugssystem) durch ihre Komponenten $\chi_1(t)$, $\chi_2(t)$, $\chi_3(t)$ dargestellt werden kann. Die Anregungsfunktion ist eine mathematische Formulierung jener physikalischen Einflüsse, die Erdrotationsschwankungen aufgrund von Massenbewegungen hervorrufen. Das System Erde kann dabei als physikalischer Filter aufgefaßt werden. Es antwortet auf eine solche Anregung beispielsweise mit der Polbewegung.

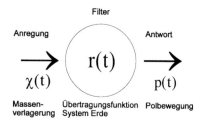

Bild 3.29
Filter-Schema nach DILL (2002b) mit Anregungsfunktion χ(t), Übertragungsfunktion r(t) und Polbewegung p(t).

Wie zuvor dargelegt, kann bei einem 3-dimensionalen Bezugssystem die Anregungsfunktion durch ihre Komponenten χ_1 (t), χ_2 (t), χ_3 (t) dargestellt werden. Die ersten beiden Anregungsfunktionen lassen sich mittels i = $\sqrt{-1}$ zu einer komplexen mathematischen Darstellung als *äquatoriale* Anregungsfunktion $\chi_{1,2}$ (t) = χ_1 (t) + i · χ_2 (t) zusammenfassen. Diese beschreibt die **Polbewegung** und liefert eine Lösung der komplexwertigen Polbewegung p (t) = p_1 (t) + i · p_2 (t), die (bisher) die Richtungsänderung des zälestischen Ephemeridenpols (CEP) beschreibt und deren Koordinaten p_1 (t) und p_2 (t) mittels geodätischer Verfahren (etwa VLBI, GPS, SLR) heute sehr genau bestimmt werden können. Beim vorgenannten Filter-Schema könnte ferner der Weg umgekehrt beschritten werden, mittels einer inversen Faltung (Dekonvolution), wobei aus einer bekannten Polbewegung deren Anregungsfunktion ermittelt wird (DILL 2002b). Dies könnte weitere Einblicke in bestehende Wechselwirkungen ermöglichen.

Die *axiale* Anregungsfunktion χ_3 (t) beschreibt (unabhängig von der Polbewegung) in Form einer reellen mathematischen Darstellung die **Tageslänge** (LOD) und liefert damit eine Aussage über die Änderungen der Rotationsgeschwindigkeit des Systems Erde.

Polbewegung und Tageslänge lassen sich mithin als unabhängige Funktionen ihrer gemeinsamen Anregungsfunktion χ beschreiben. Mögliche Linearisierungswege der Liouville-Differentialgleichung zeigen beispielsweise auf SCHMITZ-HÜBSCH (2002), Dill (2002b) und andere, mit Darstellung der einzelnen Komponenten χ_1 (t), χ_2(t), χ_3 (t) der Anregungsfunktion χ für ein 3-dimensionales Bezugssystem, wobei außerdem unterschieden ist $\chi_i = \chi_i^P + \chi_i^W$ = Massenterm + Bewegungsterm. Es können unterschiedliche Anregungsfunktionen getrennt berechnet werden, etwa
- aus atmosphärischen Drehimpulsen (AAM, Atmospheric Angular Momentum)
- aus ozeanischen Drehimpulsen (OAM, Oceanic Angular Momentum)
- aus Drehimpulsen aufgrund von Ozeangezeiten (Meeresgezeiten) (OTAM, Oceanic Tidal Angular Momentum)
- aus hydrologischen Drehimpulsen (HAM, Hydrologic Angular Momentum).

Die gesamte Anregungsfunktion für die Variationen der Erdrotationsparameter folgt dann aus der Summe der Einzeleffekte $\chi = \chi^{AAM} + \chi^{OAM} + \chi^{OTAM} + \chi^{HAM} + ...$, wobei die Punkte andeuten sollen, daß es noch weitere (kleinere?) Anregungen gibt, wie beispielsweise durch Variationen des Erd(kern)mantels, des Erdkerns, des Gravitationsfeldes der Erde und andere.

*Globale Datensätze und Daten-Zeitreihen
für die Analyse des Verlaufs der Erdrotation sowie
für die Modellierung, Validierung und Berechnung von Anregungsfunktionen*
Geophysikalische Vorgänge sind vielfach durch periodisch wiederkehrende Ereignisse gekennzeichnet, die sich in ihren Auswirkungen zu einem *Signal* überlagern. Wird die *Zeitkomponente* dieses Signals gemessen, so ist oft nicht erkennbar, aus welchen einzelnen Schwingungen das Signal zusammengesetzt ist, welche Signalanteile die einzelnen Ereignisse in das Gesamtsignal einbringen. Gerade aber diese Signalanteile können unter Umständen Auskunft geben über die Einwirkungen der einzelnen Komponenten und ihre eventuell „störenden" Einflüsse. Die gemessene Daten-Zeitreihe ist mithin zu filtern, das heißt, gewisse Zeit-Frequenz-Komponenten aus einem Signal sind einer getrennten Betrachtung zugänglich zu machen. Generell besteht ein solches *Filterungsverfahren* aus drei Schritten: das Signal ist zunächst in all seine Zeit-Frequenz-Komponenten zu zerlegen (Analyse), um eventuell Anteile daraus gezielt entfernen oder manipulieren zu können (Extraktion) und sodann aus den veränderten Komponenten ein gefiltertes Signal zu konstruieren (Synthese) (DGFI 2003). Das bekannteste mathematische Verfahren, zu einer beliebigen Periodendauer ein Maß für die Intensität zu finden, ist die **Fourier-Transformation** (benannt nach dem französischen Mathematiker und Physiker Jean Baptiste Joseph BARON DE FOURIER, 1768-1830). Mittels der Fourier-Transformation kann ein Signal aus dem Zeitbereich in den von der Kreisfrequenz ω aufgespannten Frequenzbereich überführt werden (Beispiel dafür ist im Abschnitt 2.2 enthalten). Treten Signalkomponenten mit zeitlich nicht konstanter Intensität auf, kann die Fourier-Transformation allerdings keine Aussagen über den zeitlichen Verlauf einer Frequenzkomponente erbringen. Teilweise kann hierbei zwar die *Fenster-Fourier-Transformation* nützlich sein, doch eine bessere Lösungsmöglichkeit bietet offenbar die **Wavelet-Transformation**. Etwa ab **1980** hat das Interesse an der Wavelet-Theorie sprunghaft zugenommen (FABERT 2004). Als derzeit beste Vorgehensweise in der Signalanalyse mit optimaler Zeit-Frequenz-Auflösung gilt die **Morlet-Wavelet-Transformation**. Die Wavelet-Transformation haben um 1984 A. GROSSMANN und J. MORLET eingeführt (SCHMITZ-HÜBSCH 2002). Grundprinzipien der Wavelet-Analyse und Anwendungsmöglichkeiten zur Analyse von Zeitreihen der hier vorliegenden Art hat unter anderem SCHMIDT (2001, 2002) behandelt, der auch Vorgehensweisen zum Vergleich verschiedener Zeitreihen aufzeigt. Eine zusammenfassende *mathematische* Übersicht über die genannten Transformationen gibt FABERT (2004).

Wie im Abschnitt 2.2 dargelegt, erstellt und führt der Internationale Erdrotationsdienst (IERS) *Datensätze* zur Erdrotation, die unter anderem "gezeitenbefreite" Zeitreihen enthalten für die Tageslänge (LOD) und die Polbewegung (Xpol, Ypol). Die Zeitreihen dieser Erdrotationsparameter (LOD sowie Xpol, Ypol) weisen in der Regel zeitabhängige Amplituten und Frequenzen auf. Bei der Durchführung von Analysen solcher Daten-Zeitreihen zur Aufdeckung periodischer und aperiodischer Erdrotationsschwankungen wird vielfach die Wavelet-Transformation verwendet, wobei als

Wavelet (Wellenstück) meist die komplexe Morlet-Funktion (Real- und Imaginärteil) benutzt wird, um die beiden Komponenten der Polbewegung gemeinsam (als physikalischen Prozeß) behandeln zu können (DGFI 2001).

Außer für Analysen vorgenannter Art haben globale Datensätze und Daten-Zeitreihen auch Bedeutung für die Güte der *Modellierung* der Einflüsse von Atmosphäre, Ozean und weiterer hydrologischer Gegebenheiten (Grundwasserspiegelschwankungen, Schwankungen der Schnee-/Eisbedeckung und anderes) auf die Erdrotation. Schließlich dienen globale Datensätze auch zur (geometrischen) *Berechnung* der Anregungsfunktion (DILL 2002b).

|Atmosphärische und ozeanische Daten|
Zeitreihen der atmosphärischen Anregung der Polbewegung **AAM** (der Anregungsfunktion χ^{AAM}) berechnet NCEP/NCAR aus global gemessenen Druck- und Windfeldern. Sie werden IERS zur Verfügung gestellt. Die AAM-Datensätze enthalten Zeitreihen wie etwa die Luftdruckmodelle CHI1pib und CHI2pib sowie das Windmodell CHI3w. Die Abkürzung "pib" bedeutet "pressure inverted barometer", "w" heißt "Wind" und charakterisiert das zonale Windfeld. Die AAM-Datensätze werden aus erdweiten meteorologischen Beobachtungen gewonnen und repräsentieren die atmosphärischen Drehimpulsfunktionen. Seit 1976 liegen die AAM-Datensätze in *eintägigen* Werten vor. Ihre Qualität wird sich wesentlich verbessern lassen durch neue Meßmöglichkeiten an Bord von Satelliten mit Hilfe von Instrumenten wie etwa "Special Sensor Microwave Imager" (SSM/I) zur Bestimmung der Transfermomente zwischen Atmosphäre und Ozean sowie "Laser Atmospheric Wind Sounder" zur Bestimmung des Windfeldes.

Zur Berechnung der ozeanischen Anregung der Polbewegung **OAM** (der Anregungsfunktion χ^{OAM}) können Daten der Satellitenmission Topex/Poseidon benutzt werden. Derzeit gebräuchlich sind die Ozeanmodelle OMCT, POCM. Der Einfluß der Ozeangezeiten/Meeresgezeiten läßt sich mit Hilfe des Ozeangezeitenmodells CRS 3.0 ermitteln).

Modell	Institution	Autor (Veröff.)
Atmosphäre (AAM):		
NCEP/NCAR	National Centers for Environmental Prediction/National Center of Atmospheric Research, Boulder, Colorado, USA	1991 KALNAY
Ozean (OAM):		
OMCT	Ocean Model for Circulation and Tides, Deutsches Klimarechenzentrum, Hamburg, Deutschland	1998 THOMAS, SÜNDERMANN
Ponte	Von PONTE am MIT (Massachusetts Instituta of Technology, USA) verwendet	1998 PONTE et al.
POCM (CSR)	Parallel Ocean Climate Model, Center for Space Research, Austin, Texas, USA	

Bild 3.30
Einige Atmosphären- und Ozeanmodelle, mittels denen unter anderem jährliche globale Datensätze über die Atmosphäre beziehungsweise den Ozean bereitgestellt werden können zur Berechnung des Anteils von AAM und OAM an der jährlichen Polbewegungs-Anregung. Quelle: DILL (2000b) und andere

|Weitere hydrologische Daten|
Neben den zuvor angesprochenen Wassermassenverlagerungen im Meer haben die *kontinentalen* Wassermassenverlagerungen Einfluß auf die Erdrotation. Dieser Einfluß wird vielfach als "hydrologische" Anregung **HAM** (Hydrologic Angular Momentum) bezeichnet.

▶ *Grundwasser.* Die Schwankungen der kontinental gespeicherten Wassermengen ΔG können nach DILL (2000b) aus der Bilanzgleichung für das Land abgeleitet werden: $\Delta G = p - e - r$, wobei bedeuten: G = Grundwassermenge, p = Niederschlag (engl. precipitation), e = Verdunstung (engl. evapotranspiration), r = Abfluß (engl. runoff) über die Flüsse. Die genannten Parameter werden benutzt, da sie nicht nur regional, sondern heute auch global meßbar sind.

Ansatz (Modell)	Autor (Veröff.)	Erläuterungen
Grundwasser (HAM)		
GW = p-e-r	2002 DILL	
SMAV+ Schnee, ECHAM	2002 DILL	
p-e+Schnee, ECHAM	2002 DILL	
Kikuchi-Ansatz	2000 WÜNSCH	
p-e+Schnee	1987 CHAO and O'CONNOR (1988)	

Bild 3.31
Einige Ansätze zur Bestimmung des Grundwasserhaushalts, mittels denen unter anderem jährliche globale Datensätze über die Schwankungen des kontinentalen Grundwassers bereitgestellt werden können zur Berechnung des Anteils von HAM an der jährlichen Polbewegungs-Anregung. Die Abkürzungen bedeuten: SMAV = soil moisture avarage (Bodenfeuchtedaten). ECHAM (3/T21) = Klimamodell des Deutschen Klimarechenzentrums, Hamburg, Deutschland. Quelle: DILL (2000b) und andere

|Zur Geschichte der Grundwasserhydrologie|
Nachdem um 1839/1840 mathematische Gleichungen über den Abfluß von Wasser durch Kapillaren entwickelt waren legte 1856 der französische Ingenieur H. P. G. DARCY (1803-1858) seine empirisch gewonnene Gleichung über das im Rahmen einer städtischen Wasserversorgung für eine Filterreinigung notwendige Wasservolumen Q vor:

$$Q = K \cdot A \frac{H + L}{L}$$

K = Konstante, A = Filterquerschnitt, L = Filterlänge, H = Wasserhöhe über den Filter. Dieses sogenannte Darcy-Gesetz wird noch heute bei vielen Berechnungen von Grundwasserbewegungen benutzt (BAUMGARTNER/LIEBSCHER 1990). DUPUIT (1804-1866) in Frankreich und THIEM (1836-1908) in Deutschland erweiterten die Aussagen von Darcy hinsichtlich des Zuflusses von Wasser zu Brunnen und Filtergalerien. Der österreichische Ingenieur Philip FORCHHEIMER (1852-1933) wandte erstmals im mathematischen Bereich Potentialtheorie, konforme Abbildung und komplexe Veränderliche auf den Abfluß in porösen Medien an. Unabhängig von Forchheimer beschritt SLICHTER (1864-1946) in den USA den gleichen Weg in der theoretischen Behandlung von Grundwasserströmungen.

Für den Abfluß von Grundwasser über die Landoberfläche und über die großen Flußsysteme werden im GRDC (Global Runoff Data Centre) in Koblenz, Deutschland derzeit globale Datensätze erstellt (DILL 2002b). Datensätze über Niederschlag und

Verdunstung stehen im DAAC (Distributed Active Archive Center) am NASA Goddard Space Flight Center zur Verfügung
➤ *Schnee.* Über den Schnee als Niederschlag gibt es inzwischen zahlreiche globale Datensätze aus Satellitenmessungen. Vom Nimbus-7 (Scanning Multichannel Microwave Radiometer, SMMR) stehen beispielsweise im DAAC (globale) Daten der Schneehöhen über Land für den Zeitabschnitt 1978-1988 zur Verfügung. Auch aus vorliegenden Klimamodellen (wie etwa ECHAM 3) wurden globale Datensätze hergeleitet.
➤ *Bodenfeuchte* (engl. soil moisture). Bodenfeuchtedaten liegen für den Zeitabschnitt 1981-1995 im DAO (Data Assimilation Office, USA) vor, abgeleitet aus der Off-line Land-surface Simulation. Der Beitrag der Schnee-Auflast zur Anregungsfunktion sei vermutlich kleiner oder gleich dem Beitrag aus der Bodenfeuchtigkeit. Verbesserungen in der Modellierung der Bodenfeuchtigkeit könnten eventuell aus Ergebnissen der Schwerefeld-Satellitenmissionen CHAMP, GOCE und GRACE erreicht werden.

Abschätzung der jährlichen Anteile zur Anregungsfunktion der Polbewegung
Aus der gemessenen Polbewegung (Xpol, Ypol) kann, wie zuvor angesprochen, durch eine Dekonvolution die Gesamtanregung zur Polbewegung erhalten werden. Sie ist definitionsgemäß die gesuchte Summe aller durch Massenbewegungen im System Erde veranlaßten diesbezüglichen Teilanregungen. Eine Abschätzung solcher Teilanregungen von Atmosphäre (AAM), Ozean (OAM), weiterer hydrologischer Effekte (HAM) und sonstiger Effekte hat DILL (2002b) durchgeführt (Bild 3.30). Es zeigt sich, daß die Werte für die Teilanregungen entsprechend den Ausgangsdatensätzen und den Vorgehensweisen noch beträchtlich streuen (also unsicher sind). Erwartungsgemäß ergibt sich aus den Massenbewegungen in der Atmosphäre der größte Beitrag zur jährlichen Polbewegung. Der zweitgrößte Beitrag hierzu ergibt sich aus den Massenbewegungen im Ozean. Mit kleineren Beiträgen folgen die weiteren hydrologischen Effekte (Grundwasser, Schnee, Bodenfeuchte) und die sonstigen Effekte. Da verschiedene Einflüsse auf die Erdrotation entgegengesetzt wirken, können einzelne Effekte (wie beispielsweise atmosphärische Massenbewegungen) größere Anregungsamplituten aufweisen als der Gesamteffekt selbst (DILL 2002b).

		jährliche Anregung ($\chi_1 + i \cdot \chi_2$)			
		prograd		retrograd	
		10^{-7}	$\varphi°$	10^{-7}	$\varphi°$
Gesamtanregung: (aus Dekonvolution von IERS-Daten)		0,631	-63,1	0,235	-113,4
Teilanregungen:					
Atmosphäre (AAM)	Ansatz 1	0,804	-93,0	0,693	-99,5
Ozean (OAM)	Ansatz 1	0,416	-44,8	0,509	80,8
	Ansatz 2	0,329	38,0	0,331	110,7
	Ansatz 3	0,071	49,7	0,123	80,3
Grundwasser	Ansatz 1	0,083	-41,0	0,045	-119,3
	Ansatz 2	0,080	170,1	0,115	-47,8
	Ansatz 3	0,159	25,9	0,153	174,4
	Ansatz 4	0,147	-8,4	0,219	-15,4
	Ansatz 5	0,092	286,0	0,160	29,0
Schnee	Ansatz 1	0,416	144,9	0,220	7,8
	Ansatz 2	0,076	170,1	0,128	-49,1
	Ansatz 3	0,236	-109,2	0,232	-28,7
Bodenfeuchte	Ansatz 1	0,004	170,0	0,014	119,5
	Ansatz 2	0,551	-122,8	0,439	-27,6
	Ansatz 3	0,286	-3,8	0,298	172,8
	Ansatz 4	0,175	54,0	0,204	110,0
Sonstige		...	...	...	...

Bild 3.32
Abschätzung der jährlichen Anteile zur Anregungsfunktion der Polbewegung nach DILL (2000b). Die Abschätzung der Teilanregungen erfolgte nach unterschiedlichen Vorgehensweisen (Ansätzen, Modellen) verschiedener Autoren. Der Phasenwinkel φ bezieht sich auf den 1. Januar. Die Amplituten sind in 10^{-7} angegeben. Durch Multiplikation mit 20,626 mas (siehe Radiant) ergeben sich Werte in mas. Bezüglich prograd und retrograd siehe dort.

Lokale Rotationssensoren.
Beobachtung der Erdrotation mittels Großringlaser.

Rotationssensoren messen (wie ein Trägheitskompaß) die Rotation der Erde gegenüber dem *lokalen, inertialen* Koordinatensystem. Das Meßprinzip basiert auf dem Sganac-Effekt. Gegenwärtig gibt es vier Formen für hochauflösende Rotationssensoren: Ringlaser, Atomwellen-Interferometer, Heliumgyroskope, Passive optische Sagnac-Interferometer (SCHUH et al. 2003).

Erdrotationsparameter werden, wie zuvor dargelegt, heute routinemäßig mittels geodätischer Raummeßverfahren (etwa VLBI, SLR, GPS, DORIS) bestimmt. Dabei können Genauigkeiten für die Parameterwerte erreicht werden, die vor wenigen Jahrzehnten noch unvorstellbar waren, nämlich (KLÜGEL et al. 2005)

± **0,01** Millisekunden (ms) in der *Tageslänge* und
± **0,1** Millibogensekunden (mas) in den *Polkoordinaten*,

was etwa ± 3 mm an der Oberfläche des Erdellipsoids entspricht.
Die Beobachtungsziele bei VLBI-Beobachtungen sind Radiofrequenz-Strahlungsquellen (Radiosterne) oder Quasare, die für den Beobachter auf der Erde als unbeweglich angesehen werden können und daher für die Herleitung eines weltraumfesten Bezugssystems gut geeignet sind. Diese Bestimmung der Erdrotationsparameter erfolgt also mittels *relativer* Beobachtung, die durch den „Blick nach draußen" realisiert wird. Im Vergleich dazu erfassen lokale Rotationssensoren, die *absolute* Rotation der Erde gegenüber einem erdfesten Bezugssystem. Der Sensor (das Meßsystem) repräsentiert dieses erdfeste, inertiale Bezugssystem (ein sogenanntes lokales Fermi-System).

Ringlasertechnologie zur Bestimmung der Erdrotation
Das Prinzip eines Laser-Kreisels basiert auf dem *Sagnac-Effekt*: Umläuft Licht einer bestimmten Wellenlänge (etwa λ = 633 nm, die Wellenlänge des HeNe-Lasers) eine Fläche (umgelenkt durch Spiegel) links oder rechts herum, so ist im ruhenden System die Umlaufzeit gleich. Dreht sich das System, so ist die Umlaufzeit länger beim Licht, das gleichsinnig mit der Drehung umläuft. Sie ist kürzer beim gegensinnig umlaufenden Licht. Der Effekt ist benannt nach dem französischen Physiker George SAGNAC (1869-1928), der ihn 1913 entdeckte. Er kann bei Überlagerung beider Lichtwege gemessen werden. Er ist abhängig von der Drehgeschwindigkeit und ermöglicht die Berechnung der Erddrehung (Erdrotation), ausgedrückt als momentane Tageslänge. Ringlaser messen also die absolute Rotation der Erde. Sie benötigen dazu, wie gesagt, kein weltraumfestes Bezugssystem. Angestrebt wird, die Drehgeschwindigkeit der Erde und deren Schwankungen mit einer Genauigkeit von 10^{-9} der Tageslänge oder besser zu bestimmen. Um 1998 war es möglich, die Tageslänge mittels VLBI mit einer Genauigkeit von ca ± 0,1 ms zu bestimmen, was einer Genauigkeit von 10^{-9} entspricht (SCHREIBER 2000). Inzwischen konnte diese Genauigkeit auf ± 0,02 ms verbessert werden (SCHMITZ-HÜBSCH 2002). VLBI-Messungen beziehen sich auf das System der Quasare, also einem extraterrestrischen System, welches sich möglicherweise selbst

verändert. Ringlaser, die fest mit der Erde verbunden sind, registrieren demgegenüber die Bewegung der Erde bezogen auf das lokale Inertialsystem.

|Der Großringlaser „G"in Wettzell|
Die an der University of Canterbury in Christchurch (Neuseeland) entwickelten Ringlaser zeigten, daß es möglich ist, damit die Erddrehung zu erfassen. Mit dem dort seit 1997 betriebenen Ringlaser C-II können, wegen der kleinen Kantenlänge von 1 m, jedoch keine „Schwankungen" der Erdrotation erfaßt werden. Der gegenwärtig erdweit größte und am genauesten arbeitende Ringlaser steht in Deutschland (im Bayrischen Wald in Wettzell). Er hat eine Größe von 4m x 4m und befindet sich in einem unterirdischen Labor (eingerichtet 2001). Der Großring G hat einen Umfang von 16 m und eine effektive Umlauffläche von 16 m². Technische und weitere Angaben hierzu sind enthalten in KLÜGEL et al. (2005), SCHREIBER et al. (2001, 2002). Dieser Laserkreisel „G" ist erdweit der erste Sensor, der Messung von „Schwankungen" der Erdrotation in einem inertialen Bezugssystem ermöglicht. Bei horizontaler Aufstellung wird die Erddrehung mit einem Anteil von $\sin\varphi$ erfaßt (φ = geographische Breite). Am Aufstellungsort Wettzell entspricht dies ca 75% der vollen Drehrate. Liegt die Ringlasernormale parallel zur Rotationsachse, wird der Wert der vollen Drehgeschwindigkeit gemessen, liegt sie senkrecht dazu, wird der Wert Null gemessen. Die vorrangigen Ziele, die mit dem Großringlaser G angestrebt werden, sind (KLÜGEL et al. 2005):
◇ Das Erfassen von Änderungen in der Drehgeschwindigkeit der Erde mit einer Genauigkeit von 10^{-9} bezüglich der Tageslänge.
◇ Das Erfassen der Polbewegung der momentanen Rotationsachse mit einer Genauigkeit von wenigen cm.
Die mit dem Großringlaser G erreichte Meßgenauigkeit (Auflösung) beträgt derzeit $1 \cdot 10^{-8}$ der Erdrotation oder $7{,}3 \cdot 10^{-13}$ rad/s. Damit ist es erstmals möglich, die **tägliche** Bewegung des Rotationspols, der an der Oberfläche des mittleren Erdellipsoids eine Kreisform mit einem Radius von maximal 80 cm beschreibt, direkt zu messen (KLÜGEL et al. 2005). Allerdings bedarf es zur Erfassung der Änderungen der Drehgeschwindigkeit der Erde noch eine Steigerung der Meßgenauigkeit um mindestens eine Größenordnung (also auf $1 \cdot 10^{-9}$).

Anmerkung zur täglichen Polbewegung
Vor allem die Anziehungskräfte von Sonne und Erdmond üben ein Drehmoment auf die Erde aus, wodurch eine erzwungene periodische Bewegung der Rotationsachse resultiert, die im weltraumfesten und im erdfesten Bezugssystem erfaßt werden kann.
Im *weltraumfesten* Bezugssystem sind diese Bewegungen als *Präzession* und *Nutation* angebbar. Die Nutationen resultieren aus den zeitlich sich ändernden relativen Positionen von Sonne, Erdmond und Erde. Sie zeigen Hauptperioden von 13,66 Tagen, 1/2 Jahr, 1 Jahr, sowie von 9,3 und 18,6 Jahren.
Im *erdfesten* Bezugssystem kommt wegen der Erddrehung noch eine tägliche Änderung der Anziehungskräfte hinzu, aus der eine annähernd kreisförmige Bewegung des

Rotationspols gegen die Rotationsrichtung der täglichen Periode der Erde resultiert. Die Amplitute dieser täglichen Periode wird mit den zuvor genannten Nutationsperioden moduliert.

Historische Anmerkung zur Modellierung der Erdrotation

Die Erläuterung früherer Bemühungen zum Erfassen der Erdrotation soll vor allem eine sachgerechte heutige Nutzung und Bewertung der damals gewonnenen Daten und abgeleiteten Ergebnisse ermöglichen.

|Vorgehensweisen zur Modellierung der Erdrotation|
Heute: Etwa ab 1980 beschrittene Vorgehensweisen zur Modellierung der Erdrotation lassen sich wie folgt skizzieren. Die Rotation der Erde kann definiert werden über die zeitliche Änderung der räumlichen Orientierung eines globalen erdfesten Koordinatensystems $\overline{H}$ relativ zu einem weltraumfesten Koordinatensystem $\overline{I}$, wobei die Lage des Ursprungs der beiden Koordinatensysteme für die Darstellung ihrer relativen Orientierung prinzipiell bedeutungslos ist. Die relative Orientierung des erdfesten zum weltraumfesten Koordinatensystem zu einem Zeitpunkt t ist gegeben durch die Transformation $\overline{H} = R(t) \cdot \overline{I}$, wobei R eine zeitabhängige Rotationsmatrix ist. Die Rotation der Erde wird dementsprechend eindeutig durch den *Rotationsvektor* repräsentiert, der durch die Ableitung der Matrix R nach der Zeit definiert ist. Er hat stets die Richtung der Rotationsachse. Seine Richtungsänderung relativ zum erdfesten Bezugssystem, ist die *Polbewegung*, seine Richtungsänderung relativ zum weltraumfesten Bezugssystem ist die *Präzession-Nutation*. Da die Richtungsänderung des Rotationsvektors in beiden Bezugssystemen gleich ist, können Polbewegung und Präzession-Nutation nicht als voneinander unabhängig betrachtet werden. Der Betrag des Rotationsvektors ist gleich der *Rotationsgeschwindigkeit*, durch die die *Tageslänge* bestimmt ist. Ausgangsbasis der skizzierten Vorgehensweise sind (räumliche) *Punktfelder*. Als Träger des zuvor angesprochenen *weltraumfesten Koordinatensystems* sind jene Signalquellen am Rande des bekannten Weltraums geeignet, die (außer der Fluchtbewegung) keine zusätzliche Eigenbewegung erkennen lassen (wie etwa Quasare) und damit diesem Koordinatensystem die Eigenschaften eines (quasi-)*inertialen* Systems verleihen. Die gegenseitige Einmessung einer hinreichenden Anzahl solcher Signalquellen von auf der Erde befindlichen Meßstationen aus kann als *Realisierung* des Systems gelten. Als Träger des globalen (im Abschnitt 2 näher erläuterten) *erdfesten Koordinatensystems* dienen meist punkthafte Markierungen beziehungsweise Vermarkungen (an der Geländeoberfläche) mit zugehöriger gegenseitiger Einmessung.
Früher: Vor etwa 1980 gebräuchliche Vorgehensweisen zur Modellierung der Erdrotation sind vor allem dadurch gekennzeichnet, daß die Polbewegung als ein von der

Präzession und Nutation unabhängiger Vorgang betrachtet wurde, der empirisch bestimmbar sei (RICHTER 1995). Die Vorgehensweisen gründen sich auf verschiedene mathematisch-physikalische Modelle (insbesondere der Kreiseltheorie). Eine prägnant verfaßte und gegliederte Übersicht über den (damaligen) Stand der Theorie bezüglich Orientierung und Rotation der Erde sowie die bis zu dieser Zeit (ca 1975) bekannten und gebräuchlichen Modelle gibt HEITZ (1976). Einige wesentliche Stützen dieser Modelle werden nachfolgend kurz erläutert, denn der Internationale Erdrotationsdienst (IERS) veröffentlicht (noch) regelmäßig (wöchentlich) Daten auch nach diesen früheren Vorgehensweisen, um die bestehende langzeitliche Datenserie bezüglich der Erdrotation vorerst nicht abzubrechen.

|Parametrisierung der Rotationsmatrix|

Die *traditionelle* Parametrisierung der Rotationsmatrix (vor 1980) ist wesentlich dadurch gekennzeichnet, daß zwischen dem weltraumfesten Bezugssystem I' und dem erdfesten Bezugssystem H' verschiedene Rotationsmatrizen, *intermediäre Koordinatensysteme*, eingesetzt wurden, aus denen sich die Gesamtmatrix R zusammensetzt (Schema nach RICHTER 1995):

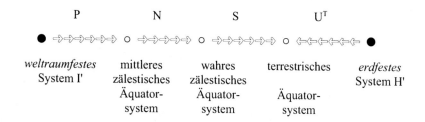

Das Modell der Rotationsmatrix R läßt sich in diesem Sinne wie folgt darstellen: $R = P\ N\ S\ U^T$. Die Präzessionsmatrix P und die Nutationsmatrix N beschreiben die langperiodisch veränderliche Richtung des zälestischen Pols im raumfesten System. Langperiodisch bedeutet hier, daß die Perioden mindestens einige Tage umfassen. Die Polbewegung U^T beschreibt die vorrangig langperiodisch veränderliche Richtung des zälestischen Pols im erdfesten System. Die Matrix S (Drehmatrix) beschreibt die langperiodische Rotation um die Achse des zälestischen Pols. Die Präzession und die Nutation des zälestischen Pols und der Rotationsvektor setzen sich aus zahlreichen einander überlagernden Kegelumläufen im raumfesten System zusammen. Die Polbewegung beider Achsen setzt sich vorrangig aus zwei einander überlagernden Kegelumläufen im erdfesten System zusammen. Die durch IERS veröffentlichten 5 Parameter sind: die Polpositionskoordinaten X_{pol}, Y_{pol} sowie die Greenwicher wahre Sternzeit Θ (meist substituiert durch UT1 - UTC) und die Nutationsablagen $\Delta\psi$, $\Delta\varepsilon$. Erläuterungen zu den benutzten zahlreichen intermediären Koordinatensystemen und zum Zusammenhang zwischen ihnen sind in GERSTL (1999) enthalten.

|Präzession und Nutation|
Die folgenden Ausführungen skizzieren die Grundzüge einiger vor 1980 benutzter mathematisch-physikalischer Modelle und erläutern einige zugehörige Begriffe. Die Bedeutung von *Präzession und Nutation* im Zusammenhang mit der Erdrotation läßt sich in Anlehnung an HEITZ (1976) etwa wie folgt skizzieren. Es liegen zwei Koordinatensysteme vor, deren gemeinsamer Ursprung das Geozentrum ist.

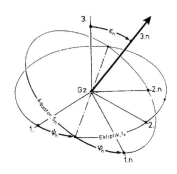

Bild 3.33
"Astronomische Präzession-Nutation".
Quelle: HEITZ (1976), verändert

Das "raumfeste" System |S| sei ein Ekliptiksystem mit den Achsen 1,2,3. Die Achse 3.n des "erdfesten" Systems zeigt genähert in Richtung des *Nordpols* beziehungsweise hat genähert die Richtung der intermediären Hauptträgheitsachse dieses Systems. Die Größen $\psi_n(t)$ und $\varepsilon_n(t)$ beschreiben dann die von der Achse 3.n des "erdfesten" Systems |n| ausgeführte "astronomische Präzession-Nutation" um die Achse 3 des raumfesten Systems. Die Achse 3.n wurde bis ca **1980** als *Rotationsachse der Erde* verwendet (RICHTER 1995).

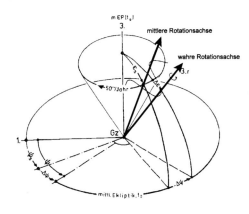

Bild 3.34
Zur Kinematik von Präzession und Nutation. Quelle: HEITZ (1976), verändert

Aus verschiedenen Gründen war es sinnvoll, die vorgenannten Größen zur Beschreibung der "Präzession-Nutation" ψ, ε zu zerlegen gemäß $\psi = (\psi_S \Delta\psi)$, $\varepsilon = \varepsilon_S \Delta\varepsilon$. Die Größen $\Delta\psi$ und $\Delta\varepsilon$ kennzeichnen die "Nutation", während die Größen ψ_S und ε_S die "mittlere" Rotationsachse der Erde kennzeichnen. Die "mittlere" Rotationsachse der Erde beschreibt in ca 25 700 Jahren einen Kegelmantel mit dem Öffnungswinkel $2\varepsilon_0 = 2 \cdot 23,5°$ (ε_0 = Schiefe der Ekliptik) um den "mittleren" Pol der Ekliptik (der Achse des damals als "weltraumfest" angenommenen Bezugssystem mit der Grundepoche t_0). Diese Umlaufzeit von ca 25 700 Jahren ist das *Platonische Jahr* oder *Große Jahr*. In diesem "weltraumfesten" Bezugssystem wird der Umlauf der "mittleren" Rotationsachse mit der *Periode* von ca 25 700 Jahren vielfach *Präzession* genannt. Die "wahre" Rotationsachse der Erde bewegt sich um die "mittlere" Rotationsachse. Der Umlauf zeigt eine Periode von ca 18,6 Jahren. Die maximale Amplitude beträgt ca 9" (Bogensekunden). Die Richtung der "mittleren" Rotationsachse kennzeichnet den "mittleren" Himmelspol (auf der Himmelskugel). Die Richtung der "wahren" Rotationsachse 3.r kennzeichnet den "wahren" Himmelspol. Entsprechend dem Fortschreiten der Rotationsachse der Erde beim Präzessieren (mit ca 50" pro Jahr), verschiebt sich auch die Lage des nördlichen und südlichen Himmelspols durch mehrere Sternbilder. Gegenwärtig weist die verlängerte (mittlere beziehungsweise wahre) Rotationsachse durch den nördlichen Pol näherungsweise auf den *Polarstern* (α Ursae minoris, Bild 3.35) hin. Die heutige Bedeutung des Polarsterns wird deswegen später ein anderer Stern erlangen. Mit dem Präzessieren der Rotationsachse ändert sich auch das Bild des gestirnten Himmels, das wir von der Erde aus sehen (es sah in früherer Zeit anders aus als heute).

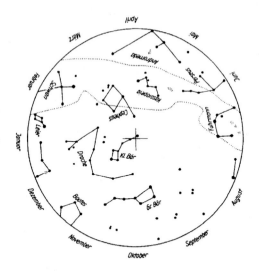

Bild 3.35
Gegenwärtiger Sternhimmel über dem Nordhorizont (betrachtungsgerecht für den Monat, dessen Name jeweils unten steht). Quelle: LINDNER (1993), verändert. Der Stern am Anfang des Sternbildes *Kleiner Bär* ist der Polarstern (nordöstlich des Kreuzes). Das Sternbild *Kleiner Bär* (Ursa minor, UMi) wird auch *Kleiner Wagen* genannt. Synonym für *Großer Bär* ist *Großer Wagen*. Der Polarstern (auch Polaris genannt) ist ca 470 Lichtjahre von der Erde entfernt.

|Achsen benutzter Koordinatensysteme und Epochen|
Ein 3-dimensionales Koordinatensystem ist in seiner *Orientierung* durch zwei nicht kollineare Richtungen eindeutig bestimmt. Grundlage sind somit *Achse* und *Grundebene*.

Frühere Vorgehensweisen sind vor allem dadurch gekennzeichnet, daß bei der

Darstellung der Polbewegung entweder von der "Präzession-Nutation" ausgegangen wurde oder von der Festlegung einer "mittleren" Rotationsachse der Erde, basierend auf der (mittleren) Winkelgeschwindigkeit einer Bezugsebene im "erdfesten" Bezugssystem S'. Präzession-Nutation und Polbewegung können aber nicht als voneinander unabhängig betrachtet werden, was zunächst vielfach unbeachtet blieb. Beim "astrogeodätischen" Koordinatensystem S' ist dessen *Orientierung* durch die folgenden Definitionen festgelegt (HEITZ 1976):
- *Conventional International Origin* (**CIO**)
= Achse 3e von S' = mittlere Rotationsachse des Zeitabschnittes 1900-1905
- *Greenwich Mean Astronomical Meridian* (**GAM**)
= Ebene 1e - 3e von S' = Ebene, aufgespannt durch den CIO und den Meridian des Observatoriums in Greenwich, der damals durch die Lotrichtungen astronomischer Observatorien (Meßstationen) definiert war.

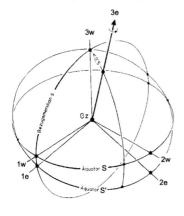

Bild 3.36
In das Geozentrum verschobene "weltraumfeste" Koordinatensystem S mit den Achsen 1w, 2w, 3w und das "erdfeste" Koordinatensystem S' mit den Achsen 1e, 2e, 3e. Da das Koordinatensystem S auf Angaben in den Fundamentalkatalogen (Abschnitt 2) basiert, wird es auch *Katalogsystem* genannt. Im Hinblick auf heute erreichbare Meßgenauigkeiten muß es jedoch als *nicht* hinreichend weltraumfest bezeichnet werden. Aus gleichem Grund muß auch das erdfeste System als *nicht* hinreichend erdfest gelten.

Seit etwa **1980** wurde auf Beschluß der IAU (Internationalen Astronomischen Union) anstelle von CIO zur Beschreibung der Orientierung der Erde der
- *Zälestische Ephemeridenpol* **CEP** benutzt, da die Koordinatenachse 3e des vereinbarten erdfesten Bezugssystems nicht (mehr) mit der Figurenachse zusammenfällt. CEP ist so definiert, daß er nahezu "weder in bezug auf ein raumfestes noch in bezug auf ein erdfestes Koordinatensystem tägliche oder quasi-tägliche Bewegungen hat" (SEIDELMANN 1982, siehe RICHTER 1995). Die IAU hat inzwischen beschlossen, CEP ab 01. 01. **2003** zu ersetzen durch den *Zälestischen Zwischenpol (intermediären Pol)* **CIP** (engl. Celestial Intermediate Pole) (DILL 2002b).

Für das "mittlere" Ekliptiksystem |S| (hier in das Geozentrum verschoben) gilt als
- *Grundepoche* oder Fundamentalepoche t_0 = 1900, Januar 0, 12^h ET mit T = Zeit seit t_0 in Julianischen Jahrhunderten (HEITZ 1976).
- **Heute** wird als Grundepoche verwendet t_0 = J 2000,0 = 1. Januar 2000, 12^h TBD mit

TBD = baryzentrische dynamische Zeit = Anfang des Julianischen Jahres 2000 (RICHTER 1995). Das raumfeste Bezugssystem |S| ist demnach identisch mit dem Bezugssystem des Sternkatalogs FK5 (5. Fundamentalkatalog). Siehe die Ausführungen über das weltraumfeste Bezugssystem ICRS (Abschnitt 2). Eine Übersicht über die Quellenkoordinaten im weltraumfesten (zälestischen) Bezugssystem ist enthalten in TESMER (2004).

|Früher benutzte Festlegungen zur Präzession und Nutation|
Aus verschiedenen Gründen war es sinnvoll, die Größen zur Beschreibung der "Präzession-Nutation" ψ, ε zu zerlegen gemäß $\psi = - (\psi_S + \Delta\psi)$, $\varepsilon = \varepsilon_S + \Delta\varepsilon$. Die Größen ψ_S und ($\varepsilon_S - \varepsilon_0$) gelten dabei als sekulare Anteile der "Präzession-Nutation", die "Lunisolar-Präzession" genannt werden. Bleibt noch anzumerken, daß die Astronomie neben der zuvor erwähnten "Lunisolar-Präzession" (die schon um 130 v.Chr. von HIPPARCH aus Nikäa entdeckt worden war) weiterhin unterscheidet: "Allgemeine Präzession" und "Planeten-Präzession". Die Planeten-Präzession ergibt sich aus der Differenz zwischen der allgemeinen und der lunisolaren Präzession. Als "konstante" Werte für das Fortschreiten der "mittleren" Rotationsachse auf dem Präzessionskreis *pro Jahr* wurden angenommen (HERRMANN 1985):
Allgemeine Präzession   = 50,25" (Bogensekunden)
Lunisolar-Präzession   = 50,37"
Planeten-Präzession   = 0,12" (entgegengesetzt zur Lunisolar-Präzession)
Als "Präzessionskonstante" galt: Lunisolar-Präzession / $\cos\varepsilon$ = 54,94". Als "Nutationskonstante" für die Periode 18,6 Jahre galt der Betrag = 9,21". Die Nutation wurde 1747 von dem englischen Astronomen James BRADLEY (1692-1762) entdeckt.

|Zur Geschichte der Polbewegung|
1765 hatte der in der Schweiz geborene Mathematiker und Physiker Leonhard EULER (1707-1783) theoretisch begründet, daß die Erde, wenn sie als *starrer* Kreisel mit *freien* Achsen betrachtet wird, einen Umlauf des Drehpols zeigen müßte mit einer Periode von 305 Tagen (Sterntagen). Sie wird allgemein *Euler-Periode* genannt. Entsprechend der Theorie von Euler sagte **1865** Lord KELVIN, daß eine Polbewegung existieren müsse.
1885 entdeckte der deutsche Astronom Friedrich KÜSTNER (1856-1918) aufgrund von Messungsergebnissen in der Sternwarte in Berlin die Polbewegung im System Erde (BACHMANN 1965). 1888 informierte Küstner die Öffentlichkeit darüber mittels einer Erklärung. 1890 erschien von ihm eine Veröffentlichung: Über Polhöhenänderungen, beobachtet 1884 bis 1885 zu Berlin und Pulkova. Astronomische Nachrichten 2993, S.273. Er ermittelte Perioden von 12 und 14,5 Monaten (435 Tage), anstelle der gesuchten Euler-Periode von 305 Tagen.
1888. Der us-amerikanische Versicherungsmathematiker, Geodät und Astronom Seth Carlo CHANDLER (1846-1913), der zwei Jahrzehnte lang (!) alle verfügbaren astronomischen Breitenbestimmungen analysiert hatte, ermittelte eine periodische Polbewe-

gung von 427 Tagen (Sterntagen) (STROBACH 1991, CARTER 1987, CHANDLER **1891**: On the variation of latitude). Sie wird meist *Chandler-Periode* genannt. Nach heutigen Erkenntnissen schwankt die Chandler-Periode vermutlich zwischen 426-436 Tagen. Da den genannten Perioden ein Bewegungsablauf entspricht, werden auch die Benennungen *Eulerbewegung* beziehungsweise *Chandlerbewegung* (engl. Chandler wobble) benutzt.

|Zur Geschichte der Wechselwirkungen
zwischen Massenverlagerungen im System Erde und Erdrotation|
Erste Studien in diesem Bereich sollen der englische Physiker William Lord KELVIN (1824-1907), der englische Astronom Sir George Howard DARWIN (1845-1912) und Sir Harold JEFFREYS (JEFFROYS) (1891-1989) durchgeführt haben (DILL 2002b).
1955. Mit der Einführung der Atomzeit als Standard in der Zeitmessung wurde eine genauere zeitliche Korrelation der Messungen in weit voneinander entfernten Meßstationen möglich.
1960. Die grundlegende Veröffentlichung von Walter H. MUNK (1917-) und Gordon J. F. MACDONALD: The Rotation of the Earth, umfaßte erstmals die dynamischen Grundlagen über mathematische Formulierungen bis zur Beschreibung der Gezeiten, Grundwasserschwankungen, der Dissipation (Energieaufspaltung), der Paläorotation und anderes.
1980. Die inzwischen erzielten weiteren Einsichten in diesem Bereich führten zur grundlegenden Veröffentlichung von Kurt LAMBECK: The Earth's Variable Rotation (1980), die er 1988 überarbeitete.

Zeitmessung, Zeitskalen

Man kann unterscheiden zwischen der Zeit als Größe auf dem Zeitstrahl und der Zeitspanne, dem zeitlichen Abstand zwischen zwei Ereignissen. In der Natur gibt es zahlreiche zeitlich periodische Vorgänge, die zur Zeitmessung benutzt werden können. Schon sehr früh in seiner geschichtlichen Entwicklung hat der Mensch solche Vorgänge dazu verwendet, wie beispielsweise den Wechsel von Tag und Nacht, den Wechsel der Jahreszeiten und andere Wechsel. Ebenso waren Mondphasen und Sternbilder am Himmel weitere Anhaltspunkte für Zeitmessungen. Die Steinanordnungen in Cornac (Normandie, Frankreich) und besonders in Stonehenge (Wiltshire, Großbritannien), die um 3 500 v.Chr. entstanden sind, stehen sehr wahrscheinlich mit der Beobachtung der Sonnenwende in einem Zusammenhang.

Zeitmessungen erfolgen im allgemeinen mit Hilfe von Uhren. Als älteste Zeitmesser gelten *Sonnen-, Wasser-* und *Sanduhren*. Nachdem der italienische Mathematiker, Physiker und Astronom Galileo GALILEI (1564-1642) um 1600 das Pendel als Zeitnormal erkannt und die Pendelschwingungen als Zeittakt benutzt hatte, baute der niederländische Physiker Christiaan HUYGENS (1629-1695) um 1657 eine *Pendeluhr* und um 1675 unter Nutzung der Federschwingungen eine *Federuhr*. Die ersten in der Schiffahrt benutzbaren Uhren baute um 1764 John HARRISON; sie arbeiteten mit einer Ganggenauigkeit von ca ±3 s/Tag. Einen erneuten Technologiesprung markiert die Erfindung der *Quarzuhr* um 1929 durch den us-amerikanischen Physiker MARRISON. Sie beruht auf den Dickenschwingungen von Quarzkristallen. Adolf SCHEIBE und Ulrich ADELSBERGER haben 1933/1934 mit Hilfe von Quarzuhren gezeigt, daß die Rotation der Erde um ihre Achse schwankt und die Rotationsgeschwindigkeit außerdem langsam abnimmt, so daß die Sekunde nicht mehr auf die Erddrehung bezogen werden konnte (WALTHER 1997). Die Ganggenauigkeit der Quarzuhren liegt bei ca ±0,001 s/Jahr (BREUER 1994). Da die Frequenz des Schwingungsquarzes wegen allmählicher Alterung über einen langen Zeitraum nicht konstant ist, kam es zur Entwicklung von *Atomuhren* (USA, Schweiz). Die Güte einer Atomschwingung ist wesentlich höher als die der Quarzschwingung und außerdem werden hier die praktisch unveränderlichen Eigenschwingungen von Molekülen gezählt.

Zeitstandard

Als Zeitstandard dient heute die *Cäsiumuhr* (Atomuhr). Die Ganggenauigkeit der Cäsiumuhr ist <±1s in rund 1 Million Jahren (WALTHER 1997). Gemäß den Festlegungen im *Internationalen Einheitensystem* (SI-System, SI = Système International d'Unités) gilt als Einheit der Zeit die *Sekunde* (Einheitenzeichen s). Sie ist definiert als das 9 192 631 770fache der Periodendauer der dem Übergang zwischen den beiden Hyperfeinstrukturniveaus des Grundzustandes des Atoms des Nuklids ^{133}Cs entsprechenden Strahlung in mittlerer Meereshöhe (MÜLLER 1999, BREUER 1994). Die Frequenz (Anzahl der Schwingungen pro Sekunde) des Cäsiumatoms stellt zugleich sicher, daß die neue Definition (1967) hinreichend übereinstimmt mit der alten Definition (1s = 1/86 400 des mittleren Sonnentages). Ein erfolgreicher Abschluß der derzeit laufenden Forschung über die Nutzung eines *Indium-Ions* als Basis für eine Atomuhr würde die mit Cäsiumuhren erreichbare Ganggenauigkeit um rund drei Größenordnungen verbessern (WALTHER 1997).

Zeitzonen, Zeitskalen

Durch internationale Vereinbarungen ist die Oberfläche des mittleren Erdellipsoids in *Zeitzonen* eingeteilt, in denen die betreffende *Zonenzeit* als *Normalzeit* gilt. Die Maßnahme geht zurück auf einen 1883 vom kanadischen Ingenieur Sandford FLEMING gemachten Vorschlag (BACHMANN 1965). In mitteleuropäischen Staaten (in Deutschland ab 01.04. 1893) gilt die *Mitteleuropäische Zeit* (MEZ); sie ist die Ortszeit für 15° östlicher Länge. Als *Westeuropäische Zeit* (WEZ) gilt die Ortszeit für 0° Länge (Angaben zu weiteren Zeitzonen siehe beispielsweise ENZ 1975 S.15).

Die Westeuropäische Zeit (WEZ) wird bekanntlich auch bezeichnet als *Weltzeit* (WZ, ab 1925) oder *Universal Time* (UT) oder *Greenwich Mean Time* (GMT). Sie war/ist die Bezugszeit für alle astronomischen Zeitangaben (LINDNER 1993). Die aus astronomischen Beobachtungen gewonnene Weltzeit wurde schließlich abgelöst durch die Atomzeit-Skala. Die jetzt gültige (1972 eingeführte) Zeitskala heißt *Universal Time Coordinatet* (UTC) beziehungsweise *Koordinierte Weltzeit*. Sie wird durch Mittelung aller auf der Erde laufenden Primärzeitstandards gewonnen (für Deutschland sind dies die vier hochgenau laufenden primären *Cäsiumuhren* in der *Physikalisch-Technischen Bundesanstalt* (PTB) in Braunschweig). Die Bestimmung des monatlichen Mittelwertes erfolgt durch das *Bureau de Poids et Mesures* in Sèvres bei Paris, ebenso die Ermittlung der Abweichungen der einzelnen Primäruhren von diesem Mittelwert (WALTHER 1997).

Neben den vorgenannten sind eine Vielzahl weiterer Zeitskalen gebräuchlich. MÜLLER (1999) gibt Erläuterungen zu 27 Zeitskalen (mit Definitionen) sowie eine Darstellung deren Zusammenhänge. Danach sind die mit U beginnenden Benennungen von der Rotation der Erde abgeleitete Zeitskalen:

UT0. *Universal Time* ("Weltzeit") vom Typ 0 entspricht der mittleren Sonnenzeit, wie sie sich aus astronomischen Beobachtungen ergibt (Phase der Erdrotation). Die weiteren Typen dieser Serie (UT1, UT2, UT1R, UT1D, UTC) berücksichtigen einwirkende Effekte.

UT1. Entspricht UT0, jedoch korrigiert um den Einfluß der Polbewegung auf die Beobachtungsstation.

UTC. *Universal Time Coordinated* ("Koordinierte Weltzeit") kann die Zeit in Jahren, Monaten, Tagen, Stunden, Minuten und Sekunden angeben. Der Gang wird von der Atomzeit (TAI) abgeleitet und der Erdrotationsphase angepaßt, indem "Schaltsekunden" eingeführt werden (Sekundensprünge). Da im täglichen Leben die Zeitrechnung sich weitgehend nach der Erddrehung richten muß, wird UTC jeweils um eine ganze Sekunde vor oder zurück "geschaltet", sobald der Betrag von ΔUT sich 1 s nähert (wobei ΔUT = UT1 - UTC). Die Einführung solcher Schaltsekunden zur Anpassung von UTC an UT1 erfolgt durch den IERS.

JD. Das *Julianische Datum* ist definiert durch eine fortlaufende Zählung der Tage (Länge 86 400 s), die am 01.01.4713 mittags 12^h v.Chr. begann. Der 01.01.2000 mittags 12^h n.Chr. entspricht dem Julianischen Tag 2 451 545.0. Zur Vermeidung großer Zahlenlängen wird oftmals gesetzt: MJD = JD - 2 400 000.5. JD entspricht UT1, jedoch mit fortlaufender Zählung (also nicht begrenzt auf 1 Tag).

Ferner seien aus MÜLLER (1999) hier noch genannt:

TAI. *Temps Atomique International* (Internationale Atomzeit) als gewichtetes Mittel der Ablesungen mehrerer Atomuhren (siehe zuvor), nachdem diese auf das Geoid reduziert wurden.

GMST. *Greenwich Mean Sideral Time* (mittlere Sternzeit Greenwich), abgeleitet aus Erdrotation und Fixsternhimmel. Gültig für den Meridian $\lambda = 0$.

GAST. *Greenwich Apparent Sideral Time* (scheinbare Sternzeit Greenwich) entspricht GMST, jedoch mit Nutationskorrektur.

Während in der Raum-Zeit-Struktur der NEWTONschen Physik die Zeit als absolute Größe aufgefaßt wird, ist sie als Raumzeit-Struktur in der EINSTEINschen Gravitationstheorie eine der 4 Koordinaten in der 4dimensionalen Raumzeit und als solche mithin abhängig vom gewählten Bezugssystem. Geschwindigkeit der im Raum bewegten Uhr und ortsabhängiges Gravitationspotential (Uhrengang an der Land/Meer-Oberfläche oder im Weltraum) haben hier entsprechenden Einfluß auf die Zeitskala (SCHÄFER 1999).

Kalender

Die Zeiteinteilung (der Kalender) basiert auf der Festsetzung gewisser Zeiteinheiten, die im Leben des Menschen von Bedeutung sind. Durch solche Einheiten wird die fließende Zeit in markante Abschnitte gegliedert, wie etwa Tag, Monat, Jahr. Meist erfolgen Zeiteinteilung und Zeitmessung mittels einer möglichst gleichförmigen, periodischen Bewegung. Schon im Altertum wurde als gleichförmige Bewegung der Lauf von Sonne, Erdmond und Sternen angesehen. Bezogen auf den Stand der Sonne, führt die Drehung der Erde um ihre Achse zum Wechsel von *Tag* und *Nacht*. Der Umlauf der Erde um die Sonne und die Neigung der Erdumdrehungsachse zu ihrer Bahnebene führen zum Wechsel der *Jahreszeiten*.

"Tag" und "Nacht" im vorgenannten Sinne sind definiert als eine volle Erddrehung. Sprachlich etwas ungenau wird der Zeitabschnitt |"Tag" + "Nacht"| als *Tag* bezeichnet. Diesem Tag (der auch "Sonnentag" genannt wird) sind heute 24 *Stunden* zugeordnet. Ein voller Umlauf der Erde um die Sonne wird als *Jahr* bezeichnet. Das Jahr umfaßt alle Jahreszeiten, beispielsweise Frühling, Sommer, Herbst, Winter. Die vorstehenden Festlegungen führen zur Frage: wie viele Tage zu 24 Stunden umfaßt das Jahr? Es sind heute 365,2422 Tage. Dieser Zeitabschnitt wird in der Astronomie *tropisches Jahr* genannt. Es ist mithin 5 Stunden und 48 Minuten und 46 Sekunden länger als das "normale" Jahr, das heute zu 365 Tagen festgelegt ist. Dennoch ist das tropische Jahr als Grundlage eines Kalenders gut geeignet, da es die Präzession der Erdachse enthält und damit eine genaue Festlegung der Jahreszeiten zuläßt.

Da ein Kalender aus Gründen der Brauchbarkeit nur ganze Tage enthalten sollte, muß die zuvor beschriebene Differenz von 0,2422 Tagen zu 365 (ganzen) Tagen in geeigneter Weise aufgefangen werden, damit im zeitlichen Mittel eine größtmögliche Annäherung an die zeitliche Länge des tropischen Jahres erreicht wird. Bevor darauf eingegangen wird ist noch anzumerken, daß der *Monat* jener Zeitabschnitt ist, die der Mond für einen Umlauf um die Erde benötigt. Der so definierte Monat wird *tropischer Monat* genannt und umfaßt heute 27 Tage und 7 Stunden und 43 Minuten und 5 Sekunden. Da der Monat aus Gründen der Brauchbarkeit ebenfalls nur ganze Tage enthalten sollte, bedarf es auch hier gewisser Festlegungen.

Julianischer Kalender
Benannt nach Julius CÄSAR (100-44 v.Chr.), der mit Hilfe des in Ägypten lebenden

griechischen Mathematikers SOSIGENES eine Kalenderreform durchführte. Der neue Kalender wurde 46 v.Chr. eingeführt. Er legt fest, daß das Jahr am 1. Januar beginnt, 365 Tage umfaßt und alle 4 Jahre ein Schalttag einzufügen ist. Auf je 3 Gemeinjahre zu 365 Tagen folgt mithin 1 Schaltjahr zu 366 Tagen. Das Julianische Jahr hat damit 365,25 Tage, ist mithin um 0,0078 Tage länger als das tropische Jahr.

Gregorianischer Kalender
Benannt nach Papst GREGOR XIII (1502-1585). Der neue Kalender wurde 1582 n.Chr. eingeführt. Mit ihm wird angestrebt, durch weitere Schaltregeln die julianische Differenz zum tropischen Jahr weiter zu verringern. In diesem Sinne ist festgelegt, daß alle durch 4 ganzzahlig teilbaren Jahre Schaltjahre sind bis auf die Jahrhunderte, die nicht durch 400 teilbar sind. Die Jahre 1700, 1800 und 1900 sind somit ganz regelmäßige Jahre zu 365 Tagen, während 1600, 2000 und 2400 Schaltjahre sind. Das Gregorianische Jahr umfaßt demzufolge 365,2425 Tage, ist also nur noch 0,0003 Tage (oder 26 Sekunden) länger als das tropische Jahr. Der Übergang vom Julianischen zum Gregorianischen Kalender wurde dabei so vollzogen, daß in der Kalenderzählung auf den 4. Oktober 1582 sofort der 15. Oktober 1582 folgt.

Astronomische Tageszählung
Sie geht auf Joseph Justus SCALIGER (1540-1609) zurück der 1581 vorschlug, die Tage von einem vorgeschichtlichen Datum ab zu zählen. Als Ausgangsdatum wird dafür benutzt der 1. Januar 4713 v.Chr., 12.00 Uhr. Dieser Tag erhielt die Ordnungszahl Null. Der Zählbeginn beziehungsweise die Zählweise wird als *Julianisches Datum* (J.D. = Julianus dies) bezeichnet. Das *Modifizierte Julianische Datum* (das im Geophysikalischen Jahr 1957/1958) eingeführt wurde) beginnt mit der Tageszählung am 17. November 1858, 0 Uhr. Es wird unter anderem auch in der *Raumfahrt* benutzt (GAIDA 2000).

Zeitrechnung nach christlicher Ära
Die Zählung der Jahre ab der Geburt Christi wurde von dem römischen Abt Dionysius EXIGUUS im Jahre 525 vorgeschlagen. Der Anfangspunkt dieser Zeitrechnung liegt vermutlich 4-7 Jahre nach dem tatsächlichen Geburtsjahr von Jesus Christus (STUMPPF 1957). Historiker, die die Jahreszahlen dieser Zeitrechnung benutzen, verzichten allgemein auf ein Jahr Null, das heißt, bei ihnen folgt auf das Jahr 1 v.Chr. unmittelbar das Jahr 1 n.Chr., was zu Irrtümern führen kann. In der Astronomie wird daher anders verfahren: das Jahr 0 (= 1 v.Chr.) und für weiter zurückliegende Jahre gilt eine negative Zählung im Sinne 2 v.Chr. = − 1 oder 3 v.Chr. = − 2 oder allgemein: n v.Chr. = − (n − 1).

Neben der Zeitrechnung nach christlicher Ära bestanden und bestehen noch zahlreiche andere Zeitrechnungsskalen (chronologische Ären). Neuere Vorschläge für weitere Kalenderreformen (etwa zur Beseitigung der ungleichmäßigen Längen der Monate) konnten sich bisher nicht durchsetzen. Ein großer Nachteil solcher Reformen wäre die Zerstörung der *Woche* als fortlaufendes Zählmaß, das bisher alle Reformen überdauert und dessen Aufhebung den Bruch einer jahrtausendalten Tradition bedeuten würde (STUMPPF 1957).

Die Veränderlichkeit der zeitlichen Länge des Tages und des tropischen Jahres ist im Zusammenhang mit der Variation der Tageslänge während der Erdrotation behandelt (siehe dort).

Historische Anmerkung
Die nachstehenden Daten entstammen LINDNER (1993).

v.Chr. um	
3 500	Die Ägypter benutzen einen Kalender auf der Grundlage des **365** Tage umfassenden Sonnenjahres.
um 3 200	In Mittelamerika existiert ein Kalender der Mayas.
um 2 850	Ein Urnendeckel in Troja zeigt Ritzzeichnungen, die einen Sonnen-Mond-Kalender darstellen.
um 2 000	In China gilt ein Mondkalender.
um 1 000	In Indien gilt ein Mondkalender.
um 560	Der römische Mondkalender wird eingeführt.
um 440	METON verbessert den griechischen Sonnen-Mond-Kalender.
238	In Ägypten wird das Sonnenjahr zu **365,25** Tagen festgelegt.
46	Der *Julianische Kalender* wird eingeführt.
n.Chr.	
um 340	Der jüdische Sonnen-Mond-Kalender wird reformiert.
622	Beginn der mohammedanischen Zeitrechnung (Mondkalender).
1582	Der *Gregorianische Kalender* wird eingeführt.

3.2 Umgestaltung der Geländeoberfläche durch vorrangig endogene Vorgänge

Die Oberfläche des Geländes, die Geländeoberfläche, wird repräsentiert durch die jeweils anstehende Gesteins-, Boden- oder Sedimentschicht der kontinentalen oder ozeanischen Kruste (Abschnitt 3.1). Sie ist Grenzfläche zwischen dem Erdinnern und dem Erdäußeren.

Die Begriffe *Kettenrelief* und *Feldrelief* kennzeichnen die Großformen der übermeerischen Geländeoberfläche. Sie gelten hier in der Form, wie sie von LOUIS/FISCHER (1979) definiert wurden. Danach besteht ein Kettenrelief aus "langgestreckt-schmalen, meist in mehreren ungefähr parallel und dabei oft bogenförmig verlaufenden Erhebungssträngen und aus zwischen ihnen dahinziehenden Längshohlformen". Im Unterschied zum Kettenrelief ist ein Feldrelief "mehr oder weniger breit ausladend; sofern es verschiedene Relieftypen umfaßt, erzeugen diese nicht eine einseitig streifige Längsgliederung, sondern ein mehr oder weniger flächenartiges Mosaik von Formenbereichen". Kettenrelief und Feldrelief sind nach LOUIS/FISCHER grundlegend verschiedene morphotektonische Relieftypen.

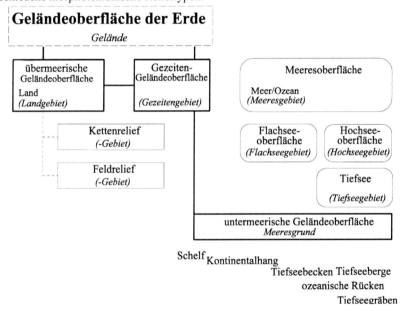

Bild 3.37
Gliederung der Geländeoberfläche der Erde in morphotektonische Großformen (-gebiete). Unter Gebiet wird hier ein Gebietskörper verstanden.

Initialformen und Realformen der Geländeoberfläche

Basierend auf Gedankengut von MACHATSCHEK (1949), LOUIS/FISCHER (1979), HOHL et al. (1985), STRAHLER/STRAHLER (1989) lassen sich folgende Aussagen machen. -

Alle Formen der Geländeoberfläche gelten als Ergebnis des gleichzeitigen Gegeneinander- und Zusammenwirkens terrestrischer und extraterrestrischer Kräfte. Endogene Vorgänge (dem Erdinnern zugeordnet), exogene Vorgänge (dem Erdäußeren zugeordnet) und kosmische Vorgänge (der nahen und ferneren Erdumgebung, dem Kosmos zugeordnet) können dabei gleichgerichtet oder entgegengerichtet sowie zeitgleich oder zeitlich nacheinander wirksam sein. Ferner gilt, daß *alle* Formen der Geländeoberfläche entweder *Abtragungsformen* oder *Aufschüttungsformen* sind. Diese Aussage trifft auch zu für alle morphotektonischen Formen der Geländeoberfläche (einschließlich der durch Vulkanismus und Erdbeben geschaffenen Formen), denn im Augenblick ihrer Entstehung beginnt die Abtragung durch Einwirken von Verwitterung, Erosion und anderen exogenen abtragenden Vorgängen. Die tektonische "Aufbauform" hat mithin den Charakter eines Urbildes, eines Anfangbildes; sie kann daher als **Initialform** bezeichnet werden, die ab dem Augenblick ihrer Entstehung zur **Realform** umgestaltet wird. Alle Formen der Geländeoberfläche sind *Teile dieser Oberfläche*. Soll das unter der Geländeoberfläche liegende *Gelände* in den einzelnen Formenbegriffen eingeschlossen sein, dann ist dies in den betreffenden Definitionen entsprechend zu berücksichtigen, etwa in der Ausdrucksweise: Geländeteil oder Geländeausschnitt, dessen Oberfläche...

Die Umgestaltung der Geländeoberfläche durch exogene Vorgänge, also jene, die Abtragung und Aufschüttung bewirkt, ist im Abschnitt 3.2 behandelt. Zur Umgestaltung der Geländeoberfläche durch endogene Vorgänge gibt es zahlreiche *geotektonische Hypothesen*. Die meisten dieser Hypothesen, vor allem jene, die vor 1960 entwickelt wurden, gingen zunächst fast ausschließlich von der vorhandenen und topographisch weitgehend bekannten *Landoberfläche* aus. Der *Meeresgrund* war fast noch unbekannt; systematische topographische Aufnahmen der *untermeerischen Geländeoberfläche* begannen erst um 1850 und erreichten einen gewissen aussagekräftigen Stand erst um 1927 oder gar erst um 1955 (Abschnitt 3.1).

Den Bau der Erdkruste sowie die Vorgänge, die diesen Bau bewirkten/bewirken, behandelt die *Tektonik*, wobei bezüglich der Vorgänge unterschieden werden kann zwischen *Epirogenese* (langsame, langandauernde Hebungen und Senkungen der Erdkruste) und *Orogenese* oder *Tektogenese* (mit rascher ablaufenden Krustenbewegungen). Die Massenverlagerungen im Erdinnern können dabei begleitet sein von Geländeerschütterungen, die als *Erdbeben* fühlbar sind.

Geotektonische Hypothesen, die vor 1960 entwickelt wurden

Es gibt aus der Zeit vor 1960 zahlreiche *geotektonische Hypothesen*, die den gegenwärtigen *globalen* Aufbauzustand der Erde beziehungsweise dessen Umgestaltung aus dem Wirken endogener und kosmischer Kräfte zu erklären versuchen. Einige, die über längere Zeit das Denken der Geowissenschaftler beherrschten, seien nachfolgend in

Anlehnung an die umfassende Übersicht von HOHL (1985) kurz skizziert.

Kontraktions- und Expansionshypothese(n)
Die Vorstellungen von einer Kontraktion oder Schrumpfung der Erde (Kontraktionshypothesen, Schrumpfungshypothesen) reichen bis ins 18.Jahrhundert zurück. Durch Abkühlung sei die bruchfähige Erdkruste in Brüche zerlegt worden, die, der schrumpfenden Unterlage folgend, mehr oder weniger tief abgesunken seien: Ozeane seien schon mehr, Kontinente noch weniger tief eingesunken. Ihr Gegenstück ist die Expansionshypothese, die das Auseinanderrücken der Kontinente auf eine langsame Vergrößerung des Erdvolumens zurückführt infolge innerer Erwärmung beziehungsweise Abnahme der Gravitationskonstante der Erde.

Pulsationshypothese
Nach dieser Hypothese (entwickelt ab 1940) werde die erdgeschichtliche Entwicklung durch rhythmischen Wechsel zwischen Kontraktions- und Expansionskräften bestimmt. In diesem Zusammenhang könnte die Umlaufzeit der Sonne um das Zentrum unserer Galaxis (der Milchstraße) Bedeutung haben, die auf ca 200-250 ($\cdot 10^6$) Jahre geschätzt wird, eine Dauer, die zu den globalen geotektonischen Zyklen der Erde von ca 125 $\cdot 10^6$ Jahren Bezug haben könnte (HOHL 1985 S.240, TL/Galaxien 1989 S.61).

Oszillationshypothese(n)
Die *Oszillationshypothese* geht von vertikalen Aufwölbungen und Einsenkungen, von vertikalen Oszillationen infolge Verschiebung mobilen Materials in der Magmazone aus. Unter Schwerkrafteinwirkung würden an den Flanken sedimentäre Serien abgleiten. Sie entstand um 1930, Vorläufer um 1890. Könnte in diesem Zusammenhang auch das Wachsen und Schwinden großer Eismassen Bedeutung haben (Abschnitt 4.4)? Als eine Art Fortentwicklung der vorgenannten Hypothese wird die *Undationshypothese* aufgefaßt, die von aktiven subkrustalen magmatischen Störungen ausgeht, die physikalisch-chemisch bedingt seien und zu vertikalen Krustenbewegungen (Undationen) führen würden (entwickelt ab 1931 von van BEMMELEN und anderen). Wie die beiden vorgenannten Hypothesen erklärt auch die *Hypothese der Tiefendifferentation*, die Bewegungen und Erscheinungsbilder der Geländeoberfläche durch Oszillation erklärt, wobei von einer ursprünglich geschlossenen Erdkruste ausgegangen wird, die regional zerstört und dabei "ozeanisiert" wird (BELOUSSOW Moskau 1962 und andere).

Soweit die vorgenannten Hypothesen von der Annahme ausgehen, daß die Erdkruste fest auf ihrer Unterlage verankert ist und sich bei tektonischen Vorgängen nicht verlagert, werden sie der *fixistischen* Gruppe zugeordnet (auch als "Fixismus" oder "Standtektonik" oder "Permanenzlehre" bekannt). Diese Gruppenbezeichnung schließt ein, daß in den obersten Bereichen der Erdkruste zwar Faltungen, Überschiebungen, Hebungen und Senkungen vorkommen, doch wird eine Fortsetzung dieser Bewegungen in größere Tiefen und eine laterale Verschiebung kontinentalen Ausmaßes verneint. Im Gegensatz dazu werden jene Hypothesen, die ein Driften von Großschollen der Erdkruste einschließen, der *mobilistischen* Gruppe zugeordnet (auch als "Mobilismus" oder "Wandertektonik" bekannt).

Unterströmungshypothese(n)
Das Gedankengut des österreichischen Geologen Otto AMPFERER (1875-1947), nach dem Krustenbewegungen von Konvektionsströmungen in der fließfähigen, zähplastischen Unterkruste oder tieferen Zonen ausgehen, regte die Entwicklung weiterer Hypothesen in diesem Sinne an und enthält Vorstellungen, die auch im Forschungsbereich "Plattentektonik" grundlegend sind, wie etwa die Meeresbodenspreizung (engl. sea-floor sprading) oder die Vorstellung der Subduktion in Form einer "Verschlukkung". Literatur: AMPFERER, Otto (1906): Über das Bewegungsbild von Faltengebirgen. -Jahrbuch der k.k. Geologischen Reichsanstalt Wien. AMPFERER, Otto (1941): Gedanken über das Bewegungsbild des atlantischen Raumes. -Sitzungsberichte der Akademie der Wissenschaften Wien, Mathematisch-naturwissenschaftliche Klasse, Abteilung I, Band 150. In diesem Zusammenhang sind hervorzuheben die Weiterentwicklungen zu einer allgemeinen Unterströmungshypothese (Ernst KRAUS 1931...1971) und zu einer thermodynamischen Hypothese (Alfred RITTMANN 1960).

Kontinentalverschiebungshypothese Alfred Wegeners

Bild 3.36
Prof. Dr. Alfred WEGENER, deutscher Meteorologe, Geophysiker und Polarforscher, 1880 geboren in Berlin, tätig in Hamburg und Graz, 1930 verblieben im Grönland-Eis während einer Expedition. Quelle: FLÜGEL (1980)

Die von Wegener entwickelten Vorstellungen über die Drift der Kontinente gaben einen wesentlichen Anstoß zur Entwicklung des Forschungsbereichs "Plattentektonik". Die vom Meer nicht bedeckten Landgebiete der Erde waren nicht immer so angeordnet wie heute. Von dieser Annahme ausgehend, entwickelte Wegener ein umfassendes Modell über die Drift dieser Gebiete. Die Kongruenz der Küstenlinien von Afrika und Südamerika, die Wegener zu seinen Überlegungen angeregt hatte, war einigen Wissenschaftlern zwar schon früher aufgefallen (beispielsweise dem englischen Philosophen Sir Francis BACON (1561-1626), dem deutschen Naturforscher Alexander v.HUMBOLDT (1769-1859) und anderen), es entstanden daraus jedoch keine Modelle, die vergleichbar mit dem Modell von Wegener sind. In ihm ließen sich vorliegende geologische, paläontologische und paläoklimatische Beobachtungs- und Meßergebnisse weitgehend integrieren. Auf der Hauptversammlung der deutschen Geologischen Vereinigung 1912 in Frankfurt am Main hatte Wegener seine Vorstellungen erstmals der breiteren Fachwelt bekanntgemacht. Seine Vorstellungen fanden damals fast keine Zustimmung, vor allem, weil es ihm noch nicht möglich war, die Antriebskräfte für die postulierte Drift der Kontinente überzeugend aufzuzeigen. Auch heute, über 80 Jahre nach Wegeners Vortrag, wird noch immer darüber diskutiert, ob die Antriebsenergie für die Bewegung der als weitgehend starr angenommenen Lithosphärenplatten direkt (aus der Reibung an der Lithosphären-/Asthenosphären-Grenze) oder indirekt (aus Konvektionsprozessen im Erdkernmantel) oder in anderer Weise erbracht wird. Literatur: WEGENER, Alfred (1915): Die Entstehung der Kontinente und Ozeane. -Braunschweig (Vieweg), letzte (überarbeitete) Auflage 1929.

Noch bis **um 1960** betrachteten die meisten Geowissenschaftler die Erde als einen starren Körper, in dem die Landgebiete eine unveränderbare Position einnehmen und auch die großen Meeresgebiete als dauernd bestehend gelten. Die gegenwärtige geographische Längen- und Breitenlage der Landgebiete sei und bleibe permanent. Das **Erdbild** in geowissenschaftlicher Sicht war bis zu diesem Zeitpunkt mehr oder weniger *statisch* geprägt (HOHL 1985, GIESE 1987, ZEIL 1990, STROBACH 1991). Daran hatten auch die *mobilistischen* Hypothesen von AMPFERER und WEGENER bis zu diesem Zeitpunkt wenig geändert, die, wie zuvor dargelegt, eine Strömung im Erdinnern beziehungsweise eine Verschiebung der Kontinente annehmen. Sie wurden bis um 1960 von den meisten Geowissenschaftlern ignoriert oder abgelehnt.

3.2.01 Plattentektonik

Nach 1960 vollzog sich ein starker Wandel in den Auffassungen zur **Geotektonik.** Die Kontinentalverschiebung und das Auseinanderbewegen des Meeresgrundes erhielten mit dem Modell **Plattentektonik** einen Überbau, der mehr oder weniger alle Geowissenschaften ansprach. Die *interdisziplinäre* Aufgabenstellung, die dem Begriff Plattentektonik innewohnt, führte zu zahlreichen Hypothesen und zunehmender *multidisziplinärer* Zusammenarbeit. Es entstand ein *neues* **Erdbild**, dessen erste Konturen besonders AMPFERER und WEGENER gezeichnet hatten. Bis um 1960 war das Erdbild überwiegend durch *statische* Hypothesen geprägt. Die *mobilistischen* Hypothesen von Otto AMPFERER (1875-1947) und Alfred WEGENER (1880-1930) wurden nach ihrem Entstehen am Beginn des 20. Jahrhunderts (siehe zuvor) bis um 1960 von den Fachwissenschaftlern kontrovers diskutiert beziehungsweise mehrheitlich abgelehnt. Dies änderte sich schlagartig um 1960. Danach konnte sich das Modell Plattentektonik in seinen Grundzügen in kurzer Zeit erdweit durchsetzen.

Alle Hypothesen der Plattentektonik gehen davon aus, daß die Lithosphäre lateral mosaikartig gegliedert ist in Tafeln oder Platten (Lithosphärenplatten), die sich relativ zueinander mehr oder weniger stark bewegen. Die Bewegung der Platten ist heute jedoch keine Hypothese mehr, sondern Faktum, da sie seit ca 1985 mittels Satellitengeodäsie hochgenau meßbar ist. Die damit im Zusammenhang stehende Bildung von Meeresteilen wird auf mehrere Öffnungen der Erdkruste in den "ozeanischen Rücken" zurückgeführt. Die Rücken erstrecken sich über eine Länge von ca 70 000 km und nehmen ca 1/3 der Fläche des Meeresgrundes ein. Die Rückenachsen sind staffelförmig gegliedert und durch Gleitflächen verbunden. Die Kammregionen der Rücken sind durch einen erhöhten Wärmefluß und offene Spalten gekennzeichnet, in denen eine hohe seismische Aktivität besteht. Durch das aufsteigende Schmelzflußmaterial der Asthenosphäre wird ständig neue ozeanische Kruste gebildet, die sich weitgehend symmetrisch nach beiden Seiten zu den Rändern des Meeresteils hin ausbreitet. Daraus ergibt sich, daß das Alter dieser ozeanischen Kruste nach den Rändern hin zunimmt und sie überhaupt erst seit dem *Jura* nachweisbar ist. Außerdem wurden parallel zu den ozeanischen Rücken verlaufende Streifen mit unterschiedlicher Magnetisierungsrichtung (der Gesteine) festgestellt, bedingt durch mehrmalige Umpolung des Erdmagnetfeldes. Am Rande einer Platte wird die ozeanische Kruste durch Abtauchen oder Verschlucken (Subduktion) wieder abgebaut. Die Antriebskräfte der Plattenbewegung sind zwar umstritten, doch werden als Ursachen der Bewegungen meist Konvektionsströmungen in der fließfähigen Schicht der Asthenosphäre und im unterlagernden Erdkernmantel angenommen. Größe und Anordnung der oftmals angenommenen Konvektionszellen sind unbekannt.

Superkontinente in der Erdgeschichte
Entstehungs- und Zerfalls-Zeitabschnitte
Ist die Plattentektonik älter als 200 Millionen Jahre?

Heute zeigt der Meeresgrund nur Sedimente, die jünger als ca 200 Millionen Jahre sind (ZEIL 1990, MILLER 1992). Ältere ozeanische Kruste zu analysieren ist generell nicht möglich, da sie am Kontinentalrand bereits unter die kontinentale Kruste abgetaucht ist. Bei einer solchen Subduktion schieben sich einzelne Stücke der ozeanischen Kruste gelegentlich aber auch *über* die am Kontinentalrand anstehende kontinentale Kruste. In einem solchen Fall bleibt die einstige ozeanische Kruste als sogenannter *Ophiolith-Komplex* erhalten. Verschiedentlich wird daraus geschlossen, daß zur Zeit der Entstehung eines solchen Ophiolith-Komplexes eine Art Plattentektonik bereits existent war. Nordöstlich von Peking wurde ein solcher Ophiolith gefunden, der sich vor 2,5 Milliarden Jahren gebildet haben soll. Er gilt als derzeit ältester bekannter Ophiolith und wird vielfach als Zeuge für eine bereits damals existierende Plattentektonik angesehen (Sp 9/2002). Außerdem wurde an der Unterseite des Ophiolithen ein ca 100 km langes Stück ehemaligen Erdkernmantels entdeckt. Es enthält das Mineral *Chromit* in einer typisch deformierten Form, wie sie von aufsteigendem Magma erzeugt wird.

Daß die Plattentektonik älter als 200 Millionen Jahre sei, war zunächst umstritten.

Inzwischen stimmen jedoch die meisten Wissenschaftler darin überein, daß Plattentektonik und Orogenese (Gebirgsbildung) zumindest seit dem Proterozoikum (seit ca 2,5 Milliarden Jahre vor der Gegenwart) prinzipiell abgelaufen ist wie heute (CONDIE 1997 und andere).

Ein *Großkontinent* oder *Superkontinent* entsteht durch Vereinigung von vorher getrennten Kontinenten durch Plattenkollision (durch einen Vorgang, der als Kollisionsorogenese bezeichnet werden kann). Soweit bisher bekannt, kam es in der Erdgeschichte mindestens zweimal zur Bildung von Superkontinenten: Der Superkontinent **Rodinia** soll vor ca 1 Milliarde Jahren vor der Gegenwart und der Superkontinent **Gondwana** soll vor ca 0,6 Milliarden Jahren vor der Gegenwart entstanden sein (Bild 3.38). Die Benennung Rodinia entstand in Anlehnung an das russischsprachige Wort "Rodina" (deutsch: Heimat). Die Benennung Gondwana prägte 1885 der österreichische Geologe Eduard SUESS (1831-1914); sie bezieht sich auf eine geographische Region in Indien. Der plattentektonische Kompressionsprozeß (Orogenese), der zur Entstehung von Rodinia führte, wird heute (von Nordamerika ausgehend) als *greenvillische Orogenese* bezeichnet und derjenige, der zur Entstehung von Gondwana führte, wird (von Afrika ausgehend) als *panafrikanische Orogenese* bezeichnet, in der Antarktis auch als *Ross-Orogenese* (KLEINSCHMIDT 2001).

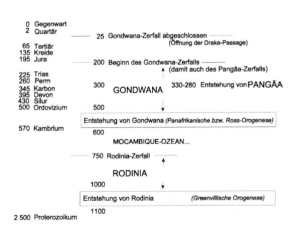

Bild 3.40 Entstehungs- und Zerfalls-Zeitabschnitte der *Superkontinente* Rodinia und Gondwana nach KLEINSCHMIDT (2001). Die Zeitangaben sind Millionen Jahre (10^6 Jahre). Der *Urkontinent* Pangäa entstand durch Vereinigung von Gondwana und Laurasia.

Zur *Rekonstruktion* von Entstehung und Zerfall der Superkontinente dienen (nach Kleinschmidt) meist zwei Vorgehensweisen: die *Paläomagnetik* und die Nutzung geologischer *Großstrukturen* beim Wiederzusammenfügen der zerbrochenen Großkontinente. Unabhängig voneinander stellten 1991 DALZIEL, HOFFMANN und MOORES erste Rodinia-Rekonstruktionen vor. Weitere Rodinia-Rekonstruktionen legten unter anderem vor: 1996 LI et al., 1999 OMARINI et al. (KLEINSCHMIDT 2001).

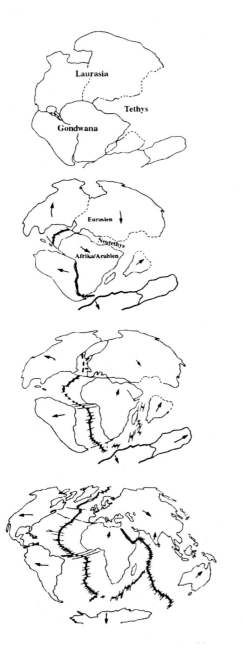

Rekonstruierter Stand um **175** ·10⁶ Jahre vor der Gegenwart. Der Urkontinent Pangäa zerfällt in die zwei Teile Laurasia und Gondwana.

Rekonstruierter Stand um **120** ·10⁶ Jahre vor der Gegenwart. Der Superkontinent Gondwana zerfällt weiter.

Rekonstruierter Stand um **60** ·10⁶ Jahre vor der Gegenwart. Der Superkontinent Gondwana zerfällt weiter.

Stand in der *Gegenwart*.
Die Pfeile zeigen die Bewegungsrichtung der Platten an.

Bild 3.39
Quelle: BISCHOFF (1995), HEIDBACH (2000)

Lithosphärenplatten

Die Plattentektonik geht davon aus, daß die Lithosphäre *lateral* mosaikartig gegliedert ist in eine begrenzte Anzahl von Platten, den *Lithosphärenplatten*. Die Benennung *Platte* hat sich im Sprachgebrauch eingebürgert und wird deshalb auch hier beibehalten, obwohl es sich bei den Lithosphärenplatten in der Regel nicht um *ebene,* sondern, der Erdkrümmung entsprechend, um *gekrümmte* körperliche Gebilde handelt. Die Platten gelten als weitgehend starr. In den Plattenrandzonen sind jedoch oftmals breite Deformationsgürtel anzutreffen, in denen die Bewegungsraten teilweise erheblich von der Starrkörperbewegung abweichen. Offenkundig bestehen auch im Inneren der Platten gewisse Verformungen (Intraplattendeformationen). Eine hinreichend sichere Abgrenzung der Platten ist in vielen Fällen daher nicht möglich, mithin kann auch keine Aussage über die vollständige Plattenanzahl gemacht werden.

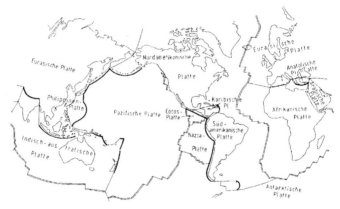

Bild 3.41
Übersicht über die geographische Lage der großen und einiger kleinerer Lithosphärenplatten. Quelle: STROBACH (1991), verändert

- *als große Platten gelten*
  Eurasische Platte
  Afrikanische Platte
  Antarktische Platte
  Nordamerikanische Platte
  Südamerikanische Platte
  Australische Platte (auch Indisch-australische Platte)
  Pazifische Platte

● *zu den kleineren Platten gehören*
∟ im Bereich des Mittelmeeres:
  Adriatische Platte
  Hellenische Platte
  Anatolische Platte (auch Türkische Platte)
  Arabische Platte
  Iranische Platte
∟ im Bereich westlicher Pazifik   ∟ im Bereich östlicher Pazifik:
  Philippinen-Platte   Nazca-Platte
  Bismarck-Platte   Cocos-Platte
  Fidschi-Platte   Rivera-Platte
  Salomonen-Platte
∟ im Bereich westlicher Atlantik:
  Karibische Platte

Plattenbewegungen und Plattengrenzen

Allgemein gilt, daß die Lithosphärenplatten sich bewegen mit Geschwindigkeiten von wenigen mm bis über 10 cm pro Jahr. Sie bewegen sich voneinander weg, aneinander vorbei oder aufeinander zu, angetrieben sehr wahrscheinlich von Konvektionsströmen im Erdkernmantel, insbesondere in der Asthenosphäre.

● *Grenzen von Platten, die sich |voneinanderwegbewegen|*
An den ozeanischen Rückenachsen (Spreizungsachsen) findet die Voneinanderwegbewegung von (zwei) Platten in der Form statt, daß im Trennbereich an beiden Plattenrändern sich neu entstandene ozeanische Kruste anfügt. Eine solche Plattengrenze wird auch "divergierend", "konstruktiv" oder "extensional" genannt. Entsprechend der Bewegungsgeometrie der Platten und anderer Einwirkungen sind ozeanischen Rückenachsen *staffelförmig* gegliedert und durch Gleitflächen verbunden. Hier findet ausschließlich ein Aneinandervorbeigleiten statt, ohne daß an diesen Gleitflächen Erdkruste dabei weder subduziert noch gebildet wird.

Die zuvor genannten ozeanischen Rückenachsen kennzeichnen die ozeanischen Rücken, die bisher oftmals "mittelozeanische Rücken" genannt wurden. Diese Benennung ist offensichtlich abgeleitet von der Bezeichnung mittelatlantischer Rücken. Dieser verläuft etwa in der Mitte zwischen Europa/Afrika und Amerika. Eine ähnliche Mittellage kann auch für den ozeanischen Rücken zwischen Australien und Antarktis gelten. Die anderen ozeanischen Rücken dagegen liegen asymmetrisch zur derzeitigen

Mittellinie der Ozeane. Es sollte daher die Benennung *ozeanischer Rücken* benutzt werden. Als Synonym gilt: "ozeanisches Riftsystem" (STROBEL 1991). Diese Benennung ist abgeleitet vom engl. "rift" = Riß, Sprung, Spalte. Für die englischsprachige Benennung "sea floor spreading" wird als deutschsprachiges Äquivalent oft die Benennung "Meeresbodenspreizung" gebraucht. Jene Zone innerhalb des ozeanischen Rückens, in der diese stattfindet, wird "Spreizungszone" genannt (DEWEY 1972). In ozeanischen Rücken spreizt sich ozeanische Kruste und gibt somit Raum frei für den Aufstieg von Material aus der Asthenosphäre. Dies erfolgt überwiegend durch (submarinen) Vulkanismus. Mit ca 15 km^3 pro Jahr Fördermenge sind die ozeanischen Rücken in globaler Sicht somit Hauptvulkangebiete (KLEINSCHMIDT 2001).

● *Grenzen von zwei Platten, die sich horizontal |aneinandervorbeibewegen|*
Plattengrenzen dieser Art werden oftmals als "Tansformstörungen" (KLEINSCHMIDT 2001) oder "Transformverwerfungen" (Miller 1992) bezeichnet, in Anlehnung an die um 1965 eingeführte englischsprachige Benennung "transform fault" (DEWEY 1972). Als deutschsprachige Äquivalente werden außerdem benutzt: "Querstörung", "Querverwerfung", "Umformungsverwerfung". Hinsichtlich Produktion oder Vernichtung von Erdkruste sind diese Plattengrenzen "neutral" oder "konservativ".

Wie zuvor gesagt, sind die ozeanischen Rückenachsen *staffelförmig* gegliedert. Es wird davon ausgegangen, daß dies eine Folge der Bewegungsgeometrie der Platten ist und auch des seitlichen Driftens der Spreizungsachsen selbst (STROBACH 1991). Die Verwerfungszonen, die *zeitgleich* (gemeinsam) mit den Spreizungszonen entstehen, sind vor allem Bruchzonen mit großem *vertikalen* Verschiebungsbetrag (auch *Sprunghöhe* genannt).

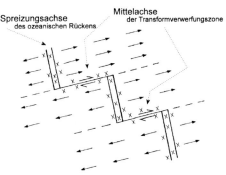

Bild 3.42/1
Staffelförmige Gliederung der
ozeanischen Rückenachsen
mit Mittelachsen
der Verwerfungszonen
sowie dem Bewegungsschema der
Platten.
Die Kreuze kennzeichnen die Lage
von Erdbebenherden.
Quelle: MILLER (1992), verändert

Daß die *Verwerfung* sich von der sogenannten *Blattverschiebung* unterscheidet, zeigt nachstehendes Bild.

Bild 3.42/2
Bewegungsschema der Platten
bei (a) Blattverschiebung
und (b) Verwerfung.
Quelle: CLARK (1977), verändert

Die Verwerfungszonen sind also die Verbindungsstücke zwischen den Enden zweier gestaffelter Spreizungsachsen. Ihre Mittelachse ist Teil eines Rotationskreises der Bewegungsgeometrie, die nachfolgend angesprochen wird. Die meist beidseitigen *Fortsetzungen* der Verwerfungszonen sind ebenfalls Bruchzonen ("Frakturzonen"), die in ihrer Morphologie den Verwerfungszonen ähnlich seien (MILLER 1992). Verwerfungszonen und ihre Fortsetzungen können sehr große Längserstreckungen annehmen, teilweise 3 000 km und mehr. Sofern im Bereich der Spreizungsachse *vulkanische Aktivität* besteht, ist diese auch in der - Verwerfungszone gegeben, nicht aber in deren Fortsetzungen (DEWEY 1972, MILLER 1992).

Zur Geometrie der Plattenbewegung
Das nachstehende Bild läßt erkennen, daß es an den Plattengrenzen prinzipiell zu drei verschiedenen Relativbewegungen kommen kann:
Voneinanderwegbewegen der Platten 1 und 2
(Spreizungszone mit Spreizungsachse S)
Aneinandervorbeibewegen der Platten 1 und 2 beziehungsweise 2 und 3
(1/2: Transformverwerfungszone mit Mittelachse MT; 2/3: Bruchzone einer Blattverschiebung gemäß Bild 3.42/2 mit Mittelachse MB).
Aufeinanderzubewegen der Platten 2 und 3
(Ozeanische Subduktionszone mit der Abknicklinie A; die Verhältnisse bei kontinentaler Subduktion sind hier nicht dargestellt)

Bild 3.43
Die Bewegung starrer Platten an der Kugeloberfläche läßt sich als Rotation von Kugelschalsegmenten um zugeordnete, durch den Mittelpunkt der Kugel gehende Achsen beschreiben (DEWEY 1972 und andere). Die jeweiligen Durchstoßpunkte einer Achse durch die Kugeloberfläche sind die Rotationspole (Achsen und Rotationspole sind nicht identisch mit der Rotationsachse der Erde und der zu dieser gehörenden Pole). Quelle: STROBACH (1991), verändert

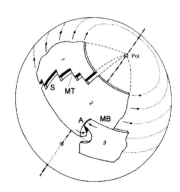

● *Grenzen von Platten, die sich |aufeinanderzubewegen|*
Wo zwei Platten sich aufeinander zu bewegen, findet *Subduktion* (Verschluckung) oder *Kollision* statt.

In den Subduktionszonen stößt *ozeanische* Kruste auf *kontinentale* Kruste. Die ozeanische Kruste taucht dabei unter der kontinentalen Kruste in den Erdkernmantel ab und wird dort subduziert, gewaltsam "vernichtet", unter anderem in Verbindung mit Erdbebentätigkeit und Vulkanismus. Eine Subduktion dieser Art wird als *ozeanische Subduktion* bezeichnet (TOKSÖZ 1975). Die Plattengrenze wird "konvergierend", "kompressiv", "konsumierend" oder "destruktiv" genannt.

Stößt *kontinentale* Kruste auf *kontinentale* Kruste, dann kommt es zur gegenseitigen Über- beziehungsweise Unterschiebung der Platten mit intensiver innerer Zerscherung und Verdickung der kontinentalen Kruste. Der Vorgang wird ebenfalls als *Subduktion* oder auch als *Kollision* bezeichnet (TOKSÖZ 1975, STROBACH 1991). Verschiedentlich wird von kontinentaler Subduktion gesprochen. Der Begriff "Kontinent" und der Begriff "kontinentale Kruste" werden dabei meist *nicht* im gleichen Sinne benutzt.

Subduktion und Kollision führen zur Bildung von *Orogenen* (Faltengebirgen). Nach KLEINSCHMIDT (2001) findet der Prozeß der *Orogenese* derzeit (seit ca 100 Millionen Jahren) in den amerikanischen Kordilleren (als Subduktions-Orogenese) und im Alpen-Himalaja-Zug (als Kollisions-Orogenese) statt. Der Himalaja sei zugleich ein Beispiel dafür, daß Subduktion und Kollision nicht immer scharf voneinander abgrenzbar seien.

|Subduktionszonen|

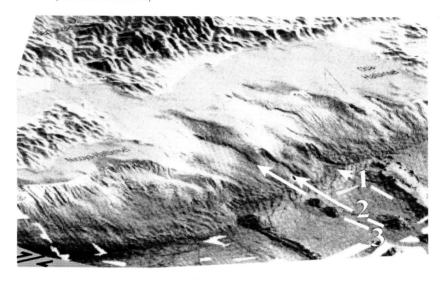

Bild 3.44
Ozeanische Subduktionszone (Pazifikküste Costa Rica, Mittelamerika). Perspektivdarstellung der Geländeoberfläche in diesem Bereich nach Meßdaten (Fächerecholotdaten), aufgenommen vom deutschen Forschungsschiff *Sonne*. Quelle: RANERO/v.HUENE (2001), verändert

Bild 3.44 zeigt eine ozeanische Subduktionszone (ozeanische Kruste stößt auf kontinentale Kruste). Die ozeanische Kruste taucht dabei unter den Kontinentalrand und schließlich in den Erdkernmantel ab. Beim Abtauchen unter den Kontinentalrand wird nach Ranero/v.Huene vermutlich Material von dessen Unterseite abgeschabt. Das Zeichen 1|⊦ deutet den derzeitigen Verlauf der *Abknicklinie* an, jener Linie an der *untermeerische* Geländeoberfläche, an der die ozeanische Kruste unter die kontinentale Kruste abtaucht. Die weißen Pfeile mit den Ziffern deuten die Bewegungsrichtung an und verdeutlichen die Wirkung bereits abgetauchter *Tiefseeberge*. Im Verlauf der Bewegungsrichtung 3 sind zwei Tiefseeberge noch sichtbar, ein weiterer Tiefseeberg dürfte bereits abgetaucht sein und eine lange Furche im Kontinentalrand hinterlassen haben, die inzwischen durch Sediment aufgefüllt wird. Die Aufwölbungen am Ende der Furchen 1 und 2 sind offensichtlich ebenfalls durch bereits "abgetauchte" Tiefseeberge verursacht.

In der (ozeanischen) Subduktionszone, beziehungsweise in ihrer Nachbarschaft, bilden sich an der Geländeoberfläche markante Strukturen, die sich von Initialformen zu Realformen wandeln (Abschnitt 3.2). Am auffälligsten sind die gleichmäßig gekrümmten **Inselbogenstrukturen**, wie etwa im westlichen Pazifik (Aleuten, Kurilen, Marianen) oder im Indik (Sumatra, Java und die ostwärts anschließenden Inseln), sowie die **Tiefseegräben**, wie etwa der Marianen-Graben (10 899 m tief), der Philippinen-Graben (10 793 m tief), der Kurilen-Graben (10 377 m tief), der Japan-Graben (10 374 m tief), der Puerto-Rico-Graben (9 427 m tief), der Tonga-Graben (9 184 m tief) (GRABERT 1992). Die Geländeform "Tiefseegraben" wird verschiedentlich als "ozeanische Subduktionszone" bezeichnet (GRABERT 1992); zutreffender ist wohl die Aussage, daß der Tiefseegraben den Ausbiß der Subduktionszone anzeigt (MILLER 1992). Unter "Ausbiß" (auch "Ausstrich" oder "Ausgehendes" genannt) versteht man dabei den "Schnitt" einer Gesteinsschicht mit der Geländeoberfläche oder zutreffender: das Ende einer Gesteinsschicht an der Geländeoberfläche.

|Kollisionszonen|
Hier stößt *kontinentale* Kruste auf *kontinentale* Kruste (kontinentale Subduktion). Im Vergleich zur ozeanischen, hat die kontinentale Kruste eine geringere Dichte; der entsprechend stärkere Auftrieb verhindert bei der Kollision eine Überführung dieser Kruste in den Erdkernmantel. Bei sich fortsetzender Kompression entsteht ein Gebirge, ein Kettengebirge

Bild 3.45 Kollision (kontinentale Subduktion) und Gebirgsbildung nach DEWEY (1972).

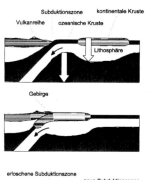

Wird eine Lithosphärenplatte, zu der ein Kontinent geh unter eine Platte subduziert, deren aktiver Rand ein Kontinentalrand ist, dann kollidieren beide Kontinente.

Kontinentale Kruste hat wegen ihres spezifischen Gew einen zu großen Auftrieb, um in der Asthenosphäre verschluckt zu werden; bei sich fortsetzender Kompres entsteht ein Gebirge.

Nach der Kollision bricht die abtauchende Platte womö ab, versinkt in der Asthenosphäre, und an anderer Stel bildet sich eine neue Subduktionszone.

|Seismische Tomographie|
Die *seismische Tomographie* kann inzwischen die geringen Dichteunterschiede zwischen abtauchenden Platten und ihrer Umgebung erfassen:

Bild 3.46 (nachstehend)
Seismische Tomogramme verschiedener Regionen in denen Subduktion stattfindet nach Universität Utrecht und US Geological Survey. Quelle: LAUSCH (2000), verändert

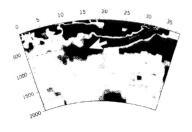

Region Japan.
Vor Japan dringt die Pazifische Platte (Pfeil) nur bis zur Grenze zwischen oberem und unterem Mantel in 660 km Tiefe vor und bewegt sich dann horizontal weiter.

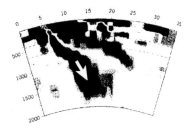

Region Mexiko.
Vor Mexiko dringt die Pazifische Platte (Pfeil) ziemlich steil bis zur Untergrenze des Erdkernmantels vor.

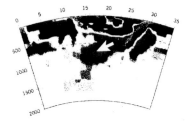

Region Tonga.
Bei Tonga dringt die Pazifische Platte (Pfeil) ebenfalls etwa bis zur Grenze zwischen oberem und unterem Mantel vor und bewegt sich dann zunächst horizontal weiter, knickt aber danach noch einmal nach unten ab.

Himalaja-Gebirge und höchster Berg der Erde

Bild 3.47
Kollision eines kontinentalen Teils der Indisch-australischen Lithosphärenplatte mit einem kontinentalen Teil der Eurasischen Lithosphärenplatte.

Es wird angenommen, daß die Indisch-australische Lithosphärenplatte sich derzeit mit einer Geschwindigkeit von rund 5 cm/Jahr gegen die Eurasische Platte bewegt und dabei China nach Norden und die Länder Südostasiens nach Osten abdrängt. Quelle: TL/Erde (1990), verändert. Die "Suture" (abgeleitet vom Lateinischen: *sutura* = Naht) wird auch "Kollisionslinie" genannt.

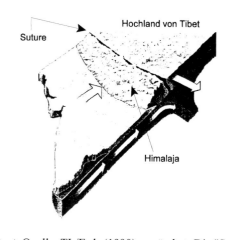

Das Himalaja-Gebirge gilt als Teil eines Kettengebirges, das durch Kollision von kontinentaler Kruste entsteht; hier kollidiert ein kontinentaler Teil der Indisch-australischen Lithosphärenplatte mit einem kontinentalen Teil der Eurasischen Lithosphärenplatte. Die Länge der Subduktionszone beträgt etwa 2 400 km, der Subduktionsbetrag etwa 5,5 cm/Jahr (TOKSÖZ 1975). Hinter der Kollisionsfront (beidseitig oder nur einseitig?) kann es zu weiterer Deformation und Kompression kommen; ein Hochplateau mit Oberflächenvulkanismus kann entstehen, wie das Hochland von Tibet. Vermutlich führt jede solche Kollision zu ausgedehnten dünnen Überschiebungsdecken (ineinander geschobene Gesteinsschichten, wobei die Einschubweiten mehrere hundert Kilometer betragen können; im Himalaja-Gebiet wahrscheinlich um 800 km, COOK et al.1980). Durch das Ineinanderschieben der kontinentalen Krustenteile der Indisch-australischen und der Eurasischen Platte dürfte sich die neue kontinentale Krustendicke dort etwa verdoppelt haben, auf mehr als 80 km Dicke. Verdoppelte Krustenmächtigkeit muß nach der Theorie der Isostasie entsprechend höher "aufschwimmen", wenn ein Schwimmgleichgewicht angestrebt wird. Während das Himalaja-Gebirge die Kollisionsfront markiert, ist das Hochland von Tibet, das "Dach der Welt", vermutlich das gewaltige *isostatische* Hebungsergebnis der durch Kollision entstandenen größeren Krustenmächtigkeit (STROBACH 1991).

In der Kollisionszone von eurasischer Lithosphärenplatte und indisch-australischer Lithosphärenplatte liegt der höchste Berg der Erde. Bild 3.48 gibt eine Übersicht über die Ergebnisse der zu verschiedenen Zeitpunkten durchgeführten Höhenbestimmungen für diesen Berg.

Die Höhenbestimmung 1954 erfolgte durch Survey of India. Als Meereshöhe wurde 8 848 m ermittelt. Dieses Ergebnis bestätigte 1975 die Chinesische Nationale Behörde für Vermessung und Kartierung (NBSM) in Peking. Die Ende September 1992 durchgeführte Messung der Höhe des Mount Everest bezieht sich auf den Mittleren Meeresspiegel des Golfs von Bengalen. Über den Gipfel des Mount Everest verläuft die Grenze zwischen China und Nepal. Die Höhenbestimmung 1992 erfolgte erstmals gleichzeitig von sechs geodätisch bekannten Punkten in China und Nepal aus, wobei ein zuvor auf dem Gipfel aufgestellter Laser-Reflektor angezielt wurde. Eine italienisch-französische Bergsteigergruppe hatte sowohl diesen Reflektor, als auch einen GPS-Empfänger auf dem Gipfel aufgestellt. Die Ergebnisse der Höhenbestimmung 1992, ermittelt unter Einbeziehung gravimetrischer, astronomischer und meteorologischer Daten, erfolgte auf nepalesischer Seite durch italienische Geodäten (Forschungsprogramm EV-K2-CNR, Professoren G. PORETTI/C. MARCHESINI) in Zusammenarbeit mit Dr. Junyong CHEN von der Chinesischen Nationalen Behörde für Vermessung und Kartierung. Der auf dem Gipfel aufgestellte GPS-Empfänger ermöglichte erstmals eine Festlegung des Gipfelpunktes des Mount Everest im WGS 84 und gestattet weitere Vermessungen in diesem System (Abschnitt 2.2). Nach Auffassung des Geowissenschaftlers Ardito DESIO (Mailand) soll die (Meeres-)Höhe des Mount Everest kontinuierlich zunehmen (Geowissenschaften 1993, Geo 1993).

Jahr	Höhe (m) des Eis-/Schnee-Oberflächenpunktes	Höhe (m) des Gelände-Oberflächenpunktes	Anmerkung
1852*	8 839,80		WAUGH
1907*	8 849,00		BURRARD
1922*	8 851,40		DE GRAAFF-HUNTER
1954*	8 847,70		GULATEE
1975	8 849,05	8 848,13	(1) CHEN/Chin. Messgruppe
1992	8 848,82	8 846,27	(2) Chinesische Messgruppe
1992	8 848,65		(3) Italienische Messgruppe
1999	8 849,87		USA (GPS-Messung)

Bild 3.48
Die Höhe des höchsten Berges der Erde, des **Mount Everest**. Das Bild zeigt die Ergebnisse verschiedener Messungen. Jahreszahl* = Jahr der Veröffentlichung des Messungsergebnisses (in Spalte Anmerkung steht der betreffende Autor). Die Höhenangaben (1) bis (3) beziehen sich auf die Chinesische Normalstation (Referenzstation) Quingtao tide: Yellow Sea Vertical Datum 1985 (YSVD 85); die Höhen (1)-(3) sind orthometrische Höhen, auch Meereshöhen genannt. Quelle: CHEN (1994) und andere

Der Berg ist benannt nach dem englischen Ingenieur und Geodäten Sir George EVEREST (1790-1866). Früher wurde der Berg Gaurisankar (der Strahlende) genannt. Weitere Namen sind: tibetisch Jomo-Kang-Kar oder Mi-ti Gu-ti Cha-pu Long-na, chinesisch Tschomolungma, Qomolongma.

Charakteristische Daten
bedeutender Subduktionszonen und Kollisionszonen der Erde

Subduktionszone	betroffene Platten	(1)	(2)	(3)	(4)
◇Kurilen-Kamtschatka-Honshu	Pazifische unter Eurasische Platte	2 800	7,5	610	o
◇Tonga-Kermadec-Neuseeland	Pazifische u. Indisch-australische Platte	3 000	8,2	660	o
◇Mittelamerika	Cocos- u. Nordamerik.Pl.	1 900	9,5	270	o
◇Mexiko	Pazifi. u. Nordamerik. Pl.	2 200	6,2	300	o
◇Aleuten	Pazifi. u. Nordamerik. Pl.	3 800	3,5	260	o
◇Sunda-Java-Sumatra-Burma	Indisch-australische u. Eurasische Platte	5 700	6,7	730	o
◇Süd-Sandwich-Inseln	Südamerik.Platte u. Neuschottländische Platte	650	1,9	200	o
◇Karibik	Südam. u. Karib. Pl.	1 350	0,5	200	o
◇Ägäis (Mittelmeer)	Afrik. u. Eurasische Pl.	1 550	2,7	300	o
◇Salomonen-Neue Hebriden	Ind.-austral. u. Pazif. Pl.	2 750	8,7	640	o
◇Izu-Bonin-Marian.	Pazif. u. Philippinen Pl.	4 450	1,2	680	o
◇Iran	Arab. u. Euras. Pl.	2 250	4,7	250	k
◇Himalaja	Ind.-austr. u. Euras.Pl.	2 400	5,5	300	k
◇Ryuku-Philippinen	Philipp. u. Euras.Pl.	4 750	6,7	280	o
◇Peru-Chile	Nazca- u. Südamerik.Pl.	6 700	9,3	700	o

Bild 3.49
Daten zu bedeutenden Subduktionszonen und Kollisionszonen der Erde. (1) = Länge der Subduktionszone in km, (2) = Subduktionsbetrag in cm/Jahr, (3) = Maximale Erdbeben-Herdtiefe in km, (4) = Typ des subduzierten Materials (o = ozeanisch, k = kontinental). Quelle: TOKSÖZ (1975)

Die Nazca-Platte hat danach die längste nichtunterbrochene Subduktionszone, die nahezu die gesamte Westküste von Südamerika umfaßt. Sie hat mit 9,3 cm/Jahr die zweithöchste Subduktionsgeschwindigkeit, gemessen senkrecht zur Geländeoberfläche. Allgemein gelte, je schneller eine Platte abtaucht, desto größer ist die maximale

Herdtiefe ihrer Erdbeben (eine Ausnahme bildet die Subduktionszone unter den Philippinen).

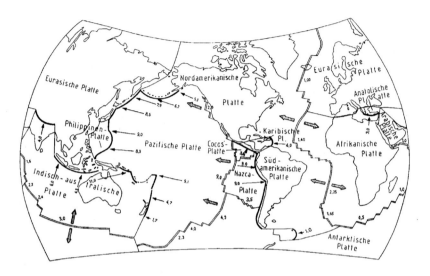

Bild 3.50/1
Generelle Kinematik der Lithosphärenplatten nach STROBACH (1991).
Doppellinien: Spreizungsachsen der ozeanischen Rücken. Die Zahlen neben den Doppellinien geben Betrag des beidseitigen Plattenzuwachses (in cm/Jahr) in diesem Bereich an; er wird auch "Spreizungsrate" genannt. An jeder der beteiligten (zwei) Platten wird ein ozeanisches Krustenstück von dieser Breite pro Jahr "angeschweißt".
Einfache Linien: Mittelachsen der Verwerfungszonen. Sie sind die jeweiligen Verbindungslinien zwischen den Enden zweier gestaffelter Spreizungsachsen.
Dicke schwarze Linien: Subduktionszonen. Hier findet ozeanische beziehungsweise kontinentale Subduktion statt.
Pfeile: Die *dünnen* Pfeile geben die Richtung und den Betrag der relativen Plattenbewegung (in cm/Jahr) in diesem Bereich an; er wird auch "Subduktionsrate" genannt. Die *dicken* Pfeile kennzeichnen die generelle Bewegungsrichtung der Platten, wobei die Bewegungen selbst nicht als absolute, sondern als relative Bewegungen der Platten anzusehen sind.

Drückt „Afrika" gegen „Europa"?
Nach SCHICK (1997) ist die europäische Platte (der europäische Teil der eurasischen Platte) zwischen angrenzenden Platten eingespannt wie in einem Schraubstock. Das Spreizen des Nordatlantik stellt den Schraubstockbacken dar, der gegenüber Europa langsam zugedreht wird, wobei die stärksten Bewegungen in der Region Island stattfinden. Der gegenüberliegende liegende Schraubstockbacken bildet die Plattengrenze Europas zu Afrika. Die „Hot Spots" der afrikanischen Platte lassen darauf schließen, daß diese Platte eine sehr stabile Lage hat, seit mindestens 30 Millionen Jahren. Dieser Schraubstockbacken hat demnach eine feste Position. Mithin: Afrika drück nicht gegen Europa, sondern *Europa drückt gegen Afrika.*

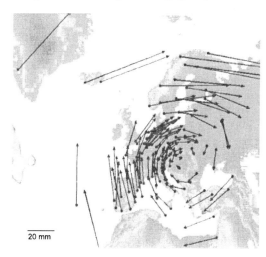

Bild 3.50/2
GPS-Horizontaldifferenzen im ETRS 89 - Bezugssystem aus Woche 1143 minus Woche 1142. Daten aus BKG 33/2004.

Lithosphärenplatten um den Südpol
Nach KLEINSCHMIDT (2001) bewegen sich fast alle Platten vom "Kontinent" Antarktis weg, was als Fortsetzung des Gondwana-Zerfalls anzusehen sei. Die südamerikanische, die afrikanische und der indische Teil der indisch-australischen Platte zeigen diese Fortbewegung (etwa in Richtung Norden) seit ca 120 Millionen Jahren, die pazifische Platte seit ca 100 Millionen Jahren und der australische Teil (der indisch-australischen Platte) seit ca 60 Millionen Jahren. Die verbindenden Elemente des "Kontinents" Antarktis mit den Nachbarkontinenten seien mit dem Beginn dieser Bewegung gekappt worden.

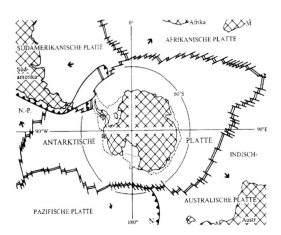

Bild 3.51
Generelle Kinematik der Lithosphärenplatten um den Südpol nach KLEINSCHMIDT (2001). Die Pfeile kennzeichnen die Richtung der derzeitigen Plattenbewegung (aus Sicht vom Südpol). Gezähnte Linien markieren Subduktionszonen.

Das Aufkommen der Begriffe
Meeresgrundspreizung (sea floor spreading) und
Plattensubduktion

Die Vorgänge, die in den Begriffen "sea floor spreading" und „Subduktion" eingeschlossen sind, stellen einen wesentlichen Teil dessen dar, was wir heute im Begriff „Plattentektonik" zusammenfassen. Für die englischsprachige Benennung "sea floor spreading" (die Benennung prägte 1961 Robert Sinclair DIETZ) werden als deutschsprachige Äquivalente verschiedentlich die Benennungen Meeresbodenspreizung oder Ozeanbodenspreizung benutzt. Zutreffender ist die Benennung **Meeresgrundspreizung**, die hier benutzt wird. Anstelle von Subduktion wäre im Sinne einer Fachterminologie von **Plattensubduktion** zu sprechen.

|Meeresgrundspreizung|
Die Meeresgrundspreizung vollzieht sich im Bereich der **ozeanischen Rücken**, die früher *mittelozeanische Rücken* genannt wurden, obwohl ihre Mittelachsen nicht hinreichend in der Mitte des jeweils betrachteten Meeresteils verlaufen. Bezüglich der ozeanischen Rücken wurde die Form des *atlantischen Rückens* als erste erkannt durch die Ergebnisse der deutschen Meteor-Expedition 1925-1927. Bild 3.52 zeigt die betreffenden Echolotprofile zwischen den Kontinenten Amerika und Afrika mit dem Verlauf der Rückenachse.

Bild 3.52
Profile der untermeerischen Geländeoberfläche im Bereich des Atlantik zwischen den Kontinenten Amerika und Afrika mit dem Verlauf der Achse des ozeanischen Rückens nach den Ergebnissen der deutschen Meteor-Expedition 1925-1927. Quelle: GIERLOFF-EMDEN (1980), erstellt nach einer Vorlage von Albert DEFANT 1927.

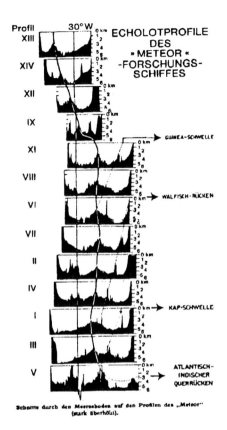

Der österreichische Geologe Otto AMPFERER (1875-1947) zeichnete in Verbindung dazu 1941 bereits deutliche Umrisse der Vorstellung vom sea floor spreading, in dem er, zumindest für den Atlantik, die Öffnung des Meeresgrundes und den Aufbau eines ozeanischen Rückens klar skizzierte. Bild 3.53 entstammt der diesbezüglichen Veröffentlichung von Ampferer (1941): Gedanken über das Bewegungsbild des atlantischen Raumes. -Sitzungsberichte der Akademie der Wissenschaften Wien, Mathematisch-naturwissenschaftliche Klasse, Abteilung I, Band 150.

314

Bild 3.53
Originalbild und -text von Otto AMPFERER (1941): "Schema der Teilung einer Kontinentmasse durch eine aufsteigende Unterströmung und Abschub der Teile nach beiden Seiten. Bei + entsteht so der atlantische Mittelrücken, welcher die Halbierung der Teilung festhält". (aus MILLER 1992)

1946 entdeckt der us-amerikanische Meeresgeologe Harry Hammond HESS (1906-1969) untermeerische Vulkankegel, die die Form eines *Kegelstumpfes* haben. Er nennt sie **"Guyots"**, nach dem schweizerisch-us-amerikanischen Geologen Arnold Henry GUYOT (1807-1884).
Um 1956 kommt es zu einem „Wiedererkennen" der erdweiten Struktur der ozeanischen Rücken durch die us-amerikanischen Geophysiker William Maurice EWING (1906-1974) und Bruce Charles HEEZEN (1924-1977) (TL/Erde 1990).
Um 1961/1962 entwickeln die us-amerikanischen Meeresgeologen Robert Sinclair DIETZ (1907-1995) und Harry Hammond HESS (1906-1969) eine Hypothese des sea floor spreading. Eine ähnliche Vorstellung hatte 1931 (ein Jahr nach dem Tod von Wegener) bereits Arthur HOLMES (1890-1965) veröffentlicht, die er 1944 ergänzte und die der Hypothese des sea floor spreading schon recht nahe kam (STROBACH 1991).
1964 fanden die englischen Geophysiker Fred VINE und Drummond MATTHEWS eine schlüssige Erklärung zu den abwechselnd positiv und negativ auftretenden magnetischen Anomalien in der remanenten Magnetisierung von Gesteinen aus dem Vorgang sea floor spreading.

|Plattensubduktion|
Sea floor spreading läßt erwarten, daß es einen entgegengesetzten Prozeß gibt, wenn eine Expansion der Erde ausgeschlossen werden soll. Die Vorgänge, die diesen Prozeß kennzeichnen, sind im Begriff Subduktion eingeschlossen. Die Benennung Subduktion (abgeleitet vom Lateinischen: *sub* = unter und *ducere* = führen; *subducere* = unterführen) stammt von A. AMSTUTZ (GIERLOFF-EMDEN 1980). Im Sinne einer Fachterminologie wäre von einer **Plattensubduktion** zu sprechen.
1954 vermutet der us-amerikanische Geophysiker und Seismologe Hugo BENIOFF (1899-1968) noch, daß die nach ihm benannten, in den Erdkernmantel abtauchenden Zonen ein Unterschieben des gesamten subozeanischen Erdkernmantels unter die von

Kontinenten bedeckten Mantelregionen darstellen.
Danach erwies sich jedoch, daß die Benioff-Zonen zungenförmig in den Erdkernmantel abtauchende Plattenteile der ozeanischen Lithosphäre sind (STROBACH 1991). Die Aussage gilt jedoch nur für die *ozeanische* Subduktion. Entsprechend den vorstehenden Ausführungen umfaßt hier der Begriff Subduktion sowohl die ozeanische, als auch die kontinentale Subduktion. In diesem Zusammenhang ist noch anzumerken, daß die Vorstellung einer Subduktion von Erdkruste in Form einer "Verschluckung" von Gesteinsschichten in den tiefen Untergrund hinein bereits 1906 durch Ampferer dargelegt wurde (siehe Unterströmungshypothese).
Der japanische Seismologe WADATI und der us-amerikanische Geophysiker und Seismologe Hugo BENIOFF (1899-1968) entdeckten, daß an den Kontinenträndern und Inselbögen *Erdbebenhäufungen* auftreten.

|Modell der Plattentektonik|
An seiner bisherigen Gestaltung waren und sind viele Wissenschaftler beteiligt.
1967 wurden (nach SCHLICK 1997) erste geschlossene und überzeugende Modelldarstellungen fast gleichzeitig von dem englischen Wissenschaftler Dan MCKENZIE und dem us-amerikanischen Wissenschaftler Jason MORGAN gegeben.

Zur Fernerkundung der ozeanischen Rücken

Etwa seit 1950 ist es der *Tiefseefernerkundung* möglich, die ozeanischen Rücken eingehender zu erforschen. Träger für Beobachtungs- und Meßsysteme in diesem Bereich sind ab diesem Zeitpunkt nicht mehr nur (Forschungs-)Schiffe, sondern auch *ferngesteuerte unbemannte* Unterwasserfahrzeuge (die sich auf dem Meeresgrund bewegen oder vom Mutterschiff einige Meter darüber hinweg gesteuert oder geschleppt werden) und *steuerbare bemannte* Unterwasserfahrzeuge sowie andere Fahrzeuge, die ebenfalls *unter der Wasseroberfläche* einsetzbar sind. Den Stand der Anwendbarkeit von "Side Scan Sonar" zur Erstellung von topographischen Karten des Meeresgrundes bis Mitte der siebziger Jahre stellt CLERICI (1977) dar. SONAR = Sound Navigation and Ranging. Eine Übersicht über den Stand der Tiefseefernerkundung bis etwa 1980 gibt GIERLOFF-EMDEN (1980). Daraus ist zu entnehmen:
1953 erreichten der schweizerische Physiker Auguste PICCARD (1884-1962) und sein Sohn, der Tiefseeforscher Jaques PICCARD (1922-) mit dem von ihnen konstruierten Unterwasserfahrzeug "Trieste I" erstmals eine Meerestiefe von rund 3 150 m.
1960 erreichten Jaques PICCARD und der us-amerikanische Marineoffizier Don WALSH mit der "Trieste II" erstmals den Grund des Marianengrabens in einer Meerestiefe von etwa 10 910 m.

Eine merkliche Veränderung der Verhältnisse trat ein, als in der Mitte der siebziger Jahre die militärische Marine der USA die von ihr entwickelten Techniken zur topographischen Kartierung des Meeregrundes der zivilen Forschung zugänglich machte, insbesondere auch ihre *Tiefsee-Navigationssysteme*. Die im Schlepptau über den Meeresgrund gezogenen Erkundungs- und Meßsgeräte waren bis dahin praktisch blind durch eine komplizierte Geländeoberflächengestalt vom Mutterschiff geführt worden; Geräteverluste und -beschädigungen waren dementsprechend hoch. Durch die Anwendung der neuen Verfahren konnten Unterwasserfahrzeuge nunmehr bis auf weniger Meter genau navigiert werden, wie etwa das "Deep Tow" oder die "Angus" (beide USA). Das letztgenannte *unbemannte* Unterwasserfahrzeug war unter anderem bestückt mit Farbkameras und Sonargeräten, die nunmehr genauere photogrammetrische Kartierungen des Meeresgrundes ermöglichten, als bisher zur Verfügung standen. Diese großmaßstäbigen topographischen Karten dienten dann zur Planung und navigationsgerechten Durchführung weiterer geowissenschaftlicher Erkundungen mit Hilfe *bemannter* Unterwasserfahrzeuge, wie etwa mit der "Alvin" (USA) oder der "Cyana" (Frankreich). Die Kombination von Forschungsschiff, unbemanntes und bemanntes Unterwasserfahrzeug wurde erstmals 1977 zur Erforschung des ozeanischen Rückens in der Nähe der Galapagos-Inseln eingesetzt und sodann 1979 und 1981 am ostpazifischen ozeanischen Rücken vor der mexikanischen Westküste (MACDONALD/LUYENDYK 1981, EDMOND/v.DAMM 1983, HEKINIAN 1984). Bild 3.54 gibt eine Übersicht über die geographische Lage der untermeerischen Untersuchungsgebiete. Bild 3.55 zeigt vorrangig die topographischen Ergebnisse dieser Forschungen an ozeanischen Rücken.

Bild 3.54
Übersicht über die geographische Lage der Untersuchungsgebiete in ozeanischen Rücken in den Jahren 1977 = (1), 1979 = (2) und 1981 = (3).
Quelle der Daten:
MACDONALD/LUYDENDYK (1981),
HEKINIAN (1984)

Bild 3.55
Darstellung der *untermeerischen* Geländeoberfläche eines 30 km x 20 km großen Gebietes im Pazifik (Äquidistanz der Isolinien 50 m). Das Gebiet ist Teil des ostpazifischen ozeanischen Rükkens zwischen der Orozco-Bruchzone und der Clipperton-Bruchzone und zeigt die Plattengrenze zwischen der Pazifischen Platte und der Cocos-Platte. Die Darstellung basiert auf Tiefenmessungen mit dem Mehrstrahl-Sonarsystem "SeaBeam", das im Schlepptau eines Schiffes in geringer Höhe über dem Meeresgrund gezogen wurde. Die Daten wurden **1981** während einer dreitägigen Meßkampagne des französischen Forschungsschiffes "Jean Charcot" gewonnen. Die - Erkundung des Gebietes erfolgte später mit dem bemannten Unterwasserfahrzeug "Cyana" (Frankreich). Nach HEKINIAN

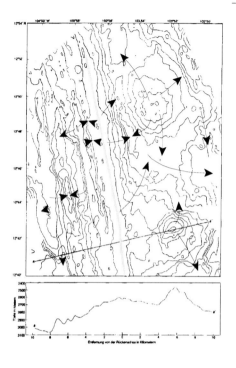

wurde zuvor noch kein ozeanischer Rücken in einer solchen kleinen Äquidistanz mit dieser Lage- und Höhen-Genauigkeit meßtechnisch erfaßt. Quelle: HEKINIAN (1984), verändert

Die zum besseren Auffassen der kartographischen Darstellung eingezeichneten Fallinien (Gefällinien) geben hier nur einige allgemeine Gefällrichtungen an; die Linien entsprechen *nicht* den topographischen Fallinien (im Sinne von Geripplinien). Im punktierten Streifen verläuft die Rückenachse; sie ist die Grenze (an der Geländeoberfläche) zwischen der sich westwärts bewegenden Pazifischen Platte und der sich ostwärts bewegenden Cocos-Platte. Die beiden isolierten *Vulkane* auf der Ostseite der Rückenachse sind nach Hekinian an der Rückenachse entstanden und dann, entsprechend der Bewegungsrichtung der Cocos-Platte, ostwärts mitgewandert.

Plattenbewegungsmodelle
Kinematik der Lithosphärenplatten
und der geodätischen Punktfelder auf diesen Platten

Plattenbewegungsmodell **NUVEL**
Die Abkürzung steht für *Northwestern University Velocity Model*.

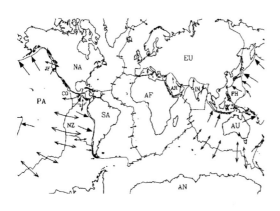

Bild 3.56
Geschwindigkeitsvektoren gemäß dem Plattenbewegungsmodell NNR-NUVEL 1A von ARGUS et al (1991) mit Ergänzungen von DE METS et al (1994). Das Modell basiert auf paläomagnetische, geomorphologische und seismische Erkenntnisse (bezogen auf eine Zeitskala von mehreren Millionen Jahren) und auf 16 als starr angenommenen Lithosphärenplatten. Die Verschiebungen nach diesem Plattenbewegungsmodell erreichen Beträge bis 5 cm/Jahr. Quelle: HASE (1999)

Wie im Abschnitt 2 dargelegt, dienen geodätische Punktfelder auf den Landflächen der Erde als Träger regionaler oder globaler erdfester Bezugssysteme, die zur umfassenden räumlichen Fixierung von Beobachtungsergebnissen erforderlich sind. Damit diese Bezugssysteme auch dann "erdfest" bleiben wenn sich die Positionen der vermarkten Punkte durch *Relativbewegungen* zu den Bewegungen der Lithosphärenplatten ändern, werden den einzelnen Punkten individuelle Koordinatenkorrekturbeträge entsprechend den aus einem *Plattenbewegungsmodell* abgeleitete Horizontalgeschwindigkeiten zugeordnet. Bisher dienten/dienen dafür meist geologisch-geophysikalische Plattenbewegungsmodelle wie etwa NUVEL (ARGUS/GORDON 1991, DE METS et al. 1990, 1994). Wird die Summe der horizontalen Bewegung der 16 als *starr* angenommenen Platten zu Null gemacht: NNR-NUVEL (NNR = No-Net Rotation), dann verschwindet damit allerdings nicht notwendigerweise die Summe der Geschwindigkeiten aller Punkte auf den Platten.

Plattenbewegungsmodell **APKIM**
Nach heutiger Erkenntnis sind die vorgenannten Modellgrundlagen nicht mehr ausreichend. Entlang ausgedehnter Randzonen der Plattengrenzen bestehen signifikante Abweichungen zwischen diesem Bewegungsmodell und geodätisch bestimmten

Bewegungsmodellen (DREWES 1996). Ein aktuelles geodätisch bestimmtes Modell ist das Aktuelle plattenkinematische Modell (APKIM), das die *heutigen* Bewegungen der Platten angibt und neben den "starren" Platten auch Deformationszonen enthält (bezogen auf eine Zeitskala von wenigen Jahren) (DGFI 2000).

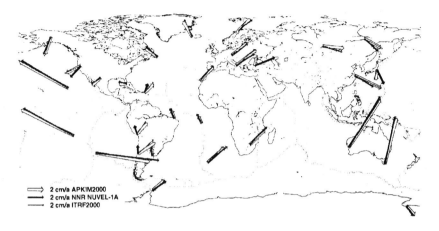

Bild 3.57
Horizontale Geschwindigkeitsvektoren für einige Meßstationen. Dargestellt sind die aus APKIM 2000 und NNR NUVEL 1A abgeleiteten Geschwindigkeiten im Vergleich zu den aus ITRF 2000 abgeleiteten Geschwindigkeiten (DGFI 2002).

Die Geschwindigkeiten von APKIM 2000 und ITRF 2000 zeigen gute Übereinstimmung. Im stabilen Innern der Platten stimmen geodätisch abgeleitete Geschwindigkeiten und NUVEL-Geschwindigkeiten ebenfalls hinreichend überein, jedoch zeigen sich an den Plattenrändern erhebliche Abweichungen (beispielsweise in den Anden, in Kalifornien, Mittelmeerbereich, Ostasien, Japan). Zwei Beispiele können dies verdeutlichen: Die Meßstation *Wettzell* (Deutschland, Bayerischer Wald) bewegt sich nach dem geologisch-geophysikalischen Modell 13,5 mm/Jahr nach Nord und 20,4 mm/Jahr nach Ost, nach dem geodätischen Modell 14,4 mm/Jahr nach Nord und 19,5 mm/Jahr nach Ost. Da die Genauigkeit der geodätischen Bestimmung 0,1 mm/Jahr ist, bestehen Differenzen zwischen beiden Modellen die mithin 10mal größer als die Meßgenauigkeit sind. Für die Meßstation *Athen* (Griechenland) sind die entsprechenden Werte: geologisch-geophysikalisches Modell 11,4 mm/Jahr nach Nord und 23,2 mm/Jahr nach Ost; geodätisches Modell 12,1 mm/Jahr nach Süd (!) und 9,1 mm/Jahr nach Ost. Die Differenzen sind mithin nahezu 3 cm/Jahr (DREWES 2002).

Änderungen der Längen von Basislinien

Die (gerade) Verbindungslinie zwischen zwei auf der Landoberfläche befindlichen (festen) Beobachtungsstationen (Meßstationen) wird meist als Basislinie bezeichnet. Charakterisiert sind die beiden Beobachtungsstationen durch jeweils einen Punkt, der zugleich Endpunkt der Basislinie ist. Basislinien dieser Art sind meist sehr lang und können auch durch das Erdinnere verlaufen (Abschnitt 2.1).

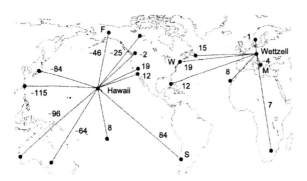

Bild 3.58
Basislinien, ausgehend von den Punkten Wettzell (Deutschland) und Hawaii (USA) nach einigen ausgewählten Punkten (Beobachtungsstationen) in anderen Kontinenten (Regionen). Die Zahlenangaben (in diesem Beispiel) kennzeichnen die *Änderung* der Basislinienlänge von einem Mittelwert für **1993** gegenüber einem Mittelwert für **1994** in Millimeter (mm). Minus bedeutet 1994 kürzer, ohne Vorzeichen (Plus) bedeutet 1994 länger. Die Messung erfolgte mittels GPS (Abschnitt 2.2). Die genannten Änderungswerte weisen eine Unsicherheit von ca ±2 mm/Jahr auf, bei längeren Basislinien steige diese Unsicherheit etwas an, auf ca ±5 mm/Jahr. Quelle: GENDT et al. (1995), verändert.

Die nachstehenden Basislinienlängen (als km-Werte) betragen:

Wettzell-M (MATE)	990 km
Wettzell-W (WES2)	6 245 km
Hawaii-F (FAIR)	4 843 km
Hawaii-S (SANT)	11 232 km

Die letztgenannte Basislinie (von 11 232 km) weist in der oben genannten Messung eine Unsicherheit (Genauigkeit) von ± **4 mm** auf! Diese gilt als "innere" Unsicherheit (Genauigkeit), also bei zwei- oder mehrmaligem Einsatz des *gleichen* Meßverfahrens. Eine "äußere" oder "absolute" Unsicherheit (Genauigkeit) folgt aus zwei- oder mehrmaligem Einsatz *unterschiedlicher* (unabhängiger) Meßverfahren. So betrugen die (inneren) Werte für die Änderung der Basislinie Hawaii-S bei Verfahren a) GPS-Messung = 84 mm und bei Verfahren b) Ableitung aus ITRF 93 und ITRF 94 (Abschnitt 2.1.02) = 66 mm. Die (absolute) Differenz beträgt mithin |18| mm.

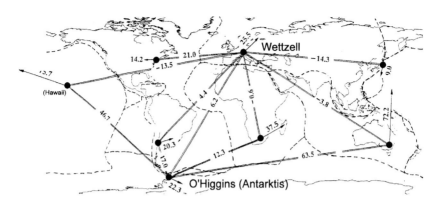

Bild 3.59
Basislinien, ausgehend von den Punkten Wettzell (Deutschland) und O'Higgins (Antarktis) nach einigen ausgewählten Punkten (Beobachtungsstationen) in anderen Kontinenten (Regionen). Die Zahlenangaben (in diesem Beispiel) kennzeichnen die *Änderung* der Basislinienlänge (in mm/Jahr). Die Vektoren an den Punkten zeigen Richtung und Größe der Punktbewegung auf der jeweiligen Lithosphärenplatte an (in mm/Jahr). Gestrichelte Linien kennzeichnen die Grenzen der Lithosphärenplatten. Die Messung erfolgte mittels VLBI (Abschnitt 2.1). Die genannten Änderungswerte weisen eine Unsicherheit von kleiner ± 2 mm/Jahr auf. Quelle: THORANDT et al. (1997), verändert.

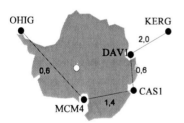

Bild 3.60
Änderung der Basislinienlänge zwischen je zwei Punkten (in mm/Jahr). Ergebnisse der SCAR-GPS-Kampagne 1995-1998 aus DIETRICH (2000) S.39. Alle Meßstationen liegen *innerhalb* der Begrenzung der Antarktisplatte.

Die Abkürzungen für die Meßpunktbezeichnungen geben zugleich die Stationsnamen an. Die Basislinienlängen (als km-Werte) betragen:

OHIG-MCM4 (O'Higgins-Mc Murdo)	**** km
MCM4-CAS1 (Mc Murdo-Casey)	**** km
CAS1-DAV1 (Casey-Davis)	1 400 km
DAV1-KERG (Davis-Kerguelen)	2 183 km

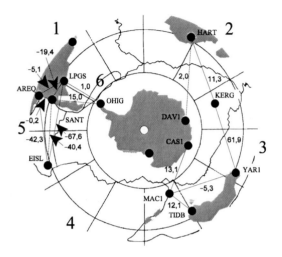

Bild 3.61
Änderung der Basislinienlänge zwischen je zwei Punkten (in mm/Jahr). Ergebnisse der SCAR-GPS-Kampagne 1995-1998 aus DIETRICH (2000) S.39. Die Meßstationen liegen mehrheitlich *außerhalb* der Antarktisplatte.

Im vorstehenden Bild kennzeichnen 1= Südamerikaplatte, 2 = Afrikaplatte, 3 = Australische Platte, 4 = Pazifische Platte, 5 = Nazca Platte, 6 = Scotia Platte. Die Abkürzungen für die Meßpunktbezeichnungen geben zugleich die Stationsnamen an. Die Basislinienlängen (als km-Werte) betragen:

MAC1-CAS1 (Macquarie Island-Casey)	2 878 km
MAC1-TIDB (Macquarie Island-Tidbinbilla)	2 258 km
OHIG-SANT (O'Higgins-Santagio de Chile)	3 470 km

Alle Angaben zu den vorgenannten Punktbewegungen pro Jahr basieren *nur* auf gemessene Daten. Diese datumsfreie Darstellung der Bewegungen hat den Vorteil, daß Unsicherheiten der Realisierung des geodätischen Datums in der Aussage nicht enthalten sind. Nachteilig ist, daß die Aussagen sich auf unterschiedliche Richtungen beziehen (also nicht auf die einheitliche Richtung von Koordinatenlinien beziehungsweise den daraus abgeleiteten Vektoren).

Im Hinblick auf die Zielsetzung dieses Abschnittes "Umgestaltung der Geländeoberfläche durch endogene Vorgänge" werden nachfolgend nun jene endogenen Vorgänge und deren Ergebnisse behandelt, die in den Begriffen *Vulkanismus* und *Erdbeben* eingeschlossen sind. Diese Vorgänge wirken nicht nur langfristig, sondern auch kurzfristig auf die Formung der Geländeoberfläche der Erde. Sie lassen unter anderem Vulkankegel, Krater, Calderen, Maare, Erdspalten, Brüche, Senkungen sowie andere

Formen entstehen und lösen Bergstürze, Rutschungen, Schlammausbrüche, Hebungen beziehungsweise Senkungen der Strandlinie, Tsunami und anderes aus.

3.2.02 Vulkanismus

Als vulkanisch geprägte Formen der Geländeoberfläche, als vulkanische Aufbauformen (Initialformen) gelten alle Formen der Geländeoberfläche, die vorrangig durch Vulkanismus entstanden. Ebenso wie alle anderen Aufbauformen unterliegen sie vom Beginn ihrer Entstehung an sogleich auch dem Einwirken von Verwitterung, Erosion und anderen *exogenen* abtragenden Vorgängen. Es kann unterschieden werden *Magmavulkanismus* und *Schlammvulkanismus*.

|Magma|
Die im Erdinnern vorkommende, meist silikatische Schmelze mit wechselnden Anteilen von Gasen, Kristallen, Wasser und anderen Bestandteilen wird *Magma* genannt. Es wird angenommen, daß solche Schmelzen im oberen Erdkernmantel nicht immer vorhanden waren, die Magmabildung mithin zeitlich und räumlich begrenzt ist (GAEDEKE 1985). Bleibt zur Geländeoberfläche empordringendes Magma bereits in der Erdkruste stecken und erstarrt dort, dann entstehen daraus *Plutonite* (Tiefengesteine, Intrusivgesteine). Dringt das Magma bis zur Geländeoberfläche vor, tritt dort aus und erstarrt dabei, dann entstehen *Vulkanite* (Ergußgesteine, Extrusivgesteine). Plutonite und Vulkanite werden auch magmatische Gesteine oder Magmatite genannt. Der Begriff *Magmatismus* umfaßt dementsprechend alle mit dem Magma im Zusammenhang stehende Erscheinungen, die vorrangig durch Vorgänge des *Plutonismus* und *Vulkanismus* bewirkt werden.

|Schlamm|
Eine Mischung von mindestens 50% Ton mit kleineren Beimischungen von Silt (0,02-0,63 mm Korngröße) und Sand (0,63-2 mm Korngröße) wird als *Schlamm* bezeichnet (KOPF 2003). Früher (um 1930) wurde anstelle von Schlammvulkanismus meist von Schlammdiapirismus gesprochen. Diese Benennung (vom griech. diapeirein, durchdringen) kennzeichnet den Aufstiegsmechanismus, der den Salzdomen (Diapiren) ähnelt: spezifisch leichteres Material erfährt, entsprechend dem Archimedes-Prinzip, Auftrieb und wandert (entgegen der Schwerkraft) durch dichteres Material in Richtung Geländeoberfläche.

Während also beim Magmavulkanismus flüssiges Gestein (Magma) und beim Salzdiapirismus Evaporite (Gips, Stein- und Kalisalze) ihr Überlager verdrängen oder in Schwächezonen in Richtung Geländeoberfläche aufsteigen, werden bei Schlammdiapiren meist die tonreichsten Lagen in einer Gesteinsformation mobilisiert und in Form einer pilzförmigen Aufwölbung zum Aufsteigen in Richtung Geländeoberfläche veranlaßt. Ton ist spezifisch leichter als andere gesteinsbildenden Minerale (wie etwa

Quarz, Feldspat, Kalk, Erze) und vermag große Mengen Wasser zu speichern.
|übermeerischer und untermeerischer Vulkanismus|
Entsprechend dem Austritt von Fördermaterial aus dem Erdinnern in die Atmosphäre oder in das Meerwasser kann unterschieden werden zwischen *übermeerischem* und *untermeerischem* Vulkanismus, je nach dem, ob der Fördermaterialaustrittsbereich über oder unter dem Meeresspiegel liegt.

Die Benennung *Vulkan* soll von dem deutschen Geographen Bernhard VARENIUS (1622-1650) stammen, der auch den ersten Vulkankatalog veröffentlicht hat (SCHWAB 1985).

Magmavulkane

Vulkane dieser Art wurden und werden überwiegend durch Austritt von *Lava* (weniger von Lockermaterial) aus dem Magmaaufstiegs- und austrittsbereich aufgebaut. Bei einem röhrenförmigen Schlot entsteht ein *Zentralvulkan*, bei einem spaltenförmigen Schlot (etwa den Zentralspalten der ozeanischen Rücken) entsteht ein *Linearvulkan* (oder *Spaltenvulkan*). Zentralvulkane haben näherungsweise Kegelform, wobei der Gipfelbereich in der Regel als *Krater* (etwa in Trichterform) ausgebildet ist. Krater haben meist Durchmesser zwischen 0,1 km und 2 km. Ein Krater kann (oder auch mehrere Krater können) in eine ebenfalls im Gipfelbereich entstandene *Caldera* eingebettet sein. Die Calderen, als kesselförmige Eintiefungen, haben meist Durchmesser von 4 km bis über 20 km (SCHULZ 1989). Riesencalderen, entstanden in der Frühzeit der Erdgeschichte und haben Durchmesser bis zu 70 km (FRANCIS 1983). Dem Aufbaumaterial entsprechend wird vielfach unterschieden: *Lavavulkane* und *Lockermaterialvulkane* sowie *Gemischte Vulkane*, an deren Aufbau Lava und Lockermaterial beteiligt sind (LOUIS/FISCHER 1979). Lavavulkane von sehr großer Grundfläche und daher meist geringer Neigung des Kegelmantels werden *Schildvulkane* genannt. Sind bei den Gemischten Vulkanen viele Materialien am Aufbau beteiligt (Lava, Gesteinsblöcke, Schlacken, Lapilli und Aschen, deren Lagen wechseln), werden sie als *Stratovulkane* bezeichnet. *Maare* sind durch (einmalige) Gasausbrüche an der Geländeoberfläche entstanden. Sie sind trichter- bis schüsselförmige vulkanische Aufbauformen in Gebieten nichtvulkanischer Gesteine. Ihre Durchmesser liegen zwischen 0,1 km und 1 km (LOUIS/FISCHER 1979). Die vulkanischen Gesteine umfassen (VEIT 2002):

Pyroklastite
Sie entstehen sowohl beim Zerreißen des primären Magmas als auch beim Zerbrechen von Gesteinen während der vulkanischen Aktivität.
   Blöcke und *Bomben*
Blöcke sind meist eckige, mehr oder weniger isometrische, manchmal auch plattige

325

Gesteinsstücke (Korngröße >64 mm). Vulkanische Bomben haben vielgestaltige Formen und zeigen (nach dem Auftreffen) auf der Oberfläche klaffende, sich nach innen verschließende Risse. Werden bei einer Eruption überwiegend Bomben gefördert, werden die sich bildenden Pyroklastiten auch *Agglomerate* genannt.
Lapilli
sind nach den Aschen die häufigste Art von Pyroklastiten. Der meist unregelmäßig eckig oder schlackig geformte Lapillus ist ein Lavafragment (mittlerer Durchmesser 2-64 mm). Durch starke Reibung beim Transport oftmals abgerundet enthält er vielfach Gasblasen. Verschweisen sich Bomben und Lapilli entstehen *Agglutinate*.
Aschen
werden entsprechend der Korngröße bezeichnet als *Aschekorn* (0,06 bis >2 mm) oder *Aschepartikel* (< 0,06 mm). Dementsprechend werden *grobe Asche* (engl. coarse grained ash) und *feine Asche* (engl. fine grained ash) beziehungsweise *Staub* (engl. dust) unterschieden.
Schlacken
mit der besonderen Form von *blasenreichen* Schlacken (engl. scoriae). Unverschweißt häufen sie sich in Form von Schlackentephra oder Schlackentuffen an.
Tephra, Tuff
Die Benennung Tephra steht (unabhängig von der Korngröße) für alle unverfestigte Pyroklastite. Oftmals wird auch von Lapilli-Tephra gesprochen. Tuff wird meist mit Aschen in Beziehung gesetzt.
Hyaloklastite
entstehen durch Abschrecken des glutflüssigen Materials, beim Kontakt von Lava mit Wasser (Meerwasser oder Süßwasser) als glasige Krusten von Laven (vulkanische Glasbruchstücke, *Sideromelan*).

und

Basaltische Laven
Es können unterschieden werden
Pahoehoe-Lava
Diese (aus hawaiianischen Sprachgebrauch stammende Benennung) gilt als "Stricklava" und hat die Neigung Lavaröhren, -höhlen und -dome aufzubauen.
Aa-Lava
Sie zeigt eine rauhe Oberfläche mit Rissen. Eine Besonderheit der Aa-Lava ist die *Blocklava*, bei der die Oberfläche Blockfragmente zeigt.
Pillow-Lava
wird auch "Kissenlava" und zeigt (nach dem Einströmen ins Wasser) eine Ansammlung von kissen-, schlauch-, sack- und zehenförmigen Körpern
Säulige Absonderung
Alle basaltischen Laven zeigen eine deutliche, oft sehr regelmäßige Zerklüftung. Die senkrecht stehenden säulenähnlichen Formen werden säulige Absonderung genannt.

Vulkanische Eruptionen sind in ihrer Explosivität sehr verschieden und im allgemeinen abhängig von der jeweiligen Beschaffenheit des Magma, das ausfließt oder herausgeschleudert wird. *Effusive* Eruptionen sind durch ausfließende Lavaströme gekennzeichnet, *explosive* durch Herausschleudern sogenannter klastischer Produkte, etwa vulkanische Aschen und Gesteinsbruchstücke. Wie explosiv ein Vulkan ist, wird vor allem bestimmt von der Zähigkeit des Magma, der Menge an gelösten Gasen im Schmelzfluß, dem Oberflächendruck (sowie der Differenz zwischen dem Gasdruck im Magma und dem umgebenden Druck, verursacht durch die Auflast des Gesteins) und der Menge an Grundwasser in der Nähe des Magmaaufstiegs- und austrittssystems. Dem Ausbruch eines Vulkans schließt sich eine sogenannte Inkubationsphase an, die dem Aufbau einer erneuten Ausbruchsfähigkeit dient. Diese Phase kann Minuten aber auch Jahrtausende dauern. Aktive *und* inaktive, jedoch eruptionsfähige Vulkane, werden als *rezente* Vulkane angesehen.

Nach SCHWAB (1985) gab es an der *Landoberfläche* um 1980 ca 725 rezente Vulkane, von denen 486 aktiv waren. Nach SCHMINCKE (2000) gibt es heute ca 550 rezente übermeerische Vulkane, von denen pro Jahr ca 60 aktiv sind (also ausbrechen).

Intraplatten-Vulkane und kontinentale Spaltenbildung
(Hot Spots and Rifting)

Je nach dem tektonischen Aufbau des Gebietes, in dem ein Vulkan liegt, lassen sich unterscheiden: Subduktionszonen-Vulkane, Intraplatten-Vulkane, Vulkane der ozeanischen Rücken (PICHLER 1988). Als *Subduktionszonen-Vulkane* gelten alle Vulkane in jenen Zonen, wo Lithosphärenplatten aufeinanderstoßen, genauer, wo eine Platte unter die andere taucht (Subduktionszonen). Ihre Eruptionen sind fast immer *explosiv*. Als *Intraplatten-Vulkane* gelten alle Vulkane, die weitab von Plattenrändern über ortsfeste heiße Stellen im Erdinnern liegen (engl. Hot Spots). Wo das Magma die ozeanische Kruste durchdringt (beispielsweise Insel Hawaii), sind die Eruptionen *effusiv*, wo es kontinentale Kruste durchdringt (beispielsweise im Yellowstone-Gebiet), sind die Eruptionen *explosiv*. Hot Spots existieren in Tiefen von etwa 60 km (PICHLER 1988). Es sind gegenwärtig rund 40 solche ortsfesten heißen Stellen im Erdinnern bekannt (MILLER 1992). Driftet eine Lithosphärenplatte über einen Hot Spot hinweg, so wird eine Vulkanreihe aufgebaut (beispielsweise Hawaii-Gebiet), die Rückschlüsse auf die Driftgeschwindigkeit dieser Platte ermöglicht.

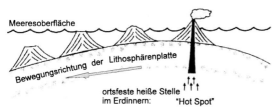

Bild 3.63/1
Das Bilden von Vulkanketten auf der sich bewegenden Lithosphärenplatte durch einen ortsfest verankerten Förderschlot einer heißen Stelle im Erdinnern beziehungsweise im Erdkernmantel (Hot Spot) in Anlehnung an SCHICK (1997). Die Entstehung der diskreten Vulkankegel ergebe sich aus einer zeitlich unterschiedlichen Förderung von Mengen an Magma.

Einigen Geologen war aufgefallen, daß innerhalb der Inselkette von Hawaii der Vulkanismus von den gegenwärtigen aktiven Zentren *Kilauea* und *Mauna Loa* aus in Richtung Nordwesten ein zunehmendes Alter zeigt. Weiter in Richtung Nordwesten ist die Erosion der Vulkaninseln weiter fortgeschritten und schließlich liegen die Vulkankegel unter der Meeresoberfläche. Der canadische Geologe John Tuzo WILSON (1908-) gab um **1960** eine plausible Erklärung zu dieser Beobachtung. Aus dem Erdkernmantel dringt von einer dort fest verankerten Wärmequelle ein Wärme- und Materialstrom (entgegengesetzt der Erdschwerkraft) nach oben in Richtung Geländeoberfläche. Dieser Strom (oft mit dem franz. Wort „Plume" bezeichnet) führt in der Lithosphärenplatte zu Aufschmelzvorgängen und zum Entstehen von Vulkanbergen. Die Lithosphärenplatte gleitet langsam über die von Wilson als *Hot Spot* bezeichnete thermische Anomalie hinweg und mit ihr entfernen sich die Vulkanberge vom ortsfesten Förderschlot, wodurch die vulkanische Tätigkeit allmählich erlischt. Der Weg der über dem Hot Spot von Hawaii aufgebauten Berge läßt sich über einen Zeitabschnitt von 75 Millionen Jahren verfolgen. Er reicht von der Insel Hawaii bis nahe der Halbinsel Kamtschatka (SCHICK 1997).

Die Entstehung der Hot Spots ist noch nicht hinreichend geklärt. Alle bisherigen Untersuchungsergebnisse deuten auf eine langlebige und weitgehend ortsfeste Position im Erdinnern hin. Sie bilden damit ein ausgezeichnetes Bezugssystem zur Beschreibung der Lithosphärenplatten-Bewegung. In der Plattentektonik wird die afrikanische Platte für die vergangenen 30 Millionen Jahre als weitgehend stabil und ortsfest angesehen, was durch die Hot Spots auf dem afrikanischen Kontinent bestätigt werde (SCHICK 1997), denn in den Vulkangebieten des Tibesti, des Mount Kameroon, des Nyiragongo in Zaire oder der Insel Reunion seien die Laven aus vielen Millionen Jahren vertikal übereineindergeschichtet.

Beim Beginn großtektonischer Phasen kommt den Hot Spots vermutlich besondere Bedeutung zu. Bereits um **1930** hatte der deutsche Geologe Hans CLOOS (1885-1951) Aufwölbungen in kontinentalen Strukturen beschrieben, von deren Zentrum dreiarmig verlaufende Bruchzonen ausgehen. Das Aufdomen tritt vermutlich dann ein, wenn ein Kontinent über einem „Plume" zu stehen kommt. Zwei der drei Brucharme öffnen sich und formen ein neuen Meeresteil in die kontinentale Landmasse. Nach SCHICK (1997) lassen sich bei der Rekonstruktion von Gondwana, dem Kontinent der vor ca 120 Millionen Jahren in Südamerika und Afrika zerbrochen ist, zahlreiche solche dreiarmige Muster finden.. Dort, wo sich die Arabische Halbinsel vom Afrikanischen Kontinent löst, vollzieht sich in unserer Zeit offenbar ein ähnlicher Prozeß. Das Rote Meer und der Golf von Aden stellen dabei die Arme mit der Meeresteilbildung dar. Der dritte, „trockene" Arm gehöre zum Afar-Dreieck und zum Äthiopischen Riftsystem.

Als *Vulkane der ozeanischen Rücken* gelten hier alle Vulkane die in jenen Zonen am *Meeresgrund* liegen, wo Lithosphärenplatten auseinanderstreben und sich Zentralspalten sowie Rückenformen bilden. In diesen Zonen befinden sich Zentral- und Linearvulkane. Die Eruptionen der Vulkane in diesen Zonen sind überwiegend *effusiv*. Wird davon ausgegangen, daß es in früherer Zeit einmal einen Großkontinent gegeben hat, in dem sich vereinzelt Spalten gebildet haben und in denen juveniles, basaltisches und ultrabasisches Material aus dem oberen Erdkernmantel zur Geländeoberfläche emporgedrungen ist und begonnen hat, dort ozeanische Kruste zu bilden, dann entspricht diese *kontinentale Spaltenbildung* (engl. Rifting) prinzipiell der vorgenannten Spaltenbildung in ozeanischen Rücken, da auch hier ein Auseinanderstreben stattfindet (Beispiele für kontinentale Spaltenbildung in verschiedenen Stadien: Oberrheingraben, ostafrikanische Gräben, Rotes Meer, siehe MILLER 1992). Vulkane in auseinderstrebenden Plattenbereichen werden daher auch *Spaltenvulkane* oder *Riftvulkane* genannt. Im Gegensatz zu den Spaltenvulkanen der ozeanischen Rücken (die, wie zuvor gesagt, überwiegend *effusiv* eruptieren), können Spaltenvulkane in flachen Gewässern oder auf kontinentaler Kruste auch *explosiv* eruptieren (DECKER et al. 1981).

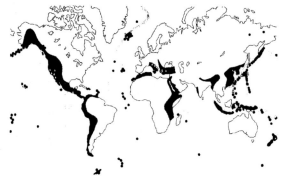

Bild 3.63/2
Grabenbereiche (Spaltenbereiche) des Systems Erde. Quelle: PÖRTGE (1990)
Dunkel = Potentielle Gebiete für geothermische Kraftwerke
● = Tätige Vulkane
▲ = Geothermische Kraftwerke (möglich)

Hauptgebiete übermeerischer vulkanischer Aktivität

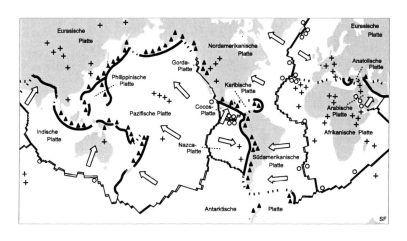

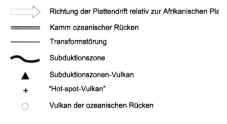

Bild 3.62
Geographischer Lage-Zusammenhang von Lithosphärenplatten und übermeerischen sowie untermeerischen Vulkanen. Nach Daten von SCLATER/RAPSCOTT (1979), PICHLER (1988), STROBACH (1991) und andere

Hauptgebiete übermeerischer vulkanischer Aktivität sind vor allem jene Subduktionszonen, in denen ozeanische Kruste subduziert wird. Eine vergleichsweise *geringere* übermeerische vulkanische Aktivität vollzieht sich im Bereich großer Grabenbrüche und über den ortsfesten heißen Stellen im Erdinnern, den Hot Spots (ZEIL 1990). Der Vulkanismus der Grabenzonen (Oberrheintal, ostafrikanische Gräben, Rotes Meer) entstand beziehungsweise entsteht durch Dehnungen in der kontinentalen Kruste. Sie können zu 30-40 km tiefen Störungsbereichen (Spalten) führen, in denen Mantelmaterial an die Geländeoberfläche gelangen kann (Kaiserstuhl, Kilimandscharo) (ZEIL 1990). Das Entstehen von Calderen, als eine vulkanisch geprägte Geländeoberflächenform, ist zwar in den zuvor genannten vulkanischen Aktivitäten eingeschlossen, doch soll auf die bisher bekannten etwa zehn *Riesencalderen* mit bis zu 70 km Durchmesser

(FRANCIS 1983) besonders hingewiesen werden. *Maare* entstanden in verschiedenen Gebieten der Erde, wie etwa in Deutschland/Eifel, Frankreich/Zentralmassiv, Neuseeland, Chile, USA/Alaska und andere Regionen (LORENZ 1982). Durch übermeerischen Vulkanismus kann die Geländeoberfläche in kürzester Zeit umgestaltet werden. Vielfach sind die diesbezüglichen Vorgänge und deren Ergebnisse für den Menschen unmittelbar *sichtbar* beziehungsweise erlebbar. Befindet er sich in der Nähe eines Vulkans, so kann er aber auch Opfer eines Ausbruches werden. Zur *Vermessung* des durch Vulkanismus verursachten Versatzes von Gelände kann die satellitengestützte differentielle Interferometrie eingesetzt werden (ROTH/HOFFMANN 2004). Bild 3.64 gibt eine Übersicht über die stärksten *übermeerischen* Vulkanausbrüche auf der Erde in den letzten 200 Jahren. Für den pazifischen Raum gibt Bild 3.65 eine Übersicht über die Ausbrüche in den letzten 400 Jahren, einschließlich der dabei umgekommenen Menschen.

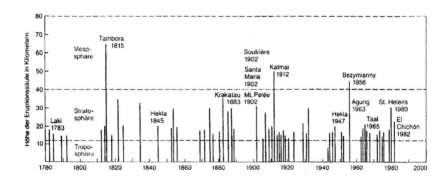

Bild 3.64
Übersicht über die stärksten *übermeerischen* Vulkanausbrüche (Eruptionen) im System Erde in den letzten 200 Jahren nach PICHLER (1988). Etwa 90% aller dargestellten Eruptionen sind solche von Subduktionszonen-Vulkanen.

Vulkanausbrüche im Pazifischen Raum 1640-1799

1640	**Komagataka**, Japan, 1133m: Explosivausbruch mit gewaltiger Ascheförderung, Erdbeben und Flutwellen, 700 Tote.
1711	**Awu**, Sangihe-Inseln, Indonesien, 1320m: Glutwolkenausstöße, Förderung großer Mengen an Lockerstoffen und Schlammströmen, 3000 Tote.
1783	**Asama**, Japan, 2480m: heftiger Dampf- und Lockermassenausbruch, Schlammströme, 700 Tote durch Flutwelle.
1790	**Kilauea**, Hawaii, 1222m: heftiger phreatischer Explosionsausbruch, 160 Tote.
1792	**Uzendake**, Japan, 1360m: schwerer Explosivausbruch, Ascheregen, Gasexplosion, Schlammströme, 700 Tote durch Flutwelle.

Vulkanausbrüche im Pazifischen Raum 1800-1899

1814	**Mayon**, Südluzon, Philippinen, 2460m: schwerer Explosivausbruch mit umfangreicher Ascheförderung, 1200 Tote.
1815 / 1816	**Tambora**, Sumbawa, Sunda-Inseln, Indonesien, 2850m: gewaltigster bekannter historischer Vulkanausbruch, Sprengung des Berggipfels, Förderung von 150 km^3 Gestein, Anzahl der Opfer zwischen 66 000 - 92 000.
1835	**Coseguina**, Nicaragua, 1169m: zweitgrößter bekannter Explosivausbruch, Förderung von 50 km^3 Gestein, Sprengung des Berggipfels, Anzahl der Opfer unbekannt.
1877	**Cotopaxi**, Ekuador, 5911m: schwerer Explosivausbruch, etwa 1000 Tote.
1883	**Krakatau**, Vulkaninsel in der Sundastraße, Indonesien, 152m: katastrophaler Explosivausbruch, Förderung von 18 km^3 Lockermaterial, Aschefall über Gebiet von 0,827 Mio.km^2, 36 000 Tote.
1886	**White Island**, Neuseeland, 321m: Ausbruch mit Todesopfern.
1888	**Bandaisan**, Japan, 1819m: schwerer explosiver Gas- und Lockermassenausbruch, 461 Tote.
1897	**Mayon**, Südluzon, Philippinen, 2460m: heftiger Ausbruch, 350 Tote.

Vulkanausbrüche im Pazifischen Raum 1900-1950	
1902	**Santa Maria**, Guatemala, 3772m: schwerer Explosivausbruch, 5,5 km^3 Lockermaterial, angeblich 6 000 Tote.
1911	**Taal**, Südluzon, Philippinen, 300m: schwerer Explosivausbruch, heißer Schlamm, entzündliche Gase, 1335 Tote.
1912	**Mount Katmai**, Alaska, 2047m: schwerer Explosivausbruch, Förderung von 21 km^3 Lockermassen.
1914-1916	**Lassen-Peak**, Kalifornien, 3187m: starke Aktivität, Glutwolken.
1926	**Izalco**, Guatemala, 1967m: Glutwolke, 56 Tote.
1926	**Tokachi**, Japan, 1077m: Schlammströme, 331 Tote.
1929	**Komakatake**, Japan, 1133m: Explosivausbruch mit Ascheförderung, Schlammströme, die etwa 15 000 Menschen der Nachbarschaft konnten fliehen.
1950	**Mauna Loa**, Hawaii, 4176m: starke effusive Aktivität, seitdem immer wieder Ausbrüche.

Vulkanausbrüche im Pazifischen Raum 1951-	
1951	**Hibok-Hibok**, Philippinen, 1873m: schwerer Explosivausbruch, Ascheregen, 2 000 Tote.
1951	**Mount Lamington**, Papua-Neuguinea, 1687m: katastrophaler Explosivausbruch, Glutwolke und Schlammströme, 4 000 Tote.
1963	**Agung**, Bali, Indonesien, 3142m: schwere Explosivausbrüche, etwa 1 600 Tote, 2 000 Verletzte, 75 000 Obdachlose.
1965	**Taal**, Südluzon, Philippinen, 300m: schwerer Ausbruch, ca.200 Tote.
1974	**Kilauea**, Hawaii, 1222m: effusiver Ausbruch, bis heute in unregelmäßigen Abständen aktiv.
1980	**Mount St.Helens**, Kaskadenkette, USA, 2549m: verheerender Ausbruch, Absprengung des Gipfels (2950m vor dem Ausbruch), Aschenfall, Schlammströme, 24 Tote.

1985	**Nevado del Ruiz**, Zentralkordillere, Kolumbien, 5400m: katastrophaler Explosivausbruch, Schlammstrom durch Ausbruch unter Gletscher, nach Berichten etwa 20 000 Tote.
1991	**Unzen**, Japan, 1360m: schwerer Explosivausbruch, 37 Tote.
1991	**Pinatubo**, Philippinen, Luzon, 1475m: katastrophaler Explosivausbruch, Aschenregen, Schlammströme, nach offiziellen Angaben 400 Tote, 600 000 Obdachlose, Räumung des USA-Luftwaffenstützpunktes Clark Air Field.
1991	**Cerro Hudson**, Chile, 2600m: schwerer Ausbruch.

Bild 3.65
Vulkanausbrüche im Pazifischen Raum. Quelle: KREISEL (1991)

Untermeerischer Magmavulkanismus
Zahlreiche Inseln, besonders des Pazifischen Ozeans, sind durch Vulkanismus aufgebaut worden. Die Lavavulkane (Schildvulkane) sind teilweise von gewaltigem Ausmaß. Beispielsweise erhebt sich die aus fünf Lavavulkanen (Schildvulkanen) aufgebaute Insel Hawaii fast 10 km über dem Meeresgrund mit einschließlich etwa 4 km über dem Meeresspiegel. Der Durchmesser ihrer Grundfläche am Meeresgrund beträgt rund 400 km. Da die Förderaustrittsbereiche der Vulkane dieser Inseln *heute* über dem Meeresspiegel liegen, sind sie nunmehr übermeerische Vulkane. Die meisten Vulkane in diesem vom Meer bedeckten Bereich der Geländeoberfläche liegen mit ihren Förderaustrittsbereichen jedoch unter dem Meeresspiegel. Insgesamt beherbergt der Untermeeresbereich unzählige aktive und inaktive Vulkane. Im Verhältnis dazu ragen nur relativ wenige dieser *Seeberge* als Inseln oder Atolle über den Meeresspiegel hinaus, die Mehrzahl liegt als isolierte Tiefseevulkane beziehungsweise Tiefseeberge unter dem Meeresspiegel. Allein im Pazifik vermutet man mehr als 10 000 Tiefseeberge mit Höhen von mehr als 1 km über der jeweiligen Tiefseeebene (SCHWAB 1985); die höchsten Tiefseeberge haben Höhen von über 4 km (HEKINIAN 1984). Eine Gruppe von Tiefseebergen hat kegelstumpfähnliche Form. Sie werden als *Guyot*s bezeichnet. Man findet sie einzeln oder gesellig vor; sie liegen teilweise nur 1 km unter dem Meeresspiegel (NEEF 1981). Im Pazifik sind bisher rund 500 Guyots bekannt (SCHWAB 1985). *Calderen* soll es auch im Unterwasserbereich geben (HEKINIAN 1984).

Sehr intensive und erhebliche Umgestaltungen der Geländeoberfläche durch untermeerischen Vulkanismus vollziehen sich derzeit vor allem im Bereich der ozeanischen Rücken. Zwei Typen von Vulkanismus lassen sich hier erkennen. Beim ersten Typ tritt die Lava aus langen Spalten (Linearvulkanen) am Meeresgrund aus und erzeugt beidseitig dieser Zentralspalten große Lavadecken, beim anderen tritt sie aus einem röhrenförmigen Schlot (Zentralvulkan) aus und erzeugt so kegelförmige Strukturen (Bild 3.66). Erst seit etwa 1975 ermöglicht die *Tiefseefernerkundung* eine umfassende qualitative und quantitative Erkundung des Vulkanismus am Meeresgrund (Abschnitt 3.2.01). Fördermenge und räumliche Ausdehnung übertreffen weit die des Vulkanismus der Kontinente und Inselbögen. Im Gegensatz zum übermeerischen ist der untermeerische Vulkanismus vorrangig *effusiv*. Basaltische Laven fließen (ohne wesentliche Explosivität) aus den Zentralspalten der ozeanischen Rücken und überdecken große Flächen des anstehenden Meeresbodens. Diese Zentralspalten seien etwa 20-50 km breit und etwa 1-2 km tief (ZEIL 1990). Die Ergebnisse *magnetischer* Meßreihen gelten als Beweis dafür, daß die mehr oder weniger symmetrisch zu den Zentralspalten angeordnete Basaltstreifen mit zunehmenden Abstand höheres Alter haben. Nach heutigem Kenntnisstand bilden die ozeanischen Rücken mit ihren Zentralspalten ein zusammenhängendes untermeerisches Gebirgssystem von über 70 000 km Länge mit einer Breite von etwa 1 500 km und Höhen zwischen 2,5 km und 3,0 km über den jeweils am Gebirgsfuß angrenzenden (ebenen oder geneigten) Tiefseeböden (ZEIL 1990). Auch die Eruptionen der Zentralvulkane in diesem Bereich sind vorrangig effusiv.

Schlammvulkane

Erdweit sind Schlammvulkane sowohl an der Landoberfläche als auch am Meeresgrund zu finden. Die größte Häufigkeit besteht nach bisheriger Kenntnis in Gebirgsgürteln, vor allem aber in den Subduktionszonen der Plattentektonik. Die größten Schlammvulkane an Land haben Durchmesser bis ca 8 km. Am Meeresgrund werden sedimentäre Schlammvulkane durch die Meeresströmung relativ schnell wieder abgetragen. Frühe Forschungen in diesem Bereich haben unter anderen durchgeführt der deutsche Geologe Hermann ABICH (1806-1886) und der schweizerische Geologe Hans KUGLER (1894-1986). Der Auftriebsmechanismus war eingangs schon angesprochen worden. Bild 3.66 zeigt ein Modell des Schlammaufstiegs.

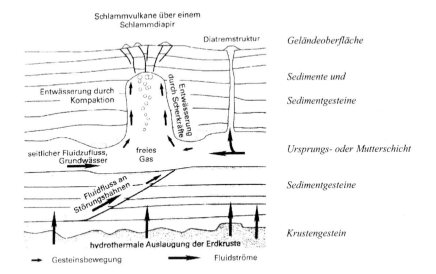

Bild 3.66
Modell des Schlammaufstiegs in Richtung Geländeoberfläche nach KOPF (2003).

Schlammvulkane fördern ein Gemisch aus Tonen, Wasser und Gas (KOPF 2003). Dieses Gemisch kann unmittelbar aus der tonreichen Mutterschicht kommend die Geländeoberfläche durchbrechen (Diatrem) oder über einem pilzähnlich aufwärts dringenden Schlammkörper (Diapir) an der Geländeoberfläche austreten. Wesentliche Quellen des Antriebs dafür sind Fluide (Flüssigkeiten und Gase), insbesondere das bei der thermischen Zersetzung organischer Materie entstehende *Methan* sowie *Wasser*, das bei der Verdichtung der Sedimente oder durch mineralisch-chemische Umwandlungen in den tiefen Schichten freigesetzt wird. Schlammvulkane sorgen nach KOPF für den Rückfluß großer Mengen von Wasser und Mineralstoffen aus der Lithosphäre in die Hydrosphäre und haben damit erheblichen Anteil am globalen Stoffkreislauf im System Erde.

Schlammvulkane als Quelle des Treibhausgases Methan
Nach KOPF (2003) soll der Gasausstoß bei Schlammvulkanen im Mittel zu mehr als 90% aus Methan (CH_4) bestehen, das nach neueren Abschätzungen ein 21-mal höheres globales Erwärmungspotential habe als das Treibhausgas Kohlendioxid (wobei eine mittlere Methan-Verweildauer von 12 Jahren in der Atmosphäre berücksichtigt sei). Eine von KOPF durchgeführte Abschätzung ergab, daß Schlammvulkane ca 25% der "natürlichen" Methanemission verursachen, wobei der Ausstoß sich etwa zu gleichen Teilen auf passive Entgasung in Ruhepausen und auf Ausbrüche erstrecke. Schlamm-

vulkane seien mithin für das Klima im System Erde sehr bedeutsam.

Das an der Geländeoberfläche ausbrechende Methan kann an Luft sich selbst entzünden und beispielsweise an der Landoberfläche (mit Stichflammen über 100 m Höhe) explosionsartig Häuser zerstören, Baumbestände entwurzeln und anderes (in einem Umkreis von mehreren Kilometern). Tritt das Methan am Meeresgrund aus, verringert es die Dichte des darüber befindlichen Meerwassers, indem es sich mit ihm vermischt. Es kann so heftig durch die Meeresoberfläche in die Atmosphäre ausbrechen, daß nahe Schiffe versinken. Liegt Methan am Meeresgrund als festes Gashydrat (einer eisähnlichen Substanz aus gefrorenem Wasser und Methan) vor, kann es beim Aufstieg schmelzen und sich um mehr als das 150-fache ausdehnen sowie entzünden (brennendes Eis). In der Atmosphäre entfaltet Methan eine sehr viel stärkere Treibhauswirkung als Kohlendioxid. Durch Reaktion mit Sauerstoff wandelt sich Methan dort in wenigen Jahren jedoch in Kohlendioxid um.

Weiter Angaben zu den Quellen und Senken von Methan sind im Abschnitt 7.6.03 dargelegt, in Verbindung mit dem globalen Kohlenstoffkreislauf. Ausführungen über das Leben an Schlammvulkanen der Tiefsee sind im Abschnitt 9.3.03 enthalten.

Zur Lokalisierung der Ursprungsschicht (Mutterschicht) von Schlammvulkanen
Zunächst läßt sich wasserreicher Schlamm beispielsweise daran erkennen, daß er *Schallwellen* langsamer weiterleitet als Festgestein. Außerdem verändern sich die verschiedenen Komponenten im Sediment mit Zunahme des *Drucks* und der *Temperatur*. Nach KOPF (2003) wandelt sich beispielsweise biogener Opal (ein amorphes Silikat, aus dem die Gehäuse der Diatomeen aufgebaut sind) in Quarz um, wobei Wasser freigesetzt wird. Gleiches erfolgt, wenn Smekit (ein in marinen Ablagerungen häufig vorliegendes Tonmaterial) zu Illit umgewandelt wird. Das abgespaltene freie Wasser kann dann unmittelbar den Schlammvulkanismus antreiben. Ferner geben Hinweise die im Wasser gelösten Ionen. Beispielsweise entweichen sogenannte volatile Elemente (wie etwa Bor, Stickstoff, Cäsium, Barium, Antimon, Uran) schon bei fast 100° C dem Gestein und lösen sich im Porenwasser. Mit zunehmender Temperatur vollziehe sich der beschriebene Vorgang auch bei weniger mobilen Elementen, wie Arsen, Lithium, Beryllium.

Was bewirkten große Meteoriteneinschläge und gewaltige Vulkanausbrüche in der Erdgeschichte?

Von einigen Wissenschaftlern wird angenommen, daß vorrangig durch *Meteoriteneinschläge* plötzliche *Massenaussterben* von Tier- und Pflanzenarten im erdgeschichtlichen Ablauf ausgelöst worden sind. Im allgemeinen hinterlassen solche Einschläge mehr oder weniger bleibende Spuren, wie etwa den Einschlagkrater im Gelände, geschockte Mineralien (zerrüttet und transformiert durch hohen Druck und hoher

Temperatur), deformierte Gesteine (nach Stoßwellen), Mikrokügelchen aus Glas (hervorgegangen aus geschmolzenem Gestein, das beim Einschlag in die Atmosphäre spritzt und nach raschem Abkühlen als feine Glastropfen niederfällt), Iridium (im System Erde selten, in Meteoriten oftmals stark angereichert), extraterrestrische Fullerene (die bei ihrer Bildung im All extraterrestrische Edelgase eingeschlossen haben und mit dem Meteoriten zur Erde gelangten), Ruß und Asche (die sich nach großräumigen Bränden durch reichliche Ablagerungen ergeben haben) (BECKER 2002). Die unmittelbar nach dem Einschlag auf dem Land auftretenden Auswirkungen und Verwüstungen seien sehr hohe Fontänen von Schutt (die bis in die obere Atmosphäre reichen können), eine von feinem Staub verfinsterte Sonne, der erst nach Monaten vom Regen aus der Atmosphäre ausgewaschen wird (die Temperaturen sinken durch diese Verfinsterung etwa ein halbes Jahr global unter den Gefrierpunkt), das Auftreten von sehr hohen Wellen im Meer (Flutwellen, Tsunami) mit verheerenden Auswirkungen an den Küsten, starke Erschütterungen (Erdbeben mit Stärken bis 13). Als Nachwirkungen würden sich vielfach schon kurz nach dem Ereignis, wegen der riesigen freigesetzten Mengen an Asche und klimaverändernden Stoffen (wie Schwefel- und Kohlendioxid), vor allem Massenaussterben von Tier- und Pflanzenarten (Massenextinktionen) ergeben. Bei einem intensiven Vulkanismus würden zwar Stoffe in ähnlichen Mengen ausgestoßen, diese seien aber verteilt über einen viel längeren Zeitabschnitt, so daß sich Auswirkungen erst im Ablauf von Jahrmillionen bemerkbar machen würden (BECKER 2002). Die Meteoriteneinschläge auf Land verändern (ebenso wie der Vulkanismus) die bestehenden Geländeoberflächenformen plötzlich und unterscheiden sich in einigen Bereichen von denen, die auf das Meer aufschlagen, eintauchen und unter Umständen den Meeresgrund erreichen.

Andere Wissenschaftler bezweifeln, daß allein ein Meteoriteneinschlag (Impakt) ein Massenaussterben der bisher vermuteten Größe auslösen könne. Der Austausch von Argumenten zwischen den teilweise sich widersprechenden Auffassungen hat bisher noch keine allgemein akzeptierte Auffassung erbracht (LAUSCH 2004),

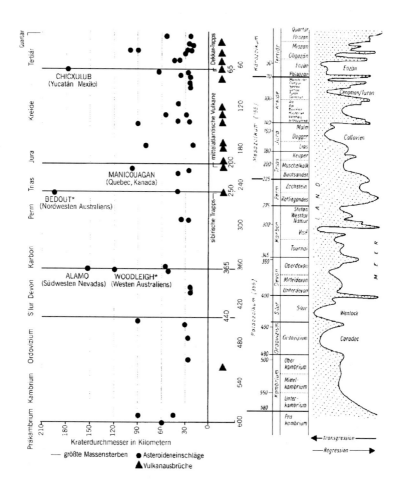

Bild 3.67
Meteoriteneinschläge, Vulkanausbrüche und Änderung der Land/Meer-Verteilung im erdgeschichtlichen Ablauf, zusammengestellt nach Daten in BECKER (2002) und HOHL et al. (1985). Die vermuteten Massenaussterben von Tier- und Pflanzenarten sind ebenfalls gekennzeichnet. Die Zeitangaben für die geologischen Epochen können sich ändern entsprechend neuer Erkenntnisse der Forschung, außerdem bestehen unterschiedliche Auffassungen über die Begrenzungen der genannten Zeitabschnitte.

Nach bisher aufgefundenen Fossilien und anderen Hinweisen wird vielfach angenommen, daß es im erdgeschichtlichen Ablauf fünf außergewöhnliche Artenaussterben (Massenaussterben) gab, die sich (nach GIBBS 2002) besonders im Wandel der *Meeresfauna* wiederspiegeln. Bild 3.67 gibt eine Übersicht über die zeitliche Einordnung dieser postulierten Massenaussterben.

Vielfach wird angenommen, daß in den vergangenen 600 000 000 Jahren die Erde von ca 60 aus dem Weltraum kommenden großkalibrigen Brocken getroffen worden ist. Die fünf damit oftmals in Verbindung gebrachten außergewöhnlichen Vorgänge im Bereich des Lebenden im System Erde (die erheblichen Massenaussterben von Tier- und Pflanzenarten) werden zeitlich angenommen

(1) um ca   065 000 000 Jahre vor der Gegenwart   (Ende Kreide)
(2)   200 000 000   (Ende Trias)
(3)   250 000 000   (Ende Perm)
(4)   365 000 000   (spätes Devon)
(5)   440 000 000   (Ende Ordovizium).

Nach GIBBS (2002) lassen sich die Ereignisse wie folgt charakterisieren, wobei sich die hier angegebene Extinktionsrate nur auf *marine* Gruppen (Gattungen) bezieht:

	Dauer in 10^6 Jahre	Ursache (?)	Extinktionsrate
(1)	< 1	Meteoriteneinschlag, intensiver Vulkanismus.	ca 47 %
(2)	3-4	intensiver Vulkanismus, globale Erwärmung.	ca 53 %
(3)	unbekannt	erhebliche Schwankungen des Klimas oder der Land/Meer-Verteilung, Asteroiden- oder Kometeneinschlag, intensiver Vulkanismus.	ca 82 %
(4)	< 3	Meteoriteneinschlag, Abkühlung, Sauerstoffmangel im Meer.	ca 57 %
(5)	10	erhebliche Schwankungen der Land/Meer-Verteilung.	ca 60 %

Ob alle genannten Massenaussterben (1)-(5) durch Meteoriteneinschläge bewirkt wurden, seit nicht hinreichend gesichert, obwohl sonstige Kräfte im System Erde kaum imstande wären, solche Vorgänge auszulösen. Ein weitgehend sicherer Hinweis ist das Auffinden des zugehörigen *Einschlagkraters*.

Für das Ereignis (1) sei dies der im Bereich der mexikanischen Halbinsel Yucatan (teilweise im Golf von Mexiko) liegende Krater, der einen Durchmesser von ca 200 km haben soll (einschließlich der um das Einschlagloch entstandenen Ringwälle), und der heute unter dem Namen *Chicxulub-Krater* bekannt ist, benannt nach einer Kleinstadt in der dortigen Region (LAUSCH 2004, BECKER 2002). Im Rahmen des Internationalen Kontinentalen Tiefbohrprogramms (ICDP, Abschnitt 3.2.04) fanden im Zeitabschnitt 12.2001 bis 02.2002 Bohrungen im vermuteten Kraterbereich bis zu einer Tiefe von 1 511 m statt. Aufgrund von Bohrkernanalysen ist nach Auffassung des an der Bohrung beteiligten deutschen Geologen Wolfgang STINNESBECK (UNI-KATH Juli/2003, RAUHE 2002) davon auszugehen, daß die getätigten Bohrungen nicht im, sondern höchstwahrscheinlich am Rand oder außerhalb des Kraters lagen. Ohne Ringwälle betrage der Kraterdurchmesser ohnehin "nur" ca 120 km und die Analyseergebnisse ließen den Schluß zu, daß die Größe des Durchmessers nicht ausreiche für die bisher angenommenen *globalen* Auswirkungen.

Für das Ereignis (3) dürfte nach BECKER (2002) die kreisförmige Struktur im Meeresgrund vor der Nordwestküste Australiens mit einem Durchmesser von ca 200 km ein guter Kandidat sein. Die Struktur wird heute *Bed-out* (Bedout) genannt. Andererseits könnte auch verheerender Vulkanismus Ursache für das Ereignis gewesen sein, denn eine russisch-britische Forschergruppe ermittelte, daß die zu kilometerdicken Basaltdecken erstarrten ehemaligen Lavafluten der sibirischen Plattform, die sogenannten *sibirischen Trapps*, heute an der Geländeoberfläche eine Ausdehnung von der Größe Europas haben, diese ursprünglich aber mindestens doppelt so groß war (Sp 8/2002). Die Analyse von Bohrkernen ergab, daß Trappbasalt (mit gleichem Alter und gleicher chemischer Zusammensetzung) auch in tieferen Schichten vorliegt.

Vermutetes Geschehen am Ende des Perm
um 251 Millionen Jahre vor der Gegenwart
Vollzog sich am Ende des Perm ein katastrophenähnlicher ökologischer Umbruch? Nach ERWIN (1996) verschwanden in einem relativ kurzen Zeitabschnitt beispielsweise mindestens 80% der bis dahin lebenden marinen Tierarten. Nach anderen Angaben gingen ca 70% der Landlebewesen und ca 90% der Meerestiere zugrunde (Sp 8/2002). Neben anderen Ereignissen sind sehr wahrscheinlich auch die Veränderungen der Lage des globalen Meeresspiegels dabei wesentlich wirksam gewesen.

Bild 3.68/1
Rekonstruktion der Land/Meer-Verteilung im Perm nach DIETZ und HOLDEN 1970. Quelle: HOHL et al. (1985) S.271

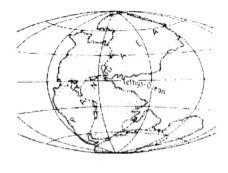

Wie allgemein angenommen wird, bestanden im Perm ein Superkontinent, die "Ganzerde" oder *Pangaea*, und ein Erdmeer, die *Panthalassa*. In der Mitte der Pangaea zeichnet sich das entstehende Mittelmeer, der Meeresteil *Tethys* ab, welcher die Landmasse von Osten her in die Großkontinente *Laura-*

sia (Norden) und *Gondwana* (Süden) zu teilen beginnt (HOHL et al. 1985). Nach ERWIN (1996) könnte der ökologische Umbruch generell etwa wie folgt abgelaufen sein:
(1) Schon ab ca 260 Millionen Jahren vor der Gegenwart hatte das Absinken des Meeresspiegels begonnen. Als er am Ende des Perms drastisch sank, wurden an den Küsten zahlreiche (Land- und Meeres-) Lebensräume zerstört sowie das Klima des Systems Erde destabilisiert.
(2) Da viel organisches Material oxidativ abgebaut wurde, sank der Sauerstoffgehalt der Erdatmosphäre, während der Kohlendioxidgehalt stieg, was zu einer globalen Erwärmung beitrug.
(3) Durch starken Vulkanismus, der ca 255 Millionen Jahre vor der Gegenwart eingesetzt hatte und mehrere Millionen Jahre andauerte, wurde es im System Erde zunächst kälter, langfristig aber wärmer. Auch die Ozonschicht war davon betroffen.
(4) Der erneute Anstieg des Meeresspiegels führte zum Ende der Lebensgemeinschaften, die sich inzwischen an den Küsten und auf dem Flachland eingerichtet hatten. Das Wasser war möglicherweise sauerstoffarm und entsprechend lebensfeindlich.
Die erdgeschichtliche Einordnung dieses Geschehens verdeutlicht Bild 3.68/2.

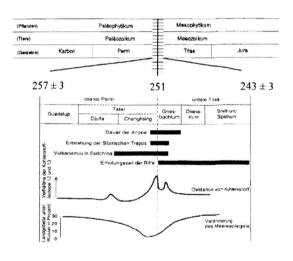

Bild 3.68/2
Übersicht zum Geschehen im System Erde um 251 Millionen Jahre vor der Gegenwart nach ERWIN (1996).

In der Pflanzenwelt endet im Zeitabschnitt Perm das Paläophytikum, die Vorherrschaft der Pteridophyten (Articulata = Schachtelhalmgewächse und Pteridophylla = Baumfarne) (HOHL et al. 1985 S.341). Gymnospermen kommen auf (beispielsweise Nadelhölzer). Wesentliche klimatische Veränderungen im Perm führen zum Aussterben der paläozoischen Pflanzenwelt. Neue *pflanzliche* und *tierische* Lebensformen kommen auf (HOHL et al. 1985 S.352). Sie kennzeichnen das beginnende Mesophytikum beziehungsweise das beginnende Mesozoikum. Vielfach sind umgangssprachlich folgende Gleichsetzungen gebräuchlich: Paläozoikum = Erdaltertum,

Mesozoikum = Erdmittelalter. Für den Zeitabschnitt Trias ist in biologischer Sicht charakteristisch das erstmalige Auftreten der Säuger und die Ausbreitung zahlreicher neuer Tiergruppen (HOHL et al. 1985 S.352). Es beginnt das Zeitalter der Dinosaurier. Die Grenze zwischen Perm/Trias gilt zugleich als Grenze zwischen Paläophytikum/Mesophytikum beziehungsweise Paläozoikum/Mesozoikum (KRÖMMELBEIN/STRAUCH 1991 S.191 und andere).

Bild 3.69
Stammesgeschichtliche Entfaltung einiger Gruppen von *marinen* Invertebraten (Wirbellosen) nach HOUSE 1979. Genannt ist die Anzahl der Gattungen, jeweils bezogen auf die Gesamtanzahl der Taxa. Quelle: Daten aus KRÖMMELBEIN/STRAUCH (1991), HOHL et al. (1985)

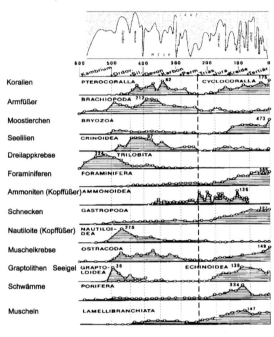

Nach ERWIN lassen inzwischen verfügbare geochemische Daten und Fossilfunde erkennen, daß die ökologischen Verhältnisse im späten Perm sich grundlegend veränderten, etwa durch ein globales Absinken des Meeresspiegels, durch ausgeprägten Vulkanismus in der Region des heutigen Sibirien und China, durch vermehrte Oxidation von organischem Kohlenstoff und damit einhergehender Verringerung von Sauerstoff in der Atmosphäre wie auch vermutlich in gewissen Meeresbereichen. Die Riffgemeinschaften konnten sich erst im mittleren Trias wieder erholen. Aufgrund dieser Veränderungen (veranlaßt durch das Zusammentreffen mehrerer Ereignisse etwa der vorgenannten Art) starben über zwei Drittel der Reptilien- und Amphibienfamilien und fast ein Drittel der Insektenordnungen aus. Im Meer seien vor allem die Riff- und anderen Flachwassergemeinschaften betroffen gewesen, wie Korallen, Seelilien und Foraminiferen. Etwa 90% aller marinen Wirbellosenarten seien zugrundegegangen. Auch habe die Pflanzenwelt erheblichen Schaden erlitten, wie aus der gehäuften Ablagerung von Pilzsporen und dem fast völligen Verschwinden von Nacktsamer-Pollen geschlossen werden kann.

Vermutetes Geschehen am Ende der Kreide
um 65 Millionen Jahre vor der Gegenwart

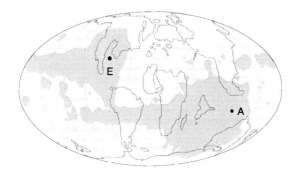

Bild 3.70
Rekonstruktion der Land/Meer-Verteilung am Ende der Kreide und die westwärts gerichtete Ausbreitung riesiger Feuerstraßen von der Einschlagstelle des Asteroiden (E) und von deren Antipodenregion (A) aus nach KRING/DURDA (2005).

Wurden durch den Asteroideneinschlag vor 65 Millionen Jahren erdweit Flächenbrände ausgelöst, die zu einer Umweltkatastrophe führten?

Der Einschlag eines Asteroiden oder Kometen vor 65 Millionen Jahren wird heute von den meisten Wissenschaftlern als Auslöser für das Massenaussterben am Ende der Kreidezeit angenommen, wobei 3/4 aller Tier- und Pflanzenarten ausgestorben sein sollen. Neuere Untersuchungen hätten ergeben, daß dieser Einschlag nicht unmittelbar oder augenblicklich ganze Arten ausgelöscht habe, sondern zunächst eine Vielzahl komplexer Umweltschäden bewirkte. Erst dadurch habe sich eine Welle von Verwüstungen erdweit ausgebreitet. Besonders schwere Zerstörungen sollen riesige Flächenbrände angerichtet haben. Sie zerstörten Lebensräume und die Basis der kontinentalen Nahrungskette, indem sie die Photosynthese nahezu völlig zum Erliegen gebracht hätten (KRING/DURDA 2005). Nicht alle Gebiete seien gleichstark davon betroffen worden. Nördlich der Einschlagstelle hätten viele Arten überlebt. Von diesen Nischen aus habe das Leben sich danach wieder erdweit ausgebreitet.

Damit Pflanzen austrocknen und in Brand geraten, müssen sie nach Kring/Durda mindestens 20 Minuten lang mit 12 500 Watt/m^2 erhitzt werden. Diese Werte seien im Einschlagsgebiet (E) erreicht worden und ebenso in dessen Antipodengebiet (A). Das Einschlagsgebiet ist zwar vermutlich am stärksten umgestaltet worden, aber nicht viel weniger auch das davon am weitesten entfernte Antipodengebiet. Es wird angenommen, daß das aufgeworfene Material teilweise bis in Höhen der halben Mondentfernung gelangte, bevor es wieder zur Erde zurückstürzte. Davon betroffen war neben dem Einschlagsgebiet eben auch der andere Brennpunkt des Glutregens, das Antipodengebiet. In den folgenden Stunden und Tagen nach dem Einschlag wurden infolge der *Erdrotation* auch die Gebiete westwärts der beiden Brennpunkte des Geschehens vom rückstürzenden Hagel des Auswurfmaterials getroffen und somit verlagerten sich die Flächenbrände entsprechend und wurden so zu Feuerstraßen, die jedoch langsam an Intensität verloren.

Das Problem um das Ende der Dinosaurier gelöst?
Die meisten Wissenschaftler gehen heute davon aus, daß der Einschlag eines Asteroiden oder Kometen vor 65 Millionen Jahren die Ära der Dinosaurier beendet habe. Nach MICHAEL (2005) läßt sich die Frage: Warum sind die Dinosaurier ausgestorben, nicht aber die „nahe verwandten" Krokodile? so beantworten: Als wechselwarme Tiere können erwachsene Krokodile mehre Jahre ohne Nahrung überleben. ie gelte mithin auch für ein mehrmonatiges oder mehrjähriges Klimachaos nach einem Asteroideneinschlag. Größere Warmblüter haben diese Fähigkeit nicht. Waren Dinosaurier Warmblüter?

Gibt es auch einen langsamen Rückgang der Artenanzahl?

Die "plötzlich" aufgetretenen Massenaussterben von Tier- und Pflanzenarten im erdgeschichtlichen Ablauf waren zuvor dargelegt worden. Sie stehen nach Auffassung einiger Wissenschaftler in engem Zusammenhang mit Meteoriteneinschlägen und Vulkanausbrüchen im System Erde. Gibt es heute auch einen "langsamen" Rückgang der Artenanzahl? Stehen wir vor einem erneuten massenhaften Artenaussterben, diesmal in anderer Form, gar ausgelöst durch menschliches Wirken? Einige Wissenschaftler warnen vor einem bevorstehenden oder schon laufenden massenhaften Artenaussterben. Andere Wissenschaftler zweifeln an solchen Thesen und verweisen auf die Schwierigkeiten, das Ausmaß eines Artenschwunds zu ermitteln. Zu einer hinreichend sicheren Beantwortung der Frage, ob eine (langsame) Massenextinktion stattfindet oder zu erwarten ist, sollten drei Größen hinreichend bekannt sein: die "natürliche" Aussterberate der Art ("Hintergrund-Aussterberate"), die aktuelle Geschwindigkeit des Artenverlustes und deren mögliche Änderung.

Naturschützer beschäftigen sich vorrangig mit den (medienwirksamen) Wirbeltieren. Nach Auffassung einiger Wissenschaftler sei die einseitige Ausrichtung der Beobachtungen und Forschungen auf Säuger, Vögel und Fische nicht ausreichend, den Verlust an biologischer Vielfalt aufzuzeigen und das weitere Geschehen vorauszusagen. Der größere Teil der "Biodiversität" sei anderswo zu finden. Auch das wissenschaftliche Untersuchen von Schwerpunkt-Regionen, in denen besonders viele Tier- und Pflanzenarten anzutreffen sind und deren Lebensraum (angeblich) stark bedroht ist, sei nach Meinung einiger Wissenschaftler ein fragwürdiges Vorgehen. Schließlich wird ein erneutes, schon begonnenes oder bevorstehendes massenhaften Artensterben heute weitgehend mit *anthropogenen* Einwirkungen auf die Natur begründet. Beispielsweise habe sich in jüngster Zeit der anthropogen verursachte Kohlenstoffumsatz meßbar gesteigert und das dynamische Gleichgewicht in unterschiedlicher Form und Intensität gestört. Als Störfaktoren gelten unter anderen:

- Verbrennung von *fossilem* Kohlenstoff, der im Rahmen des Kohlenstoff-Kreislaufs in den Sedimenten lagert (wie Kohle, Erdöl, Erdgas).
- Wald- und Bodenzerstörung (Waldzerstörung derzeit vorrangig in tropischen Gebieten).
- Verarbeitung von *rezentem* Kohlenstoff (Papier, Holzverarbeitung).
- Verbrennung von *rezentem* Kohlenstoff (Holz).
- CO_2-Düngungseffekt (der bewirkt, daß bei erhöhtem CO_2-Gehalt der Luft zusätzlich Kohlenstoff in Pflanzen und ihrem Abfall gespeichert wird),
  Der anthropogen verursachte Kohlenstoffumsatz überlagert sich den "natürlichen" Kohlenstoff-Teilkreisläufen. Die diesbezüglichen Auswirkungen auf den Gesamt-Kohlenstoff-Kreislauf sind vorerst noch nicht hinreichend eindeutig abschätzbar. Weitere Ausführungen zum anthropogen verursachten Kohlenstoff-Umsatz und zum Treibhauseffekt sind in den Abschnitten 7.6.03 sowie 10.1 und 10.2 enthalten. Die Metall-Spurenkonzentrationen im Meerwasser und im Plankton sind im Abschnitt 9.3.02 angesprochen. Ausführungen über Schwermetalle als Schadstoffe enthält Abschnitt 8.

Der Begriff "Biodiversität" wird in diesem Zusammenhang vielfach im Sinne von "Artendiversität" gebraucht. Nach WÄGELE (2001) sollte er jedoch umfassen die Vielfalt der Arten, die Vielfalt der Ökosysteme und innerhalb eines Ökosystems die genetische Vielfalt und die biologische Vielfalt (Abschnitt 9.3).

Heutiges Wissen über Artenvielfalt und Artenanzahl

GIBBS (2002) hat, basierend auf Angaben verschiedener Autoren, die nachstehenden diesbezüglichen Daten zusammengestellt (Bild 3.71), wobei darauf verwiesen wird, daß in erster Näherung alle *vielzelligen* Organismen Insekten seien, also jene, über deren Vielfalt und ökologische Bedeutung bisher nur wenig bekannt sei.

Insgesamt gäbe es nach dem englischen Zoologen Robert MAY (Universität Oxford) ca 7 000 000 Arten (GIBBS 2002). Glaubwürdige Schätzungen anderer Wissenschaftler reichen von ca 5 bis 15 Millionen Arten (ohne Mikroorganismen). Taxonomen haben bisher rund 1,8 Millionen Arten benannt und beschrieben. Die Wissenschaft weiß mithin wenig über die Millionen Arten im System Erde und ihren komplexen Aufgaben, die sie in den einzelnen Ökosystemen erfüllen. Die Bedeutung einer Art kann daher leicht unerkannt bleiben. Was geschieht beispielsweise mit den Feigenbäumen, die mit ca 900 Arten die häufigste Pflanzengattung in den Tropen sind, wenn die eine parasitisch lebende Wespenart verlustig geht, die sie jeweils befruchtet? (GIBBS 2002).

An *internationalen Aktivitäten* zur taxonomischen Erfassung der Arten seien hier genannt: "All Species Project"
  Ziel: alle lebenden Arten einschließlich Mikroorganismen zu katalogisieren.
  "Global Biodiversity Information Facility"
  "Species 2000"
  Ziel: Aufbau von Datenbanken im Internet aus Artenbeschreibungen,

die bisher in Universitäten und Museen niedergelegt sind. Trotz der vorgenannten Unsicherheiten führt die Internationale Naturschutzorganisation IUCN eine sogenannte "rote Liste" von Arten, die nach ihrer Auffassung in der freien Natur vermutlich ausgestorben sind.

Artenverlust, Biomasseverlust

Gruppe	*bekannte* Artenanzahl	*vermutete* Artenanzahl
Insekten	1 025 000	8 750 000
Pilze	72 000	1 500 000
Mikroben	4 000	1 000 000
Algen (Pflanzen)	40 000	400 000
Fadenwürmer (Nematoden)	25 000	400 000
Viren	1 550	400 000
Pflanzen	270 000	320 000
Andere	110 000	250 000
Weichtiere	70 000	200 000
Protisten (Einzeller)	40 000	200 000
Krebstiere	43 000	150 000
Bienen	?	40 000
Fische	26 959	35 000
Vögel	9 700	9 881
Kriechtiere	7 150	7 828
Säugetiere	4 650	4 809
Amphibien	4 780	4 780

Bild 3.71
Anzahl der bekannten (beschriebenen) und vermuteten Arten der biologischen Systematik.

Verschiedentlich wird vermutet, daß sich die Biomasse auf einer begrenzten Landfläche verringert, wenn ein Großteil der dort lebenden Arten verschwindet. Ob dies für das Ökosystem insgesamt gelte, sei aber offen. Im Hinblick auf die dargelegten Unsicherheiten bei Aussagen über den Artenverlust beziehungsweise über den Wandel von Arten und Artenanzahl wird hier vorrangig die Biomasse und die Biomasse-Primärproduktion im globalen und regionalen Bereich betrachtet. Außerdem gilt zu bedenken, daß nach MAY (Universität Oxford) derzeit 30 Nutzpflanzenarten 90% der Kalorien der menschlichen Ernährung liefern und 14 Tierarten 90% unserer Nutztiere repräsentieren (GIBBS 2002). Schließlich sei auch darauf verwiesen, daß von der gesamten Produktion des Meeres an gebundenem Kohlenstoff (also nicht nur der Primärproduktion) nur 1/10 000 durch C-Nekton (aktive Schwimmer wie etwa Fische) repräsentiert ist (CZIHAK et al. 1992).

Massentod durch Riesenwelle?

In einem Steinbruch bei Tübingen in Süddeutschland liegt über Ablagerungen aus der Trias eine 20-30 cm mächtige Bank von schwarzen Kalken. Nach einer darin häufig zu findenden Ammonitenart wird sie *Psilonotenbank* genannt. Darin liegen Sand, Schlamm und organisches Material wirr durcheinander. Das läßt vermuten, daß zur Zeit der Ablagerung eine hohe Strömungsenergie das Material kräftig verwirbelt hat, also auch nur geringe Wassertiefe vorlag (Sp. 11/2004). Solche, zunächst rätselhaft erscheinende Ablagerungen sind auch aus Nordirland und Südwestengland bekannt, dort ca 250 cm mächtig. Der Geologe Michael MONTENARI (Universität Tübingen) vermutet in solchen Schichten die Hinterlassenschaft einer riesigen Flutwelle. Darauf weist auch hin, daß die Muschelschalen alle mit der Wölbung nach oben zeigen. Heutige Tsunami würden meist durch Seebeben verursacht und erreichten Wellenhöhen bis 60 m, jene Welle am Ende des Zeitabschnittes Trias müßte nach Montenari gut 100 m Höhe erreicht haben, um die vorliegenden Ablagerungen zu erzeugen. Nur ein Seebeben der Stärke 20 (Richter-Skala) hätte einen so gewaltigen Tsunami auslösen können. War ein Meteoriteneinschlag ins Meer der Auslöser dieser Welle, wie das Montenari annimmt?

3.2.03 Erdbeben, Tsunami

Ein Erdbeben kann die Geländeoberfläche binnen weniger Sekunden verändern. Neben dieser unmittelbaren Veränderung sind auch mittelbare Veränderungen möglich, beispielsweise wenn das Beben einen Tsunami auslöst.

Hypozentrum, Epizentrum
Bei einem (natürlichen) Erdbeben, gehen von einem im Erdinnern gelegenen Ursprung Erschütterungen aus. Der in der Tiefe gelegene Ursprung, der Erdbebenherd, wird *Hypozentrum* oder *Fokus* genannt. Etwa in radialer Richtung über ihm an der Landoberfläche beziehungsweise Meeresoberfläche liegt das zugehörige *Epizentrum*. Im oberflächennahen Gebiet um dieses Zentrum sind die stärksten Erschütterungen zu erwarten. Mit zunehmenden lateralen Abstand vom Epizentrum nimmt die Stärke der Erschütterungen ab. Die Linien gleicher Bebenstärke, die *Isoseisten*, sind jedoch keine konzentrischen Kreise um das Epizentrum, da die abnehmenden Erschütterungen beim Durchgang durch unterschiedliche Gesteinskomplexe unterschiedlich gedämpft oder verstärkt werden. Ähnliches gilt für die *Homoseisten*, die Linien gleichzeitiger Erschütterung. Das sogenannte *Schüttergebiet* reicht so weit, wie das Beben vom Men-

schen wahrgenommen (gefühlt) werden kann. Die Benennungen Hypozentrum und Epizentrum wurden vom irischen Maschineningenieur Robert MALLET (1810-1881) eingeführt, anläßlich der Analyse eines 1857 in Italien erfolgten Erdbebens.

Erdbebenarten
Nach der geographischen Lage des Epizentrums werden unterschieden: *Landbeben* und *Seebeben*. Über 90% aller Erdbeben sind gegenwärtig *tektonische Beben* (auch Dislokationsbeben genannt). Sie entstehen, wenn gespannte, gepreßte, verdrehte oder sonstwie belastete Komplexe im Erdinnern über ihre Festigkeitsgrenze hinaus beansprucht werden und durch einen plötzlichen Bruch eine neue Gleichgewichtslage anstreben. Ausbruchs- oder *vulkanische Beben* entstehen durch unterirdischer Gasexplosionen oder ähnliche Vorgänge. *Einsturzbeben* entstehen durch Zusammenbruch unterirdischer Hohlräume. Nach der Herdtiefe (Ursprungstiefe) werden ferner unterschieden:

Flachbeben	0-70 km Herdtiefe
Zwischenbeben	70-300 km
Tiefbeben	300-700 km.

Bisher ist nicht hinreichend geklärt, wodurch *Tiefbeben* ausgelöst werden (LAUSCH 2000). Offenbar bestehen zwischen den Tiefbeben und den Subduktionszonen der Plattentektonik gewisse Beziehungen. Erst neuerdings ist es der *seismischen Tomographie* möglich, die geringen Dichteunterschiede zwischen den abtauchenden Platten und ihrer Umgebung zu erfassen. Die nachgenannten Tiefbeben (Bild 3.74) gehören zu den stärksten Erschütterungen in jüngster Zeit.

Derzeitige Erdbebengebiete im System Erde

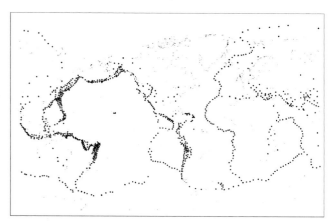

Bild 3.72
Registrierte
Erdbeben
1961-1969 nach
US Department
of Commerce.
Dargestellt sind
die Epizentren.
Quelle:
ZEIL (1990),
verändert

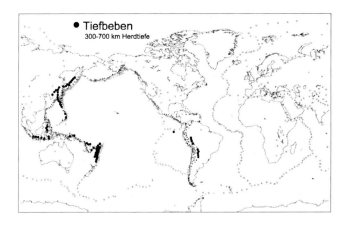

Bild 3.73
Registrierte
Tiefbeben
1961-1969 nach
US Department
of Commerce.
Dargestellt sind
die Epizentren.
Quelle:
ZEIL (1990),
verändert

Datum	Magnitude	Region
1994. 03	7,6	unter Tonga, Pazifik
1994. 04	8,3	unter Bolivien (in 620 km Tiefe)
1996. 06	7,8	unter der Flores-See, Pazifik
2004. 12	8,9	Indik, westlich Sumatra

Bild 3.74
Starke Tiefbeben in jüngster Zeit. Quelle: LAUSCH (2000) und andere

Die im Bild genannte Magnitude (Magnitudo: lat = Größe) ist ein Maß für die Bebenstärke. In Analogie zu der in der Astronomie verwendeten Magnitude (zur Klassifizierung der Helligkeit eines Sterns) führte 1935 der us-amerikanische Seismologe Charles Francis RICHTER (1900-1985) eine *Erdbebenmagnitude* ein, welche aus dem Logarithmus der maximalen Bodenamplitude in einer vorgegebenen Ursprungsentfernung (Herdentfernung) berechnet wird. Eine oft benutzte Beziehung zur Bestimmung der Richter-Magnitude lautet (SCHICK 1997):

$$\lg E = 1{,}5^* M + 4{,}8$$

E = die vom Erdbebenherd freigesetzte (kinetische) Energie (in Joule)
M = Richter-Magnitude
4,8 = empirisch ermittelte Konstante

Diese Magnitudenformel von Richter gilt vorrangig für Erdbeben in der oberen Erdkruste. Die Skala der Magnitudenwerte wird vielfach *Richter-Skala* genannt. M schwankt zwischen 0 bei sehr schwachen Erdbeben und 7... bei sehr starken Erdbeben.

Die Skala ist nach oben unbegrenzt (offen).

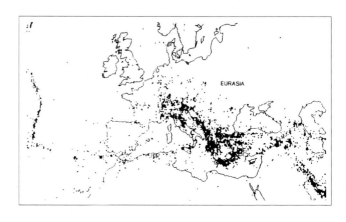

Bild 3.75
Registrierte
Erdbeben im
europäischen
Bereich
1961-1983 nach
JACKSON/
MC KENZIE
1988.
Dargestellt sind
die Epizentren.
Quelle:
WITTENBURG
(1994),
verändert

Das Spannungsfeld in der Lithosphäre

Die Spannung in der Lithosphäre kann als eine kombinierte Wirkung von Spannungsquellen an den Plattenrändern und im Platteninnern angenommen werden. Spannungsquellen an den Plattenrändern ergeben sich aus wirkenden tektonischen Kräften. Im Platteninnern dürften Spannungen vorrangig durch Temperaturunterschiede, laterale Dichtevariationen, Festigkeitsunterschiede im Gestein, durch die Topographie sowie durch Membran- und Biegespannungen hervorgerufen werden. Im Rahmen des "World Stress Map Project" (WSMP) sind global mehr als 7 300 Spannungsrichtungen aus Spannungsmessungen bestimmt worden. Es entstand eine globale Übersicht über den Spannungszustand der Erdkruste (ZOBACK et al. 1989, FUCHS 1990, 2000).

Erdbebenwellen

Zum Nachweis und zur Ortsbestimmung des Erdbebenherdes wird dieser in der Regel als punktförmige Quelle kinetischer Energie angenommen, obwohl dafür eine Mindestmenge an abgestrahlter Energie erforderlich ist, die nicht von einem punktförmigen Erdbebenherd stammen kann. Erst wenn der Bruchvorgang ein gewisses Volumen erreicht hat, wird soviel Wellenenergie abgestrahlt, daß an einer Erdbebenstation eine erste, vom Erdbebenherd stammende Wellenfront beobachtet werden kann. Die im (räumlichen) Erdbebenherd freigesetzte Energie breitet sich in verschiedenen Wellentypen aus, die unterschiedliche Fortpflanzungsgeschwindigkeiten haben und unterschiedliche Wege nehmen sowie gebrochen und reflektiert werden können. In der

351

Seismik (Seismologie) werden vorrangig benutzt (SCHICK 1997, STROBACH 1991, ZEIL 1990):

P-Wellen
= Primärwellen (Kompressionswellen). Sie sind *longitudinale* Raumwellen, die das Erdinnere auf bestimmte Bahnen mit hoher Geschwindigkeit durchlaufen und als erste am Aufzeichnungsort eintreffen ("erste Vorläufer"). Sie wurden anfänglich als „primäre" Wellen bezeichnet, da sie die kürzeste Laufzeit vom Herd zum Aufzeichnungsort aufweisen. Aus der Benennung „primär" entstand in der Seismologie der Name P-Wellen für Kompressionswellen

S-Wellen
= Sekundärwellen (Scherungswellen, Scherwellen). Sie sind *transversale* Raumwellen, die den P-Wellen (auf denselben Bahnen) mit etwa halber Geschwindigkeit (als "zweite Vorläufer") folgen. Von „sekundär eintreffend" entstand in der Seismologie der Name S-Wellen. Neben den P-Wellen dienen vor allem die S-Wellen zur *Lokalisierung des Erdbebenherdes* durch Geographische Koordinaten des Herdes, durch Herdtiefe und durch Herdzeit. Zur Lösung dieser Aufgabe sind die Ankunftszeiten der Wellen an mindestens vier verschiedenen Aufzeichnungsorten erforderlich.

L-Wellen
= Lange Wellen = RAYLEIGH- und LOVE-Wellen, so benannt nach den englischen Physikern Lord RAYLEIGH (1842-1919) und A.E.H. LOVE (1863-1940). Sie sind Oberflächenwellen, die beim Auftreffen der P- und S-Wellen an der Geländeoberfläche entstehen und sich mit vergleichsweise geringer Geschwindigkeit als Interferenzwellen längs der Geländeoberfläche ausbreiten und als letzte am Aufzeichnungsort ankommen.

Wegen den mit der Tiefe wachsenden Elastizitätsmoduln der Gesteine, durchlaufen die Erdbebenwellen das Erdinnere auf gekrümmten Bahnen und werden an Unstetigkeiten reflektiert oder gebrochen. Weitergehende Erkenntnisse hierzu vermitteln die Bilder 3.76 und 3.77. Erdbebenwellen durchlaufen das Erdinnere in der Regel um so schneller, je dichter die Region ist.

Erdbebenregistrierung, Laufzeitenkurven

Seismographen ermöglichen die kontinuierliche Registrierung von Bodenbewegungen; es wird die *Relativbewegung* zwischen Erdboden und ruhender (träger) Masse zugleich mit einer Zeitmarkierung aufgezeichnet. Bezüglich Zeit wird erdweit einheitlich die sogenannte Weltzeit (mittlere Greenwich-Zeit, MGZ) angegeben. Aus den Einsätzen der P-, S- und L-Wellen in einem solchen *Seismogramm* lassen sich dann Richtung, Herdentfernung und Energie des Bebens ableiten, wobei die Energie durch die Magnitude M ausgedrückt und die Herdentfernung mit Hilfe von Laufzeitkurven ermittelt wird. Entsprechend der Herdentfernung vom Aufzeichnungsort werden unterschieden *Ortsbeben, Nahbeben und Fernbeben*.

Als *Laufzeiten* gelten jene Zeiten, die die P-, S- und L-Wellen bei einem Einsetzen des Bebens brauchen, um vom Bebenherd bis zum Aufzeichnungsort zu gelangen. Entsprechende graphische oder tabellarische Darstellungen heißen *Laufzeitkurven*. Sie werden *empirisch* bestimmt. Die Verteilung der im Erdinnern vorhandenen Stoffe ist weitgehend unbekannt. Zwischen diesen Stoffen und den Geschwindigkeiten der Erdbebenwellen (die diese durchlaufen) bestehen jedoch gewisse Beziehungen. Ihre Aufdeckung erfolgt im Labor an Gesteinsproben, wobei diese dabei in Hochdruckpressen annähernd gleichen Drücken und Temperaturen ausgesetzt werden, wie sie für entsprechende Tiefen im Erdinnern angenommen werden. Die Modelle zur Verteilung der unterschiedlichen Ausbreitungsgeschwindigkeiten der vorgenannten Wellengruppen im Erdinnern sind aktuell zu halten.

Historische Anmerkung
Einen Erdbebenmesser (Seismometer) soll erstmals der Chinese CHANG HENG um 130 n.Chr. gebaut haben. Mit diesem Gerät waren nur Zeitpunkt und Richtung des Bebens bestimmbar. Bis gegen Ende des 19.Jahrhunderts hatte sich am Meßprinzip wohl nur wenig verändert (BACHMANN 1965). In Europa soll um 1703 der Franzose DE HAUTE FEUILLE erstmals einen Seismographen aufgestellt haben (GUNTAU 1985). Um 1880 entwickelte der englische Geologe John MILNE (1850-1913) eine verbesserte Vorrichtung, mit der die Relativbewegungen zwischen Erdboden und ruhender (träger) Masse, zugleich mit einer Zeitmarkierung, aufgezeichnet werden konnten (Seismogramm). Aus den Einsätzen der P-, S- und L-Wellen in einem solchen Seismogramm lassen sich dann Richtung, Herdentfernung und Energie des Erdbebens ableiten, wobei die Energie durch die *Magnitude* M (1935 eingeführt vom us-amerikanischen Seismologen Charles Francis RICHTER) ausgedrückt und die Herdentfernung mit Hilfe von empirisch gewonnenen Laufzeitkurven ermittelt wird. Als Milne 1913 starb, arbeiteten im britischen Empire 40 Stationen in der Erdbebenbeobachtung (TL/Erde 1990). Im April 1889 soll erstmals ein Fernbeben aufgezeichnet worden sein; seit dieser Zeit gebe es eine *internationale Zusammenarbeit* in der Erdbebenregistrierung (GUNTAU 1985). Der deutsche Physiker Emil WIECHERT (1861-1928) habe erstmals einen Seismographen gebaut, der *lesbare Aufzeichnungen von Fernbeben* lieferte. Um 1960 sollen erdweit rund 500 *Erdbebenwarten* mit der Erdbebenregistrierung befaßt gewesen sein (JUNG 1960). Die erdweite Verteilung der Erdbebenwarten hat wohl noch immer nicht eine angenäherte Idealverteilung erreicht, so daß auch viele Mittelbeben bisher noch nicht registriert werden.

Das um 2000 entwickelte *mobile* Meßsystem KABBA (Karlsruhe Board-Band Array) besteht aus 32 tragbaren miteinander verbundenen Meßstationen und kann Erdbebenwellen aufzeichnen in einem weiten Frequenzbereich: von 0,0003-20 Hz (Schwingungen pro Sekunde) (UNIKATH 2003/11).

Seismische Erkundung des Erdinnern

Höhlen, Schächte von Bergwerken und Bohrungen in die Erdkruste ermöglichen eine direkte Erkundung des Erdinnern. Derzeit liegen die tiefsten Schächte (Südafrika) rund 3,5 km und die Endpunkte der tiefsten Bohrungen auf dem Land (Halbinsel Kola, Russland) rund 12 km unter der Geländeoberfläche. Von dem rund 6 370 km langen radialen Abstand der Geländeoberfläche vom Erdmittelpunkt ist mithin nur ein Abstandsbereich von wenigen Kilometern unter der Geländeoberfläche der direkten Erkundung zugänglich (Abschnitt 3.3.4). Das Aufzeichnen der Erdbebenwellen mit anschließender Analyse dieser Aufzeichnungen kann als indirekte Erkundung des Erdinnern aufgefaßt werden. Da das Aufzeichnen der Erdbebenwellen fern vom Entstehungsort erfolgt, wird diese Verfahren auch als seismisches Fernerkundungsverfahren bezeichnet (Benennung nach FUCHS 1986). Es ermöglicht die Erkundung und damit die Gliederung des Erdinnern.

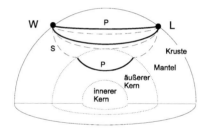

Bild 3.76
Leninakan (L) in Armenien wurde am 07.12.1988, 7.41 UTC von einem schweren Erdbeben erschüttert. Die Seismographen in Washington D.C. (W) registrierten bereits 7.53 UTC die ersten ankommenden P-Wellen (volle Linien). Diese Wellen brauchten somit nur wenige Minuten für den Weg vom Ausgangsort durch das Erdinnere hindurch bis zum Ankunftsort. Die etwas langsameren S-Wellen (gestrichelte Linien) kamen 11 Minuten später (erstmals) an (TL/Erde 1990).

Bild 3.77
Im *oberen* Bildteil ist der Verlauf der **P-Wellen** im Erdinnern dargestellt. Diese longitudinalen Raumwellen führen zu einem Wechsel von Kompression und Ausdehnung der Materie. Sie können sich in festen und flüssigen Körpern ausbreiten. Unterschiedliche Elastizität der einzelnen Regionen im Erdinnern sind der Grund für geringfügige Ablenkung, die sich durch sogenannte Schattenzonen bemerkbar macht (gerasterte Felder); hier registrieren die Seismographen allenfalls nur sehr schwache P-Wellen.

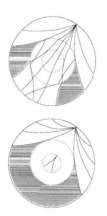

Im *unteren* Bildteil ist der Verlauf der **S-Wellen** im Erdinnern dargestellt. Diese transversalen Raumwellen versetzen das Gestein in Schwingungen quer zur Ausbreitungsrichtung (seitwärts, auf und ab, oder beides); sie können sich nur in festem Material ausbreiten. Da sie in einem dem Ausgangsort gegenüberliegenden Bereich (gerastertes Feld) nicht registriert wurden, wird vielfach angenommen, daß der äußere Erdkern "flüsig" sei. Im inneren Erdkern können S-Wellen durch P-Wellen ausgelöst werden (TL/Erde 1990).

Seismische Fernerkundung mittels P-Wellen

In bestimmten Tiefen im Erdinnern ändert sich der Geschwindigkeitsverlauf von Erdbebenwellen sprunghaft. Als Ursache dafür werden entsprechende sprunghafte Änderungen des Zustands (Elastizität und Dichte) des Erdinnern angenommen. Gemäß diesen Ergebnissen, insbesondere den deutlich erkennbaren Diskontinuitäten, wird generell von einer *schalenförmigen* Struktur des Erdinnern ausgegangen mit zunächst folgender Gliederung :

	Tiefe (km)	Dichte (kg/m^3)	Schalendicke (km)
Kruste	0...15	2600	
	15...24	2900	
oberer Mantel	24...670	3381...3992	646
unterer Mantel	670...2891	4381...5566	2221
äußerer Kern	2891...5149	9903...12166	2258
innerer Kern	5149...6371	12764...13088	1222 (Radius)

Bild 3.78
Zur generellen Gliederung des Erdinnern. Quelle: KUHN (2000)
Die Daten im Bild 3.78 beziehen sich auf das "Preliminary Reference Earth Model" (PREM) 1984. Andere Autoren geben teilweise andere Daten an (siehe beispielsweise Bild 3.79). Als Mittelwert für die Dichte der an der (übermeerischen) Geländeoberfläche auftretenden Gesteine der Erdkruste wird meist angenommen $\varrho_0 = 2670$ kg/m^3. Aus der Masse des Erdinnern und dem Volumen eines Erdellipsoids ergibt sich nach TORGE 1975 eine mittlere Dichte des Erdinnern von $\varrho_m = 5515$ kg/m^3. Als Dichte des Ozeans (für eine Tiefe 0...3 km) wird meist angenommen $\varrho = 1020$ kg/m^3 (PREM-Wert).

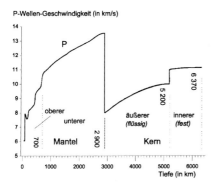

Bild 3.79
Gliederung des Erdinnern nach den Sprüngen der Geschwindigkeit der P-Wellen. Der Geschwindigkeitsverlauf wurde berechnet aus den gemessenen Laufzeiten der P-Wellen zahlreicher Erdbeben. Quelle: Daten der P-Linie: STROBACH (1991)

Von einer schalenförmigen Struktur des Erdinnern kann nur in *genereller* Sicht gesprochen werden. Es wird vermutet, daß die einzelnen konzentrischen Schalen merkliche Undulationen (vergleichbar den Geoid-Undulationen) aufweisen, die bis hinunter zur Oberfläche des Kerns reichen sollen. Der Ausdruck ≤ 700 km für die Dicke des oberen Mantels berücksichtigt nicht nur die unterschiedlichen Höhen der Geländeoberfläche über beziehungsweise unter dem Geoid, sondern auch die unterschiedlichen Definitionen des Begriffes oberer Mantel, die sich vorrangig darin unterscheiden, daß der Begriff *Kruste* und verschiedentlich auch der Begriff *Lithosphäre* (mit entsprechender Dicke) darin ein- beziehungsweise ausgeschlossen werden. In den folgenden Abschnitten wird darauf näher eingegangen.

Werden die Benennungen "Erdkern" und "Erdmantel" benutzt, dann sollte in sprachlicher Sicht anstelle von Erdmantel besser **Erdkernmantel** gesagt werden.

Einige ältere Hypothesen zur Gliederung und Beschaffenheit des Erdinnern

Die aus Vulkanen geschleuderte oder fließende Lava ließ auf einen glutflüssigen Zustand des Erdinnern schließen. Die in die Tiefe hinein extrapolierte geothermische Tiefenstufe führte zu sehr hohen Temperaturwerten. Bei linearer Extrapolation, wie sie der schwedische Chemiker Svante ARRHENIUS (1859-1927) durchführte, ergab sich im Erdzentrum eine Temperatur von rund 100 000°C. Die damals noch ungenügenden Kenntnisse über das Verhalten von Materie bei kritischen Temperaturen unter sehr hohen Drucken verleiteten zur Folgerung, daß unterhalb des glutflüssigen Bereichs ein gasförmiger Bereich sein müsse. Der Hypothese mit gasförmigen Kern folgte eine andere Gliederung des Erdinnern, die sich kennzeichnen läßt durch die Abfolge: rund 50 km "Panzerdecke" + rund 2000 km "planetarische Erstarrungskruste" + glutflüssiger Kern (STROBACH 1991). Den vorgenannten Modellen des Erdinnern folgte die Eisenkernhypothese.

1897 führte der deutsche Physiker Emil WIECHERT (1861-1928) erstmals eine Dichteberechnung unter der Annahme einer unstätigen Dichtezunahme in Richtung Erdmittelpunkt durch (HAALCK 1954). Da die aus den Erddimension und der Schwerkraft sich ergebende mittlere Dichte der Erde erheblich jene der Krustengesteine übertraf, schlossen Arrhenius und Wiechert auf die Existenz eines Eisenkerns (STROBACH 1991). Wiechert schätzte dessen Radius auf fast 5 200 km; für die Gesteinsschale verblieben mithin nur noch rund 1 200 km. Emil Wiechert war der erste Inhaber der ersten in Deutschland eingerichteten Professur für "Geophysik" (Göttingen, 1898). Aufgrund der bis zu dieser Zeit vorliegenden seismischen Fernerkundungsergebnisse soll er um 1900 erstmals eine *schalenförmige* Struktur des Erdinnern angenommen haben (HAALCK 1954, GUNTAU 1985). In diesem Zusammenhang wird aber auch der russische Mineraloge und Geochemiker Vladimir Ivanovic VERNADSKIJ (auch Wladimir Iwanowitsch WERNADSKIJ) (1863-1945) genannt (LANGE 1985).

1909 wurde erstmals eine Schichtgrenze oder *Diskontinuität* von dem kroatischen Seismologen Andrija MOHOROVICIC (1857-1936) entdeckt. Sie wird kurz *Moho-Diskontinuität* genannt.

1911 fand der us-amerikanische Seismologe Beno GUTENBERG (1889-1960) eine weitere Grenzfläche (Diskontinuität) in 2 900 km Tiefe. Gutenberg gelang es durch gezielte Modellvariation Theorie und vorliegende seismische Messungsergebnisse hinreichend in Übereinstimmung zu bringen; die Grenzfläche in rund 2 900 km Tiefe gilt seitdem als theoretisch und meßtechnisch begründet. Der zuvor genannte Radius von fast 5 200 km wurde damit auf rund 3 500 km reduziert. Gutenberg hatte in seinem Modell auch berücksichtigt, daß ein Kern im Zentrum der Erde eine Art Schatten auf die dem Beben gegenüberliegenden Seite der Geländeoberfläche wirft. Anstatt diesen Bereich des Erdinnern in der sonst üblichen Weise zu durchlaufen, werden die meisten Erdbebenwellen durch ihn so abgelenkt, daß bezüglich der S-Wellen *ein* fast wellenfreier Bereich im Erdinnern entsteht und bezüglich der P-Wellen *zwei* symmetrisch angeordnete fast wellenfreie Bereiche im Erdinnern entstehen. Diese Vorstellung über den Wellenverlauf im Erdinnern war bereits um 1902 von dem irischen Geologen Richard Dixon OLDHAM (1858-1936) ausgesprochen worden (TL/Erde 1990).

1912 stellte der deutsche Geophysiker und Meteorologe Alfred WEGENER (1880-1930) seine Theorie zur großräumigen Drift der Kontinente vor, die damals zwar beachtet und diskutiert, aber nur von wenigen Wissenschaftlern akzeptiert wurde.

Um 1925 entwickelten der in der Schweiz geborene Mineraloge und Geochemiker Victor Moritz GOLDSCHMIDT (1888-1947) und der deutsche Physikochemiker Gustav Heinrich TAMMAN (1861-1938) (in Göttingen) ein dreiteiliges Modell des Erdinnern bestehend aus einer extrem basischen Silikatschale (1200 km dick), einer Sulfid-Oxid-

Schale (1700 km dick) und einem Eisenkern (Radius 3500 km) (STROBACH 1991).
1936 entdeckte die dänische Seismologin, Mathematikerin und Geodätin Inge LEHMANN (1888-1993) bei ihren Arbeiten am Geodätischen Institut in Kopenhagen, daß zwar die meisten P-Wellen an der Grenzfläche Mantel/Kern in rund 2 900 km Tiefe abgelenkt wurden, einige diese Grenzfläche aber überwinden konnten und dann weiter innen an einer weiteren Grenzfläche abgelenkt wurden. Der zuvor postulierte Erdkern muß demnach noch einen inneren Kern haben. Der Radius dieses inneren Kerns wurde damals mit etwa 1 285 km angenommen (TL/Erde 1990). Dieser innere Kern sei fest, vermuteten unabhängig voneinander 1940 Francis BIRCH 1903-1992) und 1946 Keith Edward BULLEN (1906-1976) (KÖLBL-EBERT 2001).
1941 kamen der deutsche Geophysiker W. KUHN und der schweizerische Vulkanologe und Petrograph Alfred RITTMANN (1893-1980) zu der Auffassung, daß der Erdkern aus Solarmaterie (wesentlich Wasserstoff und Helium) bestehen müsse und in einer Tiefe von 2 200 km beginnen würde, wobei in etwa 2 400-2 500 km Tiefe die stoffliche Differentiation vollständig verschwunden und nur noch einheitliche Solarmaterie gegeben sein soll (HAALCK 1954).

Seismische Fernerkundung mittels S-Wellen

Die aus den Ergebnissen seismischer Fernerkundung abgeleiteten Dichteunterschiede in der äußeren Gesteinsschicht der Erde waren Veranlassung, diese zu gliedern in die weniger dichte *Erdkruste* und den darunter liegenden dichteren *oberen Erdkernmantel*.

Nach DEWEY (1972) zeigen mehrere Untersuchungsergebnisse, daß an einer bestimmten Fläche im Erdinnern die S-Wellen-Geschwindigkeit plötzlich abnehme. Diese Fläche liege unter Kontinenten und Ozeanen unterschiedlich tief (Bild 3.80). Die Meßergebnisse ließen darauf schließen, daß die Gesteinsschicht der Erde eine spröde äußere Schale habe: die *Lithosphäre*. Ihr unterliege eine wärmere und weichere Schicht: die *Asthenosphäre* (in der die S-Wellen-Geschwindigkeit wieder zunehme, besonders stark im Bereich 350-450 km Tiefe und kurz vor 700 km Tiefe).

Bild 3.80
Unterschiedliche
Geschwindigkeiten der
S-Wellen im Erdinnern.
Quelle: Daten der
S-Linien nach DEWEY
(1972)
E = Erdkruste
L = Lithosphäre
A = Asthenosphäre

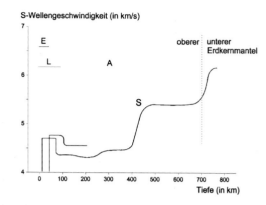

Die Erdkruste (E) hat offenkundig einen unregelmäßigen Aufbau mit zahlreichen regionalen und lokalen Besonderheiten. Ihre Gestalt ist vorrangig von tektonischen Einwirkungen sowie von der Erosion geprägt. Aufgrund verschiedener Gesteinsarten bestehen sowohl laterale als auch vertikale Dichteänderungen. Wesentliche Unterschiede bestehen zwischen der Kruste im kontinentalen und im ozeanischen Bereich. Die Kruste ist größtenteils von Sedimentzonen unterschiedlicher Dicke bedeckt. Typische Dichtewerte der Sedimentzonen liegen zwischen ϱ = 2000...2600 kg/m³ (KUHN 2000). Im kontinentalen Bereich können unterschieden werden: Oberkruste und Unterkruste. Bei der Oberkruste wird angenommen, daß sie aus sauren Gesteinen (Granit) bestehe mit mittleren Dichtewerten von ϱ = 2500...2800 kg/m³. In der Unterkruste steige die Dichte bis auf Werte ϱ = 2700...3100 kg/m³ an. Bei der Unterkruste wird angenommen, daß sie vorrangig aus basischen Gesteinen bestehe, wie Gabbro (Basalt). Die Grenzfläche zwischen Ober- und Unterkruste wird Conrad-Diskontinuität genannt. In Mitteleuropa liege sie etwa im Tiefenbereich von ca 12...20 km, in verschiedenen Regionen sei sie gar nicht existent. Im Vergleich dazu ist die Grenzfläche zwischen der Unterkruste und dem oberen Erdkernmantel, die Mohorovicic-Diskontinuität (kurz MOHO) durch einen starken Wechsel seismischer Geschwindigkeiten (etwa der S-Wellen) deutlich gekennzeichnet und damit auch ein entsprechender Dichtesprung. Es wird angenommen, daß die Dichte hier auf einen Wert von ca ϱ = 3400 kg/m³ wechselt. Der obere Erdkernmantel bestehe vorrangig aus ultrabasischem Gestein (Peridotit). Die MOHO (Mohorovicic-Diskontinuität) ist benannt nach dem kroatischen Seismologen Andrija MOHOROVICIC (1857-1936), der sie 1909 erkannt hatte. Vielfach wird angenommen, daß sie im kontinentalen Bereich in ca 25...70 km Tiefe, im ozeanischen Bereich in ca 10...20 km Tiefe liege (KUHN 2000). Im ozeanischen Bereich fehle die zuvor beschriebene Oberkruste vollständig.

Bild 3.81
Schema der Erdkruste. Quelle:
KUHN (2000)

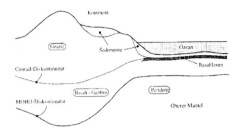

Zwischen den Sedimenten und der Unterkruste befinde sich lediglich eine dünne Schicht von Basaltlaven oder stark verfestigten Sedimenten. Die Grenzfläche zwischen Lithosphäre und Asthenosphäre ist gekennzeichnet durch die plötzliche Geschwindigkeitsabnahme der S-Wellen (für Kontinent und Ozean unterschiedlich). Der oberhalb von 100 km Tiefe liegende Teil der Erdkruste und des oberen Erdkernmantels wird Lithosphäre (L) genannt, der darunter liegende heiße Mantelbereich geringer Viskosität verhält sich wie zähe Flüssigkeit und wird Asthenosphäre (A) genannt.

Gegenwärtige Auffassungen zur Gliederung und Beschaffenheit des Erdinnern

Die Erkenntnisse über das Erdinnere sind fast nur auf *indirektem* Wege zu gewinnen: durch Interpretation des Verlaufs der Erdbebenwellen im Erdinnern, durch Experimente in Hochdrucklaboratorien, durch chemische und mineralische Untersuchungen an den aus der Tiefe ausgeworfenen Gesteinen, sowie durch Berechnungen mit unterschiedlichen Modellen. Grundsätzlich ist zu beachten, daß die seismischen Aussagen auf die empirisch gewonnenen Laufzeitkurven basieren. Diese müssen, wie alle Erfahrungsergebnisse, mithin von Zeit zu Zeit überprüft und dem jeweiligen Stand der Erkenntnis angepaßt werden. Dies gilt auch für die Rückschlüsse, die man aus den darauf bezogenen seismischen Daten gezogen hat (JUNG 1960).

Als gegenwärtig allgemein anerkannt kann die in den Bildern 3.79 und 3.80 gegebene generelle Gliederung des Erdinnern nach seismologischen/geophysikalischen Erkenntnissen gelten, wobei die markanten Diskontinuitäten vorrangig Änderungen des Zustands (Elastizität und Dichte) anzeigen. Der Geschwindigkeitsverlauf der S-Wellen ist dort nicht eingetragen. Er fällt mit dem Übergang in den äußeren Kern (in 2 900 km Tiefe) auf Null. Erst im inneren Kern treten S-Wellen wieder auf (Bild 3.77). Sie entstehen an der Grenzfläche äußerer/innerer Kern durch partielle Umwandlung der P-Wellen (STROBACH 1991). Aus dem Nichtauftreten der S-Wellen im äußeren Kern wird geschlossen, daß sein Zustand flüssig ist (das heißt, er *verhält* sich so). Die

heutigen *stofflichen* Gliederungen akzeptieren zwar weitgehend die seismische Gliederung, doch bezeugen die verschiedenen Modelle, wie etwa das Pyrolit-Modell, das Pyrolit-Klinopyroxen-Modell und das Eklogit-Modell (übersichtlich dargestellt in STROBACH 1991), die hier noch bestehenden unterschiedlichen Auffassungen. Generell ist gegenwärtig weitgehend anerkannt die nachstehende Gliederung des Erdinnern (SOFFEL 1993, STROBACH 1991):
   Kruste
fest (heterogen aufgebaut, reich an sogenannten inkompatiblen Elementen Natrium, Kalium, Aluminium, Kalzium).
   Mantel
fest (überwiegend eisen- und magnesiumhaltige Silikate),
   äußerer Kern
flüssig (Eisen und Eisenoxid),
   innerer Kern
fest (Eisen mit etwas Nickel, Schwefel, Silizium und anderen sogenannten siderophilen Elementen),

Siderophile Elemente sind solche mit bevorzugtem Metallcharakter gemäß der Unterscheidung in der Chemie: Metall/Nichtmetall. Es wird angenommen, daß der Hauptteil aller siderophilen Elemente bereits während der Akkretion zusammen mit dem metallischen Nickeleisen in den Kern geführt wurde (siehe auch Abschnitt 7.1.03).

Die **Erdkruste** wurde zuvor näher beschrieben. Sie reicht bis in eine Tiefe von ca 24 km hinab.

Der **Erdkernmantel** kann untergliedert werden in
   oberer Mantel: Tiefenbereich ca 24...410 km
   mit *Übergangszone:* Tiefenbereich ca 410...660 km
   unterer Mantel: Tiefenbereich ca 660...2900 km
Heute wird allgemein angenommen, daß der obere Mantel durchweg aus Peridotit besteht und das Gestein darunter dieselbe chemische Zusammensetzung hat. Allerdings erfolge unter wachsendem Druck in 410 km Tiefe und in 660 km Tiefe unvermittelt eine Umkristallisation des Olivins zu dichteren Mineralen (LAUSCH 2000).

Trotz intensiver theoretischer Bemühungen und zahlreicher Erkenntnisse aus erdbezogenen Experimenten und Messungen kann der Entwicklungsweg, der zur Entstehung und zum gegenwärtigen Entwicklungsstand der Erde geführt hat, bisher noch nicht hinreichend sicher nachvollzogen werden. Obwohl eine gewisse Konvergenz neuerer Modellvorstellungen zu erkennen ist, bestehen noch immer gewichtige kontroverse Auffassungen sowohl über die Entwicklungsgeschichte der Erde als Ganzes, als auch über die des Erdinnern im besonderen.

> Als gegenwärtige Auffassung vom Schalenaufbau des **Erdinnern** können folgende Daten gelten (SCHICK 1997):

Grenzfläche
zwischen dem Erdinnern und dem Erdäußeren
ist die Geländeoberfläche.

Erdkruste
Ihre Mächtigkeit beträgt   unter dem Meer   6 km
    im Kontinent   30...60 km
Die obere Erdkruste besteht vorrangig aus Granite und Gneise, die untere Erdkruste vorrangig aus Basalte.
Die *Moho-Diskontinuität* trennt die Erdkruste vom darunter liegenden Erdkernmantel, der sich vorrangig aus den ultrabasischen Gesteinen Olivin, Pyroxen und Granat zusammensetzt.

Lithosphäre
Tiefenbereich: 0 - 80 km...150 km

Astenosphäre
Tiefenbereich: 80 km...150 km - 400 km

Übergangszone der Gesteine in Hochdruckmodifikationen
Tiefenbereich: 400 km - 660 km

Unterer Erdkernmantel
Tiefenbereich: 660 km - 2 900 km

Äußerer Erdkern
Tiefenbereich: 2 900 km - 5 150 km
Der Äußere Erdkern besteht vorrangig aus Eisen, zusätzlich Nickel, Sauerstoff und/oder Schwefel. Sehr geringe Viskosität, „flüssig".

Innerer Erdkern
Tiefenbereich: 5 150 km - 6 371 km
Der Innere Erdkern besteht vorrangig aus Eisen mit einigen Prozent Nickel. Nach neueren Erkenntnissen *rotiert der feste Innere Erdkern* gegenüber den darüber liegenden Schichten des Erdinnern etwa einmal im Jahrhundert um seine Achse.

Stille Erdbeben, Tsunami

Nicht immer erzittert das Gelände (die Erdkruste), wenn sich Spannungen an einer Scherzone plötzlich entladen. Die Spannungen können sich auch durch sanftes Gleiten innerhalb von Stunden bis Tagen lösen. Sogenannte *stille Erdbeben*, besonders wenn sie am Rand von Vulkaninseln auftreten, können Flankenabbrüche des Geländes herbeiführen, bei denen die Kraterwand ins Meer stürzt und eine sehr hohe Welle auslöst (Tsunami). Treten stille Erdbeben an Subduktionszonen auf, können sie starke Erdstöße nachsichziehen. Anderseits können solche stillen Erdbeben die Gefahr verheerender Erdbeben auch mindern, weil sie an Störzonen, die kurz vor einem gewaltsamen Aufbrechen stehen, Spannungen abbauen. Nach CERVELLI (2004), der eine Übersicht über solche Beben im Bereich der Hawaii-Inseln gibt, könnte *Wasser* stille Erdbeben auslösen, wenn es in eine anfällige Störzone vordringt. Da es durch die Last der darüber liegenden Gesteine unter hohem Druck stehe, könnte es sich in den Spalt an der Bruchfläche zwängen und ihn erweitern, wodurch die Haftreibung zwischen benachbarten Gesteinsblöcken verringert und die Möglichkeit des Vorbeigleitens erleichtert werde. Anhand der Messungsergebnisse mehrerer permanent aufzeichnender GPS-Empfänger stellte Cervelli fest, daß die Südflanke des Vulkans Kilauea auf Hawaii entlang einer Verwerfung im Untergrund um 10 cm verrutscht war. Diese Bewegung erfolgte innerhalb ca 36 Stunden und war lautlos abgelaufen, im Gegensatz zu üblichen Erdbeben, wo die gegenüberliegenden Seiten der Verwerfungsfläche in Sekunden aneinander vorbeigleiten und dabei seismische Wellen erzeugen, die das Gelände rumpeln und wackeln lassen.

Eine Störung am Meeresgrund, ein Seebeben, stößt darüberliegendes Wasser empor; es entsteht eine Welle, die sich mit hoher Geschwindigkeit über tiefes Wasser hinweg fortpflanzt. Läuft sie auf Land auf, wird die gespeicherte Energie so stark konzentriert, daß sehr schnell Wellenhöhen von 30 m und mehr entstehen. Eine solche Serie von Wellen (mit den Stadien Entstehung, Fortpflanzung, Überflutung) wird *Tsunami* genannt, in Anlehnung an das japanische Wort *tsu-nami*, das wörtlich mit "Hafenwelle" zu übersetzen wäre (jap: tsu = Hafen, nami = Welle).

Tsunami unterscheiden sich wesentlich von anderen Meereswellen, etwa solchen, die der Wind erzeugt. Diese entstehen nur in der obersten dünnen Wasserschicht und kräuseln lediglich die Oberfläche des Meeres. Auch Stürme, die das Wasser vereinzelt bis zu 30 m hoch aufwerfen und es auf mehr als 100 km/h antreiben, bewegen keine tieferen Wasserschichten. Meeresgezeiten dagegen verursachen Strömungen, die bis zum Meeresgrund hinabreichen, ebenso Tsunami. Im tiefen Wasser kann eine Tsunamiwelle mehr als 700 km/h schnell sein (GONZALEZ 1999). Auf offener See werden Tsunamiwellen dennoch meist nicht als solche erkannt, denn sie sind dort in der Regel nur wenige Meter hoch, da sich in diesem Teil des Meeres ihre Längen sogar über 750 km erstrecken können. Im "Hafen", beim Auflaufen auf Land, zeigt sich allerdings ein anderes Bild (siehe oben). Vielleicht trägt die Wellenserie deshalb den Namen "Hafenwelle". Tsunami entstehen meist durch Seebeben, können aber auch durch *untermee-*

rische Vulkanausbrüche, Meteoriteneinschläge, Lawinen oder Bergstürze und Hangrutschungen hervorgerufen werden. Die *Ausbreitungsgeschwindigkeit* v der Wellen eines Tsunami (in physikalischer Sicht sind es Oberflächenwellen) ergibt sich aus der Beziehung (SCHICK 1997):

$$v = \sqrt{g \cdot d}$$

g = Schwerebeschleunigung = 9,81 m/sec^2
d = Wassertiefe

Diese Wellen werden gelegentlich *Schwere-* oder *Gravitationswellen* genannt (siehe hierzu auch Abschnitt 4.2.01).

Da sich Tsunami langsamer Ausbreiten als seismische Wellen, ist die Einrichtung von **Warnsystemen** sinnvoll. Mittels Seismogrammen kann innerhalb weniger Minuten nach dem Eintritt eines Erdbebens dessen Ort, Stärke und der aus der Herdmechanik zu vermutende vertikale Versatz des Meeresgrundes berechnet werden, so daß bei Verdacht des Aufkommens eines Tsunami die voraussichtlich gefährdeten Küstenorte und Küstenbereiche über Ankunftszeit und Stärke der Flutwelle informiert werden können. Ein solches Frühwarnsystem ist beispielsweise im pazifischen Bereich installiert: **PTWC** = Pacific Tsunami Warning Center (mit Hauptsitz in Honolulu, Hawai).

Datum	Magnitude	maximale Wellenhöhe	Region
1946.04	7,8	35 m	Pazifik, Hawaii (165 Todesopfer)
1992.09	7,0	10 m	Pazifik, Nicaragua (170)
1993.07	7,8	31 m	Pazifik, Japan (239)
1998.07	7,1	15 m	Pazifik, Neuguinea (2 200)
2004.12	9,0	>10 m	Indik, westlich Sumatra (? **286 000**)

Bild 3.82
Daten einiger Tsunami. Quelle: GONZALEZ (1999) und andere. Erdweit wurde für den Zeitabschnitt 1990-1999 von 82 Tsunami berichtet. 10 davon führten zu mehr als 4 000 Todesopfern. Weitere Daten zur Tsunami-Katastrophe in Südostasien (2004.12) sind enthalten in TRAGESER (2005).

Rheologie der Erdkruste (der Lithosphäre)
Die Rheologie beschreibt das Deformationsverhalten und Fließen von Stoffen unter Einwirkung von äußeren Kräften und in Abhängigkeit von der physikalischen und chemischen Struktur der Stoffe. Bei der Modellierung tektonischer Deformationen ist ein wesentlicher Parameter die deviatorische Spannung, also der anisotrope Anteil des

Spannungsfeldes. Eine übersichtliche Darstellung der Phänomene, insbesondere ihrer Modellierung, ist enthalten in HEIDBACH (2000). Zur *Vermessung* des durch Beben verursachten Versatzes von Gelände kann die satellitengestützte differentielle Interferometrie eingesetzt werden (ROTH/HOFFMANN 2004).

3.2.04 Bohrungen in die Erdkruste

Neben der seismischen Fernerkundung des Erdinnern (der indirekten Erkundung) steht die Bohrung ins Erdinnere (die direkte Erkundung). Zunächst folgt ein Überblick über bisher durchgeführte direkte Erkundungen. Anschließend werden die aktuellen (wissenschaftlichen) Bohrprogramme zur Erforschung der ozeanischen und kontinentalen Kruste behandelt.

Bergbau

Der Mensch nutzt zahlreiche Stoffe der Erde, die mehr oder weniger tief unter der Geländeoberfläche lagern. Wenn ein bestimmter Stoff in einem geographisch begrenzten räumlichen Bereich in größerer Menge (in größerer Anreicherung) vorkommt, spricht man von einer "Lagerstatt" des betreffenden Stoffes. Liegen Lagerstätte in diesem Sinne relativ dicht unter der Geländeoberfläche, ist die Stoffgewinnung durch Bergbau meist im *Tagebau* möglich, bei tieferliegenden Lagerstätten erfolgt die Stoffgewinnung entweder im *Untertagebau* oder durch *Bohrung* in die anstehende Erdkruste (die Begriffe (Über-)Tagebau und Untertagebau beziehen sich dabei auf den *Landbergbau*, nicht auf den *Meeresbergbau*). Die direkt gewonnenen Stoffe ("Rohstoffe") werden anschließend in der Regel "veredelt", das heißt, sie werden in andere Formen umgewandelt, die in der Sicht des Menschen als höherwertig gelten. Für den Menschen (derzeit) lebenswichtige Umwandlungen sind beispielsweise die Umwandlung fossiler Brennstoffe (Braunkohle, Steinkohle, Erdöl, Erdgas, Ölschiefer, Teersande) oder Kernbrennstoffe (Uran, Torium) in Energie. Aber auch Umwandlungen bis hin zu künstlerischen Dimensionen sind zu vermerken, wie etwa die Umwandlung von Rohdiamanten in geschliffene Diamanten, die als Schmuck- oder Kunstgegenstände im allgemeinen hochgeschätzt sind. Die letztgenannte Interessenlage führte bekanntlich zum größten von Menschenhand ausgeschaufelten Loch in der Erdkruste: das "Big Hole" der Kimberley Mine in Südafrika. In den Jahren nach 1871 begonnen, hatte dieser trichterförmige Tagebau bei der Stillegung 1914 einen Oberflächendurchmesser von rund 450 m und eine Tiefe von 400 m (BAUER 1989). Die erdweit größte Schachttiefe im Untertagebau (Kupferförderung) betrug zu jener Zeit jedoch bereits über 1 500 m (MKL 1905). Um 1986 war als *größte Schachttiefe* im Untertagebau (Goldförderung) rund der doppelte vorgenannte Betrag erreicht worden (Südafrika = 2 948,9 m).

Höhlen

Die bisher bekannte *tiefste* Höhle der Erde liegt in den Westalpen (1 535 m), die

zweittiefste befindet sich im Kaukasus (1 370 m) (GUINNES/ ULLSTEIN 1986).
Bohrungen
Bohrungen in die Erdkruste werden (abgesehen von denen, die zur *Einrichtung* von Bergwerken dienen) sowohl zur *Verifizierung* von Prospektionsergebnissen, als auch zur *Förderung,* etwa von Kohlenwasserstoffen (Erdöl, Erdgas), durchgeführt. Man spricht von einer *Tiefbohrung,* wenn die Tiefe unter der Geländeoberfläche > 5 km ist. Ist die Tiefe >8 km, nennt man die Bohrung gelegentlich auch ultratiefe Bohrung (SOFFEL 1993 und andere). Da die so definierte "Tiefe" nach Bild 3.101 einen Höhenanteil einschließt, wird sie (wie im Bergbau vielfach üblich) auch als *Teufe* bezeichnet. Es ist leicht einsehbar, daß die technischen Anforderungen (und damit auch die Kosten) mit zunehmender Tiefe wachsen (die Kosten exponentiell, DFG 1981), so daß die Unterscheidung zwischen Tiefe und Teufe in dieser Hinsicht Bedeutung hat. Auch Tiefbohrungen werden seit langem durchgeführt. In Deutschland (West+Ost) wurden im Zeitraum von 1960-1980 etwa 13 Tiefbohrungen (Teufe > 5 km) niedergebracht (DFG 1981). Von den diesbezüglichen Aktivitäten in den anderen europäischen Staaten ist besonders die Tiefbohrung bei Zaplarny auf der Halbinsel Kola (Rußland) bekanntgeworden (Bezeichnung *Kola SG 3*), bei der 1984 erstmals eine Teufe von 12,066 km erreicht wurde (RISCHMILLER 1990). Die Bohrung steht allerdings in einem sehr alten und ausgekühlten Teil der europäischen kontinentalen Kruste, in dem pro km die Temperatur nur um etwas weniger als 20°C zunimmt; bei einer Tiefe von 12 km liegen die Temperaturen dort bei knapp 250°C (SOFFEL 1993). Die erdweiten Bohraktivitäten sind kaum überschaubar, beispielsweise wurden in den USA im Jahre 1979 mehr als 60 Bohrungen im Teufenbereich zwischen 6-9 km niedergebracht (DFG 1981). Die vorstehenden Ausführungen lassen anklingen, daß die meisten bisher durchgeführten Bohrungen auf den Kontinenten und in deren Randgebieten (Schelfe) vorrangig *wirtschaftlich* ausgerichtet waren. Sie liegen daher überwiegend in Sedimentbecken (mit vorrangig jungen, relativ kalten Füllungen) und wurden nicht oder nur lückenhaft gekernt (das "Kernen", den elektrischen Widerstand der Schichten eines Bohrloches messen und anderes, ist kostenaufwendig). Nach Auffassung mancher Wissenschaftler erbrachten sie daher in der Regel nur relativ wenige Informationen zu bestimmten wissenschaftlichen Fragestellungen.

Die Geschichte der Erdkrustenbohrungen reicht weit zurück. KONFUZIUS berichtet, daß in China bereits 600 v.Chr. Bohrungen auf Salzsole bis ca 500 m Teufe niedergebracht wurden (RISCHMÜLLER 1990). Im europäischen Altertum und Mittelalter erfolgten Bohrungen zur Wassergewinnung und später zur Erkundung flacher Erzgänge. Nach einer gewissen Stagnation beschleunigte sich im Laufe des 19. Jahrhunderts die Entwicklung der Bohrtechnik, so daß bald rund 2 000 m erreicht werden konnten (Bild 3.83).

Bild 3.83
Entwicklung
der Bohrtechnik bezüglich
erreichbarer
Bohrtiefen.
Quelle:
RISCHMIL-
LER (1990)

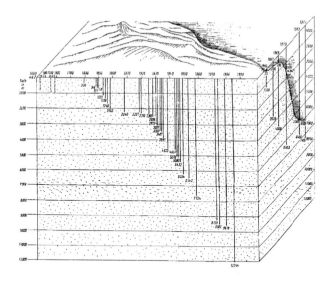

Wie zuvor
angesprochen,
dienen Bohrungen zur
Lösung verschiedener
Aufgaben,
insbesondere
auch zur Verifizierung von Prospektionsergebnissen, sie ermöglichen aber auch eine *Verifizierung*
der mit Hilfe seismischer Fernerkundungsverfahren über den Bereich der Erdkruste
erhaltenen Interpretations- und Meßergebnisse. Im Gegensatz zu den mehr indirekten
Informationen der Fernerkundung, liefern Tiefbohrungen direkte Informationen über
den *in-vivo-Zustand* der Kruste und die gegenwärtig in ihr ablaufenden Prozesse,
wobei als Informationsquelle vor allem dienen: das Bohrloch selbst und die aus dem
Bohrloch gewonnenen Informationsträger, wie Bohrkerne, Bohrklein, Bohrspülung
und die darin enthaltenen Gase. Diese Beobachtungsergebnisse (in der Regel Meßergebnisse) sind nicht ersetzbar etwa durch entsprechende Beobachtungen an gleichen
Gesteinsarten, die an der Geländeoberfläche anstehen, denn diese sind geologisch "tot"
(SOFFEL 1993), da sie sich in einem anderen Zustand und in einer anderen Umgebung
befinden als in der Tiefe, also vor Ort (in-situ oder auch in-vivo).

**Erkundung und Erforschung der *ozeanischen* Kruste
mittels Bohrungen**
Die Initiative zu einer global ausgerichteten Forschung ging von den USA aus. Hier
gründeten einige universitäre und außeruniversitäre Institutionen 1964 eine Organisation "Joint Oceanographic Institutions for Deep Earth Sampling" (JOIDES) zur systematischen Erkundung und Erforschung der ozeanischen Kruste in der Tiefsee und
beschlossen die Durchführung eines
1968 DSDP (Deep Sea Drilling Project).

1968 begannen die Bohrungen mit dem Bohrschiff "Glomar Challenger". Mit der Bohreinrichtung dieses Schiffes konnte *erstmals* in Tiefseegebieten gebohrt werden. Im Zeitraum von 1968-1978 wurden etwa 700 global verteilte Bohrungen in Wassertiefen bis über 7 km niedergebracht, 22 davon drangen tiefer als 1 km in den Meeresboden ein. Die tiefste Bohrung erreichte eine Teufe von 1,74 km (DFG 1979). Nach 1974 traten, neben einigen weiteren Institutionen der USA, auch Institutionen aus der Bundesrepublik Deutschland (Bundesanstalt für Geowissenschaften und Rohstoffe, Hannover), Frankreich, Japan, Großbritannien und der UdSSR dieser Organisation bei; das DSDP wurde damit zu einem internationalen geowissenschaftlichen Forschungsprogramm. 1983 endeten die Bohrungen mit der Glomar Challenger. Im gleichen Jahr wurde ein neues Programm initiiert unter der Bezeichnung
    1985 ODP (Ocean Drilling Program),
an dem sich 1991 bereits Institutionen aus 18 Staaten (zum Teil in Form von Konsortien) beteiligten. Die Bohrungen zu diesem Programm begannen 1985, nunmehr mit dem zu größeren Leistungen fähigem Bohrschiff "Joides Resolution" (das einen 61 m hohen Bohrturm hat; mit dem maximalen Bohrgestänge von 9,15 km Länge kann in Wassertiefen bis zu 8,2 km gebohrt werden). Die erste Phase dieses internationalen Programms endete 1993. Die Senatskommission für Geowissenschaftliche Gemeinschaftsforschung der Deutschen Forschungsgemeinschaft hat in einer Dokumentation (DFG 1991) die bisherigen Ergebnisse bewertet und befürwortete eine weitere Beteiligung Deutschlands an diesem internationalen geowissenschaftlichen Programm (DFG/J 1992, 1999).
    2003 IODP (Integratet Ocean Drilling Program)
Das ab 2003 geplante Programm soll in enger Kooperation mit dem Programm zur Erkundung und Erforschung der kontinentalen Kruste durchgeführt werden.

Durch gezielte Bohrungen in Tiefseegebieten sollen vor allem Gesteine und Lockersedimente gewonnen werden, die Aufschluß über die Entwicklung der Ozeane und Kontinente sowie über die Bildung der im Laufe der Jahrmillionen auf dem Meeresboden abgelagerten Stoffe geben. Untersucht werden soll unter anderem, wie die neue Erdkruste in den Kammregionen der erdumspannenden ozeanischen Rücken entsteht und was sich geologisch in den Tiefseegräben vollzieht, in denen heute Erdkruste wieder "verschluckt" wird (DFG/J 1992). Die bisherigen wichtigsten wissenschaftlichen Ergebnisse aus den Bohrfahrten 100-128 der "Joides Resolution" sind zusammengefaßt in DFG (1991).

Erkundung und Erforschung der *kontinentalen* Kruste mittels Bohrungen

In Deutschland begannen ab 1977 die Vorarbeiten zu einem Kontinentalen Tiefbohrprogramm der Bundesrepublik Deutschland. Das Programm wurde 1994 mit einer Teufe von ca 9 km vorerst abgeschlossen. Inzwischen befindet sich ein "International

Continental Drilling Program" in Arbeit, zu dessen Gründungsmitgliedern auch Deutschland gehört (neben USA und China) (DFG 1999).

1987 KTB (Kontinentales Tiefbohrprogramm der Bundesrepublik Deutschland)

1977 begann die Senatskommission für Geowissenschaftliche Gemeinschaftsforschung der Deutschen Forschungsgemeinschaft eine Studie über ein kontinentales Tiefbohrprogramm, die 1981 vorgelegt wurde (DFG 1981). Nach der 1986 getroffenen Lokationsentscheidung, begann 1987 in der Oberpfalz in Bayern (bei Windischeschenbach) eine Vorbohrung bis zu einer Teufe von 4 km. 1990 wurde in ca 200 m Entfernung von der Vorbohrung mit der Hauptbohrung begonnen, die Ende 1994 eine Teufe von > 8,5 km erreicht hatte (BRAM 1994). Das Programm in der zugrundeliegende Konzeption wurde Ende 1994 abgeschlossen. Die bisherigen Ergebnisse der Vor- und Hauptbohrung lassen sich, basierend auf den Ausführungen von SOFFEL (1993) und im Hinblick auf das hier anstehende Thema, wie folgt zusammenfassen:

✧ Die Modellvorstellungen vom Aufbau des Untergrundes (Geschwindigkeitsverteilung der S-Wellen mit Interpretation, Magnetisierung und Dichte der Gesteine...) wurden prinzipiell bestätigt.

✧ Es konnte erstmals der Spannungszustand in 6 km Teufe direkt gemessen werden. Die horizontale Spannung in dieser Teufe war um 15% größer, als nach den Ergebnissen der Vorbohrung erwartet wurde. Es wird daraus geschlossen, daß der obere Teil der kontinentalen Kruste sich wie eine steife Schale verhält und einen Großteil der mechanischen Spannungen speichert (DFG/J 1992).

Anmerkung

Von ZOBACK et al.(1989) wurde erstmals eine globale Übersicht über den Spannungszustand der Erdkruste erstellt. Die Karte basiert auf bisher verfügbare, unterschiedliche Datensätze und zeigt die Richtungen der maximalen Kompressionsspannungen und die Richtungen der absoluten Plattenbewegungen. Für die Verteilung der Spannungen in der Erdkruste gab es bisher keine vergleichbare Karte (FUCHS 1990, 2000).

✧ Es wird vermutet, daß nicht der Magnetit (Fe_3O_4), sondern der Magnetkies (Fe_7S_8), vielleicht sogar global, das wichtigere natürliche magnetische Mineral für die Magnetisierung der Erdkruste ist.

✧ In der Vorbohrung wurde in über 3 km Teufe eine offene, mehrere cm breite Kluft angebohrt, obwohl aufgrund des Überlastdruckes dort eine solche nicht mehr erwartet wurde.

✧ Besonders spektakulär und in diesem Ausmaß unerwartet sind Zuflußzonen, aus denen stark salzhaltige und gasbeladene Laugen in erheblicher Menge in das Bohrloch eindrangen (Teufe ca 4 km). Die chemische Zusammensetzung dieser (Grundgebirgs-) Fluide und auch die Ergebnisse durchgeführter Temperaturmessungen lassen vermuten, daß auch im kristallinen Grundgebirge sich noch ein ständiger wechselseitiger Stoffaustausch sowohl mit den darüber-, als auch den darunterliegenden Bereichen vollzieht (DFG/J 1992). Dies hat unter anderem auch Bedeutung für die sachgerechte

Entsorgung von Schadstoffen in Bergwerken (SOFFEL 1993).

2003 ICDP (International Continental Drilling Program)
Zentrale Fragestellungen sind die Erforschung der Mechanismen von Erdbeben, Vulkanismus, Klimaänderungen in der Erdgeschichte und deren Ursachen, die Erforschung von Meteoriteneinschlägen und ihre Auswirkungen auf das Klima und das Massenaussterben bestimmter Lebewesen, physikalische Grundlagen der Plattentektonik, Bildungsmechanismen von Erzlagerstätten, die Erforschung der tiefen Biosphäre (DFG/J 1999, 2001). Deutschland wird im Rahmen der Mitarbeit ein "Tiefenlabor" aufbauen in der 4km-tiefen Vorbohrung und in der 9km-tiefen Hauptbohrung des KTB. Hier können erdweit erstmals in situ-Messungen in der tieferen Erdkruste durchgeführt werden.

3.3 Umgestaltung der Geländeoberfläche durch vorrangig exogene und kosmische Vorgänge

Verwitterung + Erosion + Materialtranssport + Sedimentation schaffen überwiegend das Detail der Geländeoberfläche. Aber auch der Mensch greift in mannigfacher Weise unmittelbar (durch Umsetzen von Gelände) und/oder mittelbar (im Sinne des Auslösens von Vorgängen) mit zunehmender Stärke in diese Umgestaltung ein. Andererseits beeinflussen die vielfältigen Formen der Geländeoberfläche und die im oberflächennahen Bereich ablaufenden Vorgänge seit altersher auch die Lebens- und Wirtschaftsweise des Menschen.

Einige Vorgänge können mehr oder weniger sowohl linienhaft als auch flächenhaft wirken. Man kann daher unterscheiden: linienhaft wirkende Erosion und flächenhaft wirkende Erosion. Letztgenannte wird auch *Denudation* genannt.

Die Definition des Begriffes **Erosion** erfolgt unterschiedlich: eine erste Version umfaßt nur die linienhaften Wirkungen des fließenden Wassers, eine andere Version umfaßt die linienhaften und flächenhaften Wirkungen der Agenzien *Wasser* (fluviale Erosion, Wasserosion, limnische Erosion, litorale Erosion/Abrasion, marine Erosion), *Eis* (Glazialerosion, Gletschererosion, Firn- und Schneeerosion/Nivation), *Wind* (äolische Erosion, Winderosion/Deflation), *Gravitation* und *Mensch* (MACHATSCHEK 1949, SCHULZ 1989). Die letztgenannte Version ist weitgehend identisch mit dem Begriff Abtragung. Hier wird die Benennung Erosion benutzt im Sinne von Abtragung.

3.3.01 Gesteinsverwitterung in Gebieten, die nicht oder nur zeitweise vom Meer bedeckt sind

	Physikalische Verwitterung	*Chemische Verwitterung*	*Organische Verwitterung*
Wirksame Kräfte	•Temperaturschwankungen (jährlich, täglich) •Spaltenfrost (Frostsprengung) •Gelöste Salze (Salzsprengung)	•Wasser •Kohlensäure •Sauerstoff der Atmosphäre •Abgase	•Wurzeldruck •Bodentiere, Bodenbakterien •Humus- und Wurzelsäuren
Ergebnis	Kantige Gesteinstrümmer, Blockschutt, Schuttböden	Feinkörnige Verwitterungsböden	
Gebiete des hauptsächlichen Vorkommens	Trockengebiete, Hochgebirge, Polargebiete	Feuchtheiße und feuchtwarme Gebiete	

Bild 3.84 Übersicht über die Gesteinsverwitterung in Gebieten, die nicht oder nur zeitweise vom Meer bedeckt sind (nach BRUCKER/RICHTER 1980/1983).

Die Gesteinsverwitterung in diesen Gebieten ist ein Vorgang der jenen Vorgängen vorausgeht, die die Einebnung der Geländeformen anstreben.

3.3.02 Zur Umgestaltung der Geländeformen durch weitere exogene Vorgänge

Dem tektonischem Aufbau von Geländeformen wirken gleichzeitig Vorgänge entgegen, die generell zwar eine Einebnung der Geländeformen anstreben, doch entstehen bei diesen Vorgängen neben *Abtragungsformen* auch *Aufschüttungsformen*. Prinzipiell lassen sich die diesbezüglichen Vorgänge gliedern in die Abschnittsfolge Erosion + Materialtransport + Sedimentation.

Agenzien der Einebnung sind: Wasser, Eis, Wind und Gravitation. Die daraus sich ergebenden Kräfte bewegen Bruchstücke des verwitterten Gesteins. Während des talwärts gerichteten Transports kann das erodierte Material durch Kollision mit anderen Bruchstücken und dem jeweils an der Geländeoberfläche anstehendem Gestein weiter zerkleinert werden. Bei nachlassender Antriebskraft beginnt schließlich die Sedimentation des mitgeführten Materials. Man kann somit unterscheiden zwischen Geländeformenbereiche, die durch *Erosion* entstanden sind (beispielsweise Berggipfel, Schluchten, Flußtäler, Hohlwege...) und die durch *Sedimentation* entstanden sind (beispielweise Moränen, Drumlins, Schwemmkegel, Flußdeltas...). Bleibt noch der Hinweis, daß der Transport des erodierten Materials nicht immer kontinuierlich verläuft, da die Materialmasse in der Regel nur dann in Bewegung gerät, wenn die einwirkende Kraft die Kraft des Beharrungsvermögens der Materialmasse hin reichend übersteigt.

Agens Wasser

Entsprechend den Formungsergebnissen, die vorrangig mit Hilfe des Wassers erzeugt werden, lassen sich folgende Formenbereiche unterscheiden (SCHULZ 1989):

Fluvialer Formenbereich
Vom fließenden Wasser geschaffen. Im Erosionsbereich entstehen (meist linienhafte) Geländeausnagungen und -einschnitte, im Sedimentationsbereich Sandbänke, Schlammgebiete u.a.
(Bezüglich Glazifluvialer Formenbereich: siehe Agens Eis)

Limnischer Formenbereich
Im Binnengewässerbereich beeinflussen die Formenbildung vor allem die Größe des Gewässers und seine Ausdehnung in der vorherrschenden Windrichtung (und Wasserströmungsrichtung).

Litoraler Formenbereich
Im Erosionsbereich wirken vor allem die Wellen und die Brandung des Meeres, die Gezeiten des Meeres (Ebbe und Flut) sowie Landhebungen und -senkungen, Meeresspiegelschwankungen u.a. Das erodierte Material wird von Meeresströmungen in den Sedimentationsbereich transportiert. Bei Flut- und Ebbeströmungen wird auch von Gezeitenerosion gesprochen (QUIRING 1948).

Mariner Formenbereich
Erosion, Transport und Sedimentation erfolgen durch Suspensionsströmungen (GREGORY et al.1991).

Organogener Formenbereich
Durch Feuchtigkeit und dementsprechender Vegetation geschaffene Formen: Moor u.a. Die Feuchtigkeit in diesem Gebiet ist niederschlags- oder/und geländebedingt.

Karstischer Formenbereich
Geschaffen durch Lösen von verkarstungsfähigem Gestein (Korrosion).

Agens Eis

Entsprechend den Formungsergebnissen, die vorrangig mit Hilfe des Eises erzeugt werden, kann man folgende Formenbereiche unterscheiden (SCHULZ 1989):

Glazialer Formenbereich
Vom fließenden Eis geschaffen. Gletschereis erodiert, transportiert das Erosionsmaterial und sedimentiert es in Schotterebenen, Moränengeschieben u.a. Abschmelz- und Verdunstungsvorgänge im Bereich der Gletscheroberfläche erzeugen dort Kleinformen.
In Steillagen können Grundlawinen Schneisen in eventuell vorhandene Vegetation reißen und damit fluviale Erosion ermöglichen (GREGORY et al.1991).
Periglazialer Formenbereich
Vorrangig vom Schmelzwasser geschaffen, aber auch durch Wechsel von Auftauen und Gefrieren des Geländes. Die Formenbereiche liegen dementsprechend im Randbereich vor dem Inlandeis und vor Gletschern sowie im Permafrostbereich.
Glazifluvialer Formenbereich
Nach SCHULZ (1989) umfaßt dieser Bereich die großen Erosions- und Sedimentationsformen im Eisvorfeld: Sander, Urstromtalbereiche sowie die Schmelzwasserrinnen, die unter dem Eis angelegt und im Eisvorfeld weitergebildet werden.

Agens Wind

Entsprechend den Formungsergebnissen, die vorrangig mit Hilfe des Windes erzeugt werden, läßt sich definieren ein
Äolischer Formenbereich
Im Erosionsbereich verliert der Boden durch Auswehen (Ausblasen) Teile des Feinmaterials; gröbere Gesteinsbrocken verbleiben und bilden ein Steinpflaster (Deflation, Deflationsgebiet). Sandbeladener Wind schleift weiche Steine ab (Korrasion) und arbeitet harte aus ihrer Umgebung heraus. Im Sedimentationsbereich entstehen Dünen, Wüsten u.a.
Bereits bei Windgeschwindigkeiten von 6,5 m/s wird Sand mit Korngrößen von 0,5 mm bewegt. Grobkörniges Material wird selten über größere Entfernungen getragen. Sehr feine Partikel können weit wegetragen werden (GREGORY et al.1991).

Agens Gravitation

Entsprechend den Formungsereignissen, die vorrangig mit Hilfe der Gravitation erzeugt werden, läßt sich definieren ein
Gravitativer Formenbereich
Die Schwerkraft der Erde (Erdgravitation) ist mehr oder weniger an der Entstehung aller Formenbereiche beteiligt. Überragendes Gewicht hat sie jedoch bei Augenblicksereignissen, etwa bei Fall- und Rutschungsvorgängen (Steinschlag, Bergrutsch...) im Erosionsgebiet, wobei in der Regel auch das Agens Wasser beteiligt ist. Im Sedimentationsbereich (am Hangfuß) entstehen Schutthalden... (SCHULZ 1989).

373

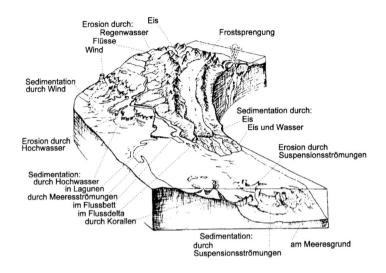

Bild 3.85
Die Umgestaltung der Geländeoberfläche der Erde durch vorrangig exogene und kosmische Vorgänge (die Schemadarstellung veranschaulicht einige diesbezügliche Abläufe). Quelle: GREGORY et al.(1991), verändert

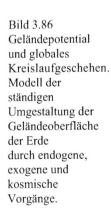

Bild 3.86
Geländepotential
und globales
Kreislaufgeschehen.
Modell der
ständigen
Umgestaltung der
Geländeoberfläche
der Erde
durch endogene,
exogene und
kosmische
Vorgänge.

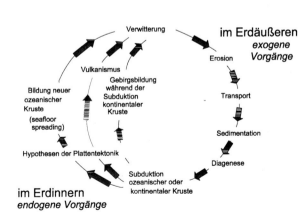

Agens Mensch

Die vom Menschen unmittelbar geschaffenen Geländeformen können zusammengefaßt werden in einen

Anthropogenen Formenbereich

Er umfaßt Dämme, Deiche, Staumauern, Halden, Ackerterrassen, Tagebaue, Kiesgruben, Kanäle, Gräben usw.

Wie bereits erwähnt, ist der Mensch oftmals auch Auslöser von exogenen Vorgängen: Hohlweg-Entstehung, Badland-Entstehung (durch anthropogen verursachte Vegetationsarmut) und anderes.

4 Eis-/Schneepotential

Globale Flächensumme
minimal ca 27 000 000 km²
maximal ca 90 000 000 km²
?

Das Eis-/Schneepotential der Erde schließt ein: Meereis, Schelfeis, Inlandeis, Gletschereis, Seeeis, Flußeis, Bodeneis und Schnee. Beim *Eis* der Erde können zwei Bildungsarten unterschieden werden: die Ablagerung als Schneedecke mit anschließender Metamorphose zu körnigem Eis (wesentlich für alle Schelf-, Inland- und Gletschereise) und die Bildung von Eis aus der flüssigen Phase (das oberflächliche Gefrieren der Meere, Seen und Flüsse sowie die Eisbildung im Boden) (BAUMGARTNER/LIEBSCHER 1990).

Eisbildung aus der		*Eisarten*	*Vorkommen*
Gasphase	Metamorphose Schnee ⇨⇨⇨⇨⇨	Gletschereis	Gebirge, Schelfeis, kontinentale Polargebiete.
flüssigen Phase		Süßwassereis Meereis	Seen und Flüsse. Polare Meeresteile.

Bild 4.1
Zur Unterscheidung natürlich entstehender Eisarten. Quelle: HELLMANN (1990).
Existenz und Eigenschaften des *interstellaren* Eises sind im Abschnitt 7.1.01 erläutert.

Die vorgenannten Eisarten sind im wesentlichen ein Zweiphasengemisch aus Wasser in der festen Phase und luftgefülltem Porenraum (unterschiedlichen Volumenanteils). Beim Meereis ist eine weitere Phase bedeutungsvoll: die Salzlauge der im Meerwasser gelösten Salze (Abschnitt 4.3). Die "Oberflächenschmelze" ist im Abschnitt 4.2.08

angesprochen. *Schnee* im vorgenannten Sinne ist fallender und gefallener Niederschlag atmosphärischer Eisaggregate; die Bedeckung der Bodenoberfläche mit einer Schneehöhe von mindestens 1cm wird *Schneedecke* genannt. Der Begriff Schneedecke schließt auch sekundäre Ablagerungen mit ein: Driftschnee (Treibschnee), andere feste Niederschlagspartikel von nichtschneeiger Konsistenz, Oberflächenreif, flüssiges Niederschlags- und Schmelzwasser, Luft und Verunreinigungen. Inland- und Gletschereismassen können daher als Sedimente des atmosphärischen Niederschlags aufgefaßt werden. Für die Akkumulation (den Zutrag) im Massenhaushalt eines Gletschers haben jedoch auch die Zufuhr von Treibschnee und (in bestimmten Gebirgen) die Schneezufuhr durch Lawinen große Bedeutung. Die Ablation (der Abtrag) wird in mittlerer geographischer Breite vorrangig von der Energiebilanz an der Oberfläche bestimmt (BAUMGARTNER/LIEBSCHER 1990); das polare Eis verliert an Masse vor allem durch Kalben, dem Abbrechen von Gletscherzungen und Schelfeisstücken.

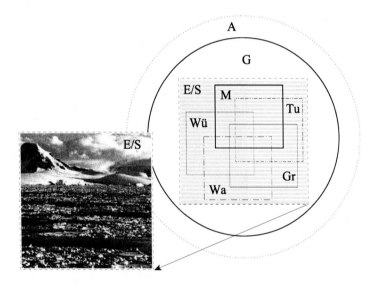

Bild 4.2
Das Eis-/Schneepotential (E/S) und die Verknüpfungen (im Sinne der Mengentheorie) zwischen dem Eis-/Schneepotential und den anderen Hauptpotentialen des Systems Erde.

4.1 Gegenwärtige globale Flächensummen

Meeresfläche + Landfläche + Antarktisfläche umfassen 510 Mio. km², wovon ein Teil *ständig*, ein Teil *zeitweise* und ein Teil *nicht* schnee-/eisbedeckt ist.

Ständig mit Eis bedeckte Fläche im System Erde

Die gegenwärtige globale Flächensumme dieses ständig bedeckten Teils stellt die **minimale** Flächensumme der Eis-/Schneebedeckungs der Erde dar.

Ständig mit Eis bedeckte Fläche der **Erde** Landfläche + Meeresfläche (Flächensummen in 10^6 km²)			
Nordhalbkugel	Südhalbkugel	Erde	Quelle
-	-	26,88	1990 BAUMGARTNER/LIEBSCHER
-	-	27	1991 STÄBLEIN
10,55	16,1	26,65	1991 HUPFER et al.

Ständig mit Eis bedeckte **Landfläche** der Erde			
2,079	12,617	14,696	1957 HEYBROCK
2,25	13,63	15,88	1990 BAUMGARTNER/LIEB. S.274
2,283	12,615	14,898	1991 GREGORY et al. S.50
-	-	15,5	1991 EK S.287
2,15	13,6	15,75	1991 HUPFER et al. S.118

Ständig mit Eis bedeckte **Meeresfläche** der Erde			
6-7	3	9-10	1982 GIERLOFF-EMDEN S.807+896
-	-	11	1990 BAUMGARTNER/LIEB. S.274
8,4	2,5	10,9	1991 HUPFER et al. S.118+130

Bild 4.3
Ständig mit Eis bedeckte Flächen der Erde (*minimale* Flächensumme der Bedeckung).

Die größte Inlandeismasse der *Nordhalbkugel* bedeckt Grönland. Die größte Inlandeismasse der *Südhalbkugel* bedeckt den antarktischen "Kontinent", wobei offen ist, welche Teile der Antarktis über dem mittleren Meeresspiegel liegen. Weitere Ausführungen hierzu sind in den Abschnitten 2.4 und 4.3.01 enthalten.

Jahresgang der Schnee-/Eisbedeckung im System Erde

Beim Betrachten von Jahresgängen, insbesondere von Jahresgängen der Schnee/Eisbedeckung in Polargebieten, haben die *Jahreszeiten* sowie die *Polarnacht* und der *Polartag* besondere Bedeutung. Die *klimatischen* Jahreszeiten werden in Mitteleuropa (auf der **Nordhalbkugel**) im allgemeinen wie folgt nach Kalendermonaten gegliedert:

März, April, Mai	= Nord-Frühling
Juni, Juli, August	= Nord-Sommer
September, Oktober, November	= Nord-Herbst
Dezember, Januar, Februar	= Nord-Winter

In der Antarktis (auf der **Südhalbkugel**) ist im allgemeinen folgende Gliederung gebräuchlich:

September, Oktober, November	= Süd-Frühling
Dezember, Januar, Februar	= Süd-Sommer
März, April, Mai	= Süd-Herbst
Juni, Juli, August	= Süd-Winter

Die **Polarnacht** beträgt in Gebieten nördlich beziehungsweise südlich der Polarkreise einen Zeitabschnitt von mehr als 24 Stunden, während dem die Sonne *nicht über* den Horizont geht. Die Dauer der Polarnacht ist abhängig von der geographischen Breite und beträgt zwischen 1 Tag (Polarkreis) und einem 1/2 Jahr (Pole). Der **Polartag** beträgt in Gebieten nördlich beziehungsweise südlich des Polarkreises gleichfalls einen Zeitabschnitt von mehr als 24 Stunden, während dem die Sonne *nicht unter* den Horizont geht. Ansonsten gilt das Gleiche wie bei der Polarnacht. Weitere Ausführungen zu Jahreszeiten, Umlauf der Erde um die Sonne und Kalender sind im Abschnitt 3.1.01 enthalten.

Den Jahresgang der Schnee-/Eisbedeckung im System Erde kann nachstehendes Beispiel verdeutlichen (Daten nach UNTERSTEINER 1984, siehe HUPFER et al. 1991).

379

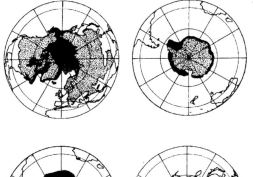

Bild 4.4/1
zeigt die Schnee-/Eisbedekkung wenn auf der **Nordhalbkugel Winter** ist.

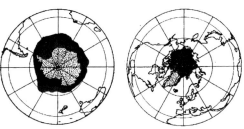

Bild 4.4/2
zeigt die Schnee-/Eisbedekkung wenn auf der **Südhalbkugel Winter** ist.
Meßergebnisse nach Satellitenbilddaten.

Näherungsweise kann mithin gesagt werden für
Winter auf der Nordhalbkugel:
  maximale Schnee-/Eisbedeckung auf der Nordhalbkugel,
  minimale Schnee-/Eisbedeckung auf der Südhalbkugel.
Winter auf der Südhalbkugel:
  umgekehrt.
Man spricht bei dieser Sachlage von **gleichzeitiger** Schnee-/Eisbedeckung, da beispielsweise zu einem *bestimmten Zeitpunkt* dem maximalen Betrag auf der Nordhalbkugel ein minimaler Betrag auf der Südhalbkugel gegenübersteht und umgekehrt. Die vorstehenden Aussagen bezüglich Maximum/Minimum gelten nur prinzipiell; Messungsergebnisse können mithin geringfügig davon abweichen. Eine andere Sachlage besteht, wenn etwa die maximalen Bedeckungen pro Jahr *summiert* werden, oder die minimalen, oder anderes.

Monat	Nordhalbkugel	Südhalbkugel	Erde
Januar	**58,4**	18	76
April	41,2	18	59
Juli	14,3	25	39
Oktober	22,8	**34**	57
Jahresmittelwert	34,8	23,8	59

Bild 4.5
Mittlerer Jahresgang der gleichzeitigen Schnee-/Eisbedeckung in Millionen km² (10⁶ km²) nach Satellitenbilddaten von 1967-1973 nach KUKLA/KUKLA 1974. Die Daten für die einzelnen Bereiche beziehen sich auf Land- *und* Meeresfläche. Quelle: HUPFER et al. (1991)

Jahresgang der Schnee-/Eisbedeckung auf der Nordhalbkugel

Den Jahresgang der Schnee-/Eisbedeckung auf der Nordhalbkugel kann nachstehendes Bild veranschaulichen.

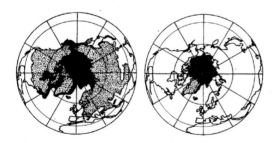

Bild 4.6
Schnee-/Eisbedeckung auf der Nordhalbkugel
im Winter (links)
im Sommer (rechts),
nach UNTERSTEINER 1984.
Quelle:
HUPFER et al. (1991)

Nach dem folgenden Bild liegt das **Maximum** der Schneebedeckung auf der Nordhalbkugel im **Februar** (mit einer bedeckten Fläche von ca 90 Mio. km²) und das Minimum Ende August (mit einer bedeckten Fläche von ca 19 Mio. km²).

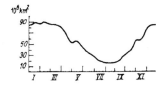

Bild 4.7
Mittlerer Jahresgang der Schneebedeckung auf der Nordhalbkugel (in Millionen km²), ermittelt aus Satellitenbilddaten der Jahre 1971-1975, nach BUDOVIJ et al. 1983. Die Angaben umfassen alle Schneedecken der Nordhalbkugel mit einer Höhe >2,5cm. Die Lage der Schneegrenze wurde mit einer Genauigkeit von ± 150 km ermittelt. Quelle: HUPFER et al.(1991).

Eine Aussage zur Schnee-/Eisbedeckung der **Landfläche** auf der Nordhalbkugel gibt nachstehendes Bild.

Eurasien	Nordamerika	Summe	Quelle
24	13*	37	BAUMGARTNER/LIEBSCHER (1990)S.274
30	17**	47	HUPFER et al. (1991) S.118

Bild 4.8
Mittleres jährliches Maximum der Schnee-/Eisbedeckung Eurasien+Nordamerika (in Millionen.km²). * = ohne Grönland. ** = ob mit oder ohne Grönland ist in Quelle nicht ersichtlich. Die schnee-/eisbedeckte Fläche Grönlands umfaßt ca 1,7 Millionen km².

Jahresgang der Schnee-/Eisbedeckung auf der Südhalbkugel

Den Jahresgang der Schnee-/Eisbedeckung auf der Südhalbkugel kann nachstehendes Bild veranschaulichen.

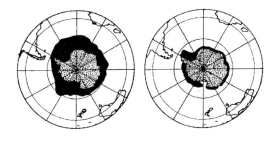

Bild 4.9
Schnee-/Eisbedeckung auf der Südhalbkugel
im Winter (links)
im Sommer (rechts),
nach UNTERSTEINER 1984.
Quelle: HUPFER et al.(1991)

Nach dem folgenden Bild liegt das **Maximum** der Schnee-/Eisbedeckung auf der Südhalbkugel im **September** (mit einer bedeckten Fläche von ca 32 Millionen km^2) und das Minimum im März (mit einer bedeckten Fläche von ca 16 Millionen km^2).

Monat	Daten entnommen aus GIERLOFF-EMDEN (1982)					(1)	(2)
	S.896		S.904 (nach SISSALA)				
			1966	1969	1970		
Januar	13,6+6,8	= 20,4				18	
Februar	4,3	= 17,9					19
März	**2,6**	**= 16,2**					
April	6,4	= 20,0				18	
Mai	9,2	= 22,8					
Juni	11,0	= 24,6					
Juli	13,9	= 27,5	28,26	30,43	31,22	25	
August	15,7	= 29,3	28,77	30,79	32,15		
September	**18,8**	**= 32,4**					
Oktober	17,8	= 31,4				34	34
November	15,2	= 28,8					
Dezember	11,4	= 25,0					

Bild 4.10
Jahresgang der Schnee-/Eisbedeckung auf der Südhalbkugel (in Millionen km^2)
a) Um Vergleichbarkeit zu ermöglichen, wurde zu den Daten S.896 (= Packeisbedeckung) der Betrag 13,6 (= Eisbedeckung antarktischer "Kontinent") addiert, der selbst aber auch variabel ist.
b) Die Angaben für 1966, 1969 und 1970 (S.904) basieren auf Satellitenbildauswertungen durch SISSALA et al.1972.
(1) *Mittlerer* Betrag der Schnee-/Eisbedeckung der Südhalbkugel (in Millionen km^2), ermittelt aus Satellitenbilddaten der Jahre 1967-1973, nach KUKLA/KUKLA 1974 (siehe HUPFER et al. 1991 S.120).
(2) *Mittlerer* Betrag der Schnee-/Eisbedeckung der Südhalbkugel (in Millionen km^2), ermittelt aus Daten der Jahre 1973-1975, nach WOODS 1984 (HUPFER et al. 1991). Die Daten wurden entnommen aus Bild 4.11. Um sie vergleichen zu können, sind sie um den Betrag 13,6 (= Eisbedeckung antarktischer "Kontinent") erweitert worden.

Den *Jahresgang* der Eisbedeckung der **Meeresfläche** auf der Südhalbkugel zeigt nachstehendes Bild.

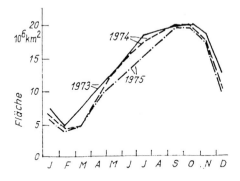

Bild 4.11
Jahresgänge der Eisbedeckung der **Meeresfläche** auf der Südhalbkugel für 1973, 1974, 1975 (Bedeckung vorliegend, wenn Bedeckungsgrad >15%), nach WOODS 1984. Quelle: HUPFER et al. (1991)

Nach Bild 4.11 liegt das **Maximum** der Eisbedeckung im **September/Oktober** (mit einer bedeckten Fläche von ca 20 Millionen km^2) und das Minimum im Februar (mit einer bedeckten Fläche von ca 5 Millionen km^2). Siehe hierzu auch Abschnitt 4.3.02.

Mittlere Schnee-/Eisbedeckung der Erde

Daten zum Verlauf der mittleren Schnee-/Eisbedeckung über mehrere Jahre hinweg geben unmittelbar Hinweise auf das Klimageschehen.

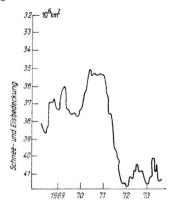

Bild 4.12
Nordhalbkugel.
Verlauf der *mittleren* Schnee-/Eisbedeckung in den Jahren 1967-1973 ermittelt aus Satellitenbilddaten, nach KUKLA/KUKLA 1974. Quelle: HUPFER et al. (1991), verändert

Minimale und maximale Schnee-/Eisbedeckung der Erde

	min	max	
Bedeckte Landfläche der Erde			
1957 HEYBROCK	15		
1990 BAUMGARTNER/LIEBSCHER (1)	16	53	
1991 GREGORY et al.	15		
1991 EK	16		
1991 HUPFER et al.	16		
Bedeckte Meeresfläche der Erde			
1982 GIERLOFF-EMDEN (3)	10	26	
1990 BAUMGARTNER/LIEBSCHER (1)	11	27	
1991 HUPFER et al.	11		
Bedeckte Fläche der Erde			
Landfläche + Meeresfläche			
1970 KUKLA/KUKLA	-	76	
1982 KOTLJAKOV/KRENKE (4)			
geschlossen bedeckte Fläche =	-	86	
nicht-geschlossen bedeckte Fläche =	-	96	
1990 BAUMGARTNER/LIEBSCHER (2)	27	80	
1991 STÄBLEIN	27		
1991 HUPFER et al	27		

Bild 4.13
Gegenwärtige (mittlere) minimale und maximale Schnee-/Eisbedeckung der Erde (in Millionen km^2).
(1) Maximalwert: siehe BAUMGARTNER/LIEBSCHER (1990) S.274.
(2) Maximalwert = Landfläche + Meeresfläche.
(3) Maximalwert: siehe GIERLOFF-EMDEN (1980) S.807+896.
(4) Maximalwerte: siehe HUPFER et al. S.124.

4.2 Strahlung aus dem Kosmos. Strahlungsumsatz an verschiedenen Oberflächen der Erde, insbesondere an Eis-/Schneeoberflächen.

Bevor der Strahlungsumsatz an den Eis-/Schneeoberflächen der Erde näher betrachtet wird, sind zunächst einige allgemeine Anmerkungen zum Phänomen Strahlung erforderlich und zu den kosmischen Strahlungsquellen.

Strahlung

Das Wort Strahlung kennzeichnet im allgemeinen einen gerichteten Transport von Energie oder Materie beziehungsweise von beiden. Strahlung wird beziehungsweise wurde von einer Quelle, der *Strahlungsquelle*, ausgesandt. Strahlung kann in verschiedene Arten und Wellenbereiche gegliedert werden. Schall ist beispielsweise eine *mechanische* Wellenstrahlung, die zur Ausbreitung ein stoffliches Medium (wie Gas, Flüssigkeit oder einen festen Körper) benötigt. In der Luft breitet sich Schall mit einer Geschwindigkeit von rund 0,3 km/s aus. Licht, die für den Menschen sichtbare Strahlung, ist ein Teil der *elektromagnetischen* Strahlung. Im Vakuum breitet sich das Licht mit einer Geschwindigkeit von rund 300 000 km/s aus. Elektromagnetische Wellen können durch ihre Wellenlänge gekennzeichnet werden. Das *elektromagnetische Wellenspektrum* ist in Bereiche gegliedert, die auch namentlich unterschieden werden wie etwa: Gammastrahlung, Röntgenstrahlung, Ultraviolettstrahlung, sichtbare Strahlung, Ultrarotstrahlung (Infrarotstrahlung), Radiofrequenzstrahlung und andere.

Ionisierende und nichtionisierende Strahlung
Strahlung, die Atome oder Moleküle in einen elektrisch geladenen Zustand versetzt (sie ionisiert), wird *ionisierende Strahlung* genannt. Sie geht von radioaktiven Stoffen aus. Sie entsteht mithin bei spontaner oder künstlich herbeigeführter Umwandlung von Atomkernen (entsprechend unterscheidet man natürliche und künstliche Radioaktivität). Elektromagnetische Strahlung (mit Ausnahme der Röntgen- und Gammastrahlung) sowie der Schall, werden *nichtionisierende Strahlungen* genannt.

Strahlung radioaktiver Stoffe
Bei der Strahlung radioaktiver Stoffe sind im wesentlichen drei Strahlungsarten wirksam: Alphastrahlung, Betastrahlung und Gammastrahlung. *Alphastrahlung* (α-Strahlung) besteht aus α-Teilchen (Helium-Atomkernen), die beim radioaktiven Zerfall anderer Atomkerne mit einer Geschwindigkeit von rund 15 000 km/s ausgesandt und beispielsweise durch wenige Zentimeter Luft bereits absorbiert werden. Sie können weder ein Blatt Papier noch die Haut des Menschen durchdringen. *Betastrahlung* (β-

Strahlung) besteht aus negativ geladenen Elektronen, die zerfallende Atomkerne nahezu mit Lichtgeschwindigkeit verlassen. Ihr Durchdringungsvermögen beträgt in Luft einige Meter, bei Kunststoff wenige Zentimeter. *Gammastrahlung* (γ-Strahlung) ist elektromagnetische Strahlung; sie ist extrem kurzwellig und energiereich, bewegt sich mit Lichtgeschwindigkeit und hat ein sehr hohes Durchdringungsvermögen. Dieses kann nur durch zentimeterdicke Bleiwände oder meterdicke Betonmauern wirksam abgeschwächt werden.

Halbwertszeit
Beim Zerfall radioaktiver Stoffe nimmt die Strahlung mit einer für jedes Radionuklid (Benennung für eine bestimmte Atomkernart) charakteristischen Halbwertszeit ab; sie ist jene Zeit, in der die Radioaktivität des Stoffes auf die Hälfte des Ausgangswertes absinkt, in der somit die Hälfte der anfangs vorhandenen Atome zerfallen sind. Nach 10 Halbwertszeiten ist die Radioaktivität demnach auf etwa 1/1000 des Anfangswertes abgesunken. Die Halbwertszeiten der verschiedenen radioaktiven Elemente sind allerdings sehr verschieden; sie reichen von Sekunden-Bruchteilen bis zu mehreren Milliarden Jahren.

Quanten, Photonen, Energie-Masse-Relation
Im Rahmen einer Theorie des Lichts (der sichtbaren Strahlung) hatte sich der englische Physiker Isaac NEWTON (1643-1727), wenn auch mit einiger Zurückhaltung (wie Max v.LAUE 1959 bemerkt), für eine korpuskulare "Emanationstheorie" ausgesprochen. Nach diesem Modell werden von einer Lichtquelle Teilchen abgestrahlt, die sich radial in den umgebenden Raum ausbreiten. Nach dem Modell des niederländischen Physikers Christian HUYGENS (1629-1695) breitet sich das von einer Quelle abgestrahlte Licht in Form von *Wellen* radial in den umgebenden Raum aus. Dies hatten zwar schon einige Physiker vor ihm angedeutet, er aber sprach sich eindeutig für dieses Modell aus, das sich in vielen Bereichen bis heute bewährt hat.

Quanten sind elementare Bestandteile jeder Strahlung. Von dem deutschen Physiker Max PLANCK (1858-1947) zunächst als Hilfskonstruktion eingeführt, entwickelte sich daraus schließlich die Quantenphysik. Strahlungsenergie ist danach stets ein ganzzahliges Vielfaches der Energie eines Strahlungsquants. Sie ist jedoch frequenzabhängig. Die Energie (das Arbeitsvermögen) eines Strahlungsquants ergibt sich dabei aus (KUCHLING 1986 S.507)

$$W = h \cdot \nu$$

W = Energie eines Strahlungsquants, eines elementaren Energiequants
h = Planck-Konstante (Planksches Wirkungsquant), die Kennzeichnung h hat Planck benutzt,
   = $6{,}2661 \cdot 10^{-34}$ J s (Joule · Sekunde)
ν = Frequenz der Strahlung

Strahlungsquanten im Bereich der für den Menschen sichtbaren Strahlung (Licht) können *Lichtquanten* genannt werden. Entsprechend dieser Quantelung der Energie ist jede Strahlung als ein Teilchenstrom anzusehen. Diese "Teilchen" heißen *Photonen*. Sie *bewegen* sich mit Lichtgeschwindigkeit, in Ruhe existieren sie nicht, ihre Ruhemasse ist Null. Heute werden zur Beschreibung der Strahlungsvorgänge (wie Ausbreitung, Wechselwirkungen mit Atomen und Molekülen und anderes) sowohl das Wellenmodell, als auch das Teilchenmodell (Quantenmodell) benutzt (INGOLD 2003).

Im Hinblick auf die zuvor beschriebene Energie eines Strahlungsquants sei hier noch die Beziehung zwischen Energie und Masse angegeben. Nach der im Jahre 1905 von dem Physiker Albert EINSTEIN (1879-1955) begründeten Speziellen Relativitätstheorie besteht eine Masse-Energie-Relation gemäß der Beziehung

$$W = m \cdot c_0^2$$

W = Energie (eines Körpers, *einer Strahlung,* eines Kraftfeldes...)
m = Masse, die der Energie W äquivalent ist
c_0 = Lichtgeschwindigkeit

Die Lichtgeschwindigkeit ist unabhängig von der Frequenz der Strahlung, aber in allen Medien *kleiner* als im Vakuum. Eine Tabelle über die Lichtgeschwindigkeit in verschiedenen Medien enthält KUCHLING (1986 S.621).

Die Masse eines Photons ergibt sich aus (KUCHLING 1984 S.508)

$$m_{ph} = \frac{h \cdot \nu}{c_0^2} = \frac{h}{c_0 \cdot \lambda}$$

m_{ph} = Masse eines Photons (Da das Photon in Ruhe nicht existiert, hat es keine Ruhemasse, siehe zuvor)
h = Planck-Konstante = $6,6261 \cdot 10^{-34}$ J s
ν = Frequenz der Strahlung
λ = Wellenlänge der Strahlung
c_0 = Lichtgeschwindigkeit im Vakuum

Strahlungsgesetz von Planck, Wiensches Verschiebungsgesetz

Das von PLANCK 1900 veröffentlichte und später nach ihm benannte Gesetz beschreibt das elektromagnetische Spektrum des *Schwarzen Körpers* (Schwarzen Strahlers) als Funktion von Temperatur und Wellenlänge mit großer Genauigkeit. Für die im Wellenlängenbereich λ bis $\lambda+d\lambda$ von der Fläche A eines Schwarzen Strahlers abgestrahlte Leistung gilt (KUCHLING 1986 S.267)

$$dP_\lambda = \frac{2 \cdot h \cdot c_0^2}{\lambda^5} \cdot \frac{A}{e^{h \cdot c_0 / k \cdot \lambda \cdot T} - 1} \cdot d\lambda$$

dP_λ = Leistung, abgestrahlt im Wellenlängenbereich λ bis $\lambda + d\lambda$
h = Planck-Konstante = $6{,}6261 \cdot 10^{-34}$ J s
c_0 = Lichtgeschwindigkeit im Vakuum
λ = Wellenlänge
$d\lambda$ = Intervallbreite
k = Boltzmann-Konstante = $1{,}38 \cdot 10^{-23}$ J / K
T = Temperatur des Strahlers
A = Fläche des Strahlers
e = Basis des natürlichen Logarithmensystems = 2,718

Aus der vorstehenden Formel folgt, daß die abgestrahlte Leistung wächst mit zunehmender Temperatur und daß das Maximum sich zu den kürzeren Wellenlängen hin verschiebt. Dieses **Wiensche Verschiebungsgesetz**, benannt nach dem deutschen Physiker Wilhelm WIEN (1864-1928), verdeutlicht Bild 4.14.

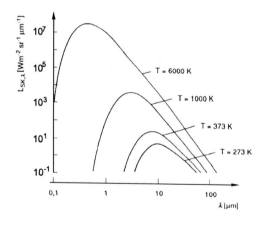

Bild 4.14
Spektrale Strahldichte der Einheitsfläche von Schwarzen Körpern unterschiedlicher Temperatur gemäß dem Strahlungsgesetz von Planck. Quelle: ALBERTZ (1991), verändert.

Die Lage des Maximums der jeweiligen Kurve ergibt sich dabei aus (KUCHLING 1986 S.267)

$$\lambda_{max} = \frac{1}{4{,}97} \cdot \frac{h \cdot c}{k \cdot T}$$

λ_{max} = Wellenlänge des Strahlungsmaximums
T = Temperatur
Nach Einsetzen der Konstanten folgt

$$\lambda_{max} = \frac{2{,}898 \cdot 10^{-3}\,\mathrm{m} \cdot \mathrm{K}}{T} = \frac{2898\,\mu\mathrm{m} \cdot \mathrm{K}}{T}$$

Das Wiensche Verschiebungsgesetz kann somit auch geschrieben werden in der Form
$$\lambda_{max} \cdot T = \text{const.}$$

4.2.01 Kosmische Strahlungsquellen

*Das System Erde
empfängt aus seiner kosmischen Umgebung Strahlung (Energie)
und gibt Strahlung (Energie) an diese ab.*
Die auf die Erde fallende Strahlung kann nach *Richtung, Quantität* und *Qualität* analysiert werden. Seit etwa **1950** werden in diesem Zusammenhang in zunehmendem Maße auch Bereiche des elektromagnetischen Wellenspektrums beobachtet und behandelt, die *außerhalb* des Lichts (des sichtbaren, des visuellen Spektralbereichs) liegen. Nachstehend werden folgende spektrale Strahlungsbereiche kosmischer Quellen gesondert betrachtet:
- sichtbare (visuelle) Strahlung
- Ultrarotstrahlung (Infrarotstrahlung)
- Radiofrequenzstrahlung
- Ultraviolettstrahlung
- Röntgenstrahlung
- Gammastrahlung
- Kosmischen Strahlung, Gravitationsstrahlung.

Im Zusammenhang mit der Beobachtung der kosmischen Strahlungsquellen sind zu unterscheiden
Beobachtungen von der Land/Meer-Oberfläche aus und
Beobachtungen außerhalb der Erdatmosphäre.
Da die Erdatmosphäre hochenergetische Ultraviolett-, Röntgen- und Gammastrahlung absorbiert, sind die Wissenschaften (insbesondere die Astronomie) bei Beobachtungen des Weltraums und zur Erfassung kosmischer Strahlungsquellen in diesen Spektralbereichen voll auf den Einsatz von Teleskopen außerhalb der Erdatmosphäre angewiesen (etwa auf Teleskope in erdumkreisenden Satelliten).

Die Erdatmosphäre hat jedoch auch einige "Beobachtungsfenster". Neben dem sogenannten *optischem Fenster* besteht das sogenannte *Radiofenster* (Abschnitt 4.2.06). In den Bereichen der beiden Fenstern können erdgebundene Teleskope zum Einsatz gelangen, die Beobachtungen somit (auch weiterhin) von der Land/Meer-Oberfläche aus erfolgen, denn heute kann beispielsweise ein adaptiv korrigiertes 8m-

Teleskop an der Land/Meer-Oberfläche bei gleicher Wellenlänge ein ca 3,5-fach schärferes Bild liefern als das Hubble-Teleskop im erdumkreisenden Satelliten. Außerdem werden künftige Großobservatorien auf der Land/Meer-Oberfläche weitere Möglichkeiten der hochgenauen Beobachtung eröffnen (WOLSCHIN 2000).

Kosmische Quellen der sichtbaren Strahlung

Die elektromagnetische Strahlung eines bestimmten Wellenlängenbereichs wird *sichtbare Strahlung* oder *visuelle Strahlung* genannt.

Ultraviolettstrahlung 10^{-8} - ca 10^{-7} m	*sichtbare Strahlung* ca 10^{-7} - ca 10^{-6} m	Ultrarotstrahlung ca 10^{-6} - 10^{-3} m
	≈ ca 0,1 - ca 1 µm ≈ ca 100 - ca 1000 nm	

Unter sichtbarer Strahlung wird die für den *Menschen* sichtbare Strahlung verstanden unter der Voraussetzung, daß keine Farbenfehlsichtigkeit sondern *Normalsichtigkeit* besteht. Weitere Ausführungen hierzu sind beispielsweise enthalten in TRENDELENBURG et al. (1961), ROCK (1985). Die oben angegebene Begrenzung ist an der für das Gesamtschema benutzten Meter-Einteilung orientiert und entspricht nur sehr grob der *realen* Begrenzung, die nachstehend angegeben ist

ca 0,4 - ca 0,7 µm
ca 400 - ca 700 nm

Für Umrechnungen gilt
    1µm (Mikrometer) = 1 · 10^{-6} m, 1 nm (Nanometer) = 1 · 10^{-9} m
Ferner sind folgende Abkürzungen gebräuchlich
    Ultraviolettstrahlung = UV-Strahlung   oder kurz   UV
    Visuelle Strahlung   = VIS-Strahlung   VIS
    Ultrarotstrahlung   = UR-Strahlung   UR

In der Physiologie und Psychologie wird die sichtbare Strahlung wie folgt begrenzt, gegliedert und benannt (TRENDELENBURG et al. 1961):

Wellenlängenbereich	Benennung der Farbempfindung	Wellenlänge der Strahlung (in nm)
etwas < 400 nm	Violett	um 420
	Blau	um 470
bis	Grün	um 520
	Gelb	um 585
	Orange	um 600
etwa 700 nm	Rot	um 670

Ausführungen über *Lichtgeschwindigkeit* und Definition von Maßeinheiten sowie über *Lichtweg, Gravitationsaberration, Gravitationslinseneffekt* siehe dort.

Beobachtungen von der Land/Meer-Oberfläche aus
In der Erdatmosphäre besteht ein sogenanntes *optisches Fenster* (Abschnitt 4.2.06). Die Astronomie kann in diesem Wellenlängenbereich den Kosmos mithin von der Land/Meer-Oberfläche der Erde aus beobachten.
Jene Strahlung, die das *menschliche Auge* wahrnehmen kann, heißt "Licht". Dieses sichtbare Strahlungsfeld läßt sich durch *photometrische Größen* beschreiben, wobei zu unterscheiden ist zwischen Größen, die sich auf den Lichtstrahler (Lichtquelle) beziehen und solchen, die sich auf eine Fläche beziehen, die Licht empfängt. Photometrische Größen werden mittels *Photometer* gemessen: "subjektiv" durch *visuelle Photometrie*, "objektiv" durch *physikalische Photometrie*. Eine photometrische Größe, die sich auf eine Fläche bezieht die Licht empfängt, ist die *Beleuchtungsstärke* $E = \Phi / A$, wobei Φ der Lichtstrom ist, der senkrecht auf die Fläche A fällt. Diese Beleuchtungsstärke E ist nach dem Abstandsgesetz umgekehrt proportional dem Quadrat der Entfernung r zwischen Lichtquelle und Fläche. Unter der Voraussetzung, daß r sehr groß ist im Vergleich zum Durchmesser der Lichtquelle gilt genähert $E = 1 / r^2$. Die Beleuchtungsstärke nimmt danach quadratisch mit der Entfernung von der Lichtquelle ab. Die Beziehung gilt somit auch, wenn bei *gleichbleibender* Leuchtkraft eines kosmischen Körpers dieser sich von der Erde *entfernt*.
In ihren Grundzügen geht die Photometrie auf den griechischen Astronomen HIPPARCH(OS) aus Nikaia (um 190-125 v.Chr.) zurück, der die Sterne in sechs Größenklassen einteilte, wobei die Sterne der ersten Größe als die hellsten gelten und die Sterne der sechsten Größe mit dem Auge gerade noch wahrgenommen werden können. Die hellsten Sterne am Himmel sind mithin von 1. Größe, die nächsthellen von 2. Größe und so weiter, bis hin zu den schwächsten, mit unbewaffneten Auge gerade noch sichtbaren Sternen, die in dieser Skala etwa der 6. Größe angehören. Die *Größenklassen* werden mit "m" gekennzeichnet (lat. magnitudo = Größe) oder auch mit "mag". Die Definition der Größenklassen hat Bezug zum psychophysischen Gesetz von FECHNER/WEBER (1859). Um einen möglichst guten Anschluß an ältere Hellig-

keitsangaben zu haben, wurde als Nullpunkt für diese Skala die scheinbare Helligkeit des Polarsterns gewählt und ihr der Betrag $2^m,12$ zugeordnet (STUMPFF 1957). Wega in der Leier ist dann ein Stern mit der scheinbaren Helligkeit 0^m. Bei helleren Sternen ergeben sich negative Werte. Die Sonne hat die scheinbare Helligkeit $-26^m,7$, der Erdmond bei Vollmond $-12^m,5$. Nach Einführung des **Fernrohrs** in die beobachtende Astronomie (**1609** Galileo GALILEI) wurde dieses System der Größenklassen erweitert. Eine klare Definition der Größenklassen gab 1850 N. POGSON. Die scheinbaren Helligkeiten sind *kein* Maß für die wirkliche Leuchtkraft der Sterne, etwa für die in einer Sekunde vom Stern ausgestrahlte Energie. Ein solches Maß ist die *absolute Helligkeit*; sie wird mit "M" oder "Mag" gekennzeichnet (UNSÖLD/BASCHEK (1991).

Ebenso wichtig wie die visuelle Beobachtung ohne und mit Beobachtungsgeräten (etwa Teleskopen) sind die Hilfsmittel zum *Nachweis* und zur *Messung* der Strahlung von Sternen und anderen diskreten Quellen. Im Rahmen der *photographischen Photometrie* dient der Film beziehungsweise die photographische Platte als Datenspeicher. Im Rahmen der *photoelektrischen Photometrie* werden seit etwa 1950 Elektronenvervielfacher (Photomultiplier) und andere Geräte zur Messung der Strahlung eingesetzt.

Informationen über Position und Bewegung (Kinematik) eines Weltraumkörpers werden vorrangig aus dem Licht gewonnen, das von diesem Weltraumkörper kommend uns auf der Erde erreicht. Wie zuvor gesagt, können aus den "scheinbaren" beziehungsweise relativen Helligkeiten mit Hilfe der Entfernung r "wahre" beziehungsweise absolute Helligkeiten gewonnen werden. Die Astronomie ist seit altersher bestrebt, die Position und die Bewegung der (größeren) Weltraumkörper aus Erdsicht zu beschreiben. Ort und Bahn der Weltraumkörper werden dabei meist auf eine gedachte Kugel abgebildet (Himmelskugel), deren Radius beliebig groß gewählt werden kann. Falls die Größe des gewählten Radius übereinstimmt mit dem Erdabstand jenes Weltraumkörpers, der mit den jeweils verfügbaren Schätz- beziehungsweise Meßverfahren bezüglich seines (sehr großen) Erdabstandes gerade noch erfaßt werden kann, dann trennt die Oberfläche dieser Kugel jenen Teil des Raumes, über den der Mensch "Sicheres" weiß von jenem Teil des Raumes, in den er nur durch spekulative Vermutungen einzudringen vermag. Alle Verfahren der Entfernungsbestimmung zu kosmischen Objekten (etwa Sternen) die auf Helligkeiten beziehungsweise Helligkeitsvergleichen basieren, bedürfen der Eichung an Sternen mit *bekannter* Entfernung. Diese Vorgehensweise wird gelegentlich auch *indirekte* Entfernungsbestimmung genannt. Eine *direkte* Entfernungsbestimmung zu einem Stern gelang erstmals dem deutschen Astronomen, Mathematiker und Geodäten Friedrich Wilhelm BESSEL (1784-1846) in Königsberg (siehe dort).

Neuere Entwicklungen
im Bereich optischer und ultraroter Teleskop-Interferometersysteme
Astronomen planen die Errichtung des *Atacama Large Millimeter Array* (Alma) in

chilenischen Atacama-Wüste in ca 5 000 m Höhenlage. Es soll 64 Antennen von jeweils 12 m Durchmesser umfassen. Arbeiten alle Antennen interferometrisch zusammen, wird die Winkelauflösung <1 Bogensekunde sein. Interferometrisch zusammengeschlossen werden sollen auch die vier 8,2m-Teleskope der ESO auf dem Mount Paranal in Chile. Das VTL (Very Large Teleskope) wird somit ausgebaut zum VTLI, wodurch eine Winkelauflösung bis zu Millisekunden erreicht werden soll (WOLSCHIN 2000).

Beobachtungen außerhalb der Erdatmosphäre
Die astronomischen Beobachtungen im Bereich der sichtbaren Strahlung erfolgen heute nicht mehr nur von der Land/Meer-Oberfläche der Erde aus, sondern auch von außerhalb der Erdatmosphäre. Seit 1990 ist das Hubble-Weltraumteleskop (HST) tätig, das unter anderem Daten in den Wellenlängenbereichen 115-1100 nm, 115-700 nm und 120-600 nm aufzeichnen kann.

Position und Eigenbewegung von Sternen werden inzwischen ebenfalls mit Hilfe von erdumkreisenden Satelliten bestimmt. Die erste Raumfahrtmission, die ausschließlich der Positionsastronomie diente, war der Satellit HIPPARCOS. Er ermöglichte die Bestimmung der Position, der Eigenbewegung, der Helligkeit und anderer Daten von 120 000 Sternen (BASTIAN 2000, Zeiss 1997). Der gesamte von Hipparcos vermessene Himmelsbereich liegt innerhalb unseres Milchstraßensystems, das aus einer flachen rotierenden Scheibe und einem galaktischen *Halo* besteht, der diese wie eine Kugel umgibt und nicht rotiert. Seit den Messungen durch den dänischen Astronomen Tycho BRAHE (1546-1601) ist dies der größte Schritt vorwärts in diesem Bereich der Astronomie. Es sei daran erinnert, daß nach dem Tode von Tycho Brahe dessen Meßergebnisse der deutsche Astronom Johannes KEPLER (1571-1630) übernahm und daraus die später nach ihm benannten Bewegungsgesetze der Planeten ableitete, die wiederum den Weg für die Gravitationstheorie des englischen Physikers Isaac NEWTON (1643-1727) ebneten.

|Anzahl der Sterne|
Die Anzahl der Sterne, die allein von der *Land/Meer-Oberfläche* aus photographisch bisher erfaßt werden konnten, beträgt fast 10 Milliarden (HERRMANN 1985); sicherlich nur ein kleiner Prozentsatz aller Sterne im Kosmos. Die systematische Erfassung von Sternen bis zu einer bestimmten Größenklasse in einem größeren Himmelsbereich (oder global) wird *Himmelsdurchmusterung* (kurz Durchmusterung) genannt. Am bekanntesten sind die *Bonner Durchmusterung* (die auf F. W. ARGELANDER zurückgeht und von SCHÖNFELD fortgesetzt wurde, beendet 1862) und die südliche Erweiterung dazu, die *Cordoba Durchmusterung*, vorrangig ausgeführt von argentinischen Astronomen.
Einen Teil aller erkundeten Sterne ist in *Sternkatalogen* ausgewiesen beziehungsweise in *Himmelskarten* (nicht identisch mit Sternkarten).

Start	Name der Satellitenmission und andere Daten
1989	**HIPPARCOS** (High Precision Parallax Collecting Satellite), (Europa, ESA), Missionszeit 1989-1993, Genauigkeit der Positionsbestimmung: ± 1 Millibogensekunde = ± 0,001 Bogensekunden (1/1000 Bogensekunde, 1 mas), *erste* Astrometrie-Mission
1990	**HST** (Hubble Space Telescope), USA. Teleskop fehlerbehaftet (Hauptspiegel falsch geschliffen). 1997 in der Umlaufbahn technisch verbessert und ergänzt: NICMOS (Near Infrared Camera and Multi-Object Spectrometer), STIS (Space Telescope Imaging Spectrograph). (1999) Einbau Advanced Camera.
? 2003	**Diva** (Deutsches Interferometer für Vielkanalphotometrie und Astronomie), Heidelberg, ± 1 mas
? 2003	**FAME**, Astrometrie-Mission, ± 50 µas
? 2005	**SIM** (Space Interferometry Mission) (USA, NASA), ± 4 µas
? 2012	**Gaia** (Global Astrometric Interferometer for Astrophysics) (Europa, ESA), Astrometrie-Mission, ± 10 µas, soll Position und Geschwindigkeit der Sterne sowie Elementhäufigkeiten messen
? 2010	**NGST** (Next Generation Space Telescope) (USA). 8m-Spiegel, Wellenlängenbereich 0,6-10 µm, Auflösung ± 0,06 Bogensekunden, wird auf der sonnenabgewandten Seite mit der Erde gemeinsam die Sonne umkreisen.
?	**Darwin-Mission**, 6 Teleskope gebündelt zu einem Teleskop

Bild 4.15
Vorgenannte und weitere Satellitenmissionen (VIS-Satelliten). H = Höhe der Satelliten-Umlaufbahn über der Land/Meer-Oberfläche der Erde. 1 Bogensekunde = 1 as (engl. arcsecond). Bei Umrechnungen gilt 1 Millibogensekunde = 1/1 000 Bogensekunde = 0,001 Bogensekunden = 1 mas, 1 Mikrobogensekunde = 1/1 000 000 Bogensekunde = 1µas. Quelle: CHIAPPINI (2002) und andere.

Die auf die Erde fallende Strahlung kann nach *Richtung*, *Quantität* und *Qualität* analysiert werden. Seit etwa 1950 benutzt die beobachtende Astronomie in zunehmendem Maße dazu auch Bereiche des elektromagnetischen Wellenspektrums die außerhalb des *Lichts* (des sichtbaren, des visuellen Bereichs) liegen. Sie werden nachfolgend behandelt.

Kosmische Quellen der Ultrarotstrahlung

Die elektromagnetische Strahlung eines bestimmten Wellenlängenbereichs wird *Ultrarotstrahlung* genannt.

sichtbare Strahlung ca 10^{-7} - ca 10^{-6} m	*Ultrarotstrahlung* ca 10^{-6} - 10^{-3} m	Radiofrequenzstrahlung 10^{-3} - 10^{4} m
	= ca 0,001 - 1 mm = ca 1 - 1000 µm	

Folgende Abkürzungen sind gebräuchlich
  Sichtbare Strahlung
  oder
  Visuelle Strahlung   = VIS-Strahlung   oder kurz   VIS
  Ultrarotstrahlung   = UR-Strahlung   UR

Die Benennung *Ultrarotstrahlung* war gebräuchlich sowohl in der Allgemeinsprache als auch in der Physik (siehe beispielsweise MKL 1908, WESTPHAL 1947 S.544, v.LAUE 1959). Irgendwann kam dann die Benennung *Infrarotstrahlung* (IR-Strahlung) als Synonym für Ultrarotstrahlung stärker in Gebrauch. Neuerdings wird in der Physik nun wieder die Benennung Ultrarotstrahlung benutzt (BREUER 1994 S.177). Sie wird auch hier verwendet, vor allem aus Gründen der Unterscheidung zur Ultraviolettstrahlung.

Die Ultrarotstrahlung entdeckte 1800 der englische Astronom William HERSCHEL (1738-1822), als er mit einem Thermometer das rote Ende der sichtbaren Strahlung untersuchte.

In der Astronomie wird die Ultrarotstrahlung wie folgt begrenzt und gegliedert (UNSÖLD/BASCHEK 1991 S.101):

Wellenlängenbereich	*deutschsprachige Benennungen*	*Frequenzbereich*
0,8 - 1,2 µm	nahes UR	etwa
1,2 - 20 µm	mittleres UR	von 1 eV
> 20 µm	fernes UR	bis
> 350 µm	fernstes UR	1 000 GHz

Wird bezeichnet
c = Phasengeschwindigkeit, Ausbreitungsgeschwindigkeit der Welle.
   Sie ist abhängig von den mechanischen Eigenschaften des Mediums; im Vakuum gilt Phasengeschwindigkeit = Lichtgeschwindigkeit = 300 000 km/s

(gerundet).
λ = Wellenlänge
ν = Frequenz
dann gilt für Umrechnungen

$$\lambda(\text{cm}) = \frac{30\,000}{\nu\,(\text{MHz})} \quad \text{oder} \quad \lambda(\mu\text{m}) = \frac{30\,000}{\nu\,(\text{GHz})}$$

wobei
1 Hz (Hertz) = 1 Schwingung / s
Hertz = physikalische Einheit, so benannt nach dem deutschen Physiker Heinrich HERTZ (1857-1894).
1 MHz (Megaherz) = $1 \cdot 10^6$ Hz
1 GHz (Gigaherz) = $1 \cdot 10^9$ Hz
Bezüglich eV (Elektronvolt) siehe: Kosmische Quellen der Gammastrahlung.

Beobachtungen von der Land/Meer-Oberfläche aus
In der ersten Hälfte des 20. Jahrhunderts entwickelte sich die Ultrarotastronomie nur langsam; jedoch wurde in dieser Zeit die Ultrarotstrahlung der Planeten und einiger heller Sterne entdeckt. Herausragende Aktivitäten entfaltete vor allem der us-amerikanische/niederländische Astronom Gerard Peter KUIPER (1905-1973), der als Begründer der Ultrarotastronomie gelten kann (TL/Die fernen Planeten 1989). Um 1950 gab es Versuche, durch Beobachtung von der Land/Meer-Oberfläche der Erde aus, Ultrarotemissionen vom Mars zu erfassen. Dies scheiterte an der unzureichenden Leistungsfähigkeit der zur Verfügung stehenden Geräte. Um 1960 ergaben sich Fortschritte aus der Entwicklung eines *Bolometers* (mit Germanium-Detektoren) durch den us-amerikanischen Physiker Frank LOW. Es war etwa 20mal empfindlicher als die bis dahin bekannten Geräte zur Ultrarotmessung. Um 1970 konnten *Quasare* (quasistellare Objekte) und andere aktive Galaxien (ebenfalls von der Erde aus) als starke Quellen von Ultrarotstrahlung identifiziert werden (TL/Astronomie 1990). Prinzipiell können zu astronomischen Beobachtungen im Ultrarotbereich (von der Land/Meer-Oberfläche aus) auch die im VIS-Bereich gebräuchlichen Teleskope (die sogenannten *optischen* Teleskope) eingesetzt werden. Allerdings ist im Schwarzstrahlerbereich der Temperatur T = 300 K die Eigenstrahlung der Erdatmosphäre und auch die der Teleskopteile stark. Eine meßtechnische Erfassung der vergleichsweise schwachen kosmischen Ultrarotstrahlung ist daher nur möglich, wenn die genannte, den Meßvorgang störende Eigenstrahlung unter anderem durch Verkleinern des Gesichtsfeldes, durch Begrenzen der Anzahl reflektierender Flächen und vor allem durch *Kühlen* von Teleskop und Detektoren möglichst weit reduziert wird. Vereinzelt werden jedoch auch speziell konstruierte *Ultrarot-Teleskope* eingesetzt, wie der 3,2m-Spiegel der USA/NASA und das britische 3,8m-Teleskop, beide auf dem Mauna Kea/Hawaii (UNSÖLD/BASCHEK

1991 S.101).
Ebenso wichtig wie das Teleskop sind die Hilfsmittel zur Speicherung der ankommenden Strahlung. Die *photographische Platte* hat in diesem Zusammenhang auch heute noch große Bedeutung. Der *Empfindlichkeitsbereich* der für Ultrarotaufzeichnungen geeigneten Platten reicht bis ≤ 900 nm oder sogar bis ≤ 1150 nm; allerdings müssen diese Platten kurz vor ihrer Verwendung etwa mit Ammoniak hypersensibilisiert werden (UNSÖLD/BASCHEK 1991 S.88). Ins Ultraviolett hinein reicht die Empfindlichkeit bis ca 150 nm (Schumannplatte, nach V. SCHUMANN) (ML 1970, STUMPFF 1957). Eine kurze Einführung in die *astronomische Photographie* geben SEITTER/BUDELL (1984).

Bild 4.16
Erweiterung des Empfindlichkeitsbereichs photographischer Emulsionen (Suspensionen) in Richtung Rot bis ins Ultrarot (Infrarot) hinein. Quelle: BUSCH (1974)

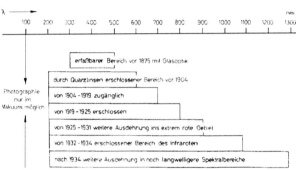

In letzter Zeit gewinnt der CCD-Detektor zunehmend an Bedeutung zur Datenspeicherung (CCD, Charge-coupled Device, ladungsgekoppelter Detektor). Die *Ultrarotdetektoren* kann man in zwei Hauptgruppen einteilen (1) thermische Detektoren und (2) Quanten- oder Photonendetektoren (MOSS 1970). Bei den *thermischen Detektoren* bewirkt die auftreffende Strahlung eine meßbare Erwärmung des gekühlten Detektorelements. Detektoren dieser Art sind unter anderem: das Thermoelement, das Bolometer, die Golay-Zelle, der pyroelektrische Detektor. Bei den *Quantendetektoren* werden von den auftreffenden Photonen die Elektronen einer Photokathode angeregt, von dieser "befreit" und in das umgebende Vakuum abgegeben, wo eine Anode sie sammelt. Hier erzeugen sie einen meßbaren Photonenstrom. Nach MOSS benötigen dotierte Detektoren (Empfindlichkeitsbereich ca 8-110 µm) Kühlungstemperaturen bis hinab zu ca 40 K, was meist einen zu hohen Aufwand erfordert. Eigenleitende Halbleiter (Empfindlichkeitsbereich ca 3-13 µm) benötigen vergleichsweise dazu weitaus weniger Kühlung, etwa von 77-300 K. Ein Hauptvorteil des Quantendetektor ist, daß er wesentlich schneller auf Änderungen der Wärmestrahlung anspricht, als der thermische Detektor.

|Apex-Teleskop und Nachfolgesysteme|
Das *Apex-Teleskop* (Atacama Pfadfinder Experiment, kurz: Apex) steht auf der 5 000

m hoch liegenden Chajnantor-Ebene in den chilenischen Anden, wo eine extrem trockene Atmosphäre vorliegt, vergleichsweise der in der Antarktis. Das Strahlungsempfangssystem (Reflektor) hat einen Durchmesser von 12 m und besteht aus 24 identischen Teilen. Eine der eingebauten Bolometer namens *Laboca* (für engl. large bolometer camera, span. bedeutet das Wort zugleich „Mund") besteht aus 295 Thermistoren und arbeitet in einem Wellenlängenbereich bei 870 µm (Frequenz 345 GHz), da die Erdatmosphäre in diesem „Fenster" gut durchlässig ist. Die Bandbreite beträgt ca 50 GHz. Als noch leistungsfähiger Nachfolger ist geplant: *Alma* (Atacama Large Millimeter Array). Dieses Interferometer wird aus 64 Radioantennen bestehen und am gleichen Ort (ab ca 2006) aufgebaut werden (MEYER 2004).

Beobachtungen vom hochfliegenden Flugzeug aus
Beobachtungen dieser Art wurden von 1972-1998 betrieben vom fliegenden Observatorium KAO (Kupier Airborne Observatory, USA, NASA). Das fliegende Observatorium SOFIA (Stratospheric Observatory for Infrared Astronomy), Gemeinschaftsprojekt Deutschland (DLR, Universität Stuttgart) und USA (NASA), umfaßt unter anderem ein (in Deutschland hergestelltes) Spiegelteleskop mit 2,7 m Durchmesser. Es wird im offenen Schacht einer Boeing 747 SP installiert sein. Der Einsatz in bis zu 14 km Flughöhe ist geplant (KÄRCHER 2002). Testflüge sollen ab 2005 durchgeführt werden. Ab 2006 soll das auf ca 20 Jahre veranschlagte Programm mit regelmäßigen Meßflügen auf der Nord- und Südhalbkugel anlaufen (DLR 2004/11-12).

Beobachtungen vom Satelliten aus
1983 beginnt die Beobachtung der kosmischen Ultrarotstrahlung vom Satelliten aus. IRAS, erster Ultrarotsatellit, führt innerhalb von 10 Monaten (im Jahre 1983) eine fast globale (95%) *Himmelsdurchmusterung* in vier Spektralkanälen zwischen 12µm und 100µm durch. Dabei sind mehr als 200 000 Ultrarotquellen im Kosmos erfaßt worden (ARDILA 2004, TL/Astronomie 1990). ISO ist mit einem Tieftemperaturkyrostaten ausgerüstet, welcher das 60cm-Teleskop und die anderen Instrumente auf die extrem niedrige Temperatur von 3,5 K (- 271°C) hält, damit die zu messende Ultrarot-(Wärme-) Strahlung der Weltraumkörper nicht in der eigenen Wärmestrahlung des Meßgerätes untergeht. Weitere Satelliten dieser Art sind geplant (MACCHETTO/DICKINSON 1997, Zeiss 1997).

Start	Name der Satellitenmission und andere Daten
1983	**IRAS** (Infrared Astronomical Satellite) USA
1985	**GIRL** (German Infrared Laboratory)
1995	**ISO** (Infrared Space Observatory) ESA (Europa), Missionsende 1998, 4 Sensoren: IOSOPHOT (abbildendes Photopolarimeter), ISOPHOT-C

	200 (Fernultrarotkamera), Wellenlängenbereich 2,5 bis 240 μm
?	**MSG** mit **SEVIRI** (Meteosat Second Generation mit Spinning Enhanced Visible and Infrared Imager).
? 2003	**SIRTF** (Space Infrared Telescope Facility) (USA, NASA)

Bild 4.17
Vorgenannte und weitere Satellitenmissionen (Ultrarot-Satelliten oder Infrarot-Satelliten). pU = polnahe Umlaufbahn, H = Höhe der Satelliten-Umlaufbahn über der Land/Meer-Oberfläche der Erde

Asteroiden-Gürtel, Kuiper-Gürtel
Innerhalb des Sonnensystems können verschiedene *Planetoidenringe* oder *-gürtel* unterschieden werden. *Planetoiden* sind kleine, meist unregelmäßig geformte Weltraumkörper, die die Sonne umlaufen. Diese kleinen Planeten werden auch *Asteroiden* genannt. Der „Asteroiden-Gürtel" liegt zwischen den Sonnenumlaufbahnen von Mars und Jupiter. Einzelne Asteroiden kreuzen die Sonnenumlaufbahn der Erde oder laufen in zwei Gruppen (den sogenannten *Trojanern*) synchron mit Jupiter um die Sonne. Der innere Hauptgürtel umfaßt vorrangig Stein- und Stein-Eisen-Asteroiden, in größerem Abstand von der Sonne sind die Asteroiden dunkler, rötlicher und kohlenstoffreicher (ASPHAUG 2000). Die Struktur des „Kuiper-Gürtels", ein ausgedehnter *scheibenförmiger* Bereich aus eisigen Brocken im Außenbereich des Sonnensystems, ist vermutlich durch die Schwerkraft der Riesenplaneten bestimmt (ARDILA 2004).

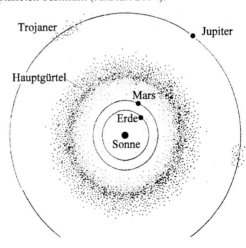

Bild 4.18/1
Anordnung des Asteroiden-Gürtels und der sogenannten Trojaner des Sonnensystems nach Petr PRAVEC (Prag).
Quelle: ASPHAUG (2000), verändert

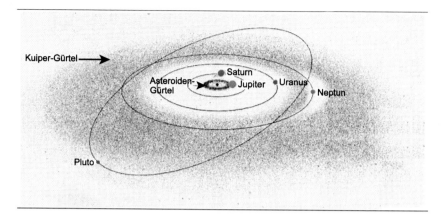

Bild 4.18/2
„Kuiper-Gürtel" und „Asteroiden-Gürtel" des Sonnensystems nach ARDILA (2004). Der Kuiper-Gürtel ist benannt nach dem us-amerikanischen Astronomen (niederländischer Herkunft) Gerard Peter KUIPER (1905-1973), der 1951 die Vermutung aussprach, daß im Außenbereich des Sonnensystems sich unzählige Eisbrocken befinden müßten.

Start	Name der Satellitenmission und andere Daten
?	**Near** (Near Earth Asteroid Rendezvous) (USA) erster Satellit, der in eine Umlaufbahn um einen Asteroiden ("Eros") gebracht wurde, Sensoren: Gammastrahlen-Spektrometer

Bild 4.19
Asteroiden-Satellitenmissionen

Ein guter *Indikator* für das Vorhandensein von Asteroiden, Kometen und sogar Planeten ist das Vorhandensein von *kosmischem Staub* (ARDILA 2004). Seine Erfassung ist mittels der von ihm ausgehenden Ultrarotstrahlung (Infrarotstrahlung) möglich.
Staub im Kosmos:
Nach bisherigen Ergebnissen von ISO (LEMKE 1999) scheint *Staub* überall im Kosmos vorhanden zu sein. Deswegen bleiben große Teile des Kosmos hinter dichten Wolken aus Staubkörnern bei Betrachtung von der Erde oder von erdumkreisenden Satelliten aus unsichtbar. Allerdings erwärmt die vom heißen Kern eines Sterns ausgehende Ultraviolettstrahlung die Staubumgebung. Sie wird also transformiert in Ultrarot-

strahlung, die dann auf der Erde oder in erdumkreisenden Satelliten aufgezeichnet werden kann. Ultrarotstrahlung durchdringt den Staub nahezu ungeschwächt. Der *interplanetare* Staub sei um die Sonne und in einer flachen Scheibe um die Ekliptik bis zu einem Sonnenabstand von 3 AE konzentriert. Das am Staub gestreute Sonnenlicht ist als sogenanntes *Zodiakallicht* sichtbar. Insgesamt sei der Himmel im Spektralbereich 7-70 µm durch die Wärmestrahlung des Staubes aufgehellt. Alle Versuche zur Bestimmung der extragalaktischen 3K-*Strahlung* (Hintergrundstrahlung) sind mithin zu korrigieren bezüglich des hellen Zodiakallicht-Vordergrundes (mit Hilfe eines Modells der interplanetaren Staubwolke). Außerhalb des Sonnensystems sei der Himmel durch den wolkig verteilten *interstellaren* Staub (Zirrus) fleckig aufgehellt. In noch größerer Entfernung von der Erde (außerhalb unserer Galaxis) könnte ebenfalls Staub das Strahlungssignal beeinflussen. Während in unserer Galaxis (Milchstraße) das Gas/Staub-Verhältnis ca 100:1 beträgt, konnten im intergalaktischen Bereich bisher nur Beträge von ca 10 000:1 ermittelt werden.

Ruß im Kosmos:
Nach bisherigen Ergebnissen von ISO (LEMKE 1999) sei auch *Ruß* im Kosmos weit verbreitet. Es konnten graphitartige polyzyklische aromatische Kohlenwasserstoffe (sogenannte PAH), die Rußpartikeln ähnlich sind, erstmals auch in kalten dünnen Zirruswolken und in fernen Galaxien nachgewiesen werden. Die PAH seien offenbar stabile Teilchen, die überall im Kosmos gebildet werden und überleben.
● Könnten solche Bausteine, von Meteoriten einst auf die Erde gebracht, die Keimzellen des Lebens auf der Erde sein?

Wasser und Eis im Kosmos:
Nach bisherigen Ergebnissen von ISO (LEMBKE 1999) wurde *Wasser* an vielen Orten der Milchstraße gefunden, was die Vermutung verstärkt, daß in der Umgebung vieler Sterne Leben existieren könnte. Die Entstehungsraten von Wassers dürften beachtlich sein. Beispielsweise wurde nahe eines sehr jungen Sterns im Orionnebel von HARWIT et al. (siehe LEMBKE 1999) eine Entstehungsrate von Wasserdampf gemessen, die in jeder halben Stunde so viel Wasser bereitstellt, daß damit das Meer der Erde gefüllt werden könnte. Auch *gefrorenes Wasser* konnte nachgewiesen werden, beispielsweise als Mantel auf interstellaren Staubteilchen in dichten Wolken nahe junger Sterne. In solchen Molekülwolken ist Kohlenmonoxid auch in fester Form als CO-Eis zu finden, ebenso Kohlendioxid-Eis (sogenanntes Trockeneis), obwohl CO_2 als Gas dort kaum anzutreffen sei.
● Ob und welchen Einfluß die Planetoidengürtel auf das *Einfallen* der 3K-Strahlung (und anderer Strahlung) auf die Erde hat, ist bisher nicht diskutiert worden. Auch die Rotverschiebung wäre in eine solche Diskussion einzubeziehen.

Quasare:
Nach bisherigen Ergebnissen von ISO (LEMKE 1999) sind die meisten (und vermutlich alle) Quasare starke Ultrarotstrahler (Infrarotstrahler). Die maximale Abstrahlung soll verursacht werden von warmem und kaltem Staub. Nach Lembke sei zu vermuten, daß

in den Zentren der Quasare *Schwarze Löcher* als Energieerzeuger fungieren. In den polaren Ausströmungen werde in starken Magnetfeldern stark polarisierte Synchrotronstrahlung erzeugt, die vor allem im Radiofrequenzbereich zu beobachten sei (radiolaute Quasare). Radioleise Quasare hätten nur schwache Magnetfelder. Bezüglich Quasare siehe auch die Ausführungen bei kosmische Quellen der Radiofrequenzstrahlung.

Neben diesen diskreten (punktförmigen) Quellen existiert auch eine gleichmäßige *Ultrarot-Hintergrundstrahlung* (HASINGER/GILLI 2002). Für den Bereich fernes Ultrarot konnte sie (nach 1990) nachgewiesen werden.

Kosmische Quellen der Radiofrequenzstrahlung

Die elektromagnetische Strahlung eines bestimmten Wellenlängenbereichs wird *Radiofrequenzstrahlung* (sprachlich schlecht auch Radiostrahlung) genannt.

Ultrarotstrahlung ca 10^{-6} - 10^{-3} m	*Radiofrequenzstrahlung* 10^{-3} - 10^4 m	10^4 - 10^7 m
	= 1 mm - 10 km	

Allgemein kann der Bereich der Radiofrequenzstrahlung wie folgt gliedert werden (KUCHLING 1986 S.506):

Wellenlängenbereich: *Benennungen:*

1 mm - 1 cm   )
1 cm   - 10 cm)   Mikrowellen   Radar
10 cm - 1 m   )   Fernsehen

1 m   - 10 m   )   ultrakurz
10 m   - 100 m)   Rundfunkwellen   kurz
100 m - 1 km   )   mittel
1 km   - 10 km)   lang

Bei der Radiofrequenzstrahlung diskreter Quellen sind zu unterscheiden die *thermische Strahlung* (Emission) dieser Quellen aufgrund ihrer Temperatur und die (nichtthermische) *Synchrotronstrahlung*, die entsteht, wenn sich hochenergetische Teilchen (beispielsweise Elektronen) in einem Magnetfeld beschleunigt bewegen. Die Synchrotronstrahlung ist teilweise polarisiert.

Historische Anmerkung
1861: Der englische Physiker James MAXWELL (1831-1879) sagt die Existenz elektromagnetischer Wellen voraus, die sich frei im Raum ausbreiten können.
1887: Der deutsche Physiker Heinrich HERTZ (1857-1894) weist die Existenz dieser Wellen nach.
1932: Die Radiofrequenzstrahlung von kosmischen Quellen konnte erstmals nachgewiesen werden durch den us-amerikanischen Funkingenieur Karl JANSKY (1905-1950). Bei der Suche nach Rundfunkstörungen durch atmosphärische Gewitterentladungen entdeckte JANSKY zufällig die Radiofrequenzstrahlung der Milchstraße (im Wellenlängenbereich 12-14 m).
1937: Der us-amerikanische Elektrotechniker Grote REBER (1911-2002) begann mit der Aufzeichnung von Radiofrequenzstrahlung aus dem Weltraum (im Wellenlängenbereich 1,8 m). Seine Ergebnisse veröffentlichte er 1944 in Form einer Karte über die diesbezüglichen Strahlungsquellen der Milchstraße.
1942: Die Radiofrequenzstrahlung der Sonne wird durch J.S. HEY und J. SOUTHWORTH nachgewiesen.
1950: Die Weiterentwicklung der Teleskope führte zu einem starkem Ausbau der Radioastronomie.
1951: Entsprechend der theoretisch begründeten Voraussage des niederländischen Wissenschaftlers Hendrik van de HULST aus dem Jahre 1944 fanden verschiedene Forscher in den Niederlanden, USA und Australien fast gleichzeitig die 21cm-Linie des interstellaren Wasserstoffs. Die Idee von Edward Mills PURCELL, die 21cm-Strahlung zu beobachten und die Fertigstellung eines entsprechenden Radioteleskops 1951 führten zu einem wesentlichen Fortschritt in der Radioastronomie (INGOLD 2003).
1962: Erster Quasar entdeckt (siehe nachfolgenden Unterabschnitt: Quasar).
1967: Erste Pulsare (Quellen mit periodisch schwankender Intensität) entdeckt (HERRMANN 1985 S.165).
1970: Die Beobachtungen konnten bis auf Wellenlängen <5 mm ausgedehnt werden. Weitere Hinweise hierzu, auch über die Verbesserung der Meßgeräte zum Empfang der Radiofrequenzstrahlung, finden sich beispielsweise in UNSÖLD/BASCHEK (1991) und TL/Astronomie (1990). Entdeckung der 2,6mm-Linie des CO-Moleküls.

Beobachtungen von der Land/Meer-Oberfläche aus
In der Erdatmosphäre besteht ein sogenanntes *Radiofenster* (siehe dort). Die *Radioastronomie* kann in diesem Wellenlängenbereich den Kosmos somit von der Land/Meer-Oberfläche der Erde aus beobachten. Zum Empfang der Radiofrequenzsignale aus dem Weltraum dienen *Radioteleskope*. Das von der Antenne empfangene Signal wird einem Empfänger, einem *Radiometer*, zur Verstärkung und Gleichrichtung zugeführt. Ein Registriergerät zeichnet anschließend die Intensität des Signals auf. Die vom Radiometer aufgenommene Strahlung kann außerdem in einem *Spektrometer* spektral und/oder in einem *Polarimeter* nach ihrem Polarisationszustand analysiert

werden. Da die Erdatmosphäre im Radiofrequenzbereich eine Eigenstrahlung aufweist, ist bei bestimmten Messungen (beispielsweise im mm-Bereich des elektromagnetischen Wellenspecktrums) diese zu berücksichtigen. Die Entwicklung der Raumfahrt ermöglichte schließlich auch Messungen von Punkten aus, die außerhalb der Erdatmosphäre liegen.

Die Radioastronomie benutzt bei ihren Forschungen nicht nur passive, sondern auch aktive Verfahren, wobei das ausgesandte Signal an einem Himmelskörper reflektiert und dann als reflektiertes Signal nach einer gewissen Laufzeit am Sender wieder empfangen wird. Dieser Bereich der Astronomie wird als *Radarastronomie* bezeichnet (Radar = Radio Detection and Ranging). **Passive und aktive Meßverfahren** sind in den Geowissenschaften ebenfalls sehr gebräuchlich. Bei der *Fernerkundung* mittels *Radarverfahren* werden meistens die folgenden Frequenzbereiche benutzt:

K_a - Band $\quad \lambda \approx 0{,}7 - 1 \text{cm} \quad \nu \approx 30\text{-}40$ GHz
X - Band $\quad \lambda \approx 2{,}4 - 4{,}5 \quad \nu \approx 7\text{-}12$
C - Band $\quad \lambda \approx 4{,}5 - 7{,}5 \quad \nu \approx 4\text{-}7$
L - Band $\quad \lambda \approx 15 - 30 \quad \nu \approx 1\text{-}2$

Spektrallinien |21cm-Linie| |2,6mm-Linie|
Wie zuvor dargelegt, wurde die 21cm-Linie des *atomaren Wasserstoffs* 1951 entdeckt. Die *Emissionslinie* ($\lambda = 21{,}105$ cm, $\nu = 1420{,}4$ MHz) des neutralen Wasserstoffatoms wird ausgesandt, wenn sich relative Orientierung der Spins von Elektron und Proton im Wasserstoffatom ändert. Sie ergibt sich mithin beim Übergang des Elektronenspins von der parallelen zur antiparallelen Stellung relativ zum Kern-spin innerhalb des Grundzustandes, wobei unter "spin" (anschaulich beschrieben) die Rotation des Teilchens um seine Achse zu verstehen ist (STUMPFF 1957). Stehen aus Erdsicht vor einer Radioquelle interstellare Gaswolken, dann wirken diese als Absorber (A) und die 21cm-Linie erscheint als *Absorptionslinie* (der Substanz A) im Emissionsspektrum. Die *Rotverschiebung* der 21cm-Linie dient zur Entfernungsbestimmung der Strahlungsquellen ebenso wie die Lyman-Alpha-Linie (siehe Abschnitt Kosmische Quellen der Ultraviolettstrahlung). Von besonderer Bedeutung ist ferner die 1970 entdeckte 2,6mm-Linie des *CO-Moleküls*, durch welche die Verteilung der kalten, in massereichen Molekülwolken konzentrierten Komponente der interstellaren Materie in der Milchstraße erforscht werden konnte (UNSÖLD/BASCHEK 1991 S.238).

|Anzahl der kosmischen Quellen von Radiofrequenzstrahlung|
Als diskrete Quellen von Radiofrequenzstrahlung sind zu nennen: die Sonne, einige Planeten, Supernova-Überreste, Galaxien, Galaxienhaufen, Pulsare und Quasare. Der *Katalog* von M-P. VERON-CETTY / P. VERON (1989) enthält ca 4 170 Quasare. An Pulsaren sind inzwischen >300 bekannt (HERRMANN 1985 S.165).

3K-Strahlung (Hintergrundstrahlung)
Außer den diskreten Strahlungsquellen gibt es Kosmos eine Strahlung, die, aus allen

Richtungen kommend, auch auf die Erde einfällt. Ihre Existenz ist durch Messungen nachgewiesen. Ihre Intensivitätsverteilung ist *heute* identisch mit einer Hohlraumstrahlung der Temperatur von ca 2,7 K ≈ 3 K (≙ -271° C). Die 3K-Strahlung wird auch *Hintergrundstrahlung* genannt. Da sie im Mikrowellenbereich am stärksten auftritt, wird auch von *Mikrowellen-Hintergrundstrahlung* gesprochen. Die Messung dieser Strahlung erfolgt auf der Erde, in Ballonexperimenten oder vom Satelliten aus. Weitere Ausführungen zur 3K-Strahlung sind im Abschnitt 4.2.02 enthalten.

Kosmische Quellen der Ultraviolettstrahlung

Die elektromagnetische Strahlung eines bestimmten Wellenlängenbereichs wird *Ultraviolettstrahlung* genannt.

Röntgenstrahlung 10^{-12} - 10^{-8} m	Ultraviolettstrahlung 10^{-8} - ca 10^{-7} m	sichtbare Strahlung ca 10^{-7} - ca 10^{-6} m
	= 0,01 - ca 0,1 µm = 10 - ca 100 nm	

Die oben angegebene Begrenzung ist an der für das Gesamtschema benutzten Meter-Einteilung orientiert (KUCHLING 1986) und entspricht nur sehr grob den Begrenzungen, die nachstehend angegeben sind.

(BREUER 1994)
10 - 180 nm:
Vakuum o. *fernes* UV
180 - 300 nm:
mittleres UV
300 - 400 nm:
nahes UV

(PSCHYREMBEL 1990)
100 - 280 nm: UVC
280 - 315 nm: UVB
315 - 400 nm: UVA

Folgende Abkürzungen sind gebräuchlich
Röntgenstrahlung =
Ultraviolettstrahlung = UV-Strahlung (oder kurz: UV = Ultraviolett)
Sichtbare Strahlung
oder
Visuelle Strahlung = VIS-Strahlung (oder kurz: VIS)
Die Ultraviolettstrahlung entdeckte 1801 Johann RITTER (1776-1810) mit Hilfe chemischer Reaktionen.

Beobachtungen außerhalb der Erdatmosphäre
Gemäß Bild 4.35 muß die Ultraviolettastronomie ihre Beobachtungen weitgehend von Punkten außerhalb der Erdatmosphäre durchführen. Materie mit Temperaturen zwischen 10 000 und 1 000 000 K emittierten den größten Teil ihrer Energie im UV. Eine sehr bedeutende kosmische Quelle der Ultraviolettstrahlung ist die Sonne. Die Ultraviolettastronomie konzentrierte sich daher zunächst vorrangig auf die Sonne. 1957 wurde erstmals eine stellare Ultraviolettstrahlung festgestellt (TL/Astronomie 1990). Die 1958 gegründete NASA/USA startete 1966 den ersten Satelliten ihrer OAO-Serie. Volle Einsatzfähigkeit wurde erst beim Satelliten OAO-3 erreicht, der den Namen "Copernicus" erhielt und Daten im Wellenlängenbereich 95-156 nm übermittelte. Bevor OAO-3 seine Aktivität einstellte, startete 1978 der Satellit IUE, ein Gemeinschaftsprojekt von NASA+ESA+British Science Research Council, der aus einer geostationären Bahn Daten in den Wellenlängenbereichen 115-195 nm und 190-320 nm aufzeichnete. Seit 1990 steht für Beobachtungen außerhalb der Erdatmosphäre das Hubble-Weltraumteleskop der NASA/USA zur Verfügung. Es kann Daten aufzeichnen in den Wellenlängenbereichen 110-330 nm, 115-700 nm, 115-1100 nm, 120-600 nm.

Start	*Name der Satellitenmission und andere Daten*
1962	**OSO** (Orbiting Solar Observatory, Serie bis 1975). Solare UV-Strahlung...
	OAO (Orbiting Astronomical Observatory, Serie ab 1966)
1972	OAO-3 = Copernicus. (H ca *** km, Datenübertragungsende 1981).
1978	**IUE** (International Ultraviolet Explorer). Geostationäre Bahn.
1990	**HST** (Hubble Space Telscope) USA, H ca *** km. Teleskop fehlerbehaftet (Hauptspiegel falsch geschliffen). 1997 in der Umlaufbahn technisch verbessert und ergänzt: NICMOS (Near Infrared Camera and Multi-Object Spectrometer), STIS (Space Telescope Imaging Spectrograph). (1999) Einbau Advanced Camera.
!	**FUSE** (Far Ultraviolet Spectroscopic Explorer), soll Deuterium-Verteilung in der Milchstraße kartieren, befindet sich bereits in Erdumlauf-

?	bahn
	EUV (Extreme Ultraviolet Explorer)

Bild 4.20
Vorgenannte und weitere Satellitenmissionen (Ultraviolett-Satelliten). pU = polnahe Umlaufbahn, H = Höhe der Satelliten-Umlaufbahn über der Land/Meer-Oberfläche der Erde. Quelle: CHIAPPINI (2002) und andere

Spektrallinien |Lyman-Alpha-Linie|
Ein *Emissions-Linienspektrum* besteht aus einzelnen hellen Linien an bestimmten Wellenlängen. Es ergibt sich, in dem in einem angeregten Atom eines der umlaufenden Elektronen von einer oberen Bahn auf eine darunter liegende Bahn springt und die dabei freiwerdende Energie als Lichtquant ausstrahlt. Sprünge von der zweituntersten Bahn auf die unterste Bahn (Grundzustand) ergeben im allgemeinen markante Linien. Beim **Wasserstoffspektrum** werden verschiedenen Serien von Emissionslinien unterschieden: LYMAN-Serie (UV-Bereich), BALMER-Serie (VIS-Bereich) sowie PASCHEN-, BRACKETT- und PFUND-Serie (UR-Bereich) (KUCHLING 1986). Die *Lyman-Alpha-Linie*, auch als Lα-Linie bezeichnet, ist eine besonders markante *Emissionslinie* im UV-Bereich (λ ca 122 nm). Mit ihrer Hilfe läßt sich sehr gut die *Rotverschiebung* der Strahlungsquelle bestimmen, woraus -wie zuvor dargelegt- die Entfernung abgeleitet werden kann. *Absorptionslinien* (dunkle Linien, auch Fraunhoferlinien genannt) ergeben sich, wenn Atome ein passendes Lichtquant aus der kontinuierlichen Strahlung absorbieren und die Energie dazu benutzen, ein Elektron von einer unteren Bahn auf eine darüberliegende Bahn anzuheben (inverser Vorgang zur Emission) (STUMPFF 1957). Es ergibt sich ein *Absorptionsspektrum* der Substanz A, wenn aus Erdsicht sich etwa interstellare Gaswolken als Absorber (A) vor der Strahlungsquelle befinden. Bezüglich der 21cm-Spektrallinie siehe Abschnitt: Kosmische Quellen der Radiofrequenzstrahlung.

Kosmische Quellen der Röntgenstrahlung

Die elektromagnetische Strahlung eines bestimmten Wellenlängenbereichs wird *Röntgenstrahlung* genannt.

Gammastrahlung $10^{-14} - 10^{-12}$ m	Röntgenstrahlung $10^{-12} - 10^{-8}$ m = 0,001 - 10 nm = 1 - 10 000 pm	Ultraviolettstrahlung 10^{-8} - ca 10^{-7} m

Für Umrechnungen gilt
    1 nm (Nanometer)   = $1 \cdot 10^{-9}$ m
    1 Å (Angström)   = $1 \cdot 10^{-10}$ m
    1 pm (Pikometer)   = $1 \cdot 10^{-12}$ m
    1 X.E. (X-Einheit)   = $1{,}00202 \cdot 10^{-13}$ m

Ferner sind folgende Abkürzungen gebräuchlich
    Gammastrahlung   = γ-Strahlung
    Ultraviolettstrahlung   = UV-Strahlung   oder kurz   UV

Die Röntgenstrahlung ist benannt nach dem deutschen Physiker Wilhelm Conrad RÖNTGEN (1845-1923), der sie 1895 in Würzburg entdeckte. Er selbst hatte sie X-Strahlung genannt. Diese Benennung ist außerhalb des deutschen Sprachraums vielfach gebräuchlich (engl. X-rays). Die vorstehende Begrenzung der Röntgenstrahlung folgt KUCHLING (1986) S.506. Zur Nutzung der Röntgenstrahlung und anderer Strahlungen in der *Medizin* siehe beispielsweise PSCHYREMBEL (1990).

Start	Name der Satellitenmission und andere Daten
1948	**V2-Rakete** mit Geigerzähler (USA) Röntgenstrahlung der Sonne nachgewiesen
1962	Höhenforschungsrakete (USA) Giacconi: erster "Röntgenstern" (SCO X-1) entdeckt
1962	**OSO** (Orbiting Solar Observatory, Serie bis 1975) (USA)
	_**SAS** (Small Astronomical Satellite) (USA, NASA)
1970	SAS-1 = **UHURU**, H ca 550 km, mit kollimierten Zähler, *erste* vollständige Himmelsdurchmusterung im Röntgenstrahlungsbereich
?	**Ariel-5**
	_**HEAO** (High Energy Astronomical Observatory) (USA, NASA)
1977	HEAO-1 oder -A, Datenübertragungsende 1979) mit kollimiertem Zähler
1978	HEAO-2 oder -B, als **Einstein**-Observatorium bekannt, erstmals mit

	abbildenden Röntgenteleskop, Datenübertragungsende 1980
1983	**EXOSAT** (European X-Ray Observatory Satellite) (Europa, ESA) Datenübertragungsende 1986, Röntgenspektroskopie
1987	**Ginga** (jap. Galaxie) (Japan) Meßbereich 1,5-30 keV
1990	**ROSAT** (Röntgensatellit) (Deutschland) Meßbereich 0,1-2,4 keV, Himmelsdurchmusterung, Röntgenspektrometrie, 1999 Missionsende
1993	**ASCA** (Advanced Satellite for Cosmology and Astrophysics) (Japan) 2001 in der Erdatmosphäre verglüht
1995	**RXTE** (Rossi X-Ray Timing Explorer) (USA, NASA) kann Intensitätsschwankungen von Röntgenstrahlungsquellen mit hoher zeitlicher Auflösung messen
1999	**Chandra** X-Ray Observatory (CXO) (USA, NASA). Auflösung <1 Bogensekunde, elliptische Erdumlaufbahn mit Maximal-Abstand bis zu 140 000 km.
1999	**ABRIXAS** (A Broad-band Imaging X-Ray All-sky Survey) (Deutschland) H = 600 km, umkreist seit Start funktionslos die Erde.
1999	**XMM**-Newton (X-Ray Multi-Mirror Mission) (Europa, ESA) sehr exzentrische Umlaufbahn, Meßbereich 0,1-12 keV
?	**ASTRO-E** (Japan)
?	**AXAF** (Advanced X-Ray Astrophysics Facility) (USA)
?	**Xeus** (Nachfolge von Chandra und XMM)

Bild 4.21
Vorgenannte und weitere Satellitenmissionen (Röntgen-Satelliten und andere).

Beobachtungen außerhalb der Erdatmosphäre
Da die Erdatmosphäre den Durchfluß der Röntgenstrahlung fast völlig verhindert, muß die Röntgenastronomie ihre Beobachtungen weitgehend von Punkten außerhalb der Erdatmosphäre durchführen. 1948 gelingt es us-amerikanischen Physikern mittels Geigerzählern auf einer V2-Rakete Röntgenstrahlung der Sonne nachzuweisen. 1962 wird erstmals ein "Röntgenstern" (SCO X-1) entdeckt (Höhenforschungsrakete). - Diesem Experiment des us-amerikanischen Astrophysikers Riccardo GIACCONI (1921-) folgen weitere. 1970 startet der erste astronomische Röntgensatellit SAS-1. Er erhält später den Namen UHURU (das Suaheli-Wort für Freiheit). Zwei Jahre lang übermittelt er Daten, die zur Erfassung von 339 kosmischen Röntgenquellen führen (TL/Astronomie 1990, REINHARDT 1991). In den folgenden Jahrzehnten kann diese Anzahl durch weitere Satelliten wesentlich erhöht werden, etwa durch die HEAO-Serie, dem Satelliten EXOSAT, und vor allem durch den Satelliten ROSAT. Einen wesentlichen Beitrag zu dieser erfolgreichen Röntgenastronomie leistet der deutsche Physiker Hans WOLTER durch die Entwicklung von leistungsstarken abbildenden

Röntgenteleskopen (die grundlegende Erfindung hierzu stammt aus dem Jahre 1951). Solche WOLTER-Teleskope (REINHARDT 1991) kamen erstmals auf den SKYLAB-Missionen zum Einsatz (zur Untersuchung der Sonnenkorona) und dann auf HEOA-2 sowie auf EXOSAT. Eine stark verbesserte Version trägt ROSAT. Mit ihr sind die Beobachtungsgrenzen der Röntgenastronomie weit in den Weltraum hinausgeschoben worden. ROSAT umfaßt ein Hauptinstrument mit verschiedenen Meß- und Zähleinrichtungen (die zwei Bilddetektoren/Röntgenbildwandler arbeiten im Energiebereich 0,1-2,5 keV (entsprechender Wellenlängenbereich 0,5-12,4 nm) und ein kleines Extrem-Ultraviolett-Teleskop (gebaut von einem britischen Konsortium), das im Energiebereich 0,03-0,1 keV arbeitet. Die erstmals mit einem abbildenden Röntgenteleskop durchgeführte Himmelsdurchmusterung wurde 1991 abgeschlossen; die vorläufigen Auswertungen lassen erwarten, daß mit ROSAT mehr als 60 000 kosmische Röntgenquellen registriert und lokalisiert wurden (TRÜMPER 1993). Weitere Satelliten dieser Art sind geplant (BLOME 1998).

Röntgenstrahlungs-Quellen
Die von ROSAT in einem halben Jahr durchgeführte und im Februar 1991 meßtechnisch abgeschlossene *Himmelsdurchmusterung* ergab im einzelnen (TRÜMPER 1993):

Gesamtanzahl der ROSAT-Quellen	ca	60 000
Normale Sterne	ca	25 000
Aktive Galaktische Kerne, Quasare	ca	30 000
Galxienhaufen	ca	5 000
Normale Galaxien	ca	650
Röntgendoppelsterne	ca	1 000
Supernovaüberreste	ca	250

Eine *globale kartographische Darstellung* dieser Ergebnisse in Form einer vorläufigen Himmelskarte (mit rund 50 000 dargestellten Quellen) ist gegeben in TRÜMPER (1993). Dort sind in gleicher Form auch die Ergebnisse der Himmelsdurchmusterung von HEAO-1 wiedergegeben; sie erbrachte damals 840 Quellen. Zu vermerken ist in diesem Zusammenhang, daß nach bisheriger Erkenntnis die kosmischen Röntgenstrahlungsquellen in ihrer zeitlichen Veränderung große Mannigfaltigkeiten zeigen. Die Anzahl der bekannten Röntgenquellen betrug 1997 bereits ca 150 000 (TRÜMPER 1997). ROSAT hat 150 000 neue Röntgenstrahlungsquellen entdeckt (Zeiss 6/1999).

|Röntgen-Hintergrundstrahlung|
Neben diesen diskreten (punktförmigen) Quellen existiert auch eine (1962 entdeckte) gleichmäßige *Röntgen-Hintergrundstrahlung* (HASINGER/GILLI 2002, LINDNER 1993).

Röntgenstrahlen-Ausbrüche
Sie sind durch Folgen kurzer, intensiver, nichtperiodischer Strahlenausbrüche charakterisiert (siehe Gammastrahlenausbrüche).

Kosmische Quellen der Gammastrahlung

Die elektromagnetische Strahlung eines bestimmten Wellenlängenbereichs wird *Gammastrahlung* genannt.

Kosmische Strahlung	Gammastrahlung	Röntgenstrahlung
... - 10^{-14} m	10^{-14} - 10^{-12} m	10^{-12} - 10^{-8} m
	= 0,00 001 - 0,001 nm	
	= 0,01 - 1 pm	
	= **1,24 $\cdot 10^8$ - 1,24 $\cdot 10^6$ eV**	
	= 1,24 $\cdot 10^5$ - 1,24 $\cdot 10^3$ keV	
	= 124 000 - 1 240 keV	
	= 124 - 1,24 MeV	

Die vorstehende Begrenzung der Gammastrahlung entspricht der meterstrukturierten generellen Darstellung des Spektrums der elektromagnetischen Wellen von KUCHLING (1986). Es bestehen unterschiedliche Auffassungen dazu, insbesondere auch deshalb, weil sich Gammastrahlung und Röntgenstrahlung nur im Erzeugungsvorgang unterscheiden: Gammastrahlung ist das Produkt radioaktiver Zerfälle (BREUER 1994). Die Gammastrahlen-Astronomie ist deshalb vielfach in die Hochenergie-Astronomie eingebettet. Begrenzungen sind mithin stark von der Betrachtungsart abhängig, teilweise fließend. Es können folgende Gammastrahlungsbereiche (GB) unterschieden werden (UNSÖLD/BASCHECK 1991 S.108, 109, 278):
- niederenergetischer GB $E \leq 2 \cdot 10^6$ eV
- hochenergetischer GB   E ca $|0,1 \cdot 10^9$ bis $2 \cdot 10^9$ eV|
- höchstenergetischer GB $E \geq 10^{12}$ eV
- allerhöchstenergetischer GB $E \geq 10^{14}$ eV

In dieser Sicht wäre die Begrenzung mithin

$$1 \cdot 10^{14} - 2 \cdot 10^6 \text{ eV}$$

Folgende Abkürzungen sind gebräuchlich
   Gammastrahlung   = γ - Strahlung
   Die Kosmische Strahlung ist eine Teilchenstrahlung

Wie zuvor bereits gesagt, wird bei sehr hohen Frequenzen die elektromagnetische Strahlung meist nicht als *Welle* aufgefaßt, sondern als Strom von *Photonen*. Anstelle von Frequenz ν oder Wellenlänge λ wird sie dann durch die Energie dieser Photonen, der *Photonenenergie* E, charakterisiert gemäß

$$E = h \cdot \nu = h \cdot \frac{c}{\lambda}$$

wobei h = Planck-Konstante. Als Einheit dient meist das *Elektronvolt*.
1 eV (Elektronvolt)   = $1{,}6022 \cdot 10^{-19}$ J = $1{,}6022 \cdot 10^{-12}$ erg.
Für Umrechnungen gilt
1 keV (Kiloelktronvolt)   = $1 \cdot 10^3$ eV
1 MeV (Megaelektronvolt)   = $1 \cdot 10^6$ eV
1 GeV (Gigaelektronvolt)   = $1 \cdot 10^9$ eV
1 TeV (Teraelektronvolt)   = $1 \cdot 10^{12}$ eV
1 Gigaelektronvolt ist jene Energie die ein Elektron aufnimmt, wenn es mit einer Spannung von 1 Milliarde Volt beschleunigt wird. Dem Elektronvolt entspricht eine Frequenz von $2{,}418 \cdot 10^{14}$ Hz, sein Wellenlängenäquivalent ist gegeben durch (UNSÖLD/BASCHEK 1991 S.79)

$$E[eV] = \frac{1{,}240 \cdot 10^{-6}}{\lambda[m]} = \frac{1240}{\lambda[nm]}$$

Beobachtungen von der Land/Meer-Oberfläche aus
Der "Gammahimmel" war vor Beginn der Raumfahrt ebenso wenig erforscht, wie der zuvor beschriebene "Röntgenhimmel". Vergeblich hatte 1957 der us-amerikanische Physiker William KRAUSHAAR mit hochfliegenden Ballons nach kosmischer Gammastrahlung gesucht. Erst die Beobachtung außerhalb der Erdatmosphäre brachte Erfolg.

Beobachtungen indirekt über Kaskaden in der Erdatmosphäre
Gammastrahlung aus dem Kosmos wird in den oberen Schichten der Erdatmosphäre absorbiert; ihre Beobachtung muß daher mehr oder weniger von Satelliten aus erfolgen. Bei höheren Energien (> 10^{12} eV) können Gammaquanten jedoch von der Land/Meer-Oberfläche der Erde aus *indirekt* durch elektromagnetische Kaskaden nachgewiesen werden, die sie beim Auftreffen auf Teilchen der oberen Erdatmosphäre erzeugen. Bei noch höheren Energien (> 10^{14} eV) erreichen die großen Luftschauer die Land/Meer-Oberfläche und können durch übliche Teilchendetektoren meßtechnisch erfaßt werden (UNSÖLD/BASCHEK 1991 S.109). Unterhalb 10^{14} eV sei auch ein Nachweis der *Tscherenkow-Strahlung* mit im optischen Bereich arbeitenden Teleskopen möglich. Diese Strahlung entsteht, wenn ein Teilchen sich durch ein Medium mit einer

Geschwindigkeit bewegt, die über der Lichtgeschwindigkeit *in diesem* Medium liegt. Sie ist benannt nach dem russischen Physiker Pawel TSCHERENKOW (auch Cerenkov) (1904-1990), der den Effekt 1934 entdeckt hat.

|Abbildende Tscherenkow-Technik|

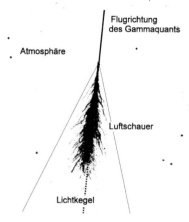

Bild 4.22
Indirektes Erfassen der in die Erdatmosphäre einfallenden hochenergetischen Gammastrahlung. Der in ca 800 km Höhe durch Auftreffen des Gammaquants auf dort befindliche Teilchen entstehende sehr schmale Lichtkegel (Tscherenkow-Licht) hat an der Geländeoberfläche einen Durchmesser von ca 250 m.

Die Meßtechnik läßt sich in Anlehnung an VÖLK/GILLESSEN (2002) wie folgt beschreiben werden: Der Luftschauer, den ein in die Erdatmosphäre einfallendes Gammaquant hoher Energie erzeugt, bewegt sich mit einer Geschwindigkeit, die größer ist als die Lichtgeschwindigkeit *in dieser Luft*, wodurch eine optische Stoßwelle entsteht, die als bläulicher Blitz aufleuchtet. Dieser Lichtblitz bildet sich bei Aufnahme mit einer Kamera als ovale Signatur ab, wobei die *Längsachse* des Ovals der Flugrichtung des Gammaquants entspricht. Wenn mehrere auf der Geländeoberfläche stehende Kameras (Teleskope mit ihren Detektoren) diesen Blitz synchron erfassen, ist eine Berechnung des Schnittpunktes der aus unterschiedlichen Betrachtungswinkeln (Perspektiven) erfaßten Ovalachsenabbildungen möglich. Dieser Schnittpunkt definiert jenen Ort, an dem das Gammaquant (bei seinem geradlinigen Weg von der Gammaquelle kommend) den berechneten (virtuellen) Detektor getroffen hätte. Bei Aufzeichnung mehrerer Gammaquanten derselben Gammaquelle baut sich (im Rechner) außerdem nach und nach ein Intensitätsprofil dieser Quelle auf. Es können somit die Richtung des Gammaquant-Strahls (Gammaquant-Bahn) und die Intensität der Gammaquelle bestimmt werden.

Außerhalb unserer Galaxie (Milchstraßensystem) sind bisher nur wenige Quellen von Teraelektronvolt-Gammastrahlung (10^{12} eV und mehr) bekannt. 4 gelten als gesichert erkannt: Markarian 421, Markarian 501, 1ES1959 und H1426+428 (VÖLK/GILLESSEN 2002). Alle vier sind *Blazare*, also aktive Kerne von Galaxien. Auf dem höchsten Berg der kanarischen Insel La Palma wurde **2003** das Gammastrahlen-Teleskop **Magic** (Major Atmospheric Gamma-Ray Imaging Cherenkov Dedector) in Betrieb genommen, das Gammastrahlung im Energiebereich von 20-300 Milliarden Elektronvolt empfangen kann und damit eine Lücke schließt zwischen den Meßbereichen von Satelliten und bisherigen Tscherenkow-Teleskopen (Sp. 12/2003). Spiegeldurchmesser 17 m.

Beobachtungen außerhalb der Erdatmosphäre
Ein erster Nachweis gelang mit dem Satelliten EXPLORER-11 und dem Satelliten OSO-3, die beide Gammastrahlung von der Sonne und aus der Milchstraße nachweisen konnten. Im Satelliten SAS-2 kam erstmals ein unter der Leitung von Carl FICHTEL entwickeltes Meßinstrument zum Einsatz, mit dem die Einfallsrichtung und der Einfallswinkel der einfallen Gammastrahlung erfaßt werden konnten. Wegen Ausfall der Energieversorgung dauerte das Meßprogramm nur sieben Monate, dennoch ergab sich bereits ein grober Umriß des Gammahimmels. Dieser wurde seitdem durch weitere Satellitenmissionen verfeinert. Der bisher intensivste und fernste Ausbruch von Gammastrahlung wurde am 14.12.1997 vom Satelliten BeppoSAX und dem Satelliten CGRO registriert im Sternbild Großer Bär (Sp 6/1998 S.24). Entfernung zur Erde ca 12 Milliarden Lichtjahre.

Gammastrahlungs-Quellen
Die aus Daten des Satelliten COS-B erstellte Gammastrahlungskarte der *Milchstraße* zeigt rund 30 diskrete Quellen, die wegen des geringen Auflösungsvermögens der Detektoren allerdings nur grobe begrenzt sind. Selbst bei den hellsten Quellen konnten pro Stunde nur 1-2 Gammaphotonen registriert werden. Die kartographische Darstellung ist enthalten in TL/Astronomie (1990). Eine kartographische Darstellung der *Milchstraße* mittels Linien gleicher Gammaemission (basierend auf den gleichen Daten und erstellt von MAYER-HASSELWANDER et al. 1982) ist enthalten in UNSÖLD/BASCHEK (1991) S.279. Die Anzahl der bisher beobachteten Gammastrahlen-Ausbrüche umfaßt, wie schon erwähnt, mehrere Hundert.
|Gamma-Hintergrundstrahlung|
Neben diesen diskreten (punktförmigen) Quellen existiert auch eine gleichmäßige *Gamma-Hintergrundstrahlung* (HASINGER/GILLI 2002, UNSÖLD/BASCHEK 1991 S.280)).

Gammastrahlen-Ausbrüche
Im Gammastrahlungsbereich sind Intensitätsschwankungen (der Strahlungsquellen) und Strahlungsausbrüche beobachtet worden. Die Ausbrüche zeigen eine gewisse Vielfalt: wie etwa irreguläres Flackern im Zeitabschnitt einiger Millisekunden, Folgen von mehreren kurzen (Sekunden dauernden) Ausbrüchen (engl. Bursts), novaähnliche Ausbrüche mit langsamen Intensitätsabfall, reguläre oder irreguläre Pulse (im Se-

kundenbereich) und anderes. Trotz dieser Mannigfaltigkeit der Phänomene lassen sich die Quellen dieser Ausbrüche und ihre Veränderungen in einem einheitlichen theoretischen Rahmen beschreiben: der Akkretion von Materie in engen Doppelsternsystemen (UNSÖLD/BASCHEK 1991). Dabei wird davon ausgegangen, daß die angesprochene Materie von einem Neutronenstern oder (theoretisch weniger wahrscheinlich) von einem Schwarzen Loch akkretiert wird. Von allen bekannten Weltraumkörpern sollen die *Neutronensterne* die höchste Dichte haben. Als typische Dichten gelten 10^{14} bis 10^{15} g/cm^3. Die Durchmesser dieser Sterne werden mit etwa 10-20 km angenommen (LINDNER 1993). In einer Kugel von 20 km Durchmesser wäre bei dieser Dichte beispielsweise etwas mehr als die Masse unserer Sonne unterzubringen.

1967 wurden von den *Vela-Satelliten* aus im Rahmen militärischer Aufklärungsarbeiten die Gammastrahlen-Ausbrüche eher zufällig entdeckt.

1973 erhielt die Wissenschaft Zugang zu den Beobachtungsdaten. Seitdem sind zahlreiche Gammastrahlenausbrüche beobachtet worden.

1979. *Stärkster* bisher beobachteter Gammastrahlenausbruch. Seine Bezeichnung lautet (seit 1986) SGR 0526-66. In einer 1/5 Sekunde sei von der Quelle (mit einer Rotationsperiode von 8,0 Sekunden) soviel Energie ausgestrahlt worden, wie unsere Sonne in 10 000 Jahren ausstrahlt und zwar (bei diesem Ausbruch) nur in Form von Gammastrahlung (KOUVELIOTOU et al. 2003). Beim Durcheilen des Sonnensystems sei der Gammapuls auch von 10 Satelliten erfaßt worden, wobei die Zählrate im Bruchteil einer Millisekunde auf über 200 000/Sekunde angestiegen sei und damit außerhalb der damals üblichen Meßbereiche lag.

1996. Die vom BATSE-Detektor über einen Zeitabschnitt von einem Jahr aufgezeichnete Verteilung von Gammastrahlenausbrüchen ließ *keine* Häufung längs der Milchstraße erkennen (FISHMAN/HARTMANN 1997). Nach heutiger Kenntnis, seien Gammastrahlenausbrüche homogen am Himmel verteilt (WOLSCHIN 2001). Mittels der vom Röntgen-Satelliten Beppo-SAX ermittelten Positionsdaten der Gammastrahlenblitze konnten mit optischen und Radioteleskopen erstmals jene Galaxien identifiziert werden, in denen der Ursprung der Blitze lag.

2001 wurde der bisher *am weitesten entfernte* Gammastrahlenausbruch (durch ein Netzwerk von Satelliten) registriert. Seine Bezeichnung lautet GRB 000131. 84 Stunden nach dem Ausbruch konnte das optische "Gegenstück" registriert werden, aus dem eine Rotverschiebung von 4,50 ermittelt wurde, was einer Entfernung von ca 10 Milliarden Lichtjahren entspricht (WOLSCHIN 2001). Seit etwa 1997 verstärken Beobachtungen den Verdacht, daß Gammastrahlenausbrüche (Hochenergieblitze) durch Geburtswehen Schwarzer Löcher ausgelöst werden (GEHRELS et al 2003). Die Entstehung eines Gammablitzes beginne entweder mit der Verschmelzung zweier Neutronensterne oder mit dem Kollaps eines massereichen Sterns. In beiden Fällen entstehe eine Schwarzes Loch. In der Gashülle verschiedener Ausbrüche konnten Emissionslinien der Elemente Silizium, Schwefel, Argon und andere Elemente entdeckt werden, wie sie auch von Supernovae in den Kosmos geblasen werden. Möglicherweise bestehe ein Zusammenhang zwischen Gammastrahlenblitzen und Supernovae. Gammastrahlenblitze zeigen ein Nachleuchten, wobei ihre Strahlungsenergie sich allmählich verschiebe: von der Gamma- zur Röntgenstrahlung, zum sichtbaren Licht und zuletzt zur Radiofrequenzstrahlung.

|Magnetare, Neutronensterne besonderer Art?|
Inzwischen sind von der Land/Meer-Oberfläche und von Satelliten aus zahlreiche Gammastrahlenausbrüche beobachtet und katalogisiert worden nach den (ab 1986) unterschiedenen Objektklassen: **GRBs** (Gamma-Ray Bursts), Ereignisse, die nur *einmal* auftreten, und **SGRs** (Soft Gamma Repeaters), Ereignisse, die offenbar *wiederholt* auftreten können. Insbesondere sind in letzter Zeit Sterne entdeckt worden, die in Bruchteilen von Sekunden enorme Energiemengen in Form von Gamma- und Röntgenstrahlen aussenden, millionenmal mehr als bei anderen Ausbrüchen bisher festgestellt worden sei. Vermutlich gehen diese kosmischen Hochenergieblitze von einer speziellen Art von Neutronensternen aus, die dadurch gekennzeichnet sind, daß sie sehr starke Magnetfelder haben und dadurch beispielsweise ihre Oberflächenkruste gelegentlich aufreißen kann wobei, wie bei einem Erdbeben, gewaltige Energiemengen schlagartig freigesetzt werden (vergleichbar etwa der seismischen Energie eines Erdbebens der Stärke 21auf der Richter-Skala). Neutronensterne dieser Art erhielten 1992 den Namen *Magnetare*. Bisher sind etwas mehr als 10 Sterne bekannt, bei denen es sich um Magnetare handeln könnte (KOUVELIOTOU et al. 2003). Magnetare seien "nur" etwa 10 000 Jahre aktiv. Es wäre daher möglich, daß eine große Anzahl von ihnen unerkannt durch die Milchstraße treibt.

Wie zuvor gesagt, senden Magnetare Energiemengen vor allem in Form von Gamma- und Röntgenstrahlen aus. Ein sehr starker *Röntgenstrahlenausbruch* erfolgte 1998 mit einem Strahlungsausbruch, der weniger als 1 Sekunde dauerte, und dem eine Serie von Pulsen folgte mit einer Rotationsperiode der Quelle von 5,16 Sekunden. Seine Bezeichnung lautet (heute) SGR 1900+14. Es war der bisher stärkste Ausbruch dieser Quelle, die als Strahlungsquelle bereits 1979 entdeckt worden war und heute zu den Magnetar-Kandidaten zählt (KOUVELIOTOU et al. 2003).

Wegen ihrer vergleichsweise geringen Größe sind Neutronensterne in der Regel optisch nicht beobachtbar. Im Radiofrequenzstrahlungsbereich sind sie jedoch meist erfaßbar, als *Pulsare*. Pulsare gelten allgemein als rotierende Neutronensterne mit starken Magnetfeldern. Die Objektklasse der **AXPs** (Anomalous X-Ray Pulsars) ähnelt den SGRs (KOUVELIOTOU et al. 2003). Sollten sowohl SGRs als auch AXPs Magnetare sein, dann würde diese Objektklasse einen beachtlicher Teil der Neutronensterne sein.

Die quantenelektrodynamische theoretische Obergrenze für den *Magnetismus* von Neutronensternen liege bei ca 10^{13} Tesla (10^{17} Gauss), darüber hinaus würde sich das Gas innerhalb des Sterns durchmischen und das Feld abbauen. Kosmische Objekte, die stärkere Magnetfelder aufbauen und erhalten könnten seien bisher nicht bekannt (KOUVELIOTOU et al. 2003). Allerdings sei offen, welche Feldstärken bei Magnetaren wirksam werden können. Wird von der Abremsrate der Rotation des Objektes aus geschlossen, dann ergeben sich etwa folgende Feldstärken für Magnetfelder der

Magnetare bis zu 10^{10} - 10^{11} T   (10^{14} - 10^{15} G)
Pulsare bis zu 10^8 T   (10^{12} G)
Von anderen Autoren (BROCKHAUS 1999) werden genannt:
Sonne ca 10^{-4} T   (1 G)
Erde (an den Polen) ca 10^{-4} T   (1 G)
Galaxis (Milchstraße) 10^{-10} T   (10^{-6} G)
Die Einheit Gauss (G) ist keine SI-Einheit. An ihre Stelle tritt die Einheit Tesla (T). Für Umrechnungen gilt: 1 T = 10^4 G = 10 000 G beziehungsweise 1 G = 10^{-4} T = 0,0001 T.

Start	*Name der Satellitenmission und andere Daten*
1961	**EXPLORER-11** (USA, NASA)
-	**OSO** (Orbiting Solar Observatory) (USA, NASA) Serie 1962 bis 1975, solare Gammastrahlung
1967	OSO-3 Winkelauflösung ca 20°, Energieauflösung ebenfalls gering
1967	**Vela-Satelliten**. 12 Aufklärungssatelliten des us-amerikanischen Verteidigungsministeriums
1970	**DMSP** (Defense Meteorological Satllite Program) (USA) *Serie mit Block 5D-3*, mit Gamma Ray Detectors... H = 811-853 km, pU.
-	**SAS** (Small Astronomical Satelite) (USA, NASA)
1972	SAS-2 Winkelauflösung wesentlich besser als 20°
?	SAS-3
1975	**COS-B** Datenübertragungsende 1982, Winkelauflösung wesentlich besser als 20°
-	**HEAO** (High Energy Astronomical Observatory)
1979	HEAO-3
1986	**Granat** (Frankreich, Russland)
1987	**Ginga** (jap. Galaxie)
1990	**Ulysses**, Sonnenumlaufbahn (Bahnebene senkrecht zur Bahnebene von SOHO) Meßbereich |20-145 keV|
1991	**CGRO** (Compton Gamma Ray Observatory) (USA, NASA) Winkelauflösung um 10', Meßbereiche |≤2 MeV| |0,1-10 MeV| |1-30 MeV| |20 MeV - 30 GeV|, Instrumente: BATSE-Detektor (Burst and Transient Source Experiment), EGRET-Detektor, Missionsende 2000.
1995	**SOHO** (Solar and Heliospheric Observatory) (NASA, ESA) Sonnenumlaufbahn (Bahnebene senkrecht zur Bahnebene von Ulysses):
1996	**Beppo-SAX** (Italien, Niederlande) Röntgensatellit, Meßbereich |40-600 keV|, Positionsdaten der Gammastrahlenausbrüche

2000	**Hete-2** (High Energy Transient Explorer 2) mißt Röntgen- und Gammastrahlung im Energiebereich von 0,5 bis über 400 keV.
2002	**Integral** (International Gamma-Ray Astrophysics Laboratory) (Europa, ESA) Sensoren: IBIS, SPI, JEM-X (Röntgenbereich), OMC (VIS-Bereich).
2004	**Swift** (USA, NASA) Erforschung von Schwarzen Löchern
? 2004	**Agile**-Satellit (Italien)
? 2006	**Glast** (Gamma-ray Large Aera Space Telescope) (USA, NASA), Erdumlaufbahn
? 2012	**Energeric** X-Ray Imaging Survey Teleskope

Bild 4.23
Vorgenannte und weitere Satellitenmissionen (Gamma-Satelliten und andere). pU = polnahe Umlaufbahn, H = Höhe der Satelliten-Umlaufbahn über der Land/Meer-Oberfläche der Erde. Quelle: BACHEM (2003) und andere

|Gammastrahlenausbrüche und Loop-Quantengravitation|
Bei Gammastrahlenausbrüchen werden von der Quelle enorme Mengen energiereicher Photonen emittiert. Nach der Loop-Quantengravitation (siehe dort) hat der Raum eine diskrete Struktur, weshalb Gammastrahlen mit hoher Energie den Raum ein wenig schneller durcheilen als solche mit niedrigerer Energie. Dieser Unterschied sei zwar sehr klein, doch bei der langen Reise der Strahlung von der Quelle bis zur Erde (eventuell Milliarden von Jahren) summiere sich dieser Effekt zu einer vielleicht meßbaren Größe (SMOLIN 2004). Falls die Gammastrahlen gemäß ihrer unterschiedlichen Energie zu etwas unterschiedlichen Zeitpunkten am Beobachtungsort ankommen sollten, wäre dies ein Indiz für die Gültigkeit der genannten Theorie. Die Sensoren des Glast-Satelliten sollen die für einen solchen Test erforderliche sehr hohe Meßgenauigkeit erbringen können.

Kosmische Strahlung, Gravitationsstrahlung

Die *Kosmische Strahlung* ist eine Teilchenstrahlung, die überwiegend aus energiereichen Protonen und schweren Atomkernen besteht, wobei die Teilchen meist positiv geladen sind (UNSÖLD/BASCHEK 1991 S.80, 273). Außer den Teilchen enthält die Kosmische Strahlung auch eine kurzwellige elektromagnetische Komponente (Gammastrahlung) (LINDNER 1993). Der Ursprung der aus dem Weltraum kommende Kosmische Strahlung ist noch unklar (KÖRKEL 2003). Möglich wäre, daß die Teilchenströme von Sternexplosionen (Supernovae) stammen.

Gravitationsstrahlung ?	*Kosmische Strahlung*	Gammastrahlung Wellenlängenbereich 10^{-14} - 10^{-12} m
Amplitute und Frequenz zeigen spezielle Muster	kinetische Energien zwischen 10^7 und 10^{20} eV	
Wellenlängen (inflationärer) Gravitationswellen cm - 10^{23} km		

10^{23} km = Ungefährer Radius des *heute* beobachtbaren Kosmos

Kosmische Strahlung
Entdeckt wurde diese Strahlung (damals *Höhenstrahlung* genannt) 1912 durch den österreichischen Physiker Victor Franz HESS (1883-1964) während eines Ballonfluges. Unabhängig von HESS führte 1913 in Berlin der deutsche Physiker Werner KOLHÖRSTER (1887-1946) entsprechende Beobachtungen durch und wies den Korpuskularcharakter der energiereichen Strahlung nach. Mit der Erforschung der Kosmischen Strahlung (engl. cosmic rays) befaßt sich die Hochenergie-Astronomie. Auf zahlreiche Fragen, beispielsweise wo die Teilchen die sehr großen Beschleunigung erhalten, gibt es bisher noch keine hinreichend gesicherten Antworten.
Wie gesagt, ist der Ursprung der Kosmischen Strahlung noch unklar. Als Quellen der Kosmischen Strahlung (die gelegentlich auch *Ultrastrahlung* genannt wird) gelten oftmals die sogenannten Ausbrüche der Sonne (mit Energien beim Auftreffen der Strahlung auf die Erdatmosphäre von bis zu 10^{10} eV), die Milchstraße (unsere Galaxie) und vielleicht auch andere Galaxien (UNSÖLD/BASCHEK 1991 S.102). Während die Sonne nur einen kleinen Beitrag zur Kosmischen Strahlung leiste, die auf die Erde

auftrifft, sei der Beitrag der Milchstraße erheblich größer. Weitere Beiträge könnten liefern Supernova-Ausbrüche und deren (mögliche) Überreste, die Pulsare (LINDNER 1993, UNSÖLD/BASCHEK 1991 S.277).

Die auf die Erde zulaufenden Teilchenströme erreichen die Oberfläche der Atmosphäre auf Bahnen, die durch das galaktische Magnetfeld bestimmt sind; sie bewegen sich quasi auf Schraubenlinien um die magnetischen Kraftlinien herum. Nahe der Erde wird die Strahlung auch durch das Magnetfeld der Erde beeinflußt. Treffen die hochenergetischen Teilchen der Kosmischen Strahlung auf die Atomkerne in der Erdatmosphäre, werden diese zerschlagen. Vorgänge solcher Art und weitere Wechselwirkungen vollziehen sich in einem Höhenbereich zwischen 2000 km und 20 km (LINDNER 1993). Sie können als die *sekundäre Komponente* der Kosmischen Strahlung bezeichnet werden. Diese Komponente ist von der *Land/Meer-Oberfläche der Erde* aus beobachtbar (siehe beispielsweise CRONIN et al. 1997). Die (vorlaufende) *primäre Komponente* der Strahlung kann dagegen nur von Punkten *außerhalb der Erdatmosphäre* beobachtet werden. Das Magnetfeld der Erde bewirkt, daß energiearme geladene Teilchen die Land/Meer-Oberfläche nur in einer bestimmten Zone um die geomagnetischen Pole herum erreichen können. Bei Energien der geladenen Teilchen >10^9 eV verschwindet dieser Effekt (UNSÖLD/BASCHEK 1991 S.275).

Beeinflußt die Kosmische Strahlung das Klima des Systems Erde?
Auch heute wird vielfach angenommen, daß ein Zusammenhang besteht zwischen Sonnenflecken- beziehungsweise solarer Aktivität und globalem Klima im System Erde. Der in Deutschland geborene Astronom William HERSCHEL (1738-1822) hatte bereits damals die These aufgestellt, daß vermehrte Sonnenflecken einhergehen mit intensiverer Sonnenstrahlung, also auch mit einem milderen Klima im System Erde. Nach einer heutigen These wirke der von der Sonne ausgehende Sonnenwind (Abschnitt 4.2.03) zwar nicht unmittelbar auf das Klima im System Erde ein, da ihn das Erdmagnetfeld um die Erde herumlenkt, doch beeinflusse er die Kosmische Strahlung. Diese erzeuge mit zunehmender Intensität sowohl eine zunehmende *Wolkenbedeckung* über dem Meer als auch über dem Land (und umgekehrt). Aus diesem 1997 von FRIIS-CHRISTENSEN und SVENSMARK (vom dänischen Institut für Weltraumforschung) gegebenen Nachweis läßt sich folgern, daß eine Abschwächung der Kosmischen Strahlung durch heftigen Sonnenwind zu geringerer Wolkenbildung im System Erde und zu vermehrter Sonneneinstrahlung ins System Erde führt, mithin auch zu erhöhten Temperaturen (KÖRKEL 2003). Nach YU (State University of New York) ist davon auszugehen, daß intensive Kosmische Strahlung in der unteren Troposphäre mehr Kondensationskeime für Wassertröpfen erzeugt. Sie sind ja die Grundlage der Wolkenbildung (Abschnitt 10.1). Nimmt die Kosmische Strahlung ab, ist die Wolkendecke dünner und hält weniger Sonneneinstrahlung ab. Es steigt die Temperatur an der Land/Meer-Oberfläche. Gleichzeitig kühlt sich jedoch die untere Atmosphäre ab, da sich dort weniger Wolken befinden, die durch Strahlungsabsorption erwärmen können.

Die Heliosphäre wird nach Bild 4.24 durch den Sonnenwind gebildet, der ein Magnetfeld mit sich führt, das die Kosmische Strahlung ablenkt und zwar je nach Sonnenaktivität stärker oder schwächer. An der Stoßfront (ca 200 AE von der Sonne entfernt) werden die schnellen Sonnenwindteilchen abgebremst auf Unterschallgeschwindigkeit. Die Heliosphäre endet an der Heliopause. Außerhalb dieser dominiere interstellares Gas. Die durch den Weltraum pflügende Heliosphäre schiebt vermutlich eine sogenannte Bugstoßwelle vor sich her. Ausführungen über Sonnenfleckenzyklen sowie Sonnenwind und Erdmagnetosphäre sind im Abschnitt 4.2.03 enthalten.

Bild 4.24
Kosmische Strahlung beim Durchdringen der Heliosphäre nach einem Modell des dänischen Instituts für Weltraumforschung (aus KÖRKEL 2003, verändert).

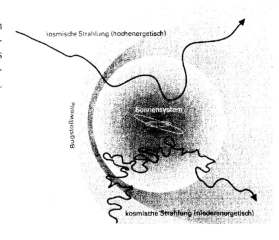

|Zum Temperaturverlauf im System Erde|

Im Zusammenhang mit dem zuvor Gesagten ist anzumerken (KÖRKEL 2003): (a) Die Land/Meer-Oberfläche der Erde habe sich etwa ab 1980 pro Jahrzehnt um 0,15° C erwärmt. Satelliten- und Ballonmessungen haben für den Bereich von der Land/Meer-Oberfläche bis in 8 km Höhe darüber einen Temperaturanstieg pro Jahrzehnt ergeben von nur 1/3 des vorgenannten Wertes. Sogar sinkende Temperaturen seien im Hinblick auf die Meßsicherheit nicht auszuschließen. Wie kommt diese Differenz zustande? (b) Nach einer Studie wird das System Erde seit einigen Millionen Jahren von nur wenig Kosmischer Strahlung getroffen, da sich unser Sonnensystem in einer mit Sternen relativ dünn bestückten Region der Milchstraße befinde. Wandert es in dichter bestückte Regionen (etwa in das dichtere Zentrum eines Spiralarms), wird sich die auf das System Erde auftreffende Strahlungsmenge der Kosmischen Strahlung erhöhen. Die Untersuchung von Einschlagspuren hochenergetischer Teilchen auf den Oberflächen von 42 Eisenmeteoriten deutet darauf hin, daß unser Sonnensystem einen Intensitätszyklus der Kosmischen Strahlung aufweist von ca 143 Millionen Jahren. Diese Periode passe gut zur Periodizität der Eiszeiten im System Erde (Abschnitte 4.4 und 10.5).

Gravitationsstrahlung

Um 1918 verwies EINSTEIN (1879-1955) im Zusammenhang mit der von ihm begründeten Allgemeinen Relativitätstheorie erstmals auf die aus der Theorie sich ergebende Existenz von *Gravitationswellen* (PIRANI 1961). Diese Schwingungen im Gravitationsfeld sollen auftreten, wenn die Geschwindigkeit eines sehr massereichen Körpers *variiert*. Sie sollen sich mit Lichtgeschwindigkeit fortpflanzen und Kräfte auf andere Massen ausüben. Prinzipiell senden alle Körper, deren Geschwindigkeit variiert, Gravitationswellen aus, allerdings bereitet ihr meßtechnischer Nachweis erhebliche Schwierigkeiten. Derzeit gelingt dies nur, wenn ein sehr schwerer Körper starken Beschleunigungen unterworfen ist, wie sie beispielsweise bei Neutronendoppelsternen auftreten. Die Suche nach der Gravitationsstrahlung kosmischer Quellen, begonnen um 1960 vom us-amerikanischen Physiker Joseph WEBER (1919-2000), ist bisher ergebnislos verlaufen. Einen ersten *indirekten* Nachweis für die Abstrahlung von Gravitationswellen ermöglichten Beobachtungen des Doppelstern-Pulsars PSR 1913+16 (PIRAN 1996). Die Galaxie NGC 6240 weist nach bisheriger Erkenntnis zwei Schwarze Löcher auf, die derzeit einen Abstand von ca 3000 Lichtjahren haben. Wenn diese Schwerkraftzentren miteinander verschmelzen, dürfte dies einen gewaltigen Ausbruch von Gravitationswellen herbeiführen (Sp. 2/2003). Indessen gehen die Bemühungen zum Nachweis der Gravitationswellen weiter. Gegenwärtig sind mehrere Antennen im Bau oder in Planung, die auf Frequenzen oberhalb und unterhalb von 10 Hertz (auf "hohe" und "tiefe Töne") ausgelegt sind (Bild 4.25).

	Detektoren zum Erfassen von Gravitationswellen				
	Tama	**Geo 600**	**Ligo**	**Virgo**	**Lisa**
Standort	Mitaka (Japan)	Hannover (Deutschland)	(USA)	Pisa (Italien)	Weltraum
Armlänge	300 m	600 m	4 km	3 km	$5 \cdot 10^6$ km
Realisierung	? 2000	? 2001	? 2001	? 2002	? 2010

Bild 4.25
Meßvorhaben und Meßeinrichtungen (Antennen) zum Empfang von Gravitationswellen. Antennenanordnung auf der *Landoberfläche*: |Geo 600|= Deutschland, Großbritannien; |Virgo|= Italien, Frankreich; im *Weltraum*: |Lisa|= NASA, ESA (Start ? 2011). Quelle: WOLSCHIN (2000), DANZMANN (2002)

Das Erfassen von Gravitationswellen mit sogenannten tiefen Tönen (< 0,1 Hertz) erfordert nach heutiger Erkenntnis sehr große Anlagen. Die beiden "Arme des Interferometers", die "Armlängen" der Antennen oder Meßeinrichtungen sind praktisch dann nur im Weltraum zu realisieren (wie etwa bei Lisa). Gravitationswellen verzerren nach der Theorie das Raumzeit-Kontinuum. Die Abstände zwischen den (kosmischen)

Objekten oszillieren demnach. Rollt beispielsweise eine Gravitationswelle durch unser Sonnensystem, so ändern sich die Abstände zwischen den 3 (als Dreieck angeordneten) Meßsatelliten. Obwohl die wirkende Energie enorm groß ist, werden die relativen Längenänderungen zwischen den Meßsatelliten als sehr klein geschätzt. Die Änderungen würden höchstens um 1:1 Milliardstel eines Milliardstel (1: $1 \cdot 10^{-18}$) schwanken (WOLSCHIN 2000). Die Entfernung Erde-Sonne würde danach nur um einen Atomdurchmesser verändert. Bei einer Antennenlänge von 3 km würde sich diese maximal um 1/1000 des Durchmessers eines Protons ändern. Obwohl die Anforderungen an die Meßtechnik damit extrem hoch sind, wird erhofft, das Ziel mittels der eingesetzten Laser-Interferometrie erreichen zu können.

Nach der *Inflationstheorie* soll die Expansion des Kosmos 10^{-38} Sekunden nach dem Urknall die "inflationären" Gravitationswellen erzeugt haben. Beim Einsetzen der Inflation wären Energien existent gewesen von ca 10^{15} bis 10^{16} GeV (Gigaelektronvolt). Falls die Inflation durch eine Entkopplung von (drei) Urkräften ausgelöst wurde, müßte der Nachhall dieser Wellen stark genug gewesen sein für ein Einbringen von winzigen Irregularitäten in die ca 500 000 Jahre später entstandenen 3K-Strahlung. Eine präzise Vermessung dieser 3K-Strahlung sollte daher ebenfalls einen Nachweis der inflationären Gravitationswellen ermöglichen. Lassen sich Gravitationswellen nachweisen, sind sie die ältesten Phänomene im Kosmos, entstanden 500 000 Jahre *vor* der Entstehung der 3K-Strahlung (siehe dort).

4.2.02 Zum Strahlungsweg von der kosmischen Quelle bis zur Erde und zur Dynamik kosmischer Objekte im Raum

Wie zuvor gesagt, empfängt das System Erde aus seiner kosmischen Umgebung Strahlung (Energie) und gibt Strahlung (Energie) an diese ab. Diese kosmische Umgebung ist ein Teil des Kosmos (eingebettet in diesen). Die Begriffe *Kosmos* oder *Weltraum* werden hier als Synonyme verwendet und als Unterbegriffe des Begriffes *Universum* aufgefaßt, der im Abschnitt 1.3 als unendliche Menge (im Sinne der Mengentheorie) definiert worden war. Die genannten Begriffe kennzeichnen generell den **"Raum"** *und* die in ihm enthaltene **"Materie"**. Vielfach ist es nützlich, mehr oder weniger scharf definierte Teile des Kosmos sprachlich/begrifflich besonders hervorzuheben. Sie können als *kosmische Objekte* oder *Weltraumkörper* bezeichnet werden. Zu den kosmischen Objekten gehören beispielsweise die Planeten, ihre Monde, die Sonne, weitere Sternarten, Galaxien, Spiralnebel und andere benannte Körper, wie etwa Kometen. Einige dieser kosmischen Objekte sind zugleich Strahlungsquellen.

Alle kosmischen Objekte (Weltraumkörper), wie etwa die Erde, die Sonne, unsere Galaxie (Milchstraße), bewegen sich im "Raum", offenbar unter dem Einfluß von Kräften (Dynamik). Unser Universum, unser Kosmos zeigt somit nicht einen statischen, sondern einen dynamischen Charakter. Kosmische Objekte (Galaxien und

andere Strahlungsquellen) scheinen sich außerdem radial von der Erde fortzubewegen, wobei sich das Objekt um so schneller fortbewegt, je weiter es von der Erde entfernt ist. Der us-amerikanische Astronom Edwin Powell HUBBLE zog 1929 aus den (mit Hilfe von Rotverschiebungen) ermittelten Entfernungen und Fluchtgeschwindigkeiten zahlreicher kosmischer Objekte den Schluß, daß unser Kosmos *expandiert*. Das Modell eines expandierenden Kosmos genießt derzeit hohe Akzeptanz. Aus einer solchen Expansion läßt sich folgern, daß der heutige Zustand des Kosmos seinen Ausgang genommen hat von einer kosmischen Singularität, die inzwischen meist als *Urknall* bezeichnet wird. Als hinreichende (?) Beweise dafür, daß unser Kosmos **expandiert** und sich **abkühlt** nennt PEEBLES (2001):
(1) Das Licht ferner Galaxien zeigt eine Rotverschiebung, so wie es sein sollte, wenn der Raum expandiert und die gegenseitigen Abstände der Galaxien sich vergrößern.
(2) Der Raum ist von einer thermischen Strahlung erfüllt, so wie es sein sollte, wenn der Raum früher dichter und heißer war.
(3) Der Kosmos enthält riesige Mengen Deuterium und Helium, so wie es sein sollte, wenn die Temperaturen früher viel höher waren.
(4) Milliarden Lichtjahre (von der Erde) entfernte Galaxien sehen deutlich jünger aus, so wie es sein sollte, wenn sie jener Zeit näher sind, als es noch keine Galaxien gab.

Expansion und Abkühlung des Kosmos würden zum Wesen der *Urknalltheorie* gehören, die beschreibt, wie der Kosmos sich entwickelt, nicht wie er begann. Was *vor* dem Beginn der Expansion geschah, ist weitgehend unbekannt. Als führende Theorie für *diesen* Zeitabschnitt gilt derzeit (noch) die *Inflationstheorie* (nach der der Kosmos am Beginn eine Phase rapider Expansion durchlebte) beziehungsweise die *Vor-Urknall-Theorie*, eine durch die Stringtheorie veranlaßte Überarbeitung der Inflationstheorie (MAGUEIJO 2001).

Und schließlich: Die Krümmung der Raumzeit *scheint* vom Materiegehalt des Kosmos abhängig zu sein, so wie es sein sollte, wenn sich der Kosmos nach den Vorhersagen der Einsteinschen Gravitationstheorie (der Allgemeinen Relativitätstheorie) ausdehnt.

Die nachfolgenden Ausführungen befassen sich vorrangig mit einigen *Grundannahmen*, die im allgemeinen in **kosmischen Modellen**, teilweise aber auch in **Erdmodellen** enthalten sind (wie etwa die Gravitation). In diesem Zusammenhang sei darauf verwiesen, daß bei *physikalische* Räumen (physikalischen Raumtheorien) allgemein unterstellt wird, daß sie *Modelle* der Wirklichkeit sind und *physikalische Beobachtungs- und Meßergebnisse hinreichend erklären können*. Demgegenüber sind *mathematische* Räume (mathematische Raumtheorien) *nicht* notwendig Modelle der Wirklichkeit. Für sie ist wesentlich, daß zumindest ihre Axiomssysteme widerspruchsfrei sind. In welchem Umfange mathematische Raumtheorien bei physikalischen Raumtheorien (mit)benutzt werden, richtet sich nach der Zweckmäßigkeit.

Der Begriff physikalischer Raum umfaßt somit auch den *kosmischen* Raum. In Verbindung damit wird vielfach sogar vom "Weltbild" gesprochen. Unser physikalisches Weltbild am Beginn des neuen Jahrtausends (2001...) ruht vorerst noch auf zwei Grundpfeiler: der Allgemeinen Relativitätstheorie und der Quantenmechanik. Die Allgemeine Relativitätstheorie beschreibt vorrangig Naturvorgänge im *Makrokosmos* (wie etwa die Schwerkraft, also die Gravitationskraft, der alle Körper unterworfen sind) und die Quantenmechanik vorrangig die Naturvorgänge im *Mikrokosmos* (wie etwa den Aufbau der Atome, der Atomkerne, den Aufbau der Materie aus Elementarteilchen). Inzwischen gibt es zahlreiche Versuche, die physikalischen Gesetzmäßigkeiten im Mikrokosmos und im Makrokosmos in einer Theorie darzustellen, die sowohl die Allgemeine Relativitätstheorie als auch die Quantenmechanik enthält und darüber hinaus neue Erkenntnisse über die *Struktur von Raum und Zeit* liefert. Die diesbezügliche Bemühungen laufen derzeit meist unter den Stichworten "Große Vereinheitlichte Theorie" (engl. Grand Unified Theory, GUT) beziehungsweise "Quantengravitation" oder "Theorie von Allem" (engl. Theory of Everything, TOE), vielfach auch unter Benennungen wie Stringtheorie, Superstringtheorie, Membrantheorie und andere.

Lichtweg, Gravitationsaberration, Gravitationslinseneffekt

Daß Licht sich geradlinig ausbreitet, entspricht der Alltagserfahrung. Schon HERO von Alexandrien (um 125 v.Chr.) brachte den Begriff Strahl und seine Geradlinigkeit mit dem schnellsten Lichtweg in Verbindung. Um **1801** hatte der deutsche Geodät und Astronom Johann Georg SOLDNER (1776-1853) jedoch berechnet, daß die Position eines Sterns durch die Schwerkraftwirkung der Sonne um einen kleinen Winkelbetrag verändert sein müßte. 1915 sagte EINSTEIN in seiner Allgemeinen Relativitätstheorie eine Lichtstrahlablenkung im Gravitationsfeld (*Gravitationsaberration*) ebenfalls voraus, die dann 1919 von den englischen Astrophysikern Arthur Stanley EDDINGTON (1882-1944) und Frank DYSON schließlich gemessen wurde. Aber erst **1979** entdeckte der englische Astronom Dennis WALSH erstmals ein Doppelbild eines Quasars am Himmel (WAMBSGANß 2001).

Große Massenansammlungen, beispielsweise dichte Galaxienhaufen, können das Bild weit dahinter liegender kosmischer Objekte verzerren, verstärken oder vervielfachen, weil sie ihr Licht beugen. Massenansammlungen dieser Art wirken als *Gravitaionslinsen*, weil sie Beugungsbilder von kosmischen Objekten erzeugen (siehe beispielsweise MACCHETTO/DICKINSON 1997). Ohne diese Beugung der Strahlung wären diese Objekte mit derzeitigen Beobachtungsmitteln vielfach nicht oder kaum sichtbar; auch spektroskopische Untersuchungen können an solchen Beugungsbildern (besser) durchgeführt werden. Die Ablenkung eines Lichtstrahls durch das Gravitationsfeld einer Massenansammlung, durch eine Gravitationslinse, verursacht auch Laufzeitdifferenzen in den verschiedenen, von der Strahlungsquelle ausgehenden und auf der Erde eintreffenden Wellenfronten. Aus Zeitdifferenz und Winkelabstand der Mehrfachabbildungen läßt sich die Entfernung der Strahlungsquelle (unabhängig von der Hubble-Beziehung) bestimmen (UNSÖLD/BASCHEK 1991). Im Kosmos kann Licht durch den sogenannten *Gravitationslinseneffekt* mithin vom geraden Weg abgelenkt werden. Da der Kosmos gewaltige Ansammlungen von Materie enthält die gemäß der Allgemeinen Relativitätstheorie entsprechend ihrer Größe den umgebenden Raum mehr oder weniger stark krümmen, folgen die Lichtstrahlen vielfach diesen krummen Wegen. Die gravitative Lichtablenkung im Kosmos führt zu einigen Veränderungen im Beobachtungs- und Interpretationsbereich dieser Strahlung (WAMBSGANß 2001).

Position der Lichtquelle: Es bleibt unbekannt, an welchem Ort die Lichtquelle ohne Lichtablenkung wäre. Verändert sich jedoch der Gravitationslinseneffekt, so kann aus der Differenz zwischen zwei Positionen unter Umständen Rückschlüsse gezogen werden auf die vorhergehende Position der Quelle und anderes.

Helligkeit der Lichtquelle: Durch die Ablenkung wird die Helligkeit des Lichts meist minimal geschwächt, teilweise auch verstärkt.

Form der Lichtquelle: Vielfach erscheinen beispielsweise Galaxien in eine tangentiale Richtung auseinandergezogen in Form von leuchtenden Bögen. Im Extremfall entstehen ringförmige Bilder ("Einstein-Ringe").

Anzahl der Bilder (von einer Lichtquelle): Bei einem starken Gravitationslinseneffekt können Doppel- oder Mehrfachbilder entstehen. Die zusätzlichen Bilder entstehen meist paarweise, wobei eines spiegelverkehrt ist.

Es wird erhofft, daß mit Hilfe des Gravitationslinseneffekts Aussagen über den Betrag der Hubble-Zahl, der Verteilung der sogenannten Dunklen Materie und anderes gemacht werden können. In diesem Zusammenhang ist zu verweisen auf die Frage ob unser Kosmos ein endlicher Kosmos sein könnte und uns eine Unendlichkeit nur vortäuscht, ähnlich einem *Spiegelkabinett*. Könnte der *Lichtweg* ein in diesem Sinne "gebrochener" Strahl sein und sogar in sich zurücklaufen?

Lichtgeschwindigkeit und Definition von Maßeinheiten

Die Lichtgeschwindigkeit gilt vielfach als *Grenzgeschwindigkeit*, die von keinem materiellen Körper erreicht oder überschritten werden kann. Sie sei eine "Naturkonstante". Doch wie konstant sind diese sogenannten Naturkonstanten? Inzwischen befassen sich Wissenschaftler mit der Frage, ob die *Lichtgeschwindigkeit früher* einen höheren Zahlenwert gehabt haben könnte als heute. Ist die Größe des *beobachtbaren* Raumes begrenzt durch die Geschwindigkeit des Lichts? Könnten wir von noch ferneren, bisher unbekannten Gebieten des Weltraumes (des Kosmos) deshalb noch nichts wissen, weil das Licht noch nicht genügend Zeit hatte, durch die Weiten des Alls bis zu uns zu gelangen? Nach der Theorie der Loop-Quantengravitation (siehe dort) gilt die universelle Lichtgeschwindigkeit nur für Photonen niedriger Energie exakt, das heißt für langwelliges Licht (SMOLIN 2004).

Als Wert für die *Lichtgeschwindigkeit im Vakuum* wurde **1983** durch eine internationale Kommission festgelegt (BREUER 1994 S.165):
$$c = 299\ 792\ 458\ m/s.$$

Die Annahme, daß die Lichtgeschwindigkeit konstant und von der Frequenz der Strahlung unabhängig sei, ermöglicht die Definition von *Maßeinheiten* und *Meßvorschriften*. Beispielsweise kann dementsprechend entweder das Meter (m) oder die Sekunde (s) als primäre Einheit festgelegt werden, aus der dann sekundäre Einheiten abgeleitet werden können. 1967 wurde als primäre Einheit die Sekunde definiert, da sie einfacher und genauer zu realisieren ist als das Meter (BREUER 1994 S.17, S.27).

Das derzeit gültige   **SI-Einheitensystem**
　　　　　　　　　　Le Systeme International d'Unites (SI)
　　　　　　　　　　Internationales Einheitensystem
enthält
　　　　　　　　　　unabhängig definierte Basiseinheiten
　　Sekunde (s) für die Zeit
　　Kilogramm (kg) für die Masse
　　Kelvin (K) für die thermodynamische Temperatur.
　　　　　　　　　　abhängig definierte Basiseinheiten
　　Meter (m) für den räumlichen Abstand
　　Ampere (A) für die Stromstärke
　　Mol (mol) für die Stoffmenge
　　Candela (cd) für die Lichtstärke und
　　　　　　　　　　abgeleitete SI-Einheiten.

Das Internationale Einheitensystem (SI) wurde 1954 auf der 10. Konferenz für Maß und Gewicht angenommen und zur erdweiten Einführung empfohlen. In Deutschland ist das SI-System seit 1969 gesetzlich eingeführt. Es erscheint möglich, daß ein zukünftiges Einheitensystem mit *einer* Basiseinheit -der Zeit- auskommen wird (BREUER 1994 S.17). Weitere Erläuterungen zu Maßeinheiten und Zeichen bei Gewichts-, Flächen- und Längenangaben sind im Abschnitt 7.6.01 enthalten.

Historische Anmerkung
Im Altertum sprachen einige Gelehrte bereits von einer sehr großen, aber doch endlichen Lichtgeschwindigkeit, die vielleicht sogar meßbar wäre. Den Begriff "Strahl" und seine Geradlinigkeit brachte schon HERO (auch Heron) von Alexandrien (um 125 v.Chr.) mit dem Prinzip des schnellsten Lichtweges in Verbindung (v.LAUE 1959). Um 1600 hat der italienische Mathematiker und Physiker Galileo GALILEI (1564-1642) erstmals versucht die Lichtgeschwindigkeit zu messen. Um 1675 (also 11 Jahre vor dem Erscheinen des Hauptwerkes von Newton) gelang es dem dänischen Astronomen Olaus RÖMER (1644-1710) erstmals einen endlichen Zahlenwert für die Lichtgeschwindigkeit zu ermitteln (mit Hilfe der periodisch wiederkehrenden Verfinsterungen eines der Jupitermonde). Der französische Physiker Armand FIZEAU (1819-1896) bestimmte 1849 einen solchen Zahlenwert erstmals mittels Experiment im Labor. Lichtschwingungen wurden zunächst als *elastische* Wellen aufgefaßt und das Medium, welches zu ihrer Ausbreitung im leeren Raum als notwendig erschien, bezeichnete man als *Äther*. 1865 zog der schottische Physiker James Clerk MAXWELL (1831-1879) aus seiner Theorie der Elektrizität und des Magnetismus den Schluß, daß es elektromagnetische Wellen geben könnte, die sich mit Lichtgeschwindigkeit ausbreiten. Als Beispiel nannte er das Licht. Wie sich zeigte, genügte die elektromagnetische Lichttheorie der Erfahrung besser als die elastische. Auch bezüglich der Erforschung der mechanischen Eigenschaften des angenommenen Äthers minderte sie die bestehenden Schwierigkeiten. 1905 erklärte EINSTEIN in seiner Speziellen Relativitätstheorie schließlich: die Vorstellung eines Äthers sei überflüssig sofern man bereit sei, die Vorstellung von der *absoluten* Zeit aufzugeben. Den gleichen Gedanken äußerte nur wenig später auch der französische Mathematiker Henri POINCARE (1854-1912). Das diesbezügliche Postulat beider Wissenschaftler besagt, daß Naturgesetze für *alle* sich bewegenden Beobachter gleich sein müssen, auch wenn diese sich mit unterschiedlichen Geschwindigkeiten bewegen. Das heißt auch: alle Beobachter müssen die gleiche Lichtgeschwindigkeit messen, unabhängig von ihrer eigenen Geschwindigkeit.

● *Definition der Sekunde*
Bezüglich der Definition Sekunde (s) läßt sich die historische Entwicklung (nach WALTHER 1997) etwa wie folgt skizzieren. 1933/1934 haben die deutschen Physiker Adolf SCHEIBE und Ulrich ADELSBERGER mit Hilfe von Quarzuhren nachgewiesen, daß die Rotation der Erde um ihre Achse schwankt und außerdem langsam abnimmt. Die Definition der Sekunde konnte mithin nicht mehr an der Erdrotation orientiert werden, wie es im Rahmen einer internationalen Übereinkunft festgelegt worden war. Auch die Definition mit Hilfe des mittleren Sonnentages war nicht wesentlich genauer als auf $1/10^{-7}$ zu bestimmen. Vorübergehend wurde die Sekunde dann als Bruchteil des tropischen Jahres definiert, das bekanntlich den Zeitabschnitt umfaßt, der zwischen zwei aufeinanderfolgenden Durchgängen der Sonne durch den Frühlingspunkt liegt (auch Ephemeridenzeit genannt). Bald erfolgte jedoch eine Ablösung dieser Definition durch solche Definitionen, die jederzeit in einem Labor oder an einem anderen Ort die

Zeiteinheit mit sehr hoher Genauigkeit zu reproduzieren gestatteten. Die Basiseinheit Sekunde (s) des Internationalen Einheitensystems (SI) wurde **1967** definiert auf der Basis der Aufspaltung zwischen zwei Zuständen des Cäsium-Isotops mit der Massenzahl 133, oder anders ausgedrückt: sie ist das 9 192 631 770fache der Periodendauer der dem Übergang zwischen den beiden Hyperfeinstrukturniveaus des Grundzustandes des Atoms des Nuklids ^{133}Cs entsprechenden Strahlung (BREUER 1994). Dies führte zur Festlegung einer internationalen Atomzeitskala, welche sich auf die Sekunde in Meereshöhe und den Nullmeridian von Greenwich bezieht. Zeitmessung und Zeitskalen sind im Abschnitt 3.1.01 näher erläutert.

● *Definition des Meters*
Bezüglich der Definition Meter (m) läßt sich die historische Entwicklung (nach BACHMANN 1965) etwa wie folgt skizzieren. Zunächst wurde versucht, durch das Sekundenpendel eine Längeneinheit festzulegen. 1790 legte sich England auf die Länge eines Pendels fest, welches in der geographischen Breite von London in Meereshöhe bei 13,5° Reaumur in einer Sekunde hin und her schwingt. Nach Diskussionen über Vor- und Nachteile des Pendels setzte sich in Frankreich die Auffassung durch: "Die neuen Maßeinheiten sind so zu wählen, daß sie jederzeit von allen Ländern nachgeprüft werden können. Hierfür eignet sich am besten der vierte Teil des Meridianumfanges der Erde". Als Längeneinheit wurde schließlich der 10 000 000ste Teil des Erdquadranten gewählt, der zwischen Äquator und Pol in Meereshöhe verläuft. Aus der Analyse der Meridianmessungen in Peru (1735-1744) und Lappland (1736-1737) ergab sich für die Figur der Erde ein Abplattungsverhältnis 1:334 und als Länge des Erdquadranten 5 130 740 Toisen. Diese Länge wurde gleich 10 000 000 m gesetzt. 1795 führte Frankreich diese Einheit, das Meter (m), gesetzlich ein. Ein hergestellter Platin-Iridium-Stab dieser Länge verkörpert das sogenannte "Urmeter". Gegründet von 18 Staaten entstand
1875 die "Meterkonvention" sowie ein
"Internationales Bureau für Maß und Gewicht" in Paris,
welches 30 Kopien des Urmeters herstellen ließ und sie bestimmten Ländern übergab, wo sie als Eichmaß dienten. In den Jahren 1893-1895 gelang in Paris dem us-amerikanischen Physiker Albert MICHELSON (1852-1931) mittels der Wellenlänge einer Spektrallinie das Urmeter zu vermessen (wobei er zugleich die Grundlagen der interferometrischen Längenmessung entwickelte). Danach besteht zwischen der Länge des Urmeters und der Wellenlänge des roten Kadmiumlichts bei trockener Luft von 15° C und 760 mm Druck folgender Zusammenhang:

|**1927**| 1 m = 1 553 164,13 Wellenlängen
            des roten Kadmiumlichts.

Diese Definition wurde 1927 von der 7. Konferenz für Maß und Gewicht angenommen. Um die Genauigkeit der Festlegung zu steigern, erfolgten weitere Untersuchungen in diesem Bereich. Schließlich konnten in diesem Zusammenhang der deutsche Physiker ENGELHARDT (in Braunschweig) eine orange Linie des Krypton-Isotops

86 Kr benennen, GARDNER (in Washington) eine grüne Linie des Quecksilber-Isotops 198 Hg und das Mendelejeff-Institut (in Leningrad / St. Petersburg) eine Linie des Kadmium-Isotops 114 Cd. Die 1960 durchgeführte 11. Konferenz für Maß und Gewicht gab dem Krypton-Isotop 86 Kr den Vorzug und beschloß, daß im luftleeren Raum gelte:

|1960| 1 m = 1 650 763,73 Wellenlängen
der Strahlung des Krypton-Isotops Kr.

Im Gegensatz zum *Urkilogramm*, das auch heute noch benötigt wird, war das *Urmeter* mit Einführung der vorstehenden Definition überflüssig geworden. Entsprechend dem zuvor beschriebenen SI-Einheitensystem ist das Meter nunmehr eine abhängig definierte Basiseinheit. Es gilt (BREUER 1993 S.345):

|1983| 1 m = Weglänge,
die Licht im Vakuum im Zeitintervall einer 1/299 792 458 Sekunde durchläuft.

Realisierung des Meters

Mittels *Interferometer* können Längen mit Hilfe der Interferenz elektromagnetischer Wellen hochgenau bestimmt werden, etwa mit einem *Michelson-Interferometer* (1880 erste Entwicklung von MICHELSON). Bei diesen Interferometern wird ein Meßstrahl aufgetrennt und die beiden Teilstrahlen so über zwei getrennte optische Wege geleitet, daß sie sich schließlich wieder vereinigen. Einer dieser optischen Wege ist dabei justierbar. Bei der Überlagerung der Strahlen verstärken sich Berge und Täler der Wellen oder löschen sich aus. Aus dem entstehenden Interferenzmuster läßt sich die Wegdifferenz der beiden Teilstrahlen ermitteln. Bei der Realisierung der Länge eines Norm-Meters konnte bisher als höchste Genauigkeit ca ± 0,1 nm (Nanometer) erreicht werden (WENGENMAYR 2003) (1 nm = 1 millionstel Millimeter). Dabei habe Einfluß auf die Genauigkeit vor allem die Genauigkeit der Fertigung der optischen Komponenten, die Verzerrung der Wellenfronten des Lichts (Beugung) und der relativ flache Kontrastverlauf der Interferenzmuster.

1998 haben Theodor HÄNSCH und seine Mitarbeiter Thomas UDEM und Ronald HOLZWARTH einen Lichtzähler (genannt „Frequenzkamm") entwickelt, mit dem die Wellenlänge des Lichts um etwa 5 Größenordnungen genauer bestimmt werden kann, als mit den bisher gebräuchlichen Methoden (wie zuvor skizziert). Er ermöglicht darüber hinaus die Konstruktion hochpräziser (optischer) Atomuhren. Das elektromagnetische Feld des (sichtbaren) Lichts schwingt mit einer Frequenz von fast 10^{15} Hz (Schwingungen pro Sekunde). Während es vergleichsweise einfach ist, die Wellenlänge des Lichts mittels vorgenannter Verfahren zu bestimmen, konnte die *Frequenz* des Lichts bisher kaum hinreichend genau bestimmt werden. Beim Frequenzkamm (der im grünen Licht eines Pumplasers leuchtet) wird hierzu ein Femtosekundenlaser benutzt mit einem Resonator aus Spiegeln, in dem ein *Lichtpuls* umläuft. Einer der Spiegel ist justierbar und ermöglicht damit die Weglänge zu bestimmen. Der Frequenzkamm wird dadurch zum Meßinstrument, daß eine feste Phasenbeziehung zwischen den umlaufenden Pulsen im Resonator und denen besteht, die im Lichtstrahl den Laser verlassen (Bild 4.26). Herzstück des Gerätes ist ein Titan-Saphir-Laser, der Licht sehr genau bekannter Frequenzen liefert, das mit dem zu vermessenden Strahl interferiert. Die Überlagerung erzeugt eine sogenannte Schwebung, eine Ozillation, die deutlich langsamer ist als die beiden ursprünglichen. Sie liegt hier im Bereich von Radiofrequenzen (88-108 MHz), deren Schwingungszahl sich vergleichsweise leicht messen läßt und die ermöglicht, die unbekannte Frequenz sehr genau zu berechnen (WENGENMAYR 2003).

Der Frequenzkamm erschließt für die Messung einen Frequenzbereich elektromagnetischer Strahlung von 280-560 THz (Terahertz) und unterteilt ihn in Hunderttausende feiner Linien sehr reiner Farben, also in sehr präzise abgegrenzte Frequenzen. Sichtbares Licht umfaßt einen Frequenzbereich von ca 380-790 Thz (von Rot bis Violett).

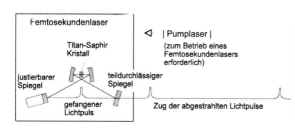

Bild 4.26
Prinzip des „Frequenzkamms". Quelle: Max-Planck-Institut für Quantenoptik in Garching bei München, entnommen aus WENGENMAYR (2003), verändert.

Es bedeuten:

Peta (P) 10^{15} 1 000 000 000 000 000
Tera (T) 10^{12} 1 000 000 000 000
Giga (G) 10^{9} 1 000 000 000
Mega (M) 10^{6} 1 000 000
Nano (n) 10^{-9} 0,000 000 001
Femto (f) 10^{-15} 0,000 000 000 000 001

1 nm = 1 *Nanometer* = 0,000 000 001 m = 1 Milliardstel Meter

Gesetzliche Einführung des Meters als Längenmaß
Diese erfolgt in Frankreich 07.04.1795, in Deutschland 01.01.1872, in Österreich-Ungarn 01.01.1876.

Der Strahlungsweg von der kosmischen Quelle bis zur Erde

Generell wird davon ausgegangen, daß Strahlung (einschließlich der sichtbaren) sich geradlinig ausbreitet. Wenn Strahlung eine Quelle in Richtung Erde verläßt unterliegt sie auf ihrem räumlich (und eventuell auch zeitlich) sehr langen Weg jedoch verschiedenen Einflüssen. Beispielsweise bei *Quasaren*, den hellsten Objekten im bekannten Kosmos, beginnt die Reise der Strahlung mit einem relativ glatten Spektrum, dessen Intensitätsmaximum bei ca 122 nm, der Lyman-Alpha-(Emissions-) Linie des Wasserstoffs liegt. Auf dem langen Weg zur Erde unterliegt sie dann vor allem zwei Einflüssen (SCANNAPIECO et al. 2002): die Expansion des Kosmos verschiebt die Strahlung zu größeren Wellenlängen hin (siehe Rotverschiebung), und jede im Weg befindliche Wasserstoffwolke erzwingt tiefe Absorptionsdellen im Spektrum (bei der Wellenlänge ca 122 nm). Da jede der so entstandenen Dellen auf dem weiteren Strahlungsweg ebenfalls nach Rot verschoben wird, entsteht eine Abfolge (ein "Wald") von Absorptionslinien. Außer den zahlreichen Absorptionslinien von Wasserstoff zeigen sich, nach Erreichen der Erde, gelegentlich auch Absorptionslinien von schweren Elementen (Bild 4.27).

Bild 4.27
Beispiel für einen Strahlungsweg von einer kosmischen Quelle durch den mit Hunderten von Gaswolken (Wasserstoffwolken W) erfüllten intergalaktischen Raum zur Erde. Das im Bild rechts dargestellte elektromagnetische Wellenspektrum des Quasars HE 1122-1628 ist das auf der Erde empfangene Spektrum. Danach ist das bei 122 nm ausgesandte Emissionsmaximum nach 414 nm verschoben (Rotverschiebung). Quelle: SCANNAPIECO et al. 2002, verändert

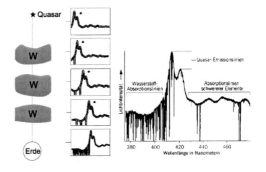

Bild 4.28
Veränderungen im intergalaktischen Gas nach SCANNAPIECO et al. 2002.

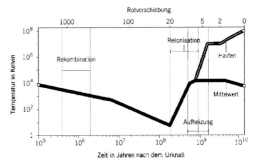

Die thermische Geschichte des intergalaktischen Mediums lasse auf mindestens drei Übergänge schließen, die offenkundig bei bestimmten Rotverschiebungen stattfanden. Der erste Übergang vom ionisierten zu neutralen Atomen habe dazu geführt, daß die Mikrowellen-Hintergrundstrahlung entstand (Rekombination, ab ca 300 000 Jahre nach dem Urknall). Der zweite Übergang führte zurück vom neutralen zum ionisierten Zustand (Reionisation). Der dritte Übergang sei gekennzeichnet durch den beobachteten Zusammenhang zwischen Leuchtkraft und Temperatur in Galaxienhaufen (Aufheizung). Es wird angenommen, daß das intergalaktische Gas und die Bildung kosmischer Strukturen (wie etwa Galaxienhaufen) miteinander wechselwirken. Jede Generation kosmischer Objekte verändere das intergalaktische Medium, das wiederum die Eigenschaften der nächsten Generation bestimme.

Galaxienwind, kosmischer Wind
Im Zusammenhang mit dem vorgenannten dritten Übergang (Aufheizung) wurden Spektren untersucht von fernen Zwerggalaxien (Galaxien, in denen Sterne in großer Anzahl gerade entstehen). Aus den Ergebnissen kann geschlossen werden, daß Galaxien Wasserstoff und schwere Elemente in den intergalaktischen Raum wehen.

Bild 4.29
Elektromagnetische
Spektren als Hinweis auf
einen "Galaxienwind".
Quelle: SCANNAPIECO et
al.(2002), verändert

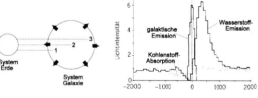

Nach SCANNAPIECO et al.
passiert das galaktische
Licht schwere Elemente
(wie Kohlenstoff), die bestimmte Wellenlängen der Strahlung absorbieren. Bewegt sich diese Materie (1) auf die Erde zu, ist die Absorption (relativ zur Geschwindigkeit der Galaxie) zu negativer Geschwindigkeit hin verschoben. Als Referenzpunkt dafür kann der Nebel innerhalb der Galaxie (2) dienen, der vorrangig ultrarotes Licht aussendet. Wasserstoff auf der erdabgewandten Seite der Galaxie (3) strahlt Licht aus. Seine Bewegung fort vom System Erde verschiebt die Absorption (relativ zur Geschwindigkeit der Galaxie) zu positiver Geschwindigkeit hin und verhindert zugleich, daß diese Emission von der Galaxie selbst wieder absorbiert werden kann. Ausführungen über den Sonnenwind sind im Abschnitt 4.2.03 enthalten.

Zur Dichte des intergalaktischen Raumes
Der Wechsel der Dichte beim Übergang vom interplanetarischen zum intergalaktischen Raum sei krasser als beim Übergang von Wasser zu Luft (SCANNAPIECO et al. 2002). In den Außenbereichen unserer Galaxie, der Milchstraße, würden bereits

zunächst etwa einige und dann hunderte Lichtjahre die einzelnen Sterne trennen. Die Dichte des interstellaren Gases sinke dann noch einmal um zwei Größenordnungen. Außerhalb der Milchstraße sei das Gas so verdünnt, daß sich im Volumen von 1 m^3 nur noch ca 10 Atome tummeln. Das intergalaktische Gas sei daher fast unsichtbar, könne jedoch erschlossen werden (1) mit Hilfe von Messungen der kosmischen Mikrowellen-Hintergrundstrahlung, die das intergalaktische Medium in einem frühen Zustand der kosmischen Entwicklung zeige, als es noch relativ dicht und gleichmäßig verteilt gewesen sei, (2) durch Analyse elektromagnetischer Wellenspektren von Quasaren, die Wolken des interstellaren Gases aus einem mittleren Zeitabschnitt der Entwicklung des Kosmos enthüllen, als sich dort bereits Strukturen gebildet hatten, (3) durch Aufzeichnen von Röntgenstrahlung, die intergalaktisches Gas aus jüngster Vergangenheit zeigen, insbesondere solches, das sich innerhalb von Galaxienhaufen angesammelt hat, (4) durch Magnetfeldmessungen, denn das intergalaktische Gas sei stark magnetisiert.

3K-Strahlung (Hintergrundstrahlung)

Außer den diskreten Strahlungsquellen gibt es Kosmos eine Strahlung, die aus allen Richtungen kommend auf die Erde einfällt. Ihre Existenz ist durch Messungen nachgewiesen. Ihre Intensivitätsverteilung ist *heute* identisch mit einer Hohlraumstrahlung der Temperatur von ca 2,7 K, näherungsweise 3 K. Sie wird auch *Hintergrundstrahlung* oder *Mikrowellen-Hintergrundstrahlung* genannt. Die 3K-Strahlung wurde um 1948 von dem in Russland geborenen Physiker George GAMOW (1904-1968) und seinen Mitarbeitern Ralph ALPHER und Robert HERMAN theoretisch vorhergesagt und 1965 von den us-amerikanischen Technikern Arno PENZIAS und Robert WILSON meßtechnisch nachgewiesen.

Start	*Name der Satellitenmission und andere Daten*
1989	**COBE** (Cosmic Background Explorer) H ca 900 km, erste Kartierung der 3K-Strahlung über den gesamten Himmelsbereich (Himmelskarte), gA ca 7° (Winkelauflösung)
2001	**Wmap** (Wilkinson Microwave Anisotropy Probe, zuvor nur MAP) (USA, NASA) Umlaufbahn um die Sonne (in einem Erdabstand von ca 1,5 ·10^6 km, wo die Gravitationskräfte von Erde und Sonne etwa gleich groß sind), Kartierung der 3K-Strahlung über den gesamten Himmelsbereich (Himmelskarte) in fünf Frequenzbändern von 23-94 Gigahertz (Wellenlängen zwischen 13-3 mm), Flächenelement (gA)

	für die Temperaturmessung 0,23° (Winkelauflösung), Temperaturmeßgenauigkeit ± 0,000 000 20 K, Messung der Polarisation der Strahlung
? 2007	**Planck** (Europa, ESA) 1,5m-Teleskop, Himmelskarte
? 2007	**First** (Far InfraRed and Submillimeter Telescope) Spektrograph, Infrarotkameras, Spektrometer, erfaßbarer Wellenlängenbereich 60-670 µm.
?	**Duo**

Bild 4.30
Erfassen der 3K-Strahlung. Genannte und weitere Satellitenmissionen. pU = polnahe Umlaufbahn, H = Höhe der Satelliten-Umlaufbahn über der Land/Meer-Oberfläche der Erde, gA = geometrische Auflösung. Angaben zum HST (Hubble Space Telescop) siehe Bild 4.15. David T. WILKINSON, us-amerikanischer Kosmologe (verstorben).

Diskussion bisheriger Messungsergebnisse
Grundlegende Untersuchungen über das Anfangsstadium eines (angenommenen) *evolutionären* Universums begannen etwa 1939. Wesentliche Beiträge erbrachten zunächst vor allem der belgische Physiker und Astronom Georges Edouard LEMAITRE (1894-1966) und der in Russland geborene Physiker George GAMOW (1904-1968). Etwa um 1948 schloß Gamow aufgrund seiner Erkenntnisse, daß das heutige Universum erfüllt sein müsse von einer Hohlraumstrahlung mit einer Temperatur in der Größenordnung von 10 K (UNSÖLD/BASCHEK 1991). Nach Verbesserung der Meßmöglichkeiten begannen 1964 eine Reihe von Wissenschaftlern mit der Suche nach der vorausgesagten Strahlung. Vor Beendigung dieser Such-Messungen entdeckten 1965 die us-amerikanischen Techniker Arno PENZIAS und Robert WILSON zufällig die gesuchte Strahlung (bei einer Wellenlänge von 7,35 cm). Daß es die gesuchte Strahlung tatsächlich war wurde dadurch als bestätigt angesehen, daß das Strahlungsfeld dem Plankschen Gesetz folgt sowie (nach der damals möglichen meßtechnischen Auflösung) hochgradig isotrop (in allen Richtungen gleich) und unpolarisiert erschien.
1985 fand G.F. SMOOT als gewichtetes Mittel aus mehreren Messungsergebnissen die Temperatur T_0 = 2,73 K (± 0,05 K) (- 273,15° C). Die spektrale Zusammensetzung entspreche der Strahlung eines schwarzen Körpers mit dieser Temperatur. Die Intensität der Strahlung habe ihr Maximum bei λ = 1,7 mm (180 GHz). Auf der kurzwelligen Seite falle sie steil ab. Bei λ <3 mm müssen die Messungen außerhalb der Erdatmosphäre durchgeführt werden, wegen deren Eigenstrahlung. Ab λ > 30 cm überwiege der Anteil der nichtthermischen Radiofrequenzstrahlung unserer Galaxie, der Milchstraße.
1989 wurde eine Himmelsdurchmusterung im Mikrowellenbereich 0,1-10 nm mit Hilfe des Satelliten **COBE** durchgeführt. Als vorläufiges Ergebnis ergab sich: T_0 = 2,735 K (± 0,06 K) (UNSÖLD/BASCHEK 1991). Als bester Wert für die Temperatur, die

dieser kosmischen Hintergrundstrahlung entspricht, gelte derzeit T = (2,726 ± 0,002) K (BERNSTEIN 1996). Die Analyse der Daten von COBE erbrachte jedoch auch, daß die 3K-Strahlung sehr kleine räumliche Schwankungen aufweist. Für einen begrenzten Himmelsbereich ergab sich beispielsweise T = 2,7281 K, für einen anderen T = 2,7280 K (WOLSCHIN 2000c). Solche Fluktuationen (bekannt seit 1992) könnten bezeugen, daß Energie und Materie im frühen Universum nicht gleichmäßig verteilt waren, sondern kleine Inhomogenitäten aufwiesen. Waren diese die Keimzellen heutiger Galaxien? Messungen des *Fluktuationsspektrums* erfolgten inzwischen durch zwei Ballonexperimente über der Antarktis ("Boomerang": Ballon Observations of Millimetric Extragalactic Radiation and Geomagnetics) und über Texas ("Maxima": Millimeter Anisotropy experiment imaging Array). Beide Experimente erbrachten ein deutliches Maximum des Spektrums bei ca 0,9 Grad (kosmischer Meßpunktabstand in Winkelgrad). Dieser Wert stimme sehr gut mit den Voraussagen für ein "flaches" Universum überein (siehe dort), bei dem die Expansion nicht endet.

2002 wurde erstmals die *Polarisation der 3K-Strahlung* nachgewiesen.

Polarisation:

Bei Experimenten mit Kalkspatkristallen fand 1808 der französische Physiker Etienne Louis MALUS (1775-1812), daß ein Lichtstrahl nicht nur durch seine Ausbreitungsrichtung charakterisiert werden kann, sondern daß er auch eine Polarisation besitzt. Diese gibt die Ebene an, in der das *elektrische* Feld schwingt. Die Schwingungsrichtung des elektrischen Feldes und des *magnetischen* Feldes stehen immer senkrecht zur Ausbreitungsrichtung des Lichtstrahls (der elektromagnetischen Strahlung) und auch senkrecht zueinander. Den Weg von der klassischen Optik zur Quantenoptik skizzieren WALTHER/WALTHER (2004). Sie geben auch eine Antwort auf die Frage: Was ist Licht?

Wird ein Lichtstrahl von einer Oberfläche um fast 90° gestreut, kann er dabei linear polarisiert werden, das heißt, seine Wellen schwingen nun ausschließlich in einer bestimmten Ebene.

Gemäß der Inflationstheorie könnten kurz bevor der frühe Kosmos für Strahlung durchlässig wurde, die Photonen der 3K-Strahlung ein letztes Mal an den Plasma-Elektronen gestreut worden sein. Einige Photonen könnten dabei stark gestreut und dadurch polarisiert worden sein (CALDWELL/KAMIONKOWSKI 2001). Durch Messungen mit dem Radioteleskop *Dasi* der Amundsen-Scott-Station (Antarktis) konnte erstmals eine solche Polarisation nachgewiesen werden (Sp.11/2002). Sie gibt Auskunft über die Bewegungen des Plasma sowie über die Struktur der hindurchlaufenden Gravitationswellen. Ringförmige oder radiale Polarisationsmuster weisen auf *Dichtevariationen*, rechts- oder linksdrehende Wirbel auf *Gravitationswellen* hin. Der Nachweis beider Effekte ist also 14 Milliarden nach ihrer Entstehung noch möglich.

2003. Die Messungen des Satelliten **Wmap** entsprechen im Prinzip denen von COBE, sollen aber hinsichtlich Auflösung über 35mal genauer sein. Die Feinstruktur der kosmischen Hintergrundstrahlung wurde danach mit wesentlich größerer Auflösung erfaßt als beim Satelliten COBE. Vom Satelliten Planck wird eine Auflösung erwartet, die etwa 3mal genauer sein soll als die von Wmap (WOLSCHIN 2003). Aus bisherigen Analysen der Daten des Satelliten Wmap ergaben sich etwa folgende (Interpretations-) Ergebnisse: Der Temperaturunterschied zwischen der maximal und minimal erfaßten Temperatur beträgt 0,0004° C. Der Kosmos sei 13,7 Milliarden Jahre alt (was einer Hubble-Zahl H_0 = 71 km/s · Mpc entspricht, siehe dort). 379 000 Jahre nach seiner Geburt (Urknall) sei der Kosmos lichtdurchlässig geworden. Aus dieser Zeit stamme die kosmische Hintergrundstrahlung. Die ersten Sterne seien ca 180 Millionen nach dem Urknall entstanden (durch Zündung von Kernfusionsprozessen, Bildung von Wasserstoff-Ionen). Die Unsicherheit dieses Wertes sei mit + 220 / − 80 Millionen Jahren allerdings (noch) groß. 4,4 % des Kosmos bestehe (heute) aus normaler Materie (sogenannter "Baryonischer Materie"), 22 % aus "Dunkler Materie" und 73 % sei gekennzeichnet durch "Dunkle Energie" (WOLSCHIN 2003, Sp. 4/2003).

Annahmen zur Herkunft und kosmischen Bedeutung der 3K-Strahlung
Meist wird angenommen, daß die 3K-Strahlung der Rest einer thermischen Strahlung ist, die in der Frühphase unseres Kosmos entstand und diesen vollständig erfüllte. Als Folge der (ebenfalls meist angenommenen) Expansion des kosmischen Raumes habe sich die Hintergrundstrahlung im Zeitablauf auf den gegenwärtig beobachteten Wert von etwas unter 3 K abgekühlt, denn die Strahlungsquanten (Photonen) müssen dem expandierenden Raum folgen und verlieren dabei Energie, das heißt, ihre Frequenzen fallen beziehungsweise ihre Wellenlängen wachsen mit der Raumdehnung. Die hohe Isotropie der Strahlung rechtfertige außerdem die Annahme, daß sie *nicht* von Sternen, Sternsystem oder anderen bekannten kosmischen Objekten komme.

Die 3K-Strahlung gilt mithin als ein Überbleibsel aus einer Zeit kurz *nach* der Entstehung des Kosmos (also *nach* dem Urknall). Zu jenem Zeitpunkt soll der Kosmos plötzlich aufgeleuchtet haben, weil er durch die Vereinigung von Elektronen und Kernen zu neutralen Atomen strahlungsdurchlässig geworden und in die "materiedominierte Ära" übergegangen sei, die noch immer andauert.

|Entstehungszeitpunkt der 3K-Strahlung|
Nach CALDWELL/KAMIONKOWSKI (2001) *entstand* die 3K-Strahlung ca 500 000 Jahre nach dem Urknall, als der Raum noch vom kosmischen Urplasma erfüllt war (einem heißen, dichten Gemisch subatomarer Teilchen).

Nach SCANNAPIECO et al.(2002) *entstand* die 3K-Strahlung ca 300 000 Jahre nach dem Urknall. Nachdem sich Elektronen und Protonen im primordialen Plasma zusammengefunden hatten um neutrale Wasserstoffatome zu bilden, wurde das kosmische Gas für Strahlung durchsichtig. Die elektromagnetische Strahlung durcheilt seither den Kosmos und beherberge noch immer die Information über ihre Entstehung und besonders über die Verteilung des Urgases zu jener Zeit. Dementsprechend kann die 3K-Strahlung als eine Momentaufnahme unseres Kosmos zu diesem Zeitpunkt angesehen werden.

Aus bisherigen Ergebnissen von Datenauswertungen des Satelliten Wmap ergab sich als Zeitpunkt zu dem der Kosmos lichtdurchlässig wurde, also die 3K-Strahlung *entstand*: 379 000 Jahre nach dem Urknall (WOLSCHIN 2003).

|3K-Strahlung und Geometrie des Kosmos|
Messungsergebnisse, gewonnen nach 1990 von der Erde und vom Ballon aus, hätten Strukturen im primordialen Plasma offenbart die nahelegen, daß die Geometrie des Kosmos "flach" sei. Diese Ergebnisse seien auch mit der *Inflationstheorie* verträglich die besagt, daß es direkt nach dem Urknall eine Phase außerordentlich schneller Expansion gegeben habe, in der der Kosmos ruckartige gewaltige Aufblähungen über viele Größenordnungen durchlebt und dabei seine flache Geometrie erhalten habe (CALDWELL/KAMIONKOWSKI 2001). Nach WOLSCHIN (2003) passen die Daten des Satelliten Wmap zu den Aussagen, daß der Kosmos "flach" sei. In einem solchen Kosmos entspricht die Summe aus Massendichte und Energiedichte dem kritischen Wert, bei dem die Expansion des Kosmos gerade nicht mehr aufhört. Die rapide Expansion des Kosmos nach dem Urknall sollte ferner *Gravitationswellen* erzeugt haben, deren direkter Nachweis noch aussteht. Nach der Inflationstheorie soll die Expansion des Kosmos 10^{-38} Sekunden nach dem Urknall die "inflationären" Gravitationswellen erzeugt haben. Sie hätten die Frequenz der ausgesandten elektromagnetischen Wellen ein wenig verschoben, je nachdem, ob diese "im Wellental" oder "auf dem Wellenberg" einer Gravitationswelle entstanden. Diese Urvibration sollte sich als Muster von *wärmeren* und *kühleren* Flecken in dem ansonsten recht homogenen 3K-Strahlungsfeld widerspiegeln. Sie kann mithin als Muster der Gravitation im frühen Kosmos angesehen werden. Noch heute habe die 3K-Strahlung mehr Energie aufzuweisen, als das Licht aller sichtbaren Sterne im Kosmos (HOGAN 2002). Weitere Ausführungen über Kosmische Strahlung und Gravitationsstrahlung sind im Abschnitt 4.2.01 enthalten.

|3K-Strahlung und Topologie des Kosmos|
Die Topologie befaßt sich mit jenen Eigenschaften geometrischer Formen, welche unter stetigen Deformationen unverändert bleiben. Sie wird oftmals als Gummituchmathematik bezeichnet, denn Topologen unterscheiden drei Arten von Gummi: stetig, glatt und polyedrisch (STEWART 2003). Die stetige Topologie handelt von Formen, die Ecken und Kanten haben dürfen, die glatte Topologie befaßt sich mit differenzierbaren Formen und die polyedrische Topologie mit Formen, die aus polyedrischen Flächen zusammengesetzt sind. Ein geometrisches Gebilde, das beliebig verzerrt, gedehnt, gestaucht oder verwunden wird, bleibt solange dasselbe, solange es nicht aufgeschnitten oder mit sich selbst verklebt wird. Beispielsweise sind die Oberflächen einer Kugel, eines Eisblocks, eines Kieselsteins und eines Würfels alle topologisch äquivalent zueinander. Dagegen sind Torus und Brezel im Sinne der Topologie verschieden. Die Topologie befaßt sich nicht nur mit (2-dimensionalen) Flächen in uns vertrauten 3-dimensionalen Raum. Die Verallgemeinerung einer Fläche wird als *Mannigfaltigkeit* bezeichnet. Diese kann mehr als zwei Dimensionen haben. Beispielsweise verwendet die Stringtheorie Mannigfaltigkeiten mit 10 bis 26 Dimensionen (STEWART 2003).

Bei hinreichend bekannter Anordnung der geometrischen Gebilde in einem Raum sind unter günstigen Umständen Aussagen zur Topologie dieses Raumes möglich, *ohne* daß dabei Annahmen zur Materiedichte, zur Geometrie des Raumes oder zur Existenz einer kosmologischen Konstanten (wie etwa in der Allgemeinen Relativitätstheorie) gemacht werden müssen. Wenn also über die gesamte Himmelskugel hinweg Gebiete mit geringfügiger Abweichung der Temperatur vom zugehörigen Mittelwert der 3K-Strahlung festgestellt werden können, so lassen sich daraus eventuell Aussagen zur Topologie des Kosmos gewinnen. Dabei kann davon ausgegangen werden, daß die in einem bestimmten Moment auf der Erde eintreffenden Photonen der 3K-Strahlung ihre Reise ungefähr zur gleichen Zeit und in gleicher Entfernung von der Erde begannen. Ihre Anfangspunkte bilden mithin eine Kugelfläche (Sphäre) mit der Erde im Mittelpunkt. Wäre unser heutiger Kosmos größer als diese Sphäre, würden sich diese nicht überlappen, mithin kämen auch keine Muster etwa der heutigen Galaxienverteilung zustande. Bei einem etwa gleichgroßen Kosmos würde sich die Sphäre einmal selbst in jeder Richtung schneiden, so daß ein kreisförmiges Muster entstehen würde. Bei einem kleineren Kosmos würde sich die Sphäre oft überschneiden und ein sehr komplexes Muster hervorbringen. Diese Vorgehensweise könnte Einblicke in die Topologie unseres Kosmos ermöglichen (LUMINET et al.1999).

|3K-Strahlung, Kosmologische Konstante Λ, Dunkle Energie|
In den Ausführungen über die Einsteinsche Gravitätstheorie sowie über Anziehungskraft und Abstoßungskraft (siehe dort) sind Bedeutung und Wirkungsweise der (von Einstein eingeführten und dann wieder verworfenen) Kosmologischen Konstante skizziert. Die Daten des Satelliten Wmap ließen sich jedoch nur mit einem solchen Λ-Term sinnvoll beschreiben (WOLSCHIN 2003). Die diesem Term entsprechende Dunkle Energie würde den weitaus größten Teil des Kosmos einnehmen (wie zuvor gesagt 73 %). Sie bewirke, daß die Expansion unseres Kosmos sich beschleunige. Über das physikalische Phänomen Dunkle Energie wird seit langem diskutiert. **1916** lieferte der deutsche Physiker Walther NERNST (1864-1941) eine Darlegung, basierend auf der Nullpunktsenergie des elektromagnetischen Feldes. Seit **1988** wird untersucht, ob der Term Λ zeitabhängig sein könnte. Anfangs hätte er einen hohen Wert, würde sich während des Ablaufs der Expansion des Kosmos verkleinern und schließlich verschwinden. Das Konzept ist unter der Benennung Quintessenz bekanntgemacht worden (siehe Anziehungskraft und Abstoßungskraft).

Quasare

Die Entdeckungsgeschichte der Quasare beginnt um 1960 als versucht wurde, einige bekannte kosmische Quellen der Radiofrequenzstrahlung mit erkennbaren kosmischen Quellen der sichtbaren Strahlung in Verbindung zu bringen. 1962: am Nationalen Radioastronomischen Observatorium bei Parkes in Neusüdwales (Australien) gelang es dem englischen Astronomen Cyril HAZARD (mit Hilfe der Mondverdeckung)

erstmals die Himmelskoordinaten einer kosmischen Quelle der Radiofrequenzstrahlung zu bestimmen, nämlich die Quelle im Sternbild Jungfrau mit der Katalogbezeichnung 3C273. Im Mount-Palomar-Observatorium in Kalifornien (USA) fand Thomas MATTHEWS an dieser so bestimmten Stelle in Aufzeichnungen sichtbarer Strahlung (aufgezeichnet von Allan SANDAGE) ein vergleichsweise helles, sternartiges Objekt (TL/Galaxien 1989). Am gleichen Observatorium nahm der niederländische Astronom Maarten SCHMIDT das optische Spektrum dieser Quelle auf und erkannte (1963), daß es sich um ein Wasserstoffspektrum handelt, dessen Emissionslinien eine Rotverschiebung um 16% zeigten. Für 3C273 ergab sich daraus eine Entfernung von rund 2 Milliarden Lichtjahren (DISNEY 1998). Mit diesem Entfernungswert und der gemessenen Helligkeit errechnete SCHMIDT, daß diese Quelle das Mehrhundertfache an Strahlung aussenden müsse als eine Galaxie. Der erste Quasar war entdeckt. Im Gegensatz zu Sternen und Galaxien
senden Quasare Strahlung in allen Wellenlängenbereichen aus.

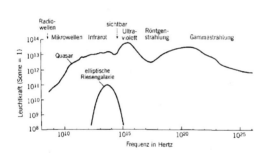

Bild 4.31
Elektromagnetische Wellenspektrum des Quasars 3C273. Dieser Quasar wurde als erster entdeckt (um 1962). Sein Spektrum ist wesentlich breiter als jenes einer typischen elliptischen Riesengalaxie. Allein im optischen Bereich des Spektrums strahlt der Quasar mehrere hundertmal mehr Energie ab als ein Sternsystem. Quelle: DISNEY (1998), verändert.

Die Radiofrequenzstrahlung, die zur Entdeckung der Quasare führte, ist dabei der unbedeutenste Anteil ihrer gesamten Strahlungsleistung. Bezüglich Quasare siehe auch die Ausführungen über kosmische Quellen der Ultrarotstrahlung. *Sind alle Radiogalaxien Quasare?* (LEMBKE 1999)

Inzwischen sind mehrere tausend Quasare katalogisiert. Der Katalog von M-P. VERON-CETTY / P. VERON (1989) enthält ca 4 170 Quasare. Die Anzahl der Quasare muß in einem frühen Entwicklungsstadium unseres Universums ein Maximum erreicht haben. Bis zu einer Entfernung von 1 Milliarde Lichtjahre (in unserer kosmischen Nachbarschaft) kommt auf 1 Million Galaxien nur 1 Quasar. Bei einer Rotverschiebung von 200%, einer Entfernung von ca 10 Milliarden Lichtjahren, ist die Häufigkeit der Quasare tausendfach größer (DISNEY 1998). Es muß demnach im frühen Entwicklungsstadium unseres Universums (10 Milliarden Jahre vor der Gegenwart) offensichtlich tausendmal mehr Quasare gegeben haben als gegenwärtig. Ist das Quasar-Phänomen nur eine kurze Episode in der Jahrmilliarden währenden Entwicklung der Galaxien? (DISNEY 1998).

Rotverschiebung und Hubble-Beziehung

Bei weit von der Erde entfernten kosmischen Objekten wird zur Entfernungsbestimmung vielfach die *messbare* Rotverschiebung verwendet, die sich aus der Verschiebung der *Spektrallinien* im Spektrum der (auf der Erde) empfangenen Strahlung eines kosmischen Objekts (einer Strahlungsquelle) zu größeren Wellenlängen hin (zum Rot) ergibt. Ob als Grund für diese Rotverschiebung der *Doppler-Effekt* und/oder ein Energieverlust der Quanten beim Durchqueren sehr starker Gravitationsfelder (relativistische Rotverschiebung) oder ein noch unbekannter physikalischer Effekt zu gelten haben, ist bisher nicht hinreichend geklärt.

Spektrallinien,
atomare Fingerabdrücke der Strahlungsquelle?
Wie das Erscheinen eines Regenbogens uns vor Augen führt, läßt sich das Sonnenlicht in seine spektralen Bestandteile zerlegen, wobei die Farben von violett bis rot entsprechend ihrer abnehmenden Frequenz aufgereiht sind. Bereits zu Beginn des 19. Jahrhunderts war bekannt, daß Sonnenlicht beim Durchgang durch ein dreikantiges Glasprisma gebrochen wird und sodann, ebenso wie beim Regenbogen, ein vielfarbiges Spektrum zeigt. Bekannt war auch, daß Sonnenlicht nach dem Durchgang durch einen schmalen Spalt und anschließendem Durchgang durch ein Prisma ein Spektrum zeigt, das einzelne *dunkle* Linien aufweist, die bereits um **1802** von dem englischen Physiker und Chemiker William Hyde WOLLASTON (1766-1829) beobachtet wurden und heute als *Fraunhoferlinien* bezeichnet werden, benannt nach dem deutschen Physiker Joseph v. FRAUNHOFER (1787-1826), der sie, unabhängig von Wollaston, um **1814** entdeckte und ein Verzeichnis von mehr als 100 Absorptionslinien aufstellte (mit entsprechender Stoffzuordnung). Diese Spektrallinien sind kleinste Lücken im sonst kontinuierlichen Sonnenspektrum. Sie entstehen durch atomare *Absorption* genau dieses Lichts in den äußeren Sonnenschichten (WALTHER/WALTHER, 2004). 1823 konnte Fraunhofer ähnliche Linien auch in den Spektren einiger Sterne sehen und Unterschiede feststellen. Damit hatte die Spektroskopie der Sonne und der übrigen Sterne begonnen (die Spektroskopie wird auch Spektrographie genannt).

Einige der vielen tausend Spektrallinien sind durch die Buchstaben A bis K gekennzeichnet. Im Spektralbereich zwischen 293,9 und 877,0 nm liegen mehr als 20 000 dieser Absorptionslinien (wovon 6 500 allerdings durch die Gase der Erdatmosphäre verursacht sind) (LINDNER 1993). Mehr als 2/3 der Absorptionslinien konnten inzwischen chemischen Elementen und Verbindungen zugeordnet werden.

Die Erforschung kosmischer Objekte mit physikalischen Methoden wurde nachfolgend weiter vorangetrieben, insbesondere durch die Untersuchung jenes Lichts, das abgestrahlt wird, wenn bestimmte Substanzen in eine Flamme gebracht werden. Auch hier traten Spektrallinien auf, diesmal als *helle* Linien. Während die Spektroskopie sich vorrangig mit dem Aufnehmen der Spektren, dem Zerlegen des Lichts, der Messung der Wellenlängen der verschiedenen Elemente im Beobachtungs-Spektrum und in den diesbezüglichen Labor-Spektren befaßt, gilt das Interesse der Spektralanalyse vorrangig der Analyse und Interpretation der von einem Stoff ausgestrahlten Spektralfarben. Die anfängliche Entwicklung der Spektralanalyse um **1859** basiert auf Arbeiten der deutschen Physiker Gustav Robert KIRCHHOFF (1824-1887) und Robert Wilhelm BUNSEN (1811-1899). Bereits 1860 formulierte Kirchhoff die Grundlagen der Strahlungstheorie, insbesondere den Kirchhoffschen Satz, der die Beziehungen zwischen Emission und Absorption von Strahlung festlegt. Das Kirchhoffsche Strahlungsgesetz (Abschnitt 4.2.06) und der *Doppler Effekt* sind sodann für einige Jahrzehnte das gedankliche Gerüst der Astrophysik (UNSÖLD/BASCHEK 1991).

Der Grundversuch zur Spektralanalyse nach Kirchhoff und Bunsen ergab: Eine Bunsenflamme, in die Natrium (Na) (Kochsalz) eingebracht wird, zeigt im kontinuierlichen Spektrum **helle** Na-*Emissionslinien*, wird durch die Natriumflamme das Licht eines Kohlebogens gesendet, dessen Temperatur die der Flamme erheblich übertrifft, ergibt sich ein kontinuierliches Spektrum mit **dunklen** Na-*Absorptionslinien* (ähnlich wie beim Sonnenspektrum) (UNSÖLD/BASCHEK 1991). Es zeigt sich schließlich, daß die Spektrallinien spezifisch für die Atomsorte sind, also eine Art atomaren Fingerabdruck darstellen (INGOLD 2003).

Beim **Wasserstoffspektrum** werden verschiedenen Serien von Spektrallinien unterschieden: LYMAN-Serie (UV-Bereich), BALMER-Serie (VIS-Bereich) sowie PASCHEN-, BRACKETT- und PFUND-Serie (UR-Bereich) (KUCHLING 1986). Die **Lyman-Alpha-Linie**, auch als Lα-Linie bezeichnet, ist eine besonders markante Emissionslinie im UV-Bereich (λ ca 122 nm). Mit ihrer Hilfe läßt sich sehr gut die *Rotverschiebung* der Strahlungsquelle bestimmen (siehe Abschnitt: Kosmische Quellen der Ultraviolettstrahlung).

Stehen aus Erdsicht vor einer Radioquelle interstellare Gaswolken, dann wirken diese als Absorber (A) und die **21cm-Linie** erscheint als Absorptionslinie (der Substanz A) im Emissionsspektrum. Die *Rotverschiebung* der 21cm-Linie dient zur Entfernungsbestimmung der Strahlungsquellen ebenso wie die Lyman-Alpha-Linie. Von besonderer Bedeutung ist ferner die 1970 entdeckte **2,6mm-Linie** des *CO-Moleküls*, durch welche die Verteilung der kalten, in massereichen Molekülwolken konzentrierten Komponente der interstellaren Materie in der Milchstraße erforscht werden konnte (siehe Abschnitt: Kosmische Quellen der Radiofrequenzstrahlung).

Rotverschiebung,
ein Maß für die Expansionsgeschwindigkeit unseres Kosmos?
Spektroskopie und Spektralanalyse (als Instrumente der Astronomie) führten zu einer außerordentlichen Erweiterung unserer Kenntnisse von den kosmischen Objekten (Strahlungsquellen) und ermöglichte Entfernungsbestimmungen zu Objekten, die sehr große Abstände von der Erde beziehungsweise von unserer Galaxie (Milchstraße) haben. Bei weit von der Erde entfernten kosmischen Objekten wird zur Entfernungsbestimmung vielfach die messbare Rotverschiebung verwendet. Die Verschiebung der Spektrallinien im Spektrum der (auf der Erde) empfangenen Strahlung eines kosmischen Objekts (einer Strahlungsquelle) zu größeren Wellenlängen hin (zum Rot) wird *Rotverschiebung* genannt. Es gilt (UNSÖLD/BASCHEK 1991)

$$z = \frac{\Delta\lambda}{\lambda_0} = \frac{\lambda - \lambda_0}{\lambda_0} = \frac{\lambda_E - \lambda_S}{\lambda_S} = \frac{\Delta\lambda}{\lambda_S}$$

z   = Rotverschiebung
λ_0 = Wellenlänge einer Spektrallinie, gemessen im Wellenspektrum, das im Laboratorium erzeugt wurde (Laborwellenlänge, Ruhewellenlänge)
λ = Wellenlänge *dieser* Spektralinie, gemessen im Wellenspektrum einer Kosmos-Strahlungsquelle, deren Strahlung auf der Erde empfangen wurde

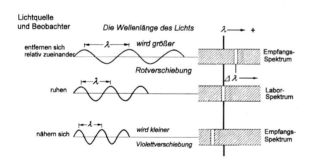

Bild 4.32 Wirkungen des Doppler-Effekts bei *elektromagnetischen* Wellen (bei Schallwellen bestehen andere Verhältnisse). Quelle: UNSÖLD/BASCHEK (1991), verändert

Unter der Voraussetzung, daß sich die Rotverschiebung als Wirkung des Doppler-Effekts ergibt, gilt für die Fluchtgeschwindigkeit v = dr/dt der Galaxien die Beziehung (UNSÖLD/BASCHEK 1991)

$$v = c \cdot z$$

v   = Fluchtgeschwindigkeit (in Sichtrichtung)
c   = Lichtgeschwindigkeit
z   = Rotverschiebung
Die Beziehung gilt für z deutlich kleiner als 1 (z = 0,1 entspricht ca 1,5 Milliarden

Lichtjahre). Für größere z (etwa z >0,3) ist, entsprechend der Relativitätstheorie, eine andere Beziehung anzusetzen. Es wird daher unterschieden zwischen *nichtrelativistischer* und *relativistischer* Fluchtgeschwindigkeit. Die größten bisher aufgezeichneten Rotverschiebungen liegen bei z = 5. Eine Umrechnung in eine "lineare" Geschwindigkeit (gemäß obiger Beziehung) sei hier nicht mehr sinnvoll. In Gleichungen der Kosmologie wird dann anstelle von v meist z selbst verwendet (TAMMANN 1997).

Doppler-Effekt, Perioden-Leuchtkraft-Beziehung
1842 hatte der österreichische Mathematiker und Physiker Christian DOPPLER (1803-1853) aus der Wellentheorie den Schluß gezogen, daß eine Annäherung zwischen Lichtquelle und Beobachter die beobachtete Schwingungszahl pro Sekunde (Frequenz) vergrößert, wachsende Entfernung sie verringert, oder mit anderen Worten ausgedrückt, daß alle Lichtwellenlängen, die ein Objekt aussendet, zum kürzeren Wellenlängenbereich des elektromagnetischen Wellenspektrums (zum Blau hin) verschoben werden, wenn das Objekt sich der Erde nähert, und zum längeren Wellenlängenbereich (zum Rot hin) verschoben werden, wenn das Objekt sich von der Erde entfernt. Auf eine entsprechende Überlegung basierte schon die erste Messung der Lichtgeschwindigkeit, die 1675 der dänische Astronom Olaus RÖMER (1644-1710) mit Hilfe der umlaufenden Jupitermonde durchgeführt hatte (siehe beispielsweise die Ausführungen im Physik-Lehrbuch KOPPE 1858 S.285). Der Effekt wird heute allgemein als *Doppler-Effekt* bezeichnet. Die erste bestätigende Beobachtung in der Astronomie scheint 1868 dem englischen Astronomen und Physiker William HUGGINS (1824-1910) gelungen zu sein, der aus Sirius-Beobachtungen eine Rotverschiebung errechnete und daraus schloß, daß sich der Sirius (Hundsstern) in der Sichtlinie mit einer Geschwindigkeit von 48 km/s (?) (MKL 1908) oder ca 45 km/s (?) (TL/Galaxien 1989 S.21) von der Erde entfernte.

Weitere Bausteine in der Abstandsbestimmung zu weit von der Erde entfernten kosmischen Objekten (Strahlungsquellen) erbrachten die us-amerikanische Astronomin Henrietta Swan LEAVITT (1868-1921) und der dänische Astronom Ejnar HERTZSPRUNG (1873-1967). Während bei vielen Sternen die Zustandsgrößen über längere Zeiträume unverändert bleiben, zeigen einige, die sogenannten *Veränderlichen Sterne*, regelmäßige oder unregelmäßige Schwankungen, insbesondere bezüglich ihrer Helligkeit. Leavitt hatte sich eingehend mit den *Delta-Cephei-Sternen* in der Kleinen Magellanschen Wolke (einem Nachbarsystem unserer Milchstraße) befaßt. **1912** gelang es ihr, für diesen speziellen Sterntyp, der zu den Veränderlichen Sternen zählt, eine *Perioden-Leuchtkraft-Beziehung* anzugeben (auf der Basis des Verhaltens von 25 Cepheiden). Wenn also einer der Magellanschen Cepheiden beispielsweise viermal so hell erschien als ein anderer, dann war er wirklich viermal heller, da der Abstand zur Erde ja als "gleich groß" gelten konnte. HERTZSPRUNG befaßte sich mit Delta-Cephei-Sternen in der Nachbarschaft unserer Sonne. Auf der Basis von 13 Cepheiden erarbeitete er für einen "statistischen Stern" dieses Typs einen Mittelwert der scheinbaren Helligkeit, eine mittlere Perioden-Leuchtkraft-Beziehung und einen mittleren Entfernungswert zwischen Erde und Stern. Aus diesen Werten und dem bekannten Gesetz, daß die Helligkeit mit dem Quadrat der Entfernung abnimmt, ließ sich die mittlere absolute Helligkeit für diesen statistischen Stern ermitteln. Nachdem er einen Cepheiden in der Kleinen Magellanschen Wolke gefunden hatte, der etwa das gleiche Verhalten wie sein statistischer Cepheide zeigte, versuchte er eine Entfernungsbestimmung zwischen Erde und Magellanscher Wolke durchzuführen. Der 1913 von HERTZSPRUNG veröffentlichte Wert dafür entsprach jedoch, wie sich später zeigte, nicht der Wirklichkeit.

Der zuvor skizzierte Forschungsstand wurde weitergeführt durch eine Reihe von Astronomen wie etwa SLIPHER, SHAPLEY, HUMASON, HUBBLE. Ein Spektroskopie-Experte war der us-amerikanische Astronom Vesto Melvin SLIPHER (1875-1969). Bis 1914 hatte er anhand von *Rotverschiebungen* die Geschwindigkeiten (in der Sichtlinie) von insgesamt 15 kosmischen Objekten bestimmt, 13 davon schienen sich mit hoher Geschwindigkeit von der Erde zu entfernen, während zwei sich mit geringerer Geschwindigkeit der Erde zu nähern schienen. Bis 1925 waren es insgesamt 45 kosmische Objekte (Galaxien), deren Geschwindigkeit Slipher aufgrund von Rotverschiebungen ermittelt hatte. Die Rotverschiebungen waren von ihm dabei als Wirkungen des Doppler-Effekts aufgefaßt worden. Bereits 1924 vermutete Carl Wilhelm WIRTZ (1876-1939), daß die Rotverschiebungen mit zunehmender Entfernung wachsen (UNSÖLD/BASCHEK 1991 S.368). Der us-amerikanische Astronom Milton HUMASON (ein Mitarbeiter von HUBBLE) ermittelte schließlich die Rotverschiebungen von weiteren Galaxien, die ebenfalls darauf hindeuteten, daß sich diese kosmischen Objekte mit großer Geschwindigkeit von der Erde entfernten. Der us-amerikanische Astronom Edwin Powell HUBBLE (1889-1953) erschütterte die Astronomie jedoch in ihren Grundfesten, als er **1929** seine Erkenntnisse veröffentlichte, die unter anderem die Aussagen enthielten: unser Universum dehnt sich nach allen Richtungen aus und die Fluchtgeschwindigkeit (Radialgeschwindigkeit) der kosmischen Objekte, der Sternsysteme, mit der sie sich vom Milchstraßensystem entfernen, wächst proportional mit der Entfernung. Der Sachverhalt wird heute als **Hubble-Effekt**, der Proportionalitätsfaktor als **Hubble-Zahl** (H_0) bezeichnet. HUBBLE selbst hatte für H_0 den Wert 530 angegeben, was heute als nicht zutreffend angesehen wird (siehe die Ausführungen zur Bestimmung der Hubble-Zahl H_0).

Hubble-Beziehung
Gemäß den vorstehenden Ausführungen gilt als *Hubble-Beziehung*

$$v = c \cdot z = H_0 \cdot r$$

| v | = Fluchtgeschwindigkeit | H_0 | = Hubble-Zahl |
| c | = Lichtgeschwindigkeit | r | = Entfernung |

z = Rotverschiebung

Wird $H_0 = 55$ km / s · Mpc gesetzt, dann folgt: v (km/s) = 55 · r (Mpc), das heißt, je Megaparsec nimmt die Geschwindigkeit um rund 55 km/s zu; mithin, *je weiter das kosmische Objekt von der Erde entfernt ist, um so schneller bewegt es sich von ihr fort.* Die Aussage, daß nahezu alle Sternsysteme vom Milchstraßensystem (von der Erde) sich in dieser Form fortbewegen bedeutet aber nicht, daß das Milchstraßensystem das Zentrum dieser Expansion wäre. In jeder anderen Galaxie würde ein Beobachter den gleichen Effekt wahrnehmen, denn die Doppler-Verschiebung zeigt lediglich die Relativbewegung Sender-Empfänger an. Eine gute Veranschaulichung des zuvor Gesagten gibt das von Gustav Andreas TAMMANN veröffentlichte Hefeteig-Bild (Bild 4.33). Die vorgenannte Beziehung wird (in Ermanglung einer besseren) vielfach benutzt, um die Entfernungen r zu sehr weit (von der Erde) entfernten kosmischen Objekten (Strahlungsquellen) zu berechnen. Die Geschwindigkeiten v gelten im Sinne der Relativitätstheorie als *nichtrelativistische* Fluchtgeschwindigkeiten, wenn z « 1 und damit v « c (LINDNER 1993).

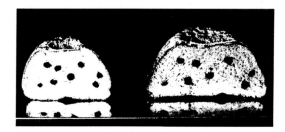

Bild 4.33
Wie der expandierende Raum die Galaxien (oder Strahlungsquellen) auseinanderträgt, kann die Bewegung der Rosinen im aufgehenden Hefeteig veranschaulichen. Da von *jeder* Rosine sich alle anderen Rosinen entfernen, und zwar um so schneller, je weiter sie voneinander entfernt sind, kann mithin auch hier (im Hefeteig) von einer Gültigkeit der Hubble-Beziehung gesprochen werden. Allerdings hinkt das Modell in zwei Punkten:
(1) in der Wirklichkeit steht der Beobachter *im* Modell, und
(2) Informationsübertragungen erfolgen maximal mit Lichtgeschwindigkeit; Signale von entfernten Strahlungsquellen sind Milliarden von Jahren unterwegs; ein "Rand" ist daher nicht beobachtbar. Quelle: TAMMANN (1997)

Verallgemeinerte Hubble-Beziehung
In der Astronomie wird gelegentlich unterschieden: *Materiekosmos* (wenn die Dichte von nichtrelativistischen Teilchen, die Ruhemassendichte, überwiegt und deren Druck vernachlässigbar ist) und *Strahlungskosmos* (wenn Massen- beziehungsweise Energiedichte von relativistischen Teilchen, wie beispielsweise Photonen, überwiegt). In einem Materiekosmos gilt nach UNSÖLD/BASCHEK (1991) die *verallgemeinerte*

Hubble-Beziehung

$$c \cdot z \cdot \psi(q_0, z) = H_0 \cdot r_L$$

mit

$$\psi(q_0, z) = 1 + \frac{1-q_0}{q_0}\left[1 - \frac{1}{q_0 \cdot z}\left(\sqrt{1 + 2 \cdot q_0 \cdot z} - 1\right)\right]$$

$$= 1 + \frac{1}{2}(1-q_0) \cdot z + \ldots \qquad (q_0 \cdot z \ll 1)$$

q_0 = Bremsparameter (Verzögerungsparameter, Dezelerationsparameter)
r_L = Helligkeitsentfernung (gewonnen aus der scheinbaren Helligkeit einer Galaxie)

Diese Form der Hubble-Beziehung kann für *große* Rotverschiebungen ($z > 1$, $v \to c$) beziehungsweise Entfernungen r benutzt werden. Die Entfernung r wird auch *Eigenentfernung* genannt im Gegensatz zur *Helligkeitsentfernung* r_L. Beim Ansatz dieser Beziehung kann von *relativistischen* Fluchtgeschwindigkeiten gesprochen werden (LINDNER 1993). Für $z \ll 1$ ergibt sich aus der obigen Form die ursprüngliche Hubble-Beziehung, wie sie zuvor angegeben wurde.

Bestimmung und Bedeutung der Hubble-Zahl H_0

Die Aussagen von Hubble basieren auf gemessene Rotverschiebungen, wobei, wie gesagt, noch immer nicht hinreichend geklärt ist, ob solche Rotverschiebungen durch den Doppler-Effekt (wie Hubble annahm) und/oder durch einen Energieverlust der Quanten beim Durchqueren sehr starker Gravitationsfelder (relativistische Rotverschiebung) oder durch einen noch unbekannten physikalischen Effekt bewirkt werden. Die Deutung der Rotverschiebung als Doppler-Effekt und die Hubble-Beziehung führten zur Auffassung, daß unserer Kosmos sich nach allen Richtungen ausdehnt und die Fluchtgeschwindigkeit (Radialgeschwindigkeit) in der Sichtlinie der kosmischen Objekte wachse, proportional mit der Entfernung vom Beobachter.

Der diesbezügliche Proportionalitätsfaktor, die Hubble-Zahl H_0, ist nur *empirisch* bestimmbar. Wird dabei von der Beziehung $H_0 = v / r$ ausgegangen, dann ist folgende Vorgehensweise gebräuchlich. Aus der Rotverschiebung wird die Fluchtgeschwindigkeit eines oder mehrerer kosmischer Objekte (etwa Galaxien) bestimmt und durch

deren Entfernung dividiert. Die Bestimmung der Fluchtgeschwindigkeit (v = c · z) ist dabei vergleichsweise einfach,
die Bestimmung der Entfernung r ofensichtlich erheblich schwieriger. Selbst eine Eichung der ermittelten Entfernungen mit Hilfe der zuvor beschriebenen Perioden-Leuchtkraft-Beziehung für Cepheiden bleibt unsicher, solange die Entfernung zu einem Cepheiden nicht durch Messung mittels jährlicher trigonometrischer Parallaxe (siehe dort) bestimmt wurde.
Erschwerend kommt hinzu, daß aufgrund der gegenseitigen Anziehungskraft benachbarter Galaxien, diese sich *auch* aufeinderzubewegen. Diese sogenannte Pekuliar-Geschwindigkeit (Eigengeschwindigkeit) von einigen hundert km/s überlagert sich der allgemeinen Expansion, der sogenannten kosmischen Fluchtbewegung (auch Hubble-Fluß genannt). Damit diese Überlagerung als unerheblich betrachtet werden kann ist es sinnvoll, möglichst vom Beobachtungsort weit entfernte und über den gesamten Himmel verteilte Galaxien zur Bestimmung von H_0 zu benutzen.

1929 hatte Hubble als besten Wert H_0 = 530 km / s · Mpc angegeben, der heute als nicht zutreffend angesehen wird.
1958 nannte Allen Rex SANDAGE (1926-) als wahrscheinlichsten Wert H_0 = 75 km / s · Mpc
1997 nannte der deutsche Astronom Gustav Andreas TAMMAN (1932-) als besten Wert H_0 = 55 km / s · Mpc.
In diesem Zusammenhang ist zu beachten, daß v/r *nicht* konstant ist. Seit dem (angenommenen) Urknall seien zwar die Fluchtgeschwindigkeiten (in erster Näherung) konstant geblieben, aber die Entfernungen wachsen ständig. Insofern ist die Hubble-Zahl keine Konstante. Nach Tammann sei sie (wegen Bremsparameter q_0) ein mit der Zeit *abnehmender* Parameter. Ihr heutiger Wert sei jedoch eine wohldefinierte Größe. Die von TAMMANN (1997) mitgeteilten Werte für H_0 sind:

Methode (Bestimmungsroute)	H_0 (km/s · Mpc)	Reichweite (km/s)
Supernovae Typ Ia (1)	58 ±4	30 000
Virgo-Haufen (2)	54 ±4	10 000
ca 300 Galaxien außerhalb von Haufen (3)	53 ±3	3 000
Bester Wert	**55**	

Die Bestimmungsroute (1) lief über 7 *nahe* Supernovae Typ Ia, deren Leuchtkraft mit Hilfe von Cepheiden (und Messungen vom Hubble-Teleskop aus) ermittelt wurden. An diese 7 nahen Supernovae wurden sodann 50 *sehr weit entfernte* Supernovae Typ Ia ("Reichweiten" bis zu 30 000 km/s) "angehangen". Verschiedene Methoden (2) ergaben für die mittlere Entfernung des Galaxienhaufens im Sternbild Virgo 21,5 Mps (woraus H_0 abgeleitet wurde). Auch für die 300 Galaxien außerhalb von Haufen wurden verschiedene Methoden (3) eingesetzt (Reichweiten bis zu 3000 km/s). Die nachstehende Formelübersicht soll die Einheiten-Zusammenhänge veranschaulichen. Einige eingesetzte Zahlenwerte können als Beispiele dienen.

$$H_0\left(\frac{km}{s \cdot Mpc}\right) = \frac{v\left(\frac{km}{s}\right)}{r(Mpc)}$$

$$H_0\left(\frac{km}{s \cdot Mpc}\right) \cdot r(Mpc) = v\left(\frac{km}{s}\right)$$

Wird $H_0 = 55$ (km/s · Mpc) angenommen, dann folgt als scheinbare Fluchtgeschwindigkeit beispielsweise in der Entfernung

r		v		
= 1 Mpc	➤	v = 55 · 1	= 55 km/s
= 2 Mpc	➤	= 55 · 2	= 110 km/s
= 21,5 Mpc	➤	= 55 · 21,5	= 1 182 km/s
= 55 Mpc	➤	= 55 · 55	= 3 025 km/s
= 546 Mpc	➤	= 55 · 546	= 30 030 km/s

Diese Geschwindigkeiten km/s können in diesem Sinne auch als "Reichweiten" bezeichnet werden.

2003 ermittelte die us-amerikanische Astronomin Wendy FREEDMAN (2003) aus mehrjährigen Arbeiten mit dem Hubble-Teleskop die nachstehenden Werte für H_0

Methode (Bestimmungsroute)	H_0 (km/s · Mpc)	Reichweite (km/s)
Cepheiden	75	
Supernovae Typ Ia	71	
Tully-Fisher-Relation	71	
Geschwindigkeitsdispersion elliptischer Galaxien	82	
Fluktuation der Flächenhelligkeit	70	
Supernovae Typ II	72	
Gewichtetes Mittel aus diesen Werten	**72** ±8	

Wird $H_0 = 72$ (km/s · Mpc) angenommen, dann folgt als scheinbare Fluchtgeschwindigkeit in der Entfernung

r		v		
= 1 Mpc	➤	v = 72 · 1	= 72 km/s
= 2 Mpc	➤	= 72 · 2	= 144 km/s
= 25 Mpc	➤	= 72 · 25	= 1 800 km/s

= 55 Mpc   ➤   = 72 · 55   = 3 960 km/s
= 72 Mpc   ➤   = 72 · 72   = 5 184 km/s
= 200 Mpc   ➤   = 72 · 200   = 14 400 km/s (Supernov. Typ II)
= 400 Mpc   ➤   = 72 · 400   = 28 800 km/s (Supernov. Typ Ia)

Um die Einflüsse der Eigenbewegungen (Pekuliarbewegungen) der Galaxien (von ca 200-300 km/s) beim Bestimmen der generellen Fluchtbewegung, beim Bestimmen von H_0, zu minimieren, sollten die diesbezüglichen Messungen auf Galaxien mit Reichweiten basieren, die größer als ca 5 000 km/s sind, da dann die Einflüsse (Störfaktoren) nur noch wenige % betragen (bei Reichweiten um 30 000 km/s betragen sie nur noch <1%).

Entfernungsbestimmung mit Hilfe von beobachteten Sternexplosionen

Als HUBBLE 1929 seine Erkenntnisse veröffentlichte und behauptete, daß unser Kosmos sich nach allen Richtungen ausdehnt und die Fluchtgeschwindigkeit der kosmischen Objekte *proportional* mit der Entfernung wächst, erlangte die Auffassung vom *gleichmäßig* expandierenden Kosmos zunehmend fachliche Anerkennung. Um **1998** kamen einige Astronomen zu der Auffassung, daß der Kosmos sich nicht proportional ausdehne, sondern mit zunehmender Geschwindigkeit. Sie stellten fest, daß die benutzten "Standardkerzen" schwächer leuchteten, als dies aufgrund ihrer Rotverschiebung zu erwarten gewesen wäre. Die Standardkerzen müßten demnach weiter entfernt sein und dies sei nur möglich, wenn sich die Expansion des Kosmos beschleunigt hat. Andere Begründungen ließen sich jedoch nicht ganz ausschließen wie etwa die, daß *Staub* zwischen dem kosmischen Objekt und der Erde die Helligkeit abschwächt.

|Sternexplosionen als "Standardkerzen"|

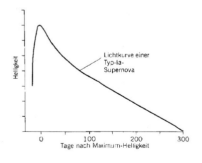

Bild 4.34
Lichtkurve einer Supernova vom Typ Ia.
Quelle: HOGAN et al. (1999)

Bei Entfernungsbestimmungen zu weit entfernten kosmischen Objekte kommt es unter anderem darauf an, geeignete "Standardkerzen" zu finden, also Objekte, deren Leuchtkraft als hinreichend bekannt angenommen werden kann. Zuvor war die *Perioden-Leuchtkraft-Beziehung der Delta-Cephie-Sterne* als eine solche Standardkerze dargestellt worden. Um meßtechnisch noch tiefer in den Raum vordringen zu können, begannen um 1970 Untersuchungen über die Brauchbarkeit von *Quasaren* und von

Supernovae (Sternexplosionen) als Standardkerzen. Während Quasare sich als sehr vielfältig erwiesen (und daher kaum geeignet scheinen), sind Supernovae vermutlich brauchbar, denn alle Supernovae vom Typ Ia haben offenbar nahezu die gleiche Leuchtkraft. "Nova" (von lat. nova stella, neuer Stern), Mehrzahl "Novae". Es werden mehrere Typen von explodierenden Sternen unterschieden. Supernovae vom Typ Ia ereignen sich in Doppelsternsystemen. Der Typ besteht aus einem relativ massearmen Riesenstern und einem sogenannten Weißen Zwerg. Strömt Materie von der größeren Komponente zum Zwergstern, wird bei Erreichen einer bestimmten, sogenannten kritischen Masse eine thermonukleare Explosion ausgelöst. Für kurze Zeit strahlt der Zwergstern heller als eine komplette Galaxie. Aufgrund der gleichen Zündbedingungen und der großen Helligkeit sind solche Supernovae als Standardkerzen geeignet (HOGAN et al. 1999). Anhand der Lichtkurve und der spektralen Eigenschaften der Strahlung kann dann in Regel der Typ der Sternexplosion und anhand ihrer maximalen Helligkeit und der Rotverschiebung die Entfernung des betreffenden Sternsystems bestimmt werden.

Die bisher bekannten Typ Ia-Supernovae wiesen maximal eine Rotverschiebung von 1,2 auf und eine Entfernung von 9,8 Milliarden Lichtjahren (ENGELN 2001). Inzwischen ist eine Typ Ia-Supernovae mit einer Rotverschiebung von 1,7 und einer Entfernung von 11,3 Milliarden Lichtjahren entdeckt worden (Bezeichnung "SN 1997 ff"). Das eingangs angesprochene Staubproblem ist damit vermutlich entfallen, denn je weiter ein kosmisches Objekt von der Erde entfernt ist, um so mehr müßte ein eventuell vorhandener Staub wirksam sein. Bei einer Entfernung von $11,3 \cdot 10^9$ Lichtjahren hätte das Licht daher stärker abgeschwächt sein müssen als festgestellt. Mithin bleibt nur noch als Einwand, daß die Entwicklung der Standardkerze in früheren Zeiten anders verlief als heute. Die Entdeckung weiterer solcher weit entfernten Typ Ia-Supernovae könnte darüber Klarheit bringen. In diesem Zusammenhang ist ein spezielles Beobachtungssystem geplant: SNAP (Supernovoae Acceleration Probe), ein Ultrarot-Teleskop, das (ab 2007 ?) in eine Erdumlaufbahn gebracht werden soll (ENGELN 2001).

Methoden-Übersicht zur kosmischen Entfernungsbestimmung

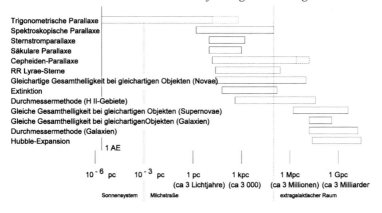

Bild 4.35
Einige Methoden der kosmischen Entfernungsbestimmung und ihre Reichweiten nach BROCKHAUS (1999)

● |Kosmische Entfernungseinheiten und deren Umrechnung|
Lichtgeschwindigkeit im Vakuum
festgelegt 1983 (siehe Ausführungen zur Lichtgeschwindigkeit und Definition von Maßeinheiten): $c = 299\,792{,}458$ km/s (rund 300 000 km/s)
Lichtjahr
(Strecke, die das Licht in 1 Jahr im leeren Raum/Vakuum zurücklegt)
1 Lj = $9{,}46053 \cdot 10^{12}$ km (rund 9,5 Billionen km) = 63 239,7 AE = 0,31 pc
Astronomische Einheit
1 AE = mittlerer Radius der Erdbahn um die Sonne = 149 597 870 660 m (bestimmt mit einer Genauigkeit von derzeit ± 10 m, BROCKHAUS 1999)
Parsec
(abgeleitet aus Parallaxe und Sekunde, abgekürzt pc)
Entfernung, von der aus die Astronomische Einheit (AE) unter einem Winkel von einer Bogensekunde (Parallaxensekunde) erscheint
1 pc = $3{,}08567 \cdot 10^{13}$ km = 3,26163 Lichtjahre = 206265 AE
Das Licht braucht mithin 3,26 Jahre, um die Länge 1 pc zu durchlaufen.
1 kpc (Kiloparsec) = 10^3 pc = $3{,}086 \cdot 10^{16}$ km = 3 261 Lichtjahre
1 Mpc (Megaparsec) = 10^6 pc = $3{,}086 \cdot 10^{19}$ km = 3 261 630 Lichtjahre
1 Gpc (Gigaparsec) = 10^9 pc = $3{,}086 \cdot 10^{21}$ km = 3 261 630 000 Lichtjahre
Parallaxe p'' (" = Bogensekunden)
Setzt man in die Beziehung für den Kreisbogen $b = 2 \cdot \pi \cdot r \cdot \alpha° / 360°$ (mit b = Länge

des Bogens der zum Zentriwinkel α gehört) anstelle von b die zugehörige Sehne, also b = 2 AE, und für α = 2 p°, dann folgt nach Umrechnung von Grad in Sekunden und einigen Umstellungen: r = AE · 648 000" / π · p".
1 Bogensekunde = 1/3 600° (° = Grad).

Fluchtgeschwindigkeit und Hubble-Zeit

Wie zuvor dargelegt dehnt sich unser Kosmos gemäß den Aussagen von Hubble 1929 nach allen Richtungen aus und die *Fluchtgeschwindigkeit* (Radialgeschwindigkeit) in der Sichtlinie der kosmischen Objekte (auch Hubble-Fluß genannt) wachse, proportional mit der Entfernung vom Beobachter.

Die Dimensionen unseres Kosmos und ihre "Größen"
Unser Kosmos hat offenbar vier Dimensionen: drei räumliche und eine zeitliche. Bis zum Ende des 19. Jahrhunderts war der dreidimensionale Raum fast ausnahmslos das mathematische Gerüst in Naturwissenschaft und Technik. Da er unserem Anschauungsraum nahe kommt, war er ohne größere Bedenken auch auf die Welt der Atome oder der Sterne übertragen worden. Die Dimension Zeit galt bis zu diesem Zeitpunkt als unabhängig von den drei Raumdimensionen. Mathematiker und Physiker erforschen allerdings seit dem 19. Jahrhundert in zunehmendem Umfange die *Eigenschaften von Räumen mit beliebig vielen Dimensionen*, wobei die zeitliche Dimension oftmals als nicht mehr unabhängig von den räumlichen Dimensionen angesehen wird. Die vier bekannten Raum-Zeit-Dimensionen unseres Kosmos können durch folgende "Größen" gekennzeichnet werden: Die Hubble-Zahl H_0 hat die Dimension einer reziproken Zeit. Ihr Kehrwert T_0 wird **Hubble-Zeit** genannt.

$$T_0 = \frac{r}{v} = \frac{1}{H_0 \left[\frac{km}{s \cdot Mpc}\right]} = \frac{1}{H_0 \left[\frac{km}{s \cdot 3{,}08567 \cdot 10^{19} km}\right]}$$

$$= \frac{s \cdot 3{,}08567 \cdot 10^{19}}{H_0} = \frac{978 \cdot 10^9}{H_0} = T_0 \quad (\varepsilon \text{ Jahre})$$

Bei der Umrechnung von s (Sekunden) in Jahre wurde gesetzt: 1 Jahr = 365 Tage (mit 24 Stunden). Aus der vorstehenden Formel folgt:
Bei Annahme H_0 = **55** erstreckt sich die Dimension der Zeit danach **17,8** Milliarden Jahre in die Vergangenheit.
Bei Annahme H_0 = **72** erstreckt sich die Dimension der Zeit danach **13,6** Milliarden Jahre in die Vergangenheit.

Mit der Interpretation der Hubble-Zeit als Alter unseres Kosmos (Expansionsalter) wird gleichzeitig unterstellt, daß die gesamte *Masse* des Kosmos vor dieser Zeit in einem verschwindend kleinen Volumen konzentriert war (kosmologische Singularität). Sollte die Fluchtgeschwindigkeit des Kosmos sich während des Zeitablaufs *nach der Zeit Null* verändert haben, ergeben sich dementsprechend andere Werte für sein Alter.

Ob die Zeit sich endlich oder unendlich weit in die Zukunft erstrecken wird, ist theoretisch offen.

Aufgrund ermittelter Rotverschiebungen (siehe zuvor) läßt sich bezüglich der drei Raumdimensionen sagen, daß *kosmische Objekte erfaßt werden konnten, deren Erdabstand mehr als 16 Milliarden Lichtjahre beträgt*. Dieser Betrag von $16 \cdot 10^9$ Lichtjahre kennzeichnet danach etwa den gegenwärtig meßtechnisch erfaßbaren kosmischen Raum. Hierbei ist allerdings zu beachten, daß *in einem expandierenden Kosmos für eine Lichtwelle (für ein Lichtquant) die Entfernung zum Startpunkt größer ist, als der durchlaufene Weg, denn die Expansion dehnt den bereits zurückgelegten Weg immer weiter aus*.

Ob der kosmische Raum über diese "Größe" der Dimensionen hinaus als *endlich* oder *unendlich* zu *denken* ist, kann theoretisch bisher nicht hinreichend beantwortet werden. Daß ein endlicher Raum mit endlichem Volumen zugleich auch "endlos" (das heißt: ohne Grenzen) sein kann, ist seit 1854 bekannt. Theoretisch unbeantwortet ist bisher auch, durch welche *metrische Geometrie* unser kosmischer Raum (prinzipiell oder über die "Größe" der zuvor genannten Dimensionen hinaus) am besten approximiert wird.

Expansion des Kosmos.
Expandiert der Raum, in dem sich die Galaxien befinden?
Die Spektren von Galaxien ergeben eine der jeweiligen Entfernung proportionale Rotverschiebung der Spektrallinien. Vielfach wird in diesem Zusammenhang unterstellt, daß nicht die Galaxien in einen schon *existierenden* Raum hinein expandieren, *sondern daß der Raum expandiert,* in dem sich diese Galaxien befinden (TAMMANN 1997) und die (nach der Relativitätstheorie) diesen Raum "aufspannen". Gibt es außerhalb dieses expandierenden Kosmos einen Raum? Expandiert *unser* kosmischer Raum ins "Nichts" hinein? Ist seine Expansion zeitlich unbegrenzt? Können die Galaxien am Rande unseres Kosmos in einen masseleeren Raum hinein expandieren und kann dieser masseleere Raum sich beliebig schnell ausdehnen (also auch mit Überlichtgeschwindigkeit)?

Materiebildung, kosmische Singularität?, "Urknall"?
Aus der Annahme einer Expansion läßt sich folgern, daß der Kosmos früher wesentlich kleiner als heute und vor ca 16 Milliarden Jahren vor der Gegenwart sehr klein gewesen sein müßte. In diesem Zusammenhang werden bezüglich der *Materiebildung* beziehungsweise *Materieveränderung* zwei grundsätzliche Möglichkeiten diskutiert (HERRMANN 1985):

Theorie des "evolutionären" Kosmos (Urknall-Theorie)
Die gesamte, heute existierende Materie war auch früher in dem entsprechend kleineren Raumvolumen enthalten. Dies würde bedeuten, daß die räumliche Dichte der Materie im Kosmos entsprechend seiner Expansion ständig abnimmt und anfangs diese Dichte extrem groß gewesen sein müßte. Von diesem Zustand der extremen Dichte aus, von der *kosmischen Singularität* aus, soll der sogenannte *Urknall* (Beginn der Expansion) seinen Ausgang genommen haben. Die Vorstellung, daß die Expansion des Kosmos mit einem Urknall (engl. Big Bang) begonnen haben soll, entwickelte sich etwa ab 1939 und geht zurück auf den belgischen Physiker und Astronomen Georges Edouard LEMAITRE (1894-1966) und den in Russland geborenen Physiker George Anthony GAMOW (1904-1968). Die Urknall-Theorie beschreibt, wie unser Kosmos sich entwickelt. Sie beschreibt nicht, wie diese Entwicklung begann und warum sie begann. Expansion und Abkühlung des Kosmos seien wesentliche Aspekte dieser Theorie (PEEBLES 2001). Über die Bedeutung des Wortes "Explosion" in diesem Zusammenhang siehe Bild 4.36. Berechnungen im theoretischen Rahmen der Loop-Quantengravitation haben ergeben, daß der „Urknall" (engl. big bang) eigentlich ein „Urprall" (engl. big bounce) gewesen sei. Vor diesem Prall habe sich der Kosmos rapide zusammengezogen (SMOLIN 2004).

Theorie des "stationären" Kosmos (Steaty State Theory).
Die Materie wird mit der Expansion des Kosmos gerade so schnell und in solchen Mengen neu geschaffen, daß die mittlere räumliche Dichte des Kosmos stets konstant bleibt (es besteht mithin etwa ein gleichförmiger Zustand: steaty state). Dies ist Grundlage dieser ab 1948 entwickelten Theorie. Mit ihr verbunden sind vor allem William H. McCREA, Hermann BONDI, Thomas GOLD, Fred HOYLE. Der englische Physiker und Astronom Sir Fred HOYLE (1915-2001) gibt einen Überblick über seine diesbezüglichen Vorstellungen in seinem Werk "Das intelligente Universum" (1984), vergleicht beide vorgenannte Theorien miteinander und bewertet ihre Aussagekraft bezüglich der Bedeutung der 3K-Strahlung.

Beide vorgenannte Theorien (Urknall-Theorie und Steaty State Theory) unterstellen eine *Expansion* des Kosmos. Die Vorgänge "zuvor" wären in einer Vor-Urknall-Theorie zu erfassen.

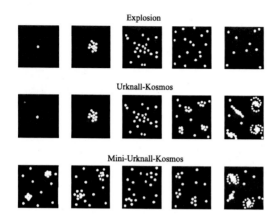

Bild 4.36
Bei einer Explosion wird Materie auseinandergeschleudert (oben). Nach der Hypothese des "Urknall" (engl. Big Bang) sollen sich nach der Explosion lokale Materie-Verdichtungen ergeben, die schließlich zu Galaxien heranwachsen (Mitte). HOYLE verweist darauf, daß nur (!) nach der Hypothese der Mini-Urknalls (Mini-Big-Bangs) genau diese Entwicklung zu erwarten ist (unten).
Quelle: HOYLE (1984)

Gebremste Expansion?
Bei dieser Auffassung wird davon ausgegangen, daß die Expansion Arbeit leisten muß gegen die Eigengravitation des Kosmos. Dies bewirke, daß die Expansion im Lauf der Zeit langsamer wird (TAMMANN 1997). Anfänglich expandierte der Kosmos danach schneller. Auch die Fluchtgeschwindigkeiten der Galaxien (Strahlungsquellen) können demnach nicht konstant sein (wie zuvor als Näherung angenommen). Sie müssen ebenfalls langsam abnehmen. Die so charakterisierte Abbremsung der Expansion läßt sich durch einen sogenannten *Bremsparameter* q_0 (Verzögerungsparameter, Dezelaterationsparameter) beschreiben (UNSÖLD/BASCHECK 1991). Die Größe q_0 ist als dimensionslose Zahl definiert. Der Bremsparameter ist abhängig von der Dichte des Kosmos und kann nur empirisch bestimmt werden (was bisher nicht gelungen sei TAMMANN 1997). Es ließe sich nur sagen, daß er zwischen 0,1 und 0,5 liegen könne.

Wenn G die Gravitationskonstante, ϱ_0 die heutige mittlere Materiedichte im Kosmos, dann ist der Bremsparameter $q_0 = 4 \cdot \pi \cdot G \cdot \varrho_0 / 3 \cdot H_0^2$ (LINDNER 1993, UNSÖLD/BASCHECK 1991).

Expansionsalter des Kosmos
Für eine beliebige Galaxie mit der Fluchtgeschwindigkeit v und der Entfernung r gilt, daß sie vor einer Zeit

$$T_H = \frac{r}{v} = \frac{1}{H_0}$$

in der Entfernung Null war, daß vor der Hubble-Zeit T_H alle Galaxien in einem Punkt vereint waren. Wird in die Gleichung für die Hubble-Zeit $H_0 = 55$ km/s · Mpc eingesetzt (TAMMANN 1997), so ergeben sich 17,8 Milliarden Jahre, wenn Mpc in km und die Sekunden in Jahre umgerechnet werden (siehe zuvor). Diese Aussage kennzeichne ein Maximalalter, das bei einer (wegen der Schwerkraft der vorhandenen Materie) vermuteten *abgebremsten* Expansion durch einen Bremsparameter q_0 zu korrigieren wäre. Wird in die Gleichung für die Hubble-Zeit $H_0 = 72$ km/s · Mpc eingesetzt (FREEDMANN 2003), so ergeben sich 13,6 Milliarden Jahre. Die nachstehende Zusammenstellung gibt einen Überblick über die Wirkung verschiedener Werte des Bremsparameters q_0 auf verschiedenen Werte für die Hubble-Zahl H_0 (beziehungsweise der zugehörigen Hubble-Zeit T_H).

q_0	$H_0 =$	50	55	72	75	100	(in km / s · Mpc)
0	$1,00 \cdot T_H$	19,6	17,8	13,6	13,0	9,8	Milliarden Jahre (10^9
0,1	0,85	16,7	15,1	11,6	11,1	8,3	J.)
0,3	0,73	14,3	13,0	9,9	9,5	7,2	
0,5	0,67	13,1	11,9	9,1	8,7	6,6	

Nach TAMMANN (1997) ist bei $H_0 = 55$ von einem korrigierten Expansionsalter von 11,9 bis 15,1 Milliarden Jahren auszugehen. Da H_0 eine Unsicherheit von ca ±10% habe, solle der Vertrauensbereich erweitert werden auf 10,8 bis 16,8 Milliarden Jahre.

Rotverschiebungen zwischen z = 0,5 und z = 3,5 sollen einen Zeitabschnitt kennzeichnen, der etwa 23-87% des Alters des Kosmos umfaßt (WOLSCHIN 2001d).

Kugelsternhaufen und Altersbestimmung
Ein spezieller Typ von Sternansammlungen sind die sogenannten *Kugelsternhaufen*. In einem kugelförmigen Raumgebiet von vielleicht nur 100 Lichtjahren Durchmesser befinden sich 100 000 bis zu einigen Millionen Sterne. Sternhaufen dieser Art enthalten offenbar einige der *ältesten* Sterne, die in unserer Galaxie anzutreffen sind (CHABOYER 2001). Wie zuvor dargelegt, läßt sich aus der beobachteten Helligkeit eines Sterns (der scheinbaren Helligkeit) dessen Leuchtkraft ermitteln, wenn seine Entfernung vom Beobachtungsort bekannt ist. Die mit dem Satelliten Hipparcos erzielte Parallaxengenauigkeit beträgt zwar 0,001", doch reicht dies noch nicht, um die Entfernung zu dem uns am nächsten liegenden Kugelsternhaufen *direkt* bestimmen zu können, der schätzungsweise ca 2 000 pc von der Erde entfernt ist (CHABOYER 2001).
1997 wurde als bester Wert für das Alter von Kugelsternahufen angenommen (Tamman 1997): 12,5 Milliarden Jahre (mit einer Unsicherheit von ca ± 2 Milliarden Jahren)
2001. Aufgrund der verbesserten Datenbasis wird als derzeit bester Wert für das Alter von Kugelsternhaufen angenommen (CHABOYER 2001): 13 Milliarden Jahre (mit einer Unsicherheit von ± 1,5 Milliarden Jahren).

Die Bestimmung des Alters von Kugelsternhaufen sei derzeit die wichtigste Methode zur Bestimmung des Alters unserer Galaxie (der Milchstraße). Da bis heute keine Galaxie bekanntgeworden ist, die älter als unsere Milchstraße ist, kann davon ausgegangen werden, daß die meisten Galaxien einheitliche Alter haben und daß sie alle ca 0,5 Milliarden Jahre nach dem Urknall aufleuchteten (TAMMANN 1997). **2004.** Neure Forschungsergebnisse erbrachten, daß einige Kugelsternhaufen jung oder mittleren Alters sind. Diese Gebilde sind mithin *nicht nur* in einer frühen Phase der Entwicklung des Kosmos entstanden. Sie ermöglichen Einblicke in das Geschehen, wenn Galaxien kollidieren und verschmelzen (ZEPF/ASHMAN 2004).

Radiometrische Methoden zur Altersbestimmung eines Sterns
Erstmals konnte in einem anderen Stern als der Sonne die Häufigkeit von Uran und weiteren schweren Elementen ermittelt werden (Roger CAYREL, Pariser Sternwarte). Für den Stern CS 31082-001 (Population II) ergab sich bezogen auf die radioaktiven Isotope Thorium-232 und Uran-238 ein Zerfallsalter von 12,5 ± 3 Milliarden Jahren (CHABOYER 2001).

Beschleunigte Expansion?

Bisher wurde allgemein unterstellt, die Gravitation verlangsame die Expansion des Kosmos (falls überhaupt eine Expansion vorliegt). Es bestehe, wie zuvor dargelegt, eine gebremste Expansion. **1998** führten Beobachtungen an fernen Supernovae (siehe dort) dann zu der Auffassung, daß die Expansion des Kosmos sich beschleunigen müsse (RIESS/TURNER 2004). Grund dafür sei, daß die Gravitation nicht nur eine *anziehende*, sondern auch eine *abstoßende* Wirkung haben könne. Ob die Expansion des Kosmos sich im Ablauf der Zeit verlangsamt oder beschleunigt habe, hänge vom Verhältnis zweier Kräfte ab: der anziehenden Kraft der Gravitation und der abstoßenden Kraft der *Dunklen Energie* (siehe dort). Über die Dunkle Energie sei nicht viel mehr bekannt, als daß sich ihre Dichte mit der Expansion des Kosmos wohl nur geringfügig ändert. Gegenwärtig sei diese Dichte höher als die der Materie (RIESS/TURNER 2004). Früher könnte die Materiedichte dominant gewesen sein und die Expansion des Kosmos daher gebremst haben. Der Zeitabschnitt, in dem sich der Wechsel von der gebremsten zur beschleunigten Expansion vollzogen habe sei bisher nicht hinreichend sicher bekannt. Der Wechsel habe sich vermutlich vor ca 5 Milliarden Jahren vollzogen.

Könnte für eine beschleunigte Expansion die sogenannte *Vakuumsenergie* verantwortlich sein, die entgegengesetzt der Gravitation wirke, nämlich abstoßend? In den Einsteinschen Gleichungen existiert eine solche Vakuumsenergie in Form der "Kosmischen Konstante", die Einstein in seine um 1915 aufgestellte Allgemeine Relativitätstheorie zunächst einführte, später aber wieder verwarf (KRAUSS 1999). Unser Kosmos birgt vermutlich weniger Materie, als das herkömmliche Modell der Inflation (von lat. inflatio, Anschwellung, Aufblähung) vorhersagt, und expandiert deshalb vermutlich schneller als bisher angenommen (BUCHER/SPERGEL 1999).

Bild 4.37
Gemessene
Rotverschiebungen
kosmischer Objekte.
Quelle: HOGAN et al. (1999)

Wie zuvor gesagt, werden zur Erforschung des Tempos der Expansion des Kosmos vor allem Supernovae des Typs Ia benutzt (siehe dort). Falls die Expansion sich verlangsamt, ist die Supernova weniger weit entfernt und erscheint heller als erwartet. Falls die Expansion sich beschleunigt, ist die Supernova weiter entfernt und erscheint dunkler als erwartet. Die Geschichte der Expansion des Kosmos kann danach mit Hilfe von beobachteten Supernovae des Typs Ia geschrieben werden. Leider treten diese Sternexplosionen nicht zahlreich auf. Um sie bestmöglich erfassen zu können, ist auf dem Hubble-Satellit 2002 eine weitere Kamera installiert worden (Advanced Camera for Surveys). Geplant ist von den USA das Projekt *Joint Dark Energy Mission* (JDEM) als Weltraumteleskop mit 2-Meter-Spiegel und großem Gesichtsfeld.

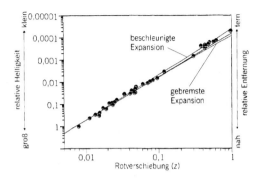

Das Hinausschieben
der meßbaren und schätzbaren Grenzen des Weltraums
aus Erdsicht

Zu kosmischen Entfernungsbestimmungen stehen heute zahlreiche Methoden zur Verfügung. Allerdings sind die verschiedenen Methoden in der Regel jeweils nur für bestimmte Reichweiten geeignet (Bild 4.35).

● Beim Einsatz der Winkelmessung werden die zu beobachtenden kosmischen Körper (zumindest während der Meßzeit) als unveränderlich angenommen. Aus Winkelmessungen beispielsweise zu einem Stern wird die sogenannte *Parallaxe* ermittelt (die scheinbare Positionsverschiebung des Zielobjekts aufgrund des Standortwechsels des Beobachters). Sowohl die Rotation der Erde als auch die Bewegung der Erde um die Sonne bewirken parallaktische Effekte. Zusammenhängend damit werden *tägliche* Parallaxe, *jährliche* Parallaxe und weitere Parallaxen unterschieden. Als Beispiel für Entfernungsbestimmungen mittels

Parallaxe wird hier die Methode der *jährlichen trigonometrischen Parallaxe* im Prinzip dargestellt (Bild 4.37). Sie ist die grundlegende Methode für Entfernungsbestimmungen zu kosmischen Objekten wie etwa Sternen. Mit ihr kann mit klassischen Mitteln eine Parallaxengenauigkeit von ca ± 0,01" (Bogensekunden) erreicht werden. Die aus solchen Parallaxenmessungen abgeleiteten Entfernungen zu kosmischen Objekten sind bis ca 50 pc (Parsec) sehr zuverlässig (LINDNER 1993). Bei Beobachtungen von erdumkreisenden Raumfahrzeugen aus (siehe dort) ist eine Steigerung der Parallaxengenauigkeit um mehr als eine Zehnerpotenz erreicht worden.

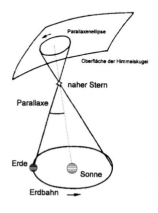

Bild 4.38
Methode *jährliche Parallaxe* (Prinzip). Durch den Umlauf der Erde um die Sonne im Ablauf eines Jahres ändert sich die Beobachtungsrichtung zu einem nahen Stern. Dieser scheint sich daher im Jahresrhytmus im Vergleich zu einigen schwachleuchtenden Nachbarsternen (die vermutlich verschwindend kleine Parallaxen haben), also vor dem ferneren Sternhintergrund, zu bewegen in Form einer Parallaxenellipse auf der Himmelskugel. Aus der scheinbaren Positionsverschiebung des Zielobjekts aufgrund des Standortwechsels des Beobachters, der sogenannten *Parallaxe*, und dem bekannten Radius der Erdbahn läßt sich damit die Entfernung des Stern bestimmen.

Im 17. und 18. Jahrhundert wurde mehrfach versucht, Parallaxen von Fixsternen mittels Winkelmessung zu bestimmen. Am Beginn des 19. Jahrhunderts gab es zwar Erfolgsmeldungen, die einer Nachprüfung aber nicht standhielten (BASTIAN 2000). Dem deutschen Astronomen, Mathematiker und Geodäten Friedrich Wilhelm BESSEL (1784-1846) gelang um 1838 in Königsberg erstmals eine solche Sternparallaxenbestimmung, die allgemein als meßtechnisch korrekt anerkannt wurde. Damit war erstmals die Entfernung zu einem Stern durch direkte Messung bestimmt worden: zum Stern *61 Cygni* (auch Piazzi's Flying Star genannt) im Sternbild *Schwan*. Etwa gleichzeitig mit Bessel führten auch Wilhelm STRUVE (1793-1864) in Dorpat und Thomas HENDERSON (1798-1844) in Kapstadt Entfernungsmessungen in gleicher Meßanordnung durch, zum Stern *Wega* beziehungsweise Stern α *Centauri* (BACHMANN 1965).

Da die jährliche Parallaxe für die der Erde nächsten Fixsterne kleiner als 1" (1 Bogensekunde) ist, wird als Entfernungseinheit das Parsec (pc) benutzt. 1 pc = Entfernung, aus der der mittlere Abstand Erde-Sonne unter einem Winkel von 1 Bogensekunde erscheint. Als erdnaher Stern mit der größten jährlichen Parallaxe gilt Proxima Centauri. Weitere, der Erde nahe Sterne sind (Daten nach KE 1959, HERRMANN 1985):

jährliche Parallaxe	Lichtjahre	Stern
0,765	4,3	Stern *Proxima Centauri* (Sternbild Centaur)
0,754	4,3	Stern α *Centauri* (Sternbild Centaur)
0,292	11,1	Stern *61 Cygni* (Sternbild Schwan, lat. Cygnus)
0,125	28,0	Stern *Wega* (Sternbild Leier, lat. Lyra)

Die Methode der jährlichen Parallaxe versagt, wenn die Parallaxe so klein wird, daß sie unter die Schwelle der Meßgenauigkeit sinkt. Die Parallaxe eines 30 Lichtjahre entfernten Sterns beträgt ca 0,1", die eines 300 Lichtjahre entfernten Sterns ca 0,01". Sollen Entfernungen mit einer Genauigkeit von ca 20 % bestimmt werden, dann bedarf es dazu Messungen mit einer Genauigkeit von ± 0,02" beziehungsweise ± 0,002". Welche Schwierigkeiten dabei zu meistern sind läßt sich an folgender Aussage verdeutlichen: auf einer Winkelmeßskala mit dem Durchmesser von einem Meter entsprechen 0,4" (Bogensekunden) 1/1000 mm Kreisbogenlänge. Bezüglich der Entfernungsbestimmung mittels solcher Parallaxen können unterschieden werden (LINDNER 1993): Methode der jährlichen (trigonometrischen) Parallaxe (wie zuvor dargestellt), der säkularen Parallaxe, der Sternstromparallaxe, der dynamischen Parallaxe.

● Beim Einsatz von Photometrie und Photogrammetrie zur kosmischen Entfernungsbestimmung lassen sich unterscheiden: *visuelle* Photometrie (Sensor: Netzhaut des menschlichen Auges, ca 400-700 nm), *photographische* Photometrie (Sensor: photographische Emulsion, ca 150-1300 nm), *photoelektrische* Photometrie (Sensor: Photozelle, ca 300-1300 nm) oder Thermoelement (alle Wellenlängen) und andere. Die "absolute Helligkeit" M ist die Helligkeit eines Sterns in der Einheitsentfernung von 10 pc (Parsec). Sie ist ein Maß für die *Leuchtkraft* eines Sterns, denn M ist *nicht* von der Entfernung des Sterns abhängig. Zwischen der absoluten Helligkeit M und der auf der Erde relativ leicht meßbaren "scheinbaren Helligkeit" m besteht die Beziehung: $m - M = 5 \cdot \lg r - 5$, wobei die Differenz $m - M$ als *Entfernungsmodul des Sterns* bezeichnet wird, da die Differenz (anders als M) von der Entfernung des Sterns abhängig ist. Es entspricht

einem Modul (m –M)		*die Entfernung* r		
von	– 5 mag	1 pc	$= 3{,}086 \cdot 10^{13}$ km	$= 3{,}26$ Lichtjahre
	0 mag	10 pc	$= 30{,}86 \cdot 10^{13}$ km	$= 32{,}6$ Lichtjahre
	+ 5 mag	100 pc	$= 308{,}6 \cdot 10^{13}$ km	$= 326$ Lichtjahre
	+ 10 mag	10^3 pc	$= 3{,}086 \cdot 10^{16}$ km	$= 3\ 260$ Lichtjahre
	+ 25 mag	10^6 pc	$= 3{,}086 \cdot 10^{19}$ km	$= 3\ 260\ 000$ Lichtjahre

Die Maßeinheit von m ist die *Größenklasse* oder *Magnitudo* und wird abgekürzt mit "mag" oder "m". 1 mag entspricht einem Helligkeits*verhältnis* 2,512 = $10^{0,4}$ (UNSÖLD/BASCHEK 1991). Mit jeder Zunahme des Entfernungsmoduls um 5 mag vergrößert sich die Entfernung r jeweils um das 10fache. Die Angaben gelten allerdings nur unter der Voraussetzung, daß die zu messende "scheinbare Helligkeit" m des Sterns nicht beeinflußt ist durch interstellare Absorption oder erdatmosphärische Extinktion. Vielfach ist es üblich, die hier einzuordnenden Methoden der Entfernungsbestimmung ebenso wie bei den zuvor genannten Methoden als "Parallaxen" zu bezeichnen (LINDNER 1993). Bezüglich der Entfernungsbestimmung können unterschieden werden: Methode mittels spektroskopischer Parallaxe, Spektraltypparallaxe, Veränderlichenparallaxe, Sternhaufenparallaxe.

Von den Methoden der Veränderlichenparallaxe sei hier die Entfernungsbestimmung mittels der *Perioden-Leuchtkraft-Beziehung der Delta-Cephei-Sterne* besonders hervorgehoben. Cepheiden sind Sterne, die periodisch heller und dunkler werden. Ihre Periode ist eine Funktion ihrer Masse, und durch die Masse wird ihre *wahre* Leuchtkraft festgelegt. Cepheiden (Cepheidenparallaxen) seien recht brauchbare Entfernungsindikatoren ("Standardkerzen") (TAMMANN 1997). Die maximale Reichweite dieser Methode liegt bei etwa 25 Mpc (ca 81,5 Millionen Lichtjahre) (LINDNER 1993). Die Entfernungsbestimmung mit Hilfe beobachteter *Sternexplosionen* ist gesondert dargestellt (siehe dort). Die maximale Reichweite dieser Methode liegt bei über 10 Milliarden Lichtjahren.

Die Photometrie zur Bestimmung von Stern-Entfernungen soll erstmals der niederländische Physiker Christian HUYGENS (1629-1695) angewandt haben (BASTIAN 2000). Von Sternphotometrie im heutigen Sinne sei erst zu sprechen, nachdem 1850 N. POGSON eine klare Definition der Größenklassen (Magnitudines) gab und 1861 J. F. ZÖLLNER sein visuelles Photometer einsetzte (UNSÖLD/BASCHEK 1991).

Bildaufzeichnungen in analoger (photographischer) oder digitaler Form können außer photometrischen auch geometrische Informationen etwa mittels Photogrammetrie entnommen werden. Am Anfang des 20. Jahrhunderts brachte die Parallaxenbestimmung in *photographischen* Bildaufzeichnungen einen wesentlichen Fortschritt, vor allem ab 1903 durch die Arbeiten von F. SCHLESINGER. Ihm gelang die Messung von Parallaxen in solchen Bildaufzeichnungen mit einer Genauigkeit von ± 0,01" (UNSÖLD/BASCHEK 1991). 1935 lagen bereits rund 4 000 so bestimmte Parallaxen vor. Bis 1991 war die Anzahl der im Parallaxen-Katalog ausgewiesenen Parallaxen auf rund 8 000 gestiegen (BASTIAN 2000). Allerdings erfüllen davon nur rund 1 800 die Genauigkeitsanforderung: mittlere Fehler der Messung soll weniger als 20 % des Entfernungswertes betragen. Ab Mitte des 20. Jahrhunderts sind auch *elektronische* Lichtempfänger im Einsatz (photoelektrische Photometrie). Am Ende des 20. Jahrhunderts startet schließlich der erste nur der Astrometrie dienende *Satellit* zur Entfernungsbestimmung von außerhalb der Erdatmosphäre aus. Diese Hipparcos-Satellitenmission ermöglichte die Bestimmung der Parallaxen von fast 120 000 Sternen mit einer durchschnittlichen Genauigkeit von fast ± 0,001" (Bogensekunden).

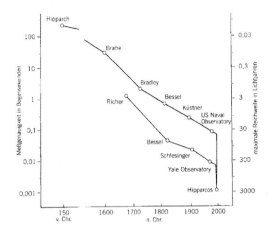

Bild 4.39
Steigerung der Genauigkeit bei absoluten (oben) und relativen (unten) kosmischen Positionsbestimmungen im Laufe der geschichtlichen Entwicklung nach BASTIAN (2000). Die Unterbrechung zwischen v. und n.Chr. berücksichtigt die astronomische Zeitzählung.

	Entfernung zur Erde in km		Sonne und Planeten	Entfernung zur Erde in 10^6 km	
	größte	kleinste		größte	kleinste
			Sonne	152	147
			Merkur	220	79
			Venus	259	40
Erdmond	406 740	356 410	(Erde)		
			Mars	390	55
			Jupiter	964	590
			Saturn	1 655	1 200
			Uranus	3 150	2 585
			Neptun	4 680	4 300
			Pluto	7 550	4 275

erdnahe Sterne	mittlere Entfernung zur Erde		
Proxima Centauri	$4{,}04 \cdot 10^{13}$ km	$= 1{,}31$ pc	$= 4{,}3$ Lichtjahre
α Centauri	$4{,}10 \cdot 10^{13}$ km	$= 1{,}33$ pc	$= 4{,}3$ Lichtjahre
61 Cygni	$10{,}49 \cdot 10^{13}$ km	$= 3{,}40$ pc	$= 11{,}1$ Lichtjahre
Wega	$26{,}51 \cdot 10^{13}$ km	$= 8{,}59$ pc	$= 28{,}0$ Lichtjahre

Zur Verdeutlichung der im Bild 4.39 dargestellten Entfernungsverhältnisse sind vorstehend einige Entfernungen zu *erdnahen* kosmischen Objekten zusammengestellt.

Quelle: KE (1959) S.322, HERRMANN (1985). Dem im Bild 4.39 genannten französischen Astronom Jean RICHER (1630-1696) gelang es um 1672 erstmals, gemeinsam mit seinem Kollegen Giovanni Domenico CASSINI (1625-1712), die Parallaxe des Planeten Mars und damit dessen (damaligen) Erdabstand zu bestimmen. Ihr Meßergebnis hatte eine Genauigkeit von $< \pm 2"$ und konnte erst fast 100 Jahre später (um 1769) durch genauere Messungen verbessert werden. Die Entfernungsbestimmung zu sehr weit entfernten Galaxien erfolgt mit Hilfe der *Rotverschiebung* (siehe dort).

Zeitlicher Ablauf

Das Hinausschieben der meßbaren und schätzbaren Grenzen des Weltraums aus Erdsicht vollzog sich im erdgeschichtlichen Ablauf etwa wie folgt:

|Erde-----------------*Erdmond*| (ca $0,4 \cdot 10^6$ km).
Um **150 v.Chr.**, in einer Zeit, als die Kugelgestalt und die Größe der Erde längst bekannt waren (ERATOSTEHNES 195 v.Chr.) reichte das Wissen um Entfernung und Größe der erdnahen Weltkörper nicht viel weiter, als bis zum Erdmond. HIPPARCH(OS) aus Nikaia (um 160-125 v.Chr.) hatte den Abstand Erde-Mond zu 59 Erdradien berechnet (heutiger Wert: schwankt wegen der Elliptizität der Mondbahn zwischen 55,9 und 63,8) (BASTIAN 2000). Erdabstand und Größe der *Sonne* wurden von Hipparch allerdings noch um eine Größenordnung zu klein geschätzt (MKL 1906). Folgt man den Ausführungen von STUMPFF (1957), dann schuf erst Nicolaus COPERNICUS (1473-1543) mit seinem heliozentrischen Weltbild die Voraussetzungen dafür, daß um **1600 n.Chr.**
|Erde----------------*Saturn*| (ca $1,4 \cdot 10^9$ km)
ein etwa maßstäblich richtiges Bild vom Bau des Systems Sonne/Planeten entstand. Durch ihn und den Vollendern dieses Weltbildes, Johannes KEPLER (1571-1630) und Isaac NEWTON (1642-1727), wurde der Meßhorizont bis an die Bahn des Saturn hinausgeschoben, der zur Zeit NEWTON als der äußerste Planet des Sonnensystems galt. Eine darüber wesentlich hinausgehende Ausdehnung des Meßhorizonts erfolgte um **1840**
|Erde----------------*erdnahe Fixsterne*| (ca $1 \cdot 10^{14}$ km)
als Friedrich Wilhelm BESSEL (1784-1846) in Königsberg die erste Entfernungsmessung zu einem Fixstern (61 Cygni) durchführte mittels jährlicher trigonometrischer Parallaxe. Er beobachtete ihn von 1837-1839 und fand aus 402 Messungen eine jährliche Parallaxe von 0,314" (BACHMANN 1965) (heutiger Wert 0,292). Seit der Messung von BESSEL begann die Astronomie den räumlichen Aufbau des Milchstraßensystems und die Bewegung der Weltkörper darin meßtechnisch zu erfassen.
|Erde----------------*Milchstraße*| (ca $1 \cdot 10^{18}$ km)
Um **1920** umschloß der Meßhorizont etwa das ganze Milchstraßensystem.
|Erde----------------*schwächste Spiralnebel*| (ca $2 \cdot 10^{22}$ km)

Um 1950 wurde nach STUMPFF (1957) mit einem Erdabstand von ca $2 \cdot 10^{22}$ km die damalige Grenze des Sichthorizonts erreicht, jenen Erdabstand, bis zu dem man die schwächsten Spiralnebel photographisch noch aufzeichnen konnte (mit Hilfe des 5m-Spiegels auf dem Mount Palomar, Süd-Californien USA).

|Erde-----------------Quasar| (ca $1,3 \cdot 10^{23}$ km)
Um **1982** erfolgte eine Entfernungsbestimmung zum Quasar |PKS 2000-330| (PARKES-Katalog) mit Hilfe der gemessenen Rotverschiebung z = 3,78. Der Erdabstand dieser Radiostrahlungsquelle beträgt gemäß Berechnung mit $|H_0 = 50$ km/s $\cdot$ Mpc| ca 14 Milliarden Lichtjahre ($14 \cdot 10^9$ Lichtjahre) (MEISENHEIMER 1983) oder ca $1,3 \cdot 10^{23}$ km.

|Erde-----------------Quasar| (> 10^{23} km)
Um **1986** und in den Jahren danach wurden immer mehr Quasare entdeckt mit Rotverschiebungen z > 4. Bis **1991** galt der Quasar |PC 1247+3406| (PC =Palomar CCD-Himmelsdurchmusterung) mit einer Rotverschiebung von z = 4,90 als Grenze unseres Meßhorizonts (UNSÖLD/BASCHEK 1991 S.343). Um **2003** gilt der Quasar |SDSS J 1148+5251| mit einer Rotverschiebung von z = 6,4 (12,8 Milliarden Lichtjahre) als Grenze unseres Meßhorizonts (WOLSCHIN 2003). Die Analyse der Strahlung ergibt, daß große Mengen an Elementen wie Kohlenstoff, Sauerstoff und Silizium vorhanden waren/sind. Um **2004** gilt die Galaxie |IR 1916| mit einer Rotverschiebung von z = 10 (13,2 Milliarden Lichtjahre) als Grenze des Meßhorizonts (WOLSCHIN 2004). Inzwischen gelang die Beobachtung von kosmischen Objekte mit einer *vermuteten* Rotverschiebung von z = 12.

Bestehen Wechselbeziehungen zwischen Raum und Zeit?
Bestimmt die Materieverteilung die Krümmung von Raum und Zeit?

Etwa bis um **1900** galten *Raum* und *Zeit* als voneinander *unabhängige* physikalische Gegebenheiten. Sie waren der Rahmen, in dem Ereignisse stattfinden können, der aber durch das, was in diesem Rahmen geschieht, nicht beeinflußt wird. Es wurde unkritisch auch davon ausgegangen, daß Raum und Zeit *unbegrenzten* (ewigen) Bestand hätten (HAWKING 1994).

EUKLID aus Alexandria (ca 365-300 v.Chr.) verdanken wir die älteste, uns überlieferte Darstellung der *Geometrie*. Diese Geometrie ist *axiomatisch* begründet und mithin *nicht* notwendig ein Modell der Wirklichkeit (siehe zuvor). Der Begriff Raum spiele darin jedoch nur eine untergeordnete Rolle und käme als *Kontinuum* nicht vor (EINSTEIN 1934). Dennoch war diese Geometrie (zunächst als Elementargeometrie) bis etwa um 1900 fast ausnahmslos das *mathematische* Gerüst in Naturwissenschaft und Technik. Diese Bereiche begnügten sich bis zu diesem Zeitpunkt im Denken und Handeln fast ausnahmslos mit dem 3-dimensionalen euklidischem Raum (x,y,z), der, ebenso wie die Zeit t, als *absolute* Gegebenheit aufgefaßt wurde. Außerdem galten, wie gesagt, Raum und Zeit als unabhängig voneinander. Fragen der Raummessung und der Zeitmessung wurden dementsprechend in der Regel voneinander getrennt betrachtet.

Rene DESCARTES oder lateinisiert Renatus CARTESIUS (1596-1650), französischer Philosoph und Mathematiker, beschrieb erstmals einen Raumpunkt durch (drei) Koordinaten. Er hat damit den Raum als *Kontinuum* definiert.

1905 erklärte der in Deutschland geborene Physiker Albert EINSTEIN (1879-1955), daß es sinnvoll sei, die Vorstellung von der absoluten Zeit aufzugeben. Den gleichen Gedanken äußerte einige Wochen später der französische Mathematiker Henri POINCARE (1854-1912). Einsteins Argumente sind vorrangig physikalisch, Pioncares vorrangig mathematisch ausgerichtet. Meist wird Einstein diese Theorie zugeschrieben, doch bleibe der Name Poincare mit einem wichtigen Teil dieser Theorie verknüpft, die inzwischen *Relativitätstheorie* genannt wird (HAWKING 1994). Wenn die Einflüsse der Gravitation auf Raum und Zeit vernachlässigt werden, wie es Einstein und Poincare 1905 taten, ergibt sich die *Spezielle Relativitätstheorie*. Ein wesentliches Postulat der Relativitätstheorie besagt, daß Naturgesetze für alle *bewegten* Beobachter (unabhängig von ihrer eigenen Geschwindigkeit) gleich sein müssen. Dieses Postulat galt zwar schon für die Bewegungsgesetze von Newton, wurde nunmehr ausgedehnt auf die Theorie von Maxwell und vor allem auf die *Lichtgeschwindigkeit*. Alle Beobachter müssen danach die gleiche Lichtgeschwindigkeit messen, unabhängig davon, wie hoch die eigene Geschwindigkeit ist. Daß Licht sich mit *endlicher* (nicht unendlicher) Geschwindigkeit bewegt, war bereits 1676 festgestellt worden (siehe zuvor).

Angenommen, ein Ereignis sei etwas, das an einem bestimmten Punkt im Raum zu einer bestimmten Zeit geschieht, dann läßt sich das Ereignis durch 4 Koordinaten (x_1, x_2, x_3, x_4) in einem beliebig gewählten *Inertialsystem* fixieren. Als solche gelten alle bewegten Koordinatensysteme mit konstanter translatorischer Geschwindigkeit.

Wird der Übergang von einem Inertialsystem A zu einem Inertialsystem B im Rahmen der *Newtonschen* Mechanik durchgeführt, dann erfolgt die Transformation der Raumkoordinaten (x_1, x_2, x_3) mittels der *Galilei-Transformation*, wobei die Zeit (x_4) *unverändert* bleibt (sie gilt als absolut). In der euklidischen Geometrie läßt sich die Metrik des 3-dimensionalen Raumes kennzeichnen durch zwei Punkte, deren Koordinaten sich um dx_1, dx_2, dx_3 unterscheiden, und die dementsprechend eine Entfernung ds aufweisen, die gegen alle Verschiebungen und Drehungen *invariant* ist. Die Entfernung oder das *Linienelement* ds ergibt sich aus

$$ds^2 = dx_1^2 + dx_2^2 + dx_3^2$$

Im Gegensatz dazu ist in der *Speziellen Relativitätstheorie* den einzelnen Inertialsystemen eine eigene *Inertialzeit* zugeordnet. Eine einzige, absolute Zeit gibt es in der Relativitätstheorie mithin nicht. Beim Übergang von A nach B ist nun (neben den Raumkoordinaten) somit auch die Zeitkoordinate zu transformieren, wobei die *Lorentz-Transformation* eingesetzt wird, so benannt nach dem niederländischen

Physiker Hendrik LORENTZ (1853-1928). Diese Transformation hatten unter anderem bereits formuliert Woldemar VOIGT (1887), Sir Joseph LARMOR (1898), Lorentz (1899). 1908 realisierte der deutsche Mathematiker Hermann MINKOWSKI (1864-1909) den Gedanken einer gemeinsamen Raum- und Zeittransformation in einer 4-dimensionalen Mannigfaltigkeit (im Minkowski-Raum, auch "Minkowski-Welt" genannt), indem er für die Zeit t eine Zeitkoordinate $x_4 = c \cdot t$ einführte und für das invariante Linienelement ds setzte

$$ds^2 = dx_1^2 + dx_2^2 + dx_3^2 - dx_4^2$$
$$= dx_1^2 + dx_2^2 + dx_3^2 - c^2 \cdot dt^2$$
$$= dx_1^2 + dx_2^2 + dx_3^2 + d(i \cdot c \cdot t)^2$$

wobei in (ict) bedeutet $i = \sqrt{-1}$, c = Lichtgeschwindigkeit, $c \cdot t$ = Lichtweg. Die Unterscheidung zwischen den Raumkoordinaten und der Zeitkoordinate gewährleistet das Minuszeichen in den vorstehenden Gleichungen beziehungsweise das *imaginäre* Glied (ict). Die zuvor dargestellte Geometrie wird deshalb vielfach *pseudo-euklidisch* genannt (statt euklidisch). Nach der Speziellen Relativitätstheorie existiert also die Zeit nicht unabhängig vom Raum, sondern ist mit ihm zu einem Dasein verbunden, das *Raumzeit* genannt wird. Die diesbezüglichen grundlegenden Abhandlungen von Einstein sind erschienen im Band 17 der "Analen der Physik" (1905).

|Zeitdehnung|

Eine Kernaussage der Speziellen Relativitätstheorie ist, daß Uhren bei Annäherung an die Lichtgeschwindigkeit immer langsamer ticken sollen. Die bei hohen Geschwindigkeiten auftretenden Effekte (Längenkontraktion und Zeitdehnung) sind experimentell schwer nachweisbar. Einstein hatte 1907 einen Vorschlag zur Überprüfung dieser theoretisch vorausgesagten Zeitdehnung gemacht. Weitere aussagekräftige Experimente gab es 1938 und danach. Inzwischen erbrachte der Umlauf von geladenen Ionen in einem Speicherring bei 6,4% der Lichtgeschwindigkeit (19 000 km/Sekunde) einen weiteren Beweis. Die aus der Theorie berechneten Werte konnten mit einer Genauigkeit von ± 0,22 Millionstel bestätigt werden, also ca 10 mal genauer als die 2003 veröffentlichte Genauigkeitsangabe (WOLSCHIN 2004).

Bestimmt die Materieverteilung die Krümmung von Raum und Zeit?

Nach der Gravitationstheorie von NEWTON ziehen sich zwei Objekte mit einer Kraft an, deren Größe von der Entfernung zischen ihnen abhängt. Dies bedeutet, wenn sich eines der Objekte bewegt, müßte sich die Kraft, die auf das andere Objekt einwirkt, sofort verändern. Die Gravitation müßte mithin mit unendlicher Geschwindigkeit wirken und nicht mit Lichtgeschwindigkeit oder langsamer, wie es nach Speziellen Relativitätstheorie sein sollte. **1915** gelang es EINSTEIN eine neue Gravitationstheorie zu formulieren, die im Einklang mit der Speziellen Relativitätstheorie steht. Sie wird heute meist Allgemeine Relativitätstheorie genannt. In dieser Theorie ist die Gravitation nicht eine Kraft wie andere Kräfte, sondern vielmehr eine Folge dessen, daß die *Raumzeit* nicht (wie zunächst angenommen) *eben* sei, sondern *gekrümmt* durch die Verteilung der Massen und Energien in ihr.

Vor 1915 galten Raum und Zeit, wie gesagt, als fester Rahmen, in dem Ereignisse stattfinden können, der aber durch solche Ereignisse nicht beeinflußt wird. Dies galt sogar noch in der Speziellen Relativitätstheorie. In der Allgemeinen Relativitätstheorie hingegen gelten Raum und Zeit als dynamische Größen. Sie wirken auf alles ein, was im Kosmos geschieht und werden auch selbst davon beeinflußt. Wenn ein Körper sich bewegt oder eine Kraft wirkt, so wird dadurch die Krümmung von Raum und Zeit beeinflußt und umgekehrt beeinflußt die Struktur der Raumzeit die Bewegungen von Körpern und die Wirkungsweise von Kräften (HAWKING 1994).

Vor 1915 hatte, im Gegensatz zur vorherrschenden Meinung, lediglich der deutsche Mathematiker Bernhard RIEMANN (1826-1866) dem Raum erstmals seine *Starrheit* abgesprochen und eine *Anteilnahme des Raumes am physikalischen Geschehen* für möglich gehalten. Als Modell für den Kosmos schlug er um 1850 eine Hypersphäre (Hyperkugel) vor. Diese gilt als erstes Beispiel für einen *endlichen* aber dennoch *endlosen* kosmischen Raum.

Raumkrümmung in der Relativitätstheorie

EINSTEIN postulierte in seiner Allgemeinen Relativitätstheorie, daß die Geometrie des Raumzeit-Kontinuums und die Verteilung der gravitativen Massen in ihm voneinander abhängig sind. Der Raum sei ein dynamisches Medium und könne auf drei verschiedene Arten gekrümmt sein, je nach der Dichte der darin befindlichen Masse (Materie) beziehungsweise Energie. In einem Kosmos mit hoher Massendichte krümmt sich der Raum aufgrund der Schwerkraft *konvex*. Das 2-dimensionale Analogon ist eine *Kugeloberfläche*. Reicht die Masse im Kosmos nicht aus zum Zusammenziehen des Raums durch Gravitation, ergibt sich eine *konkave* Krümmung, im 2-dimensionalen Analogon eine *Sattelfläche*. Dazwischen liegt der sogenannte *flache* Kosmos, im 2-dimensionalen Analogon eine *Ebene*. Die Geometrie des Raumes könne danach "sphärisch", "hyperbolisch" oder "euklidisch" sein (Bild 4.40). Um herauszufinden, mit welcher der drei genannten Geometrien der Kosmos am besten approximiert werden kann, haben Astronomen versucht die *Dichte von Materie und Energie im Kosmos* abzuschätzen. Nach LUMINET et al. (1999) sei die Dichte von Materie und Energie im Kosmos zu gering, als daß der kosmische Raum geschlossen sein und somit eine "sphärische" Geometrie aufweisen könne . Im Hinblick auf die genannten Möglichkeiten bliebe mithin nur, daß er eine "euklidische" oder eine "hyperbolische" Geometrie aufweisen und damit unendlich ausgedehnt sein könnte. Um 1923 hat der russische Mathematiker Alexander FRIDMANN (1888-1925) erstmals Beispiele auch für *endliche* hyperbolische Räume aufgezeigt.

Geltungsbereich der Relativitätstheorie

Wie zuvor dargelegt, sagt die Relativitätstheorie die Raumkrümmung (die Geometrie) eines Raumausschnittes voraus anhand der *darin* befindlichen Masse und Energie. Mithin ist sie eine *lokale* Theorie (LUMINET et al. 1999).

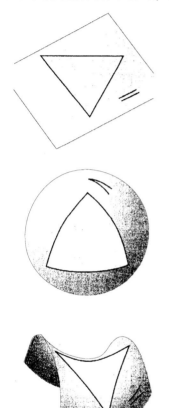

Bild 4.40
Raumkrümmung k = 0 (keine Krümmung). Euklidischer Raum (flach). Es gilt die "euklidische" Geometrie. Der Raum ist *unendlich* und hat unendliches Volumen.

Raumkrümmung k > 0 (positive Krümmung). Sphärischer Raum (geschlossen). Er hat die geometrischen Eigenschaften einer Kugeloberfläche. Es gilt eine "sphärische" Geometrie. Der Raum ist *endlich* und hat ein endliches Volumen. Er ist zugleich *endlos* (das heißt: ohne Grenzen)

Raumkrümmung k < 0 (negative Krümmung). Hyperbolischer Raum (offen). Er hat die geometrischen Eigenschaften einer Sattelfläche. Es gilt eine "hyperbolische" Geometrie. Der Raum ist *unendlich* und hat unendliches Volumen. (Ein hyperbolischer Raum kann nach RIEMANN aber auch endlich sein)

Mach'sches Prinzip

Wird anerkannt, daß es keinen absoluten Raum gibt, dann verbleibt nur die Möglichkeit, Bewegungen von Körpern, besonders beschleunigte Bewegungen (wie etwa Drehungen), auf die übrigen Massen des Kosmos zu beziehen, wie es um 1880 auch der österreichische Physiker und Philosoph Ernst MACH (1838-1916) gefordert hatte. Nach ihm wurde dieses Prinzip benannt. Mach postulierte, daß die Trägheit eines Körpers proportional zur Gesamtmasse des Kosmos sein müsse: ein unendlicher Kosmos würde mithin unendliche Trägheitskräfte ergeben, Bewegung wäre nicht möglich. Ergebnisse aus der Quantenkosmologie weisen in die gleiche Richtung (LUMINET et al. 1999). Eine Veranschaulichung von gekrümmten Räumen beziehungsweise der zugehörigen **lokalen** Geometrien durch ihre 2-dimensionalen Analoga (Flächen mit entsprechenden Krümmungen) gibt Bild 4.40.

Zur Metrik der Räume
Die *Metrik* des Raumes gibt an, nach welcher Vorschrift die infinitesimale Entfernung, das *Linienelement* ds zweier Punkte zu bestimmen ist. Für die im Bild 4.40 genannten Räume gilt (KE 1975):
"euklidischer" Raum (Ebene, keine Krümmung) in cartesischen beziehungsweise in Polarkoordinaten

$$ds^2 = dx^2 + dy^2 = dr^2 + r^2 \cdot (dO)^2$$

„sphärischer" Raum (Kugelfläche, positive Krümmung)

$$ds^2 = R^2 \cdot \frac{\left(dr^2 + r^2 \cdot (dO)^2\right)}{\left(1 + \frac{r^2}{4}\right)^2}$$

"hyperbolischer" Raum (Sattelfläche, negative Krümmung)

$$ds^2 = R^2 \cdot \frac{\left(dr^2 + r^2 \cdot (dO)^2\right)}{\left(1 - \frac{r^2}{4}\right)^2}$$

Bei der *relativistischen* kosmologischen Raumstruktur tritt zu den drei Raumkoordinaten noch die Zeit t als vierte Koordinate hinzu. Die Metrik für die homogene und isotrope Raumstruktur lautet dann:

$$ds^2 = dt^2 - \frac{R(t)^2}{c^2} \cdot \frac{dr^2 + r^2\left(dO^2 + \sin^2 O \cdot (d\varphi)^2\right)}{\left(1 + k \cdot r^2 \over 4\right)^2}$$

wobei c = Lichtgeschwindigkeit, dO = Oberflächenelement und k = *Krümmungskonstante*. Es gilt für den euklidischen Raum k = 0, für den sphärischen oder elliptischen Raum k = + 1 und für den hyperbolischen Raum k = - 1 ist. Der *Skalenfaktor* R(t) beziehungsweise der *Krümmungsradius* in den nichteuklidischen Räumen beschreibt die zeitliche Veränderung räumlicher Entfernungen und ist nur in einem *statischen* Kosmos *konstant*. Bei einem *expandierendem* Kosmos ist der Krümmungsradius zeitabhängig.

Materieverteilung im Raum nach dem "Kosmologischen Prinzip"?
Ist die Verteilung der Materie im kosmischen Raum *homogen* und *isotrop?* Viele kosmologische Modelle basieren auf der Annahme, daß die Verteilung der Materie weder vom Standort noch von der Betrachtungsrichtung abhängt und der Kosmos daher von allen Betrachtungsstandpunkten den gleichen Anblick bietet. Die Annahme wird "Kosmologisches Postulat" oder "Kosmologisches Prinzip" genannt und geht zurück auf den englischen Astrophysiker Edward Arthur MILNE (1896-1950). Gelegentlich wird das Postulat erweitert dahingehend, daß der kosmische Raum auch zu *allen Zeiten* den gleichen Anblick bietet (wie beispielsweise in der Steady State Theory). Es bestehe eine *Gleichartigkeit* der Materie und der materiellen Strukturen (einschließlich der Strahlung), ebenso der Bewegungen. Die *universelle* Gültigkeit der Naturgesetze sei gegeben (LINDNER 1993). Das kosmologische Prinzip der Homogenität und Isotropie läßt nur Räume *konstanter* Krümmung zu.

Bild 4.41
Beispiel für zwei homogene
Verteilungen: links isotrop,
rechts anisotrop.

Nach LANDY (1999) konnte
in den Jahren nach 1990 in
zunehmendem Maße festgestellt werden, daß erhebliche
Schwankungen in der universellen Verteilung der Galaxien bestehen. Es liege vielmehr eine *hierarchische* Struktur des Universums vor. Erst weit oberhalb einer Größenordnung von 100 Millionen Lichtjahren entstehe der Eindruck einer fast gleichmäßigen Verteilung der Galaxien. Das kosmologische Postulat würde somit nur in statistisch abgeschwächter Form gelten. Der Kosmos wäre danach nur mit Einschränkung homogen und isotrop. Die hierarchischen Strukturen würden vielmehr ein *fraktales* Muster bilden, das heißt, in jedem Gesichtsfeld-Maßstab biete sich stets ein gleichartiger Anblick. Die vorstehenden Aussagen bezüglich homogener und isotroper Verteilung der Materie im Kosmos beziehen sich vermutlich nur auf die *sichtbare* Materie.

Wie verteilen sich die Galaxien und Sternsysteme im heutigen Kosmos?
Die Benennung Galaxie kennzeichnet im allgemeinen eine Ansammlung von Sternen, Gas und Staub sowie von bisher nicht bekannter sogenannter dunkler Materie. Um 1920 umschloß der Meßhorizont etwa das ganze Milchstraßensystem. Aussagen, ob

jenseits unserer Galaxie noch weitere Galaxien im Weltraum existieren, konnten damals mithin nur spekulativ sein. Heute ist nachgewiesen, daß das meßtechnisch zugängliche Universum eine riesige Menge solcher Galaxien enthält. Bei Untersuchungen zur Struktur des Kosmos werden sie in der Regel nur als *punkthafte* Strahlungsquellen angesehen, deren Verteilung es zu erfassen gilt. Erste systematische Vermessungen (Kartierungen) der Verteilung solcher "Punkte" an der Sphäre erfolgten etwa ab 1930 (UNSÖLD/BASCHECK 1991). Die bisherigen Beobachtungen ergaben, daß Galaxien als Einzelobjekte kaum anzutreffen sind, fast immer zeigen sich *Galaxiengruppen*. Diese werden meist *Galaxienhaufen* genannt (sind sie in größeren Verbänden zusammengeschlossen, wird auch von Galaxiensuperhaufen gesprochen). Die Einmessung und die Herstellung einer dreidimensionalen Karte (x,y,z) von der Verteilung dieser Objekte umfaßt in einem ersten Schritt zunächst die Festlegung der beobachteten "Punkte" auf der Himmelskugel durch Himmelskoordinaten (x,y) und in einem zweiten Schritt die Messung der zugehörigen Rotverschiebungswerte zur Bestimmung der Erdentfernungen (z). Da bisher nur Teile des Himmels in dieser Form meßtechnisch erfaßt wurden, beruhen alle Aussagen zur Verteilung im *gesamten* Kosmos nur auf Extrapolation der jeweils verwendeten Meßergebnisse.

|Himmelsdurchmusterungen|
Die durchzuführenden Beobachtungen und Messungen werden vielfach auch als Himmelsdurchmusterung (kurz *Durchmusterung*) bezeichnet. Da es sich zugleich um die Herstellung einer Karte handelt, wird vielfach auch von *Kartierung* gesprochen. Von besonderer Bedeutung ist in diesem Zusammenhang die Ausdehnung des Himmelsbereichs der beobachtet und anschließend kartiert wird sowie die Anzahl der erfaßten/erfaßbaren Galaxien.
1958. Unter Verwendung der Vermessungsergebnisse von *Palomar Sky Survey* entstand neben anderen der Galaxienkatalog von George ABELL (1958). Er enthält 2 712 "reiche Galaxienhaufen" bis zu einer Erdentfernung von $3 \cdot 10^9$ Lichtjahren (TL/Galaxien 1989).
1986. Havard-Smithsonian Center for Astrophysics (CfA): Karte, die 1 100 eingemessene Galaxien zeigt. Anfang einer Durchmusterung, die schließlich 18 000 Galaxien umfaßt. Das Ergebnis der Durchmusterung bestätige die Auffassung, daß die Sternsysteme sich überwiegend in dünnen Filamenten befinden, zwischen denen große Leerräume (engl. voids) klaffen (STRAUSS 2004). Als beachtenswerte Struktur dieser CfA-Durchmusterung gilt die „Große Mauer"(engl. Great Wall), die sich über eine Länge von ca 700 Millionen Lichtjahren erstreckt.
1988-1994. Vermessung *Las Campanas Redshift Survey* (Las-Campanas-Durchmusterung) mit dem 2,5-Meter-Teleskop der Sternwarte Las Campanas in Chile. Außer den Himmelskoordinaten (x,y) wurden von 26 418 Galaxien auch die Rotverschiebungen (z) bestimmt (bis zu einer Erdentfernung von ca $2 \cdot 10^9$ Lichtjahren).
Um 1990... Vermessung *Sloan Digital Sky Survey* mit dem 2,5-Meter-Teleskop auf dem Apache Point in Neumexiko. Bisher wurden 200 000 Galaxien (x,y,z) einge-

messen (STRAUSS 2004, LANDY 1999). Es wurde eine weitere „Große Mauer" gefunden, die sich über eine Länge von mehr als 1 Milliarde Lichtjahre erstreckt. Geplant ist die Einmessung von insgesamt ca 1 000 000 Galaxien und Quasaren in Entfernungen bis zu 2 Milliarden Lichtjahren. **Um 2000**. Vermessung *Two-Degree-Field-Survey* (2dF) mit dem 3,9-Meter-Anglo-Australian-Teleskop. Diese abgeschlossene Durchmusterung hat im Zeitabschnitt von 5 Jahren 221 414 Galaxien (x,y,z) erfaßt (STRAUSS 2004).

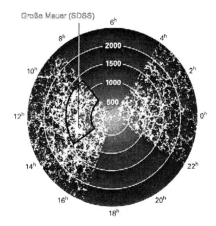

Bild 4.42
Sloan Digital Sky Survey (SDSS). Die Himmelskarte soll den Vermessungs-Raum (Kugelsektoren) andeuten, der durch diese Durchmusterung insgesamt erfaßt werden wird. In der Karte sind lediglich 52 561 eingemessene Galaxien dargestellt. Die konzentrischen Kreise geben die **Entfernung** dieser Galaxien in Millionen Lichtjahre an. Als Zentrum der Karte (Ursprung des Koordinatensystems x,y,z) wurde die Milchstraße (also unsere Galaxie) gewählt. Quelle: STRAUSS (2004), verändert.

Bild 4.43
Beispiel für die Materieverteilung im Kosmos. Das Muster aus hellen und dunklen Flächen spiegelt die Verteilung von Galaxien (helle Flächen) im Kosmos wieder. Es zeigt also die Verteilung der sichtbaren Materie im Kosmos bis zu einem bestimmten Entfernungsbereich. Quelle STRAUSS (2004), verändert

|Struktur des Kosmos|
Als Struktur des Kosmos offenbart sich mithin ein netzartiges Gerüst aus Ansammlungen heller Flächen (*Galaxiengruppen*), die fadenartig miteinander verbunden sind (durch *Filamente*). Die dunklen Flächen kennzeichnen weitgehend *galaxienfreie* Bereiche. Die hellen Flächen kennzeichnen die sichtbare Materie (Sterne und Gas), der überwiegende Teil der Materie (dunkle Flächen) verrät sich nur indirekt durch die Wirkung seiner Schwerkraft. Die Vielzahl der Modelle zur Beschreibung dieser „Dunklen Materie" (siehe dort) läßt sich in zwei Gruppen gliedern: „heiße" und

„kalte" (STRAUSS 2004). Im Szenario der Kalten Dunklen Materie (engl. cold dark matter, CDM) bilden sich zunächst kleine Strukturen und aufgrund der Schwerkraftwirkung im Zeitablauf danach immer größerer Strukturen. Im Szenario der Heißen Dunklen Materie (engl. hot dark matter, HDM) bewegte sich die Dunkle Materie anfangs so schnell, daß sich alle kleineren Strukturen rasch wieder auflösten. Aus diesbezüglichen Beobachtungs- und Analyseergebnissen haben Astronomen geschlossen, daß die Energiedichte des Kosmos von der Dunklen Materie und einer weiteren Komponente, der Dunklen Energie, dominiert werde (siehe dort). Als Maß für die **Gesamtdichte der Materie im Kosmos** wird in diesem Zusammenhang angenommen: $2{,}5 \cdot 10^{-27}$ Kilogramm/Kubikmeter. Die Kombination aller dieser Ergebnisse deute darauf hin, daß die Dunkle Materie „kalt" sei (STRAUSS 2004).

Gravitation

Die *Gravitation* gilt allgemein als eine vorrangige Eigenschaft der Materie. Beispielsweise wird ein kosmischer Körper durch die Gravitation zusammengehalten und geformt. Gegen die Gravitation ist offenkundig *keine Abschirmung* möglich. Bezüglich ihrer *Wechselwirkungskraft* ist die Gravitation vergleichsweise zwar die schwächste Kraft (Bild 4.46), dennoch ist sie im Kosmos offensichtlich eine *vorherrschende* Wechselwirkungskraft zwischen den Struturteilen der Materie (Galaxienhaufen, Galaxien, Sterne...). Die Gravitation besagt mithin, daß durch die Anwesenheit eines Massenpunktes m_1 im Raum auf jede andere Masse m_2 in seiner Umgebung eine von ihm ausgehende anziehende Kraft wirkt. Der Massenpunkt m_1 erzeugt somit in dem ihm ungebenden Raum ein Kraftfeld, ein *Gravitationsfeld*. In der Quantentheorie lassen sich physikalische Vorgänge durch Teilchen oder Felder beschreiben. Ein **Feld** wird hier als eine kontinuierliche Energieverteilung aufgefaßt, wobei jedem Raumpunkt ein Zahlenwert zugeordnet ist, die **Feldstärke**. Die dem Feld innewohnende Energie hat eine *kinetische* Komponente (die von der zeitlichen *Änderung* der Feldstärke abhängt) und eine potentielle Komponente (die durch den Zahlenwert der Feldstärke bestimmt ist). Ändert sich das Feld, verschiebt sich das *Verhältnis* von kinetischer zu potentieller Energie. Da sich die Gravitationsfelder der einzelnen Körper (auch der kosmischen) *überlagern* ist es ungenau zu sagen, daß ein Raumfahrzeug "das Gravitationsfeld der Erde verlassen hat", denn lediglich überwiegt ab einer bestimmten Stelle auf der Abstandsachse Erde-Mond die Feldstärke des Mondes (und umgekehrt). Die Benennungen Gravitationsfeld und Schwerefeld werden teilweise als Synonyme verwendet. Erläuterungen zu beiden Begriffen sind im Abschnitt 2.1.02 enthalten.

Newton-Gravitationstheorie (Newtonsches Gravitationsgesetz)

Mit der *Bewegung* von Körpern unter Einwirkung von *Kräften* befaßt sich jenes Teilgebiet der Physik, das allgemein durch die Benennung "Mechanik" gekennzeichnet wird. Der italienische Physiker Galileo GALILEI (1564-1642) und der englische Philosoph, Mathematiker und Physiker Isaac NEWTON (1643-1727) gelten als Begründer und haben wesentliche Grundlagen dieses Teilgebietes bereitgestellt. Zu den Kräften die Einfluß auf die Bewegung eines Körpers haben zählt unter anderen die *Gravitationskraft*. Ahnungen darüber, daß die an der Land/Meer-Oberfläche der Erde wirkende Schwerkraft nur ein Sonderfall der Massenanziehung aller Materie ist und daß diese Massenanziehung auch zwischen *kosmischen* Körpern wirkt, gab es wahrscheinlich schon vor 1600, etwa bei Copernicus (1473-1543). Doch erst NEWTON erklärte um 1665 die Schwerkraft der Erde als Folge einer *allgemein* wirksamen Massenanziehung oder *Gravitation* und formulierte das später nach ihm benannte Gravitationsgesetz. Er zeigte in diesem Zusammenhang, daß auch die *Bewegungen kosmischer Körper* sich mathematisch berechnen lassen wenn angenommen wird, daß zwischen den Massen des Kosmos Anziehungskräfte bestehen. Das *Newtonsche Gravitationsgesetz* für die Kraft F (engl. force) lautet (BREUER 1994)

$$F = G \cdot \frac{m_1 \cdot m_2}{r^2}$$

F = *Betrag* der Gravitationskraft (Kraft, mit der sich *zwei* Körper anziehen)
G = Gravitationskonstante
m_1 = Masse des Körpers 1
m_2 = Masse des Körpers 2
r = Abstand der Schwerpunkte beider Körper voneinander

Das Gesetz gilt prinzipiell nur für Massenpunkte, für ausgedehnte Körper können jedoch deren Schwerpunkte eingesetzt werden.

In *Vektorform* gilt für das Gravitationsgesetz

$$F = -G \cdot \frac{m_1 \cdot m_2}{r^2} \cdot \frac{r_0}{r} = -G \cdot \frac{m_1 \cdot m_2}{r^3} \cdot r_0$$

r_0 = Einheitsvektor in der Verbindungsrichtung zwischen m_1 und m_2.

NEWTON legt in seinen Axiomen unter anderem fest, daß die Masse eines Körpers zwei Eigenschaften aufweist: die *Trägheit* (ein Körpers ändert nur unter äußerer Krafteinwirkung seinen Bewegungszustand) und die *Schwere* (zwischen einem Körper und einem anderen Körper wirken Gravitationskräfte). Träge und schwere Masse sind nach bisherigen empirischen Erkenntnissen äquivalent, das heißt, sie haben den gleichen Wert (siehe die nachfolgenden Ausführungen über die Gleichheit von schwerer und träger Masse).

Zur Bestimmung der Gravitationskonstanten G

Der Wert der "Gravitationskonstanten" kann bisher nur durch Messungen ermittelt, also nur experimentell bestimmt werden. Eine Theorie, aus der dieser Wert ableitbar wäre, steht bisher nicht zur Verfügung. 1774 verwendete N. MASKELYNE die Lotabweichung zur Bestimmung des Wertes; 1798 benutzte der englische Physiker Henry CAVENDISCH die Drehwaage; 1881 P. v. JOLLY eine geeignete Hebelwaage (UNSÖLD/BASCHEK 1991). Neuere Bestimmungen des Wertes mittels unterschiedlicher Verfahren zeigt Bild 4.44.

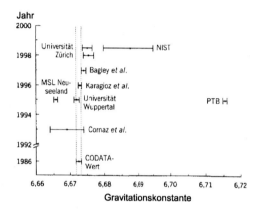

Bild 4.44
Neuere Bestimmungen der Gravitationskonstante G nach NOLTING et al. 1999. Quelle: WOLSCHIN (2000), verändert. Eine Übersicht über frühere Bestimmungen gibt SAGITOV (1971).

Der 1982 von den us-amerikanischen Physikern Gabe LUTHER und William TOWLER ermittelte Wert wurde **1986** von einer internationalen wissenschaftlichen Organisation CODATA (Committee on Data for Science and Technology) zum Gebrauch empfohlen. Danach ist

$$G = 6{,}67259(85) \cdot 10^{-11} \ m^3/s^2 \ kg$$

Obwohl die Gravitationskonstante G das kosmische Geschehen wesentlich bestimmt, ist ihr Wert mithin nur auf fünf Stellen hinter dem Komma sicher (die Ziffern in Klammern sind unsicher). Allerdings gibt es, wie das Bild zeigt, stark divergierende Bestimmungsergebnisse. Beispielsweise ist der von der deutschen Physikalisch-Technischen Bundesanstalt (PTB) in Braunschweig bestimmte Wert mit den anderen Werten nicht verträglich.

Betrag der Fallbeschleunigung im Erdschwerefeld
Aus dem vorstehenden Newtonschen Gravitationsgesetz ergibt sich die *Gewichtskraft*

K eines Körpers (KUCHLING 1986)

$$K = G \cdot \frac{m_E \cdot m_K}{r^2}$$

K = Gewichtskraft eines Körpers
G = Gravitationskonstante
m_E = Masse der Erde
m_K = Masse eines beliebigen Körpers
r = Abstand des Körpers m_K vom Erdmittelpunkt

Diese Formel gilt sinngemäß auch für andere Körper im Kosmos. Unter der Voraussetzung, daß kein Luftwiderstand und keine Rotation vorliegen, folgt daraus als Fallbeschleunigung für den *freien Fall* oberhalb der Land/Meer-Oberfläche der Erde (KUCHLING 1986)

$$g = g_M \cdot \frac{r_E^2}{r^2} \quad \text{beziehungsweise} \quad g = G \cdot \frac{m_E}{r^2}$$

g = Fallbeschleunigung im Abstand r vom Erdmittelpunkt
g_M = Fallbeschleunigung in Meerespiegelhöhe
r_E = mittlerer Erdradius
r = Abstand des Körpers vom Erdmittelpunkt (r ≥ Erdradius)
G = Gravitationskonstante
m_E = Masse der Erde

Diese Formel gilt ebenfalls sinngemäß auch für andere Körper im Kosmos. Die Fallbeschleunigung nimmt danach (oberhalb der Land/Meer-Oberfläche) mit dem Quadrat des Abstandes vom Erdmittelpunkt ab. Sie geht erst dann gegen Null, wenn r gegen Unendlich geht.

Der Gravitation entsprechend würde eine homogene Flüssigkeit exakt eine Kugelgestalt annehmen, falls die Flüssigkeit nicht rotierte. Durch die Eigenrotation eines Körpers wird eine Zentrifugalkraft (Fliehkraft) erzeugt, die senkrecht zur Rotationsachse als Zentrifugalbeschleunigung in Richtung Peripherie wirkt. Das Erdschwerefeld, das Beschleunigungsfeld der Erde, wird mithin vor allem durch die *Gravitation* und die *Zentrifugalbeschleunigung* (infolge der Erdrotation) gebildet. Es kann gesetzt werden (WESTPHAL 1947)

$$g = 978,049 \cdot \left(1 + 5,288 \cdot 10^{-3} \cdot \sin^2 \varphi - 5,9 \cdot 10^{-6} \cdot \sin^2 2\varphi - 3 \cdot 10^{-7} \cdot r\right) \frac{cm}{sec^2}$$

r = Abstand vom Erdmittelpunkt (in m)
φ = geographische Breite

Wegen der abgeplatteten Form des Geoids (ein Punkt am Äquator ist beispielsweise rund 20 km weiter vom Erdmittelpunkt entfernt als ein Punkt am Pol) sind folgende

Werte für g in *Meeresspiegelhöhe* festgelegt worden (WOLSCHIN 2000)

g	am Äquator	ca 9,78 m/s^2
	in 45° geographischer Breite	ca 9,81
	an den Polen	ca 9,83
	generell	= 9,80665

Darüberhinaus unterliegt das Erdschwerefeld zeitlichen Veränderungen aufgrund der Erdgezeiten. Weitere Ausführungen zum Erdschwerefeld, zum globalen Gravitationspotential und zu globalen Modellen des Erdschwerefeldes sind in den Abschnitten 2.1.02 und 3.1.01 enthalten.

Einstein-Gravitationstheorie (Einsteinsche Feldgleichungen)
In der *relativistischen* Theorie der Gravitation werden die von Einstein 1915 angegebenen Gravitationsfeldgleichungen verkürzt meist "Einsteinsche Feldgleichungen" genannt. Bewegen sich kosmische Körper beziehungsweise Teilchen nahezu mit Lichtgeschwindigkeit, dann können Newtonsche Mechanik und Gravitationstheorie nicht mehr angewendet werden, da nach diesen Theorien sich Objekte mit einer Kraft anziehen, deren Betrag vom Abstand zwischen ihnen abhängig ist. Würde beispielsweise ein Objekt *bewegt*, müßte die Kraft, die auf das andere einwirkt, sich sofort verändern, mithin müßte die Gravitation mit *unendlicher* Geschwindigkeiten wirken und nicht mit der *endlichen* Lichtgeschwindigkeit oder langsamer. Nach der "Speziellen Relativitätstheorie" (1905) bildet aber die Lichtgeschwindigkeit die Höchstgrenze der Ausbreitungsgeschwindigkeiten aller physikalischen Wirkungen. Die "Allgemeine Relativitätstheorie" (1908...1915...) ordnet daher der Ausbreitung der Gravitation Lichtgeschwindigkeit zu und erhebt ferner die Gleichheit von *schwerer* und *träger* Masse zu einem Grundpostulat der Theorie. Bleibt noch anzumerken, daß in der Allgemeinen Relativitätstheorie Naturkonstanten als echte Konstante gelten, die weder von der Zeit noch vom jeweiligen Entwicklungsstand des Kosmos abhängig sind.

Gleichheit von schwerer und träger Masse
Nach NEWTON sind die Kräfte, welche zwei Körper aufeinander ausüben ("Wechselwirkungskräfte"), ihrer Größe nach gleich und entgegengesetzt gerichtet. Ist F_{ik} die Kraft, die der Körper i auf den Körper k ausübt, dann gilt mithin: $F_{ik} = - F_{ki}$ (Satz von *actio* und *reactio*). Wie zuvor dargelegt, lautet das Newtonsche Gravitationsgesetz $F = G \cdot m_1 \cdot m_2 / r^2$. Die *schweren* Massen m_1 und m_2 führen mithin zu einer gegenseitigen Kraft F. Nach der schon 1632 von GALILEI ausgesprochenen "Grundgleichung der Dynamik" (WESTPFAHL 1947, KUCHLING 1986) gilt aber auch $F = m \cdot a$. Die *träge* Masse m fungiert hierbei als Proportionalitätskonstante zwischen der Kraft F und der Beschleunigung a. Obwohl schwere und träge Masse danach unterschiedliche Bedeu-

tung haben, sind sie nach bisherigen empirischen Erkenntnissen (Messungen) *äquivalent*, das heißt, sie haben den gleichen Wert. Diese Erfahrung war bereits vor EINSTEIN bekannt. Schon NEWTON, BESSEL und 1890 Roland v. EÖTVÖS (1848-1919) hatten sie experimentell mit zunehmender Sicherheit verifiziert (UNSÖLD/BASCHEK 1991 S.232). Heute ist die Aussage mit einer relativen Meßsicherheit von 10^{-12} gesichert (BREUER 1993). Die Gleichheit von schwerer und träger Masse führt zum *Äquivalenzprinzip*, wonach ein beschleunigt bewegtes Bezugssystem einer Schwerebeschleunigung äquivalent ist, oder, etwas anschaulicher gesprochen, daß in einem frei fallenden Koordinatensystem (Fahrstuhl) die Schwerkraft durch die Trägheitskräfte aufgehoben erscheint. EINSTEIN erhob diese Erfahrung zu einem Grundpostulat seiner Allgemeinen Relativitätstheorie. Aufgrund der dargelegten Erkenntnis läßt sich die Schwerkraft somit wegtransformieren durch eine Änderung des Bezugssystems in jenen (kleinen) Raumbereichen, in denen sie "konstant" ist. Da in einem Gravitationsfeld Stärke und Richtung der Gravitation sich jedoch von Ort zu Ort ändern, ist dies mithin nur begrenzt (also nur lokal) statthaft. In der Allgemeinen Relativitätstheorie gilt mithin ein *lokales Äquivalenzprinzip*, das auch *Einsteinsches Äquivalenzprinzip* genannt wird. Ob darüberhinaus eine *globale* Äquivalenz zwischen Trägheitskräften und Gravitation besteht (siehe Mach'sches Prinzip) ist noch nicht hinreichend geklärt.

Feldgleichungen
Da Schwerkraft und Trägheitskraft nach den vorstehenden Ausführungen dasselbe ist, lassen sich beide Kräfte beispielsweise durch lokale Transformation auf ein vierdimensionales kartesisches Koordinatensystem mit "euklidischer" *Minkowski-Metrik* eliminieren. Andererseits bestimmen die Koeffizienten g_{ik} der *Riemann-Metrik*

$$ds^2 = \sum_{ik} g_{ik} \cdot dx^i \cdot dx^k$$

eines beliebigen Koordinatensystems und der Zusammenhang dieser Koeffizienten im gesamten Raum die Wirkungsweise der dort vorhandenen Gravitations- und Trägheitsfelder, denn sehr allgemeine Voraussetzungen führen zu der Einsicht, daß das Gravitationsfeld *kein skalares*, sondern ein *Tensorfeld* g_{ik} in einem *Riemann-Raum* sein muß. Dieser Zusammenhang ist durch die (1915...1916 aufgestellten) *Einsteinschen Feldgleichungen* für ein *tensorielles* Gravitationsfeld beschrieben:

$$G_{ik} = -\frac{8 \cdot \pi \cdot G}{c^4} \cdot T_{ik}$$

G_{ik} = Einstein-Tensor (i = 1,2,3,4)
G = Newtonsche Gravitationskonstante
T_{ik} = Energie-Impuls-Tensor (der Materie und des Strahlungsfeldes),
c = Lichtgeschwindigkeit
Da die Tensoren G_{ik} und T_{ik} symmetrisch sind (also $G_{ik} = G_{ki}$ und $T_{ik} = T_{ki}$), stellt die obige Gleichung ein System von 10 miteinander gekoppelten (nichtlinearen) Differentialgleichungen dar. Für die Anwendung in der Kosmologie hat Einstein die Gleichung

1917 erweitert um die "**kosmologische Konstante**" Λ, die sich erst bei "kosmologischen Entfernungen" auswirke (UNSÖLD/BASCHEK 1991):

$$G_{ik} + \Lambda \cdot g_{ik} = - \frac{8 \cdot \pi \cdot G}{c^4} \cdot T_{ik}$$

Die Einsteinschen Feldgleichungen (ohne kosmologische Konstante) sind gelegentlich auch in nachstehender Form angegeben (MITTELSTAEDT 1966, ML 1970, KE 1975, HASE 1999):

$$R_{ik} - \frac{1}{2} \cdot R \cdot g_{ik} = -\chi \cdot T_{ik} = - \frac{8 \cdot \pi \cdot G}{c^4} \cdot T_{ik}$$

R_{ik} und R sind die von g_{ik} abhängigen Ausdrücke ($R = g^{ik} R_{ik}$)
g_{ik} = metrischer Tensor (wegen seiner physikalischen Definition auch "Führungsfeld" genannt)
χ = $8 \cdot \pi \cdot G / c^4$ = Einsteinsche Gravitationskonstante oder relativistische Gravitationskonstante (= $1{,}86 \cdot 10^{-27}$ cm/g, nach KE 1975)
G = Newtonsche Gravitationskonstante
T_{ik} = Energie-Impuls-Tensor

Die in der Allgemeinen Relativitätstheorie dargelegten Feldgleichungen verknüpfen somit den *Krümmungs-Tensor* und den *metrischen Tensor* mit dem *Energie-Impuls-Tensor*. Die Verteilung der gravitierenden Massen und deren Geschwindigkeit bestimmen danach die Metrik sowie die Krümmung des Raumzeit-Kontinuums. Im Grenzfall *schwacher* Gravitationsfelder enthalten die Einsteinschen Feldgleichungen die Newtonsche Gravitationstheorie, nach der im *skalaren* Gravitationsfeld das Potential Φ der Poisson-Gleichung genügt (MITTELSTAEDT 1966, ML 1970):

$$\Delta \Phi = -4 \cdot \pi \cdot G \cdot \rho$$

G = Newtonsche Gravitationskonstante
$\varrho(x, y, z)$ = Dichte der schweren Massen, die das skalare Gravitationsfeld erzeugen. Für die Dichte eines Körpers als *volumenbezogene Masse* gilt: ϱ = m/V (BREUER 1994).

Als bisher meßbare Bestätigungen der Allgemeinen Relativitätstheorie sei hier lediglich auf die *Lichtstrahlablenkung* im Gravitationsfeld (Gravitationsaberration) verwiesen. Ein Lichtstrahl wird im Schwerefeld eines massenreichen Körpers abgelenkt, seine Abweichung kann mit Hilfe der Theorie berechnet werden. Erste Messungen einer solchen Lichtstrahlablenkung nahe der Sonne erfolgten 1919 und bestätigten quantitativ die Voraussagen. Sie auch zuvor den Abschnitt über Lichtweg, Gravitationsaberration, Gravitationslinseneffekt.

Die Allgemeine Relativitätstheorie behauptet die Existenz von *Gravitationswellen*. Diesbezügliche Anmerkungen sind im Abschnitt 4.2.01 enthalten.

Zur Theorie von Raum, Zeit und Gravitation

Die klassische Mechanik von NEWTON beruht vorrangig auf drei Hypothesen: Die erste Hypothese bezieht sich auf die Zeit und besagt, daß eine universelle Zeitskala definiert werden kann, die völlig unabhängig von einem Bezugssystem ist und von allen relativ zueinander beliebig bewegten Beobachtern benutzt werden kann. Diese **absolute Zeit** erhält einen physikalischen Sinn wenn unterstellt werden kann, daß sich die Wirkung eines Körpers auf einen anderen mit **unendlich großer Geschwindigkeit** überträgt. Die zweite Hypothese bezieht sich auf den Begriff des **absoluten Raumes**, der von Newton eingeführt wurde um das Auftreten der Trägheitskräfte in beschleunigten Bezugssystemen begründen zu können. Reale physikalische Kräfte lassen sich aus der Wechselwirkung zwischen Körpern erklären. *Trägheitskräfte* in beschleunigten Bezugssystemen können nur aus der Bewegung des Körpers gegenüber dem leeren, dem absoluten Raum erklärt werden. Die dritte Hypothese bezieht sich auf die Struktur des Raumes. In der Newton-Mechanik wird der Raum als *3-dimensional* **Euklidisch** angenommen. Er gilt als „anschaulich". Die Eigenschaften dieses Raumes sind weitgehend durch cartesische Koordinaten erfaßbar. Die Beziehungen zwischen den Koordinaten in zwei gleichförmig gegeneinander bewegten Bezugssystemen (Inertialsystemen) lassen sich mittels der **Galilei-Transformation** beschreiben. Aus ihr ergibt sich ein wichtiges Prinzip der Newton-Mechanik, das **Galileische Relativitätsprinzip** (KAUTZLEBEN 1979), nach dem alle Inertialsysteme für die Beschreibung von mechanischen Vorgängen gleichwertig sind. Außerdem wird in Newton-Mechanik die Masse eines Körpers als konstant angenommen, unabhängig von seiner Bewegung und vom gewählten Inertialsystem, in dem diese Bewegung beschrieben wird.

Die von EINSTEIN um 1905 begründete sogenannte *Spezielle Relativitätstheorie* beruht auf zwei Postulaten: die Gesetze der Physik müssen vom jeweils gewählten inertialen Bezugssystem unabhängig sein und die Lichtgeschwindigkeit ist konstant, also von der Bewegung der Lichtquelle unabhängig. Die Postulate führen zu der Aussage, daß *Raum* und *Zeit* als **4-dimensionale Mannigfaltigkeit** zu betrachten sind, die beim Fehlen der Gravitation homogen ist und die einen sogenannten **Minkowski-Raum** mit *pseudo-Euklidischer Struktur* darstellt. Den Übergang von einem Inertialsystem zum anderen vermittelt die **Lorentz-Transformation**. Die räumlichen Koordinaten und die Zeit sind hier eng verknüpft. Dieses System von Transformationsformeln bildet die formale Grundlage dieser Theorie von Raum und Zeit. Aus ihr ergeben sich: schnell bewegte Maßstäbe verkürzen sich in ihrer Bewegungsrichtung, der Gang von Uhren verlangsamt sich in bewegten Inertialsystemen, es ist unmöglich größere Geschwindigkeiten als die Lichtgeschwindigkeit zu erreichen (Einstein-Additionstheorem der Geschwindigkeiten). Die Spezielle Relativitätstheorie kann damit als eine Theorie des Minkowski-Raumes und seines Einwirkens auf die Bewegung der Körper und Felder angesehen werden, wobei diese Bewegung ihrerseits die Raum-Zeit nicht beeinflußt (KAUTZLEBEN 1979).

In der Speziellen Relativitätstheorie läßt sich das Wirken der Gravitation, wie es

Newton beschrieben hat, nicht einfügen. Newton unterstellt einen starren Körper und eine unendlich-schnelle Kraftübertragung (eine momentane Fernwirkung). Einstein postuliert, daß die Lichtgeschwindigkeit nicht überschritten werden kann. Es galt mithin, die Newton-Gravitationstheorie zu verallgemeinern beziehungsweise eine neue Theorie zu formulieren. Die von EINSTEIN im Zeitabschnitt von 1905-1915 begründete sogenannte *Allgemeine Relativitätstheorie* ist ihrem Wesen nach vorrangig eine Theorie der Gravitation. Sie basiert auf folgendem Gedankengang: Licht pflanzt sich geradlinig fort und besitzt Energie. Nach dem Satz über die Äquivalenz von Masse und Energie ($E = m \cdot c^2$) besitzt es mithin auch eine Masse. Jede Masse wird aber nach dem Gravitationsgesetz durch ein Gravitationsfeld beeinflußt und ihre Bewegung kann in diesem Feld mithin nicht geradlinig sein. Da die Ausbreitung des Lichts im Vakuum nach der Speziellen Relativitätstheorie jedoch die Eigenschaften von Raum und Zeit beschreibt folgt daraus, daß ein Gravitationsfeld die Eigenschaften von Raum und Zeit beeinflussen muß. Die Allgemeine Relativitätstheorie zeigt nun (was die Spezielle Relativitätstheorie noch nicht vermochte), wie aufgrund des Prinzips der Gleichheit von träger und schwerer Masse die Struktur der Raum-Zeit von der Bewegung der Körper und Felder bestimmt wird.

In der **Einstein-Gravitätstheorie** besitz die Raum-Zeit eine *nicht-Euklidische Struktur*, eine *Riemann-Struktur* (KAUTZLEBEN 1979). Eine solche Raum-Zeit wird, in Anlehnung an 3-dimensionale Verhältnisse, als gekrümmt bezeichnet. Nach dieser Theorie breitet sich die Gravitation also mit Lichtgeschwindigkeit aus, während Newton, wie schon gesagt, dafür eine momentane Fernwirkung annahm.

|Gravitationstheorie und **Kosmologie**|
Nach der Speziellen Relativitätstheorie ist in der irdischen Physik die Struktur von Raum und Zeit durch den *Minkowski-Raum* gegeben. Wird zu kosmischen Maßstäben übergegangen, ist dieser Raum nur noch eine genäherte Beschreibung der Wirklichkeit, denn es wächst die Wirkung des Gravitationsfeldes. Die Raum-Zeit-Struktur ist nun entsprechend der Allgemeinen Relativitätstheorie durch **4-dimensionale Riemann-Räume** zu beschreiben. Die Grundannahme dabei ist, daß die Bewegung der Materie wesentlich durch das Gravitationsfeld bestimmt wird. Allgemein läßt sich sagen, daß es zu jeder Gravitationstheorie eine Kosmologie gibt.

EINSTEIN veröffentlichte 1917 erstmals aus der Allgemeinen Relativitätstheorie abgeleitete Aussagen über die Geometrie des Kosmos. Er benutzte hierbei nicht die nach ihm benannten Gravitationsgleichungen (Feldgleichungen), sondern führte in diese als Korrektur ein kosmisches Glied ein, die sogenannte „kosmologische Konstante". In seinem Modell ist die 4-dimensionale Raum-Zeit aufgespalten in einen gekrümmten 3-dimensionalen Raum und eine 1-dimensionale Zeit.

Eine erste konsequente Anwendung der Einstein-Gravitationsgleichungen (in der Originalform) gelang 1922 FRIEDMANN. Er zeigte, daß die Allgemeine Relativitätstheorie keinen statischen, sondern einen sich *zeitlich entwickelnden Kosmos* beinhaltet. Das von ihm angegebene Modell unterliegt einer Expansion, was etwa fünf Jahre später von HUBBLE anhand der Rotverschiebung der Spektrallinien der Galaxien empirisch gestützt wurde. Die Rückrechnung der Expansion im Friedmann-Modell führt zu einer kosmischen Singularität, bei der die Massendichte unendlich groß sein müßte (Gravitationskollaps). Auch weitere Lösungen der Einstein-Gravitationsgleichungen weisen Singularitäten auf. Eine universelle Gültigkeit dieser Gleichungen für alle Zeitabschnitte ist mithin auszuschließen (KAUTZLEBEN 1979).

Gravitation und Kosmos (Vorstellungen und Hypothesen ab etwa 1970)

Die *Gravitation* gilt allgemein als eine vorrangige Eigenschaft der Materie. Beispielsweise wird ein kosmischer Körper durch die Gravitation zusammengehalten und geformt. Gegen die Gravitation ist offenkundig *keine Abschirmung* möglich. Bezüglich ihrer *Wechselwirkungskraft* (siehe dort) ist die Gravitation vergleichsweise zwar die schwächste Kraft, dennoch ist sie im Kosmos offensichtlich eine *vorherrschende* Wechselwirkungskraft zwischen den Struturteilen der Materie (Galaxienhaufen, Galaxien, Sterne...). Gravitation besagt mithin, daß durch die Anwesenheit eines Massenpunktes m_1 im Raum auf jede andere Masse m_2 in seiner Umgebung eine von ihm ausgehende *anziehende* Kraft wirkt. Der Massenpunkt m_1 erzeugt somit in dem ihm ungebenden Raum ein Kraftfeld, ein *Gravitationsfeld*

Seit etwa **1975** wird von der Mehrzahl der Kosmologen das „Urknallmodell" als Rahmen für die Theorie des Kosmos angenommen und damit eine *Expansion* des Kosmos unterstellt. Die *Hubble-Zahl* H_0 gilt als Maß für die Expansionsgeschwindigkeit des Kosmos. Der Kehrwert $1/H_0$ hat die Dimension einer Zeit. Hätte sich der Kosmos seit dem „Urknall" mit der derzeitigen Expansionsrate ausgedehnt, so wäre, wie zuvor schon dargelegt, das *Alter des Kosmos*: $T_0 = \dfrac{1}{H_0}$

Vielfach wird angenommen, daß die Expansionsrate im Ablauf der Geschichte des Kosmos nicht konstant war. So soll sie beispielsweise kurz nach dem Urknall, in der *inflationären Phase*, wesentlich größer als heute gewesen sein. Das Produkt von Kosmosalter T_0 und Hubble-Zahl H_0 wird in den kosmischen Modellen vielfach gesetzt als eine einfache Funktion der *Materie- und Energie-Dichteparameter*:

$H_0 \cdot T_0 = f(\Omega_B, \Omega_m, \Omega_\Lambda)$ wobei: Ω_B = „normale" baryonische Materie
Ω_m = Dunkle Materie
Ω_Λ = Dunkle Energie

Aus den Messungsergebnissen der kosmischen Hintergrundstrahlung gehe hervor, daß der Kosmos „flach" sei und die Summe aller Dichteparameter (= Ω_{tot}) exakt 1 sein muß (BÖRNER 2003), also: $\Omega_{tot} = \Omega_B + \Omega_m + \Omega_\Lambda = 1$

Da nach bisheriger Kenntnis die Dichte
der baryonischen Materie $\Omega_B = 0{,}045$
der Dunklen Materie $\Omega_m = 0{,}27$ beträgt, verbleibt für
die Dunkle Energie $\Omega_\Lambda = 0{,}7$

Dunkle Materie und Dunkle Energie

Bis etwa 1975 gingen die meisten Kosmologen davon aus, daß unser Kosmos zu 100 % aus „normaler", also baryonischer Materie bestehe und eine geringe mittlere Dichte habe. Heute wird meist angenommen, daß unser Kosmos umfaßt (BÖRNER 2003):

Dunkler Energie = 67 % (± 6 %)
Dunkler Materie = 29 % (± 4 %)
Baryonen = 4 % (± 1 %)
Neutrinos = 0,1-6 %
Hintergrundstrahlung = 0,01 %

Dunkle Energie und Dunkle Materie sind bisher nur durch ihre (gemessenen) Wirkungen „bekannt", ihr Wesen ist (noch) unbekannt. Gemäß den vorstehenden Angaben ist also nur ein kleiner Teil der kosmischen Materie aus chemischen Elementen zusammengesetzt ist, die uns aus dem täglichen Leben bekannt sind. Dieser aus Baryonen bestehende Teil der Materie wird auch als "gewöhnliche" oder "alltägliche" Materie bezeichnet und umfasse einen von der Erde aus "sichtbaren" Teil (ca 0,5 %) und einen "nicht leuchtenden" Teil (ca 3,5 %) OSTRIKER/STEINHARDT (2001). Ein weiterer Teil bestehe aus "exotischen" (also nichtalltäglichen) Elementarteilchen, die mit Licht keine Wechselwirkung haben. Dieser Teil, auch "exotische dunkle Materie" genannt, umfasse ca 26 % der Gesamtmaterie. Der Teil "Strahlung" wird in diesem Zusammenhang mit ca 0.005 % angenommen. Hauptsächlich bestehe der heutige Kosmos jedoch aus Dunkler Energie (ca 70 %), die Licht weder absorbiere noch emittiere. CHARISIUS 2000, KUDRITZKI 2000 und andere verweisen darauf, daß ein Teil der Gesamtmaterie aus Neutrinos bestehen könnte, falls diese eine Masse haben sollten. Ausführungen über Neutrinos sind im Abschnitt 4.2.03 enthalten.

Die Frage, wieviel Materie enthält der Kosmos, wird meist beantwortet im Rahmen zweier Vorgehensweisen: a) Abzählen der sichtbaren kosmischen Objekte mit Abschätzen ihrer Massen oder/und b) durch das Messen der Geschwindigkeiten dieser Objekte mit dem Abschätzen, wieviel Masse vorhanden sein muß, damit die Schwerkraft diese Objekte in ihren Bahnen halten kann. Beide Vorgehensweisen führen zu unterschiedlichen Ergebnissen. Wie zuvor beschrieben wird daraus geschlossen, daß es im Kosmos eine unsichtbare Substanz von unbekannter Art gäben müsse, also die Dunkle Materie. Bei der Vorgehensweise b dient als Basis die Newtonschen Physik über den Zusammenhang zwischen Masse, Geschwindigkeit und Bahnradius, nämlich das Newtonsches Gravitationsgesetz (siehe zuvor) und das zweite Newtonschen Axiom: Kraft = Masse · Beschleunigung. 1983 schlug MILGROM vor, auf die Annahme einer Dunklen Materie im Kosmos zu verzichten und dafür das Newtonsches Zweite

Axiom bei kleinen Beschleunigungen zu modifizieren, so daß die Annahme einer Dunklen Materie entfallen könne. Milgrom nannte diese Vorgehensweise „Modifizierte Newtonschen Dynamik", abgekürzt „Mond". Stand und Chancen von „Mond" sind dargelegt in MILGROM (2002) und AGUIRRE (2002).

|AMS02 (Alpha Magnetic Spectrometer)|
Das Spektrometer hat die Größe von ca 2m·2m und besteht aus 5 248 dünnen Kaptonröhrchen (engl. straw tubes), die mit Fließschichten im Wechsel angebracht sind und Geigerzählern ähnlich die elektrischen Signale jener Teilchen aufnehmen und messen, die das Fließ durchdringen (UNIKATH 2003/Mai). Der Detektor (als Teil eines NASA-Experiments) soll **2005** auf der *Internationalen Weltraumstation* (ISS) installiert und zum Nachweis Dunkler Materie eingesetzt werden.

Anziehungskraft und Abstoßungskraft

Gravitation wirkt anziehend. Sie könnte den Kosmos kollabieren (zusammenfallen) lassen, falls die Dichte seiner Materie genügend groß wäre. Wie Newton und andere Wissenschaftler vor ihm glaubte auch Einstein, daß der Kosmos konstant sein müsse, sich weder zusammenziehen noch ausdehnen dürfe. Da die Feldgleichungen in seiner Allgemeinen Relativitätstheorie *keinen* Kosmos konstanter Größe zuließen, fügte er 1917 in diese eine sogenannte "kosmologische Konstante" Λ ein und behauptete, daß seine Feldgleichungen nunmehr eine statische kosmische Lösung haben, also die Modellierung eines Kosmos zuließen, der von konstanter Größe, stabil, ewig wäre. Die eingefügte kosmische Konstante kann in dem Sinne wirken, daß die gravitative Anziehung der Materie kompensiert wird durch eine gravitative Abstoßung. Um 1922 revidierte Einstein seine diesbezügliche Auffassung: die kosmologische Konstante in den Feldgleichungen solle entfallen, denn es hatte sich inzwischen gezeigt, daß diese Konstante kein wirklich stabiles Modell des Kosmos hervorbrachte (KRAUSS 1999). Bisher ist es nicht gelungen, durch physikalische und astronomische Betrachtungen den Zahlenwert für diese kosmologische Konstante festzulegen. Mit kosmischen Beobachtungen verträglich sei $|\Lambda| \leq 10^{-51}/m^2$. Ein *positiver* Wert der kosmologischen Konstante entspreche dabei einer *abstoßenden* Kraft (UNSÖLD/BASCHEK 1991). Lange Zeit wurde mehrheitlich die Auffassung vertreten, daß die kosmologische Konstante *keine* Beziehung zur Wirklichkeit habe (v.LAUE 1959). Inzwischen wird die inhaltliche Aussage des Begriffs kosmologische Konstante jedoch weitgehend akzeptiert, wie verwandte Begriffe (beispielsweise Quintessenz) bezeugen (OSTRIKER/STEINHARDT 2001, PEEBLES 2001).

Gemäß der Allgemeinen Relativitätstheorie ist jede Materie- oder Energieform Quelle eines Gravitationsfeldes. Merkwürdig ist, daß dies nicht für die kosmologische Konstante zutrifft. Die Energie die sie repräsentiert, ist offenbar weder an einen Ort noch an einen Zeitpunkt gebunden, sie müßte demnach dem ganzen Weltraum anhaften. Nach 1930 zeigte der englische Physiker Paul DIRAC und später andere, daß Paare aus Elementarteilchen und deren Antiteilchen im *Vakuum* spontan entstehen und kurz danach wieder verschwinden (oder anders gesagt: Vakuumfluktuationen erzeugen "virtuelle" Teilchen wie sich bei Experimenten zum Casimir-Effekt gezeigt hat). 1967 konnte der russische Astrophysiker Jakow SELTOWITSCH mathematisch nachweisen, daß sich die Energie dieser virtuellen Teilchen so verhält, wie die durch die kosmologische Konstante repräsentierte Energie (KRAUSS 1999). Die Einsteinsche kosmische Konstante wird daher auch als Repräsentant dieser "Vakuumsenergie" (der Energie des Vakuums oder des "leeren" Raumes) aufgefaßt. Die den Kosmos gleichmäßig erfüllende Vakuumsenergie gilt als *träge* (ohne äußere Krafteinwirkung verharrt sie mithin in Ruhe oder geradliniger gleichförmiger Bewegung). Ihre *Dichte* hat somit für alle Zeit den gleichen Zahlenwert, ist also *zeitunabhängig*. In diesem Zusammenhang besteht allerdings ein bisher ungelöstes Problem zwischen der Quantentheorie des Vakuums und der Kosmologie (KRAUSS 1999). Die Quantentheorie sagt ein kontinuierliches Spektrum virtueller Teilchen voraus, so daß formal die Vakuums-Energie der Quantentheorie unendlich groß wäre. Dies würde mithin auch formal für die Massen-Energie des Kosmos gelten. Trotz verbesserter Methoden, kann der Materiegehalt des Kosmos bisher nicht hinreichend verläßlich abgeschätzt werden (falls eine Abschätzung überhaupt möglich beziehungsweise sinnvoll ist). Gleichwohl bemühen sich Theoretiker um eine Lösung des dargestellten Problems. Beispielsweise wäre eine Form der Energie denkbar, die zwar ein Verhalten wie die durch kosmische Konstante repräsentierte Energie zeigt, die aber im Gegensatz zu dieser *zeitabhängig* ist.

Das allgegenwärtige unsichtbare Energiefeld weise eine Gravitation auf, die nicht anziehend, sondern *abstoßend* wirke, vergleichbar der eines positiven Wertes der Einsteinschen kosmologischen Konstanten. Im Gegensatz zur Dunklen Materie (mit anziehender Gravitation) wirkt die Gravitation der Dunklen Energie also abstoßend. Woher diese Energie stammen soll, ist bisher ungeklärt. Denkbar wäre, daß sie zur Struktur des Raumes gehöre. Selbst einem "leeren" Raumvolumen (ohne Materie und Strahlung) könnte diese Energie innewohnen. Als Repräsentant für ein solches Quantenkraftfeld dessen Gravitation abstoßend wirkt, gilt die "Quintessenz" (OSTRIKER/STEINHARDT 2000, ursprünglich war diese Benennung als Name für die "dunkle" Materie vorgeschlagen worden von KRAUSS 1999). Das durch die "Quintessenz" repräsentierte Quantenkraftfeld sei dynamisch (stehe in Wechselwirkung mit der Materie). Dies bedeutet, daß der Zahlenwert für die Dichte der Dunklen Energie *zeitabhängig* ist im Gegensatz zum Zahlenwert für die Dichte der Vakuumsenergie, der gemäß seiner Definition *zeitunabhängig* (konstant) ist. Mit anderen Worten gesagt: an die Stelle der Einsteinschen "kosmischen Konstante" tritt hier eine "kosmische Variable".

|Positiver und negativer Druck|

Entscheidend dafür, daß Dunkle Energie abstoßend wirkt ist, daß ihr Druck *negativ* ist (OSTRIKER/STEINHARDT 2001). Beim Newtonschen Gravitationsgesetz hängt die Stärke der Gravitation nur von der Masse ab. Der Druck hat keinen Einfluß. Beim Einsteinschen Gravitationsgesetz hängt die Stärke der Gravitation nicht nur von der

Masse ab, sondern auch von anderen Energieformen wie etwa dem Druck. Einmal wirkt dieser (direkt) auf das umgebende Material und einmal (indirekt) durch die vom Druck erzeugte Gravitation. Wenn der Druck eines Stücks Materie oder Energie null oder positiv ist, wirkt die Gravitation anziehend . Dies ist beispielsweise der Fall bei Strahlung oder alltäglicher (gewöhnlicher) Materie. Wenn der Duck negativ ist, wirkt die Gravitation abstoßend. Dies ist beispielsweise der Fall bei der zuvor angesprochenen Vakuumsenergie und bei der dunklen Energie. Ein Beispiel möge das Gesagte verdeutlichen (OSTRIKER/STEINHARDT 2001): Die meisten Gase üben einen positiven Druck aus. Die direkte Wirkung des positiven Drucks (nach außen zu drücken) steht im Gegensatz zu seiner Gravitationswirkung (dem Ziehen nach innen). Bei implosivem Gas liegt negativer Druck vor. Der direkte Effekt des negativen Drucks, die Implosion, steht damit im Gegensatz zum abstoßenden Gravitationseffekt. Wird das Gesagte auf den kosmischen Raum übertragen, läßt sich folgendes Bild skizzieren: Angenommen der kosmische Raum sei vollständig von implosivem Gas erfüllt, dann entfiele ein Außendruck und der immer negative Druck des Gases im kosmischen Raum hätte nichts wogegen es drücken könnte, es zeigt mithin keine direkte Wirkung. Entsprechend dem herrschenden negativen Druck besteht aber eine abstoßende Gravitationswirkung. Sie würde den Raum *ausdehnen*. Sowohl der Vakuumsenergie als auch der dunklen Energie war zuvor negativer Druck zuerkannt worden. Beide Energieformen würden mithin den Kosmos ausdehnen, *zeitunabhängig* **oder** *zeitabhängig*?

|Positive und negative Energie|
Gemäß der Quantenphysik ist das Vakuum erfüllt von sogenannten "virtuellen" Teilchen, die spontan entstehen und sofort wieder vergehen. Wenn diese Quantenfluktuation lokal unterdrückt werden kann entsteht ein Zustand, dessen Energie unter der Null-Energie des Vakuums liegt (FORD/ROMAN 2000). Es kann daher unterschieden werden zwischen positiver und negativer Energie. Negative Energie liegt vor, wenn die Energiedichte (die Energie pro Volumeneinheit) kleiner null ist. Ein Quantenvakuum ist mithin niemals "leer", sondern (bildlich gesprochen) ein brodelnder See virtueller Teilchen. Negative Energie sollte nicht verwechselt werden mit "Antimaterie", deren Energie positiv sei. "Materie" und "Antimaterie" ist gemäß verschiedener Theorien bei der Geburt des Kosmos (im sogenannten Urknall) in gleichen Mengen entstanden (KLEINKNECHT 2000). Was der Mensch als Schwerkraft wahrnimmt, ist nach der Allgemeinen Relativitätstheorie die Raumzeit-Krümmung, die durch positive Energie oder Masse hervorgerufen wird. Wenn negative Energie oder Masse die Raumzeit verzerrt, eröffnen sich theoretisch Möglichkeiten, die sich kennzeichnen lassen durch Stichworte wie beispielsweise "Wurmlöcher", "Überlichtgeschwindigkeit", "Überlicht-Antrieb" (Warp-Antrieb, engl. to warp, verzerren), deren Inhalte bisher aber kaum Akzeptanz finden (FORD/ROMAN 2000). Die durch die Einsteinsche kosmologische Konstante repräsentierte Vakuumsenergie ist gekennzeichnet durch negativem Druck aber positiver Energie. Die Quantenphysik läßt zwar die Existenz *negativer* Energie zu, schränkt sie bezüglich Größe und Dauer aber erheblich ein,

entsprechend den nach 1978 aufgestellten Quantenungleichungen (FORD/ROMAN 2000). Aus der Theorie der Loop-Quantengravitation (siehe dort) läßt sich eine positive Energiedichte für einen Kosmos herleiten. Die von Hideo KODAMA entwickelten Gleichungen beschreiben einen exakten Quantenzustand eines Kosmos mit positiver kosmologischer Konstante (SMOLIN 2004).

Schwarze Löcher und negative Energie
Nach **1970** kam die Vorstellung auf, daß es sich bei den sogenannten Schwarzen Löchern um *reale* kosmische Objekte handeln könnte. Zahlreiche indirekte Belege sprechen für eine solche Annahme. Aus der Allgemeinen Relativitätstheorie läßt sich ableiten, daß ein "Schwarzes Loch" eine *Singularität* sei, ein Konfiguration mit einer sehr hohen Massenkonzentration in dem die Gravitationsfeldstärke gegen unendlich geht (LASOTA 1999, McCLINTOK 1999, BECK/EHLE 1999). Allgemein wird davon ausgegangen, daß der Gravitationskollaps einer Masse zu einem Schwarzen Loch oder einer verwandten Konfiguration führt. Die Dichte einer solchen Konfiguration sei so groß, daß über ihre Oberfläche weder Materie noch Lichtquanten (also auch keine Signale) nach außen gelangen können, weil die starke Schwerebeschleunigung an der Oberfläche sie daran hindere. Eine charakteristische Größe des Gravitationsfeldes eines Schwarzen Loches ist der sogenannte "Ereignishorizont", über den weder Signale noch Teilchen vom Innern nach außen dringen können. Am Ereignishorizont erreiche die Fluchtgeschwindigkeit von inneren Teilchen Lichtgeschwindigkeit und umgekehrt erreichen frei fallende äußere Teilchen nahezu Lichtgeschwindigkeit, wenn sie sich dem Ereignishorizont nähern. Der sogenannte Schwarzschildradius (benannt nach dem Astronomen Karl SCHWARZSCHILD) definiert jene (kugelförmige) Zone, innerhalb derer das Gravitationsfeld diese Stärke erreicht. Mit seinem starken Gravitationsfeld ziehe ein Schwarzes Loch Materie aus seiner Umgebung an und erzeuge eine Akkretionsscheibe, die sich spiralförmig auf den Ereignishorizont zubewegt. Hierbei werden erhebliche Energiemengen freigesetzt in Form von *Ultraviolett- und Röntgenstrahlen*. Auch bei den hellsten Objekten im Weltraum, den *Quasaren*, werden riesige Energiemengen auf kleinstem Volumen erzeugt. 1974 stellte der englische Physiker und Mathematiker Stephen HAWKING (1942-) die These auf, daß Schwarze Löcher jedoch im Laufe der Zeit verdampfen, indem sie Strahlung emittieren. Da Energie als Erhaltungsgröße gilt, muß der erzeugten positiven Energie (von einem entfernten Beobachter als Hawkingstrahlung wahrgenommen) ein Strom negativer Energie ins Schwarze Loch hinein entsprechen (Ford/Roman 2000). Diese negative Energie würde durch extreme Raumzeit-Krümmung nahe des Loches erzeugt, welche die Vakuumsfluktuationen störe.

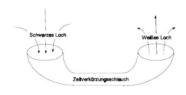

Bild 4.45
Zur Theorie von Krasnikow.

Nach Auffassung des russischen Astrophysikers Sergei KRASNIKOW (veröffentlicht in der Zeitschrift "New Scientist) bestehen neben den zuvor genannten Schwarzen Löchern (als Eingang von Materie und Strahlung) auch "Weiße Löcher" (als Ausgang), die durch "Beschleunigungstunnel" verbunden sind. Diese Tunnel seien eine Art "Zeitverkürzungsschlauch". Ein eintretendes Objekt würde in Sekundenbruchteilen zum Ausgang katapultiert.

Auch im Zentrum unserer Galaxie (der *Milchstraße*) wird ein massives Schwarzes Loch vermutet (DUSCHL 2003, GENZEL 1999). Als Beweis gilt, daß dieses Schwarze Loch, als Sagittarius A* (Sgr A*) bezeichnet, vom Stern S2 in ca 15 Jahren umrundet wird auf einer elliptischen Bahn mit einer Geschwindigkeit von 5000 km/s, etwa 200-mal so schnell wie sich die Erde um die Sonne bewegt (Sp. 12/2002). Die kürzeste Entfernung zwischen beiden Objekten betrage ca 17 Lichtstunden, was etwa dem dreifachen Abstand Pluto-Sonne entspricht. Radiofrequenzstrahlungsquelle Sgr A* gilt als *Mittelpunkt* der Milchstraße und ist von einer ausgedehnten Strahlungsquelle, Sagittarius A, umgeben. Die Sonne, die in der Zentralebene der Milchstraße liegt, ist ca 25 000 Lichtjahre von diesem Mittelpunkt, vom galaktischen Zentrum, entfernt. Das Zentrum der Milchstraße liegt also am Rand des Sternbildes Schütze (Sagittarius)

Ausbreitung der Gravitationskraft
Das Newtonsche Gravitationsgesetz hat sich bewährt bei der Anwendung auf kosmische Entfernungen und erklärt die Umlaufbahnen der Erde um die Sonne, des Mondes um die Erde und andere. Obwohl das Gesetz bereits 1667 formuliert wurde, vermag die Physik noch immer nicht hinreichend zu erklären, warum die Gravitationskraft so viel schwächer ist, als die anderen Wechselwirkungskräfte (siehe dort). Hängt das Verhalten der Gravitation vielleicht mit der Anzahl der ihr zugänglichen Dimensionen zusammen, wie das ARKANI-HAMED et al. (2000) vermuten? Könnte es sein, daß alles, was wir in unserem Kosmos wahrnehmen, auf einen dreidimensionalen Bereich (einer sogenannten "Membran" oder den "Blättern einer Faltung des Kosmos") beschränkt ist, wobei dieser Bereich in einem höherdimensionalen Bereich liegt? Im dreidimensionalen Bereich würden alle bekannten Teilchen und Kräfte gefangen gehalten, mit Ausnahme der Gravitationskraft. Nur die Feldlinien der Gravitation würden in den höherdimensionalen Bereich hinausreichen und nur das Graviton (das Quantenteilchen, das die Gravitationskraft überträgt) könnte sich dort frei bewegen. Die sogenannte dunkle Materie ließe sich erklären als Galaxienhaufen, Galaxien und Sterne, die sich in anderen dreidimensionalen Bereichen befinden, für uns aber zunächst unsichtbar (eben Dunkle Materie) sind, da das Licht dieser Objekte uns erst

später erreicht als die Gravitationskraft dieser kosmischen Objekte, die eine Abkürzung durch die zusätzlichen Dimensionen nimmt und uns so *vor* dem Sichtbarwerden dieser kosmischen Objekte, deren Existenz anzeigt.

Ein neues Schwerkraftgesetz?

Nach heutiger physikalischer Auffassung wird die Gravitation durch Materie und Energie erzeugt. Als Ursache für eine auftretende Schwerkraft gelten also gewisse Materie- und Energieformen. Um bestimmte Phänomene besser erklären zu können, wurde im kosmischen Bereich die schon erwähnte Dunkle Energie eingeführt. Vielleicht werden aber bestimmte Abläufe nicht durch die hypothetische Dunkle Energie verursacht, sondern durch eine geringfügige Schwächung der Schwerkraft. Wäre beispielsweise unser Kosmos in einem höherdimensionalen Raum eingebettet, könnten einige Gravitationsquanten (wie ebenfalls schon angedeutet) aus unserer 3-dimensionalen Welt in diese höheren Dimensionen entweichen, was die Schwerkraft geringfügig schwächen würde. Nach dem vom deutschen Mathematiker, Physiker und Geodäten Carl Friedrich GAUSS (1777-1855) formulierten Prinzip ist die Stärke einer Kraft durch die Dichte der Kraftlinien bestimmt und mit wachsender Entfernung vom Kraftzentrum verteilen sich diese Linien über ein immer größeres Grenzgebiet. Wie DVALI (2004) beschreibt, ist diese Grenze im 3-dimensionalen Raum eine 2-dimensionale Fläche und deren Größe wächst mit der 2. Potenz des Abstandes vom Kraftzentrum. Wäre der Raum 4-dimensional, hätte er eine 3-dimensionale Grenze, also ein Volumen, das mit der 3. Potenz des Abstandes wächst. Die Dichte der Kraftlinien würde in diesem Fall also mit der 3. Potenz der Entfernung abnehmen. Die Gravitation wäre dann schwächer, als in einem 3-dimensionalen Raum. Im kosmologischen Maßstab könne diese Schwächung der Gravitation beispielsweise zu einer Beschleunigung der Expansion führen (also einer Beschleunigung, die nicht der Annahme einer hypothetischen Dunklen Energie bedarf).

Der beobachtbare Kosmos kann nach Dvali als eine 3-dimensionale Membran in einem höherdimensionalen Raum aufgefaßt werden. Die gewöhnliche Materie sei in dieser „Bran" (ein von Membran abgeleitetes Kunstwort) ausbruchssicher gefangen, aber einige Kräfte, insbesondere die Gravitonen, könnten entweichen. Nach der Quantentheorie wird die Gravitation ja durch ein eigenes Teilchen vermittelt, das Graviton (Bild 4.46). Die Gravitationsanziehung entstehe durch den Austausch von Gravitonen zwischen zwei Körpern, ähnlich wie die elektromagnetische Kraft aus dem Fluß von Photonen zwischen geladenen Teilchen. Bei statischer Gravitation seien die Gravitonen „virtuell". Obwohl sich ihre Wirkung messen lasse, seien sie als unabhängige Teilchen nicht beobachtbar. Beispielsweise halte die Sonne die Erde auf der Umlaufbahn, indem sie virtuelle Gravitonen aussendet, die von der Erde absorbiert werden. „Reale" (also beobachtbare) Gravitonen entsprechen den Gravitationswellen (Abschnitt 4.2.01), die unter bestimmten Bedingungen emittiert werden.

Neben der zuvor skizzierten Hypothese der Gravitation gibt es weitere Hypothesen, die eine Modifizierung der Gravitationsgesetze (Newton, Einstein) vorschlagen. Beispielsweise könnte das Graviton eine Masse haben und anderes. Die meisten Hypothesen kommen jedoch nicht ohne die Annahme einer Dunklen Energie aus. Über alle Hypothesen spreche letztlich die Beobachtung das entscheidende Wort. So könnte der zuvor beschriebene Gravitationsschwund nach bisherigen Abschätzungen eine langsame Präzession der Mondbahn verursachen. Diese Verschiebung würde sich nach DVALI (2004) in der Mondentfernung bemerkbar machen mit einer Schwankung von ca ± 0,5 mm. Derzeit kann diese Entfernung jedoch nur mit einer Sicherheit von ± 1 cm bestimmt werden, bezogen auf Lasermessungen zu den von der Apollo-Mission auf dem Mond aufgestellten Spiegel-Reflektoren. Es wurde vorgeschlagen, hier durch stärkere Laser die Meßgenauigkeit um den Faktor 10 zu verbessern.

„Modell" Kosmos
Skizze eines der möglichen Entwicklungsszenarien
In Anlehnung an OSTRIKER/STEINHARDT (2001) kann generell gesagt werden:
- Anfänglich, oder zumindest zum frühesten Zeitpunkt, von dem Wissen vorliegt, gab es die Inflation, eine Phase beschleunigter Expansion. Der Raum war nahezu frei von Materie und ein Quantenkraftfeld mit negativem Druck vorherrschend. Zum Ende der Inflationsphase zerfiel dieses Feld zu einem heißen Gas aus Quarks, Gluonen, Elektronen, Licht und dunkler Energie.
- Tausende Jahre lang war der Raum sodann dicht mit Strahlung erfüllt, so daß keine Atome oder größere Gebilde entstehen konnten.
- Anschließend übernahm die Materie die Führung. Unsere Epoche ist durch stetige Abkühlung, Kondensation und Bildung immer größerer komplexer Strukturen gekennzeichnet.
- Diese Epoche scheint zu Ende zu gehen. Unser Kosmos ist derzeit vermutlich ein Schlachtfeld zweier Kräfte: Anziehungskraft und Abstoßungskraft, oder in anderen Worten formuliert: der anziehenden Gravitation (positiver Druck) und der abstoßenden Gravitation (negativer Druck). Es könnte sein, daß die abstoßende Kraft (nunmehr) die anziehende Kraft allmählich überwältigt. Dies bedeutet, daß sich die Expansion des Kosmos immer mehr beschleunigt. Die kosmische Beschleunigung kehrt also zurück. Wenn in den nächsten zehn oder mehr Milliarden Jahren die Beschleunigung die Oberhand gewinne, würden Materie und Energie zunehmend verdünnt. Es könnten sich keine neuen Strukturen mehr bilden. Falls diese kosmische beschleunigte Ausdehnung von der durch negativen Druck gekennzeichneten "Vakuumsenergie" verursacht sein sollte (entsprechend der kosmischen *Konstante*), geht der Kosmos nach den diesbezüglichen Theorien einem "Ende" entgegen. Falls die durch negativen Druck gekennzeichnete "dunkle Energie" der Verursacher sein sollte (entsprechend der kosmologischen *Variable*: Quintessenz...), ist der weitere Verlauf nach den derzeitigen Theorien noch ungewiss.

Kosmologische Zeitabschnitte

Die bisherige und die weitere Entwicklung unseres Kosmos wird vielfach in einzelne Zeitabschnitte gegliedert. Die unterschiedlichen Auffassungen ergeben etwa folgenden Verlauf.

(1) *Urknall*

Der Zustand zum Zeitpunkt t = 0 (im Urknall, in der kosmischen Singularität) kann mit den gegenwärtigen Mitteln der Physik nicht beschrieben werden. Häufig wird der Zeitabschnitt zwischen t = 0 und t = 10^{-43} als jener angenommen, in der unser Kosmos entstand. Er wird auch *Planck-Zeit* genannt (LINDNER 1993). Verschiedentlich wird der Zeitabschnitt ab der Planck-Zeit (t = 10^{-43}) bis t = 10^{-34} Sekunden nach dem Urknall als *strahlungsdominierte* Phase bezeichnet (SEDLMAYR et al. 1999). Als "Zeitalter Urknall" wird auch genannt der Zeitabschnitt bis t = 10^{-37} (BACHMANN 2002).

(2) *Inflations-Ära*

Die Inflationsphase (eine beschleunigte Expansion des Kosmos) soll sich von t = 10^{-37} bis t = 10^{-32} Sekunden nach dem Urknall erstreckt haben (BACHMANN 2002). Verschiedentlich wird auch der Zeitabschnitt von t = 10^{-34} bis t = 10^{-32} als solche bezeichnet (SEDLMAYR et al. 1999).

(3) *Strahlungs-Ära*

Eine (weitere) *strahlungsdominierte* Phase des Kosmos soll zum Zeitpunkt t = 10^{-32} Sekunden nach dem Urknall eingesetzt haben. Sie soll gedauert haben 700 000 Jahre (LINDNER 1993), 300 000 Jahre (SEDLMAYR et al. 1999), 10 000 Jahre (BACHMANN 2002). Danach beginnt die

(4) **Sternen-Ära**

In der *materiedominierten* Phase des Kosmos befinden wir uns derzeit (Heute-Zeitpunkt: t = ca 14 Milliarden Jahre = 14 $\cdot 10^9$ Jahre nach dem Urknall). Während der Strahlungs-Ära soll die Temperatur des Kosmos **3 000 K** betragen haben. Seit Beginn der Sternen-Ära ist sie bis heute gesunken auf **2,7 K** (sie wird meist 3K-Strahlung genannt). Die Sternen-Ära soll bis zum Zeitpunkt t = ca 100 Billionen Jahre = 10^{14} Jahre nach dem Urknall dauern.

(5) *Zerfalls-Ära*

Ringen in dieser Phase Anziehungskraft und Abstoßungskraft um die Vorherrschft?

(6) *Schwarze-Loch-Ära ?*

Allein die Schwarzen Löcher, so wird vermutet, haben den Protonenzerfall überstanden, aber auch sie verwandeln sich letztlich in (extrem langwellige) Strahlung. Es wird daher dunkler im inzwischen stark expandierten Kosmos.

(7) *Dunkle-Ära ?*

Sind die sogenannten Naturkonstanten konstant?

Naturkonstante sind im heutigen Sinne fundamentale Größen, deren Wert sich **nicht** aus einer Theorie berechnen läßt. Neben der *Lichtgeschwindigkeit* gelten ferner als

Naturkonstante: die *Elementarladung*, das *Plancksche Wirkungsquant*, die *Feinstrukturkonstante* (eine Kombination der drei vorgenannten Naturkonstanten) (INGOLD 2003).

Ist die Lichtgeschwindigkeit konstant?
Um 1600 hat GALILEI gezeigt, daß das Licht nicht unendlich schnell ist. 1676 bestimmte RÖMER erstmals einen Wert für die Lichtgeschwindigkeit (Abschnitt 4.2.02). Um 1900 wiesen die us-amerikanischen Physiker Albert Abraham MICHELSON (1852-1931) und Edward William MORLEY (1838-1923) nach, daß die Lichtgeschwindigkeit unabhängig von der Geschwindigkeit des Bezugssystems ist (beispielsweise hat das von einem fahrenden Auto abgestrahlte Licht immer die gleiche Geschwindigkeit, gleich ob das Auto schnell oder langsam fährt). Die meisten kosmologischen Theorien basieren auf der Annahme, daß die Lichtgeschwindigkeit zu allen Zeiten denselben Zahlenwert hatten, weshalb dieser Parameter als Naturkonstante bezeichnet wird. Einige Wissenschaftler befassen sich inzwischen jedoch mit der Frage, ob die Lichtgeschwindigkeit früher einen höheren Zahlenwert gehabt haben könnte als heute. Eine Theorie der veränderlichen Lichtgeschwindigkeit oder VSL-Theorie (varying-speed-of-light theory) ist jedoch erst im Entstehen (MAGUEIJO 2001). Weitere Ausführungen zur Lichtgeschwindigkeit sind in der Darstellung der Loop-Quantengravitation (siehe dort) und der Gammastrahlung enthalten (Abschnitt 4.2.01).

Prähistorische Kernreaktoren in Afrika?
Anknüpfend an Versuche des italienischen Physikers Enrico FERMI (1901-1954) entdeckten 1938 die deutschen Chemiker Otto HAHN (1879-1968) und Friedrich (Fritz) STRASSMANN (1902-1980) die *künstliche* Kernspaltung des Urans. Die dabei freiwerdende Energie wird heute meist *Atomenergie* genannt. Verfahrenstechnisch kann die Kernspaltung sich in Form einer *Kettenreaktion* vollziehen (bei einer Atombombenexplosion erfolgt diese schlagartig). 1942 hatte FERMI (gemeinsam mit SZILARD) in der Universität in Chicago ein Experiment durchgeführt, bei dem die erste *kontrollierte* Kettenreaktion ausgelöst wurde (LANOUETTE 2001). In einem unterirdischen Uranvorkommen in West-Afrika (in Oklo, Gabun) sollen jedoch fast 2 Milliarden Jahre vor der Gegenwart Kettenreaktionen stattgefunden haben. Etwa 17 „natürliche" Kernreaktoren wären ca 150 Millionen Jahre lang in Betrieb gewesen und das ohne GAU (Größter Anzunehmender Unfall). Die Reaktoren haben vermutlich ihren Betrieb immer wieder unterbrochen und sich so abgekühlt, wobei das entstehende Xenon im Gestein zurückblieb, während alles noch in der Hitze gebildete verdampft war. Die entscheidende Rolle bei diesem Regulationsprozeß spielte offenbar das Wasser in Klüften und Poren, das als Moderator fungierte (nach dem Verdampfen des Wassers stoppte die Kettenreaktion solange, bis sich das Wasser in den Klüften und Poren wieder aufgefüllt hatte). Das Wasser bremste die schnellen Neutronen, die bei der Uranspaltung freigesetzt werden, soweit ab, daß sie ihrerseits andere Atomkerne spalten konnten und so Kettenreaktionen ingangsetzten (Sp.1/2005). Die prähistori-

schen Reaktoren in Oklo (seit 1972 bekannt) sind inzwischen durch Uranabbau zerstört und auch die im benachbarten Bangombe. Sie hätten unter Umständen einen Einblick vermitteln können in bestimmte physikalische Vorgänge, die vor ca 2 Milliarden Jahren abgelaufen sind (INGOLD 2003).

Der Wert der Feinstrukturkonstanten seit 2 Milliarden Jahren unverändert?
Die Feinstrukturkonstante α hat 1915 der deutsche Physiker Arnold SOMMERFELD (1868-1951) im Zusammenhang mit quantentheoretischen Überlegungen zum Wasserstoffatom eingeführt. Als Kopplungskonstante der elektrischen Wechselwirkung bestimmt sie die Größe der Kräfte zwischen elektrischen Ladungen und Feldern. Die dimensionslose Größe ergibt sich aus (ML 1970):

$$\alpha = \frac{2 \cdot \pi \cdot e^2}{h \cdot c} \approx \frac{1}{137}$$

e = Elementarladung
h = Plancksches Wirkungsquant
c = Lichtgeschwindigkeit

Ihr Wert ist inzwischen auf 10 Stellen bekannt. Eine Analyse der prähistorischen Daten von Oklo habe ergeben, daß ihr Wert vor 2 Milliarden Jahren der gleiche war wie heute. Noch weiter in die Vergangenheit der Feinstrukturkonstanten läßt sich anhand von Quasaren vordringen. Neuere Analysen zeigen zwar im Wesentlichen keine Hinweise auf eine zeitliche Änderung der Konstanten, doch gibt es einen bestimmten zeitlichen Bereich, in dem die experimentellen Daten nicht mit einer konstanten Feinstrukturkonstante im Einklang sind (INGOLD 2003).

Wechselwirkung (in der Quantenphysik)

Sind alle Naturkräfte, die Gravitation eingeschlossen, lediglich Aspekte einer einzigen fundamentalen Kraft? Die Quantenphysik betrachtet alle Kräfte als Austauschkräfte. *Wechselwirkungen* ergeben sich durch den Austausch von Teilchen. Vier Wechselwirkungen lassen sich unterscheiden (BREUER 1993, BROCKHAUS 1999).

Wechselwirkung	Botenteilchen	relative Stärke	Reichweite (2 ·)
starke Kraft	Gluon	1	ca 10^{-15} m
elektromagnetische Kraft	Photon	10^{-2}	unendlich
schwache Kraft	Boson	10^{-13}	$< 10^{-17}$ m
Gravitation	Graviton	10^{-40}	unendlich

Bild 4.46
Relative Stärke und Reichweite der Wechselwirkungen zwischen Teilchen. Weitere Angaben zu den fundamentalen Elementarteilchen und den Botenteilchen (Austauschteilchen) sind im Abschnitt 4.2.03 enthalten. Die sogenannten Kopplungskonstanten, welche die Stärke der vier Wechselwirkungen bestimmen, sind vermutlich nicht "konstant". Ihre Größe soll abhängig sein von der Energie, bei der sie gemessen werden (WOLSCHIN 2001d).

Quantentheorie, Relativitätstheorie
Die Quantentheorie (begründet von Max PLANCK, 1858-1947) und die Relativitätstheorie (begründet von Albert EINSTEIN, 1879-1955) gelten als wesentliche Grundlagen der heutigen Physik. Der Kernsatz der Quantentheorie lautet (BREUER 1993): Wirkungen werden nur übertragen in ganzzahligen Vielfachen einer kleinsten Einheit, der *Planck-Konstante* h = 6,6261 ·10^{-34} J·s (auch Plancksches Wirkungsquantum genannt). In der Relativitätstheorie wird Raum und Zeit zum *Raumzeit-Kontinuum* verkoppelt und aufgezeigt, daß dieses Raumzeit-Kontinuum von der Verteilung der Materie (Massen) darin abhängt. Beide Theorien passen nicht recht zusammen. Im Bereich der Elementarteilchen-Physik gelingt es der Relativitätstheorie nicht, mit den Gesetzen der Quantenmechanik in Einklang zu kommen, und andererseits stellen in der kosmischen Physik die Schwarzen Löcher die Grundlagen der Quantenmechanik infrage (DUFF 1998). Die Quantenchromodynamik (zur Beschreibung der starken Kraft zwischen den Teilchen) und die elektroschwache Theorie (für elektromagnetische und schwache Kraft) bilden zusammen das derzeitige „Standardmodell" der Teilchenphysik (RAMOND 2003). Nach diesem Modell vereinigen sich elektromagnetische und schwache Wechselwirkung zur elektroschwachen Kraft. Bei Energien pro Teilchen von über 10^{16} Milliarden Elektronvolt (GeV) folgt ihnen die starke Kraft. Eine Vereinigungsmöglichkeit mit der Gravitation kann das Modell allerdings nicht aufzeigen. Auch sollte das Neutrino nach diesem Modell masselos sein, was nach den Ausführungen im Abschnitt 4.2.03 vermutlich *nicht* zutrifft.

Stringtheorie, M-Theorie...
Soll die Physik widerspruchfrei sein, bedarf sie einer Theorie, die Quantenmechanik und Allgemeine Relativitätstheorie vereinigt. Bisherige Versuche zum Aufbau einer sogenannten *Quantengravitation* tragen Namen wie Twistor-Theorie, Nicht-kommutative Geometrie und Supergravitation. Ein bevorzugter theoretischer Ansatz ist die Stringtheorie. Mit Hilfe sogenannter *Strings* wird versucht, eine mathematische Struktur zu konstruieren, in die sich auch die Gravitation einfügen läßt.

In zunächst entwickelten *Stringtheorien* sind die punktförmigen Elementarteilchen (wegen der quantenmechanischen Welle-Teilchen-Dualität) durch unterschiedliche Moden von Schwingungen sehr kleiner "Fäden" (engl. strings) beschrieben, die gestreckt (offen) und/oder geschlossen (wie eine Schlaufe) sein können und die in einem 25-dimensionalen Raum schwingen. Gewisse Mängel in diesen konkurrierenden Theorien wurden vor allem durch Einführen einer *Supersymmetrie* behoben, in der Bosonen (Teilchen mit ganzzahligem Spin oder Eigendrehimpuls) und Fermionen (mit halbzahligem Spin) gegeneinander austauschbar sind. Es entstanden die *Superstringtheorien*, aufgebaut auf fünf unterschiedliche *Superstrings*. Heute sind fünf Superstringtheorien in der Diskussion (RAMOND 2003): eine Theorie mit offenen und geschlossenen Strings, sowie vier Theorien mit geschlossenen Strings. Zwei dieser Theorien mit geschlossenen Strings sind als sogenannte *heterotische Stringtheorien* bekannt, da sie jeweils mit einer bestimmten Eichsymmetriegruppe ausgestattet sind. Die genannten fünf Theorien gründen sich auf Supersymmetrie und reduzieren die Anzahl der Raumdimensionen von 25 auf nur noch 9. Zunehmend setzt sich jedoch die Auffassung durch, daß es sich bei den genannten fünf Theorien nur um unterschiedliche Aspekte ein und derselben formalen Struktur handelt, die nunmehr *Membrantheorie* (kurz M-Theorie) genannt wird. Hier sind nicht allein Strings beziehungsweise Superstrings, sondern auch mehrdimensionale Membranen die Konstrukte, welche die Eigenschaften von Elementarteilchen ebenso klären sollen, wie die von Schwarzen Löchern (LÜST 2001, DUFF 1998). In der *heterotischen M-Theorie* wird im übrigen ein Universum postuliert, das *nicht* durch den physikalisch fragwürdigen Urknall, sondern aus der Kollision zweier Vorgänger-Universen in einem 10-dimensionalen Raum entstand. Er wird *ekpyrotisches Universum* genannt (PÖSSEL 2001). Zusammenfassend bestehe kein Zweifel mehr, daß es die gesuchte mathematische Struktur, heute M-Theorie genannt, gebe, und vermutlich sind sämtliche Superstrings lediglich Manifestationen dieser M-Theorie (RAMOND 2003). Anhand der Stringtheorien habe sich gezeigt, daß die Gravitation in die Beschreibung der fundamentalen Kräfte integriert werden kann, ohne daß die Quantenmechanik dabei neu formuliert werden muß. Erforderlich sei jedoch, daß die Existenz zusätzlicher räumlicher Dimensionen angenommen und vorausgesetzt wird, daß der Kosmos der Supersymmetrie gehorche. Wenn die Supersymmetrie bei hohen Energien wirklich existiert, muß sie bei den heute erreichbaren Energien (in Teilchenbeschleunigern) so "gebrochen" sein, daß wir nur die Hälfte aller möglichen Teilchen sehen, nämlich die Fermionen und Bosonen des zuvor genannten Standardmodells (RAMOND 2003). Ferner haben wir die Existenz zusätzlicher räumlicher Dimensionen bisher nicht feststellen können. Sind diese zusätzlichen Dimensionen so klein, daß sie bisher nicht bemerkt wurden, oder sind sie wegen ihrer Größe für uns unzugänglich? Außerdem würden die derzeitigen Theorien noch keine speziellen, experimentell nachprüfbaren Vorhersagen liefern können.

Hinsichtlich der *Naturkonstanten* sei noch angemerkt, daß in der Allgemeinen Relativitätstheorie diese als echte Konstante gelten, in den Superstringtheorien durchaus auch veränderlich sein können (WOLSCHIN 2001).

|Unendliche und kompaktifizierte Dimensionen|
Die Newtonsche Gravitationstheorie bezieht sich bekanntlich auf einen 3-dimensionalen physikalischen Raum. Diese 3 Raumdimensionen können wir in begrenzten Bereichen unmittelbar feststellen. Allerdings wird die Feststellung (und wohl auch die "anschauliche" Vorstellung) dieser 3 Dimensionen schwieriger, wenn wir versuchen, meßtechnisch (beziehungsweise gedanklich-anschaulich) entlang der 3 Dimensionen ins unendlich Kleine oder ins unendlich Große vorzustoßen. Dennoch ist es aus verschiedenen Gründen sinnvoll, zur Beschreibung der physikalischen Raumstruktur neben den von uns feststellbaren 3 Raumdimensionen zusätzliche Raumdimensionen einzuführen, gegebenenfalls auch eine Zeit-Dimension darin einzubinden (wie etwa in der Relativitätstheorie geschehen).

Die erste Theorie solcher "Extra-Dimensionen" entwickelte um 1919 der deutsche Mathematiker Theodor KALUZA (1885-1954) um die bekannten Grundkräfte Gravitation und Elektromagnetismus in einheitlicher Weise beschreiben zu können (WOLSCHIN 2001). Kaluza fügte in diesem Zusammenhang der 4-dimensionalen Raumzeit der Relativitätstheorie eine 5. Dimension hinzu. Um 1926 versuchte der schwedische Physiker Oskar KLEIN (1894-1977) diese 5-dimensionale Theorie mit der Quantentheorie zu vereinen. Weitere Versuche mit noch höheren Dimensionen folgten. Beispielsweise könnte es sein, daß bei einer 10-dimensionalen Raumstruktur die Schwerkraft bei sehr kleinen Abständen (< 1 mm) vielleicht stärker wirkt, als nach dem Newtonschen Gravitationsgesetz zu erwarten ist. Dessen Gültigkeit war bisher nur bis zu Abständen von ca 1 cm hinreichend genau überprüft worden. Neuere Untersuchungen erbrachten als Ergebnis, daß sich auch bei einem Abstand von 0,218 mm noch keine Abweichungen vom bekannten Gravitationsgesetz zeigten (WOLSCHIN 2001).

Bei n-dimensionalen Räumen kann es sein, daß einige Dimensionen davon "kompaktifiziert" sind, das heißt eng zusammengerollt. Wenn unser Kosmos, wie zuvor dargestellt, eine 9-dimensionale Raumstruktur hätte, dann wären dies möglicherweise 3 unendlich ausgedehnte Dimensionen und 6 eingerollte Dimensionen. Jeder "Punkt" des Kosmos wäre demnach ein 6-dimensionaler Raum.

Zur Veranschaulichung der „zusätzlichen" Dimensionen des Kosmos sei der 3-dimensionale Kosmos als flaches Gitter angenommen, wobei durch jeden Gitterpunkt eine Linie läuft, die eine „zusätzliche" Dimension symbolisiert (DVALI 2004): (a) kreisförmig eingerollte Dimensionen: Bis vor einigen Jahren nahmen die Stringtheoretiker an, die zusätzlichen Dimensionen seien endlich groß, kleine Kreise von subatomarem Ausmaß. Ein Wesen, das sich in diesen Dimensionen bewegt, kehrt mithin zum Ausgangspunkt zurück. (b) hyperbolische Extradimensionen: Kürzlich hätten Stringtheoretiker zusätzliche Dimensionen vorgeschlagen, die unendlich groß aber so stark gekrümmt seien, daß sich ihr Volumen um den 3-dimensionalen Kosmos herum konzentriert. (c) lineare Extradimensionen: Dvali und Mitarbeiter nehmen an, daß die zusätzlichen Dimensionen unendlich und nicht gekrümmt sind, ebenso wie die uns vertrauten drei Dimensionen.

|Vorstellungen vom Anfang der Zeit|
Nach VENEZIANO (2004) legen Quantentheorien der Gravitation nahe, daß der Kosmos nicht erst mit dem Urknall begann. Gemäß der *klassischen Urknall-Kosmologie*, die auf der Allgemeinen Relativitätstheorie beruht, betrug der Abstand zweier beliebiger Galaxien vor endlich langer Zeit exakt Null. Vor diesem Zeitpunkt sind nach dieser Theorie die Begriffe Raum und Zeit ohne jede Bedeutung. Die Zeit wird hier also als endlich angenommen. Sie hat einen Anfang. In neueren Modellen verbieten *Quanteneffekte*, daß die Galaxien auf einen infinitesimalen Punkt komprimiert werden. Der Abstand kann in diesen Theorien einen *minimalen* Abstand nicht unterschreiten. Solche Modelle lassen die Existenz eines Kosmos vor dem Urknall zu. Entsprechend den Symmetrien der Stringtheorie habe die Zeit weder Anfang noch Ende. Der Urknall habe zwar dennoch stattgefunden, aber eben nicht als singulärer Punkt unendlicher Dichte. Auch vor dem Urknall gab es Raum und Zeit. Die Heisenberg'sche Unbestimmtheitsrelation verhindere, daß Strings kürzer werden als 10^{-34} Meter. Dieses Längenquant, die *String-Länge*, sei eine *Naturkonstante*, die sich aus der Theorie zur Lichtgeschwindigkeit und dem Planck'schen Wirkungsquantum ergebe. Die Heisenberg'sche Unbestimmtheitsrelation (auch Unschärferelation genannt) besagt, daß Position und Geschwindigkeit eines Teilchens nicht beide mit absoluter Genauigkeit angebbar sind. Je genauer die eine Größe ermittelt wird, desto größer wird die Ungewißheit bezüglich der anderen. Die Geschichte der Zeit (Stand 1988) hat der englische Physiker und Mathematiker Stephen W. HAWKING (1942-) dargestellt (HAWKING 1994). Anmerkungen über den Gegensatz von linearer und zirkulärer Zeitvorstellung (oder Zeitpfeil und Zeitzyklus) sowie zur Entdeckung der sogenannten Tiefenzeit gibt GOULD (1992).

Loop-Quantengravitation
Die Theorie macht Aussagen über Raum und Zeit in den von PLANCK zugrundegelegten Größenordnungen. Die Quantenzustände des Raumes werden in dieser Theorie durch *Diagramme* aus Linien und Knoten beschrieben.

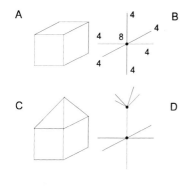

Bild 4.47 Veranschaulichung von Quantenzuständen durch Diagramme (nach SMOLIN 2004). Beispiel: Würfel A, begrenzt durch 6 quadratische Flächen. Das entsprechende Diagramm B (Spin-Netzwerk) besteht aus einem Knoten • (wobei die daneben stehende Zahl das Volumen des Würfels kennzeichnet) und je einer Zahl pro Linie, durch die die Größe der zugehörigen Fläche bezeichnet wird. Das zum Beispiel C (Würfel mit aufgesetzter Pyramide) gehörige Diagramm D zeigt entsprechend zwei Knoten. Für die Zwischenfläche zwischen Würfel und Pyramide steht die Linie zwischen beiden Knoten.

Die hier beschriebenen Diagramme (Spin-Netzwerke) zeigen zeitlich fixierte Quantenzustände von räumlichen Volumina und Flächen an und sind daher keine Feynman-Diagramme, die quantenmechanische Wechselwirkungen zwischen Teilchen repräsentieren, welche von einem Quantenzustand zum anderen fortschreiten (diese Form der Diagramme ist benannt nach dem us-amerikanischen Physiker Richard P. FEYNMAN, 1918-1988). In der Mathematik heißen die zuvor genannten Spin-Netzwerk-Diagramme *Graphen*. Da die in den Diagrammen stehenden Zahlen mit physikalischen Größen namens *Spin* verwandt sind, werden sie hier *Spin-Netzwerke* genannt. Die Quanten-Raumzeit läßt sich durch ähnliche Diagramme darstellen, die *Spin-Schäume* genannt werden. Solche Graphen veranschaulichen die zu beschreibenden Quantenzustände besser und zugleich umfassender als bisher in diesem Zusammenhang oft benutze Polyeder(-darstellungen). Die Benennung Loop (loop engl. Schleife) soll darauf hinweisen, daß in dieser Theorie gelegentlich mit winzigen Schleifen in der Raumzeit gearbeitet wird. Die eingeführte mathematische Sprache und dementsprechend ausgeführte Berechnungen ergaben einen quantisierten Raum sowie eine quantisierte Zeit. Nach dieser Theorie bestehen Raum und Zeit mithin aus *Diskreta* (sind also *nicht* kontinuierlich, wie in den vorgenannten Theorien unterstellt). Der Raum bestehe aus diskreten Volumenstücken von der *Minimalgröße* einer **Kubik-Planck-Länge** (ca 10^{-99} cm) und die Zeit schreite in *Sprüngen* von der Größenordnung einer **Planck-Zeit** (ca 10^{-43} Sekunden) fort (SMOLIN 2004). Ein Punkt in dieser Raumzeit sei nur durch die ablaufenden physikalischen Vorgänge in diesem Punkt definiert, nicht durch seinen Ort in einem speziellen Koordinatensystem, denn „spezielle" Koordinaten gebe es hier nicht (Diffeomorphismus-Invarianz). Die möglichen Werte für Volumen und Flächen ergeben sich in Einheiten der **Planck-Länge** (ca 10^{-33} cm), die mit der Stärke der Gravitation, der Größe der Quanten und der Lichtgeschwindigkeit zusammenhängt. Die Planck-Länge gebe die Größenordnung an, bei der die Geometrie des Raumes nicht mehr kontinuierlich sei. Die kleinstmögliche Fläche (Minimalfläche) ist etwa das Quadrat davon, also ca 10^{-66} cm^2 und das kleinste von Null verschiedene Volumen (Minimalvolumen) beträgt demnach ca 10^{-99} cm^3. Somit besage diese Theorie, daß es in jedem cm^3 des Raumes ca 10^{99} Volumenatome gibt. Der sichtbare Kosmos enthalte „nur" 10^{85} cm^3. Für größere Flächen oder Volumina sind gemäß dieser Theorie nur bestimmte Zahlenwerte erlaubt. Flächen und Volumina sind mithin keine kontinuierlichen Größen.

Wird zu dem Spin-Netzwerk die *Zeit-Dimension* hinzugefügt, gehen die Linien in 2-dimensionale Flächen über und aus den Knoten werden Linien. Dadurch entsteht der sogenannte Spin-Schaum. Ein Schnitt durch einen Spin-Schaum zu einer bestimmten Zeit ergibt wieder ein Spin-Netzwerk. Eine Folge von solchen Schnitten entspricht den Einzelbildern eines „Films", dessen Struktur mithin *diskontinuierlich* ist. Das Fortschreiten läßt sich mit dem Ticken einer Uhr vergleichen. Der Zeitabstand von einem Tick zum nächsten beträgt ca eine Planck-Zeit. Dazwischen ist die Zeit *nicht* existent. Es gebe so wenig ein „Dazwischen", wie es Wasser zwischen zwei benachbarten Wassermolekülen gebe (SMOLIN 2004).

Aus dem Gesagten läßt sich erkennen, daß die charakteristischen Effekte dieser Theorie erst im Planck-Maßstab bedeutsam werden und dieser liegt ca 16 Größenordnungen jenseits dessen, was die derzeit vorhandenen (beziehungsweise geplanten) Teilchenbeschleuniger (LHC, Tesla, siehe Sp. 2/2003) zu erforschen ermöglichen, denn diese benötigen um so mehr Energie, je kleiner die zu untersuchenden Strukturen sind.

Historische Anmerkung

Die Benennung *Kosmos* bezieht sich auf grch. kosmos: Ordnung, Anstand, Schmuck (WAHRIG 1986). Unter *Kosmogonie* wird im allgemeinen verstanden (a) die *naturwissenschaftliche* Lehre von der Entstehung und Entwicklung des Kosmos sowie der kosmischen Körper in in ihm und/oder (b) die Entstehung des Kosmos nach *mythischer Auffassung* sowie der Mythos, der von ihr berichtet. Unter *Kosmologie* wird allgemein verstanden die Lehre vom Kosmos als einem einheitlichen Ganzen. Die Benennung *Kosmographie* wurde bis in 17. Jahrhundert hinein auch für den Begriff Geographie benutzt (MEL 1975). Die Frage, ob unser Kosmos endlich oder unendlich ist, gehört ebenso wie die Frage, woraus denn der Kosmos bestehe, zu den ältesten Fragen der Philosophie und der Naturwissenschaft. Die Grundbegriffe Materie, Masse, Energie, Raum, Zeit befanden und befinden sich in einem ständigen Wandel.

GRIECHISCHE Auffassungen
Das Verdienst, erstmals systematisch über den Kosmos nachgedacht zu haben, gebührt wohl den *Griechen*, den griechischen Philosophen. *Babylonier* und *Ägypter* haben

zwar schon zuvor erstklassige Himmelsbeobachtungen durchgeführt, doch verfolgten sie den Lauf der Gestirne vorrangig aus pragmatischen Gründen, etwa um den Zeitablauf bestimmen und den optimalen Zeitpunkt der Aussaat festlegen zu können. Zunächst hatte das Phänomen der "Substanz", des "Bleibenden", die Aufmerksamkeit der griechischen Philosophen und Naturwissenschaftler auf sich gezogen. So etwa bei den älteren ionischen Naturphilosophen (den Milesiern in Kleinasien) und einigen anderen Philosophen und Mathematikern:

THALES aus Milet (**625** -547 **v.Chr.?**)
ANAXIMANDER aus Milet (611-546 v.Chr.?).
ANAXIMENES aus Milet (585-525 v.Chr.?).
ANAXAGORAS aus Klazomenä im ionischen Kleinasien (500-428 v.Chr.?)
LEUKIPP aus Milet (480-... v.Chr. ?)
DEMOKRIT aus Abdera (460-380 v.Chr.?)
HIPPASOS aus Metapont (um 450 v.Chr.)
ARISTOTELES aus Stagira (384-322 v.Chr.)
EUKLID aus Alexandria (um 300 v.Chr.)
PTOLEMÄUS, Claudius (100-**160 n.Chr.?**)

Für THALES ist das Wasser der Urstoff, aus dem die Welt besteht. Erstmals wird den vorherrschenden mythischen Vorstellungen eine "natürliche" gegenübergestellt. Thales vollzieht einen Übergang von Theogonie und Kosmogonie zur ionischen Naturphilosophie. Die Erde wird als auf dem Meer schwimmende Scheibe angesehen. Der Thales-Schüler ANAXIMANDER stellt seine Kosmogonie in der Schrift *Über die Natur* dar, dem ersten griechischen Buch zur Naturphilosophie. Für ihn liegt allen Dingen ein Urstoff zugrunde, den er das "Endlose" oder "Unbegrenzte" nennt (GASSE 1928). Der Kosmos sei geometrisch strukturiert. Für den Anaximander-Schüler ANAXIMENES ist die Luft das Ursprüngliche. Da bei allen drei Vorgenannten der Urstoff zugleich das Lebende enthält, werden sie auch *Hylozoisten* genannt.

Von gleichem Interesse wie das Phänomen "Urstoff" war offensichtlich auch das Phänomen "Kleinstes" und "Größtes". ANAXAGORAS soll gesagt haben: Denn weder gibt es beim Kleinen ja ein Kleinstes, sondern stets ein noch Kleineres, aber auch beim Großen gibt es immer ein Größeres (BROSCHART 2002). Er erklärt das Entstehen des Kosmos durch einen alle Teilchen bewegenden kosmischen Wirbel. Er kennt Kraft und Stoff und nimmt den Raum als stofferfüllt an.

LEUKIPP begründet die Atomlehre und prägt die Benennung *Atom*. Das Vakuum bezeichnet er als Nichtseiendes und erklärt die *Leere* zur physikalischen Wirklichkeit. Er lehrt in Abdera. Der Leukipp-Schüler DEMOKRIT prägte den Begriff des *leeren* Raumes. Bei ihm habe der Begriff Materie einen wesentlichen Wandel erfahren (HEISENBERG 1948). Materie besteht nunmehr aus "Atomen", die durch den "leeren" Raum voneinander getrennt sind. Diesen Atomen ist nur noch eine Qualität zugeordnet, die der Raumerfüllung. Die qualitativen Unterschiede des vom Menschen Wahrgenommenen sollen erklärt werden durch verschiedene Gestalt, Bewegung und Lagerung dieser Atome im leeren Raum. "Es gibt nur die Atome und den leeren Raum" hat

Demokrit klar formuliert. Während der Raum bis zu diesem Zeitpunkt ohne die Materie nicht gedacht werden konnte, gewissermaßen als von ihr aufgespannt erschien, erhielt er nun eine gewisse Selbständigkeit. Er sei als leerer Raum zwischen den Atomen der *Träger der Geometrie*.

HIPPASOS lehrte in Griechenland, war Mitglied des Wissensbundes der sogenannten Pythagoräer und befaßte sich unter anderem mit der Geometrie des Pentagramms (ein unendlich wiederkehrendes Muster, in der Geometrie heißen solche Muster "Fraktale"). Aus seinen Erkenntnissen folgerte er, daß ein für alle Pentagramms gültiges, exakt berechenbares Zahlenverhältnis nicht gefunden werden kann (BROSCHART 2002). Inzwischen hat die Mathematik gezeigt, daß das gesuchte Verhältnis der irrationalen Goldenen Zahl 1,618... entspricht, die zwar unendlich lang, prinzipiell aber mit jeder gewünschten Länge nach dem Komma berechnet werden kann, ebenso wie die Kreiszahl $\pi = 3{,}1415926\ldots$

Der bedeutende Naturforscher des antiken Griechenlands, ARISTOTELES, hält den Kosmos für eine kontinuierlich mit Stoff erfüllte, räumlich begrenzbare *Kugel* (SCHLOTE 2002). Nach ihm ist der Kosmos *endlich*, weil eine Grenze nötig sei, um ein in seinem Weltbild wichtiges absolutes Bezugssystem definieren zu können (LUMINET et al. 1999). Außerhalb der (Fixstern-) Sphäre sei kein Ding, also auch kein Ort, denn jeder Ort ist der Ort eines Dinges. Seine Kritiker wiesen darauf hin, daß jede Grenze zwei Seiten trennt und fragten, was denn hinter der Endlichkeit sei: die Gesamtheit des Kosmos könne doch gleich als das Davor und das Dahinter aufgefaßt werden? Ein *leerer* Raum sei physikalisch unreal. Zeit gebe es nur in Abhängigkeit von bewegungsfähigen Körpern. Der Kosmos ist wegen der Kontinuität der Bewegung *zeitlich unendlich*. Das antike Modell des Kosmos erreicht bei Aristoteles (um 335 v.Chr.) einen gewissen Höhepunkt. Nach seiner Vorstellung ist die Kosmos-Kugel geozentrisch gelagert. Es wölben sich 56 konzentrische Kugelschalen um die Erde, an die Erdmond, Sonne, und Sterne geheftet sind. PTOLEMÄUS verfeinerte (um 150 n.Chr.) dieses Modell des geozentrisch gelagerten, endlichen Kosmos.

Die älteste, uns überlieferte Darstellung der Geometrie verdanken wir EUKLID. Diese Geometrie ist *axiomatisch* begründet und mithin *nicht* notwendig ein Modell der Wirklichkeit. Der Begriff Raum spiele darin jedoch nur eine untergeordnete Rolle und käme als Kontinuum nicht vor (EINSTEIN 1934). Dennoch war diese Geometrie (zunächst als Elementargeometrie) bis zum Ende des 19. Jahrhunderts fast ausnahmslos das *mathematische* Gerüst in Naturwissenschaft und Technik. Diese Bereiche begnügten sich bis zu diesem Zeitpunkt im Denken und Handeln fast ausnahmslos mit dem 3-dimensionalen euklidischem Raum (x,y,z), der, ebenso wie die Zeit t, als *absolute* Gegebenheit aufgefaßt wurde. Außerdem galten Raum und Zeit als *unabhängig* voneinander. Fragen der Raummessung und der Zeitmessung waren dementsprechend in der Regel voneinander getrennt betrachtet worden. Hinsichtlich der Ausdehnung sind wir veranlaßt, diesen "euklidischen Raum" als *unendlich* zu denken. Für die mathematische Raumstruktur bedeutet dies, daß beispielsweise die Koordinatenachsen x,y,z, den Raum charakterisieren oder "aufspannen" und ihre Koordinatenwerte *gegen*

Unendlich laufen. Bei Nutzung dieser mathematischen Raumstruktur als physikalisches Modell der Wirklichkeit läßt sich dieses Laufen gegen Unendlich oder die Unendlichkeit des Raumes wohl nicht mehr veranschaulichen, weder beim "leeren" noch beim "mit Materie angefüllten" Raum. Euklid lehrt (um 295 v.Chr.) die geradlinige Ausbreitung des Lichts (SCHLOTE 2002).
Der in Alexandrien wirkende Astronom, Mathematiker und Geograph PTOLEMÄUS verfeinerte (um 150 n.Chr.) das Modell des geozentrisch gelagerten, endlichen Kosmos von Aristoteles. Seine Auffassungen dominierten das Denken im Abendland bis ins 17. Jahrhundert hinein und die Katholische Kirche erhob das geozentrische Modell des Kosmos zum Dogma. Zweifler fielen der (kirchlichen) Inquisition anheim, wie etwa der bei Neapel geborene Dominikanermönch Giordiano BRUNO, der (1600) auf dem Campo die Fiori in Rom den Scheiterhaufen besteigen mußte, weil er als Visionär des Unendlichen seine vom Dogma abweichende Vorstellungen über den Kosmos nicht widerrief. Die Tage des *geozentrischen Weltbildes* waren dennoch bald zu Ende, als die Erfindung des Teleskops (1608) den Blick in den Kosmos hinein wesentlich erweiterte.

EUROPÄISCHE Auffassungen bis ca 1650 n.Chr.
Der antike griechische Kulturkreis umfaßte auch Gebiete, die nicht zu Europa gerechnet werden. Andererseits ist das heutige Griechenland ein Teil Europas. Insofern ist die hier gewählte Überschrift nicht ganz korrekt. Von den bis ca 1650 wirkenden Philosophen und Naturwissenschaftlern sind vorrangig zu nennen:
    Thomas v. AQUIN(O) (ca 1225-1274)
    Giordano BRUNO oder Filippo Bruno (1548-1600)
    Rene DESCARTES oder lateinisiert Renatus Cartesius (1596-1650)
Der bei Neapel geborene Theologe und Philosoph AQUIN befaßte sich in seinem Hauptwerk "Summa Theologiae" mit dem Unendlichen und gilt vielfach als "Philosoph des Unendlichen". Für die mittelalterlichen Scholastiker war das Nachdenken und Schreiben über den neuzeitlichen Spiegel (speculum) ein besonderes Anliegen. Die meisten Bücher wurden als Speculum gekennzeichnet, ebenso wissenschaftliche und religiöse Theorien (speculatio, Spekulation = "Spiegelung") (BROSCHART 2002). In der Astronomie interessierte die unendliche Weite des Kosmos, in der Kunst (Malerei und andere Bereiche) die unendliche Ferne (Zentralperspektive), im Christentum die unendliche Liebe Gottes, in der Mathematik die unendlich große Zahlenmenge, in der Philosophie die Freiheit des Menschen. Besonders die Mathematiker haben sich mit präzisen Mitteln um die Bewältigung des Unendlichen bemüht. Beispielsweise präzisierten LEIBNITZ und NEWTON den Begriff des Unendlichen in der sogenannten Infinitesimalrechnung (dem Rechnen mit dem unendlich Kleinen). Der italienische Philosoph BRUNO gilt als erster Vertreter des sogenannten Pantheismus (Unendlichkeit und Einheit des beseelten Universums). In seinem Werk "De l'infinito, universo et mondi" ("Über das Unendliche, das Universum und die Welten") vertrat er die Ansicht, daß ein unendliches Universum weder Mittelpunkt noch Rand haben könne.

Den Begriff Raum als *Kontinuum* habe erst der französische Philosoph und Mathematiker DESCARTES eingeführt, in dem er den Raumpunkt durch *Koordinaten* beschrieb (EINSTEIN 1934). Erst hier seien die geometrischen Gebilde als Teile des unendlichen Raumes erschienen, der dabei als 3-dimensionales Kontinuum aufgefaßt worden sei.

NEWTON ...1687...

Die Zeit nach 1650 wird vor allem durch die nachgenannten Wissenschaftler geprägt, insbesondere durch den englischen Physiker, Mathematiker, Astronom und Philosophen NEWTON. Sein Name kennzeichnet im gewissen Sinne eine Ära.

    Isaak NEWTON (1643-1727)
    Gottfried Wilhelm FREIHERR v. LEIBNITZ (1646-1716)
    Immanuel KANT (1724-1804)

Als herausragender (oder herausragenster) Physiker seiner Zeit vertritt NEWTON die folgende Auffassung über Raum und Zeit: "Der *absolute* Raum bleibt vermöge seiner Natur und ohne Bezug auf einen äußeren Gegenstand stets gleich und unbeweglich" und "die *absolute*, wahre und mathematische Zeit verfließt an sich und vermöge ihrer Natur gleichförmig und ohne Beziehung auf irgend einen äußeren Gegenstand" (Newton: Philosophiae naturalis principia mathematica. 1687, deutschsprachige Ausgabe von J.P. Wolfers 1872). Raum und Zeit waren für ihn *unabhängig* voneinander. Hinsichtlich der Ausdehnung des Universums glaubte Newton, daß es *unendlich* sei, denn anderenfalls gebe es eine Grenze und damit einen Schwerpunkt. Die Gravitation der einzelnen Teile würde in einem solchen Falle das Universum "in der Mitte des ganzen Raumes zusammenfallen" lassen. Da das Universum stabil zu sein schien, folgerte Newton daraus, daß die Materie darin gleichförmig verteilt sein müsse und der Nettobetrag des Schwerkrafteinflusses entfernter Köper mithin Null sei (TL/Kosmos 1989). Nach EINSTEIN (1959) läßt sich das wissenschaftliche System des Begründers der theoretischen Physik, durch die Begriffe "Raum", "Zeit", "materieller Punkt" und "Kraft" (gleich Wechselwirkung zwischen den materiellen Punkten) kennzeichnen. Der Begriff materieller Punkt ist offenbar abgeleitet von wahrnehmbaren und bewegbaren Körpern, in dem von diesen die Qualitäten Ausdehnung, Form räumliche Orientierung weggelassen und lediglich Trägheit, Translation beibehalten wurden sowie der Begriff Kraft hinzugefügt wurde. Der wahrnehmbare Körper war damit als System materieller Punkte aufzufassen. Nach Einstein sei dieses theoretische System seinem Wesen nach ein atomistisches und mechanisches. Nach HEISENBERG (1948) hat im Zeitabschnitt von Demokrit bis Newton und Maxwell (1831-1879) die Diskussion des Raumproblems keine Rolle gespielt. Die geometrischen Erfahrungen des täglichen Lebens seien ohne Bedenken auf die Welt der Atome oder der Sterne übertragen worden. Eine ähnliche Auffassung vertritt auch v.LAUE (1959). Newton habe das Schwergewicht der offenen Fragen zwar durchaus gefühlt, sich aber mit der Annahme begnügt: es gebe einen "absoluten" Raum und eine "absolute" Zeit. 1687 formuliert er:

"Der absolute Raum bleibt vermöge seiner Natur und ohne Bezug auf einen äußeren Gegenstand stets gleich und unbeweglich" und "die absolute, wahre und mathematische Zeit verfließt an sich und vermöge ihrer Natur gleichförmig und ohne Beziehung auf irgend einen äußeren Gegenstand" (nach MITTELSTAEDT 1966). EINSTEIN (1934) verweist darauf, daß die Newtonsche Physik den Raum im vorgenannten Sinne notwendig habe, da beispielsweise die Newtonsche Beschleunigung nur als Beschleunigung gegen das Raumganze gedacht werden kann. NEWTON und der deutsche Philosoph und Universalgelehrte LEIBNITZ begründeten unabhängig voneinander die Infinitesimalrechnung.

Der deutsche Philosoph KANT veröffentlichte eine Reihe von logischen, philosophischen und naturwissenschaftlichen Schriften, darunter (1755) sein naturwissenschaftliches Hauptwerk "Allgemeine Naturgeschichte und Theorie des Himmels...". Von ihm stammen die Worte (BROSCHART 2002): "Das Weltgebäude setzt durch seine unermeßliche Größe und die unendliche Mannigfaltigkeit und Schönheit, welche aus allen Seiten hervorleuchtet, in ein stilles Erstaunen".

19. JAHRHUNDERT und danach

Begriff und Benennung "Atom" entstanden im Altertum. Die Unteilbarkeit, von der das Atom seinen Namen hat, wurde im 19. Jahrhundert in zunehmenden Maße aufgegeben, verstärkt ab 1893. Im Hinblick auf die hier anstehenden Fragen zum Wandel der Grundbegriffe Materie, Masse, Energie, Raum, Zeit und der Struktur unseres Kosmos (endlich, unendlich und anderes) seien als diesbezüglich prägend folgende Wissenschaftler genannt (Auswahl):

Bernhard RIEMANN (1826-1866)
Georg CANTOR (1845-1918)
Max PLANCK (1858-1947)
Philipp LENARD (1862-1947)
Wilhelm de SITTER (1872-1934)
Albert EINSTEIN (1879-1955)
Alexander FRIDMANN (auch FRIEDMANN) (1888-1925)
Edwin Powell HUBBLE (1889-1953)
Werner HEISENBERG (1901-1976)

Nach den Arbeiten des deutschen Physikers LENARD über das Atom richtete sich (etwa ab 1893) das Interesse nun verstärkt auf seine Bausteine, den sogenannten Elementarteilchen. Es entstehen die ersten Modelle vom Atom (1911 RUTHERFORD, 1913 BOHR). Der *Raum* war etwa bis zum Ende des 19. Jahrhunderts für die meisten Physiker passives Gefäß allen physikalischen Geschehens, er selbst nahm keinen Anteil daran. Nur der deutsche Mathematiker RIEMANN, von Einstein als Genie, unverstanden und einsam, charakterisiert, entwickelte eine neue Auffassung zum Raum. Im Gegensatz zur vorherrschenden Auffassung sprach er dem Raum erstmals seine Starrheit ab und hielt eine Anteilnahme des Raumes am physikalischen Geschehen für möglich. Als

Modell für den Kosmos hatte er (bereits um 1850) eine Hypersphäre (Hyperkugel) vorgeschlagen. Diese gilt als erstes Beispiel für einen *endlichen*, aber dennoch *endlosen* kosmischen Raum.

Der deutsche Mathematiker dänischer Herkunft CANTOR begründet die Mengenlehre (eingeschlossen das Rechnen mit *unendlichen* Mengen).

|Spezielle Relativitätstheorie|
1905 stellte der in Deutschland geborener Physiker EINSTEIN, seine Spezielle Relativitätstheorie vor, die Raum und Zeit zu einem *Raumzeit-Kontinuum* verkoppelt unter der Maßgabe, daß die *Lichtgeschwindigkeit endlich* sei und einen konstanten Wert habe. Die diesbezüglichen drei grundlegenden Abhandlungen von Einstein sind erschienen im Band 17 der "Analen der Physik" (1905). In der (dritten) Abhandlung "Zur Elektrodynamik bewegter Körper" behandelt Einstein eingehend die Begriffe Raum und Zeit und begründet die Spezielle Relativitätstheorie, aus der er wenige Monate später den Schluß auf die allgemeine Äquivalenz von Masse und Energie zog gemäß der Beziehung: $E = m \cdot c^2$, wobei E die Energie, m die Masse und c die Lichtgeschwindigkeit bedeuten (HERMANN/BENZ 1972). Die Gleichung besagt, daß Energie auch Masse besitzt und daher als eine Art von Materie zu betrachten ist.

|Quantentheorie|
Bereits 1900 hatte der deutsche Physiker PLANCK die Quantentheorie begründet. Elementare Bestandteile jeder Strahlung sind (nach Planck und Einstein) Quanten beziehungsweise Photonen, in denen die Energie konzentriert ist und die ebenfalls als eine Art von Materie, als Elementarteilchen, gelten können. Der Energieaustausch zwischen Strahlung und Materie erfolgt mittels Photonen. Grundsätzliches zu Quanten, Photonen sowie der Energie-Masse-Relation ist im Abschnitt 4.2 gesagt, ebenso ist dort das Strahlungsgesetz von Planck dargestellt. Die Energie eines Photons ist $E = h \cdot \nu = h \cdot c / \lambda$ wobei h die Planck-Konstante, ν die Frequenz des Photons, λ die Wellenlänge des Photons, c die Lichtgeschwindigkeit. Die Masse des Photons ist $m = E / c^2$. Ausführungen zur Klassifizierung der Elementarteilchen sind im Abschnitt 4.2.03 enthalten. Es hatte sich außerdem gezeigt, daß Elementarteilchen zerfallen und sich ineinander umwandeln können, einige existieren sogar nur eine äußerst kurze Zeit (ca nur bis zu 10^{-23} s). Von einem Quantenobjekt kann entweder sein Aufenthaltsort oder seine Geschwindigkeit, nicht beides zugleich bestimmt werden.

|Allgemeine Relativitätstheorie|
Von 1908 bis 1915 erarbeitete Einstein seine Allgemeine Relativitätstheorie, nach der die Geometrie, also die *Metrik* des (vorgenannten) Raumzeit-Kontinuums, und die *Verteilung der gravitativen Massen* in ihm voneinander abhängig sind. 1921 sagte Einstein, daß es nach der Allgemeinen Relativitätstheorie zwei Möglichkeiten bezüglich der Ausdehnung des Raumes gebe: a) "Die Welt sei räumlich unendlich. Dies ist nur möglich, wenn die durchschnittliche räumliche Dichte der in Sternen konzentrierten Materie im Weltraum verschwindet, d. h. wenn das Verhältnis der Gesamtmasse der Sterne zur Größe des Raumes, über den sie verstreut sind, sich unbegrenzt dem Werte Null nähert, wenn man die in Betracht gezogenen Räume immer größer werden

läßt". b) "Die Welt ist räumlich endlich. Dies muß der Fall sein, wenn es eine von Null verschiedene mittlere Dichte der ponderablen Materie im Weltraum gibt. Das Volumen des Weltraums ist desto größer, je kleiner seine mittlere Dichte ist" (EINSTEIN 1934). Eine Abschätzung der mittleren Dichte erschien ihm jedoch ausgeschlossen. Letztlich könne nur die "Erfahrung" darüber entscheiden, welche der beiden Möglichkeiten in der Natur realisiert ist.

1917 stellen EINSTEIN und DE SITTER *relativistische* Modelle des Kosmos vor, deren Krümmung als *zeitunabhängig* angenommen wird. Einstein zeigte, daß seine Feldgleichungen (der Allgemeinen Relativitätstheorie) eine statische kosmologische Lösung haben, wobei der Raum (wie bei der Riemann-Hypersphäre) als *stabil* (statisch), als *endlich* und *endlos* und die Krümmung als zeitunabhängig angenommen wird. De Sitter zieht aus der Einstein-Gravitationsgleichung den Schluß, daß der Kosmos ein zeitlich expandierender gekrümmter Raum ist (SCHLOTE 2002).

1922...
Der russische Mathematiker FRIDMANN findet eine *nichtstatische* Lösung der Einstein-Gravitationsgleichung und schließt daraus auf die Expansion des Kosmos. Er erarbeitet *nichtstatische* kosmologische Modelle: 1922 ein Modell eines sphärisch geschlossenen Kosmos, 1924 ein Modell eines hyperbolisch offenen Kosmos. Diese Vorstellungen sind theoretische Grundlage der Urknall-Hypothese (SCHLOTE 2002). Fridmann gelang die Verallgemeinerung der Einstein-Gravitationsgleichung auf Räume mit *zeitabhängigem* Krümmungsradius. Er ging davon aus, daß der Kosmos *nicht statisch* sein kann und entwickelte seine Gleichungen derart, daß damit sowohl ein *expandierender* als auch ein *kontrahierender* Kosmos mit hyperbolischer Geometrie beschrieben werden kann. Die Benennung *hyperbolische Geometrie* ist abgeleitet von der euklidischen Geometrie: in dieser hat die Hyperbel zwei unendlich ferne Punkte, in der hyperbolischen Geometrie hat jede Gerade zwei unendlich ferne Punkte (BALDUS 1944). Die von Fridmann aufgestellten Gleichungen (Fridmann-Gleichungen) gelten sowohl für ein *endliches* als auch für ein *unendliches* Universum, was Friedmann ausdrücklich hervorhob obwohl zu dieser Zeit noch keine Beispiele für *endliche* hyperbolische Räume bekannt waren (LUMINET et al. 1999). Seine Arbeiten fanden allerdings erst Beachtung, als Lemaitre, Eddington, Robertson, Walker und andere Untersuchungen über expandierende kosmologische Modelle auf der Grundlage der Allgemeinen Relativitätstheorie aufnahmen (UNSÖLD/BASCHEK 1991). Die Mathematik kennt inzwischen zahlreiche nichteuklidische Räume mit zeitabhängigem Krümmungsradius. Nichteuklidische gekrümmte Räume sind zwar mathematisch eindeutig beschreibbar aber nicht anschaulich. Mit Hilfe entsprechender 2-dimensionaler Darstellungen (ihrer 2-dimensionalen Analoga) lassen sie sich jedoch meist anschaulich beschreiben. Bezüglich Anschaulichkeit sei noch angemerkt, daß auch ein *unendlicher* 3-dimensionaler euklidischer Raum nicht "anschaulich" und wohl auch nicht real vorstellbar ist.

1929
machte der us-amerikanische Astronom HUBBLE die Aussage, daß sich unser Kosmos nach allen Richtungen ausdehnt und die Fluchtgeschwindigkeit der kosmischen

Objekte in der Sichtlinie proportional mit der Entfernung vom Beobachter wachse.

1948
stellte der deutsche Physiker HEISENBERG resümierend fest: "So wie die alten Griechen es sich erhofft hatten, so haben wir erkannt, daß es wirklich nur einen einzigen Grundstoff gibt, aus dem alles Wirkliche besteht. Wenn wir diesem Grundstoff einen Namen geben müssen, so könnten wir ihn heute nur "Energie" nennen. Dieser Grundstoff Energie aber ist in verschiedenen Formen existenzfähig. Er tritt stets in diskreten Quanten auf, die wir als die kleinsten unteilbaren Bausteine alles Stofflichen ansehen und aus rein historischen Gründen nicht Atome, sondern Elementarteilchen nennen."
Und er sagt weiter: "Die Mannigfaltigkeit der Erscheinungen dieser Welt kommt also, so wie es die griechischen Naturphilosophen vorausgeahnt hatten, durch die Fülle der Formen zustande, in denen die Energie erscheinen kann, und diese Fülle der Formen muß wieder, wenn sie ganz verstanden werden soll, abgebildet werden können durch eine Gesamtheit mathematischer Gestalten, letzten Endes also wohl einfach durch die Gesamtheit der Lösungen eines Gleichungssystems." (HEISENBERG 1949).

Kosmologische Modelle
Wesentliche Wechselwirkungskraft zwischen den Strukturelementen der Materie (Galaxienhaufen, Galaxien, Sterne und andere kosmische Körper) ist die Gravitation. Kosmische Modelle beziehungsweise kosmologische Theorien basieren daher stets auf bisher aufgestellte *Gravitationstheorien*.

● *Newton-Kosmologie*
Die auf der Gravitationstheorie von NEWTON basierende kosmologische Theorie geht aus von einem unendlich ausgedehnten Substrat kontinuierlich verteilter Massen, die miteinander in Wechselwirkung stehen und dem Kosmologischen Prinzip (siehe dort) genügen. Für jeden mit der kosmischen Materie mitbewegten Beobachter biete sich daher der gleiche (homogene und isotrope) Anblick. Wird zur Zeit t eine endliche, expandierende "Kosmoskugel" mit einem Radius R(t) betrachtet, dann wird beispielsweise eine Galaxie (die sich an der Oberfläche dieser Kugel befindet) nach dem Newton-Gravitationsgesetz von der in dieser Kugel befindlichen Masse M angezogen. Die *Bewegungsgleichung* lautet (UNSÖLD/BASCHECK 1991, ML 1970)

$$\frac{d^2 R}{dt^2} = -G \cdot \frac{M}{R^2}$$

mit $$M = \frac{4 \cdot \pi}{3} \cdot \rho(t) \cdot R^3(t) = \text{const}$$

$\varrho(t)$ = Materiedichte (Massendichte) zum Zeitpunkt t
G = Newton-Gravitationskonstante

Da sich der Abstand r zweier Galaxien proportional zu dem *Skalenfaktor* R(t) ändert, gilt für ihre Relativgeschwindigkeit v(t) = dR/dt = R*. Wird die vorstehende Differentialgleichung mit R* multipliziert, folgt die den *Energiesatz* repräsentierende Differentialgleichung

$$\frac{1}{2} \cdot \left(\frac{dR}{dt}\right)^2 - \frac{G \cdot M}{R} = \frac{1}{2} \cdot R^{*2} - \frac{G \cdot M}{R} = h$$

Nach Integration und Setzen für h = − k · c² / 2 ergibt sich

$$\left(\frac{R^*}{R}\right)^2 = \frac{G \cdot M}{R} - \frac{k \cdot c^2}{2} = \frac{8 \cdot \pi}{3} \cdot G \cdot \rho(t) - k \cdot \frac{c^2}{R^2}$$

k = Integrationskonstante
c = Lichtgeschwindigkeit

Als Lösung dieser Differentialgleichung werden drei mögliche Modelle des Kosmos erhalten: k >0 entspricht einer elliptischen (pulsierenden) Bewegung des Substrats, k = 0 entspricht einer parabolischen und k <0 einer hyperbolischen Bewegung des Substrats. Werden in die vorstehende Gleichung beispielsweise als (beobachtete) Werte eingesetzt: für die Expansionsgeschwindigkeit R* = c, für den Radius der Kugel R = c · T, für das Alter des Kosmos T = 10¹⁰ Jahre und die mittlere Dichte des Kosmos ϱ = 10⁻³⁰ g/cm³ , dann ergibt sich k <0. Der Kosmos expandiert daher nach der *Newton-Kosmologie* für alle Zeiten in einer hyperbolischen Bewegung (ML 1970).

● *Relativistische Kosmologie*
Sie geht von der in einem Riemann-Raum formulierten Gravitationstheorie von EINSTEIN aus und bezieht sich auf Lösungen der Einstein-Feldgleichungen und der relativistischen Bewegungsgleichungen für nichtzusammenhängende (inkohärente) Materie. Wird das Kosmologische Prinzip unterstellt, vereinfacht sich die Metrik dieser Gleichungen zur sogenannten *Robertson-Walker-Metrik* und es gilt (mit den Kugelpolarkoordinaten R(t) · r, δ, φ und c = Lichtgeschwindigkeit) für das 4-dimensionale Linienelement ds die Beziehung (UNSÖLD/BASCHECK 1991, MEL 1975)

$$ds^2 = c^2 \cdot dt^2 - \frac{R^2(t) \cdot \left[dr^2 + r^2 \cdot \left(d\delta^2 + \sin^2\delta \cdot d\varphi^2\right)\right]}{\left(1 + \frac{k \cdot r^2}{4}\right)^2}$$

$$= c^2 \cdot dt^2 - R^2(t) \cdot \left[\frac{dr^2}{1 - k \cdot r^2} + r^2\left(d\delta^2 + \sin^2\delta \cdot d\varphi^2\right)\right]$$

Für k = +1, k = 0 oder k= −1 ergibt sich ein 3-dimensionaler Raum mit konstanter positiver, verschwindender oder konstanter negativer Krümmung, also ein sphärischer, euklidischer oder hyperbolischer Raum, dessen Gauss-Krümmung jeweils k / R^2 ist. Die Einstein-Feldgleichungen vereinfachen sich damit auf zwei nichtlineare Differentialgleichungen für R, die sogenannten *Fridmann-Gleichungen*. Werden vernachlässigt der hydrostatische Druck der Materie (beziehungsweise des "Galaxien-Gases") und der Strahlungsdruck, dann lauten diese Gleichungen (MEL 1975)

und

$$2 \cdot R \cdot R^{**} + R^{*\,2} = \Lambda \cdot c^2 \cdot R^2 - k \cdot c^2$$

$$R^{*\,2} = 1/3 \cdot (8 \cdot \pi \cdot \Lambda \cdot c^2) \cdot R^2 - k \cdot c^2$$

Λ = Kosmologische Konstante der Einstein-Gleichungen
Die Lösungen R(t) dieser Gleichungen beschreiben einen *expandierenden* oder einen *kontrahierenden* Kosmos (ML 1970). Die Fridmann-Gleichung für R(t) lautet

$$\frac{1}{2} \cdot R^{*2} = \frac{4 \cdot \pi}{3} \cdot G \cdot \rho \cdot R^2 - \frac{k \cdot c^2}{2} + \frac{\Lambda \cdot c^2}{6} \cdot R^2$$

Es ergeben sich verschiedene kosmologische Modelle für k >0, k = 0 oder k <0 beziehungsweise für Λ >0 (kosmische Abstoßung), Λ = 0 oder Λ <0 (kosmische Anziehung).

R(t) hat hier (anders als in der Newton-Kosmologie) eine *geometrische* Bedeutung. Beispielsweise beschreibt er bei geschlossenen Modellen den Radius des Kosmos (der die Expansion des 3-dimensionalen Raumes angibt). Dagegen gilt (wie in der Newton-Kosmologie) für die Dichte der Materie ϱ der Massenerhaltungssatz M ≈ $\varrho \cdot R^3(t)$ = const. Bei räumlich geschlossenen kosmischen Modellen kennzeichnet M die konstante Gesamtmasse des Kosmos. Ferner ist die elektromagnetische Energiedichte ~ R^{-4} und damit die elektromagnetische Gesamtenergie ~ R^{-1}. In einem expandierenden Kosmos nimmt sie ständig ab. Für die Frequenzen ν der elektromagnetischen Strahlung folgt damit die *kosmologische Rotverschiebung* ν ≈ 1 / R.

Wie in der Newton-Kosmologie, so ist auch der Relativistischen Kosmologie R(t) zunächst festgelegt durch die Hubble-Zahl H_0 und den Bremsparameter q_0. Wird q_0 = 0 gesetzt, dann lautet die Fridmann-Gleichung (FREEDMAN 2003)

$$H_0^2 = \frac{8 \cdot \pi \cdot G \cdot \rho(m)}{3} - \frac{k}{r^2} + \frac{\Lambda}{3}$$

G = Gravitationskonstante
ϱ(m) = mittlere Materiedichte
k = Raumkrümmung
r = Skalenfaktor (relative Entfernung der Galaxien als Funktion der Zeit)
Λ = Kosmologische Konstante (Einstein)
Werden beide Seiten der Gleichung durch H_0^2 dividiert, dann folgt:

Term für die Massendichte	$\Omega(m) = 8\pi \cdot G \cdot \varrho(m) / 3 \cdot H_0^2$
Term für die Krümmung	$\Omega(k) = -k/r^2 \cdot H_0^2$
Term für die Energiedichte des Vakuums	$\Omega(\Lambda) = \Lambda/3 \cdot H_0^2$
und damit ergibt sich:	

$$\Omega(m) + \Omega(k) + \Omega(\Lambda) = 1$$

Ergebnisse aus Satellitenbeobachtungen zum Erfassen der 3K-Strahlung (mit COBE und Wmap) würden darauf hindeuten, daß unser Kosmos flach ist, also $\Omega(k) = 0$. Die Entwicklung unseres Kosmos könnte somit allein mittels Materiedichte $\Omega(m)$ und Vakuumenergiedichte $\Omega(\Lambda)$ beschrieben werden. Nach heutiger Kenntnis dominiert in unserem Kosmos die Vakuumsenergiedichte, die einen negativen Druck ausübt und die Expansion beschleunigt (FREEDMAN 2003).

Anmerkungen zu den Fragen
Ist unser Kosmos *endlich* und zugleich *endlos*?
Ist er *unendlich*?
Expandiert unser Kosmos?

Das Problem Unendlichkeit läßt sich (zunächst) umgehen, wenn der Kosmos als endlich, als ein "geschlossener" Kosmos angenommen wird. Sein Analogon im 2-dimensionalen ist beispielsweise die Oberfläche einer Kugel oder eines Ellipsoids. Der diesbezügliche Raum ist endlich und hat ein endliches Volumen. Auch der Oberflächeninhalt ist endlich und zugleich *endlos* (randlos, grenzenlos), denn beispielsweise könnte ein Reisender sich immer geradeaus bewegen ohne an eine Grenze zu stoßen. Bekannte Gebiete könnten beliebig oft durchquert werden. Entsprechend der positiven Raumkrümmung würde ein Lichtstrahl schließlich rückwärts in sich zurücklaufen, unabhängig davon, in welcher Richtung er den Ausgangsort verließ.

Wie zuvor dargelegt, hat um 1850 RIEMANN als Modell für den Kosmos eine *Hypersphäre* (Hyperkugel) vorgeschlagen. Dieser endliche und zugleich endlose Raum war das *erste* Beispiel für einen Raum mit solchen Eigenschaften. Bis Ende des 19. Jahrhunderts hatten die Mathematiker mehrere solcher Räume entdeckt. Im Jahre 1900 verwies der deutsche Astronom Karl SCHWARZSCHILD (1873-1916) auf diese mathematischen Ergebnisse und zeigte an einem Beispiel, wie aus dem euklidischen Raum ein Torus konstruiert werden kann (LUMINET et al 1999). Werden beispielsweise bei einem ebenen Quadrat dessen gegenüberliegende Kanten zusammengefügt, ergibt sich ein Zylinder, der sodann zu einem Ring gebogen wird. Das Ergebnis ist ein euklidischer Zwei-Torus. In gleicher Weise läßt sich ein Drei-Torus konstruieren, wobei hier die gegenüberliegenden Seitenflächen eines Würfels miteinander zu verbinden sind. Als 1917 EINSTEIN ein relativistisches Modell des Kosmos präsentierte, benutzte er dafür die Riemann-Hypersphäre und war bemüht, auf der Grundlage der Allgemeinen Relativitätstheorie ein endliches und doch endloses Modell des Kosmos zu konstruieren, welches stets den gleichen (also *zeitunabhängigen*) Radius aufweist.

Daß auch ein hyperbolischer Raum endlich sein kann, ist ebenfalls mit Hilfe 2-dimensionaler Analoga zu verdeutlichen. Werden beispielsweise bei einem regelmäßigen Achteck die gegenüberliegenden Kanten miteinander verbunden, so ergibt sich ein endlicher hyperbolischer Raum. Topologisch ist dieser Achteck-Raum äquivalent zu einer Brezel mit zwei Löchern (LUMINET et al. 1999). Wird die mit dem Oberflächenelement dO multiplizierte Gausssche Krümmung K(G) über ein bestimmtes Gebiet U einer Fläche F integriert, dann ergibt sich die sogenannte *Integralkrümmung* K(U) dieses Gebietes. Von besonderem Interesse ist nun, daß bei einer *geschlossenen* Fläche F die diesbezügliche Integralkrümmung K(F) *nicht* von der "Gestalt", sondern lediglich von einer *topologischen* Eigenschaft, hier vom *Geschlecht* dieser Fläche abhängt, denn es ist (GHM 1968):

$$K(F) = \int\int_F K(G) \cdot dO = 4 \cdot \pi \cdot (1 - p)$$

Eine geschlossene Fläche F ist anschaulich vorstellbar als Oberfläche eines endlichen glatten Körpers der von Löchern durchbohrt ist. Die Anzahl p der Löcher kennzeichnet das *Geschlecht* der Fläche (GHM 1968).

Bild 4.48
Flächen verschiedenen
Geschlechts.

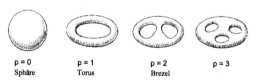

p = 0　　　　p = 1　　　　p = 2　　　　p = 3
Sphäre　　　Torus　　　　Brezel

Die Erkenntnis, daß die Integralkrümmung einer geschlossenen Fläche vom Geschlecht p nicht von der "Gestalt" der Fläche abhängig ist, gab einen wesentlichen Anstoß zu weiteren Untersuchungen der *topologischen* Eigenschaften von Flächen und schließlich von Räumen.

Das Modell eines endlichen Kosmos hat bisher wenig Akzeptanz erreicht im Vergleich zum ins (Unendliche?) expandierenden Kosmos. Neuerdings wird verstärkt der Frage nachgegangen, *ob ein endlicher Kosmos uns eine Unendlichkeit vortäuscht,* ähnlich einem Spiegelkabinett. Beispielsweise könnte unter solchen Bedingungen (in einem solchen "mehrfach zusammenhängenden Raum") das Bild einer fernen Galaxie mehrfach am Himmel erscheinen, bei Unterstellung eines Zeitablaufs sogar in früheren Entwicklungsstadien (LUMINET et al. 1999).

Bei der Frage "Ist unser Kosmos unendlich?" *muß* zunächst wohl davon ausgegangen werden, daß Masse nicht ohne Raum *gedacht* werden kann, wohl aber Raum ohne Masse = "leerer" Raum! Die Definition des Begriffes "leerer" Raum kann allerdings unterschiedlich erfolgen. Befindet sich ein *endlicher* Raum sich in einem *unendlichen leeren* Raum? Oder, *expandiert* ein *endlicher* Raum in einen *unendlich leeren Raum* hinein? Wird angenommen, daß der Raum von der Materie "aufgespannt" wird, dann gibt es keinen "leeren" Raum. Der Raum endet dort, wo keine Materie mehr ist. Das

Außerhalb, die Umgebung des von der Materie aufgespannten Raumes, wird dann vielfach als "Nichts", als "Existenzlosigkeit", als "Dahinter" oder ähnlich bezeichnet. Beim Begriff "Expansion" wird ferner unterschieden zwischen "Expansion (besser Forteilen) der kosmischen Körper" (Galaxien...) innerhalb des existierenden Raumes und "Expansion des Raumes" selbst. Überwiegend wird davon ausgegangen, daß der Raum expandiert. Andererseits wird angenommen, daß er von der Materie ja (erst) aufgespannt wird. Soll ein unendlicher Raum auch eine unendliche Anzahl von kosmischen Körpern (Galaxien...) enthalten? Schließt schon die *Endlichkeit* der Lichtgeschwindigkeit die Existenz eines *unendlichen* Raumes prinzipiell aus?

Das Modell eines *expandierenden* Kosmos genießt derzeit hohe Akzeptanz und wird oftmals als Standardmodell bezeichnet, obwohl auch hier noch zahlreiche Fragen nicht hinreichend beantwortbar sind, wie aus nachstehender Zusammenstellung ersichtlich sein dürfte. Die 1929 von HUBBLE gemachte Aussage, daß unser Kosmos *expandiert*, basiert auf gemessenen *Rotverschiebungen*, wobei allerdings noch immer nicht hinreichend geklärt ist, ob solche Rotverschiebungen durch den Doppler-Effekt (wie Hubble annahm) und/oder durch einen Energieverlust der Quanten beim Durchqueren sehr starker Gravitationsfelder (relativistische Rotverschiebung) oder durch einen noch unbekannten physikalischen Effekt bewirkt werden. Die Hubble-Zahl hat die Dimension einer reziproken Zeit. Mit einer endlichen Lichtgeschwindigkeit folgt daraus ein *Zeitweg*. Ist dieser Zeitweg (wenigstens näherungsweise) das *Expansionsalter* unseres Kosmos? Spricht auch die Existenz radioaktiver Materie, von der ein großer Teil bisher noch nicht zerfallen ist, für einen *Anfang* unseres Kosmos? Vielfach wird davon ausgegangen, daß bei einer Expansion des Kosmos die Strahlung ein anderes Schicksal erleidet, als die Materie. Die Materie bleibt erhalten, obwohl sie sich zunehmend weiter über den ständig größer werdenden Raum verteilen muß. Die Strahlung dagegen kühlt ab, weil die Strahlungsquanten (Photonen) dem expandierenden Raum folgen müssen und dabei Energie verlieren (STROBACH 1991). Die Anzahl der Photonen bleibt bei diesem Vorgang konstant, allerdings verringert sich ihre Temperatur. Die heute vorliegende 3K-*Strahlung* wird als Indiz für diesen Vorgang angesehen. Wohin expandiert unser Kosmos: in einen unendlichen Raum hinaus, in einen "leeren" Raum hinaus, ins Nichts? Ist seine Expansion *zeitlich* unbegrenzt? Wäre es andererseits denkbar, daß ein *endlicher* Kosmos uns eine *Unendlichkeit* nur vortäuscht, ähnlich einem Spiegelkabinett? Könnte der *Lichtweg* ein in diesem Sinne "gebrochener" Strahl sein und sogar in sich zurücklaufen? Wie wäre dann der Lichtweg als Zeitweg zu interpretieren? Zuvor war schon gesagt worden, daß sich die Materie unseres Kosmos entsprechend der Expansion zunehmend weiter im größer werdenden Raum verteilen muß. War die gesamte heute existierende Materie bereits auch früher in dem entsprechenden kleineren Raumvolumen am Beginn der Expansion (der kosmischen Singularität und dem Urknall) enthalten? Nimmt die räumliche Dichte der Materie entsprechend der Expansion ab, etwa gemäß der Theorie des evolutionären Universums? Oder, wird die Materie mit der Expansion des Kosmos gerade so schnell und in solchen Mengen neu geschaffen, daß, etwa gemäß der steady state theory, die räumliche

Dichte des Kosmos konstant bleibt? Wird von einer Singularität des Kosmos und einem Urknall ausgegangen, dann kann schließlich auch die Frage gestellt werden: gab es nur einen oder gab es den Urknall gleichzeitig überall, nicht in einem Punkt, sondern verteilt über das ganze unendliche Universum? Wie kam die Gleichzeitigkeit zustande, trotz endlicher Lichtgeschwindigkeit?

Mathematische Raumstrukturen (metrische und topologische Räume)

Die älteste, uns überlieferte Darstellung der Geometrie als einer axiomatischen Theorie verdanken wir EUKLID. Die griechische beziehungsweise euklidische Geometrie ist danach ein System von Sätzen, die von den Beziehungen bestimmter Dinge (Punkte, Geraden, Ebenen) und den Relationen zwischen ihnen (schneiden, verbinden) handeln. Die griechischen Mathematiker hatten erkannt, daß sich diese Sätze aus einer kleinen Anzahl von Grundsätzen herleiten lassen, aus den sogenannten *Axiomen*. Das Axiomssystem bei Euklid ist vermutlich nicht willkürlich gewählt, sondern eine Abstraktion aus der langjährigen täglichen Erfahrung und Produktionspraxis des Menschen. Die *euklidische* Geometrie (zunächst als sogenannte ebene und räumliche Elementargeometrie) war bekanntlich bis zum Ende des 19. Jahrhunderts fast ausnahmslos das mathematische Gerüst in Naturwissenschaft und Technik. Der Begriff Raum spielte dabei nur eine untergeordnete Rolle. Euklid beziehungsweise die euklidische Elementargeometrie behandelt vorrangig körperliche Objekte und die Lagebeziehungen zwischen diesen Objekten. Der Raum als Kontinuum kommt im Begriffssystem Euklids nicht vor. Die Entwicklung des Begriffs Raum vollzog sich vermutlich nach folgendem Schema: körperliches Objekt ⇨ Lagebeziehungen körperlicher Objekte ⇨ Zwischenraum ⇨ Raum. Den Begriff Raum als Kontinuum hat wohl erst DESCARTES eingeführt, in dem er den Raumpunkt durch Koordinaten beschrieb. Nun erscheinen die geometrischen Gebilde als Teile des Raumes, der dabei als 3-dimensionales Kontinuum aufgefaßt wird. HILBERT veröffentlichte 1899 schließlich ein Axiomensystem, das die verschiedenen Mängel des euklidischen beseitigte.

Bereits mehr als hundert Jahre zuvor (ab 1792) hatte sich der deutsche Mathematiker, Physiker, Astronom und Geodät Carl Friedrich GAUSS (1777-1855) mit der Erweiterung der euklidischen Geometrie befaßt und spätestens 1816 volle Klarheit erlangt über die Berechtigung auch anderer Geometrien. Gauss war, ebenso wie später (um 1830) der russische Mathematiker Nikolai Iwanowitsch LOBATSCHEWSKI (1793-1856) und der ungarische Mathematiker Janos BOLYAI (1802-1860) zu dem Ergebnis gelangt, daß das 11. Axiom von Euklid (das Parallelaxiom) unabhängig von den anderen Axiomen ist und daher entfallen kann beziehungsweise durch eine andere, diesem Axiom widersprechende Behauptung ersetzbar ist. Die in diesem Sinne entwickelten Theorien werden *nichteuklidische* Geometrien genannt. Hierzu gehört auch die von RIEMANN entwickelte Geometrie. Riemann ließ auch noch die *unendliche* Länge der Geraden fallen. Der Raum wird als *endlich*, aber *endlos* (grenzenlos, randlos) angenommen, beispielsweise zusammenlaufend, wie bei der Bewegung in einer

Richtung auf einer Kugeloberfläche. Untersuchungen einiger Mathematiker über die *innere Geometrie* gekrümmter Flächen veranlaßten Riemann, die diesbezügliche Differentialgeometrie zu verallgemeinern auf eine *beliebige Anzahl von Dimensionen* mit dem Ergebnis, daß in Räumen, in denen die von Riemann eingeführte Krümmung überall und in allen Richtungen konstant ist (in den Riemannschen Kugelräumen) eine nichteuklidische Geometrie gilt.

Die Benennung **Raum** wird in der *Mathematik* in der Regel für eine Menge M mit einer zusätzlichen Struktur benutzt. Die weitere Gestaltung der Raumtheorie ist dann bestimmt durch die Axiome der Struktur und die Folgerungen, die sich daraus ziehen lassen. Wird beispielsweise bei der Definition eines Raumes die Möglichkeit des Messens von "Entfernungen" zur axiomatischen Grundlage gemacht, dann heißt eine Menge M (mit den Elementen x, y, z, ...) ein

■ *metrischer Raum*,

wenn es zu irgend zwei Elementen x (der Menge M) und y (der Menge M) eine nichtnegative reelle Zahl D (x, y) gibt, die folgenden Axiomen genügt:

a) $D(x,y) \geq 0$ und $D(x,y) = 0$ nur für $x = y$
b) $D(x,y) = D(y,x)$ (Symmetrie)
c) $D(x,y) \leq D(x,z) + D(z,y)$ (Dreiecksungleichung)

Die Elemente von M heißen die *Punkte* des Raumes und die Zahl D (x, y) die *Entfernung* der Punkte x und y. Die Ungleichung c) wird *Dreiecksungleichung* genannt und besagt: in einem Dreieck ist die Summe zweier Seiten nicht kleiner als die dritte. Nachfolgend werden einige metrische Räume mit ihren Entfernungsfunktionen (verschiedentlich auch Abstandsfunktionen genannt) aufgezeigt:

➤ *euklidische Ebene*

Es seien x, y, z irgend drei Punkte der Menge E und D (x,y) die Länge der Strecke (x, y). Außerdem habe x in einem rechtwinkligen cartesischen Koordinatensystem die Koordinaten x_1, x_2 und y die Koordinaten y_1, y_2. Die Entfernung ist dann gegeben durch die Funktion

$$D(x, y) = \sqrt{(x_1 - y_1)^2 + (x_2 - y_2)^2}$$

➤ *3-dimensionaler euklidischer Raum*

Er ist definiert als Menge M der Tripel (x, y, z) reeller Zahlen (Koordinaten), die die Punkte der Menge beschreiben und der Funktion

$$D(P, Q) = \sqrt{\sum_{i=1}^{3}(x_i - y_i)^2}$$

P und Q sind Punkte mit den Koordinaten x_i beziehungsweise y_i.

> *n-dimensionaler euklidischer Raum*
Er ist definiert als Menge M aller n-Tupel $(x_1, x_2, ...x_n)$ reeller Zahlen, wobei jedes n-Tupel mit einem Punkt P des Raumes zu identifizieren ist. Auch hier werden $x_1, x_2, ...x_n$ als Koordinaten des Punktes P bezeichnet. Analog zur Entfernungsfunktion im dreidimensionalen euklidischen Raumes folgt dann als Entfernungsfunktion für die Punkte P und Q (mit den Koordinaten $x_1, x_2, ... x_n$ und $y_1, y_2 ... y_n$) im n-dimensionalen euklidischen Raum

$$D(P,Q) = \sqrt{\sum_{k=1}^{n}(x_k - y_k)^2}$$

Die **Dimension** ist mithin gleich der Anzahl der zur Beschreibung eines beliebigen Punktes notwendigen Koordinaten. Den *analytischen* Ausbau der euklidischen Geometrie (mit Einführung von Koordinaten) haben vorrangig eingeleitet der französische Jurist und Mathematiker Pierre DE FERMAT (1601-1665) und der französische Philosoph und Mathematiker Rene DESCARTES (Cartesius). Descartes hat vor allem auch die euklidische Geometrie 1637 erstmals in analytischer Form zusammenhängend dargestellt und veröffentlicht. Ebene Koordinatensysteme, deren Koordinatenachsen x_1 und x_2 sich rechtwinklig schneiden, werden daher vielfach als *Cartesische Koordinatensysteme* bezeichnet.

> *Hilbert-Räume*
Es sei H die Menge der Folgen $x = \{x_1, x_2, x_3, ...\}$ reeller Zahlen x_v, für die

$$\sum_{v=1}^{\infty} x_v^2 = x_1^2 + x_2^2 + x_3^2 + ...$$

konvergiert. Die Folgen sind Punkte des Hilbertschen Raumes H, wobei die Entfernungsfunktion lautet

$$(D(x,y))^2 = \sum_{v=1}^{\infty}(x_v - y_v)^2$$

> *Riemann-Räume*
Eine n-dimensionale *Mannigfaltigkeit*, in der eine quadratische Differentialform als *Bogenelement* gegeben ist durch

$$ds^2 = \sum_{i,k=1}^{n} g_{i,k} \cdot (x_1 \ldots x_n) \cdot dx_i \cdot dx_k$$

wird Riemannscher Raum (Riemann-Raum) genannt (GHM 1968). Ist beispielsweise $x_i = x_i(t)$ mit $0 < t < 1$ die Darstellung einer Kurve im Riemann-Raum, dann gilt längs ihrer $dx_i = x_i^*\, dt$ und es ergibt sich als invarianter Parameter $s = s(t)$ die Bogenlänge

$$s(t) = \int_0^t \sqrt{\sum_{i,k=1}^{n} g_{i,k} \cdot (x_i(t)\ldots x_n(t)) \cdot x_i^*(t) \cdot x_k^*(t)} \cdot dt$$

Die Riemannsche Geometrie gilt als Verallgemeinerung der inneren Geometrie der Flächen ins n-dimensionale. Während in der inneren Geometrie die Form

$$\sum_{i,k=1}^{n} g_{i,k} \cdot x_i^* \cdot x_k^*$$

stets positiv definit ist, werden in der Riemannschen Geometrie auch *indefinite* Formen zugelassen. Die Bogenlänge kann dann auch Null oder imaginär werden. Solche Riemannschen Räume benutzt die Allgemeine Relativitätstheorie. g_{ik} wird verschiedentlich als Maßtensor, Fundamentaltensor, Metriktensor bezeichnet (ML 1970). Der *euklidische* Raum ist ein Spezialfall eines Riemann-Raumes. Für sein Bogenelement gilt bei orthonormierten cartesischen Koordinaten $g_{ii} = 1$ und $g_{ik} = 0$ für $i \neq k$. Die *Krümmung* eines Riemann-Raumes gibt die Abweichung des Raumes von der des euklidischen Raumes gleicher Dimension an. Die Krümmung des Riemann-Raumes ist durch den Riemann-Christoffel-Krümmungstensor bestimmt.

▶ *Hypersphäre*

Unter einer *Hyperfläche* wird ein (n - 1)-dimensionaler Unterraum des n-dimensionalen euklidischen Raumes verstanden. Eine Hypersphäre (*Hyperkugel*) mit konstantem Radius r ist durch die nachstehende Gleichung beschrieben (ML 1970):

$$\left(x_1 - x_1^{(0)}\right)^2 + \ldots + \left(x_n - x_n^{(0)}\right)^2 = r^2$$

Man kann die Hypersphäre auch beschreiben als 3-dimensionale Oberfläche einer 4-dimensionalen Kugel (LUMINET et al. 1999). Demnach ist sie als 3-dimensionaler Unterraum in einem 4-dimensionalen euklidischen Raum eingebettet. Als EINSTEIN 1917 das erste *relativistische* Modell des Kosmos präsentierte, wählte er für dessen Gestalt im Großen die Riemann-Hypersphäre.

Das Messen von Entfernungen ist nicht die einzige Möglichkeit, eine Vorstellung von einem Raum zu gewinnen. Beispielsweise kann ein Raum auch dadurch ausgezeichnet sein, daß zu jedem Punkt des Raumes gewisse Punktmengen gehören, die als "Umgebung" des Punktes aufgefaßt werden können. Die Axiomatisierung der gegebenen Eigenschaften einer solchen "Umgebung" führt dann zu einem weiteren Raumbegriff, dem

■ *topologischen Raum.*

Eine Menge M ist ein topologischer Raum, wenn zu jedem Element a der Menge M mindestens eine ("Umgebung" genannte) Teilmenge U(a) (enthalten in M) existiert, die folgenden Axiomen genügt:

a) Jedes Element a ist in jeder ihrer Umgebung U(a) als Element enthalten.

b) Zu zwei Umgebungen $U_1(a)$ und $U_2(a)$ gibt es stets eine Umgebung V(a), die im Durchschnitt von $U_1(a)$ und $U_2(a)$ enthalten ist.

c) Ist b ein Element aus einer Umgebung U(a), so gibt es mindestens eine Umgebung U(b), die in U(a) enthalten ist.

Die Elemente eines solchen topologischen Raumes werden *Punkte* genannt. Die vorstehende Definition des topologischen Raumes entstammt MESCHKOWSKI (1964), Alternativ-Definitionen sind enthalten in JÄNICH (1999). Nach Meschkowski läßt sich zeigen, daß

jeder metrische Raum

auch als topologischer Raum gedeutet werden kann.

Es gibt jedoch topologische Räume in denen eine Metrik *nicht* erklärt ist. Bedeutsam ist ferner, daß ein Raum sowohl durch seine Metrik als auch durch seine Topologie charakterisiert werden kann und beide Vorgehensweisen *unabhängig* voneinander sind. In sprachlicher Hinsicht sei noch angemerkt, daß prinzipiell von der "Topologie des topologischen Raumes" zu sprechen ist. Meist wird verkürzt einfach vom "topologischen Raum" gesprochen.

4.2.03 Strahlungsquelle Sonne

Vielfach wird davon ausgegangen, daß von unserer *Sonne* fast die gesamte Energie stammt, welche die unterschiedlichen Zirkulationsmechanismen im System Erde in Bewegung setzt (wie beispielsweise in der Atmosphäre und im Meer) und welche die vielfältigen physikalisch-chemischen Veränderungen auf dem Land, im Meer und in der Luft sowie das Leben im System Erde in großem Umfange ermöglicht. Die *Gesamtstrahlung* der Sonne umfaßt zwei Komponenten: Wellen (*elektromagnetische Wellenstrahlung*) und Teilchen (*Teilchenstrahlung*). Als Maß für die durch elektromagnetische Wellen übertragene Energie wird allgemein die *Solarkonstante* benutzt. Die Teilchenstrahlung bewegt sich nahezu radial von der Sonne weg und wird vielfach *Sonnenwind* genannt.

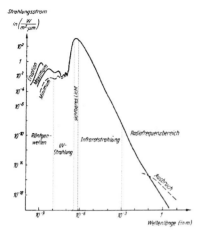

Bild 4.49
Intensitätsverteilung im elektromagnetischen Wellenspektrum der Sonne nach LINDNER (1993). Das Maximum liegt im sichtbaren Spektralbereich. Dessen Intensität ist nahezu konstant, während der Ultraviolettbereich je nach Sonnenaktivität stark wechselnde Intensität zeigt. Bezüglich der Theorie sei angemerkt, daß die Sonne *nicht* wie ein schwarzer Körper strahlt (siehe UNSÖLD/BASCHEK 1991).

An der gesamten elektromagnetischen Strahlung der Sonne sollen einzelne Strahlungsarten die nachstehenden Anteile (in %) haben (LINDNER 1993):

Strahlungsart	Anteil	Wellenlängenbereich (in nm)
Röntgenstrahlung, Ultraviolettstrahlung	1,2	unter 300
Ultraviolettstrahlung	6,8	300...400
sichtbare Strahlung	48,0	400...680
Ultrarotstrahlung	38,0	800...2000
Radiowellenstrahlung	6,0	über 2000

Von der kugelsymmetrisch in den Weltraum abgestrahlten Gesamtmenge von Sonnenenergie trifft auf die ca 150 Millionen km entfernte Erde (entsprechend dem Raumwinkel von der Erde aus gesehen) nur eine Teilmenge von ca 2 Milliardstel (WEISCHET 1983).

Über die Wirksamkeit *weiterer* Energiequellen im Kosmos, also Quellen die *außerhalb* des Systems Erde liegen und auf dieses einwirken, liegen hinreichend sichere Aussagen bisher nicht vor. Ihre Bedeutung wird als gering eingeschätzt.

Der Wärmestrom *im* und *aus* dem *Erdinnern* ist in verschiedenen Abschnitten gesondert behandelt.

Solarkonstante, solare Einstrahlung in das System Erde

Die Energieflußdichte der von der Sonne kommenden Strahlung am Ort des Systems Erde durch eine senkrecht auf der Verbindungsgeraden Sonne/Erde stehenden (Einheits-) Fläche, gemittelt über die Umlaufbahn der Erde um die Sonne beziehungsweise über 1 Jahr, wird als *Solarkonstante* bezeichnet (ROEDEL 1994). Als Abkürzung dient oft SC oder TSI (engl. Total solar irradiance). Eine genauere meßtechnische Bestimmung wurde erst möglich, als Strahlungsmeßgerät (Pyrheliometer) in Höhe der Atmosphärenoberfläche des Systems Erde eingesetzt werden konnten. 1994 galt unter Berücksichtigung der bis zu dieser Zeit verfügbaren Satellitenmessungen als *aktueller* Wert (ROEDEL 1994):

● *Solarkonstante* = 1 368 W/m^2 = 136,8 mW/cm^2 = 1,96 cal/cm^2 · min

Umrechnungen: Die Einheit cal (Kalorie) soll nicht mehr benutzt werden, ist aber in der Literatur noch zu finden. Nachstehend sind einige Umrechnungsbeziehungen angegeben (ROEDEL 1994, WEISCHET 1983):

1 cal = 4,184 Joule = 4,184 Wattsekunde (Ws) = 4,184 ·10^7 erg
1 Joule = 0,2391 cal = 1 Ws = 10^7 erg = 10^7 g · cm^2 · s^{-2}
1 cal/min = 69,7 mW
1 Watt (W) = 7,52 ·10^6 cal/Jahr
1 cal/cm^2 = 1 Ly (oder auch 1 ly geschrieben) (Langley)

Die Bezeichnung Langley ist besonders in der us-amerikanischen Literatur anzutreffen und bezieht sich auf Samuel Pierpont LANGLEY (1834-1906). Der mittlere Abstand Sonne/Erde beträgt 149 597 870 km = 1 AE = 1 Astronomische Einheit. Da die Bahn der Erde um die Sonne schwach elliptisch ist, variiert die aktuelle Energieflußdichte von der Sonne *am Meßort* im Laufe eines Jahres um ca ±3,4% um den oben genannten Mittelwert. Im Perihel ist der Wert um 3,4% größer, im Aphel um 3,5% kleiner (WEISCHET 1983).

Die *mittlere solare Einstrahlung in das System Erde* ergibt sich aus dem Tatbestand, daß die Erdkugel aus der Sonnenstrahlung ein Bündel von der Flächengröße π · R^2 mit R als Erdradius ausblendet. Die Oberfläche der Erdkugel beträgt 4 · π · R^2. Damit folgt für die Dichte der mittleren solaren Einstrahlung in das System Erde (bezogen auf dessen Oberfläche, etwa der Oberfläche der Erdatmosphäre) gerade 1/4 der Solarkonstanten (SC). Mithin gilt als *aktueller* Betrag für die

● *Dichte der mittleren solaren Einstrahlung in das System Erde (an dessen Oberfläche)* S_0 = 1/4 · SC = 342 W/m^2 = 34,2 mW/cm^2 oder S_0 = 706 cal/cm^2 · d

Aus der Annahme einer Erdkugel ergibt sich in diesem Zusammenhang kein nennenswerter Genauigkeitsverlust. S_0 gilt (ebenso wie SC) für die senkrecht auf der Verbindungsgeraden Sonne/Erde stehenden (Einheits-) Fläche. Allgemein ist die *solare Einstrahlung* S in das System Erde somit abhängig von Zeit und Ort (also von geographischer Breite und Länge). Die Beziehungen zwischen der solaren Einstrahlung S_0 beziehungsweise S und der *Reflexion* dieser Einstrahlung an tätigen Oberflächen des

Systems Erde sind im Abschnitt 4.2.08 behandelt.

Beobachtungen von Raumfahrzeugen aus
Die Benennung Solarkonstante geht auf den französischen Physiker Claude POUILLET (1790-1868) zurück, der 1837 erste Messungsversuche zu ihrer Bestimmung durchführte. Genauere Messungen folgten um 1883 durch K. ANGSTRÖM und um 1908 durch Charles Greeley ABBOT (1872-1973). Die Benennung läßt erkennen, daß zu jener Zeit von einer Konstanz der Sonne ausgegangen wurde. Heute wird überwiegend eine Veränderlichkeit angenommen. Entsprechend der elliptischen Umlaufbahn der Erde um die Sonne zeigt die Solarkonstante zunächst einen *Jahresgang*. Einflüsse auf die Größe der Solarkonstante ergeben sich ferner durch stetige, zyklische, oder sprunghafte Veränderungen der Strahlungsleistung der Sonne. Beispielsweise wird die Sonne heller, wenn sie entsprechend des 11-jährigen *Sonnenfleckenzyklus* einem Maximum entgegengeht, und dunkler, wenn ein Sonnenfleckenminimum bevorsteht. Veränderungen der Strahlungsleistung ergeben sich ferner durch Änderung der Umlaufbahn der Erde und damit des Abstandes Sonne/Erde sowie durch Veränderung der Materiedichte im Raum zwischen Sonne und Erde und damit des Transmissionsgrades für diesen Raum. Grundlegende Messungen zur Bestimmung der Solarkonstanten von Raumfahrzeugen aus begannen **1978** mit dem Sensor ERB im Rahmen der Satellitenmission Nimbus 7.

Start	Name der Satellitenmission und andere Daten
1978	**NIMBUS-7** (Abschnitt 9), Sensor: Radiometer HF (Hickey-Frieden), ERB (Earth Radiation Budget) 1978...1993 operationell
1980	**SMM** (Solar Maximum Mission) (USA), Sensor: ACRIM-I (Active Cavity Radiometer Irradiance Monitor), H = 660 km, 1980...1989 operationell
1984	**ERBS** (Abschnitt 10.3), Sensor: ERBE (Earth Radiation Budget Experiment), 1984...2003 operationell
1984	**NOAA-9** (USA), Sensor: ERBE mit 4 Kanälen: 0,5-07, 0,2-4,0, 02,-50, 10,5-12,5 µm, H = 800 km, I = 98°
1986	**NOAA-10** (USA), Sensor: ERBE
1991	**UARS** (Abschnitt 10), Sensoren: ACRIM-II, 1991...2001 operationell, SUSIM (Solar Ultraviolet Spectral Irradiance Monitor) 115-410 nm, SOLSTICE (Solar Stellar Irradiance Comparison Experiment)
?	**SOHO**, Sensor: VIRGO (Variability of Solar Irradiance and Gravity Oscillations)
1999	**ACRIMSAT**, Sensor: ACRIM III, 2000...**** operationell
?	? (SORCE, USA) Sensor: TIM
2001	**TIMED** (Thermosphere Ionosphere Mesosphere Energetics and Dynamics) (USA), Sensor: Solar EUV Experiment (SEE) 0,1-195 nm

2003	**Pegasus XL** (USA), im Rahmen von SORCE (Solar Radiation and Climate Experiment) eingesetzte Sensoren: TIM (Total Irradiance Monitor), SIM (Spectral Irradiance Monitor) 200-2000 nm, 2 SOLSTICE (Solar Stellar Irradiance Comparison) 115-320 nm, XPS (Extrem ultraviolett Photometer System) 1-31 nm, (EUV Photometer System), H = 640 km, I = 40°
? 2008	**PICARD** (Frankreich, CNES), 3 Sensoren
? 2013	? (im Rahmen von NPOESS), Sensoren: TIM, SIM

Bild 4.50
Bestimmung der Solarkonstanten von Raumfahrzeugen aus. Quelle: The Earth Observer (USA, NASA, EOS, 2004) und andere

Bild 4.51/1
Verhalten der Solarkonstanten an der Atmosphärenoberfläche der Erde seit 1979 nach WILSON (2001). Die *Minima* 1986 und 1996 der Solarzyklen sind deutlich erkennbar.

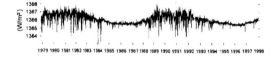

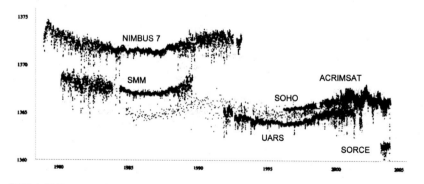

Bild 4.51/2
Verhalten der Solarkonstanten (Total Solar Irradiance, TSI) an der Atmosphärenoberfläche der Erde im Zeitabschnitt 1978...2004. Die Messungen erfolgten von folgenden erdumkreisenden Satelliten aus: NIMBUS 7, SMM, UARS, SOHO, ACRIMSAT, SORCE. Quelle: The Earth Observer 2004/1, verändert

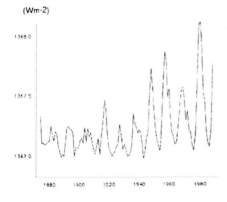

Bild 4.52
Rekonstruktion der Solarkonstante (W/m^2) für den Zeitabschnitt von 1874 bis 1988 unter Benutzung eines Modells von FOUKAL/LEAN 1990. Dieses Modell wurde über die Ergebnisse von Satellitenmessungen aus dem Zeitabschnitt von 1980 bis 1988 kalibriert. Daten nach LEAN. Quelle: PRECHTEL (1992), verändert

Sonnenfleckenzyklen

Die Temperatur der Sonne und damit ihre Energieabstrahlung unterliegen Schwankungen die offenbar eng mit der auftretenden Anzahl von sogenannten *Sonnenflecken* korreliert sind. Die Sonnenflecken erscheinen als dunkle Strukturen von denen nach bisheriger Kenntnis Magnetfelder mit Flußdichten von einigen Zehntel Tesla ausgehen, die damit zehntausendfach stärker sind als das Magnetfeld des Systems Erde (NESME-RIBES et al. 1996). Die Sonnenflecken erscheinen deshalb dunkel, weil sie ca 2 000 Grad Celsius kühler sind als die umgebende Sonnenoberfläche mit ihren ca 6 000 Grad Celsius.

Eine kurze geschichtliche Übersicht über die Beobachtung der Sonnenflecken ist enthalten in NESME-RIBES et al. (1996). Als die Satellitenmissionen Nimbus-7, SMM und ERBS eine langsame Abnahme der solaren Energieabstrahlung erbrachten, erschien dies zunächst durch Meßunsicherheiten bedingt. Als sich jedoch bei weiteren Messungen eine entsprechende Zunahme zeigte, konnte von einem realen Effekt ausgegangen werden: Temperatur und Energieabstrahlung der Sonne schwanken tatsächlich und zugleich erwies sich, daß dieser Vorgang mit der auftretenden Anzahl der Sonnenflecken und den diesen zugeordneten Magnetfeldern korreliert ist. Wie George Ellery HALE (1868-1938) und Seth B. NICHOLSON (1891-1963) bereits 1925 erkannt hatten,
    kehrt sich das
    Polaritätsmuster der Magnetfelder der Sonnenflecken
    alle 11 Jahre um, so daß
    ein vollständiger magnetischer Zyklus 22 Jahre dauert.
Die Sonne verhält sich langfristig jedoch nicht immer so regelmäßig. Auffallend in der Sonnenflecken-Aktivität ist das sogenannte *Maunder-Minimum*. Zwischen 1645 und

1715 wurden die 11-jährigen Sonnenzyklen von einer Ruheperiode unterbrochen. Der englische Astronom Edward Walter MAUNDER (1851-1928) hatte, wie bereits zuvor der deutsche Astronom Gustav F. W. SPÖRER (1822-1895), festgestellt, daß die als kleine Eiszeit bezeichnete Kälteperiode in Europa genau im Zeitabschnitt der Sonnenflecken-Anomalie 1645-1715 lag. Sicherlich ein Indiz dafür, daß Fluktuationen der Sonnenaktivität das Klima des Systems Erde beeinflussen können.

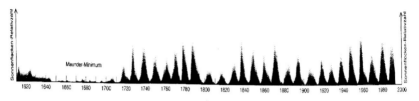

Bild 4.53
Die Sonnenfleckenzyklen nach Daten des Sonnenflecken-Archivs der Pariser Sternwarte. Quelle: NESME-RIBES et al. (1996), verändert

Sonnenfleckenaktivität und Jahrringe von Bäumen
Der US-Amerikaner John A. Eddy bemerkte um 1976, daß die in den Jahrringen von Bäumen gespeicherte Menge von Kohlenstoff-14 während des Ausbleibens von Sonnenflecken angestiegen war. Dieses radioaktive Element bildet sich in der oberen Erdatmosphäre aus Stickstoff, wenn dieser von hochenergetischen Partikeln der kosmischen Strahlung getroffen wird (NESME-RIBES et al. 1996). Es läßt sich daraus folgern, daß bei starkem Sonnenwind die Erde von kosmischen Strahlen teilweise abgeschirmt wird, so daß weniger Kohlenstoff-14 entsteht. Ein Überschuß dieses Isotops läßt den Umkehrschluß zu: bei geringerer magnetischer Aktivität der Sonne, geringere Anzahl von Sonnenflecken, niedrigere Temperaturen im System Erde. Dies ermöglicht mithin eine weitere Beweisführung für das Auftreten des Maunder-Minimums. Bestehende Wechselbeziehungen zwischen ^{14}C-Konzentrationen in der Erdatmosphäre und der Stärke des Dipolmoments des Erdmagnetfeldes sind im Abschnitt 7.1.04 dargelegt.

Einflüsse auf das Klima im System Erde
Eine hinreichend verlässliche Abschätzung ist bisher kaum möglich. Es kann zunächst davon ausgegangen werden, daß *Helligkeitsschwankungen* von mindestens 0,4 % zwischen einer zyklischen Phase und der Phase eines Maunder-Minimums auftreten, was einer Abnahme der solaren Energieeinstrahlung von 1 W/m² entspricht (siehe Solarkonstante = 1 368 W/m²). Die vom Menschen erzeugten *Treibhausgase* haben gegenteilige Wirkung; sie heizen die Erdatmosphäre auf, entsprechend einer Energiezufuhr von 2 W/m² (NESME-RIBES et al. 1996). Berücksichtigt man, daß die Schwan-

kungen der Sonneneinstrahlung in den letzten Jahrhunderten nicht mehr als 0,5-1 W/m^2 betragen haben, dann hätten die Treibhausgase mithin einen stärkeren Einfluß auf das Erdklima. Noch ungeklärt ist, ob die Sonnenflecken-Aktivität mit stratosphärischen Windmustern korreliert ist, ob Variationen der ultravioletten Strahlung den Ozongehalt der oberen Erdatmosphäre und ihre Dynamik verändern, ob Winde in der unteren Stratosphäre Änderungen der solaren Einstrahlung an die darunterliegende Troposphäre direkt weiterleiten.

Sonnenwind und Vorgänge in der Erdmagnetosphäre

Neben der *elektromagnetischen* Strahlung geht von der Sonne auch eine *Teilchenstrahlung* aus. Der *Sonnenwind* ist eine solche Teilchenstrahlung, wobei die Teilchen vorrangig Protonen (Wasserstoff-Atomkerne, positiv geladen) und Elektronen (negativ geladene Elementarteilchen) sind. Die Sonnenwindmasse besteht zu ca 80% aus Protonen und zu ca 18% aus Heliumkernen. Da das abströmende Teilchengemisch als *Plasma* bezeichnet werden kann, wird in diesem Zusammenhang auch von solarer *Plasmastrahlung* gesprochen. Unter Plasma (die Benennung wurde 1930 von LANGMUIR geprägt) wird ein gasförmiger Materiezustand verstanden, bei dem die Teilchen ionisiert sind (das gewöhnliche Gas besteht aus elektrisch neutralen Teilchen). Die Sonne bläst diese Materie mit Anfangsgeschwindigkeiten von 200-1000 km/s in den Weltraum hinaus (UNSÖLD/BASCHEK 1991). Es kann daher unterschieden werden *schnell, explosiv* und *ruhig* abströmender Sonnenwind. Vom Plasmastrom des Sonnenwinds werden magnetische Feldlinien mitgeführt, die die (27-tägige) Rotation der Sonne zu Spiralarmen verformt. Entsprechend der großräumig unterschiedlichen magnetischen Polarität auf der Sonne besteht eine sektorartige Struktur des interplanetaren Magnetfeldes, die wechselnd durch nach außen und nach innen laufende Feldlinien gekennzeichnet ist. Der vom Sonnenwind erfüllte Weltraumbereich, die *Heliosphäre*, endet dort, wo der Staudruck des Sonnenwindes gleich dem Gegendruck des interstellaren Gases wird. Diese Grenzschicht, die *Heliopause*, liegt vermutlich noch ca (6-12) ·10^9 km hinter der Bahn des Pluto in den Weltraum hinaus.

In Erdnähe beträgt die mittlere Teilchengeschwindigkeit 470 km/s. Vielfach treten Teilchenwolken (Plasmawolken), Wellen oder gebündelte Teilchenströme auf, deren Geschwindigkeiten bis 800 km/s oder sogar 2 000 km/s betragen können (LINDNER 1993). Während die elektromagnetische Strahlung für den Weg von der Sonne zur Erde ca 8 Minuten braucht, benötigen die gleichzeitig abgeströmten *hochenergetischen* Protonen ca 24 Minuten. Dem abströmenden *energieärmeren* Plasma geht eine sogenannte magnetische *Stoßwelle* voraus, die die Erde nach ca 1-2 Tagen erreicht (TL/Sonne 1990 S.85).

Eine weitere Teilchenstrahlung der Sonne besteht aus *Neutrinos* (siehe dort).

Historische Anmerkung
Das Phänomen Sonnenwind hat erst ab **1950** stärkere wissenschaftliche Beachtung gefunden, etwa durch den Geophysiker Julius BARTELS (1899-1964), den Astrophysiker Ludwig BIERMANN (1907-1986) und andere. Die Benennung *Sonnenwind* kam 1958 auf und stammt vom us-amerikanischen Astrophysiker Eugene PARKER (1927-). Erste aufschlußreiche Meßdaten über den Sonnenwind erbrachten eine Reihe von Raumfahrzeugen, die um 1960 (teilweise zunächst im Rahmen anderer Hauptaufgaben) zur Erkundung des Sonnenwinds eingesetzt worden waren, wie etwa Lunar-2/-3, Venera-1, Explorer-10, Mariner-2. Die Meßdaten von Mariner-2 erbrachten erstmals einen verläßlichen Nachweis für Existenz und Stärke des Sonnenwindes. Außerdem ergab sich aus diesen Daten, daß eine Verbindung zwischen den Aktivitäten von Sonnenwind und Erdmagnetfeld besteht. Die Daten von IMP-1 bestätigten, daß der Sonnenwind das Erdmagnetfeld beeinflußt und formt. Auf der sonnenzugewandten Seite (Tagseite) der Erde wird es zusammengedrückt und auf der sonnenabgewandten Seite (Nachtseite) zu einem langen, ausgedehnten Schweif ähnlich dem eines Kometen verformt. Aus einer weiteren Analyse der IPM-1-Daten folgerten 1965 Norman NEES und John WILCOX, daß das interplanetare Magnetfeld eine *Sektorenstruktur* habe, wobei in den benachbarten Sektoren jeweils eine entgegengesetzte magnetische Polarität vorherrscht. Entsprechend der Sonnenrotation bestreichen (etwas zeitversetzt) die einzelnen Sektoren im Zeitabstand von 27 Tagen die Erde.

Sonnenwind und Vorgänge in der Erdmagnetosphäre
Das Erdmagnetfeld wird verschiedentlich gegliedert in ein Hauptfeld und ein Variationsfeld, welches das Hauptfeld überlagert. Das Variationsfeld wird erzeugt in den elektrisch leitfähigen Schichten der Ionosphäre sowie durch elektrische Ströme, die beim Einfallen der Plasmaströme des Sonnenwinds in das Erdmagnetfeld entstehen. Als *Magnetosphäre* umhüllt es das Erdinnere. Diese Sphäre begrenzt (nach außen) eine Schicht von ca 100 km Dicke, die *Magnetopause*. Der Staudruck des Sonnenwinds und der Gegendruck des Erdmagnetfeldes sind in dieser Schicht etwa gleich groß.

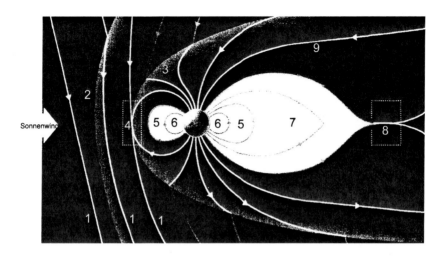

Bild 4.54
Sonnenwind und Erdmagnetosphäre nach BURCH (2001). Gekennzeichnet sind unter anderem: Feldlinien des interplanetaren Magnetfeldes (1), Stoßfront (2), Magnetopause (3), verbundene (verschmolzene) Feldlinien (9). Die Magnetopause begrenzt die Magnetosphäre, die ihrerseits von der Magnetosphärenhülle umgeben ist. Als Teile des Erdmagnetfeldes sind gekennzeichnet: Plasmasphäre (6), Strahlungsgürtel und Ringstrom (5), Plasmaschicht (7). Die geladenen Teilchen des Ringstroms (Ionen und Elektronen aus der Plasmaschicht) umkreisen die Erde in Höhen zwischen 6 400 km und 38 000 km über dem Äquator.

Wie zuvor gesagt, eilt dem von der Sonne abströmenden Plasma eine sogenannte *Stoßwelle* voraus, da sich die Massenauswürfe mit höherer Geschwindigkeit bewegen als der Sonnenwind und diesen vor sich zusammendrücken. Sie prallt mit einer mittleren Geschwindigkeit von 470 km/s und in einem Erdmittelpunktabstand von ca 64 000 km auf die *sonnenzugewandte* Seite des Erdmagnetfeldes auf (wobei der Abstand sich bei zunehmenden Druck des Sonnenwinds auch verringern kann, verschiedentlich bis auf 26 000 km). Die Stoßwelle wird beim Aufprall (ca 13 000 km vor der Magnetopause) abrupt abgebremst und drückt gleichzeitig das Erdmagnetfeld auf dieser Seite zusammen. In einer hierbei entstehenden Übergangszone zwischen Sonnenwindmagnetfeld und Erdmagnetfeld ist die Bewegung der Plasmateilchen ungeordnet (*Turbulenzzone*). Auf der *sonnenabgewandten* Seite wird durch den zuvor beschriebenen Vorgang die Plasmaschicht der Magnetosphäre zu einem Schweif gedehnt, der sich mehr als 1 Million km (10^6 km) in den Raum hinein erstrecken kann, also weit über die Erdmondbahn hinausreicht. Beim Verschmelzen von Magnetfeldlinien in diesem Schweif können Plasmaklumpen des Sonnenwinds (*Plasmoide*) abgeschnürt und aus dem Schweif hinaus in den Weltraum katapultiert werden (Bild 4.56). Obwohl der Sonnenwind die Form der Magnetosphäre eines Planeten wesentlich prägt, ist diese dennoch meist ein Schutzschild gegen gewisse nachteilige Wirkungen dieses Windes.

Mit dem Sonnenwind wird zugleich das interplanetare Magnetfeld verströmt. Veränderungen (Störungen) im Erdmagnetfeld treten auf, wenn das interplanetare Magnetfeld eine *südliche* Orientierung einnimmt (südwärts gerichtet ist), denn dann schließen sich die Feldlinien des interplanetaren Magnetfeldes (1) auf der Tagseite der Magnetopause in der markierten Zone (4) mit denen des *nordwärts* gerichteten Erdmagnetfeldes kurz. Energie und geladene Teilchen aus dem Sonnenwind können in einem solchen Falle in die Erdmagnetosphäre einströmen, sich ausdehnen und die Plasmaschicht zusammendrücken. Schließlich schnüren sich die Feldlinien des Erdmagnetfeldes selbst zusammen (8), wodurch Ionen und Elektronen als Gegenstrom in Richtung Erde beschleunigt werden.

Durch die Aufnahme magnetischer Energie aus dem Sonnenwind kommt es zu ständigen Änderungen der Gestalt der Magnetosphäre. Zum Vorgang der Aufnahme sind Hypothesen aufgestellt worden unter anderem 1960 vom us-amerikanischen Physiker Frank JOHNSON und 1961 vom englischen Physiker James W. DUNGEY. Nach der Hypothese von Johnson ist die Magnetosphäre prinzipiell geschlossen. Vom Sonnenwind können Energie und Impuls somit nur über Wellenbewegungen entlang der Magnetopause in das erdnahe Plasma eingebracht werden und dieses zu einer großräumigen Zirkulation (in der Magnetosphäre und darüber hinaus) antreiben.

Nach der Hypothese von Dungey sollen sich auf der Tagseite der Magnetopause die Feldlinien des interplanetaren Magnetfeldes und die Feldlinien des Erdmagnetfeldes zeitweise verbinden (verschmelzen). In diesem Berührungsbereich könnte der Sonnenwind erhebliche Mengen Plasma und magnetischer Energie in die Magnetosphäre hineinführen. Darüber hinaus verbinden sich die Feldlinien auch nahezu auf der gesamten Luvseite der Magnetosphäre. Diese Hypothese gilt derzeit als bessere Erklärung der angesprochene Vorgänge.

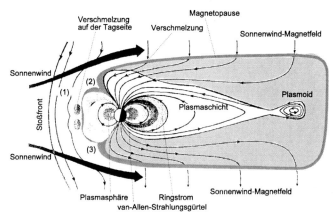

Bild 4.55
Sonnenwind und Erdmagnetosphäre nach BROCKHAUS (1999).

Ein Modell der Vorgänge in der Erdmagnetosphäre dürfte mithin etwa folgende Konturen aufweisen (TL/Sonne 1990 und andere). Der Sonnenwind trifft zunächst auf die sonnenzugewandte Seite des Erdmagnetfeldes. Durch komplexe Wechselwirkungen zwischen Gasen und elektromagnetischen Feldern wird der Wind abgebremst, verdichtet und aufgeheizt. Es bildet sich eine magnetische Schicht (1), eine Turbulenzzone, bestehend aus heißen, elektrisch geladenen Teilchen. Wenn diese Teilchen auf die Magnetopause treffen, werden die meisten von ihnen in den interplanetaren Raum zurückgeworfen. Wechselt das wellig verformte, spiralenförmige interplanetare Magnetfeld (Sonnenwindmagnetfeld) seine Orientierung und taucht die Erde in einen Bereich ein, der eine dem Erdmagnetfeld entgegengesetzte Polarität aufweist, verschmelzen die beiden Felder miteinander. Die Verschmelzung, bei der sich ein "neutraler" Bereich ausbildet dessen Feldstärke fast auf null sinkt, vollzieht sich zunächst an der Vorderseite der Magnetopause. Die kurzgeschlossenen Feldlinien reißen auf und werden vom Sonnenwind über die beiden Pole (2,3) hinweg auf die Nachtseite der Erde geführt, wo sie einen langen magnetischen Schweif bilden. Die Erdmagnetosphäre steht dem Ansturm des Sonnenwinds damit vorübergehend offen. Er dringt in sie ein und erzeugt dabei starke elektrische Ströme. Außerdem können elektromagnetische Kräfte die mitgerissenen Feldlinien und das eingeschlossene Plasma von oben und unten her zur Mittelachse des magnetischen Plasmaschweifs treiben. Beim Annähern beziehungsweise Zusammentreffen der in entgegengesetzter Richtung laufenden und unterschiedlich polarisierten Feldlinien schließen sie erneut kurz, so daß eine "neutrale" Schicht von 500-5000 km Dicke entsteht, die entsprechend den Schwankungen des Sonnenwinds "flattert" (STROBACH 1991). Durch diesen Vorgang wird wiederum magnetische Energie freigesetzt, die das eingeschlossene Plasma teils in Richtung

Erde drängt, teils in den interplanetarischen Raum hinaus schleudert. Die sich in wenigen Minuten in die Erdmagnetosphäre entladende gewaltige Energiemenge ist dort allenfalls nur einige Stunden gespeichert, ehe sie sich in den Sonnenwind und in die *Erdatmosphäre* entlädt. Die Auswirkungen auf die anderen Teile der Erde kennen wir bisher wohl nur teilweise. Allgemein bekannt sind die *Störungen im Funkverkehr* und die prachtvollen *Polarlichter*. Diese sich mitunter sehr rasch verändernden Leuchterscheinungen entstehen durch den Zusammenstoß energiereicher Teilchen des Sonnenwinds mit Sauerstoff- und Stickstoffatomen der oberen Erdatmosphäre und können in polnahen Gebieten fast jede Nacht beobachtet werden. Weitere Ausführungen zum Erdmagnetfeld sind im Abschnitt 4.2.5 enthalten.

Magnetische Substürme
Die Magnetosphäre der Erde wird im Durchschnitt viermal täglich von gewaltigen magnetischen Stürmen gerüttelt, die als *Substürme* bezeichnet werden. Nach rund drei Stunden legt sich dieser Sturm und die Erdmagnetosphäre kehrt in ihre ursprüngliche Konfiguration zurück.

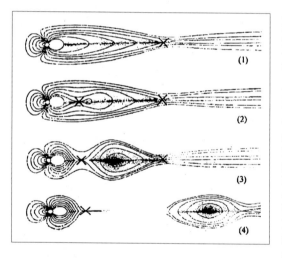

Bild 4.56
Kurzfristige Vorgänge in der Erdmagnetosphäre
nach TL/Sonne (1990).

Die Vorgänge verlaufen etwa wie folgt: Etwa eine Stunde vor dem Einsetzen des Substurms dehnen sich die Feldlinien; der magnetische Schweif schwillt an (1). Der Mittelbereich des Schweifs wird eingeschnürt (2); Feldlinien und eingeschlossenes Plasma wandern in Erdrichtung. Wenn sich die entgegengesetzt polarisierten Bereiche des inneren Bogens berühren, entsteht ein neutraler Substurmpunkt (2, Kreuz links). Weitere Feldlinien verbinden sich zu einem erdnahen Feldbereich, während rechts davon eine magnetische Insel entsteht, ein Plasmoid. Wenn die Feldlinienverknüpfung am neutralen Substurmpunkt beendet ist und gewaltige Energien freigesetzt sind, wird das Plasmoid (ca 478 000 km lang, ca 127 000 km breit, ca 76 000 km hoch) schußartig nach hinten in den interplanetarischen Raum geschleudert (4).

Neutrinos, Neutrinofluß von der Sonne

Die Physik unterscheidet *Elementarteilchen* mit entsprechenden *Antiteilchen*. Bis ca 1935 waren sechs Elementarteilchen bekannt: Elektron (1897), Positron, Proton (1910), Neutron (1932), Neutrino und Photon. Heute sind mehr als 200 bekannt, meistens auch die entsprechenden Antiteilchen (BREUER 1993). *Antimaterie* besteht nur aus Antiteilchen. Antiteilchen kommen in der Natur (des Systems Erde) praktisch nicht vor. Sie können jedoch technisch erzeugt werden (in Beschleunigern). *Antiatome* wurden erst um 1995 bekannt als es gelang, eine sehr geringer Menge *Antiwasserstoffatome* zu erzeugen. Inzwischen gelang es, eine hinreichend große Menge *Antiwasserstoff* zu erzeugen (Sp. 11/2002). Es soll herausgefunden werden, ob er ein vollkommenes Spiegelbild des Wasserstoffs ist.

1931 sagte der österreichische Physiker Wolfgang PAULI (1900-1958) aus theoretischen Gründen ein neues Elementarteilchen voraus, das 1934 von dem italienischen Physiker Enrico FERMI (1901-1954) *Neutrino* genannt wurde. Eine Benennung, die es als kleines Neutralchen charakterisiert, da es keine elektrische Ladung aufweist. Während viele Elementarteilchen, teilweise in sehr kurzer Zeit, in andere zerfallen, hat das Neutrino eine stabile mittlere Lebensdauer (ebenso wie Photon, Elektron, Proton). Viele Elementarteilchen entstehen als Ergebnis von *Wechselwirkungen*, also dem Austausch von Teilchen. Ausführungen hierzu sind im Abschnitt 4.2.01 enthalten. Der *schwachen Wechselwirkung*, wie sie sich beispielsweise bei einer bestimmten Art der Radioaktivität (dem bei Kernen mit relativem Protonenüberschuß auftretenden Beta-Zerfall) zeigt, verdanken die Neutrinos ihre Entstehung (NOVAK 2004, KIRSTEN 1993).

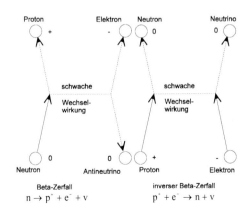

Bild 4.57
Beta-Zerfall.

Beim Beta-Zerfall zerfällt ein Neutron (n) in ein Proton (p), ein Elektron (e) und ein Antineutrino. Beim inversen Beta-Zerfall verwandelt sich ein Proton und ein Elektron in ein Neutron und ein Neutrino (v). Elementarteilchen können auch in Labors der Hochenergiephysik erzeugt werden.

Fundamentale Materieteilchen
Die heutige Teilchenphysik unterscheidet 12 *fundamentale Materieteilchen*: 6 Leptonen und 6 Quarks (KLANNER 2001):

|Leptonen| Elektron   Myon   Tau
             Elektron-Neutrino Myon-Neutrino   Tau-Neutrino
|Quarks| Up   Charm   Top
             Down   Strange   Bottom

Alle Atome bestehen aus Elektronen (in der Hülle) sowie aus zwei Sorten von Quarks (im Kern), nämlich Up und Down. Bis 1995 hatte die Physik alle fundamentalen Materieteilchen experimentell nachgewiesen bis auf das Tau-Neutrino, das erst um 2000 experimentell nachgewiesen werden konnte (Sp. 9/2000 S.26). Die *Kräfte* übertragen *Botenteilchen* (Austauschteilchen, Wechselwirkungsteilchen), die für jede Kraftart spezifisch sind.

Träger der   *starken Kraft*   sind die *Gluonen*
              elektromagnetischen Kraft   *Photonen*
              schwachen Kraft   *W- und Z-Bosonen*
              Gravitation   *Gravitonen*.

Alle in der Natur uns *heute* zugängliche Materie besteht nur aus Teilchen der sogenannten ersten Generation (den *Quarks* up und down sowie den *Leptonen* Elektron und Elektron-Neutrino). Jene Teilchen der zweiten und dritten Generation treten nur in hochenergetischen Beschleunigungsexperimenten zutage. Die Top-Quarks beispielsweise sollen im System Erde seit ca $15 \cdot 10^9$ Jahren nicht mehr existent sein (BOECKH 1995).

„Standardmodell" der Teilchenphysik

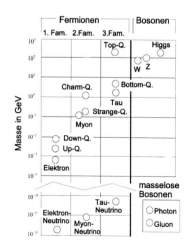

Bild 4.58
Fundamentale Teilchen des „Standardmodells" nach KANE (2003).

Die Fermionen werden unterteilt in Quarks und Leptonen. Die Leptonen umfassen Elektronen, Myonen, Tau-Teilchen und drei Sorten Neutrinos. Die Masse der Teilchen ist in GeV (Milliarden Elektronvolt) angegeben. Fam. = Familie, Q = Quark. *Fermionen* und *Bosonen* sind zwei gegensätzliche Typen von Quantenteilchen. Fermionen (Materieteilchen) kennzeichnen Materie, Bosonen (Wechselwirkungsteilchen) kennzeichnen Kräfte. Das Higgs-Boson ist noch nicht beobachtet beziehungsweise in einem Teilchen-

beschleuniger erzeugt worden (Stand 2003). Die Wechselwirkung des Higgs mit anderen Partikeln verleiht diesen ihre jeweilige Masse (Ursprung der Masse?).
Das Energieäquivalent für die Ruhemasse der Teilchen ist in Elektron(en)volt angegeben: 1 eV (Elektronvolt) = 1,6022 $\cdot 10^{-19}$ J (Joule) = 1,6022 $\cdot 10^{-12}$ erg.
|5,6 $\cdot 10^{32}$ eV| entsprechen 1 Gramm Masse.
|2,25 $\cdot 10^{25}$ eV| entsprechen 1 Kilowattstunde.
Für Umrechnungen gilt: 10^3 eV = 1 keV (Kiloelektronvolt)
10^6 eV = 1 MeV (Megaelektronvolt)
10^9 eV = 1 GeV (Gigaelektronvolt)
Nach bisheriger Erkenntnis (KANE 2003) dürfte die Higgs-Masse zwischen 115-200 GeV liegen. Die Masse des Top-Quarks beträgt 174 GeV, die des Protons rund 0,9 GeV.

Die derzeit gebräuchlichen Ausdrucksweise „Standardmodell" kennzeichnet nicht nur ein Modell, sondern eine umfassende Theorie, die die Elementarteilchen charakterisiert und ihre Wechselwirkungen beschreibt, wobei die Schwerkraft *nicht* eingeschlossen ist. Das sogenannte Standardmodell wurde in seinen Anfängen um 1970 formuliert und ab 1980 erstmals durch Experimente gestützt (KANE 2003). Inzwischen gibt es eine Reihe von Phänomenen, die dieses Modell nicht zu erklären vermag oder die sogar mit ihm unvereinbar sind. Es zeichnet sich eine Ablösung dieses Modells durch neue theoretische Ansätze ab.

Haben Neutrinos eine Ruhemasse?
Masselose Teilchen (beispielsweise Photonen) tragen nur Bewegungsenergie und breiten sich daher mit der Lichtgeschwindigkeit c aus. Massebehaftete Teilchen (mit der Masse m) können prinzipiell zur Ruhe gebracht werden und tragen dann noch eine Restenergie gemäß E = m c^2 ("Ruhemasse" = GeV/c^2, nach BROCKHAUS 1999 S.180)
Die bisherigen Versuche zur Bestimmung der Neutrinoruhemasse zeigen unterschiedliche Vorgehensweisen. Über mehrere Jahre hinweg versuchten Wissenschaftler anhand des *Betazerfalls* von Tritium (einem schweren Wasserstoff-Isotop) die Masse des Elektron-Neutrinos zu bestimmen, wobei sich lediglich obere Grenzwerte ergaben. Da Masse und Energie proportional zueinander sind, werden sehr kleine Massen oftmals durch ihr Energieäquivalent angegeben. Der obere Grenzwert für die Ruhemasse des Elektron-Neutrino wurden damals zu ca 4 eV ermittelt (WOLSCHIN 1998). Daß schon dieser obere Grenzwert bereits ein extrem niedriger Wert ist wird deutlich durch den Wert für die Ruhemasse des Elektrons, der 510 999 eV beträgt.
Eine andere Vorgehensweise ist die Beobachtung von *Neutrinooszillationen*. Weicht die Ruhemasse der Neutrinos von Null ab, entsprechen die drei bekannten Neutrinoarten verschiedenen Masse-Eigenzuständen. Sie können mithin oszillierend ineinander übergehen, und zwar um so schneller, je schwerer sie sind. Die Beobachtung solcher Oszillationen sei ein Beweis dafür, daß die Neutrinomasse nicht null sein kann. Bei

den Untersuchungen zur Neutrinomasse wurden bisher folgende *Neutrinoquellen* benutzt: Sonne, Erdatmosphäre, Kernreaktoren, Teilchenbeschleuniger (WOLSCHIN 1998).

Quelle	Elektron-N	Myon-N	Tau-N
KIRSTEN (1993)	0,000 000 1 eV	0,003 eV	1 eV
KLANNER (2001)	<3 eV	<0,2 MeV	<18 MeV
WAGNER (2001)	<3 eV	<0,3 MeV	<35 MeV
WOLSCHIN (2001c)	2,8 eV		

Bild 4.59
Werte für die Ruhemassen der Neutrinoarten nach verschiedenen Quellen und bisherigem Wissensstand.

Anmerkung: *Neutronen* sind zwar massive Teilchen, haben aber Wellencharakter und durchdringen massive Körper. Ihre Wellenlängen haben die Dimension von Atomabständen und sie bewegen sich in Materie mit ähnlichen Geschwindigkeiten wie die Wärmebewegung (PETRY 2000). Sie ermöglichen eine *Neutronen-Tomographie*.
Neutrinos sind elektrisch neutral und in ihrer Wechselwirkung mit der Materie punktartig. Sie übertreffen anzahlmäßig die anderen Elementarteilchen (WINTER 2000). Neutrinos sind langlebig. Neutrinos entstehen in schwachen Wechselwirkungen (sind deshalb extrem durchdringend) als linksdrehende Teilchen (linkshändig). Das Antiteilchen zum Neutrino wird **Antineutrino** genannt, entsteht ebenfalls in schwachen Wechselwirkungen als rechtsdrehendes Teilchen (rechtshändig). Die **Sonne** und alle anderen Sterne senden einen Teil ihrer Energie als Antineutrinos aus.
Strings sind nach heutigen Vorstellungen der Physik die kleinsten Bausteine der Materie. Es seien ausdehnungslose Punktteilchen, wobei die Vielfalt im (uns zugänglichen) Universum sich dadurch ergibt, daß zwischen diesen Teilchen verschiedene Kräfte wirken. Die Stringtheorie sagt, daß unterhalb einer gewissen Länge sich eine ganz andere Welt auftut, eine, die durch schwingende Saiten anschaulich beschrieben werden kann (GENZ 2000). Weitere Erläuterungen zur Stringtheorie (und Quantengravitation) sind im Abschnitt 4.2.01 enthalten.

Solare Neutrinos, Neutrinofluß zur Erde
Im System Sonne werden nach gegenwärtiger Annahme pro Sekunde ca 635 Millionen Tonnen Wasserstoff in ca 630 Millionen Tonnen Helium umgewandelt und die verbleibenden 5 Millionen Tonnen Materie als Energie abgestrahlt (TL/Sonne 1990). Bei dieser Umwandlung entstehen auch Neutrinos (Antineutrinos). Entsprechend ihrer Quelle, werden sie *solare* Neutrinos genannt.

Mit Lichtgeschwindigkeit (beziehungsweise nahezu Lichtgeschwindigkeit) emittiert die Sonne diese Neutrinos radial in den sie umgebenden Weltraum. Unter der Voraussetzung, daß die pro Sekunde von der Sonne abgestrahlte Leuchtkraft von $3,9 \cdot 10^{23}$ Kilowatt durch Wasserstoffverbrennung erbracht wird, ergibt sich in 150 Millionen km Entfernung von der Sonne (etwa dem Abstand Sonne/Erde) beispielsweise ein Fluß von rund 60 Milliarden pp-Neutrinos in der Sekunde in einem Bereich von 1cm^2 (KIRSTEN 1993).

|pp-Neutrinos|

Durch Wasserstoffbrennen im Zentrum der Sonne ist nach dem derzeit gebräuchlichen Sonnenmodell bisher ca die Hälfte des ursprünglichen Wasserstoffs in Helium umgewandelt worden. Die jetzige Zentraltemperatur beträgt ca 15,7 Millionen K. Der Brennstoff dürfte für noch mindestens 6 Milliarden Jahre reichen (KIRSTEN 1993). Zur Umwandlung von Wasserstoff in Helium bestehen mehrere Möglichkeiten. So kann die Reaktion des Wasserstoffbrennens (der Vereinigung oder Fusion von vier Protonen zu einem Heliumkern) entsprechend der *Proton-Proton-Kette* (pp-Kette) ablaufen mit ihren temperaturabhängigen Verzweigungen PPI, PPII und PPIII (UNSÖLD/BASCHEK 1991). Den genannten Verzweigungen ist ein gemeinsamer Hauptfusionsteil vorgeschaltet. Die in diesem Teil (der Verschmelzung zweier Protonen zu einem Deuteriumkern, zu schwerem Wasserstoff) entstehenden pp-Neutrinos gehören zur energiearmen Neutrinosorte. Ihre *Maximalenergie* beträgt ca 0,420 MeV. Sie könnten Auskunft geben über die momentanen Vorgänge im Innern der Sonne, denn ihr Weg von dort bis zur Sonnenoberfläche beträgt (nach dem gebräuchlichen Sonnenmodell) ca 2 Sekunden und von dort bis zur Erde ca 8 Minuten, während jede andere Form der Energieübertragung allein aus dem Innern der Sonne bis zu ihrer Oberfläche ca 1 Million Jahre erfordert.

|Bor-8-Neutrinos|

Eine weitere Sorte von solaren Neutrinos sind die sogenannten Bor-8-Neutrinos. Sie entstehen gemäß der Verzweigung PPIII. Hier wird durch Fusion von ^{3}He und ^{4}He zu ^{7}Be und anschließender Anlagerung eines Protons ^{8}B produziert. Beim β-Zerfall des ^{8}B entstehen dann jene Neutrinos, die dementsprechend gelegentlich auch ^{8}B-Neutrinos genannt werden. Verschiedentlich wird in diesem Zusammenhang vereinfacht von "Beryllium-Bor-Reaktion" (Be-B-Reaktion) gesprochen. Diese Bor-8-Neutrinos sind seltener als die pp-Neutrinos, jedoch energiereicher. Ihre *Maximalenergie* beträgt ca 20 MeV.

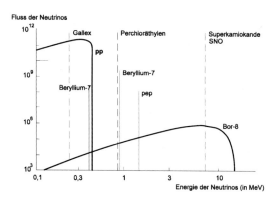

Bild 4.60
Energiespektrum der *solaren* Neutrinos pp und Bor-8, dargestellt durch die so bezeichneten (aus einem Sonnenmodell abgeleiteten) Kurven. Die kontinuierliche *Neutrinostrahlung* ist unabhängig von Tag und Nacht. Die Energie ist angegeben in MeV (Megaelektronvolt). Der Fluss der Neutrinos ist angegeben pro cm^2, Sekunde und MeV. Außerdem sind die Energiemeßschwellen (Nachweisgrenzen) einiger Meßexperimente genannt. Die *maximale* Energie *solarer* Neutrinos dürfte bis ca 20 MeV reichen.
Quelle: WOLSCHIN (2001c)

Da Neutrinos Materie, und damit auch die Erde, nahezu ungehindert durchdringen, hinterlassen sie fast keine erkennbaren Spuren. Zum Nachweis des Sonnenneutrinoflusses wurden und werden verschiedene Meßexperimente durchgeführt in Labors hinreichend unter der Geländeoberfläche, um störende Einflüsse (etwa der Kosmischen Strahlung) auf den Experimentablauf vernachlässigen zu können. Einige Meßexperimente sind nachstehend genannt (WOLSCHIN 2001c, 1998, KIRSTEN 1993):
1967 Perchloräthylen-Experiment (USA)
Raymond DAVIS (1914-) us-amerikanischer Chemiker
Erster Versuch, den Neutrinofluß von der Sonne zu ermitteln und ihn mit dem theoretisch vorhergesagtem Wert (abgeleitet aus einem Sonnenmodell) zu vergleichen (KROME 2002). Versuchsort: Labor in einer Goldmine in South Dakota, USA, ca 1,5 km unter der Geländeoberfläche, Behälter: gefüllt mit ca 400 000 Litern Perchloräthylen. Die Energiemeßschwelle lag bei 0,814 MeV. Es konnten mithin nur die ernergiereicheren Bor-8-Neutrinos erfaßt werden. Das Experiment ergab nur ca 1/3 des erwarteten Neutrinoflusses von der Sonne.
1986 Kamiokande-Experiment (Japan mit internationaler Beteiligung)
Masatoshi KOSHIBA (1926-) japanischer Physiker
Die Jahreszahl gibt den Messungsbeginn an. Versuchsort: Kamioka, Ort ca 500 km westlich von Tokio, Labor in einem ehemaligen Blei- und Zinkbergwerk ca 1 000 m unter der Geländeoberfläche. Bei diesem Experiment wird zwar die *Neutrino-Einstrahlrichtung* erfaßt, jedoch liegt die Energiemeßschwelle bei 7,500 MeV. Alle Neutrinos mit kleinerem Energiebetrag werden mithin nicht erfaßt.

1989 "Sage" (Gallium-Experiment: UdSSR, USA).
Versuchsort: Untergrundlabor im Kaukasus, metallisches Gallium. Erste Meßversuche gescheitert; es wurde kein Signal gefunden. Später ähnliche Ergebnisse wie bei GALLEX erhalten.
1991 "GALLEX"
(Gallium-Experiment: Deutschland mit internationaler Beteiligung). Die Jahreszahl gibt den Messungsbeginn an. Versuchsort: Gran-Sasso-Labor in Italien 1 200 m unter der Geländeoberfläche; Behälter gefüllt mit 100 Tonnen konzentrierter Galliumchloridlösung (die 30,3 Tonnen Gallium enthält). Die Neutrino-Einstrahlrichtung wird zwar nicht erfaßt, aber die Energiemeßschwelle liegt bei 0,233 MeV. Da die Maximalenergie der pp-Neutrinos 0,420 MeV beträgt (siehe oben), konnten in diesem Versuch *erstmals* diese Neutrinos erfaßt werden, soweit ihre Energie über der Energiemeßschwelle von 0,233 MeV lag. Daß das GALLEX-Signal nicht ausschließlich durch pp-Neutrinos bewirkt wird läßt sich leider nicht vermeiden, denn die höherenergetischen Neutrinos (> 0,420 MeV) lassen sich ja nicht "ausschalten".

2001 SNO (Sudbury-Neutrino-Observatorium, Canada)
Versuchsort: Ontario in Canada, Nickelmine ca 2 km unter der Geländeoberfläche; Behälter ist ein kugelförmiger Tank von 12 m Durchmesser mit 1 000 Tonnen schwerem Wasser, eingebettet in 7 000 Tonnen normalem Wasser. 9 456 Photomultiplier rund um den Tank registrieren die von Neutrinos verursachten Lichtblitze. Die Energiemeßschwelle liegt bei ca 5 MeV. Erfaßt werden somit nur *solare* energiereiche Elektron-Neutrinos aus dem Betazerfall von Bor-8 in Beryllium-8 und ein Positron. Außerdem lassen sich mit der Einrichtung Neutrinos nachweisen, die *elastisch* an Neutronen gestreut werden. Darin sind eingeschlossen auch Myon- und Tau-Neutrinos, die durch *Oszillationen* entstanden sind. Die Ergebnisse beider Verfahren lassen nachstehende Schlußfolgerung zu (WOLSCHIN 2001c): Die Reaktion mit Deuterium ergab einen Wert für den Neutrinofluss bei hohen Energien der kleiner ist als jener, der sich aus der elastischen Streuung ergab. Demnach erfaßte das zweite Verfahren offenbar zusätzlich Myon- oder Tau-Neutrinos, die durch Oszillation aus Elektron-Neutrinos entstanden sind. Dies sei das erste direkte Anzeichen dafür, daß solare Neutrinos oszillieren. Ein gewisses Manko dieses Ergebnisses war, daß hierbei Präzessionsdaten des (nachstehend erläuterten) japanischen Super-Kamiokande-Experiments benutzt werden mußten

2002
Inzwischen hat die NSO-Kollaboration neue Ergebnisse vorgelegt, die den Schluß auf Neutrino-Oszillationen ermöglichen, ohne daß die genannten japanischen Daten als Vergleichsmaßstab herangezogen werden mußten. Aus den Daten einer Meßzeit von 306 Tagen ergab sich ein (hochgerechneter Wert) für die drei Sorten Neutrinos von 5,09 Millionen Teilchen pro cm^2 und Sekunde. Aus dem derzeit gebräuchlichen Sonnenmodell mit Annahme einer Zentraltemperatur von 15,7 Millionen Kelvin ergibt sich ein Wert von 5,05 Millionen Teilchen. Die beiden Werte können als hinreichend übereinstimmend angesehen werden. Damit kann für die von der Sonne kommenden

Neutrinos eine *Oszillation* als nachgewiesen gelten (WOLSCHIN 2002). Weitere Messungen und Berechnungen (begonnen 2001) sollen den hochgerechneten Wert noch sicherer machen. Mit dem Nachweis der Oszillation kann auch hinreichend sicher davon ausgegangenwerden, daß Neutrinos eine Ruhemasse haben (siehe zuvor).

Erdatmosphäre-Neutrinos
1996 Super-Kamiokande-Experiment (Japan, USA, Polen)
Masatoshi KOSHIBA (1926-) japanischer Physiker
Die Messungen bezogen sich auf atmosphärische Neutrinos (Antineutrinos), die entstehen, wenn kosmische Strahlen auf die Erdatmosphäre treffen. Durch ihre hohen Energien, die mehr als 10 Milliarden eV (10^{10} eV) betragen können, lassen sie sich von den solaren Neutrinos unterscheiden, die nur Energien bis ca 20 Millionen eV ($2 \cdot 10^7$ eV) erreichen. Der Detektor in Kamioka (siehe zuvor) bestand aus einem Behälter, gefüllt mit 50 000 Tonnen Wasser, und über 13 000 Photomultiplier zum Registrieren der Anzahl der auftretenden Lichtblitze, der Einfallsrichtung der Neutrinos und ihrer Energien. Elektron-Neutrinos sind von ihren Myon-Pendants dadurch unterscheidbar, daß die bei der Kollision entstehenden Elektronen stärker gestreut werden als die Myonen. Das Ergebnis der durchgeführten Messungen läßt sich etwa wie folgt zusammenfassen (WOLSCHIN 1998): Bei den beobachteten Neutrinos mit mehr als 1 Milliarde eV ergaben sich beträchtliche Abweichungen vom erwarteten Wert. Der Anteil der Myon-Neutrinos betrug im Mittel nur 66% des Erwartungswertes. Bei den Elektron-Neutrinos wurde der Erwartungswert erhalten. Die gemessene Anzahl der Myon-Neutrinos zeigten starke Richtungsabhängigkeit. Stammten sie aus der Atmosphäre über Japan mit einem Weg von ca 20 km, entsprach der Meßwert dem Erwartungswert; stammten sie von der entgegengesetzten Seite der Erde, so daß sie einen Weg von ca 12 700 km zurücklegen mußten, wurden nur die halbe Anzahl des Erwartungswertes registriert. Dies wird als Indiz für eine stattgefundene *Oszillation* angesehen: die Myon Neutrinos haben auf diesem Weg (während dieser Laufzeit) offenbar ihr Flavour geändert, sind dabei unter anderem in bisher nicht nachweisbare Tau-Neutrinos übergegangen. Die Neutrino-Oszillation wurde damit zwar nicht nachgewiesen, kann aber als plausible Erklärung für das Meßergebnis gelten. Ähnliche Ergebnisse für atmosphärische Neutrinos hatten sich bereits 1994 ergeben mit dem Vorgänger-Detektor (Kamiokande). Das Ergebnis ist mithin nicht neu, aber statistisch besser abgesichert (Beobachtungszeit 414 Tage).

Interpretation bisheriger Meßergebnisse
Die pp-Neutrinos geben Auskunft über die *momentan* ablaufenden Vorgänge im Sonnenkern, denn ihre Laufzeit vom Kern bis zur Sonnenoberfläche beträgt nur rund 2 Sekunden, bis zu einem Empfänger auf der Erde nur rund 8 Minuten. Außer den Neutrinos benötigen alle anderen Teilchen (beziehungsweise Energietransporte) für den Weg vom Sonnenkern bis zur Sonnenoberfläche fast eine Million Jahre (KIRSTEN 1993). Dies gilt auch für die ebenfalls im Sonnenkern entstehenden Photonen. Obwohl

sie masselos sind und sich mit Lichtgeschwindigkeit bewegen, erreichen sie aufgrund ihrer Zickzack-Bahnen und einigen zwischenzeitlichen Umwandlungen die Oberfläche der Sonne ebenfalls erst nach sehr langer Zeit.

Der beim System Erde ankommende Neutrinostrom von der Sonne kann in Solare Neutrinoeinheiten SNU (Solar Neutrino Unit) angegeben werden. Nach dem heute gebräuchlichen Sonnenmodell gilt als Erwartungswert ca 128 SNU. Die Messungsergebnisse am canadischen Sudbury-Neutrino-Observatorium haben einen hinreichend überzeugenden Beweis dafür erbracht, daß Neutrinos auf dem Weg von der Sonne zur Erde ihre Identität wechseln (*oszillieren*) können. Daß diese Aussage für Antineutrinos zutrifft, konnten Wissenschaftler aus Japan und USA durch Messung im unterirdischen japanischen Kamland-Detektor (der mit 2000 Photomultiplier mißt) hinreichend belegen für Antiteilchen von Elektron-Neutrinos, die aus japanischen Atomkraftwerken stammten. Von den in 145 Beobachtungstagen theoretisch zu erwartenden 86 Teilchen wurden nur 54 registriert. Offensichtlich hatten die restlichen Teilchen sich in Tau- und Myon-Antineutrinos umgewandelt (Sp. 2/2003).

Wie zuvor dargelegt, lassen die Ergebnisse die Schlußfolgerung zu, daß Neutrinos eine von null verschiedene Ruhemasse haben.

Auch wenn sich die Massenwerte der drei Neutrinoarten einzeln nicht bestimmen lassen sollten, läßt sich mit dem vorgenannten Wert von 5,09 Millionen Teilchen pro cm^2 und Sekunde (als Obergrenze) abschätzen, daß die Neutrinomasse somit kaum zur Lösung des Problems der fehlenden Materie in kosmologischen Theorien beitragen, also kaum einen wesentlichen Beitrag zur "Dunklen Materie" erbringen kann.

4.2.04 Satellitenmissionen zur Erforschung der Wechselwirkungen zwischen Sonne/Erde

Die Sonnenforschung von *Raumfahrzeugen* aus begann nach 1945. Zunächst kamen zur Sonnenbeobachtung oberhalb der dichten Erdatmosphärenschichten erbeutete V2-Raketen zum Einsatz, die während des II. Weltkrieges in Deutschland entwickelt worden waren und Höhen bis fast 200 km erreichen konnten (Abschnitt 1.1). Auf diesem Wege entstanden von der Sonne (UNSÖLD/BASCHEK 1991):
1946 durch H. FRIEDMANN das erste *Ultraviolettspektrum*,
1948 durch T.R. BURNIGHT das erste *Röntgenbild*.
1958 startet der Satellit Explorer 1 mit einem Geiger-Zähler an Bord. Mittels der Linien gleicher Zählraten findet James A. van ALLEN den nach ihm benannten Strahlungsgürtel der Erde. Der *van-Allen-Strahlungsgürtel* besteht aus Zonen sehr hoher Intensität ionisierender Strahlung.
1962 startet der Satellit OSO 1, der *erstmals* eine Bestimmung des Sonnenspektrums aus einem Raumfahrzeug ermöglicht. Durch den Satelliten Mariner 2 wird ein Nachweis für das Vorhandensein des *Sonnenwinds* erbracht.

1980 erbringt der Satellit SMM zuverlässige Hinweise auf die *Veränderlichkeit* der Sonne und eine verbesserte Bestimmung des Betrages der *Solarkonstanten*. Der Mittelwert für die Solarkonstante liegt nach diesen Ergebnissen bei einer Sonneneinstrahlung von 1 367,5 W/cm^2 in Entfernung 1 AE von der Sonne. Aus den Ergebnissen wird weiterhin geschlossen, daß die Energieabstrahlung der Sonne (die Solarkonstante) täglich schwankt, um 0,1 % (im Zeitabschnitt 1980-1986) (TL/Sonne 1990).

Sonnenstrahlung im *Gamma- und Röntgenspektralbereich* sowie ein großer Teil der UV-Strahlung der Sonne kann (wegen Absorption) nur außerhalb der Erdatmosphäre gemessen werden. Die Missionen Skylab (1973) und SMM (1980) führen zu ersten wichtigen Einsichten hinsichtlich Entstehung und Ausbreitung dieser Strahlung.

1983. Zahlreiche Raumfahrtmissionen, angefangen mit der 1959 gestarteten Mondsonde Lunar-2, erbringen aufschlußreiche Meßdaten über den *Sonnenwind*. Es kann daraus die Existenz eines interplanetaren Magnetfeldes und dessen Spiralform nachgewiesen werden. Ferner ergibt sich ein Zusammenhang zwischen der Beschaffenheit der Sonnenwindaustrittsbereiche in der Korona und der Sonnenwindgeschwindigkeit beim Entweichen aus diesen Bereichen. Die Gestalt eines Austrittsbereichs ist vor allem gekennzeichnet durch ihre Länge am Rand der Sonnenscheibe und durch die zugehörigen Magnetfeldbögen. Die wahrscheinlich explosivste Form des Sonnenwinds ergibt sich, wenn ein Plasmabogen ähnlich einer Protuberanz sich über den Rand der Sonnenscheibe erhebt, das Magnetfeld der Sonne durchbricht und sodann eine dichte expandierende Plasmawolke herausgeschleudert wird. Bei besonders heftigen Ausbrüchen erreichen die Teilchen in den Bugstoßwellen der Plasmawolken nahezu Lichtgeschwindigkeit. Wo im Kosmos die *Grenze des Einflußbereichs* des Sonnenwinds liegt, ist noch ungeklärt. Pioneer-10 hat das Sonnensystem 1983 verlassen. Nach Daten dieser Sonde erfüllt der Sonnenwind das gesamte Planetensystem und reicht noch etwa 6-12 Milliarden km über die Bahn des Pluto in den Weltraum hinaus (TL/Sonne 1990 S.123). Allerdings vermuten viele Forscher, daß diese Grenze nicht durch eine Stoßfront markiert ist, sondern das der Sonnenwind sich im umgebenden Gas verliert. Die *Heliopause* wird in einer Entfernung zwischen 8 und 22 Milliarden km von der Sonne vermutet (DLR August/2003). Sie ist die Grenzfläche, an der der Einfluß des aus Protonen und Elektronen bestehenden Sonnenwinds endet und der *interstellare* Raum beginnt.

Start	Name der Satellitenmission und andere Daten
1958	Explorer 1 (erster USA-Satellit) H = 350-2500 km, Strahlungsmessungen mittels Geiger-Zähler, *van Allen* entdeckt den nach ihm benannten **Strahlungsgürtel der Erde**
1959	Explorer 7 (USA), Gipfelhöhe ca 1 100 km
1959	Lunar 2, Lunar 3 (UdSSR)
1961	Venera 1 (UdSSR)

1961	Explorer 10 (USA)
1962	OSO 1 (Orbiting Solar Observatory) (USA)
1962	Mariner 2 (USA), Venusmission, **Sonnenwind** nachgewiesen
1963	IMP 1 (Interpanetary Monitoring Platform) (USA)
1964	NIMBUS (USA)...1964...1978 (7 Satelliten), H = 940-1300 km, sU NIMBUS 2 NIMBUS 3
1967	Venera 4 (UdSSR)
1968	OSO 5
1969	OSO 6
1972	Pioneer 10 (USA), verläßt das Sonnensystem in Richtung Sternbild Stier, Heliopause 2003 noch nicht erreicht, Missionsende 2003
1973	Pioneer 11 (USA), verläßt das Sonnensystem in Richtung Sternbild Adler, Heliopause 2003 noch nicht erreicht, Missionsende 1995
1973	Skylab (USA), 4 Missionen in Erdumlaufbahn, H = ca 440 km
1974	Helios 1 (vorher A) (Deutschland, USA) Sonnenforschung
1975	OSO 8
1975	NIMBUS 6 (USA)
1976	Helios 2 (vorher B) (Deutschland, USA) Sonnenforschung
1977	ISEE 1, ISEE 2 (International Sun-Earth-Explorer) (USA)
1977	Voyager 1 (USA), Jupiter, Saturn..., verläßt das Sonnensystem, Missionsende 2020?
1977	Voyager 2 (USA), Jupiter, Saturn, Uranus, Neptun..., verläßt das Sonnensystem, Missionsende 2020?
1978	ISEE 3 (USA)
1978	**NIMBUS 7** (USA) H = 940-1300 km, sU, Sensor ERB: 10 Kanäle, 0,2-50 µm
1984	**ERBS** (Earth Radiation Budget Satellite) (USA) H = 610 km, I = 56°, Sensoren ERBE (Earth Radiation Budget Experiment), ERBE-Nonscanner, ERBE-Scanner,
1984	**NOAA 9** (USA) H = ca 850 km, sU, ÄÜ = 13.30 Uhr, Sensor: ERBE
1986	**NOAA 10** (USA) H = ca 850 km, sU, ÄÜ = 7.30 Uhr, Sensor:ERBE
1990	**Ulysses** (Europa, ESA), Sonnenumlaufbahn in der Sonnenpolarebene (Bahnebene senkrecht zur Bahnebene von SOHO), 9 Meßinstrumente an Bord, Meßbereich |20-145 keV|
1991	**UARS** (Upper Atmosphere Research Satellite) (USA) H = 600 km, I = 57°, Sensoren: CLAES, HALOE, HRDI, ISAMS, MLS, PEM, SOLSTICE, SUSIM, WIND II, ACRIM II
1991	**Yohkoh** (Japan), Röntgen-Teleskop zur Beobachtung der Sonnenkorona
1994	**GOES 8** (USA), geostationär, erfaßt unter anderem die Röntgenstrah-

	lung der Sonne
1995	**SOHO** (Solar and Heliospheric Observatory) (Europa, ESA, USA), Sonnenumlaufbahn in der Sonnenäquatorebene (Bahnebene senkrecht zur Bahnebene von Ulysses), befindet sich 1,5 Millionen km vor der Erde in Richtungs Sonne, Sensoren: CDS und LASCO (Coronal Diagnostic Spectrometer und Large-Angle and Spectrometric Coronograph)
1997	**Equator-S** (Deutschland), Kleinsatellit
?	**INTERBALL** (Russland)
?	**GEOTAIL** (Japan, USA)
?	**AKEBONO** (Japan)
?	**YOHKOH** (Japan)
?	**WIND** (USA)
?	**POLAR** (USA)
?	**FAST** (USA)
?	**ACE** (USA)
1998	**TRACE** (USA), Ultraviolett-Teleskop
1999	**ACRIMSAT** (Active Cavity Radiometer Irradiance Monitor Satellite) (USA) Sonnensensor ACRIM III, H = 720 km, I = 98,1°, ÄÜ = 10.00 Uhr
2000	**IMAGE** (Imager for Magnetopause to Aurora Global Exploration) (USA, NASA)
2001	**Genesis** (USA), Sonenwindforschung
2001	**CORONAS F** (Complex Orbital Observations of Solar Activty) (Russland) H ca 500 km, stets auf die Sonne ausgerichtet, 15 Sensoren zur nahezu kontinuierlichen Messung von Sonnenparametern (bis zu 20 Tage lang)

Bild 4.61
Satelitenmissionen zur Erforschung der Wechselwirkungen Sonne/Erde. Quelle: The Earth Observer (USA, NASA, EOS, 2003, 2002), GURNEY et al. (1993), DLR August/2003 und andere. H = Höhe der Satellitenumlaufbahn über der Land/Meer-Oberfläche der Erde, sU = sonnensynchrone Umlaufbahn (Erdumlaufbahn), I = Inklination

Ulisses (Europa/ESA)
Der 1990 an Bord eines us-amerikanischen Space-Shuttle gestartete Sonnenbeobachtungssatellit ist der erste Satellit, der die Äquatorebene der Sonne, in der sich die Planeten etwa bewegen (die Ekliptik) verlassen und die Pole der Sonne überflogen hat. 1998 war ein solcher erster Umlauf beendet. Mit den aufgezeichneten Meßdaten kann erstmals ein *dreidimensionales* Bild von der Sonne und ihrer Umgebung erstellt werden, einschließlich des Sonnenwindverlaufs. Die *Heliosphäre* ist bekanntlich ein kompliziert strukturiertes Gebilde, in dem Sonnenwindplasma, Magnetfelder, Wellen unterschiedlichster Art und kosmische Strahlung untereinander in Wechselwirkung stehen (DLR 1998).

SOHO (Europa/ESA)
Der 1995 gestartete Sonnenbeobachtungssatellit umfliegt die Sonne etwa in der Äquatorebene. Er befindet sich stets zwischen Sonne und Erde und hat einen Erdabstand von ca 1 500 000 km. SOHO ist mit zwei Koronographen ausgestattet (CDS, LASCO). Das Spektrometer CDS dient vor allem zur Untersuchung der Korona im extrem ultravioletten Strahlungsbereich. Da es direkt auf die Sonne ausgerichtet ist, heizt es sich auf 100 °C auf. Durch die Verwendung der Glaskeramik Zerodur® kann sich diese Hitze nicht nachteilig auf das Meßsystem auswirken (Zeiss 1997).

IMAGE (USA)
Der Satellit ist 2,25 m breit, hat aber zwei axiale Antennen von je 10 m und zwei radiale Antennen von 250 m. Eines der an Bord befindlichen Sensoren registriert die von der Sonne abgestrahlten ultravioletten Photonen, die von Helium-Ionen innerhalb der Plasmasphäre gestreut werden. Aufgrund seiner hohen Erdumlaufbahn (polare Bahn in Höhen zwischen 1 000 und 46 000 km) erfaßt der Satellit erstmals die gesamte Plasmasphäre der Erde (BURCH 2001).

Bild 4.62/1
Erstes Bild der Plasmasphäre der Erde, erzeugt mit Daten des an Bord des IMAGE-Satelliten befindlichen Sensors: Extreme Ultraviolet Instrument. Quelle: Sp. (8/2000, S.29)

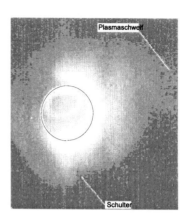

Bild 4.62/2
Bild der Plasmasphäre der Erde am 24.05.2000, erzeugt mit Daten des an Bord des IMAGE-Satelliten befindlichen Sensors: Extreme Ultraviolet Instrument. Die Erde ist durch einen Kreis markiert. Eine markante Struktur der Plasmasphäre wurde "Schulter" genannt. Quelle: BURCH (2001)

4.2.05 Zum Begriff "tätige Oberfläche"

In den Geowissenschaften wird verschiedentlich der Begriff "tätige Oberfläche" verwendet (DIERCKE 1985, WILMANNS 1989 u.a.). Man kann die **tätige Oberfläche** definieren als Oberfläche, an der sich ein *bestimmter Hauptstrahlungsumsatz* und damit *Energieumsatz* vollzieht. Eine tätige Oberfläche der Erde kann beispielsweise sein: eine Eis-/Schneeoberfläche, eine Bodenoberfläche, eine Wasseroberfläche, eine Waldoberfläche, eine Wolkenoberfläche usw. Die Formen dieser tätigen Oberflächen können somit sehr unterschiedlich sein und mithin auch ihre Wirksamkeit bezüglich des Strahlungs- beziehungsweise Energieumsatzes. Auf die speziellen tätigen Oberflächen der einzelnen Hauptpotentiale wird jeweils dort näher eingegangen. Die tätigen Oberflächen des Eis-/Schneepotentials werden in diesem Hauptabschnitt später behandelt. Nachfolgend soll zunächst die Oberfläche der Erdatmosphäre näher betrachtet und dabei nach tätigen Oberflächen Ausschau gehalten werden.

4.2.06 Was gilt als Oberfläche des Systems Erde?

Im Rahmen der Ausführungen über die Solarkonstante (Abschnitt 4.2.03) wurde für die Dichte der mittleren solaren Einstrahlung in das System Erde (an dessen Oberfläche) als *aktueller* Betrag genannt: $S_0 = 342$ W/m^2. Es soll damit der Gesamtstrahlungsfluß und mithin der Gesamtenergiebetrag gekennzeichnet sein, den die Erde von der Sonne bei senkrechtem Strahlungseinfall pro Zeiteinheit und Flächenelement erhält.

Ferner geht man bei der Betrachtung des Strahlungshaushaltes des Systems Erde allgemein davon aus, daß im langzeitigen Mittel Einstrahlung und Abstrahlung ausgeglichen sind. Es wird angenommen, daß sich das System Erde langzeitig in einem Strahlungs- und Temperaturgleichgewicht befindet. An der **Oberfläche des Systems Erde** bestehe folgende Bilanzsumme:

Einstrahlung	Abstrahlung	
eingestrahlte Sonnenenergie = 100 %	reflektierte Sonnenenergie = 30 %	Abstrahlung im Ultrarotbereich = 70 %

Diese Daten sind heute allgemein akzeptiert: EK (1991) = Enquete-Kommission "Vorsorge zum Schutz der Erdatmosphäre" des Deutschen Bundestages, HARRISON et al. (1993) und andere. Doch was ist hierbei die "Oberfläche des Systems Erde" oder der "Rand der Erdatmosphäre" oder die "Obergrenze der Erdatmosphäre" ...? Auf welche Oberfläche beziehen sich diese Daten? Es sei zunächst kurz das heutige Standardmodell über die vertikale Gliederung der Erdatmosphäre betrachtet.

Erdatmosphäre

Die Atmosphäre des Systems Erde besteht aus einem Gemisch unterschiedlicher Gase sowie fester und flüssiger Teilchen. Sie wird von der Erdschwerkraft festgehalten. Real ist die Erdatmosphäre eine zum umgebenden Weltraum hin diffus auslaufende Schicht. Die diesbezügliche Begrenzung kann mithin nur sinnvoll festgelegt werden. Eine solche Begrenzung stellt zugleich die Begrenzung des Systems Erde dar. Bild 4.63 zeigt die generelle vertikale Struktur der Atmosphäre. Weitere Ausführungen enthält Abschnitt 10 (Atmosphärenpotential).

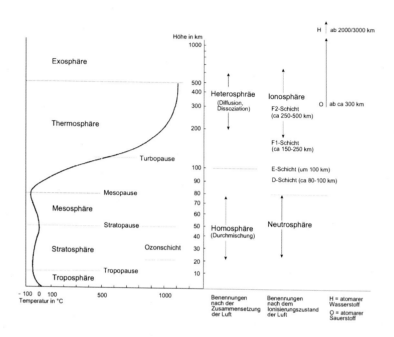

Bild 4.63
Generelle vertikale Gliederung der gegenwärtigen Erdatmosphäre nach Daten von SCHIRMER et al. (1987) und UNSÖLD/BASCHEK (1991). Die km-Angaben sind Höhen über der Land/Meer-Oberfläche.

Erdmagnetfeld, Erdmagnetosphäre

Der Raum, in dem ein Magnet Kraftwirkungen ausübt, wird *Magnetfeld* genannt. Nach den bisherigen Erkenntnissen der Physik (BREUER 1993) gilt das genannte Feld als eine Eigenschaft des umgebenden Raumes, da kein Überträger erforderlich ist. Das Feld ist mithin auch im leeren Raum existent. Jeder Magnet hat zwei Enden, die jeweils einen *magnetischen Pol* (eine Stelle stärkster Anziehungskraft) darstellen. Das positive Ende (+ Ende) wird *Nordpol* genannt, das negative Ende (- Ende) heißt *Südpol* des Magneten. Beide Pole des Magneten haben zwar stets eine gleichgroße, aber entgegengesetzt wirkende Kraft. Gleichnamige Pole (+ +, oder - -) stoßen sich ab, ungleichnamige (+ - oder umgekehrt) ziehen sich an. Die magnetischen Feldlinien (Kraftlinien) laufen vom magnetischen Nordpol (+ Pol) zum magnetischen Südpol (- Pol). Sie beginnen oder enden nie im freien Raum. Ein Magnet bildet mithin einen magnetischen Dipol. Die in Meßgeräten zur Anzeige und Messung magnetischer Größen enthaltene *Magnetnadel* ist ein leichter, drehbeweglicher magnetischer Dipol. Die Magnetnadel wird meist an ihrem + Ende (Nordpol) *blau*, an ihrem - Ende (Südpol) *rot* markiert. Äußere Einwirkungen können die magnetischen Eigenschaften eines Magneten schwächen oder ganz aufheben. Der Mensch kann Magnete nur an ihren Wirkungen erkennen, denn er besitzt kein Organ, mittels dem er die Anwesenheit eines Magneten feststellen könnte (einige Tiere können magnetische Kräfte wahrnehmen). Die Anwesenheit eines magnetischen Feldes läßt sich mittels einem anderen Magneten feststellen.

|Benennung Magnet, die Erde als Magnet|
Die alten Kulturvölker in China und Mexiko kannten offenkundig die magnetischen Kraftwirkungen des Magneteisensteins. Vermutlich waren es die Chinesen, die erstmals die Nord-Süd-Ausrichtung einer Magnetnadel zur Navigation benutzten. Im Mittelalter setzten auch europäische Seefahrer den Magnetkompaß ein.

Magnetische Eigenschaften von Gesteinen sind den Griechen bekannt gewesen: SOKRATES sprach von „herakleischen Steinen", EURIPIDES nannte diese „Magnete" (GLAßMEIER 2003). Der Name "Magnet" ist (nach Angaben des römischen Dichters Carus Titus LUCRETIUS, 96 v.Chr.-55 n.Chr.) abgeleitet von "Magnetit" (Magneteisenstein, $F_{e3}O_4$). Vermutlich ist das Mineral erstmals in der thessalonikischen Siedlung *Magnesia* am Sipylos in Lydien (dem heutigen türkischen Manisa in Westanatolien) abgebaut worden.

Der englische Arzt und Naturforscher William GILBERT (1544-1603), Leibarzt der englischen Königin Elisabeth, erkannte, daß die Erde als großer Magnet gelten kann. In seinem **1600** erschienenen Werk "De magnete..." stellte er das Wissen seiner Zeit über Magnetismus und Erdmagnetfeld erstmals systematisch dar.

|Das Erdmagnetfeld als Feld eines magnetischen Dipols|
Das Erdmagnetfeld wird in *erster Näherung* vielfach als Feld eines im Erdinnern befindlichen magnetischen Dipols aufgefaßt (mit einem Verlauf der Kraftlinien entsprechend Bild 4.61). Die Punkte, wo die Dipolachse dieses Stabmagneten die Oberfläche des Erdinnern durchstößt sind bei dieser Annahme die magnetischen Pole der Erde. Sie werden verschiedentlich wie folgt bezeichnet: auf der Nordhalbkugel mit B (von boreal), auf der Südhalbkugel mit A (von austral) oder auf der Nordhalbkugel mit "arktischer Magnetpol", auf der Südhalbkugel mit "antarktischer Magnetpol".

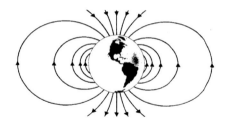

Bild 4.64
Verlauf der magnetischen Feldlinien (Kraftlinien) um einen im Zentrum des Erdinnern angenommenen magnetischen Dipol (Stabmagneten). Die Feldlinien laufen vom *magnetischen Nordpol* (auf der Südhalbkugel) zum *magnetischen Südpol* (auf der Nordhalbkugel.

Definitionen einiger Pole des Systems Erde und weiterer Begriffe des Erdmagnetfeldes
Im System Erde lassen sich verschiedene "Pole" definieren, beispielsweise geographische Pole bis hin zu Klimapolen und andere.

|geographische Pole|
Alle Meridiane eines erdfesten globalen Koordinatensystems schneiden sich in zwei Punkten auf der Oberfläche einer *mittleren Erdkugel* beziehungsweise eines *mittleren Erdellipsoids*, die *geographische Pole* genannt werden. Der *geographische Nordpol* liegt auf der Nordhalbkugel (bei 90° nördlicher geographischer Breite), der *geographische Südpol* auf der Südhalbkugel (bei 90° südlicher geographischer Breite). Entsprechendes gilt für das Erdellipsoid. Erläuterungen zum erdfesten globalen Koordinatensystem (Bezugssystem) sind im Abschnitt 2 enthalten.

|Rotationspole|
Die beiden Punkte, in denen die Rotationsachse der Erde zum Zeitpunkt t die Oberfläche des Erdinnern (die Geländeoberfläche) durchstößt, sind die Rotationspole der Erde zum Zeitpunkt t. Die Darstellung ihres Bewegungsablaufs im vorgenannten *Koordinatensystem* wird Polbewegung genannt (Abschnitt 3.1.01). Der *nördliche Rotationspol* liegt auf der Nordhalbkugel, der *südliche* auf der Südhalbkugel (oder Ellipsoid). Die Rotationsachse der Erde geht durch den Erdmittelpunkt (Geozentrum)

|magnetische Pole|
Das Erdmagnetfeld beschreibende Größen sind unter anderem die magnetische *Deklination* (D) (oder "Mißweisung" der Magnetnadel) und die magnetische *Inklination* (I) Die magnetische Deklination kann mit einer in der *Horizontalebene* drehbeweglichen Magnetnadel (Deklinationsnadel, Kompaßnadel) gemessen werden (Deklinometer, Kompaß). Zur Messung der magnetischen Inklination dient eine in der *Vertikalebene* drehbewegliche Magnetnadel (Inklinationsnadel, Inklinometer). Als Magnetnadel wird ein leichter magnetischer Dipol verwendet. Außer der horizontalen Richtung der Kraft des erdmagnetischen Feldes und der Neigung (Inklination) ist auch die Stärke, die auf eine Magnetnadel wirkende Kraft des Erdmagnetfeldes, zu bestimmen. Diese Stärke ist die *Totalintensität* oder magnetische Feldstärke (F). Sie kann zerlegt werden in die Teilkräfte *Horizontalintensität* (H) und *Vertikalintensität* (Z).

|Einheiten und Umrechnungen|
Die magnetische Feldstärke (F) sowie ihre Komponenten Vertikalintensität (Z) und Horizontalintensität (H) werden meist in der SI-Einheit "Tesla" (T) angegeben, früher in "Gauss" (G). Tesla (T), benannt nach dem kroatischen Physiker und Elektrotechniker Nikola TESLA (1856-1943). Gauss (G), benannt nach dem deutschen Mathematiker und Geodäten Carl Friedrich GAUSS (1777-1855). Für Umrechnungen gilt:
1 Tesla (T) = 1 Vs / m^2 = 10^4 Gauss, wobei Vs = Voltsekunde (KUCHLING 1986), 1 Nano-Tesla (nT) = 10^{-9} T, 1 Gauss (G) = 10^{-4} T.

|Kartographische Darstellung des Erdmagnetfeldes|
Gleiche Werte gleichartiger Größen lassen sich in kartographischen (Grundriß-) Darstellungen durch Linien gleicher Werte, *Isolinien*, übersichtlich wiedergeben.
|D = const|
Die Linien gleicher Werte der magnetischen Deklination D heißen *Isogonen*, speziell: D = 0 heißen *Agonen*. Die Deklination soll erstmals von COLUMBUS erkannt worden sein (KRAUSE 1928). Deklinationskarten dieser Art haben große Bedeutung für die Navigation. 1701 erstellte der englische Mathematiker und Astronom Edmund HALLEY (1656-1742) erstmals Deklinationskarten vom Atlantik und Indik.
|I = const|
Diese Isolinien heißen *Isoklinen*, speziell: I = 0 ist der *magnetische Äquator*.
|H = const|
Diese Isolinien heißen *Isodynamen*.

Es gibt Bereiche, in denen die magnetischen Kräfte des erdmagnetischen Nord- und Südpols sich etwa die Wage halten. Die Inklinationsnadel wird infolgedessen etwa wagerecht (horizontal) liegen. Beobachtungsorte auf der Land/Meer-Oberfläche, in denen die Inklinationsnadel wagerecht steht (I = 0°), kennzeichnen den *erdmagnetischen Äquator*. Er verläuft teils nördlich, teils südlich des geographischen Äquators. Liegt der Beobachtungsort auf der *Nordhalbkugel*, hat der erdmagnetische Südpol stärkerer Anziehungskraft als der erdmagnetische Nordpol, da der erdmagnetische Südpol näher am Beobachtungsort liegt als der erdmagnetische Nordpol (auf der Südhalbkugel). Der magnetische Südpol zieht also das magnetische Nord-Ende der Inklinationsnadel nach unten und zwar um so stärker, je näher der Beobachtungsort an den erdmagnetischen Südpol heranrückt. Befindet sich der Beobachtungsort **im** erdmagnetischen Südpol, zeigt das Nord-Ende der Inklinationsnadel lotrecht nach unten. Auf der *Südhalbkugel* ist das beschriebene Verhalten der Inklinationsnadel umgekehrt. Im erdmagnetischen Äquator ist der Wert der Inklination (der magnetischen Neigung) entsprechend dem Gesagten somit I = 0°. Von dort aus wächst er an und erreicht an erdmagnetischen Polen schließlich den Wert I = 90°. Beobachtungsorte an der Land/Meer-Oberfläche, in denen die Inklinationsnadel senkrecht (lotrecht) steht (I = 90°) sind mithin *erdmagnetische Pole*. Da es an der Land/Meer-Oberfläche nicht nur zwei, sondern mehrere magnetische Pole (magnetische Anomalien) geben kann, werden hier folgende Benennungen zur Kennzeichnung *erdmagnetischer Pole an der Land/Meer-Oberfläche* oder an der Oberfläche des mittleren Erdellipsoids benutzt: magnetischer Pol auf der Nordhalbkugel (in der Regel ein magnetischer Südpol), magnetischer Pol auf der Südhalbkugel (in der Regel ein magnetischer Nordpol).

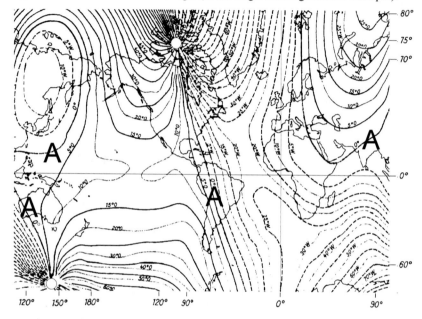

Bild 4.65
Linien gleicher magnetischer Deklination (Isogonen) des Erdmagnetfeldes (Jahres-Mittelwerte für 1955). Die Linien D = 0° sind mit A gekennzeichnet (Agonen). Der magnetische (Süd-) Pol auf der Nordhalbkugel und der magnetische (Nord-) Pol auf der Südhalbkugel sind durch ○ gekennzeichnet. Auf der Nordhalbkugel zeigen sich regional (Sibirien) größere magnetische Anomalien (zusätzliche magnetische Südpole). Quelle: KE (1975), verändert. Die magnetischen Pole sind singuläre Punkte und werden am Ort durch eine Kreisfläche repräsentiert (Radius mehrere km?).

Aus den vorstehenden Darlegungen läßt sich folgern, daß zunächst zu unterscheiden sind: "magnetische Pole" (etwa jene an den Enden der Deklinations- oder Inklinationsnadel) und "erdmagnetische Pole". Als "erdmagnetische Pole" werden (meist) solche Punkte (Beobachtungsorte) bezeichnet, die in (oder nahe über) der *Geländeoberfläche* (Oberfläche des Erdinnern) liegen und in deren (nahen) Umgebung die magnetischen

551

Kraftlinien senkrecht (lotrecht) zu dieser Oberfläche verlaufen. Der Wert für die Inklination (der magnetischen Neigung) in diesen kreisförmigen Punktbereichen beträgt mithin I = 90°. Erdmagnetische Pole (Beobachtungsorte, genauer: berechnete Meßpunkte) mit diesen Eigenschaften können aber auch in der *mittleren Meeresoberfläche* (im mittleren Meeresspiegel, siehe Abschnitt 9.1.01) liegen. Außerdem ist nach den vorstehenden Ausführungen und den folgenden über die Entstehung und die Struktur des Erdmagnetfeldes davon auszugehen, daß die erdmagnetischen (Haupt-) Pole sehr wahrscheinlich im Erdinnern liegen, die zuvor beschriebenen erdmagnetischen Pole in den genannten Oberflächen mithin eine Art "Epizentren" der "erdmagnetischen Pole im Erdinnern" sind. Der Verlauf magnetischer Kraftlinien im Erdinnern und ihr Austreten an der Oberfläche des Erdinnern (Geländeoberfläche) wurde bisher nur (theoretisch) als rechnerische Modell-Simulation dargelegt (Hinweise in MÜLLER/STIEGLITZ 2002).

|Innerer und äußerer Anteil am Erdmagnetfeld|
Ein bestimmtes Erdmagnetfeld (Messungsergebnis, bezogen auf eine bestimmte Epoche) kann nach unterschiedlichen Abläufen erzeugt worden sein. Der deutsche Mathematiker und Geodät Carl Friedrich GAUSS (1777-1855) hat diese Unbestimmtheit insofern etwas eingeschränkt, als er eine mathematische Darstellung des Erdmagnetfeldes nach Kugelfunktionen vorlegte (vergleichbar jener für das Erdschwerefeld), nach der sich abschätzen läßt, welcher Anteil am Gesamtfeld durch Ursachen erzeugt wird, die im Innenraum liegen, und welcher Anteilteil auf Ursachen beruht, die im Außenraum der Kugelfunktionsentwicklung liegen. Das Ergebnis daraus lautet, daß ein größerer Anteil am Gesamtfeld aus den Vorgängen im Erdinnern hervorgehe.

Zur Entstehung und Struktur des Erdmagnetfeldes
Die *Entstehung* des Magnetfeldes der Erde ist wissenschaftlich noch nicht hinreichend geklärt. Heute wird vielfach davon ausgegangen, daß das Erdmagnetfeld im *Erdinnern* entstand und dort ständig neu gebildet wird. Das Modell hat etwa folgende Struktur (MÜLLER/STIEGLITZ 2002): Im äußeren Erdkern, der aus schmelzflüssigem Eisen besteht, entstehen durch Dichtunterschiede und die Erdrotation walzenartige Strömungsmuster. Innerhalb dieser Konvektionswalzen bewegt sich die Eisenschmelze schraubenförmig nach innen beziehungsweise nach außen. Solche Strömungen des leitfähigen Eisens bilden einen sogenannten Geodynamo, der das Erdmagnetfeld erzeugt und aufrechterhält. Das Modell besagt, daß rotierende, elektrisch leitende Flüssigkeiten ein Magnetfeld erzeugen und mit relativ stabiler Stärke auch aufrechterhalten können.

Die Beschreibung der *Struktur* des Erdmagnetfeldes bereitet ebenfalls einige Schwierigkeiten. Beispielsweise ist eine klare Trennung der Begriffe "Erdmagnetfeld" und "Erdmagnetosphäre" nicht einfach. Handelt es sich um einen Oberbegriff mit Unterbegriff oder sind beide Begriffe gleichrangig? Verschiedentlich wird gesagt, daß das

Erdmagnetfeld die Erdmagnetosphäre bewirke und dabei wird stillschweigend das Erdmagnetfeld dem Erdinnern und die Erdmagnetosphäre dem Erdäußeren zugeordnet. Gelegentlich wird auch unterschieden ein magnetisches "Hauptfeld" (das als relativ stabil angenommen und wohl dem Erdinnern zugeordnet wird) und ein magnetische "Variationsfeld" (mit relativ schnellen Veränderungen, das wohl dem Erdäußeren zugeordnet wird). Eine andere Möglichkeit zur Beschreibung der Struktur der Erdmagnetfeldes könnte der Verlauf der magnetischen Feldlinien eröffnen. Modellrechnungen zeigen denn auch (erstmals) den *detaillierten* Verlauf der Feldlinien im Erdinnern und in dessen naher Umgebung (siehe MÜLLER/STIEGLITZ 2002). Nach den Ergebnissen ist davon auszugehen, daß das Magnetfeld im Erdinnern nicht symmetrisch strukturiert ist. Daß das Erdmagnetfeld auch im Erdäußeren nicht symmetrisch strukturiert ist, war bereits im Abschnitt 4.2.03 dargelegt worden. Einen *räumlichen* Eindruck von der *generellen* Gestalt des Erdmagnetfeldes in naher "Erdumgebung" (oder ist hier noch vom Erdäußeren zu sprechen?) kann Bild 4.66 vermitteln. Der Sonnenwind formt das Erdmagnetfeld, die Magnetosphäre der Erde, die durch die *Magnetopause* (Mp) begrenzt wird. In Richtung Sonne (-s) beträgt ihr *maximaler* Abstand von der Land-/Meeresoberfläche der Erde ca 65 000 km. In der Gegenrichtung (+s) erstreckt sich die Magnetosphäre (der Plasmaschweif) *maximal* bis zu etwa 6,4 Millionen km. Diese Länge kann sich kurzfristig stark ändern. Im Bild 4.66 kennzeichnet die z-Achse die magnetische Erdachse, die s- sowie die e-Achse liegen in der magnetischen Äquatorebene.

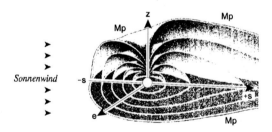

Bild 4.66
Generelle Gestalt eines Teiles des Erdmagnetfeldes, das durch die Magnetopause (Mp) begrenzt wird. Quelle: TL/Sonne (1990), verändert

**Veränderungen des Erdmagnetfeldes
und Wanderung der erdmagnetischen Pole**
Bisherige Erkenntnisse ergeben, daß das Erdmagnetfeld einem ständigen Wandel unterliegt. Schon 1634 hatte GELLIBRAND auf diese Eigenschaft des Feldes hingewiesen. Die Elemente des Erdmagnetismus (Inklination, Deklination, Induktion) verändern sich sowohl kurzfristig als auch langfristig sowie periodisch und aperiodisch.
Kurzzeitänderungen (Sekunden bis Tage) beruhen auf Wechselwirkungen des Sonnenwinds mit der Ionosphäre der Erde. Diese Wechselwirkungen erzeugen dort vor

allem Strömungen der elektrisch leitfähigen Luftschichten, was offensichtlich zu *schnellen* Veränderungen des äußeren Anteils am Erdmagnetfeld führt (die beispielsweise auch den Funkverkehr im System Erde erheblich beeinflussen können). Nachweisen lassen sich unter anderem erdtägige, mondtägige und sonnentägige Variationen des Erdmagnetfeldes. Der Sonnenflecken-Zyklus beeinflußt das Feld ebenfalls. *Langzeitänderungen* des Erdmagnetfeldes offenbaren sich vor allem durch die Wanderung der magnetischen Erdpole. Die vorgenannten Kurzeitänderungen des äußeren Anteils am Erdmagnetfeld überlagern den sich nur *langsam* verändernden inneren Anteil am Erdmagnetfeld. Änderungen dieses Anteils werden meist zusammengefaßt unter dem Begriff *Säkularvariation* (des Erdmagnetfeldes) (lat. saecularis, in Jahrhunderten ablaufend).

Wanderung der erdmagnetischen Pole. Nach dem zuvor Gesagtem sind jene Beobachtungsorte in (oder nahe über) der *Oberfläche* des Geländes (des Erdinnern) *oder* vom Land/Meer, wo die magnetischen Kraftlinien senkrecht (lotrecht) verlaufen, die Inklinationsnadel als Wert für die magnetische Inklination oder magnetische Neigung I = 90° zeigt, erdmagnetische Pole. Werden die im Zeitablauf eintretenden Lageverschiebungen dieser erdmagnetischen Pole im erdfesten Koordinatensystem ausgewiesen, ergibt sich die sogenannte Polwanderung (siehe auch Abschnitt 3.1.01). Bei der Bestimmung der Wanderung erdmagnetischer Pole kann von *Meßdaten* (etwa geographischer Breite und Länge) ausgegangen werden. Weiter in die Vergangenheit der Erdgeschichte zurückreichende Polwanderungsdaten lassen sich mit Hilfe des *Paläomagnetismus* herleiten. So kann beispielsweise aufgrund der im Gestein gemessenen Magnetisierung die Lage der erdmagnetischen Pole jener Zeit (paläomagnetische Pole) bestimmt werden, die dem Alter des Gesteins entspricht, wobei allerdings zu überprüfen ist, daß die *remanente Magnetisierung* des Gesteins im Ablauf geologischer Zeitabschnitte sich nicht verändert hat.

Bild 4.67 (rechts)
Geographische Koordinaten der magnetischen Pole (mP) im erdfesten Koordinatensystem auf der mittleren Erdkugel (Ellipsoid). Die (meßtechnisch bestimmten) Koordinaten sind angegeben in Grad und Minuten (Winkelangaben). Breite = geographische Breite, Länge = geographische Länge. w = westlich vom 0-Meridian (Greenwich), ö = östlich vom 0-Meridian. Als Quellen dienten unter anderem: KE (1959), KOSACK (1967), KE (1975), G (1986). Die Bestimmung der Lage des magnetischen Pols auf der *Südhalbkugel* für den Zeitabschnitt 1819-**1821** erfolgte durch den russischen Seefahrer Fabian Gottlieb v. BELLINGSHAUSEN (1778-1852) und DUPERREY (Bearbeiter). Die Bestimmung der Lage des magnetischen Pols auf der *Nordhalbkugel* für das Jahr **1831** erfolgte durch den englischen Seefahrer Sir John ROSS (1777-1856).

Jahr	mP (Nordhalbkugel)		mP (Südhalbkugel)		Meßzeitabschnitt
	Breite	w.Länge	Breite	ö.Länge	
1821			75°	138,3°	1819-1821
1831	70°05'	96,46°			
1838			72,6°	150,5°	
1840			69,5°	131,0°	
1840			71,8°	136,3°	1837-1840
1842			71,9°	144,0°	1838-1842
1843			75,1°	154,1°	1840-1843
1870			76,8°	166,1°	ca 1870
1872			73,3°	148°	
1900			72,7°	152,5°	1898-1900
1904			72,8°	152,5°	1901-1904
1904	70°30'	95°30'			
1909			72,4°	155,2°	1907-1909
1912			71,2°	150,8°	
1922			71°	151°	
1931			70,3°	146,3°	1929-1931
1939			70,0°	148,0°	
1941			70,3°	148,3°	
1942			70°	150°	
1945			68°12'	145°24'	
1946					1946-1947 (beide mP)
1947	70°30'	92°30'	68,8°	144,0°	
1947	76°	102°			
1948	73,5°	92,5°			
1952	74°	100°	68,1°	143°	
1955			68,0°	144,0°	
1958			68,0°	144,3°	
1959			67,7°	141,0°	
1962			67°	140°	
1963	75°06'	100°48'	66,9°	142,6°	
1964			67,5°	140,0°	
1986	75°30'	100°30'	65°18'	140°02'	

Bild 4.68
Wanderung des paläomagnetischen Pols der Nordhalbkugel während der vergangenen 600 Millionen Jahre (600 $\cdot 10^6$ Jahre) vor der Gegenwart nach Berechnungen russischer Geophysiker (Quelle: KE 1975). Dabei ist zu beachten, daß die Lage der Kontinente am Beginn dieser Wanderung (Kambrium) eine andere war, als die heutige, die das Bild zeigt.

Steht das Erdmagnetfeld vor einer Umpolung?
(Aussagen der Gesteinsmagnetisierung)

Gesteine erwerben während ihrer Entstehung eine dauerhafte Magnetisierung, die identisch und proportional zum umgebenden Magnetfeld ist. Träger dieser Magnetisierung sind magnetische Minerale, wie etwa das Magnetit. Die Bestimmung von Gesteinsmagnetisierung und Gesteinsalter (Abschnitt 7.1.01) ermöglichen in gewissen Grenzen Rückschlüsse auf die frühere Stärke und Richtung des Erdmagnetfeldes.

Aus Gesteinen mit magnetischen Einschlüssen läßt sich schließen, daß die Erde seit mehr als 3,5 Milliarden Jahren (3,5 $\cdot 10^9$ Jahren) ein Magnetfeld aufweist und daß sich dies mehrfach Mal *umgepolt* hat, wobei sich die jeweiligen Umpolungen in Zeitabschnitten von wenigen tausend Jahren vollzogen haben sollen (MÜLLER/STIEGLITZ 2002, CORDES 1990). Das Dipolfeld wechselt mithin seine Polarität Diese Polaritätsumkehr entdeckte 1905 der Franzose Bernhard BRUNHES (1867-1910). Die gegenwärtige Konfiguration des Erdmagnetfeldes wird als *normale*, die umgekehrte als *reverse* (oder inverse) Polarität bezeichnet.

Inzwischen gibt es Anzeichen, daß die derzeitige "normale" Polarität sich umkehren könnte in die "reverse" (Sp 6/2002). Seit der letzten Umkehrung seien ca 750 000 Jahre vergangen. In Zonen nahe der Pole habe sich das Feld bereits umgekehrt. Ob dem eine vollständige Umkehr folgt ist dennoch offen, da das Feld schon oftmals zu einer Umkehr ansetzte, dann aber die alte Orientierung wieder annahm.

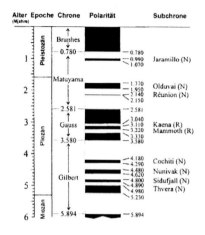

Bild 4.69
Erdmagnetische Polaritätszeitskala nach MERRILL/MCELHINNY/MCFADEN 1996 für die vergangenen 6 Millionen Jahre. Schwarz = normale (gegenwärtige) Polarität, Weiß = inverse (reverse) Polarität. Eine Chrone ist ein Zeitabschnitt mit > 1 000 000 Jahren stabiler Polarität, eine Subchrone ist ein Zeitabschnitt mit > 100 000 Jahren stabiler Polarität. Quelle: GLAßMEIER (2003), verändert

Anmerkung zu den Oberflächen von "System Erde" und "Erdatmosphäre"

Die vorstehenden Ausführungen verdeutlichen, daß es nur sinnvolle *Festlegungen* für die
|Oberfläche des Systems Erde|
geben kann bezüglich ihrer Höhe über der Land/Meer-Oberfläche und ihrer Gestalt (Oberflächenformen). Gleiches gilt für die
|Oberfläche der Erdatmosphäre|
Es stellen sich damit die Fragen: Auf welche Oberfläche bezieht sich die Solarkonstante? Auf welche Oberfläche beziehen sich die Werte der Einstrahlung und Ausstrahlung (Bilanzsumme) des Systems Erde? Ob die vorgenannten Oberflächen zugleich als tätige Oberflächen gelten können, ist beim Atmosphärenpotential (Abschnitt 10) behandelt. Für die tätigen Oberflächen des Eis-/Schneepotentials ist zunächst der allgemeine Strahlungsfluß in der Erdatmosphäre und die Albedo von wesentlicher Bedeutung.

4.2.07 Satellitenmissionen zur Erforschung des Magnetfeldes der Erde

Start	Name der Satellitenmission und andere Daten
1958	**Explorer-1** (Abschnitt 4.2.04) Strahlungsmessungen mittels Geiger-Zähler, Van Allen-Gürtel entdeckt.
1968	**Heos** (Europa, ESRO) H 400-236000 km, erzeugte künstliche Ionenwolke.
1969	**Azur**, H 385-3150 km, Strahlungsmessungen
1972	Heos, H 400-236000 km Pioneer-3 Pioneer-4
1980	**MAGSAT** (USA), Daten über das Magnetfeld der Erde. Missionsende 1980 _**Mechta** (UdSSR, Russland) H = *** km
1995	?
1995	?
1996	**Interball-2** (UdSSR, Russland) H = *** km
1996	**Magion-5** (UdSSR, Russland) H = *** km
1996	**CLUSTER I** (Europa, ESA), Fehlstart
1999	**ÖRSTED** (Abschnitt 2.1.03) Sensor: Magnetometer
2000	**CLUSTER II** (Europa, ESA), H = ca 7000 km, 4 Satelliten (Salsa,, Samba, Rumba, Tango) mit jeweils 44 Geräten an Bord, Messung von Sonnenwindteilchen
?	**UNIMAG** (Russland) Sensor: Magnetometer
2000	**CHAMP** (Abschnitt 2.1.03), Daten über das Magnetfeld der Erde mittels Sensoren: Overhauser-Skalarmagnetometer und zwei Fluxgate-Vektormagnetometer
2000	**SAC-C** (Argentinien), führt auch Örsted-2-Experiment durch
?	**SWARM** (Europa, ESA) Sensor: Magnetometer
? 2006	Magnetospheric Multiscale-Mission (USA), ähnlich Cluster II

Bild 4.70
Satellitenmissionen zur Erforschung des *Magnetfeldes* der Erde (bezügliche des Schwerefeldes siehe Abschnitt 2.1.03). H = Höhe der Satelliten-Umlaufbahn über der Land/Meer-Oberfläche der Erde

Größere Konzentrationen geladener Teilchen in zwei verschiedenen Höhen über der Land/Meer-Oberfläche der Erde entdeckte 1958 der us-amerikanische Physiker James van ALLEN (1914-). Vielfach wird daher vom *Van-Allen-Strahlungsgürtel* gesprochen. Die Entdeckung ist ein Ergebnis aus der Mission des ersten USA-Erderkundungssatelliten Explorer-1. Die größten Konzentrationen wurden gemessen in Höhen von etwa 4 000 km und etwa 16 000 km über der Land/Meer-Oberfläche der Erde. Die erhöhten Konzentrationen beginnen etwa 1 000 km über der Land/Meer-Oberfläche. In 16 000 km Höhe wurden pro Sekunde rund 10 000 Teilchen mittels Geigerzähler gezählt. Zahlreiche folgende Satellitenmissionen dienten in verschiedener Weise zur Erforschung des Erdmagnetfeldes.

CLUSTER II
Mit Hilfe von vier gleichausgestatteten Satelliten soll die Erdmagnetosphäre weiter erforscht werden (DLR 1998).

CHAMP
Mit CHAMP wird es erstmals möglich, das Schwerefeld und das Magnetfeld der Erde *gleichzeitig* und die Magnetfeldstärke entlang der Satellitenbahn mit einer Genauigkeit von 0,1 nT zu bestimmen. Aus den CHAMP-Meßdaten eines Zeitabschnittes von drei Monaten wurde ein (erstes, vorläufiges) globales Modell der Magnetfeldstärke der Erde berechnet und mit dem aus MAGSAT-Meßdaten berechneten globalen Modell verglichen (vorläufiges CHAMP-Modell minus MAGSAT-Modell). Es zeigten sich Differenzen von bis zu + 2 500 nT in einigen Oberflächenbereichen der Erde (REIGBER 2001). Der zeitliche Abstand zwischen beiden berechneten Modellen beträgt 21 Jahre. Bemerkenswert in diesem Zusammenhang ist, daß die größten Veränderungen über dem Meer auftreten, von den klassischen Land-Observatorien mithin nicht erfaßt werden. Mit den beiden Fluxgate-Magnetometer ist es möglich, alle drei Komponenten des Magnetfeldvektors im Bahnpunkt in einem Bereich von 65 000 nT mit einer Genauigkeit von 0,2 nT zu bestimmen (Mittel: Erde ca 40 000 nT, Erdmond ca 10 nT).

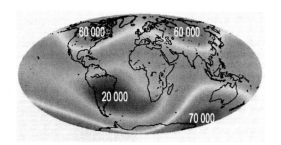

Bild 4.71
Globale Verteilung der Totalintensität (in nT) des Erdmagnetfeldes nach Meßdaten des Satelliten CHAMP. Quelle: GLAßMEIER (2003), verändert.

4.2.08 Strahlungsemission und Strahlungsreflexion an tätigen Oberflächen des Systems Erde

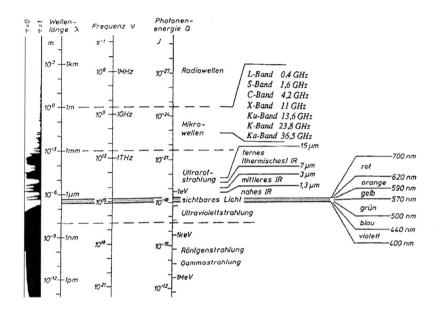

Bild 4.72
Elektromagnetisches Wellenspektrum mit zugeordneter Transparenz der Erdatmosphäre. τ = 0 bedeutet nahezu keine Durchlässigkeit der Erdatmosphäre für elektromagnetische Strahlung (dunkle Fläche). τ = 1 bedeutet hohe Durchlässigkeit (helle Fläche). Quelle: KRAUS/SCHNEIDER (1988), verändert (anstelle von "Infrarotstrahlung" IR wurde "Ultrarotstrahlung" eingesetzt). Die Darstellungen des Wellenspektrums in der Literatur sind unterschiedlich. Die genannten Einheiten (MHz...) sind jeweils im Text erläutert. Viele Schneegebiete der Erde, vor allem wenn sie Neuschnee tragen, gehören zu jenen Gebieten, die eine sehr hohe Strahlungsreflexion aufweisen, oftmals Werte über 80%. Das Zusammenspiel von Strahlungsflüssen in der Erdatmosphäre sowie Strahlungsemission und Strahlungsreflexion an tätigen Oberflächen soll deshalb in diesem Abschnitt näher betrachtet werden.

Strahlungsemission

Bei der *Temperaturstrahlung* wird Wärmeenergie von einem Körper zum anderen vermittels Emission und Absorption elektromagnetischer Strahlung transportiert. Sie wird daher auch *Wärmestrahlung* genannt.

Emission und Absorption sowie Transmission elektromagnetischer Strahlung
Die auf einen Körper treffenden Strahlung wird nur teilweise absorbiert, der übrige Teil wird reflektiert beziehungsweise durchgelassen (transmittiert). Dementsprechend werden unterschieden (KUCHLING 1986 S.264)

$$\text{Reflexionsgrad } \rho = \frac{\Phi_r}{\Phi_0}$$

$$\text{Absorptionsgrad } \alpha = \frac{\Phi_a}{\Phi_0}$$

$$\text{Transmissionsgrad } \tau = \frac{\Phi_t}{\Phi_0}$$

Φ_0 = Strahlungsfluß (Leistung) der auftreffenden Strahlung
Φ_r = Strahlungsfluß der reflektierten Strahlung
Φ_a = Strahlungsfluß der absorbierten Strahlung
Φ_t = Strahlungsfluß der transmittierten (durchgelassenen) Strahlung
Reflexionsgrad, Absorptionsgrad und Transmissionsgrad sind abhängig vom Material und von der Wellenlänge der auftreffenden Strahlung. Da nach dem Energieerhaltungssatz gelten muß $\Phi_r + \Phi_a + \Phi_t = \Phi_0$, folgt nach Division durch Φ_0

$$\varrho + \alpha + \tau = 1$$

Ein Körper mit den Eigenschaften $\varrho = 0$, $\tau = 0$, $\alpha = 1$ wird
● *Schwarzer Körper* genannt.
Dieser ideale (nur gedachte) Körper dient zur Ableitung bestimmter Strahlungsgesetze. Kein (realer) Stoff erfüllt die vorgenannte Bedingung vollständig. In Annäherung ist ein Schwarzer Körper beispielsweise realisierbar durch eine nicht zu große Öffnung in der Wand eines geschlossenen Hohlraums, dessen Wandungen wärmeisoliert und dessen Innenseiten (ebenso wie die der Öffnung) etwa geschwärzt sind. Ein in eine solche Öffnung fallender Strahl wird im Innern des Hohlraums durch mehrfache Reflexion fast vollkommen absorbiert, bevor er danach zufällig wieder aus der Öffnung austritt. Eine solche *Öffnung* stellt mithin in Annäherung einen Schwarzen Körper dar. Wegen der Art ihrer Entstehung in einem Hohlraum wird die schwarze Strahlung auch *Hohlraumstrahlung* genannt. War der Hohlraum anfänglich mit Strah-

lung von beliebiger Energieverteilung erfüllt, so stellt sich durch Wechselwirkung mit den Innenwänden des Hohlraums die Schwarze Strahlung von selbst her (WESTPHAL 1947).

Nach den vorstehenden Ausführungen ist der Absorptionsgrad jener Teil der auftreffenden Strahlung, der vom Körper absorbiert, also nicht reflektiert oder durchgelassen wird. Das
● *Strahlungsgesetz von Kirchhoff*
benannt nach dem deutschen Physiker Gustav Robert KIRCHHOFF (1824-1887), besagt, daß für alle Körper bei gegebener Temperatur T und gegebener Wellenlänge λ der **Emissionsgrad** ε gleich dem Absorpionsgrad α ist. Es gilt somit (KUCHLING 1986 S.265)

$$\varepsilon(T,\lambda) = \alpha(T,\lambda)$$

Emissionsgrad und Absorptionsgrad der Körper sind mithin nur von der Temperatur und der Wellenlänge abhängig. Wie zuvor dargelegt, ist für den Schwarzen Körper α = 1, somit gilt für diesen Körper gemäß dem angegebenen Gesetz zugleich auch ε = 1. Bei gegebener Temperatur und Wellenlänge strahlt der Schwarze Körper mithin stärker als jeder andere Körper (bei gleicher Temperatur und bezogen auf die gleiche Wellenlänge). Aus dem angegebenen Gesetz folgt ferner

$$\Phi = \varepsilon \cdot \Phi_S$$

Φ = Strahlungsfluß der Strahlung eines nichtschwarzen Körpers bestimmter Temperatur
ε = Emissionsgrad des nichtschwarzen Körpers (= α)
Φ_S = Strahlungsfluß des Schwarzen Körpers gleicher Temperatur.
Die von einem beliebigen (nichtschwarzen) Körper ausgehende Strahlungsleistung P (Strahlungsfluß Φ) ist demnach gleich der des Schwarzen Körpers (gleicher Temperatur), multipliziert mit ε (beziehungsweise α) des betreffenden (nichtschwarzen) Körpers.

Graustrahler und Farbstrahler
Für den Schwarzen Körper oder schwarzen Strahler oder *Schwarzstrahler* gilt (wie zuvor dargelegt)

$$\alpha_\lambda = 1 \text{ für alle } \lambda$$

Ein Stoff (Körper), bei dem die Reflexion oder die Absorption bei allen Wellenlängen λ den gleichen Anteil hat, wird grauer Körper oder grauer Strahler oder *Graustrahler* genannt. Für den grauen Strahler gilt somit

$\alpha_\lambda < 1$ = constant, für alle λ

Ein Stoff (Körper), der selektiv bestimmte Wellenlängen λ absorbiert oder reflektiert wird selektiver oder farbiger Strahler oder *Farbstrahler* genannt (BAUMGARTNER/LIEBSCHER 1990 S.135). Für den farbigen Strahler gilt somit

$\alpha_\lambda < 1$ = constant, für selektierte λ

Spezifische Ausstrahlung,
Als spezifische Ausstrahlung M_e (gemessen in W/m^2) wird die von der gesamten Strahlerfläche der Strahlungsquelle abgestrahlte Leistung bezeichnet. Es gilt (KUCHLING 1986 S.382)

$$M_e = \frac{\Phi}{A}$$

der, wenn der Strahlungsfluß nicht an allen Stellen der gesamten Strahlerfläche gleich groß ist,

$$M_e = \frac{d\Phi}{dA}$$

$\Phi, d\Phi$ = Strahlungsfluß (Strahlungsleistung)
A = gesamte Strahlerfläche der Strahlungsquelle
dA = ein Strahlerflächenelement der gesamten Strahlerfläche der Strahlungsquelle
Vorausgesetzt ist dabei, daß die Strahlung senkrecht (normal) auftrifft beziehungsweise abgestrahlt wird, ansonsten ist der Flächenbetrag mit dem cos δ zu multiplizieren, wobei δ = Winkel zwischen der Richtung des Strahlungsflusses und der Flächenormalen. Durch den Index e werden in der Regel die allgemeinen Strahlungsgrößen von den photometrischen Größen unterschieden; Formelzeichen und Definitionen stimmen ansonsten überein (KUCHLING 1986 S.383).

M_e hängt nur ab von der Temperatur und den Eigenschaften der Oberfläche des Strahlers (wie sich beispielsweise am Lesli-Würfel zeigen läßt). Vereinbarungsgemäß wird die spezifische Ausstrahlung nur für einen *Halbraum* angegeben (BREUER 1994 S.179). Bei einer beidseitig strahlenden Fläche beziehen sich die Angaben mithin nur auf eine Seite dieser Fläche.
Bezeichnet man mit
P = Strahlungsleistung (in Watt)
σ = Strahlungskonstante = $5{,}67 \cdot 10^{-8}$ W/m^2 K^4 = Stefan-Boltzmann-Konstante
ε = Emissionsgrad der strahlenden Fläche
A = strahlende Oberfläche des Körpers (in m^2)
T_1 = Temperatur des Strahlers (in K)
T_2 = Temperatur der Umgebung (in K)
dann gilt (KUCHLING 1986 S.266) unter Berücksichtigung des Emissionsgrades nicht-

schwarzer Körper das
● *Strahlungsgesetz von Stefan und Boltzmann*
benannt nach den österreichischen Physikern Josef STEFAN (1835-1893) und Ludwig
BOLTZMANN (1844-1906)

$$P = \sigma \cdot \varepsilon \cdot A \cdot T^4$$

Es ergibt sich, wenn beim Ausdruck für das Strahlungsgesetz von Planck (siehe zuvor) über alle Wellenlängen (0...∞) integriert wird. Da der strahlende Körper gleichzeitig eine von der Umgebung kommende Strahlung der Leistung $P = \sigma \cdot \varepsilon \cdot A \cdot T_2^4$ absorbiert, nimmt das Strahlungsgesetz von Stefan und Boltzmann die Form an

$$P = \sigma \cdot \varepsilon \cdot A \cdot (T_1^4 - T_2^4)$$

wobei vorausgesetzt ist, daß strahlende und absorbierende Fläche gleich groß sind (was nicht immer zutrifft). Nach KUCHLING ist außerdem zu beachten, daß die berechnete Leistung P alle in der Strahlung enthaltenen Wellenlängen umfaßt (das gesamte abgestrahlte Spektrum). Die Leistung verteilt sich dabei aber keinesfalls gleichmäßig auf die einzelnen Wellenlängen. Die Leistung für bestimmte Wellenlängenbereiche dλ kann jedoch mit dem Strahlungsgesetz von Planck (siehe zuvor) bestimmt werden. Ferner sei noch angemerkt, daß in der technischen Literatur das Produkt σ · ε oftmals als (stoffabhängige) Strahlungszahl bezeichnet wird.

Mit P = Strahlungsleistung beziehungsweise M_e = spezifische Ausstrahlung kann das Strahlungsgesetz von Stefan und Boltzmann auch geschrieben werden in der Form

$$T = \sqrt[4]{\frac{P}{\sigma \cdot \varepsilon \cdot A}} \quad \text{beziehungsweise} \quad T = \sqrt[4]{\frac{M_e}{\sigma \cdot \varepsilon}}$$

Temperaturskalen
Das **Kelvin** (Einheitenzeichen K, nicht °K) ist der 273,16te Teil der thermodynamischen Temperatur des Tripelpunktes von reinem Wasser (+ 0,01°C). Am Tripelpunkt liegen drei Phasen einer Substanz gleichzeitig vor, nämlich fest, flüssig und gasförmig (bei Wasser mithin: Eis, Wasser, Wasserdampf). Die *thermodynamische Temperaturskala*, auch *Kelvinskala* genannt, hat ihren Nullpunkt mithin bei der Temperatur, die (entsprechend thermodynamischer Gesetze) nicht unterschritten werden kann. Dieser Nullpunkt (an dem sich die Moleküle in Ruhe befinden und der grundsätzlich nicht erreicht werden kann) wird daher auch als
absoluter Nullpunkt
und die Temperaturangabe in dieser Skala als
absolute Temperatur

bezeichnet. Das Kelvin ist benannt nach Lord KELVIN (William THOMSON 1824-1907), der die Temperaturskala 1852 definierte.

Neben der Kelvinskala sind unter anderem gebräuchlich die *Celsius-Temperaturskala* (Einheitenzeichen °C), benannt nach dem schwedischen Physiker Anders CELSIUS (1701-1744), und die *Fahrenheit-Temperaturskala* (Einheitenzeichen °F). Die Fahrenheitskala wurde 1709 in Danzig von dem deutschen Physiker Daniel Gabriel FAHRENHEIT (1686-1736) definiert und ist vor allem in USA und Großbritannien gebräuchlich. Die Verbindungen zwischen diesen Temperaturskalen sind durch folgende Beziehungen gegeben:
$$0 \text{ K} = -273{,}15 \text{ °C}$$
$$0 \text{ °C} = 273{,}15 \text{ K}$$
Die thermodynamische Temperatur T (K) ergibt sich mithin aus
$$T \text{ (K)} = 273{,}15 + t \text{ °C}$$
Da Kelvinskala und Celsiusskala nur in der Wert-Bezifferung gegeneinander versetzt sind gilt
$$\Delta 1 \text{ °C} = \Delta 1 \text{ K}.$$
Während die Celsiusskala positive und negative Werte zeigt, kann ein Vorzeichen bei der Kelvinskala entfallen, da hier nur positive Werte angezeigt werden. Ferner ist
$$0 \text{ °C} = 32 \text{ °F}.$$
Bekannt ist auch die Temperaturskala des schottischen Physikers William John Macquorn RANKINE (1820-1872), die vor allem in USA und Großbritannien benutzt wird, sowie die des französischen Physikers und Zoologen Rene-Antoine Ferchault DE REAUMUR (1683-1775) (siehe beispielsweise ML 1970 und MKL 1908).

Ein Körper mit der Temperatur von 0 °C strahlt mithin Wärme ab, denn seine Temperatur liegt weit über dem Nullpunkt der thermodynamischen Temperaturskala.

Strahlungshaushalt des Systems Erde

Alle Körper senden Strahlung aus gemäß ihrer absoluten Temperatur. Die Maxima der von Sonne und Erde ausgehenden elektromagnetischen Strahlung liegen etwa bei folgenden Wellenlängen: λ (max) Sonne ca 0,5 µm, λ (max) Erde ca 10 µm. Da beide Strahlungsströme, Sonnenstrahlung (Solarstrahlung) und Erdstrahlung (terrestrische Strahlung), in ihren Wellenlängen sehr verschieden sind, werden sie vielfach auch namentlich unterschieden. Die Solarstrahlung wird *kurzwellige Strahlung* und die von Land/Meer-Gebieten ausgehende Erdstrahlung wird *langwellige Strahlung* genannt. Beide Strahlungsflüsse durchlaufen die Erdatmosphäre. In diesem Zusammenhang können folgende Komponenten unterschieden und einzeln gemessen werden (BAUM-

GARTNER/LIEBSCHER 1990):
die *kurzwelligen* Komponenten
    I (direkte, gerichtete) Sonnenstrahlung
    D (indirekte, diffuse) Himmelsstrahlung
I + D = G Globalstrahlung
    R_k Reflexion kurzwelliger Strahlung
die *langwelligen* Komponenten
    E Wärmestrahlung (Strahlungsemission)
      an der Land/Meer-Oberfläche
    A Wärmestrahlung der Atmosphäre
E - A = E' effektive Ausstrahlung
      an der Land/Meer-Oberfläche
    R_l Reflexion langwelliger Strahlung

Bild 4.69 gibt eine allgemeine Übersicht und weitere Erläuterungen zum Strahlungshaushalt im System Erde. Die dort dargestellten Zusammenhänge und Daten zeigen globale und langzeitlich gemittelte Verhältnisse. Dabei ist zu beachten, daß innerhalb des Systems Erde, je nach Ort und Zeit, starke *Variationen* der einzelnen Strahlungskomponenten auftreten, die vom Sonnenstand, von der Reflexion und der Emission an den verschiedenen tätigen Oberflächen ebenso abhängen, wie von der örtlichen und zeitlichen Verteilung von Gasen, Aerosolen und Wolken in der Atmosphäre. Ausführungen über Wirkungen und Eigenschaften von *Wolkenfeldern* in der Erdatmosphäre sowie zum *Treibhauseffekt* sind im Abschnitt 10.2 enthalten. Sollte eine *künftige Bilanzierung* ergeben, daß sich Einstrahlung und Abstrahlung unterscheiden, dann hätte das System Erde seine mittlere Temperatur geändert. Bei gleicher Einstrahlung aber kleinerer Abstrahlung würde die Temperatur des Systems Erde beispielsweise zunehmen.

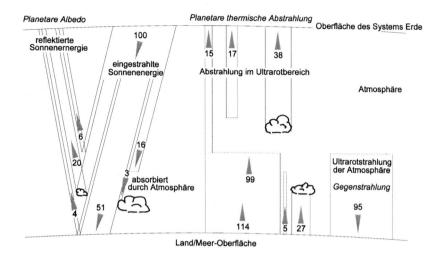

Bild 4.73
Strahlungsflüsse über der Land/Meer-Oberfläche des Systems Erde. Die Zahlen entstammen der Veröffentlichung der Enquete-Kommission "Vorsorge zum Schutz der Erdatmosphäre" des Deutschen Bundestages (EK 1991) S.40 und 209. Sie beziehen sich auf die solare Einstrahlung, die gleich 100 Einheiten gesetzt wurde. Die Angaben sind langfristige globale Mittelwerte. Angaben anderer Autoren weichen teilweise davon ab (beispielsweise The Earth Observer USA, NASA, EOS, 7/8 2002, HARRISON et al. 1993, BAUMGARTNER/LIEBSCHER 1990 S.140 und 153, WEISCHET 1983 S.88). In der Bilanzsumme an der Oberfläche des Systems Erde besteht jedoch Übereinstimmung.

● *Einstrahlung, Strahlungs-Reflexion, Planetare Albedo*
Im Rahmen der Ausführungen über die Solarkonstante (Abschnitt 4.2.03) wurde für die Dichte der mittleren solaren Einstrahlung in das System Erde (an dessen Oberfläche) als *aktueller* Betrag genannt: $S_0 = 342$ W/m². Zunächst wird die *Reflexion* dieser Einstrahlung an tätigen Oberflächen im System Erde betrachtet. Der Einfachheit wegen soll dies anhand der im Bild 4.73 genannten Zahlenwerte (Strahlungsflußdichten) erfolgen.

100   = 342 (W/m^2) = S_0
Diese Gesamteinstrahlung **in das System Erde** kann wie folgt aufgeteilt werden:
16   = 55 (W/m^2) der Einstrahlung werden durch H_2O, O_3 und Staub in der Atmosphäre absorbiert (Wärmezufuhr zur Atmosphäre).
3   = 10 (W/m^2) der Einstrahlung werden durch Wolken absorbiert (Wärmezufuhr zur Atmosphäre).
51   = 174 (W/m^2) der Einstrahlung werden durch Land/Meer-Gebiete an der Land/Meer-Oberfläche absorbiert.
4   = 14 (W/m^2) der Einstrahlung werden durch tätige Oberflächen der Geländebedeckung reflektiert.
20   = 68 (W/m^2) der Einstrahlung werden durch Wolken reflektiert.
6   = 20 (W/m^2) der Einstrahlung sind (diffuse) Streureflexion an Luft (auch *Himmelstrahlung* genannt).

---

30   = 103 (W/m^2) der solaren Einstrahlung werden demnach von tätigen Oberflächen des Systems reflektiert und somit vom System Erde **in den Weltraum** abgestrahlt beziehungsweise reflektiert. Diese Reflexion wird oft *Planetare Albedo* genannt.

|Globalstrahlung|
Die *Globalstrahlung* setzt sich zusammen aus Teilen der eingestrahlten Sonnenenergie und der diffus an Luft gestreuten Strahlung (also aus Teilen der Himmelstrahlung). Weitere Ausführungen zur Globalstrahlung folgen später.

● *Strahlungs-Emission, Planetare thermische Abstrahlung*
Die Wärmeabstrahlung (Strahlungs-Emission) der Land/Meer-Gebiete an der Land/Meer-Oberfläche in die Atmosphäre umfaßt insgesamt 114+5+27 = 146 Einheiten (Bild 4.73). 5 (17 W/m^2) kennzeichnet den Fluß *fühlbarer* Wärme, 27 (92 W/m^2) den Fluß *latenter* Wärme in die Atmosphäre.
Von den 114 Einheiten (390 W/m^2) werden 15 (51 W/m^2) unmittelbar in den Weltraum abgestrahlt, während 99 Einheiten (338 W/m^2) durch Wasserdampf und Spurengase in der Atmosphäre absorbiert werden.
17   = 58 (W/m^2) strahlen Wasserdampf und Spurengase aus der Atmosphäre in den Weltraum hinaus.
38   = 130 (W/m^2) strahlen Wolken in den Weltraum hinaus.

---

70   = 239 (W/m^2) werden somit insgesamt vom System Erde **in den Weltraum** abgestrahlt. Die Abstrahlung (Ultrarotstrahlung) wird oftmals *Planetare thermische Abstrahlung* genannt.

|Gegenstrahlung|
Die Erdatmosphäre absorbiert ultrarote (infrarote) Strahlung und ist damit selbst ein thermischer Strahler, der einen Teil der zugeführten Energie wieder in Richtung Land/Meer-Oberfläche als sogenannte thermische *Gegenstrahlung* zurückstrahlt. Weitere Ausführungen zur Gegenstrahlung siehe dort.
95 = 325 (W/m^2) werden aus der Atmosphäre (von Wolken, H_2O, CO_2, CH_4, FCKW, N_2O, O_3) in Richtung Land/Meer-Oberfläche beziehungsweise zu den Land/Meer-Gebieten hin als Ultrarotstrahlung abgestrahlt.

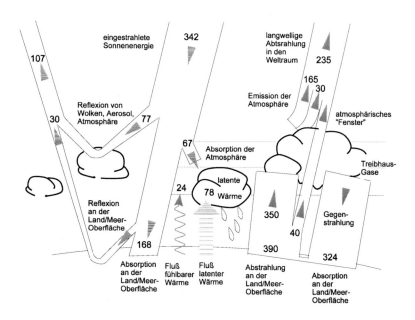

Bild 4.74
Strahlungsflüsse (in W/m^2) über der Land/Meer-Oberfläche des Systems Erde nach KIEHL/TRENBERTH (The Earth Observer 2004/1).

● *Strahlungsumsatz an der Oberfläche des Systems Erde*
Allgemein wird der Strahlungsumsatz an dieser Bilanzierungsoberfläche als ausgeglichen angenommen: in das System Erde eingestrahlte Sonnenenergie = 100 Einheiten (342 W/m^2). Vom System Erde in den Weltraum reflektierte Sonnenenergie = 30 Einheiten (103 W/m^2). Vom System Erde in den Weltraum abgestrahlte Ultrarotstrahlung (Infrarotstrahlung) = 70 Einheiten (239 W/m^2). Der Einstrahlung von 100

Einheiten (342 W/m^2) in das System Erde stehen danach 30+70 = 100 Einheiten (342 W/m^2) Abstrahlung aus dem System Erde in den Weltraum gegenüber. Könnte sich die Wärmeabstrahlung aus dem System Erde künftig ändern? Ausführungen dazu siehe dort.

● *Strahlungsumsatz an der Land/Meer-Oberfläche des Systems Erde*
Gemäß Bild 4.73 absorbieren die Land/Meergebiete (genauer: die tätigen Oberflächen dieser Gebiete) 51 Einheiten (174 W/m^2) der eingestrahlten Sonnenenergie und 95 Einheiten (325 W/m^2) der Ultrarotstrahlung der Atmosphäre, zusammen 51+95 = 146 Einheiten (499 W/m^2). Dem stehen gegenüber als Abstrahlung 114+5+27 = 146 Einheiten (499 W/m^2). Der Strahlungsumsatz wird also auch hier allgemein als ausgeglichen angenommen.

Daten aus:	Bild 4.73	Bild 4.74	
Oberfläche des Systems Erde:			
eingestrahlte Sonnenenergie	342	Incoming Solar Radiation	342
reflektierte Sonnenenergie	103	Reflected Solar Radiation	107
Planetare thermische Abstrahlung	239	Outgoing Longwave Radiation	235
Abstrahlung in den Weltraum 103+239=	342	107+235=	342
Land/Meer-Oberfläche des Systems Erde:			
Reflexion an tätigen Oberflächen	14	Reflected by the Surface	30
Absorption an tätigen Oberflächen	174	Absorbed by the Surface	168
Fluß fühlbarer Wärme	17	Thermals	24
Fluß latenter Wärme	92	Evapotranspiration	78
thermische Abstrahlung	390	Surface Radiation	390
Gegenstrahlung	325	Black Radiation	324
Absorption: 174+325=	499	168+324=	492
Emission: 17+92+390=	499	24+78+390=	492

Bild 4.75
Vergleich der in den genannten Bildern angegebenen Werte für die genannten Bilanzierungsoberflächen.

Unterschiedliche Bereiche an der Land/Meer-Oberfläche und ihr Emissionsgrad ε_λ

$$\varepsilon_\lambda = \frac{P}{\sigma \cdot T^4 \cdot A} \quad \text{beziehungsweise} \quad \varepsilon_\lambda = \frac{M_c}{\sigma \cdot T^4}$$

ε_λ	L/M-Oberfläche	ε_λ	L/M-Oberfläche
0.95	Land	0,96	Meer
0,95	Sand	0,99	Wasser
0,95	Pflanzen	0,99	Schnee

Bild 4.76
Emissionsgrad (auch Emissionszahl oder Emissionskoeffizient genannt) verschiedener Erdbereiche.

Die Werte im Bild 4.76 für den Emissionsgrad ε_λ gelten bei Umgebungstemperaturen und einer Wellenlänge $\lambda = 10$ µm. Die Werte beziehen sich (vermutlich) auf eine senkrechte Ausstrahlung, die in der Natur in der Regel *nicht* vorliegt. Für den Schwarzstrahler gilt $\varepsilon = 1{,}00$. Quelle: BAUMGARTNER/LIEBSCHER (1990) S.135 (nach verschiedenen Autoren) und S.150. L/M-Oberfläche = Bereich an der Land/Meer-Oberfläche der Erde. Die *spektrale* Emission der tätigen Oberflächen von Meerwasser und Eis zeigt Bild 4.125/1.

Die Temperaturen an der Land/Meer-Oberfläche der Erde (T_O) und der Luft nahe dieser Fläche (T_L) werden im *globalen Mittel* mit ca 288 K (= **15 °C**) angenommen und streuen je nach Klima zwischen 200 K an den Polen und 330 K in den heißen Trockengebieten der Erde (BAUMGARTNER/LIEBSCHER 1990 S.150).

Start	Name der Satellitenmission und andere Daten
1970	**NIMBUS-4** (USA), THIR (Temperature Humidity Infrared Radiometer) 6,75-11,5 µm, H ca 1240 km
1995	**ADEOS** (Advanced Earth Observing Satellite) (Japan, NASDA), OCTS (*Ocean* Color and Temperature Scanner) ?-12,5 µm, H ca 800 km

Bild 4.77
Vorgenannte und weitere Satellitenmissionen zur Aufzeichnung von *Wärmestrahlung*. H = Höhe der Satellitenumlaufbahn über der Land/Meer-Oberfläche der Erde. Weitere Satellitenmissionen zur Aufzeichnung von Wärmestrahlung der Erde (Land) sind im Abschnitt 8 ausgewiesen.

|Ändert sich die Wärmeabstrahlung der Erde?|
Aussagen über die Änderung der Wärmeabstrahlung des Systems Erde basierten bisher meist auf Simulationen. Eine erstmals auf Meßwerte beruhende Aussage über solche Änderungen ermöglichte ein Vergleich der Datenaufzeichnungen der Satelliten Nimbus-4 und ADEOS aus den Jahren 1970 und 1997, also nach einem Zeitablauf von ca 27 Jahren (Sp 5/2001). Das Ergebnis zeige, daß die Ultrarotabstrahlung (Infrarotabstrahlung) der Erde bei den Wellenlängen abnimmt, bei denen in der Atmosphäre die Treibhausgase Absorptionsbanden haben (siehe hierzu die Ausführungen über die Abschirmwirkung der Atmosphäre beziehungsweise über den Treibhauseffekt im Abschnitt 10.2). Vom erdumkreisenden Satelliten aus betrachtet habe die *Oberfläche der Erdatmosphäre* 1997 eine um **ca 4°C** niedrigere Temperatur gehabt als 1970. An der *Land/Meer-Oberfläche* sei es dementsprechend wärmer gewesen (Treibhauseffekt). Inzwischen haben die Vereinten Nationen (vertreten durch ein "Zwischenstaatliches Gremium für Klimaveränderungen") einen Klima-Bericht (in drei Teilen) vorgelegt, an dem mehr als 100 Wissenschaftler beteiligt waren. Nach diesem Bericht habe sich die Lufttemperatur nahe der Landoberfläche global im Mittel um **0,6°C** erwärmt bezogen auf den Mittelwert um 1990 (REICHERT 2001).

Reflexionsarten und Reflexionsmodelle

Bild 4.78
Unterschiedliche Arten
der Reflexion an einer
Oberfläche.
Quelle: ALBERTZ (1991),
verändert

Links: spiegelnde (gerichtete) Reflexion,
Mitte: diffuse (streuende) Reflexion,
Rechts: gemischte Reflexion

Die tätigen Oberflächen der Erde reflektieren immer nur einen Teil der auffallenden Strahlung. Die Art der Reflexion bewirkt vorrangig die *Rauhigkeit* der Oberfläche. Wenn diese Rauhigkeit im Vergleich zur jeweils betrachteten Wellenlänge klein ist, findet
  spiegelnde Reflexion
statt. Ist eine Oberfläche rauh, dann zerfallen die Wellenflächen an den verschieden orientierten Elementarflächen dieser Oberfläche. Es ergibt sich eine sehr große Anzahl von Elementarwellen (Strahlen), die sich von der Oberfläche aus nach allen möglichen Richtungen ausbreiten, das heißt, es findet
  diffuse Reflexion
statt. Sie besteht mithin aus sehr vielen spiegelnden Reflexionen an sehr vielen unregelmäßig orientierten Elementarflächen der betreffenden Oberfläche. Wenn eine

Oberfläche eine aus beliebiger Richtung einfallende Strahlung vollständig diffus reflektiert, dann bezeichnet man diese als *Lambertfläche* oder als *Lambertstrahler*. Eine
gemischte Reflexion
liegt vor, wenn spiegelnde und diffuse Reflexionen gleichzeitig auftreten, wobei die auftreffende Strahlung zwar nach allen Richtungen, aber ungleich stark reflektiert wird (SLG 1975). Eine
Totalreflexion
kann nur eintreten, wenn die Strahlung die Oberfläche vom optisch dichteren Stoff her trifft (BREUER 1994).

Lambertfläche oder Lambertstrahler
So benannt nach dem deutschen Physiker Johann LAMBERT (1728-1777). Die Herstellung eines solchen idealen Reflexionsstandards ist nicht einfach. Es sind nur bestimmte Materialien dafür geeignet. Für Labormessungen ist nach der deutschen Norm DIN 5033 zu einer Tablette gepreßtes Bariumsulfat ($BaSO_4$)-Pulver zu verwenden. Dieses Material, wie auch Titansäureanhydrid (T_iO_2), Magnesiumoxyd (MgO) und ähnliche Materialien sind zum Einrichten von Testfeldern (für Feldmessungen) jedoch ungeeignet, da die Herstellung hinreichend großer Flächen dieser Art kaum möglich ist und die Oberfläche nicht gereinigt werden kann (KRIEBEL et al.1975). Dennoch sind Feldmessungen gelegentlich erforderlich etwa dann, wenn vom Flugzeug oder Satelliten aufgezeichneten Meßdaten kalibriert werden sollen oder die spektralen Reflexionseigenschaften tätiger Oberflächen mit hoher Genauigkeit erforderlich sind. Meist werden dazu Fahrzeuge eingesetzt, die mit Einrichtungen ausgestattet sind, die Strahlungsmessungen aus 10-15 m Höhe erlauben (siehe beispielsweise WEICHELT 1990). Vielfach sind verschiedene Meßgeräte miteinander gekoppelt (Radiometer, Spektralradiometer und andere), mit denen sowohl die einfallende Globalstrahlung als auch die von der tätigen Oberfläche reflektierte Strahlung gemessen werden können. Der technische Aufwand für solche Messungen ist allerdings recht hoch.

Reflexionsmodelle
Um aus der von einer tätigen Oberfläche reflektierten elektromagnetischen Strahlung Rückschlüsse ziehen zu können auf die Struktur dieser Oberfläche und die materielle Zusammensetzung ihres Untergrundes, bedarf es in der Regel eines Reflexionsmodells. Eine objektive Beschreibung elektromagnetischer Strahlung ermöglicht dabei die *Radiometrie*, welche die Strahlungseigenschaften eines Strahlungsfeldes mittels physikalisch definierter Größen (Energie, Leistung) kennzeichnet. Im Gegensatz dazu baut die *Photometrie* auf das subjektive Helligkeitsempfinden des menschlichen Auges auf. Als *radiometrische* Größen zur quantitativen Beschreibung von Reflexionsvorgängen dienen meist

Strahlungsfluß (engl. radiant flux)
Strahlstärke (engl. radiant intensity)
Strahldichte (engl. radiance)
Bestrahlungsstärke (engl. irradiance).
Eine Übersicht über einige Reflexionsmodelle für *planetare* Oberflächen ist in PIE-CHULLEK (2000) enthalten.

Reflexion der Globalstrahlung (Globalstrahlungs-Albedo)

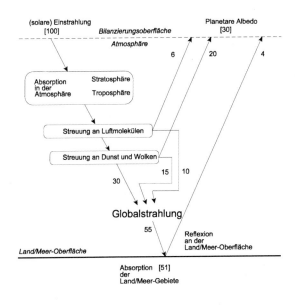

Bild 4.79 Übersicht zur Globalstrahlung der Erdatmosphäre. Die Zahlenangaben entstammen ROEDEL (1994) und beziehen sich auf die (solare) Einstrahlung, die gleich 100 Einheiten gesetzt wurde. Die Angaben sind langfristige globale Mittelwerte und sollen nach Roedel eine Sicherheit von ± 2 Einheiten haben. Für einige Flüsse sind Angaben anderer Autoren in den Bildern 4.73 und 4.74 genannt.

Die Globalstrahlung setzt sich zusammen aus der restlichen solaren Einstrahlung und der diffus in der Luft und an Wolken in Richtung Land/Meer-Oberfläche gestreuten Strahlung (Himmelsstrahlung). Nachstehend Angaben verschiedener Autoren zu den Größen einiger kurzwelliger Strahlungsflüsse im System Erde:

(1)	(2)	(3)	(4)	Strahlungsflüsse
11	7		10	Streuung an Luftmolekülen
12	16		15	Streuung an Dunst und Wolken
48	51	55	55	**Globalstrahlung**
		51	51	Absorption der Land/Meer-Gebiete
7		6	6	Reflexion an Luftmolekülen
21		20	20	Reflexion an Dunst und Wolken
2		4	4	Reflexion an der Land/Meer-Oberfläche
	30			Planetare Albedo

(1) 1983 WEISCHET (3) 1991 EK
(2) 1991 BAUMGARTNER/LIEBSCHER (4) 1994 ROEDEL

Wird davon ausgegangen, daß die kurzwellige Globalstrahlung an den tätigen Oberflächen der Erde absorbiert (A_k) und reflektiert (R_k) wird, dann gilt

$$G = A_k + R_k$$

$$R_k = G - A_k$$

$$R_k(\%) = \frac{100}{G} \cdot (G - A_k)$$

$$r_k = \frac{(G - A_k)}{G}$$

A_k = Absorption (mit k = kurzwellige Strahlung)
R_k = Reflexion
r_k = Reflexionsvermögen.

Da das Verhältnis von halbräumig reflektierter Strahlung zu halbräumig einfallender Strahlung *Albedo* genannt wird und der Quotient 100 · R_k / G diesem Verhältnis entspricht, folgt (BAUMGARTNER/LIEBSCHER 1990 S.147):

$$\text{Globalstrahlungs - Albedo (\%)} = \frac{100 \cdot R_k}{G}$$

Die bisherigen Benennungen "Oberflächenalbedo" oder "terrestrische Albedo" sind wenig aussagekräftig beziehungsweise sprachlich unzutreffend. Die Benennung "terrestrische Albedo" beispielsweise könnte auf die Oberfläche des Systems Erde bezogen werden, also als Synonym für *planetare* Albedo aufgefaßt werden. Die vorstehenden Formeln für R_k und r_k beziehen sich auf die Reflexion; für die Absorption ergeben sich entsprechende. Da davon ausgegangen worden war, daß die Globalstrahlung an der Oberfläche lediglich absorbiert und reflektiert wird, mithin ein *strah-*

lungsundurchlässiger Körper vorliegt, gilt definitionsgemäß

$$R_k (\%) + A_k (\%) = 100 \% \quad \text{und} \quad r_k + a_k = 1$$

Bei *strahlungsdurchlässigen* (transparenten) Körpern, wie etwa Wasser, ist von einer Aufteilung der Globalstrahlung in Absorption A, Reflexion R und Transmission T auszugehen. Die Absorptions-, Reflexions- und Transmissionsverhältnisse sind in diesem Falle vor allem abhängig von der Zusammensetzung des Wasserkörpers (Schwebstoffe und anderes), von der Gewässertiefe und vom Gewässergrund (Bodenbeschaffenheit). Nach BAUMGARTNER/LIEBSCHER (1990) ist bezüglich der Reflexion davon auszugehen, daß eine Aufteilung der Globalstrahlung stattfindet in die Oberflächenreflexion R_o, in die interne Reflexion R_i und (bei flachen Gewässern) in die Untergrundreflexion R_u. Die interne Reflexion erzeuge das Streulicht im Wasser, das zusammen mit der Untergrundreflexion an der Wasseroberfläche als Unterlicht erscheine. Auf das Eindringen der Globalstrahlung in Wasser oder in Schnee und die davon abhängige Reflexion wird später eingegangen.

Globalstrahlung nahe der Land/Meer-Oberfläche
Die Erfassung der Globalstrahlung nahe dieser Oberfläche erfolgte erdweit bisher nur mittels weniger Meßpunktfelder. So standen für eine Studie über die erdweite geographische Verteilung der Globalstrahlung auf der Landoberfläche insgesamt Ergebnisse von 668 Meßpunkten zur Verfügung, für 233 weitere Punkte wurde die Globalstrahlung aus Sonnenscheindauer-Messungen abgeleitet (LÖF 1966, siehe PRECHTEL 1992). Der *Deutsche Wetterdienst* unterhält in Deutschland ein Meßfeld von mehr als 28 Punkten zur Erfassung der Globalstrahlung. Für Europa hat die *Europäische Gemeinschaft* 1979 auf 56 Meßpunkten Daten ermittelt und entsprechende Karten veröffentlicht für einzelne Monate, für das Jahr sowie für monatliche Minima und Maxima (BAUMGARTNER/LIEBSCHER 1990). Eine erdweite Übersicht gibt Bild 4.80. Die Messungen erfolgen auf (etwas über der Oberfläche liegenden) Punkten mit freiem Horizont, der bei Messungen auf Schiffen oder in polaren Gebieten in der Regel gegeben ist; auf dem Land erfolgen die Messungen meist in ebenen Gebieten mit Grasbewuchs. Der Verlauf der Isolinien zeigt, daß Wolken (ein bedeckter Himmel) das Strahlungsangebot von Sonne und Himmel stark beeinflussen. Eine volle Himmelsbedeckung reduziert die Globalstrahlung auf 1/2 bis 1/4 des Wertes an wolkenlosen Tagen (BAUMGARTNER/LIEBSCHER 1990). Andererseits erbringt zunehmende Höhe über dem Meeresspiegel auch eine Zunahme der direkten Sonnenstrahlung und damit auch eine Zunahme der Globalstrahlung (um ca 1%). Da es erdweit mehr Meßstationen für die Dauer des Sonnenscheins gibt als Strahlungsmeßstationen und die Himmelsbedeckung mit der Sonnenscheindauer eng korreliert ist, wird diese oftmals zur *Berechnung* der Globalstrahlung benutzt, etwa gemäß der Beziehung (COLLMANN 1958):

$$\frac{G}{G_{max}} = a + b \cdot \frac{n}{N}$$

G_{max} = Maximalwert der Globalstrahlung
n = gemessene Sonnenscheindauer
N = maximal (astronomisch) mögliche Sonnenscheindauer
a, b empirisch zu ermittelnde Konstanten.

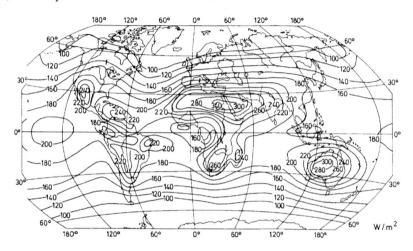

Bild 4.80
Verteilung der Globalstrahlung nahe der Land/Meer-Oberfläche nach GEIGER 1965.
Quelle: BAUMGARTNER/LIEBSCHER (1990)

Reflexion der Gegenstrahlung (Gegenstrahlungs-Albedo)

Unabhängig vom Aggregatzustand emittiert Materie bei Temperaturen größer 0 K thermische Strahlung in dem Maße und in dem Wellenlängenbereich, in dem sie auch zu absorbieren vermag (siehe zuvor). Dies gilt mithin auch für Gase. Es gilt somit auch für die Land/Meer-Gebiete und die Erdatmosphäre. Die Erdatmosphäre absorbiert im Ultrarot (Infrarot) Strahlung und ist damit selbst ein thermischer Strahler, der einen Teil der zugeführten Energie wieder in Richtung Land/Meer-Oberfläche als sogenannte thermische *Gegenstrahlung* zurückstrahlt, einen anderen Teil in Richtung Weltraum abstrahlt (Bild 4.81).
Die Gegenstrahlung ist wesentlich bestimmt durch die Konzentration der Spurenga-

se, besonders Wasserdampf sowie Kohlendioxid und Ozon, durch die jeweilige Höhenlage der genannten Konzentrationen, durch Aerosole und durch den Bedeckungsgrad des Himmels mit Wolken. In der unteren Atmosphäre spielen vor allem Wasserdampf, Aerosole und Wolken eine dominierende Rolle.

Bild 4.81 Übersicht zu den thermischen Strahlungsflüssen in der Erdatmosphäre. Die Zahlenangaben entstammen ROEDEL (1994)

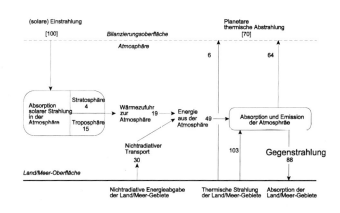

und beziehen sich auf die (solare) Einstrahlung, die gleich 100 Einheiten gesetzt wurde. Die Angaben sind langfristige globale Mittelwerte und sollen nach Roedel eine Sicherheit von ± 2 Einheiten haben.

(1)	(2)	(3)	(4)	Strahlungsflüsse/Energieabgabe
			19	Wärmezufuhr aus der (solaren) Einstrahlung
				Thermische Abstrahlung der Land/Meer-Gebiete
11	6	15	6	- (durchgehend) in den Weltraum
	92	99	10	- absorbiert in der Erdatmosphäre
	30		3	Nichtradiative Energieabgabe der Land/Meer-Gebiete
5		5	30	- Fluß fühlbarer Wärme
22		27		- Fluß latenter Wärme
				Emission der Atmosphäre
59	64	55		- in den Weltraum
95	77	95	64	- in Richtung Land/Meer-Gebiete (**Gegenstrahlung**)
			88	

Bild 4.82
Angaben verschiedener Autoren zu Größen einiger thermischer Strahlungsflüsse im System Erde. (1) 1983 WEISCHET (3) 1991 EK
(2) 1991 BAUMGARTNER/LIEBSCHER (4) 1994 ROEDEL

Nach der 1916 vom schwedischen Physiker Anders Jonas ANGSTRÖM (1814-1874) angegebenen empirischen Formel gilt für die *Gegenstrahlung* der Atmosphäre A_G (BAUMGARTNER/LIEBSCHER 1990)

$$A_G = \sigma \cdot T_L^4 \cdot (a - b \cdot 10^{-c \cdot e})$$

σ = Stefan-Boltzmann-Konstante
T_L = Temperatur der Luft
a, b, c = Konstante, die nach BOLZ/FALKENBERG 1949 folgende Werte haben:
0,820 sowie 0,250 und 0,126
e = Wasserdampfgehalt (Dampfdruck) in Torr. (1 Torr = 1,33 hPa).

Da die zur Land/Meer-Oberfläche gerichtete Gegenstrahlung mit steigendem Wolkenbedeckungsgrad des Himmels, mit Zunahme der Wolkendichte und mit Abnahme der Höhe der Wolkenuntergrenze dem Betrag nach wächst, hat BOLZ 1949 diesen Zusammenhang ausgedrückt durch die Gleichung (BAUMGARTNER/LIEBSCHER 1990)

$$A_W = A_0 \cdot (1 + k \cdot W^{2,5})$$

A_W = Gegenstrahlung bei Anwesenheit von *Wolken*
mit dem Wolkenbedeckungsgrad W (1/10 bis 10/10)
A_0 = Gegenstrahlung der Atmosphäre bei *wolkenfreiem* Himmel
k = der Wolkenart zugeordnete Konstante
| Ci = 0,04 | As = 0,20 | Cu = 0,20 | St = 0,24 | Mittel = 0,22.

Tage mit niedrigliegenden Wolkendecken sind daher relativ warm. Dies hat vor allem im winterlichen Strahlungshaushalt besondere Auswirkungen. Bei Inversionen bewirken warme Wolken oftmals eine rasche Schneeschmelze. Zuvor wurde bereits unterschieden

R_k = Reflexion *kurzwelliger* Strahlung
R_l = Reflexion *langwelliger* Strahlung.

Die Reflexionen R_l der zur Oberfläche Land/Meer gerichteten Wärmestrahlung der Atmosphäre (Gegenstrahlung) sind im Vergleich zu R_k klein. Die Beträge für **fast** alle tätigen Oberflächen im System Erde **sollen** < **5%** sein (Bild 4.78). Da das Verhältnis von halbräumig reflektierter Strahlung zu halbräumig einfallender Strahlung die *Albedo* darstellt, entspricht der Quotient $100 \cdot R_l / A_W$ beziehungsweise $100 \cdot R_l / A_0$ diesem Verhältnis. Die vorgenannte Albedo wird in Unterscheidung zur planetaren Albedo und zur Globalstrahlungs-Albedo daher bezeichnet als

$$\text{Gegenstrahlungs - Albedo (\%)} = \frac{100 \cdot R_l}{A_W}$$

tätige Oberfläche	Reflexion (%)	tätige Oberfläche	Reflexion (%)
trockener Sand	10	Rasen, Wiesen	3
Sanddünen	10	Heide, Moore	5
Wasser	4	Getreidebestand, reif	5
Gras	1-2	Laubwald	4
Schnee	0,5	Nadelwald	5
Wolken	0-10		

Bild 4.83
Reflexionsvermögen (R_l) von einigen tätigen Oberflächen des Systems Erde beim Auftreffen der Gegenstrahlung. Die Angaben sollen vorrangig die Größenordnungen der Beträge andeuten. Quelle: ROEDEL (1994), BAUMGARTNER/LIEBSCHER (1990)

In diesem Zusammenhang ist zu beachten, daß die thermische Ausstrahlung an der Land/Meer-Oberfläche (und damit ihre Absorption in der Atmosphäre) zu jeder Tageszeit und Jahreszeit erfolgt und sie bei Tage und im Sommer stärker ist als bei Nacht und im Winter (WEISCHET 1983). Dies wirkt entsprechend auf die Gegenstrahlung und damit auf die Gegenstrahlungs-Albedo.

Zur Strahlungsreflexion an der Land/Meer-Oberfläche unter besonderer Berücksichtigung der Eis-/Schneebedeckung

Generell gilt hier

$$\text{Albedo} = \frac{\text{halbräumig reflektierte Strahlung}}{\text{halbräumig einfallende Strahlung}}$$

Diese allgemeine Definition der Albedo umfaßt prinzipiell *alle Wellenlängen* des elektromagnetischen Wellenspektrums. Im Gegensatz dazu gelten die zuvor definierten Albedoarten

- Planetare-Albedo
- Globalstrahlungs-Albedo
- Gegenstrahlungs-Albedo

prinzipiell nur für einen bestimmten *Wellenlängenbereich* des elektromagnetischen Wellenspektrums.

Die tätigen Oberflächen des Systems Erde sind selten homogen. Meist liegen sogenannte Mischoberflächen vor, die außerdem jahreszeitlichen Veränderungen unterworfen sind. Die meisten von ihnen werden daher eine *gemischte Reflexion* aufweisen, die nicht nur von der Rauhigkeit der Oberfläche, sondern auch von der wechselnden Orientierung zur Sonneneinstrahlung, der wechselnden Feuchtigkeit des Bodens und anderes abhängig ist. Schließlich sind die einzelnen ermittelten Albedowerte auch vom eingesetzten Meßverfahren abhängig (THOMAS 1995, KRIEBEL et al. 1975). Vielfach wird man den Angaben der Autoren vertrauen müssen, wenn man auf solche Daten nicht verzichten will (BAUMGARTNER et al. 1976). Insgesamt bleibt festzustellen,

daß die jeweils ermittelten Albedowerte
für die verschiedenen tätigen Oberflächen des Systems Erde
daher überwiegend nur
Richtwerte (Näherungswerte) sein können,

was durch den großen Streubereich veröffentlichter Daten auch erkennbar ist (siehe beispielsweise STEINER 1961, BLUETHGEN 1966, OSTHEIDER 1975, SCHULTZ 1988 S.227, BAUMGARTNER/LIEBSCHER 1990 S.148, HUPFER et al. 1991 S.123, KÖNIG 1992). Eine eindeutige, von der *Verteilung* der einfallenden Strahlung unabhängige Beschreibung der Reflexion einer Oberfläche ist zwar mit Hilfe einer *Reflexionsfunktion* theoretisch möglich, eine Realisierung dieser Beschreibung bezüglich tätiger Oberflächen aber kaum erreichbar (KRIEBEL et al. 1975).

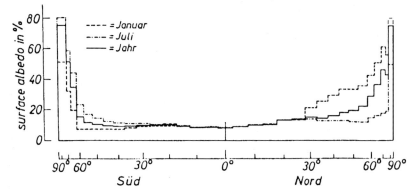

Bild 4.84 *Oberfläche Land/Meer*. Zonale Mittelwerte ($\Delta\varphi = 5°$) der Albedo für die Monate *Januar* und *Juli* sowie für das *Jahr*. Die geographischen Breiten φ sind nichtäquidistant angegeben. Die Abstände von 0° entsprechen dem Flächenanteil, den die Zonen $\Delta\varphi = 5°$ an der Fläche der Zone 2,5°N bis 2,5°S (= 100%) haben. Quelle: BAUMGARTNER et al. (1976), verändert.

Eine globale kartographische Übersicht über die Verteilung der Albedowerte auf der Oberfläche des mittleren Erdellipsoids geben die Bilder 4.80/1-3 und zwar getrennt für die Monate Januar und Juli, sowie für ein Jahr. Die Isolinien-Zahlen sind dabei als Monats- beziehungsweise Jahresmittelwerte aufzufassen. Trotz der vermutlich großen

581

Unsicherheit der Mittelwerte (da den Angaben der verschiedenen Autoren vertraut und vielfach extrapoliert werden mußte sowie von einigen Gebieten der Erde faßt keine Albedowerte vorlagen), ermöglicht diese kartographische Übersicht einen guten Überblick über das Reflexionsverhalten der verschiedenen tätigen Oberflächen von Land/Meer (beziehungsweise deren Bedeckung) und deren geografische Lage. Die Bilder 4.84 und 4.89 bekräftigen die folgenden Erkenntnisse:

Wegen der dort vorhandenen großen schnee- und eisbedeckten Flächen haben die hohen geografischen Breiten die größten Albedowerte aufzuweisen.

Die Albedo einer Schnee- oder Eisoberfläche nimmt in der Regel zu mit abnehmender Sonnenhöhe.

Einen Einblick in die *Korrelation* von Jahresfläche der Eis-/Schneebedeckung und reflektierter Sonnenstrahlung gibt Bild 4.85. Es zeigt sich, daß eine Zunahme der Schnee- und Eisflächen eine Zunahme des Energieabgabe an die Atmosphäre bewirken kann. Diese stärkere Energieabgabe wiederum kann die atmosphärische Zirkulation beeinflussen (HUPFER et al. 1991).

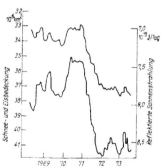

Bild 4.85
Nordhalbkugel.
Korrelation von mittlerer Jahresfläche der Schnee-/Eisbedeckung (untere Kurve) und Mittelwerte der reflektierten Sonnenstrahlung (obere Kurve) im Zeitabschnitt 1969-1973 nach KUKLA/KUKLA 1974.
Quelle: HUPFER et al. (1991)

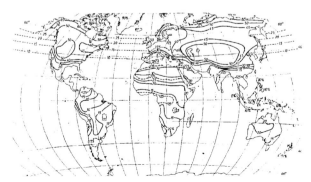

Bild 4.86
Oberfläche Land

Monat *Januar*
Mittelwerte der Albedo (in %)

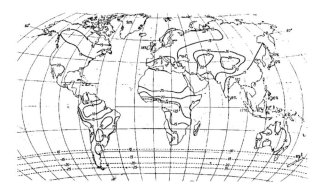

Bild 4.87
Monat *Juli*
Mittelwerte
der Albedo (in %)

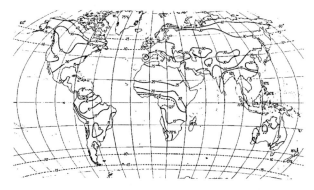

Bild 4.88
Jahresmittelwerte
der Albedo (in %)
Quelle:
BAUMGARTNER et al.
(1976), verändert.

Den Einfluß der Sonnenhöhe auf die Albedo von *Meeresoberflächen* veranschaulicht nachstehendes Bild.

Sonnenhöhe h (in Grad)	70	40	20	10	2
R_I (in %)	2,7	5,0	17,0	40,0	86,0
R_D (in %)	7,0	9,3	13,2	15,5	20,0

Bild 4.89
Reflexion von Sonnenstrahlung R_I und Reflexion von (diffuser) Himmelsstrahlung R_D an Wasseroberflächen als Funktion der Sonnenhöhe h nach DIRMHIRN 1964. Quelle: BAUMGARTNER/LIEBSHER (1990)

583

● *Bei niedriger Sonnenhöhe (siehe h = 2 °)
wird die Sonneneinstrahlung an der Wasseroberfläche demnach fast spiegelnd reflektiert. Soweit sie nicht durch Eis oder anderweitig bedeckt ist, liegen die verschiedenen Albedowerte der Meeresoberfläche daher im Jahresmittel etwa symmetrisch zur Äquatorzone (Bild 4.84). In Äquatornähe beträgt die Albedo der Meeresoberfläche fast immer etwa 6%.*

Als Albedo-Mittelwerte der Oberflächen bestimmter großer Regionen der Erde können derzeit die im Bild 4.90 angegebenen Werte gelten.

Jan.	Jul.	NW	NS	Jahresmittel			Region
(1)	(1)	(2)	(2)	(1)	(2)	(3)	
26,3	21,5	33,8	24,7	23,6	29,3		Land
8,6	8,3	7,5	9,2	8,4	8,3	4	Meer (senkr. Einfall)
						90	Meer (streif. Einfall)
80,0	50,0			75,0			Arktis
50,0	80,0			75,0			Antarktis
						10	Ackerland
						30	Wüste
						35	Eis
						80	Schnee (frisch gefallen)
						90	Schnee in Polargebieten
18,1	15,4	18,1	15,4	16,7	16,7		Land+Meer

Bild 4.90
Albedo (in %) der Oberflächen bestimmter großer Regionen der Erde. NW = Nordwinter, NS = Nordsommer. Bezugsfläche für Land+Meer = $510 \cdot 10^6$ km². Die Angaben sind langfristige (globale) Mittelwerte. Quelle: (1) BAUMGARTNER et al. (1975), (2) BAUMGARTNER/LIEBSCHER (1990), (3) ROEDEL (1994)

Durchlässigkeit der Erdatmosphäre für elektromagnetische Strahlung. Extinktion.

Die vertikale Gliederung der Erdatmosphäre zeigt Bild 4.63, die kurzwelligen und langwelligen Strahlungsflüsse (einschließlich Wärmeflüsse) sowie die Strahlungsbilanz der Erdatmosphäre zeigen die Bilder 4.73 und 4.74. Bevor von der *Gesamtreflexion* kurzwelliger und langwelliger Strahlung an tätigen Oberflächen (der Albedo), zur *spektralen Reflexion* an tätigen Oberflächen übergegangen wird, soll zunächst die

Durchlässigkeit der Erdatmosphäre für elektromagnetische Strahlung betrachtet werden, denn während des Durchdringens der Erdatmosphäre unterliegt die aus dem Weltraum einfallende Strahlung einem Energieverlust, herbeigeführt durch *diffuse Reflexion* und *selektive Absorption*. Dies führt zu einer Schwächung der ursprünglichen Energie und partiell zu einer weitgehenden Auslöschung der Strahlung in begrenzten Spektralbereichen (Wellenlängenbereichen). Aus dem Vergleich der an einem bestimmten Ort am Außenrand der Erdatmosphäre auftreffenden Sonnenstrahlung mit der ankommenden Strahlung am zugehörigen Ort der Land/Meer-Oberfläche ist ersichtlich, daß die Sonnenstrahlung auf diesem Wege bis zu 50% geschwächt werden kann. Diese Schwächung wird **Extinktion** genannt.

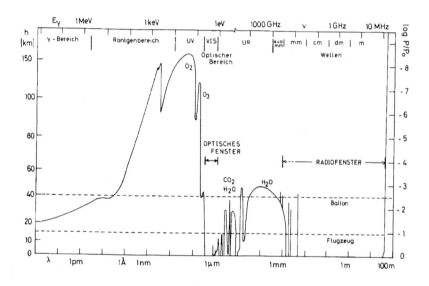

Bild 4.91
Durchlässigkeit der Erdatmosphäre für elektromagnetische Strahlung. Quelle: UNSÖLD/BASCHEK (1991), verändert. Die Skalen kennzeichnen: links = Höhe über Meeresspiegel (h), unten = Wellenlänge (λ), oben = Frequenz (ν) beziehungsweise Photonenenergie $E_\gamma = h \cdot \nu$, rechts = Druck (P) in der betreffenden Höhe. P ist in Einheiten des Bodendrucks $P_0 \approx 1$ bar = 10^5 Pa angegeben, wobei Pa = Pascal. Ferner bedeuten: UV = Ultraviolettstrahlung, VIS = sichtbare Strahlung, UR = Ultrarotstrahlung. Für Umrechnungen gilt:

1 pm (Pikometer)	= $1 \cdot 10^{-12}$ m		1 µm (Mikrometer)	= $1 \cdot 10^{-6}$ m
1 Å (Angström)	= $1 \cdot 10^{-10}$ m		1 mm (Millimeter)	= $1 \cdot 10^{-3}$ m
1 nm (Nanometer)	= $1 \cdot 10^{-9}$ m			

Die elektromagnetische Strahlung kosmischer Quellen ist im allgemeinen eine inkohärente Überlagerung von Wellenlängen verschiedener Frequenzen und Polarisationsrichtungen; man benutzt deshalb vielfach den *Mittelwert* über viele Schwingungsperioden (UNSÖLD/BASCHEK 1991). Bei hohen Frequenzen kann es zweckmäßig sein, die elektromagnetische Strahlung nicht als Welle, sondern als Strom von Photonen aufzufassen. Anstelle von Frequenz und Wellenlänge erfolgt die Kennzeichnung dieses Stromes durch die betreffende Photonenenergie gemäß $E = h \cdot v$, wobei als Einheit oft das Elektronvolt 1 eV = $1,602 \cdot 10^{-19}$ J verwendet wird. h = PLANCK-Konstante.

Die Schwächung, welche die elektromagnetische Strahlung in der Erdatmosphäre durch diffuse Reflexion und selektive Absorption erfährt (Extinktion) hängt wesentlich ab von der Masse der durchstrahlten Atmosphäre sowie von den jeweiligen Gehalten (Menge pro Einheitsmasse) an Wasserdampf (H_2O), Kohlendioxid (CO_2), Ozon (O_3), Sauerstoff (O_2), Aerosol und Wolken. Der Begriff diffuse Reflexion war im vorstehenden Abschnitt Reflexionsarten bereits definiert worden. Bei der Absorption wird Strahlungsenergie vom absorbierenden Körper aufgenommen und dabei in Wärmeenergie überführt. In der Regel handelt es sich dabei um eine selektive Absorption (WEISCHET 1983); es wird also nur in bestimmten Wellenlängenbereichen Strahlungsenergie absorbiert, andere Wellenlängenbereiche werden reflektiert oder durchgelassen. Im Energiespektrum eines Strahlenbündels bewirkt die selektive Absorption mithin, daß bestimmte Spektralbereiche besonders geschwächt oder ganz eliminiert werden (*Absorptionslinien* beziehungsweise *Absorptionsbande*). Weitgehend unbeeinflußt von der selektiven Absorption bleibt die elektromagnetische Strahlung im Bereich der sogenannten

atmosphärischen Fenster.

Das *optische Fenster* (Bild 4.91) umfaßt den VIS-Bereich sowie das nahe UV und das nahe UR. Seine Begrenzung ist gegeben auf der kurzwelligen Seite bei etwa $\lambda = 0,3$ µm (dann absorbiert atmosphärisches Ozon O_3 die einfallende Strahlung) und auf der langwelligen Seite bei etwa $\lambda = 1$ µm (dann absorbiert Wasserdampf H_2O und CO_2 Kohlendioxid die einfallende Strahlung). Bis etwa 20 µm sind noch einige schmale Fenster vorhanden, die *Ultrarotfenster* genannt werden (Bild 4.92). Strahlungsdurchlässig ist die Erdatmosphäre dann erst wieder etwa ab $\lambda = 1...5$ mm beziehungsweise $v \approx 300...60$ GHz, im sogenannten *Radiofenster* (Bild 4.91). Dies endet etwa bei $\lambda = 50$ m beziehungsweise $v \approx 6$ MHz (dann wird die einfallende Strahlung bereits an der Ionosphäre reflektiert). Gemäß beiden Bildern gelten mithin als atmosphärische Fenster:

optisches Fenster
|ca 0,3 - 1 µm|
Ultrarotfenster
|ca 2,0 - 2,5 µm| |ca 3,4 - 4,2 µm| |ca 4,5 - 5,1 µm| |ca 8 - 13 µm|
Radiofenster
|ca 1...5 mm - 50 m|

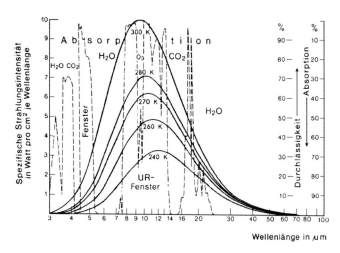

Wellenlänge in μm

Bild 4.92
Durchlässigkeit der ("reinen") Erdatmosphäre für Ultrarotstrahlung und spektrale Energieverteilung der Strahlung von Schwarzen Körpern unterschiedlicher Temperatur. Quelle: WEISCHET (1983), verändert

Die gestrichelte Kurve zeigt atmosphärische Fenster in den Wellenlängenbereichen
|3,4 - 4,2 μm| |4,5 - 5,1μm| |8 - 13 μm|.
Außerdem besteht noch ein Fenster im Wellenlängenbereich
|2,0 - 2,5 μm|.
Diese vorgenannten atmosphärischen Fenster sind die *Ultrarotfenster*. Die Absorptionswirkungen von CO_2 und H_2O in der Erdatmosphäre sind im Bild 4.92 gesondert ausgewiesen.

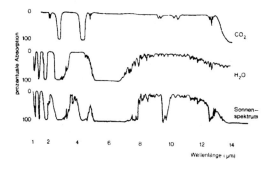

Bild 4.93
Durchlässigkeit der Erdatmosphäre für Ultrarotstrahlung. Die Absorptionswirkungen von Kohlendioxid CO_2 und Wasserdampf H_2O sind getrennt ausgewiesen.
Quelle: MOSS (1970), verändert.

Spektrale Reflexion an tätigen Oberflächen der Schnee-/Eisbedeckung, VIS- und UR-Strahlung

Wird die Reflexion einer Oberfläche durch die Albedo (durch einen Albedowert) beschrieben, dann ist die Aussagekraft dieser Beschreibung, wie zuvor dargelegt, relativ gering. Eine größere Aussagekraft hat offensichtlich die Beschreibung der Reflexion einer Oberfläche durch die *spektrale Reflexion*. Die nachfolgender Bilder vermitteln zunächst einen Einblick in das unterschiedliche Reflexionsvermögen der tätigen Oberflächen einer Eis-/Schneebedeckung von Land oder Meer im VIS- und UR-Bereich.

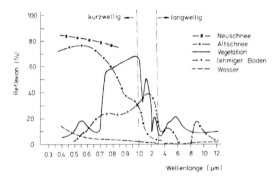

Bild 4.94
Spektrale Reflexion (kurzwelliger und langwelliger Strahlung) an tätigen Oberflächen nach DIRMHIRN 1953 und 1957, COULSON 1971, MC CLATCHEY 1972. Quelle: BAUMGARTNER/LIEBSCHER 1990, verändert.

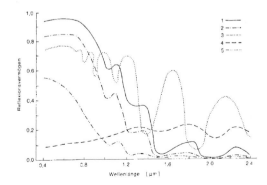

Bild 4.95
Spektrale Reflexion an tätigen Oberflächen. Es bedeuten: 1 = trockener Neuschnee, 2 = Altschnee, 3 = Stratusbewölkung, 4 = feuchter Sandboden, 5 = Gletschereis. Die Aussagen gelten für relativ sauberen Schnee beziehungsweise sauberes Gletschereis; bei starker Verschmutzung kann sich das Reflexionsvermögen um mehr als 50% verringern. Quelle: BUCHROITHNER (1989) S.345, verändert.

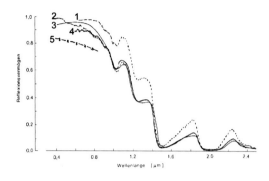

Bild 4.96
Spektrale Reflexion von *Neuschnee* nach verschiedenen Autoren. 1 = nach O'BRIEN/MUNIS 1975, bezogen auf Bariumsulfat ($BaSO_4$) = 1,0 (siehe KÖNIG 1992), 2 = nach HALL/MARTINEC 1985, "frischer" Schnee, Kurvenende bei ca 1,2 µm (siehe KÖNIG 1992), 3 = BUCHROITHNER (1989), 4 = nach HALL/MARTINEC 1985 (siehe KÖNIG 1992), 5 = nach BAUMGARTNER/LIEBSCHER (1990)

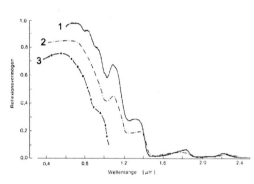

Bild 4.97
Spektrale Reflexion von *Altschnee* nach verschiedenen Autoren. 1 = nach O'BRIEN/MUNIS 1975, 2 Tage alter Schnee, bezogen auf Bariumsulfat ($BaSO_4$) = 1,0 (siehe KÖNIG 1992). 2 = nach BUCHROITHNER (1989) S.345, 3 = nach BAUMGARTNER/LIEBSCHER (1990)

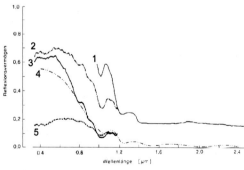

Bild 4.98
Spektrale Reflexion von *Eis*. 1 = Eiskruste nach O'BRIEN/MUNIS 1975, bezogen auf Bariumsulfat ($BaSO_4$) = 1,0 (siehe KÖNIG 1992). 2 = Firn nach HALL/MARTINEC 1985 (siehe KÖNIG 1992). 3 = Gletschereis nach HALL/MARTINEC 1985 (siehe KÖNIG 1992), 4 = Gletschereis nach BUCHROITHNER 1989 S.345, 5 = Mit Moränenmaterial bedecktes Gletschereis nach HALL/MARTINEC 1985 (siehe KÖNIG 1992)

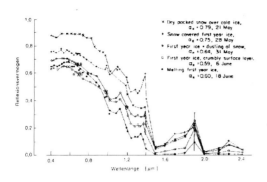

Bild 4.99
Spektrale Reflexion von *schneebedecktem Eis* und *erstjährigem Eis* nach GRENFELL /PEROVICH 1984. Quelle: KÖNIG (1992), verändert

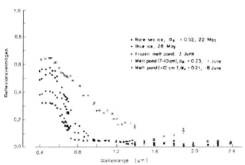

Bild 4.100
Spektrale Reflexion von *blankem Eis* und *Schmelzwassertümpeln* nach GRENFELL/PEROVICH 1984. Quelle: KÖNIG 1992, verändert

Die in den Bildern 4.94 bis 4.100 dargestellten spektralen Reflexionen basieren vermutlich auf Messergebnisse, die sich nur auf ein bestimmtes Azimut und auf eine bestimmte Sonnenhöhe beziehen, nicht jedoch auf ein über den Halbraum integriertes Ergebnis aus Messungen in mehreren unterschiedlichen Azimuten und Sonnenhöhen (zum Begriff Reflexionsfunktion siehe KRIEBEL et al. 1975). Die Aussagekraft der Reflexionsdaten in den genannten Bildern ist dadurch zwar eingeschränkt, dennoch dürften sich etwa folgende Schlüsse daraus ziehen lassen.

Neuschnee, kalter trockener Schnee:
Nach den Angaben mehrerer Autoren (Bild 4.96) zeigt Neuschnee beiderseits 0,6 µm eine sehr große Reflexion, etwa ab 1,5 µm bis 2,4 µm nur eine vergleichsweise geringe Reflexion. Es besteht mithin ein deutlich unterscheidbares Reflexionsvermögen im VIS-Bereich und im nahen UR-Bereich. Vielfach wird davon ausgegangen, daß kalter, trockener Schnee ein ähnliches Verhalten wie Neuschnee zeigt. Die Reflexion ist offensichtlich nur von der Beschaffenheit etwa der oberen 10 cm der Schneedecke abhängig. Die *Eindringtiefe* kurzwelliger Strahlung ist gering im Vergleich zu der von Radar- und Gammastrahlung. Schneehöhen > 10 cm verhalten sich mithin prinzipiell gleichartig, wenn die Formen der Schneeoberfläche und ihre Orientierung zur Sonne sich nicht wesentlich verändert haben.

Alternder Schnee:
Bei alterndem Schnee tritt prinzipiell eine Abnahme der Reflexion ein, deren Stärke vorrangig von der Beschaffenheit etwa der oberen 10 cm der Schneedecke abhängig sein dürfte. Je nach dem Vorhandensein einer natürlichen Verschmutzung, von Schmelzwasser oder Eis ist eine starke Variation der Reflexion möglich (Bild 4.97).

Abschmelz- und Wiedergefrierungsvorgänge:
Schmelzvorgänge (abbauende Metamorphose) senken prinzipiell das Reflexionsvermögen, wobei die Absenkung im nahen UR-Bereich sich deutlicher zeigt, als im VIS-Bereich (Bild 4.97). Die spektralen Reflexionskurven von schmelzendem Schnee und wiedergefrorenem Schnee unterscheiden sich kaum und zeigen außerdem einen ähnlichen Verlauf wie die Kurven von Altschnee. Schmelzender und wiedergefrorener Schnee haben in der Regel jedoch eine geringere Reflexion als alter, kalter Schnee. Eine umfassende Darstellung der *Metamorphose* von Schnee (Schnee-Diagenese) ist beispielsweise enthalten in BAUMGARTNER/LIEBSCHER (1990).

Alterung von Schnee unter kalten Bedingungen und
Verdichtungsvorgänge infolge Alterung:
Bei der sogenannten Kaltmetamorphose (Temperatur bleibt immer unter dem Gefrierpunkt) tritt, wie zuvor bereits gesagt, prinzipiell eine Abnahme der Reflexion ein. Wenn Schnee altert, verdichtet er sich zumeist auch. Man geht davon aus, daß sich die Reflexion mit zunehmender Dichte der Schneedecke verringert, infolge einer Veränderung der verschiedenen *Kristallformen* der ursprünglichen Schneedecke. Schnee zeigt unterschiedliche Kristallformen: Plättchen-, Sternchen-, Säulen- oder Nadelstruktur. Auch die *Verdriftung* des Schnees durch Wind kann zu einer Verminderung der Reflexion führen. Vielfach wird die *Korngröße* der Schneekristalle als entscheidend für die Stärke der Reflexion angesehen. Eine Zunahme führe zu einer kleineren Volumenstreuung und zur Abnahme der Reflexion in allen Wellenlängenbereichen. Bei größeren Korngrößen sei die Eindringtiefe im VIS-Bereich größer, als im nahen UR-Bereich. Weitere Ausführungen mit speziellen Literaturangaben hierzu beispielsweise in KÖNIG (1992).

Schnee und Wolken:
Die Unterscheidung von Schnee und Wolken aufgrund ihrer spektralen Reflexionen im VIS- und nahen UR-Bereich des elektromagnetischen Wellenspektrums ist etwas problematisch, wie Bild 4.95 für die *Stratusbewölkung* verdeutlicht. Allerdings eröffnet die unterschiedliche Stärke der Reflexion im VIS- und UR-Bereich einige Möglichkeiten hierzu. *Wolkenschatten* auf der schneebedeckten Oberfläche Meer/Land vermindern die Reflexion. Andererseits führt die starke Reflexion von Schneedecken nach KRIEBEL/KOEPKE (1985) dazu, daß bei hinreichend großer optischer Dicke des Aerosols der *wolkenfreien* Atmosphäre die diffuse Himmelsstrahlung über der Schneedecke dadurch verstärkt wird, daß Photonen, die von der Schneedecke reflektiert werden, von der Atmosphäre wieder nach unten gestreut werden und so mehrere Male zur Beleuchtung der Schneedecke beitragen können. Hier sei es dann heller, als am Oberrand der Atmosphäre.

Schnee und Wasser:
Wasseroberflächen zeigen im allgemeinen sowohl im VIS- als auch im UR-Bereich nur eine geringe Reflexion (Bild 4.94). Sie unterscheiden sich mithin deutlich von schnee- oder eisbedeckten Wasserflächen. Man muß jedoch (wie zuvor schon dargelegt) davon ausgehen, daß die Reflexion an einer Wasseroberfläche sich zusammensetzt aus der Reflexion an der schaumfreien Wasseroberfläche, aus der Reflexion an Schaumkronen und aus dem Unterlicht, das den Teil der Strahlung berücksichtigt, der in das Wasser eingedrungen ist und nach Streuung im Wasser (und Reflexion am Wassergrund) an der Wasseroberfläche wieder austritt. Bei erhöhtem Wellengang (größerer Rauhigkeit der Wasseroberfläche) kann die *Gesamtreflexion* bei wolkenfreier Atmosphäre und niedrigem Sonnenstand daher auf >40% ansteigen (nach PAYNE 1972, siehe KRIEBEL/KOEPKE 1985). Bei dichter Wolkenbedeckung betrage sie in der Regel ca 6%, unabhängig vom Sonnenstand. Die durch erhöhten Wellengang bewirkten Spiegelungen der einfallenden Strahlung werden auch als *Glittereffekt* bezeichnet (KRAUSS/SCHNEIDER 1988).

Schnee und Eis:
Die spektrale Reflexion von Eis können die Bilder 4.98 bis 4.100 verdeutlichen. Danach reflektiert schneebedecktes Eis und auch noch schneebedecktes erstjähriges Eis (Bild 4.99) allgemein stärker als blankes (schneefreies) Eis (Bild 4.100). Ferner zeigt sich, daß Schmelztümpel (7-10 cm tief) die Reflexion stark verringern (Bild 4.100). Gemäß Bild 4.99 zeigen die Reflexionswerte von schneefreiem und schneebedecktem erstjährigem Eis nur geringe Unterschiede.

Reflexion an tätigen Oberflächen der Schnee-/Eisbedeckung, Mikrowellenstrahlung

Bei *aktiven* Meßverfahren mittels Mikrowellen, etwa beim Radarverfahren (Radar = radio dedection and ranging), hat die jeweilige Beschaffenheit von Schneedecken beziehungsweise Eisdecken Einfluß auf die Reflexion des ankommenden Radarstrahls. Die Begriffe Dielektrizitätskonstante, Oberflächenstreuung und Volumenstreuung sind in diesem Zusammenhang bedeutsam.

Dielektrizitätskonstante
Wird in ein bestehendes elektrisches Feld (Kondensator) ein nichtleitender Stoff (Isolator) eingebracht, nennt man diesen nichtleitenden Stoff *Dielektrikum*. Als *Dielektrizitätszahl* (Permittivitätszahl) bezeichnet man die dimensionslose Größe (BREUER 1993 S.219).

$\varepsilon_r = C/C_0 \geq 1$ wobei C_0 = Kapazität ohne Dielektrikum
C = Kapazität mit Dielektrikum.
Für Vakuum gilt $\varepsilon_r = 1$.

Als *Dielektrizitätskonstante* (Permittivität) wird bezeichnet

$\varepsilon = \varepsilon_r \cdot \varepsilon_0$ wobei ε_0 = elektrische Feldkonstante

Die *Dielektrizitätszahl* ist abhängig vom Stoff und von der Temperatur. Beispielsweise hat Wasser einen hohen Wert ($\varepsilon_r = 81$), während Luft einen Wert nahe 1 hat (siehe Dielektrizitätszahlen verschiedener Stoffe in KUCHLING 1986 S.628).

Die Dielektrizitätskonstante ist eine komplexe Materialkonstante. Sie beschreibt die Fähigkeit dieses Materials, durch Ladungstrennung elektrische Energie zu speichern und zu reflektieren. Sie kann insofern auch als ein Maß für die Interaktion der Mikrowellen mit der Materie aufgefaßt werden. Das Radarecho entsteht nur an einer Grenzfläche zwischen Materialien unterschiedlicher dielektrischer Eigenschaften. Beispielsweise hat flüssiges Wasser eine hohe Dielektrizitätskonstante (80), während Luft eine niedrige hat (3). Entsprechend der dielektrischen Differenz ($\Delta = 77$) wird an der Grenzfläche beider Volumen ein starkes Radarecho erzeugt. Die Wasserfläche wirkt mithin fast wie ein Spiegel. Die Bilder 4.101, 4.102 und 4.103 geben einen allgemeinen Überblick. Wie aus den nachstehenden Bildern ersichtlich, wird beim Auftreffen von Radarwellen auf Schnee- oder Meereisdecken an deren Oberfläche und an den inneren Schichten die ankommende Radarstrahlung reflektiert oder zurückgestreut. Die im Satellitensystem aufgezeichnete Flanke des Rückkehrsignals wird dadurch weniger ausgeprägt und zeitlich verzögert. Bei der Bestimmung des Abstandes zwischen Oberfläche und Satellit muß dieser Effekt berücksichtigt werden, da sich sonst ein fehlerhafter (zu großer) Abstand ergibt. Die Eindringtiefe eines Radarsignals in ein Material, etwa in Schnee- und Eisdecken, ist abhängig von der *Dielektrizitätskonstante* (Permittivität) dieses Materials (KUCHLING 1986, BREUER 1993). Meereis ist im allgemeinen sehr inhomogen aufgebaut und verändert mit zunehmenden Alter seine Dielektrizitätskonstante. Bei Schnee ist die Eindringtiefe der Radarstrahlung vorrangig vom Wassergehalt abhängig (Bild 4.103).

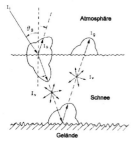

Bild 4.101
Einfluß der Beschaffenheit einer *Schneedecke* auf die Reflexion des ankommenden Radarstrahls. Es bedeuten:
I_i = ankommender Radarstrahl
Θ_o = Einfallswinkel des Strahls
I_s = Reflexion an der Schneeoberfläche
I_v = Volumenstreuung in der Schneedecke
I_g = Reflexion an der Geländeoberfläche
Quelle: BUCHROITHNER (1989), verändert

Bild 4.102
Einfluß der Beschaffenheit von *Eisdecken* auf die Reflexion des ankommenden Radarstrahls nach CARVER et al. (o.J.):
(a) Meereis, (b) Gletschereis, Eisplatten, Süßwassereis.
Quelle: KÖNIG (1992)

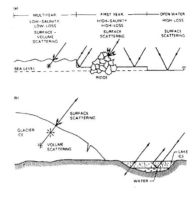

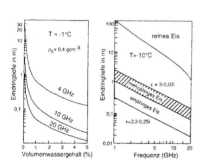

Bild 4.103
Eindringtiefe eines Radarsignals (links) in Schnee und (rechts) in Eis in Abhängigkeit von der Frequenz nach ULABY et al. 1986.
Quelle: SCHÖNE (1997)

Oberflächenschmelzen (molekularer Aufbau des Eises)

Nach heutiger Erkenntnis
● befindet sich an der Oberfläche von Eis
stets eine dünne Wasserschicht,
selbst bei Temperaturen weit unter dem Gefrierpunkt.
Der Vorgang und das Ergebnis werden vielfach als *Oberflächenschmelzen* bezeichnet. Offensichtlich ist diese dünne Wasserschicht durch den molekularen Aufbau des Eises bedingt. Das Phänomen wurde bereits 1812 vom englischen Physiker Michael FARADAY (1791-1867) beschrieben, aber erst um 1985 physikalisch hinreichend abgeklärt (WETTLAUFER/DASH 2000). Es hat Auswirkungen unter anderem auf den *Frosthub* (Abschnitt 4.5) und auf die Aufladung von *Gewitterwolken*. Auch die Eindringtiefe des Radarsignals dürfte davon beeinflußt sein, wie eventuell auch das Leben *im* Eis.

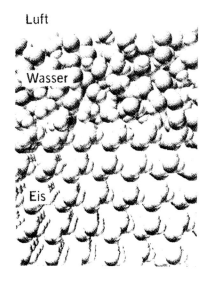

Bild 4.104
Molekularer Eisaufbau. Quelle: WETTLAUFER/DASH (2000), verändert

Im Innern eines Eiskristalles bilden die Wassermoleküle ein starres und regelmäßiges Gitter. Nahe der Oberfläche sind die Wassermoleküle weniger stark durch chemische Bindungen fixiert, weil die äußersten Moleküle in die Luft hinausragen. Sie vibrieren darum heftiger als die Moleküle im Innern. Bei hinreichend hoher Temperatur verhalten sie sich praktisch wie eine Flüssigkeit, obwohl die Temperatur noch unterhalb des normalen Schmelzpunktes liegt. An der Oberfläche des Eises befindet sich daher stets eine dünne Wasserschicht.

Abbildende Spektrometrie

Wird die Reflexion einer tätigen Oberfläche durch die *Albedo* (durch jeweils *einen* Albedowert) beschrieben, dann ist die Aussagekraft, wie zuvor dargelegt, relativ gering. Eine größere Aussagekraft ist offensichtlich gegeben, wenn diese tätige Oberfläche durch eine *spektrale Reflexion* beschrieben wird. Einige solcher spektralen Reflexionen an unterschiedlichen tätigen Oberflächen sind zuvor dargestellt. Da sie unter verschiedenen Bedingungen aufgezeichnet sind und andererseits die Eigenschaften der tätigen Oberflächen in der Regel große Variationen aufweisen, sind die in den Bildern angegebenen Kurven der spektralen Reflexion nur bedingt vergleichbar und verwendbar. Dennoch läßt sich für zahlreiche tätige Oberflächen der *charakteristische* Verlauf der Reflexionskurven angeben, was praktisch in vielerlei Hinsicht nützlich sein kann, sowohl bei der Aufzeichnung als auch bei der Auswertung (Interpretation) der Bilddaten. Die *Messungen* zur Bestimmung der in den vorstehenden Bildern wiedergegebenen Reflexionskurven erfolgten nicht nur unter verschiedenen Bedingungen, sondern auch in unterschiedlichen *Abständen* vom Meßsystem. Die Abstände betragen meist einige Dezimeter (wie beispielsweise bei Blättern oder Steinen) oder Meter (wie beispielsweise bei Wiesen, Äckern mit und ohne Feldfrüchten, Wüsten und ähnliche bedeckte oder unbedeckte Geländeoberflächenbereiche). Im letztgenannten Fall werden dazu oftmals geeignete Fahrzeuge mit Einrichtungen versehen, die Strahlungsmessungen aus 10-15 m Höhe ermöglichen (WEICHELT

1990). Als Meßinstrumente dienen *Radiometer* beziehungsweise *Spektralradiometer*. Meist wird sowohl die ankommende Globalstrahlung als auch die an der tätigen Oberfläche reflektierte Strahlung gemessen und daraus das Reflexionsverhalten der tätigen Oberfläche abgeleitet. Die so erhaltene Reflexionskurve kennzeichnet dann zunächst den unmittelbaren Meßbereich. Bei hinreichender *Oberflächenhomogenität* der Umgebung wird diese Reflexionskurve jedoch meist als gültig für eine größere tätige Oberfläche (etwa einer Wiese) angenommen. Die zuvor angesprochenen Spektrometer werden in der Regel zur *punktweisen* Beobachtung eingesetzt entweder im Labor (Laborspektrometer) oder, wie dargelegt, nahe der tätigen Oberflächen auf dem Land (erdgebundene Spektrometer).

Im Gegensatz zu den vorgenannten Spektrometern für punktweise Beobachtung werden *flächendeckende* Beobachtungen mit sogenannten *abbildenden Spektrometern* aus fliegenden Luftfahrzeugen oder erdumkreisenden Satelliten durchgeführt. Die Abstände zwischen tätiger Oberfläche und Meßsystem betragen hier in der Regel mehrere Kilometer und bei Satelliten bis hin zu 800 km und darüber hinaus. Ein wesentliches Ziel dieser *abbildenden Spektrometrie* ist die quantitative Charakterisierung der tätigen Oberflächen über der Landoberfläche beziehungsweise dieser selbst, der Meeresoberfläche, sowie der tätigen Oberflächen der Erdatmosphäre (beispielsweise Wolkenoberflächen) beziehungsweise der Atmosphäre selbst. Die hierbei angewandte Methode basiert auf das Messen der am Sensor ankommenden Strahlung (Partikelstrom) *in jedem Bildelement* (Pixel). Nach der Datenaufzeichnung werden diese Elemente sodann ausgewertet und bedarfsgerecht aufbereitet, etwa als spektrale Reflexionskurve dieses Elements, als Aussage über die erfaßte Menge atmosphärischer Spurengase (Spurengaskonzentration) und anderes. Die jeweiligen Aussagen beziehen sich außerdem auf die einzelnen *Aufnahmezeitpunkte* innerhalb eines *zeitkontinuierlich* ablaufenden Meßvorganges.

Historische Anmerkung

Entsprechend den vorstehenden Ausführungen kann unterschieden werden zwischen Spektrometern für punktweise Beobachtung und Spektrometern für flächendeckende Beobachtung (abbildende Spektrometer). Die erstgenannten Spektrometer sind gekennzeichnet durch eine *sehr hohe* spektrale Auflösung. Abbildende Spektrometer (auch Hyperspektralscanner genannt) haben im Vergleich zu diesen eine *hohe* spektrale Auflösung (FRAUENBERGER 1997). In der Fernerkundung wird in diesem Zusammenhang gelegentlich auch von hyperspektraler Fernerkundung gesprochen. Die Entwicklung dieser Technologie begann etwa ab 1970. Die ersten abbildenden Spektrometer entstanden etwa um 1980 (SCHAEPMAN 1999). Inzwischen gibt es flugzeug- und satllitengetragene abbildende Spektrometer, vor allem zum Erfassen des sichtbaren und ultraroten (infraroten) Spektralbereichs. Das (flugzeuggetragene) DAIS 7915 (Digital Airborne Imaging Spectrometer) beispielsweise ist unter anderem durch folgende Daten gekennzeichnet (OERTEL 1995, KRÜGER et al. 1998, STROBEL et al. 1999):

Kanalauslegung		n	b	Detektor
sichtbares Licht und nahes Ultrarot/Konfiguration. a	0,5-1,0	32	16	Si
kurzwelliges Ultrarot I	1,5-1,8	8	36	InSb
kurzwelliges Ultrarot II	2,0-2,4	32	15	InSb
mittleres Ultrarot	3,0-5,0	1	2000	InSb
thermales Ultrarot	8,7-12,3	6	600	HgCdTe

Die Kanalauslegungen sind in µm angegeben. Ferner bedeuten: n = Kanalanzahl, b = Kanalbreite (in nm), Si = Silicium-Detektor, In Sb = Indium-Antimon-Detektor Hg Cd Te = Quecksilber-Cadmium-Tellur-Detektor. *Detektoren* (Quantumdetektoren) sind die energieintensiven Teile im Scanner (Abtaster), welche beim Auftreffen elektromagnetischer Energie freie Ladungen erzeugen und dadurch ermöglichen, die empfangene Strahlungsenergie zu registrieren, proportional zu der in der Integrationszeit empfangenen Bestrahlung.

Das *erstmals* in einer Erdumlaufbahn eingesetzte (satellitengetragene) abbildende Spektrometer war MOS (Modularer Optoelektronischer Scanner). Die Einsätze auf einem indischen Satelliten und auf dem Zusatzmodul PRIRODA zur russischen MIR-Station erfolgten 1996. Die Systemteile MOS-A und MOS-B des abbildende Spektrometers sind unter anderem durch folgende Daten gekennzeichnet (KRAMER 1992, SÜMNICH et al. 1997):

Kanalauslegung		n	b	Detektor
sichtbares Licht und nahes Ultrarot				
MOS-A	755-768	4	1,4	Silicon CCD
MOS-B	410-1 010	13	10,0	Silicon CCD

Die Kanalauslegungen sind in nm angegeben. n = Kanalanzahl, b = Kanalbreite (in nm), CCD = Charge Coupled Devices. CCDs bestehen aus Ketten von Kondensatoren, in welchen durch Belichtung Ladungen erzeugt werden die ermöglichen, die empfangene Strahlungsenergie zu registrieren, proportional zu der in der Integrationszeit empfangenen Bestrahlung. Diese Halbleiter-Bildsensoren sind die energieintensiven Teile im Scanner (Abtaster) und können sowohl zeilenweise als auch flächenhaft angeordnet sein, entsprechend kann unterschieden werden zwischen *Zeilenscannern* und *Matrixscannern* (entsprechend: zeilenweiser und flächenhafter Bildaufzeichnung).